Engrenagens Cilíndricas

da concepção à fabricação

www.norbertomazzo.com.br

Blucher

Norberto Mazzo

Engrenagens Cilíndricas

da concepção à fabricação

2ª edição

Engrenagens Cilíndricas – da concepção à fabricação
Norberto Mazzo
Copyright © 2013 by Editora Blucher.
2ª edição – 2013

Foto da capa e do autor:
Estúdio Buldrini Fotografias.

Blucher

Rua Pedroso Alvarenga, 1245, 4º andar
04531-012 – São Paulo – SP – Brasil
Tel 55 11 3078-5366
contato@blucher.com.br
www.blucher.com.br

Segundo Novo Acordo Ortográfico, conforme 5. ed. do *Vocabulário Ortográfico da Língua Portuguesa*, Academia Brasileira de Letras, março de 2009.

É proibida a reprodução total ou parcial por quaisquer meios, sem autorização escrita da Editora.

Todos os direitos reservados pela Editora Edgard Blücher Ltda.

FICHA CATALOGRÁFICA

Mazzo, Norberto
 Engrenagens cilíndricas: da concepção à fabricação / Norberto Mazzo. – 2. ed. – São Paulo: Blucher, 2013.

Bibliografia
ISBN 978-85-212-0794-8

1. Engrenagens 2. Engenharia mecânica.
I. Título

13-0854   CDD 621.833

Índices para catálogo sistemático:
1. Engrenagens
2. Engenharia mecânica

Dedicado a Monica Bernardino Mazzo,
meu grande amor.

Agradecimentos

Agradeço a *Sílvio* e *Fábio Tironi*, dois grandes heróis no constante desafio de fabricar todos os tipos de engrenagens, por oferecer-me vossa fábrica Fresadora Sant'Ana, que é um verdadeiro laboratório de engrenagens, e pelo apoio na produção deste livro. *Victor* e *Giovanni Pellegrini Buono*, da Vison Máquinas e Equipamentos, por oferecer-me uma infraestrutura ótima para trabalhar e também por apoiar a produção deste livro. *Carlos Mussato* da ZF do Brasil, por sua ajuda no Capítulo 14 sobre shaving, no que se refere ao sobremetal. *Mara Pellegrini* por sua ajuda no capítulo sobre shot peening. *José Aparecido da Silva (Doca)*, por sua habilidade na preparação das máquinas, pelas dicas e pelos socorros prestados. *Valdinei Silva*, *Pedro Toresin* e *Marcelo Vieira*, da Samputensili do Brasil, pela experiência e atenção dispensada às minhas constantes solicitações no que diz respeito às ferramentas de corte. *Hans Glatzeder*, da Liebherr-Verzahntechnik GmbH, pela dica sobre o número máximo de entradas do hob. *Jefferson Hernandes*, da Liebherr Brasil, por fornecer as fotos das máquinas e dos diagramas apresentados no Capítulo 14, sobre retificação. *José Antônio Biazetti (Biá)*, por me ajudar, inúmeras vezes, com sua genialidade matemática. *Luiz Bernardino Neto*, pela ajuda e pelos conselhos. *Marcelo de Souza*, pela disponibilidade, mesmo quando não a tem. *José Carlos Buldrini*, fotógrafo dos melhores, por fazer as fotos da capa e do autor deste livro. *Eduardo Blücher*, publisher da editora Blucher, por ter acolhido com simpatia, a mim, e com entusiasmo, o meu projeto. À equipe de desenvolvimento da editora Blucher, liderada pelo editor chefe *Fernando Alves* e pela produtora editorial *Paloma Maroni*, que fizeram o planejamento, a correção ortográfica, a diagramação, a edição, a produção e a promoção deste livro. *Udo Fiorini*, da revista Forge por me indicar o caminho da editora. *Oscar L. de Lima Júnior*, por conceder gentilmente uma licença do software SolidFace Parametric Modeler (CAD). *Júlio Araujo*, da Gleason do Brasil, por fornecer material para pesquisa. Um agradecimento especial ao meu primeiro chefe, amigo e professor Humberto Augusto Giordano, pela paciência, dedicação e amizade no início de minha carreira profissional. A todos os meus clientes e amigos, pelo incentivo na execução deste trabalho. Ao meu pai (*in memoriam*) e à minha adorada mãe, cujo orgulho pelo rebento, sempre foi um fator impulsionador na minha carreira e, finalmente, à minha esposa e aos meus filhos. Por estes, tenho a mais profunda gratidão e ternura, pelo apoio constante, não só a este projeto ou às várias atividades que tenho exercido, mas à minha vida como um todo.

Conteúdo

Prefácio XXVII

Introdução XXIX
    Pré-requisitos XXXI

1   Potência e torque 1
    Potência 1
    Torque 4

2   Função da engrenagem 11
    Relação de transmissão 12

3   Involutometria do dente 17
    Evolvente 18
        Desenvolvimento da evolvente externa por meio da geometria 20
        Desenvolvimento da evolvente externa por meio de coordenadas 26
        Método numérico da bissecção ou dicotomia 27
        Algoritmo do método da bissecção 30
        Traçado da curva evolvente 31

Cálculo do raio no qual inicia a evolvente de um dente externo (r_u).................. 32
    Perfil sem depressão.. 32
    Perfil com depressão... 34
    Determinação do início da evolvente (d_u) sem depressão cortado com hob......... 38
    Determinação do início da evolvente (d_u) sem depressão cortado com shaper 39
    Determinação do início da evolvente (d_u) com depressão cortado com hob......... 39
    Determinação do início da evolvente (d_u) com depressão cortado com shaper...... 42
    Traçado da evolvente de um dente externo cortado com hob com depressão 45
Desenvolvimento da evolvente interna por meio de coordenadas........................... 46
Cálculo do raio no qual termina a evolvente de um dente interno (r_u).................. 46
    Determinação do início da evolvente (d_u) para um dente interno....................... 48
    Traçado da evolvente de um dente interno 49
Deslizamento relativo entre os flancos evolventes 51
Cremalheira 55
Princípios básicos da engrenagem com perfil evolvente... 56
Leis fundamentais da curva evolvente... 59
Trocoide... 60
    Desenvolvimento da trocoide primitiva e do filete trocoidal................................ 62
    Traçado do filete trocoidal externo 66
        Preparação para o traçado da trocoide externa 68
        Determinação dos raios (eixos polares) para o traçado da trocoide externa 68
        Traçado da trocoide externa... 69
    Traçado do filete trocoidal interno.. 72
        Preparação para o traçado da trocoide interna... 76
        Cálculo de um ponto qualquer do filete trocoidal... 76
        Determinação dos raios (eixos polares) para o traçado da trocoide interna 78
        Traçado da trocoide interna 78
    Raio no lugar do filete trocoidal 79
        Determinação do raio que tangencia o círculo de cabeça e as evolventes............ 81
        Método de Newton e Raphson para determinar a sevoluta do ângulo............... 82
        Determinação do raio que tangencia o círculo de pé e as evolventes..................... 83
        Determinação do raio de cabeça r_a em função do filete da cabeça r_{ka} 84
        Determinação do raio de pé r_f em função do filete do pé r_{kf} 84
        Exemplo da determinação do raio que tangencia o círculo de cabeça e as evolventes .. 85
        Exemplo da determinação do raio que tangencia o círculo de pé e as evolventes........ 86
        Exemplo da determinação do raio de cabeça em função do filete da cabeça 87
        Exemplo da determinação do raio de pé em função do filete do pé................. 87
Chanfro de cabeça 88
    Espessura de cabeça sem o chanfro (S_{na}).. 90
    Ângulo do chanfro na seção normal (φ_{na})... 90
    Ângulo do chanfro na seção transversal (φ_{ta})..................... 90
    Comprimento do chanfro (C_a) 90

Diâmetro de início do chanfro (d_{Nk})	91
Espessura da cabeça do dente com chanfro na seção normal (S_{nk})	92
Raio de pé	93
Determinação do diâmetro de pé	95
Tolerância para o diâmetro de pé	96
Raio de cabeça	96
Determinação do raio de cabeça	97
Fator de altura do dente	98
Diâmetro de cabeça em função da espessura de cabeça	99
Determinação do diâmetro de cabeça em função de S_{na} para dentado externo	99
Determinação do diâmetro de cabeça em função de S_{na} para dentado interno	100
Tolerância para o diâmetro de cabeça	101
Exemplo para determinação do diâmetro de cabeça em função da espessura de cabeça para dentes externos	101
Exemplo para determinação do diâmetro de cabeça em função da espessura de cabeça para dentes internos	102
Percentual da altura máxima do dente (k_{aPer}) para dentes externos	103
Os cinco elementos do dente	104
Geração do dente completo	105

4 Tipos de engrenamento … 107

Engrenagens cilíndricas com eixos paralelos que giram em sentidos opostos	107
Engrenagens cilíndricas com eixos paralelos que giram no mesmo sentido	107
Engrenagens concorrentes	108
Engrenagens hiperboloides	108
Engrenagens para corrente e/ou correia dentada	108
Sem fim e coroa	109
Pinhão e cremalheira	109
Redutor epicicloidal ou planetário	109
Relações de transmissão (u) de um sistema epicicloidal (planetário)	110

5 Definições … 113

Engrenagem ou roda dentada?	113
Direção da hélice	114
Planos de trabalho	114
Posições dos flancos em rodas com dentes externos	116
Posições dos flancos em rodas com dentes internos	116
Evoluta da curva	117
Involuta ou evolvente do ângulo	117
Definição da involuta do ângulo	117

6 Uso prático da involuta do ângulo 121

Graus sexagesimais, decimais e radianos 121
    Graus sexagesimais 121
    Graus decimais 122
    Radianos 122
Aplicação da involuta no cálculo da espessura de cabeça 123
Método numérico de Newton e Raphson 123
Aplicação da involuta no cálculo da dimensão M 127

7 Características geométricas 131

Distância entre centros 131
    Tolerância para distância entre centros 132
Número de dentes 134
Determinação dos números de dentes 135
    Exemplo para a determinação dos números de dentes externos 137
    Número de dentes virtual 144
Módulo 144
Ângulo de perfil 146
Diâmetro de referência (d) 150
    Diâmetro de referência deslocado (d_v) 151
    Diâmetro primitivo (d_w) 151
Ângulo de hélice 153
    Ângulo de hélice sobre o círculo de referência 154
    Ângulo de hélice sobre um círculo qualquer 154
    Ângulo de hélice sobre o círculo de referência deslocado 155
    Ângulo de hélice sobre o círculo base 155
    Ângulo de hélice em função da velocidade angular 155
    Ângulo de hélice normalizado 156
    Por que engrenagens helicoidais? 167
Passo 167
    Passo circular 167
    Passo circular normal 167
    Passo circular transversal 168
    Passo circular transversal primitivo 168
    Passo axial 168
    Passo base 169
    Passo base normal 169
    Passo base axial 170
Deslocamento do perfil 170
    Determinação dos fatores de deslocamento dos perfis conforme a norma DIN 173
    Determinação dos fatores de deslocamento dos perfis conforme a norma BS 175
    Determinação dos fatores de deslocamento dos perfis conforme a norma ISO/TR ... 176

Fator de deslocamento do perfil mínimo (x_{min}).. 177
Exemplo do método conforme a norma DIN 3992.. 178
Exemplo do método conforme a norma British Standards PD 6457 179
Exemplo do método conforme a norma ISO/TR 4467....................................... 180
Fator de deslocamento do perfil de produção (X_F).. 180
Fator de deslocamento do perfil em função da distância entre centros e de x_2........ 181
Fatores de deslocamento do perfil (x_1 e x_2) em função das espessuras do dentes de ambas as rodas... 181
Exemplo para o fator de deslocamento do perfil mínimo (x_{min})....................... 182
Deslocamento do perfil para dentado interno... 182
Limites para a soma dos fatores de deslocamentos dos perfis........................... 184
Determinação do limite mínimo de (x_1+x_2)... 185
Determinação do limite máximo de (x_1+x_2)... 185

8 Ajuste das engrenagens 187

Jogo entre flancos.. 187
Jogo entre flancos de serviço... 189
Jogo estabilizado inferior e superior.. 189
Jogo mínimo e máximo atingidos 190
Jogo entre flancos de inspeção 190
Jogo de inspeção na própria máquina – inferior e superior................................ 190
Jogo de inspeção em dispositivo – inferior e superior.. 190
Jogo teórico inferior e superior 190
Análise dos fatores modificadores do jogo entre flancos transversal................. 190
Variação do jogo devida à tolerância da distância entre centros (VT_{Aa})......... 191
Variação do jogo devida ao cruzamento dos eixos (VT_{Ce})................................ 191
Variação do jogo devida aos erros individuais do dentado (VT_{EI})................... 192
Variação do jogo devida ao erro de excentricidade dos mancais (VT_{Ex}) 192
Variação do jogo devida à elasticidade do conjunto (VT_{El}) 193
Variação do jogo devida ao aquecimento (VT_{Aq}).. 194
Cálculo do jogo entre flancos transversal... 195
Jogo entre flancos teórico (jn_1) 195
Jogo entre flancos com a influência da tolerância da distância entre centros (jn_2)..... 196
Jogo entre flancos com a influência do erro de cruzamento dos eixos (jn_3)........... 196
Jogo entre flancos com a influência dos erros individuais do dentado (jn_4)........... 197
Jogo entre flancos com a influência da excentricidade dos mancais (jn_5)............. 197
Jogo entre flancos com a influência da elasticidade do conjunto (jn_6)................. 198
Jogo entre flancos com a influência da temperatura (jn_7)................................. 199
Espessura do dente 199
Afastamento sobre a espessura do dente ou sobre a dimensão do vão.............. 201
Tolerância para a espessura do dente ou para a dimensão do vão..................... 202
Espessura do dente e dimensão do vão teórica, máxima e mínima 203

Determinação da espessura circular normal do dente... 204
    Espessura circular do dente em função da dimensão W................................... 204
    Espessura circular do dente em função da dimensão M................................... 205
    Espessura circular do dente sobre um círculo dado... 205
    Espessura cordal e altura correspondente, a partir da cabeça do dente............... 206
Círculos úteis de pé e de cabeça do dente... 207
Diâmetro útil de pé.. 209
    Exemplo de um par com dentes externos... 209
    Exemplo de um par com dentes externos/internos 210
Falso engrenamento.. 211
Diâmetro útil de cabeça 214
Exemplo de um par com dentes externos... 216
Exemplo de um par com dentes externos/internos 217
Interferência entre as cabeças das engrenagens externa/interna................................ 218
Possibilidade de montagem radial do pinhão na roda interna................................... 221

9 Grau de recobrimento 225
Grau de recobrimento de perfil... 225
    Distância de contato (g_a)... 228
    Distância de acesso (g_f)... 231
    Distância de recesso (g_a)... 231
    Exemplo de um par com dentes externos... 231
    Exemplo de um par com dentes externo/interno 232
    Diâmetros úteis de cabeça para se alcançar o grau de recobrimento de perfil = 2..... 234
Grau de recobrimento de hélice... 234
Grau de recobrimento total 236

10 Modificação dos flancos dos dentes.. 237
Modificação do perfil evolvente.. 237
    Deformação na cabeça do dente 237
    Flexão do dente.. 240
    Exemplo para a determinação dos diâmetros limites e do valor do recuo dos alívios.. 245
Modificação da linha de flancos 247

11 Controle dimensional.. 253
Controle da espessura do dente 254
    Dimensão W (sobre dentes) 254
    Cálculo do número k de dentes consecutivos a medir 258
        Para dentados retos sem deslocamento de perfil ($x = 0$)............................. 258
        Para dentados retos com $x \geq 0{,}4$... 258
        Para dentados helicoidais sem deslocamento de perfil ($x = 0$) 258
        Para dentados helicoidais com deslocamento de perfil................................ 258
        Dimensão W teórica... 259

Dimensão W em função da espessura circular normal do dente 259
Diâmetro do ponto de contato entre o disco do micrômetro e o flanco de dente .. 259
Largura mínima da roda dentada para a medição W_k 259
Dimensão M (sobre rolos ou esferas) 259
Classe de tolerância para as esferas e rolos utilizados na dimensão M 262
Diâmetro das esferas ou rolos (D_M) utilizados para a dimensão M_d 264
Dimensão sobre esferas ou rolos (M_d) para dentado externo reto 265
   Dimensão sobre esferas ou rolos para número par de dentes 265
   Dimensão sobre esferas ou rolos para número ímpar de dentes 265
Dimensão entre esferas ou rolos (M_d) para dentado interno reto 266
   Dimensão entre esferas ou rolos para número par de dentes 266
   Dimensão entre esferas ou rolos para número ímpar de dentes 266
Dimensão sobre esferas (M_d) para dentado externo helicoidal 267
   Dimensão sobre esferas ou rolos para número par de dentes 267
   Dimensão sobre esferas ou rolos para número ímpar de dentes 267
Dimensão entre esferas (M_d) para dentado interno helicoidal 268
   Dimensão entre esferas ou rolos para número par de dentes 269
   Dimensão entre esferas ou rolos para número ímpar de dentes 269
Tolerâncias do dentado 270
Desvio de concentricidade 271
Flutuação das espessuras dos dentes 272
Desvio de passo 273
   Desvio de passo individual (f_p) 273
   Erro de divisão entre dois passos consecutivos (f_u) 274
   Erro de passo total (F_p) 274
   Desvio de passo sobre k passos consecutivos (F_{pk}) 274
   Desvio de passo sobre uma fração (z/k) de volta ($F_{pz/k}$) 275
   Desvio de passo base normal (f_{pe}) 275
Desvio de hélice 276
   Desvio total na linha dos flancos (F_β) 277
   Desvio angular na linha dos flancos ($f_{H\beta}$) 277
   Desvio de forma na linha dos flancos ($f_{\beta f}$) 278
   Abaulamento de largura (C_β) 278
Valores para o fator K' 281
   Correção da hélice 282
Desvio de perfil 283
   Desvio total do perfil evolvente (F_f) 284
   Desvio angular do perfil evolvente ($f_{H\alpha}$) 285
   Desvio de forma do perfil evolvente (f_f) 285
Deslocamento de transmissão 291
   Deslocamento de transmissão radial 291
   Deslocamento de transmissão tangencial 297

12 Análise geométrica ... 301

Método das dimensões W para dentado externo reto ... 301
Método das dimensões M para dentado externo reto ... 302
Método das dimensões N para dentado externo reto ... 305
Método das dimensões W para dentado externo helicoidal ... 311
Método das dimensões M para dentado externo helicoidal ... 315
Método das dimensões N para dentado externo helicoidal ... 317
Exemplo para análise geométrica de um dentado externo reto ... 318
    Exemplo do método das dimensões W ... 318
    Exemplo do método das dimensões M ... 318
    Exemplo do método das dimensões N 320
Exemplo para análise geométrica de um dentado externo helicoidal ... 322
    Exemplo do método das dimensões W ... 322
    Exemplo do método das dimensões M 322
Método das dimensões W para dentado interno reto e helicoidal ... 324
Método das dimensões M para dentado interno reto e helicoidal ... 324
Exemplo para análise geométrica de uma roda dentada interna reta ... 327
Exemplo para análise geométrica de uma roda dentada interna helicoidal ... 328

13 Desenho do produto ... 331

14 Processo de fabricação ... 333

Folha de processo ... 333
Folha de operação ... 334
Preparação do blank ... 340
Locação da peça no espaço ... 341
Geração de dentes ... 345
    Geração de dentes com ferramenta tipo hob ... 347
    Trabalho com avanço axial ... 348
    Trabalho com avanço radial ... 349
    Trabalho com avanço tangencial ... 351
    Trabalho com avanço diagonal ... 351
    Sistema de corte ... 351
    Hob com múltiplas entradas ... 353
    Avanço axial da ferramenta em função da espessura máxima do cavaco ... 366
    Número máximo de entradas para o hob ($z_{0\ max}$) ... 368
    Protuberância na cabeça do hob ... 369
    Aproveitamento do hob ... 369
    Montagem do hob na máquina ... 373
    Dispositivos para cortar dentes com hob ... 374
        Dispositivo de fixação e de locação com centralização pelo furo da peça ... 375
    Problemas de qualidade encontrados no processo de corte com hob ... 378

Defeitos e prováveis causas...	378
Geração de dentes com ferramenta tipo shaper..	386
Avanço no processo shaping	388
Avanço radial sem avanço rotativo	388
Avanço radial com avanço rotativo..	389
Avanço espiral constante...	389
Avanço espiral decrescente...	389
Problemas de qualidade encontrados no processo de corte com shaper...............	389
Defeitos e prováveis causas...	389
Acabamento nos dentes...	392
Acabamento nos dentes por rasqueteamento	392
Princípio dos eixos cruzados	393
Princípio dos eixos cruzados em relação à pressão	394
Princípio dos eixos cruzados em relação ao movimento de deslizamento...	395
Procedimentos de trabalho...	398
Procedimento longitudinal...	398
Procedimento diagonal...	399
Procedimento diagonal-transversal	400
Procedimento transversal..	400
Procedimento mergulho..	401
Rasqueteamento com contato par..	401
Sobremetal para rasquetear..	403
Pré-rasqueteamento	404
Dispositivos utilizados para rasquetear...	406
Velocidade de corte para rasquetear..	410
Avanços no processo de rasqueteamento..	411
Problemas de qualidade encontrados no processo de rasqueteamento...............	411
Defeitos e prováveis causas...	412
Acabamento nos dentes por retificação..	424
Método de retificação por geração contínua	424
Método de retificação por forma	425
Método de retificação por geração de setores...	425
Sobremetal para retificação..	425
Pré-retífica...	427
Dispositivos utilizados para retificar dentes.	427
Resultados práticos..	428
Método por Geração contínua *versus* Forma	428

15 Materiais e Tratamento térmico 433

Seleção dos materiais..	433
Métodos para a preparação do bruto..	435
Fundição...	435

  Forjamento a quente 436
  Forjamento a frio 436
  Laminação 436
  Estampagem 436
 Tratamento térmico 436
  Aços para cementação 436
  Aços beneficiados 438
  Aços sem tratamento térmico 438
  Aços nitretados com líquido 438
  Aços nitretados com gás 438
  Aços tratados por indução 439
  Aços tratados por chama 440
 Resistência dos materiais 441
  Valores limites de resistência à flexão (σ_{Flim}) 441
  Valores limites de resistência à pressão (σ_{Hlim}) 445

16 Jateamento 449
 Shot peening 449
  Princípio básico do processo shot peening 450
  Conceito de intensidade de "peening" 451
  Processo e número de Almen 452
  Cobertura e saturação 453
  Especificação para o shot peening 454
  Operação 455
  Influência do shot peening no projeto de engrenagens 456

17 Lubrificação 459
 Considerações 459
 Lubrificação nas engrenagens 460
 Sistemas de lubrificação 462
  Composição de um sistema 462
  Seleção do sistema 462
  Aplicação do lubrificante 462
  Sistema de circulação 463
   Sistema de circulação por gravidade 463
   Sistema de circulação sob pressão própria 463
   Sistema central de circulação sob pressão 463
   Sistema de neblina de óleo 464
  Sistema de imersão 464
   Determinação do volume e da profundidade de imersão 465
  Sistema de lubrificação por depósito aberto 465
  Sistemas de aplicação intermitente de óleo e graxa 466
  Sistema manual de aplicação 467

Função do lubrificante	467
Atrito entre os dentes da engrenagem.	467
Desgaste excessivo e falha dos dentes	468
Partículas estranhas	469
Corrosão	469
Temperatura	470

18 Projeto de um par de engrenagens cilíndricas externas — 471

Considerações	471
Capacidade de carga – Fundamentos	472
Tensão de flexão (bending stress)	472
Tensão de contato (contact stress)	472
Estudo de um exemplo prático	474
Especificações técnicas preliminares	474
Aplicação e motorização	475
Aplicação	475
Motorização	476
Qualidade do dentado	481
Coeficientes de segurança mínimos e máximos	483
Coeficientes de segurança mínimos	483
Coeficientes de segurança máximos	484
Características da transmissão	484
Relação de velocidades	485
Distância entre centros.	486
Diâmetros máximos permissíveis	486
Arranjo físico	487
Características geométricas básicas	490
Ângulo de perfil	491
Módulo normal	491
Ângulo de hélice	492
Número de dentes	492
Fator de deslocamento dos perfis	493
Características geométricas complementares	496
Diâmetro de cabeça	496
Diâmetro de início do chanfro	499
Diâmetro útil de pé d_{Nf}	504
Diâmetro útil de cabeça d_{Na}.	504
Grau de recobrimento de perfil	505
Grau de recobrimento de hélice	506
Grau de recobrimento total	506
Diâmetro de pé	506
Folga no pé dos dentes.	507

Raio da crista da ferramenta	508
Protuberância da ferramenta	509
Extensão de contato e larguras efetivas	509
Diâmetro do eixo da roda motora	519
Diâmetro interno do aro e espessura da alma	521
Características de ajuste	522
Espessura circular normal do dente	522
Dimensão W sobre k dentes consecutivos	528
Dimensão M sobre rolos ou esferas	530
Características funcionais	535
Temperaturas	535
Regime de trabalho	535
Vida útil nominal requerida (V_R)	538
Peso do par	539
Materiais e tratamento térmico	540
Material para as engrenagens	540
Material para a caixa	541
Tratamento térmico das engrenagens	541
Características metalúrgicas das engrenagens	542
Lubrificação das engrenagens	542
Rumorosidade	543
Custo	543
Esforços atuantes no par engrenado	545
Velocidades do deslizamento entre os flancos conjugados	547
Fatores de influência	548
Fator de dinâmica (K_V)	549
Definição de ressonância	550
Coeficiente de ressonância (N)	550
Determinação da rotação de ressonância de um par de engrenagens	551
Determinação da rotação de ressonância de um conjunto epicicloidal	563
Fator de distribuição longitudinal de carga ($K_{H\beta}$) (Tensão de contato)	569
Princípios gerais para a determinação de $K_{H\beta}$	569
Erro devido à deformação do pinhão e do seu eixo, sem modificação da hélice (f_{sh})	571
Deformação do eixo sob carga específica	571
Erro de fabricação sem modificação da hélice (f_{ma})	572
Desalinhamento equivalente inicial ($F_{\beta x}$)	573
Redução de rodagem (y_β) e fator de rodagem (x_β)	574
Desalinhamento equivalente efetivo ($F_{\beta y}$)	575
Determinação de $K_{H\beta}$	576
Fator de distribuição longitudinal de carga ($K_{F\beta}$) (Tensão na raiz)	580
Determinação de $K_{F\beta}$	580
Fator de distribuição transversal de carga ($K_{H\alpha}$) (Tensão de contato)	581

Determinação de $K_{H\alpha}$.. 582
Fator de distribuição transversal de carga ($K_{F\alpha}$) (Tensão de raiz)........................ 583
Determinação de ($K_{F\alpha}$) 584
Fator de zona (Z_H)... 584
Fator de elasticidade (Z_E) 585
Fator de recobrimento (Z_ε) 585
Fator de ângulo de hélice (Z_β).. 586
Fator de lubrificante (Z_L) 586
Fator de velocidade (Z_v) 588
Fator de rugosidade (Z_R) 589
Fator de dureza de trabalho (Z_W) 591
Fator de tamanho (Z_X) 592
Fator de engrenamento individual – pinhão (Z_B) 593
Fator de engrenamento individual – coroa (Z_D) 594
Fator de vida útil (Z_{NT} e Z_{GT})... 595
Fator de forma do dente (Y_F)... 599
Fator de correção da tensão (Y_S) 606
Fator de recobrimento (Y_ε) 608
Fator de ângulo de hélice (Y_ε)... 608
Fator de sensibilidade relativa ($Y_{\delta\,rel\,T}$)... 609
Fator de condição superficial relativa de raiz ($Y_{R\,rel\,T}$)... 614
Fator de tamanho do dente (Y_X) 617
Fator de vida útil (Y_{NT}) 619
Tensão de contato (contact stress)... 622
Tensão efetiva de contato (σ_H) 622
Tensão admissível de contato (σ_{HP} e σ_{GP}).. 626
Tensão admissível de contato sem pites (σ_{HP}).. 626
Tensão admissível de contato com pites (σ_{GP})... 627
Coeficiente de segurança à pressão (S_H e S_G).. 628
Coeficiente de segurança à pressão sem pites (S_H) 628
Coeficiente de segurança à pressão com pites (S_G) 628
Vida útil nominal à pressão 629
Número de ciclos de vida médio (N_{LE}) em função de Z_N 630
Vida útil nominal (em horas) à pressão sem pites (V_H)... 632
Vida útil nominal (em horas) à pressão com pites (V_G) 632
Tensão de flexão (bending stress) 633
Tensão fletora efetiva no pé do dente (σ_F).. 634
Tensão fletora admissível (σ_{FP}).. 635
Coeficiente de segurança à flexão (S_F) 636
Vida útil nominal à flexão 636
Número de ciclos de vida médio (N_{LE}) em função de Y_N................................... 637
Vida útil nominal (em horas) à flexão (V_F) 639

  Capacidade de carga 640
   Capacidade máxima de regime da roda motora (P_1) 640
   Capacidade máxima de regime da roda movida (P_2) 640
   Capacidade admissível da roda motora à pressão sem pites (P_{HP1}) 642
   Capacidade admissível da roda movida à pressão sem pites (P_{HP2}) 643
   Capacidade admissível da roda motora à pressão com pites (P_{GP1}) 643
   Capacidade admissível da roda movida à pressão com pites (P_{GP2}) 644
   Capacidade admissível da roda motora à flexão (P_{FP1}) 645
   Capacidade admissível da roda movida à flexão (P_{FP2}) 646
   Torque máximo de regime para roda motora (T_1) 647
   Torque máximo de regime para roda movida (T_2) 648
   Torque máximo admissível à pressão para roda motora sem pites (T_{HP1}) 648
   Torque máximo admissível à pressão para roda movida sem pites (T_{HP2}) 648
   Torque máximo admissível à pressão para roda motora com pites (T_{GP1}) 649
   Torque máximo admissível à pressão para roda movida com pites (T_{GP2}) 649
   Torque máximo admissível à flexão para roda motora (T_{FP1}) 649
   Torque máximo admissível à flexão para roda movida (T_{FP2}) 649
  Relatório completo do par de engrenagens cilíndricas externas 650

19 Capacidade de carga de um par de engrenagens com dentes externo/interno 665
 Considerações 665
 Fundamentos 665
 Estudo de um exemplo prático 666
  Especificações técnicas preliminares 666
  Aplicação e motorização 667
   Aplicação 667
   Motorização 667
  Qualidade do dentado 667
  Coeficientes de segurança mínimos e máximos 668
   Coeficientes de segurança mínimos 668
   Coeficientes de segurança máximos 668
  Características da transmissão 668
   Relação de velocidades 668
   Distância entre centros 668
   Diâmetros máximos permissíveis 669
   Arranjo físico 669
  Características geométricas básicas 669
   Ângulo de perfil 669
   Módulo normal 669
   Ângulo de hélice 670
   Número de dentes 670
   Fator de deslocamento dos perfis 670

Características geométricas complementares	670
Diâmetro de cabeça	671
Ângulo do chanfro	671
Diâmetro de início do chanfro do pinhão (d_{Nk1})	671
Diâmetro útil de pé (d_{Nf})	672
Diâmetro útil de cabeça (d_{Na})	672
Grau de recobrimento de perfil	673
Grau de recobrimento de hélice	674
Grau de recobrimento total	674
Diâmetro de pé	674
Folga no pé dos dentes	674
Raio da crista da ferramenta	675
Protuberância do hob	675
Extensão de contato e larguras efetivas	675
Diâmetro do eixo da roda motora	675
Diâmetro interno do aro	676
Características de ajuste	676
Espessura circular do dente e dimensão circular do vão	676
Características funcionais	682
Temperaturas	682
Regime de trabalho	683
Vida útil nominal requerida (V_R)	683
Peso do par	683
Materiais	683
Material para as engrenagens	683
Material para a caixa	684
Tratamento térmico das engrenagens	684
Características metalúrgicas das engrenagens	684
Lubrificação das engrenagens	684
Rumorosidade	685
Esforços atuantes no par engrenado	685
Velocidades do deslizamento entre os flancos conjugados	686
Fatores de influência	687
Fator de dinâmica (K_V)	687
Definição de ressonância	687
Coeficiente de ressonância (N)	687
Fator de distribuição longitudinal de carga ($K_{H\beta}$)	692
Fator de distribuição longitudinal da carga ($K_{F\beta}$)	695
Fator de distribuição transversal da carga ($K_{H\alpha}$)	695
Fator de distribuição transversal da carga ($K_{F\alpha}$)	696
Fator de zona (Z_H)	696
Fator de elasticidade (Z_E)	696

Fator de recobrimento (Z_ε)	697
Fator de ângulo de hélice (Z_β)	697
Fator de lubrificante (Z_L)	697
Fator de velocidade (Z_V)	698
Fator de rugosidade (Z_R)	699
Fator de dureza de trabalho (Z_W)	699
Fator de tamanho (Z_X)	700
Fator de engrenamento individual – pinhão (Z_B)	700
Fator de engrenamento individual – coroa (Z_D)	701
Fator de vida útil (Z_{NT} e Z_{GT})	701
Fator de forma do dente (Y_F)	702
Fator de correção de tensão (Y_S)	706
Fator de recobrimento (Y_ε)	707
Fator de ângulo de hélice (Y_β)	707
Fator de sensibilidade relativa ($Y_{\delta\,rel\,T}$)	708
Fator de condição superficial relativa da raiz ($Y_{R\,rel\,T}$)	710
Fator de tamanho do dente (Y_X)	710
Fator de vida útil (Y_{NT})	711
Tensão de contato (contact stress)	711
Tensão efetiva de contato (σ_H)	712
Tensão admissível de contato (σ_{HP})	712
Coeficiente de segurança a pressão (S_H e S_G)	713
Vida útil nominal a pressão	714
Tensão de flexão (Bending Stress)	715
Tensão fletora efetiva no pé do dente (σ_F)	715
Tensão fletora admissível (σ_{FP})	716
Coeficiente de segurança a flexão (S_F)	716
Vida útil nominal a flexão	716
Capacidade de carga	719
Capacidade máxima de regime da roda motora (P_1)	719
Capacidade máxima de regime da roda movida (P_2)	719
Capacidade admissível da roda motora a pressão sem pites (P_{HP1})	720
Capacidade admissível da roda movida a pressão sem pites (P_{HP2})	720
Capacidade admissível da roda motora a pressão com pites (P_{GP1})	721
Capacidade admissível da roda movida a pressão com pites (P_{GP2})	721
Capacidade admissível da roda motora à flexão (P_{FP1})	722
Capacidade admissível da roda movida à flexão (P_{FP2})	722
Torque máximo de regime para roda motora (T_1)	723
Torque máximo de regime para roda movida (T_2)	723
Torque máximo admissível a pressão para roda motora sem pites (T_{HP1})	724
Torque máximo admissível a pressão para roda movida sem pites (T_{HP2})	724
Torque máximo admissível a pressão para roda motora com pites (T_{GP1})	724

Torque máximo admissível a pressão para roda movida com pites (T_{GP2}) 724
Torque máximo admissível a flexão para roda motora (T_{FP1}) 725
Torque máximo admissível a flexão para roda movida (T_{FP2}) 725
Relatório da capacidade de carga do par de engrenagens com dentes externos/internos 725

20 Avarias dos dentes 737
Considerações 737
Avarias 739
    Desgaste 740
    Desgaste normal 740
    Desgaste moderado 741
    Desgaste abrasivo 741
    Desgaste por interferência 742
    Desgaste por arranhamento (scratching) 742
    Desgaste por vinco (scoring) 743
    Desgaste por raspagem (scuffing) 744
    Desgaste corrosivo 744
    Desgaste por corrosão química 745
    Desgaste por oxidação 745
    Desgaste por reação a aditivos químicos 745
    Escamação (scaling) 745
    Superaquecimento 746
    Fadiga de superfície 747
    Pites (pitting) 748
    Pites iniciais (initial pitting) 749
    Pites destrutivos (destructive pitting) 751
    Micropites (micropitting) 752
    Lascamento (spalling) 754
    Deformação 756
    Depressão (indentation) 756
    Ondulação (rippling) 758
    Fluência (rolling and peening) 758
    Fratura do dente 758
    Fratura por sobrecarga 759
    Fratura por fadiga de flexão 760

Índice de ilustrações 763

Notação utilizada neste livro 777

Bibliografia 793

Índice remissivo 797

Prefácio

É imprecisa a datação da utilização dos primeiros sistemas que se aproximam do que hoje conhecemos por "engrenagens". Rudimentares rodas dentadas de madeira propelidas por força animal para extração de água de fundos poços, eram utilizadas por egípcios entre 2000 a.C. e 1000 a.C. Sua disseminação já ganhava notoriedade quando, no século XVI, Leonardo da Vinci ousou empregar engrenagens como o fundamento para seus projetos de longa visão, que culminariam na essência da atual engenharia de transportes. Os quinhentos anos que vieram após da Vinci trouxeram consigo uma inesgotável variedade de aplicações para engrenagens. Processo resultante da diversificação de arquiteturas, geometrias, materiais e dimensões desenvolvidas face às necessidades do ser humano. Basta observar ao redor, durante alguns momentos, para concluir como seria inconcebível dispor de conforto sem engrenagens. Elas estão presentes em ferramentas, eletrodomésticos, relógios e, naturalmente, diferentes dispositivos automotivos.

Precisa, entretanto, é a sua importância no escopo de crescimento da indústria nacional e do papel de relevância econômica que o Brasil pleiteia globalmente. Considerada a necessidade de equipamento industrial competitivo para esse fim, é consequente a demanda de engrenagens de alta precisão e desempenho. Torna-se, portanto, essencial que o País disponha, com capacitação e conhecimento à altura de sua ambição, de profissionais especializados no tema.

Nesse contexto, "Engrenagens Cilíndricas – da concepção à fabricação" advém como a mais completa obra nacional sobre engrenagens cilíndricas, além de leitura indispensável a profissionais dos meios industrial e acadêmico. Norberto Mazzo oferece a oportunidade ao leitor de obter um panorama holístico sobre engrenagens: a abordagem se inicia pelas necessidades e entradas do projeto; segue por uma riquíssima descrição da geometria de dentado; descreve sua manufatura do processo de fabricação ao controle dimensional; e aplica um encerramento harmonioso, ao relacionar análise de falha com os tópicos decorridos ao longo da obra.

Para os afortunados amigos e colegas de Norberto Mazzo, nada fica mais claro do que a percepção de que a obra é o reflexo do seu autor: a experiência de uma vida devotada a engrenagens, aliada à nobre preocupação com o futuro da nossa sociedade. Preocupação essa não apenas externada com essa publicação, como demonstrada ao longo da carreira com a voluntariedade à qual buscou compartilhar seu conhecimento com outros colegas ou mesmo com desorientados estudantes, categoria em que me enquadrei.

Por fim, muito embora o conteúdo seja de uma cobertura tão ampla, penso que o livro tem um aspecto ainda mais atrativo. Seu grande trunfo está em uma abordagem democrática, agradando ao leitor ávido por fundamentação teórica como amparando plenamente, com orientações práticas, o profissional que se depara cotidianamente com os desafios do mundo das engrenagens. Que a obra engendre inspiração para futuras publicações e, especialmente, motivação para a acentuada demanda de profissionais altamente qualificados em engrenagens.

Ronnie Rego
Grupo de Inovação em Engrenagens
Centro de Competência em Manufatura
Instituto Tecnológico de Aeronáutica

Introdução

Engrenagens cilíndricas – da concepção à fabricação, foi elaborado com o objetivo de ajudar, tanto os profissionais quanto aos alunos dessa área a elaborar projetos de alto nível técnico, levando-se em conta todos os fatores que podem influenciar no trabalho de uma transmissão mecânica por meio de engrenagens cilíndricas.

Procurei colocar aqui, um conteúdo abrangente e didático, fácil de ler e compreender, com muitos exemplos práticos que atendessem aos propósitos das mais diversas partes do projeto, sem a necessidade de recorrer a outras literaturas, minimizando com isso o tempo de trabalho.

As equações, quando muito extensas, são fragmentadas com o objetivo de facilitar sua aplicação no cálculo. São reservados para esses fragmentos, os termos *A, B, C, .., Q*.

Os valores angulares, sempre que possível, são expressos no formato decimal e precedidos do símbolo °. Quando outro formato é necessário, por exemplo, radianos, ele é explicitado por meio de uma nota.

Sempre que for utilizada uma formulação complexa para um determinado cálculo, é apresentado um exemplo de uma aplicação típica.

Os cálculos são feitos usando-se aritmética de ponto flutuante com doze algarismos significativos, portanto, os resultados apresentados nos exemplos, em virtude dos arredondamentos, poderão divergir um pouco.

Os valores sem as respectivas unidades são representados em milímetros (mm).

Alguns termos possuem dois ou mais significados e, portanto, podem gerar confusão. *Ângulo de pressão* é um desses termos. Na tentativa de reduzir essa confusão, neste livro, usaremos o termo única e exclusivamente para especificar o ângulo entre a linha de ação (linha tangente aos círculos de base) e a perpendicular da linha que liga os centros das rodas, chamado normalmente *ângulo de pressão de trabalho*, *ângulo de pressão operacional* ou ainda *ângulo de pressão de funcionamento*. Este ângulo muda com a distância entre centros e só pode ser definido em um par de engrenagens, nunca em uma roda individual.

O que é chamado, simplesmente, de *ângulo de pressão*, será chamado, aqui, de *ângulo de perfil*. O ângulo de perfil é o ângulo que muda para cada ponto sobre o perfil evolvente. Quando esse ponto estiver sobre o círculo de referência, o ângulo de perfil terá o mesmo valor do ângulo do flanco de um cortador tipo hob (ou rack) usado para fresar os dentes pelo processo de geração. Nesse caso, o termo *ângulo de perfil* será utilizado sem nenhum complemento. Se o ponto sobre a evolvente se situar fora do círculo de referência, como, por exemplo, sobre o círculo de cabeça, então será usado o termo *ângulo de perfil de cabeça*.

Círculo primitivo é outro termo que, também, tem gerado alguma confusão e, com o intuito de eliminá-la, adotei aqui, a mesma terminologia adotada há alguns anos, pelas normas internacionais como, por exemplo, a norma ISO.

Círculo primitivo, como normalmente conhecemos, será chamado de *círculo de referência* e sua notação é d. O *círculo de trabalho* será chamado de *círculo primitivo* e sua notação é d_w. O termo *círculo de trabalho*, neste livro, foi extinto.

O *círculo primitivo* (d_w) só pode ser definido em um par de engrenagens, nunca em uma roda individual, ao contrário do *círculo de referência* (d), que é uma característica da roda e não do par.

Tanto o *ângulo de perfil* quanto o *círculo de referência* terão a mesma magnitude do *ângulo de pressão* e do *círculo primitivo*, respectivamente, se a distância entre centros for standard. Os detalhes serão explicados oportunamente, nas seções correspondentes.

Neste livro, as funções trigonométricas inversas, chamadas de função de arco, são notadas usando-se $^{-1}$, como: sen^{-1}, $\cos^{-1}$ e $\tan^{-1}$ e não arcsen, arccos e arctan, respectivamente. Não confundir as funções de arco com o inverso multiplicativo. O resultado da função de arco é o ângulo que corresponde ao parâmetro da função. Por exemplo: $\text{sen}^{-1}(0,5) = 30°$, pois $\text{sen } 30° = 0,5$.

Introdução

As citações das figuras ilustrativas, dos quadros, das tabelas e das equações estão destacadas em azul para facilitar sua associação com os respectivos objetos.

Todas as geometrias foram geradas pelo software Progear[1] e exportadas para o software SolidFace Parametric Modeler[2].

PRÉ-REQUISITOS

Aproveitará melhor este conteúdo, quem já possui:

- uma noção do que seja uma transmissão por engrenagens e suas formas construtivas;
- suficiente familiaridade com as exigências e com as condições de funcionamento dos equipamentos em que serão aplicadas as transmissões por engrenagens.

---

[1] Software para cálculo de engrenagens.
[2] Software para desenho CAD.

CAPÍTULO 1

Potência e torque

POTÊNCIA

Potência é a medida de quão rápido um trabalho é executado.

Um exemplo prático: em uma rua plana, um homem pode empurrar um carro de 1000 kg de um ponto a outro, em um determinado tempo. Normalmente, observadores solidários se juntam a ele com o objetivo de reduzir esse tempo. Se o peso e a distância forem os mesmos e o tempo menor, significa que a potência consumida foi maior.

A unidade de potência no SI (Sistema Internacional de Unidades) é o Watt, cujo símbolo é W (1 W = 1 Nm/s).

Outras unidades utilizadas são o horsepower (hp) e o cavalo vapor (cv), do sistema inglês de unidades. Os valores são muito parecidos: 1 hp = 1.014 cv.

O termo horsepower foi criado pelo engenheiro escocês James Watt, que viveu entre 1736 e 1819. Ele se tornou conhecido pelas melhorias introduzidas nas máquinas a vapor.

Watt trabalhava com seus cavalos içando carvão de uma mina e queria transmitir a ideia de capacidade desses animais. Concluiu que eram capazes de executar 3044 kg · m (ou Joules) de trabalho em um minuto. Acrescentou 50% nesse número e determinou que um horsepower é equivalente a 4566 kg · m/min. Esta é a unidade de potência usada até hoje.

O estudo do engenheiro Watt foi o seguinte: um cavalo pode executar um trabalho de 4566 kg · m a cada minuto. Imagine, então, um cavalo içando um balde de carvão de uma mina como mostrado na Figura 1.1.

Desprezando conjugados de atrito e o próprio peso, o cavalo exerce 1 hp de potência para içar 152,2 kg de carvão a 30 m em 1 minuto, conforme a Figura 1.2. Isso é possível para o animal.

Podia também içar 456,6 kg de carvão a 10 m nesse mesmo minuto, conforme a Figura 1.3. Isto também é possível para o animal.

Podemos combinar à vontade, o peso a ser içado e a altura a ser vencida, desde que o produto resulte em 4566 kg · m/min. Desta maneira teremos 1 hp de potência consumida.

Supomos que, por um motivo qualquer, seja necessário levantar os 4566 kg de uma só vez. Se a potência é 1 hp, a distância a ser percorrida será de um metro no tempo de um minuto.

No modelo exemplificado na Figura 1.4, isto é impossível para o cavalo.

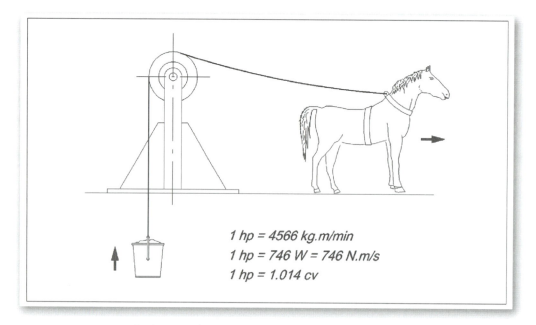

Figura 1.1 – Estudo do engenheiro James Watt sobre potência.

Potência e torque

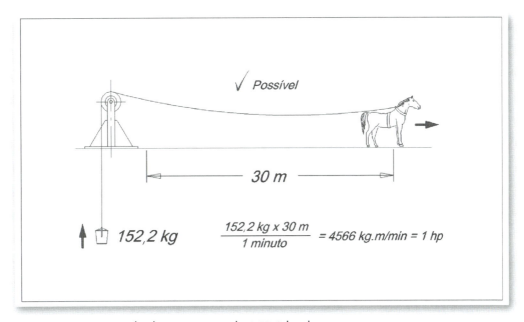

Figura 1.2 – Cavalo de J. Watt içando 152,2 kg de carvão.

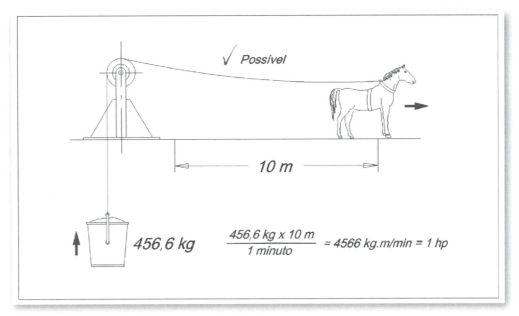

Figura 1.3 – Cavalo de J. Watt içando 456,6 kg de carvão.

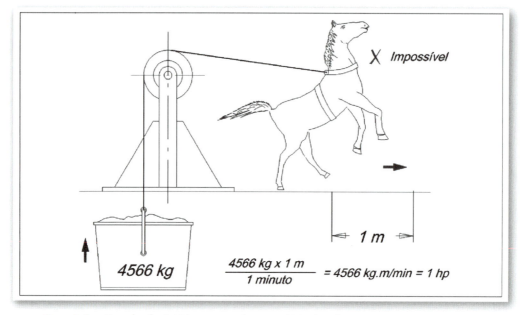

Figura 1.4 – Cavalo de J. Watt tentando içar 4566 kg de carvão.

Outra suposição absurda, sempre desprezando o próprio peso, é a exemplificada na Figura 1.5, em que o animal deve içar apenas 2 kg exercendo também 1 hp de potência. Nesse caso terá de percorrer 2283 metros em um minuto, o equivalente a 137 km/h.

Para esses casos, podemos resolver o problema utilizando um sistema de engrenagens.

Com um arranjo bem combinado, podemos proporcionar um esforço confortável para o cavalo a uma velocidade também confortável, não importando qual o peso real do balde.

Se o motor que aciona o sistema, no nosso exemplo, o cavalo, produzir uma quantidade fixa de potência, podemos utilizar as engrenagens para obter ganho de torque (problema da Figura 1.4) ou ganho de velocidade (problema da Figura 1.5), ambos aplicados à saída, que, no nosso exemplo, é o balde de carvão.

TORQUE

Torque, também chamado de momento de alavanca, é a medida de quanto uma força que age em um objeto tende a girá-lo.

Um exemplo prático: quando uma chave de boca é utilizada para apertar uma porca, a força aplicada perpendicularmente ao braço da chave gera um tor-

Potência e torque

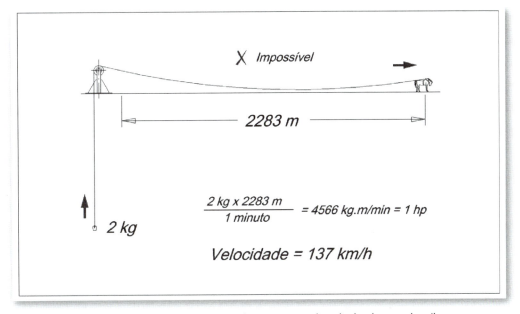

Figura 1.5 – Cavalo de J. Watt tentando correr à velocidade de 137 km/h.

que sobre o eixo da porca, que tende a girá-la. O ponto central de giro, que, no nosso exemplo, é o centro da porca, é chamado pivô e a distância entre o pivô e o ponto de aplicação da força é chamada braço de momento.

Veja a Figura 1.6.

A unidade de torque no SI é N · m.

Observe que o torque (T) tem dois componentes: a força (F) e a distância ou braço de momento (r). Para calcular o torque, basta multiplicá-los.

$$T = F \cdot r \tag{1.1}$$

As engrenagens, normalmente, são aplicadas em pares, ou seja, há dois elementos envolvidos:

- roda motora ou acionadora;
- roda movida ou acionada.

Elas funcionam como alavancas.

Vamos tomar a Figura 1.7 como exemplo.

Que força (F) o homem precisa fazer para levantar a pedra de 300 kg?

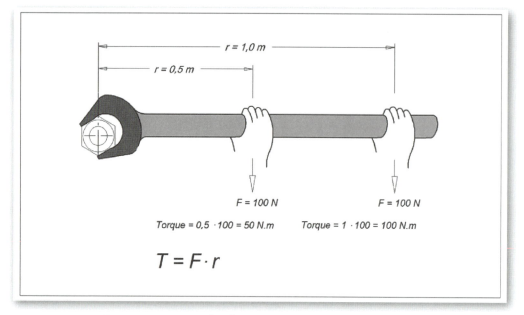

Figura 1.6 – Torque – momento de alavanca.

O torque (*T*) no pivô é:

$$T = 300 \times 1 = 300 \text{ kgf} \cdot \text{m} \qquad \text{ref (1.1)}$$

$$F = \frac{T}{0,3} = \frac{300}{0,3} = 1000 \text{ kgf}$$

Reparem que, para um pequeno movimento, temos um grande deslocamento.

Nesse caso, precisamos ganhar torque, porque o homem não é capaz de efetuar esse trabalho.

Vamos, agora, tomar a Figura 1.8 como exemplo.

Que força (*F*) o homem precisa fazer para levantar a mesma pedra de 300 kg?
O torque (*T*) no pivô é:

$$T = 300 \times 0,2 = 60 \text{ kgf} \cdot \text{m} \qquad \text{ref (1.1)}$$

$$F = \frac{T}{0,3} = \frac{60}{1,2} = 50 \text{ kgf}$$

Potência e torque

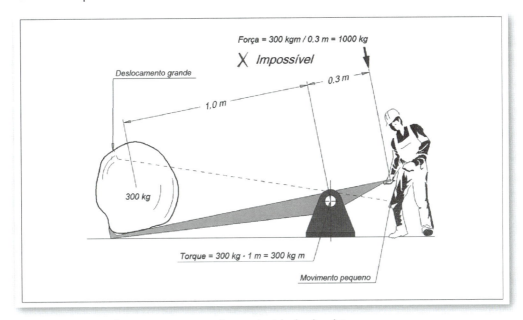

Figura 1.7 – Alavanca aumentando a velocidade do objeto.

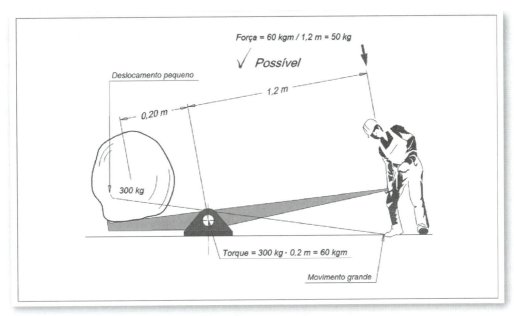

Figura 1.8 – Alavanca diminuindo a força exercida.

8   *Engrenagens cilíndricas – da concepção à fabricação*

Reparem agora que, para um grande movimento, temos um pequeno deslocamento, ou seja, ganhamos torque e perdemos velocidade.

As engrenagens trabalham de maneira similar. Se a roda motora é menor que a roda movida, como ilustrado na Figura 1.9, ganharemos torque e perderemos velocidade. Caso contrário, como ilustrado na Figura 1.10, ganharemos velocidade e perderemos torque.

Figura 1.9 – Relação de transmissão – ganho de torque.

As engrenagens jamais poderão fornecer um ganho de potência. Ao contrário, sempre haverá algumas perdas em razão do atrito entre os dentes, ao atrito dos mancais e à agitação do óleo lubrificante.

Para determinar o torque em função da potência e da rotação, aplique a Equação (18.2).

Potência e torque

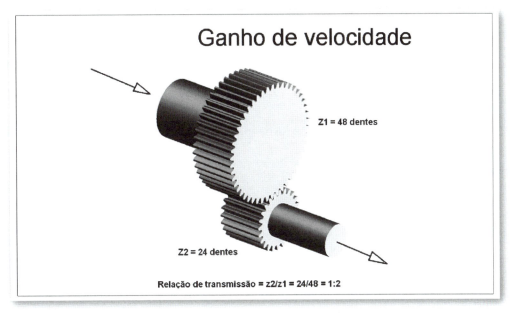

Figura 1.10 – Relação de transmissão – ganho de velocidade.

CAPÍTULO 2
Função da engrenagem

Quando for necessário transmitir torque e movimento de rotação de um eixo para outro, tendo-se definida uma relação de velocidades entre eles e com os eixos girando em sentidos opostos, vários sistemas poderão ser aplicados. Veremos, aqui, três exemplos, que têm algo em comum e estão ilustrados na Figura 2.1.

- *Discos de fricção*
- *Polias com correia cruzada*
- *Engrenagens*

Se a máquina, na qual será aplicado o sistema, necessitar de velocidades angulares uniformes, tanto os discos de fricção quanto as polias com correia cruzada não se mostrarão satisfatórios, porque estão sujeitos ao deslizamento, por conta da falta de contato positivo entre os elementos. Tão logo uma sobrecarga seja imposta no membro movido, tanto os discos de fricção quanto as polias com correia deslizarão. As engrenagens oferecem a mais prática e confiável maneira de se transmitir movimento angular uniforme.

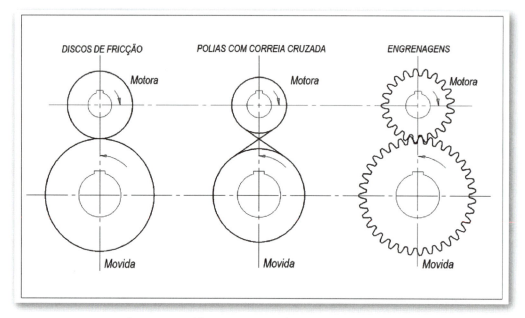

Figura 2.1 – Analogia entre diferentes meios de transmissão.

RELAÇÃO DE TRANSMISSÃO

A razão entre as velocidades da roda movida e motora é denominada *relação de transmissão* (u).

No exemplo da Figura 2.2, a roda movida tem 36 dentes ($z_2 = 36$) e a motora, 12 dentes ($z_1 = 12$), portanto, é três vezes maior. Sendo assim, a roda motora dará uma volta completa para 1/3 de rotação da roda movida. A razão entre as velocidades, nesse caso, é de 3 para 1, ou seja:

$$u = \frac{z_2}{z_1}$$
(2.1)

$$u = \frac{36}{12} = \frac{3}{1} = 3$$
ref (2.1)

Rodas intermediárias entre a motora e a movida não alteram a relação de transmissão. Poderão sim, inverter o sentido de rotação da roda movida, se a quantidade de intermediárias for par. Em outras palavras, se a quantidade de rodas intermediárias for par, o sentido entre as rodas é oposto. Caso contrário, é o mesmo. Veja exemplo na Figura 2.3, em que uma roda intermediária é aplicada. Sua função é inverter o sentido de rotação da roda movida.

Função da engrenagem

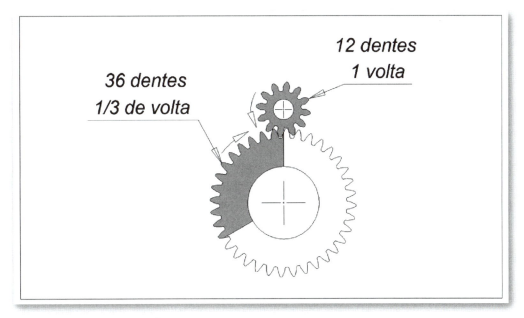

Figura 2.2 – Relação de transmissão.

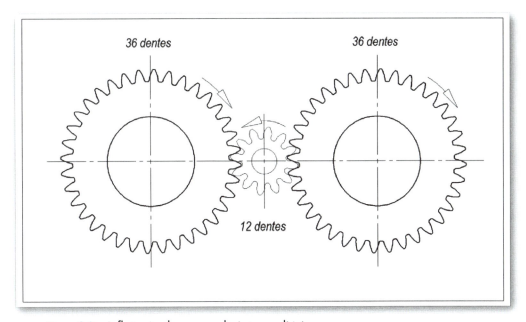

Figura 2.3 – Influência de uma roda intermediária.

Na Figura 2.4 é mostrado um sistema de engrenagens montadas em série. Neste exemplo, os sentidos entre as rodas motora e movida são opostos, em virtude de o número de rodas intermediárias ser par.

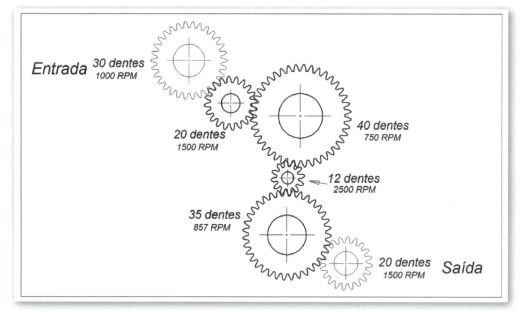

Figura 2.4 – Sistema de engrenagens montadas em série.

Podemos arranjar as engrenagens de maneira diferente. No exemplo mostrado na Figura 2.5, temos duas rodas no mesmo eixo, ou seja, um sistema de engrenagens montadas em paralelo. Isso é um redutor de engrenagens.

Reparem que a roda de entrada tem 15 dentes e a de saída 30 dentes, porém, a relação de transmissão total é 4:1.

Isto se deve ao fato de termos dois estágios de redução:

$$u_1 = \frac{z_2}{z_1} = \frac{30}{15} = 2$$

$$u_2 = \frac{z_4}{z_3} = \frac{30}{15} = 2$$

$$u = u_1 \cdot u_2 = 2 \times 2 = 4$$

Podemos alcançar grandes reduções aumentando o número de estágios, porém, para um único, uma limitação de 5:1 deve ser considerada (para as engrenagens cilíndricas retas ou helicoidais) para as seguintes finalidades:

- limitar a velocidade relativa de deslizamento entre os flancos;
- aumentar a eficiência do engrenamento;

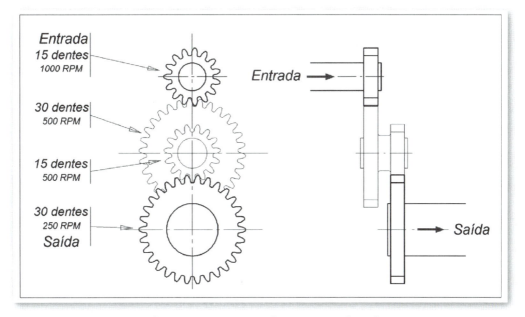

Figura 2.5 – Sistema de engrenagens com dois estágios de redução.

- haver um maior equilíbrio de capacidade entre as rodas motora e movida;
- minimizar o tamanho da coroa.

Essa limitação é apenas uma prática de projeto, não necessariamente obrigatória, pois existem recursos para amenizar os problemas resultantes de uma relação de transmissão maior.

Conhecendo as funcionalidades das engrenagens, podemos voltar ao problema do cavalo do engenheiro James Watt que não podia levantar os 4566 kg de uma só vez.

Vamos utilizar um par de engrenagens, um par de eixos, um par de cabos e um par de tambores para enrolar os cabos. Todos esses componentes possuem um elemento de entrada (ligados ao motor que, nesse caso, é o cavalo) e outro de saída (ligados ao balde de carvão).

Tomemos como exemplo a Figura 2.6.

a) Cálculo da relação de transmissão (u) das engrenagens:

$$u = \frac{75}{15} = 5$$

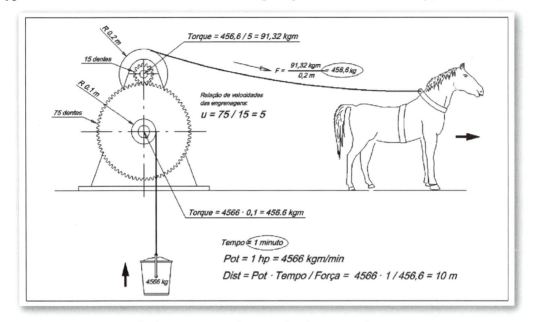

Figura 2.6 – Cavalo de J. Watt içando 4566 kg de carvão de uma só vez.

b) Cálculo do torque no eixo de saída (T_2):

$$T_2 = 4566 \times 0,1 = 456,6 \text{ kgf} \cdot \text{m}$$

c) Cálculo do torque no eixo de entrada (T_1):

$$T_1 = \frac{456,6}{5} = 91,32 \text{ kgf} \cdot \text{m}$$

d) Cálculo da força (F) que o cavalo deve exercer:

$$F = \frac{91,32}{0,2} = 456,6 \text{ kgf}$$

e) Cálculo da distância ($Dist$) que o cavalo deve percorrer para consumir potência de 1 hp, desprezando seu peso e os atritos envolvidos no sistema:

$$Dist = \frac{4566 \times 1}{456,6} = 10 \text{ m}$$

CAPÍTULO 3
Involutometria do dente

O formato do dente tem um importante papel na suavidade do movimento transmitido. Analisaremos, neste capítulo, os cinco elementos que compõem o dente de uma engrenagem.

Vamos chamar de involutometria do dente o estudo geométrico dos elementos que o compõe.

Existem diversas formas, que podem ser usadas como perfis de dente de uma engrenagem. Porém, experiências têm provado que a curva evolvente é o mais satisfatório perfil, tanto para engrenagens retas quanto para helicoidais, além de satisfazer os principais requisitos para uma transmissão suave e menos ruidosa.

Com a aceitação destes argumentos, a indústria resolveu adotar, para a maioria das aplicações, o perfil evolvente na fabricação das engrenagens.

Um dente gerado por um **hob** ou por um **shaper** – no caso de dentados externos – ou por um shaper – no caso de dentados internos –, que são ferramentas tradicionalmente utilizadas na fabricação de engrenagens e que veremos com mais detalhes adiante, podem produzir até cinco elementos geométricos. Estes são, exatamente, os elementos que compõem um dente completo, conforme ilustrado na Figura 3.1 (dentado externo) e Figura 3.2 (dentado interno). São eles:

- evolvente;
- trocoide;
- chanfro de cabeça;
- raio de cabeça;
- raio de pé.

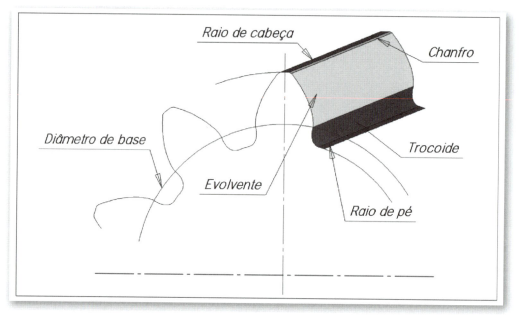

Figura 3.1 – Os elementos do dente – dentado externo.

EVOLVENTE

A evolvente é o elemento ativo do dente na transmissão, portanto, o elemento principal. É esse elemento que determina a qualidade do dentado, em virtude de sua precisão, que, por sua vez, afeta sensivelmente a vida útil da roda. A qualidade do dentado indica com exatidão o processo de fabricação adequado para a geração e acabamento da evolvente.

Aqui estão apenas algumas das razões que podem ser compreendidas, para justificar a importância desse elemento no estudo do dente.

A evolvente é uma espiral cujo desenvolvimento da curva é obtido desenrolando-se um fio tirante a partir de um círculo denominado *círculo base*. Veja uma ilustração na Figura 3.3.

Involutometria do dente

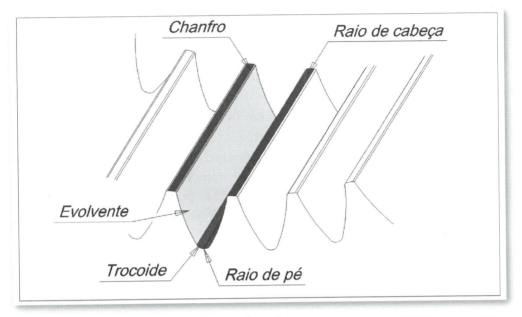

Figura 3.2 – Os elementos do dente – dentado interno.

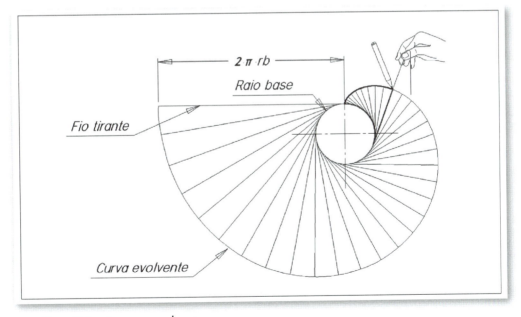

Figura 3.3 – A curva evolvente.

A adoção dessas curvas, também se deve à facilidade de fabricação da ferramenta geradora, que nada mais é que uma cremalheira básica com flancos retos, na sua forma mais simples. As evolventes do dente são geradas exatamente pelos flancos retos e trapezoidais dessa cremalheira.

Evidentemente que, com o estado atual da tecnologia, se produzem quaisquer perfis sem nenhuma dificuldade.

A Figura 3.4 mostra a porção de uma curva evolvente que se presta à formação do flanco do dente de uma roda externa.

Voltando à analogia entre os três sistemas de transmissão citados no Capítulo 2, ou seja, discos de fricção, polias com correia cruzada e engrenagens, podemos descrever a evolvente como uma curva traçada por um ponto sobre a correia, que se move ao girarmos as polias sem deslizar. Veja, a seguir, a seção "Desenvolvimento da evolvente externa por meio da geometria".

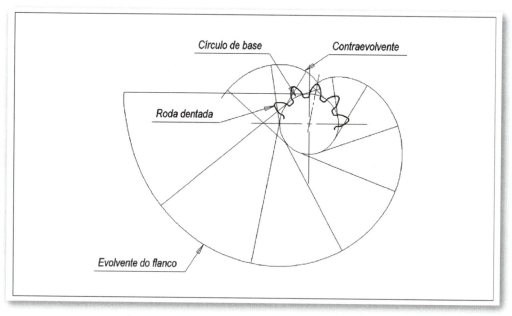

Figura 3.4 – A evolvente no dente da roda.

Desenvolvimento da evolvente externa por meio da geometria

Podemos demonstrar o desenvolvimento da evolvente do flanco de um dente, utilizando um gabarito fixado na polia movida, como mostra a Figura 3.5.

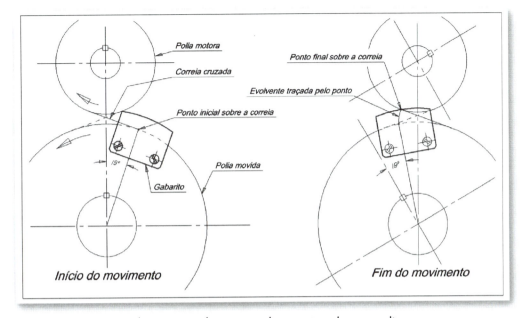

Figura 3.5 – A evolvente traçada a partir da correia sobre as polias.

Se fixarmos um ponto sobre a correia e girarmos as polias, a curva traçada por esse ponto sobre o gabarito resultará em uma evolvente. Similarmente, a evol-

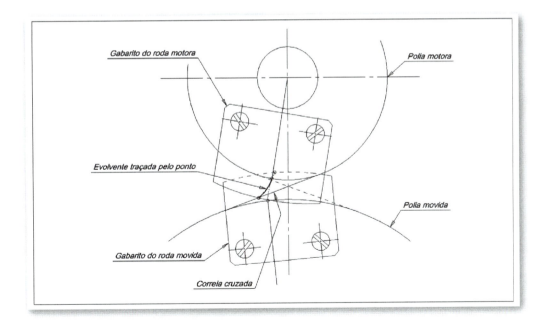

Figura 3.6 – A evolvente conjugada, traçada a partir da correia sobre as polias.

vente conjugada poderá ser desenvolvida sobre um gabarito fixado na polia motora, como mostrado na Figura 3.6.

O ponto fixado sobre o outro lado da correia cruzada traçará uma evolvente no gabarito quando a polia motora girar na direção oposta. Ao cortarmos esses gabaritos exatamente sobre as curvas traçadas, como mostra a Figura 3.7, teremos os flancos evolventes conjugados, que transmitirão movimento angular uniforme quando a correia for retirada.

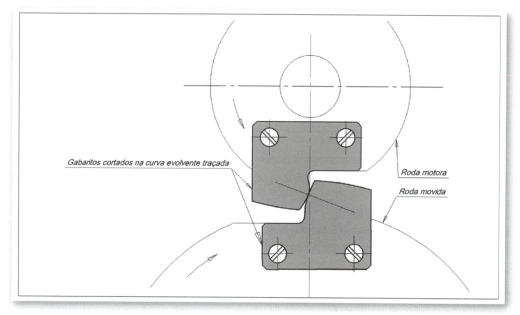

Figura 3.7 – A evolvente recortada nos gabaritos traçados.

Como cada um destes perfis é apenas um flanco de um único dente de cada membro, o movimento transmitido não passará de um pequeno arco de rotação. Para transmitir movimento angular contínuo, sucessivos flancos deverão ser gerados e, para transmitir movimento uniforme, será necessário que os flancos sejam igualmente espaçados e rigorosamente paralelos. Chamamos esses espaçamentos de passo. Todos os pontos que traçaram as curvas equidistantes estão localizados sobre a correia, como mostra a Figura 3.8.

Se houver necessidade de se transmitir movimento para ambas as direções, perfis similares e opostos também deverão ser gerados, como ilustra a Figura 3.9.

Temos, agora, algo que se parece com um par de engrenagens, pois, a evolvente é apenas um dos elementos que compõem o dente. Os outros elementos serão estudados adiante.

Involutometria do dente

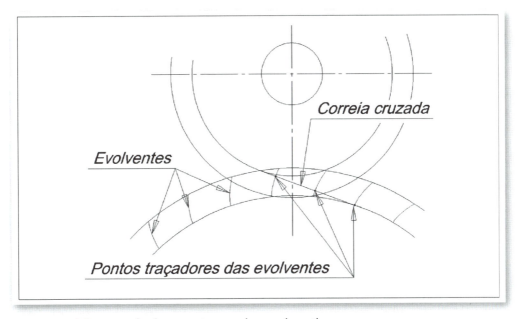

Figura 3.8 – Traçado de sucessivas evolventes homólogas.

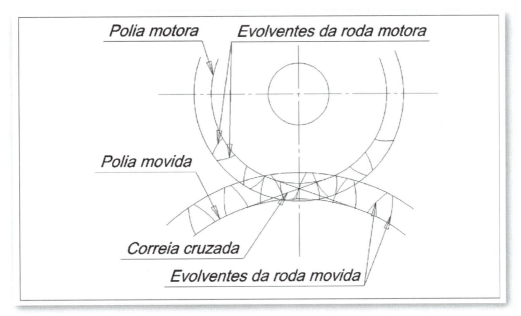

Figura 3.9 – Traçado de sucessivas evolventes homólogas e anti-homólogas.

Na Figura 3.10, as engrenagens, as polias com correia cruzada e os discos de fricção estão sobrepostos. Fazendo uma analogia entre os três sistemas, os discos de fricção são os círculos primitivos (d_w) das engrenagens, que, nesse caso, coincidem com os círculos de referências (d). As polias são os círculos de base (d_b) e a correia, representa a linha de ação. O ponto primitivo, que é a intersecção da correia com a linha que passa pelos centros das engrenagens, é também o ponto tangente (tangente comum) dos discos de fricção. O ângulo entre a correia (linha de ação) e a linha horizontal que passa pelo ponto primitivo é chamado de ângulo de pressão.

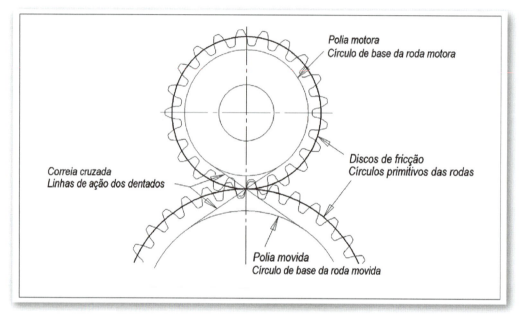

Figura 3.10 – Diferentes meios de transmissão sobrepostos.

Em qualquer engrenagem, a relação de transmissão (relação entre as velocidades) é determinada pelas distâncias que vão do centro das rodas até o ponto de contato dos dentes. Um tipo de engrenagem primitiva consiste em uma roda motora com estacas de madeira em suas extremidades que engrenam com rolos montados na roda movida. Veja a Figura 3.11B.

O problema desse tipo de engrenagem é que a distância do centro de cada roda até o ponto de contato muda em decorrência da rotação. Isso altera a relação de transmissão a cada posição angular durante o engrenamento, provocando uma incessante aceleração e desaceleração da roda movida.

Nas engrenagens com perfis evolventes, embora a distância entre os centros das rodas e o ponto de contato entre os dentes variem durante o engrenamento, a relação de velocidades é constante. Uma maneira de enxergar a precisão na relação de velocidades é analisando a Figura 3.11A.

Involutometria do dente

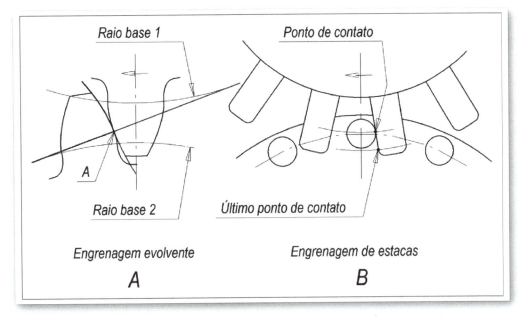

Figura 3.11 – Engrenagem evolvente (A) versus engrenagem de estacas (B).

Se cortarmos a correia em um ponto qualquer da região esticada entre as polias como, por exemplo, no ponto A, teremos dois seguimentos de correia enrolados nas respectivas polias (círculos de base). Se movimentarmos as correias esticadas com um lápis em suas extremidades, teremos traçadas as curvas evolventes conjugadas. Vamos unir novamente as pontas da correia e imaginar as polias girando, com o ponto A se deslocando. É como se as curvas evolventes se movessem, deslizando uma sobre a outra, mantendo o ponto de contato (ponto A) sempre sobre a correia (linha de ação). Note que a velocidade linear (v_t) do ponto A sobre a linha de ação é a mesma velocidade periférica dos círculos de base. Para calcular a rotação de cada elemento, podemos aplicar as equações a seguir. Notem que a relação de transmissão (n_2/n_1) depende única e exclusivamente dos diâmetros de base (d_{b2}/d_{b1}).

$$d_{b1} = d_1 \cdot \cos \alpha_t$$

$$d_{b2} = d_2 \cdot \cos \alpha_t$$

$$n_1 = \frac{1000 \, v_{tb}}{\pi \, d_{b1}}$$

$$n_2 = \frac{1000 \, v_{tb}}{\pi \, d_{b2}}$$

onde:

n_1 = Rotação do pinhão em RPM.
n_2 = Rotação da coroa em RPM.
v_{tb} = Velocidade periférica dos círculos de base em m/min.
d_1 = Diâmetro de referência do pinhão em mm. Equação 7.30
d_2 = Diâmetro de referência da coroa em mm. Equação 7.30
α_t = Ângulo de perfil transversal. Equação 3.1
1000 = Fator para converter metros em milímetros.

Isto é possível graças ao perfil evolvente.

Acompanhe a explicação a seguir, observando a Figura 3.11A, em que o pinhão é a roda superior e a coroa é a inferior.

No início do engrenamento, o ponto de contato se dá próximo ao pé do dente do pinhão, que gira no sentido horário, e próximo à cabeça do dente da coroa, que gira no sentido anti-horário. Com o progresso da transmissão, enquanto as rodas giram, o ponto de contato caminha, sobre a linha de ação, para a cabeça do dente do pinhão, distanciando-se de seu centro. Ao mesmo tempo, o ponto de contato caminha para o pé da coroa, aproximando-se de seu centro. Em outras palavras, o raio do ponto de contato cresce no pinhão e decresce na coroa. Porém, repare que, no ponto em que o contato se inicia, a espessura do dente do pinhão é grande e, à medida que as rodas giram, o ponto de contato desliza, sobre a linha de ação, para espessuras cada vez menores. Isso provoca uma desaceleração contínua na coroa, compensando a relação entre os raios do ponto de contato que varia, também, de forma contínua. Isso resulta em uma relação de transmissão constante e precisa, mesmo com o raio do ponto de contato variando continuamente.

Outra característica importante do perfil evolvente é que ele permite uma variação na distância entre centros, sem afetar a relação de transmissão. Quando a distância entre centros é aumentada, como mostra a Figura 3.12B, os círculos de base permanecem os mesmos, mas, uma nova linha de ação, novos círculos primitivos e novo ponto primitivo são criados.

Desenvolvimento da evolvente externa por meio de coordenadas

Vimos aqui uma maneira didática para obter a porção da curva evolvente aplicada a uma roda dentada, porém, quando necessitamos do traçado para um objetivo qualquer, temos de calcular e plotar diversos pontos para a obtenção da curva. Muitas características geométricas do dente necessitam de equações transcendentais para o seu cálculo. Essas equações não podem ser resolvidas algebricamente. Sua resolução requer um método numérico e existe um grande número deles – também conhecidos como zeros de uma função – que podem ser aplicados.

Involutometria do dente

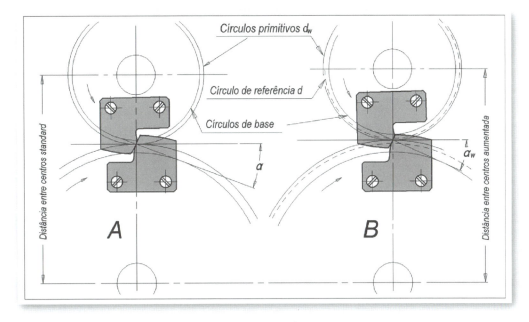

Figura 3.12 – Distância entre centros aumentada.

Entre os mais conhecidos estão o método da secante, o método da falsa posição, o método de Newton-Raphson, que aplicaremos adiante, porém, o mais intuitivo entre todos é o método da bissecção, também chamado de método da dicotomia. É oportuno descrevê-lo neste momento para que possamos aplicá-lo quando surgir uma necessidade (e surgirão muitas), evitando a necessidade de se recorrer a uma literatura específica.

Método numérico da bissecção ou dicotomia

Seja uma função $f(x)$ contínua em um intervalo $[i_a, i_b]$ e k uma raiz de $f(x)$ isolada nesse intervalo.

Inicialmente, dividimos o intervalo em duas metades:

$$\left[i_a, \frac{i_a + i_b}{2}\right] \text{ e } \left[\frac{i_a + i_b}{2}, i_b\right]$$

Verificamos se a raiz está contida na primeira ou na segunda metade do intervalo. Se a função $f(x)$ mudar de sinal entre a e $(i_a + i_b)/2$, a raiz está na primeira metade do intervalo $[i_a, i_b]$. Se a função mudar de sinal entre $(i_a + i_b)/2$ e b, a raiz está na segunda metade do intervalo $[i_a, i_b]$. A função muda de sinal quando cruza a abscissa e é exatamente nesse ponto que se encontra a raiz ou o zero da função.

Em seguida, repetimos o processo para aquela metade que contém a raiz de $f(x)$, ou seja, dividimos o novo intervalo em duas metades e verificamos se a raiz está contida na primeira ou na segunda metade desse novo intervalo. Repetimos este processo diversas vezes até que a condição imposta seja satisfeita. Assim, na Figura 3.13 tem-se:

$$m_1 = \frac{i_a + i_b}{2}, \; m_2 = \frac{i_a + m_1}{2}, \; m_3 = \frac{m_2 + m_1}{2}, \; ...$$

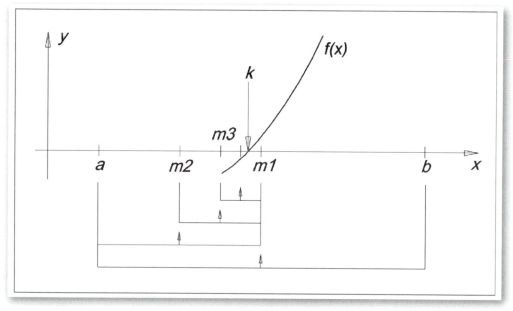

Figura 3.13 – Método numérico – dicotomia ou bissecção.

Como o processo é iterativo (repetido muitas vezes), é oportuno o auxílio da informática. Para os nossos problemas (engrenagens), em média, 20 iterações são suficientes para se alcançar a precisão necessária.

Isso pode ser resolvido com o uso de uma planilha eletrônica. Veja um exemplo a seguir.

A planilha exemplificada na Figura 3.14, calcula o ângulo em função de sua involuta. Assim, entrei com a involuta = 0,02634966 (célula C25) e obtive o resultado = 0,41887903 radianos (célula C26), que corresponde a 24 graus.

A involuta do ângulo será explicada adiante. Por ora, será utilizada apenas para exemplificar o uso do método da bissecção. No Capítulo 6, será mostrado um método numérico mais eficiente para determinar o ângulo em função de sua involuta.

Involutometria do dente

Para preencher a planilha, considere a função para a involuta de x ($inv\ x$):

$$f(x) = \tan x - x \quad [x \text{ em radianos}]$$

Para o zero da função:

$$\tan x - x - f(x) = 0$$

Preenchimento das células da planilha:

Célula	Conteúdo	Comentário
B3	0,0	x_a em i_a no intervalo i_a, i_b (0,0 para este exemplo).
B4	= SE(E3*G3<0;B3;D3)	Se o sinal for negativo, seleciona-se x_a, senão, x_m.
...		
B23	= SE(E22*G22<0;B22;D22)	Se o sinal for negativo, seleciona-se x_a, senão, x_m.
C3	1,0	x_b em b no intervalo i_a, i_b (1,0 para este exemplo).
C4	= SE(F3*G3<0;C3;D3)	Se o sinal for negativo, seleciona-se x_b, senão, x_m.
...		
C23	= SE(F22*G22<0;C22;D22)	Se o sinal for negativo, seleciona-se x_b, senão, x_m.
D3	= (B3+C3)/2	x_m em $(i_a+i_b)/2$ no intervalo i_a, i_b.
...		
D23	= (B23+C23)/2	
E3	= TAN(B3)–B3–C25	$f(x_a)$ em i_a.
...		
E23	= TAN(B23)–B23–C25	
F3	= TAN(C3)–C3–C25	$f(x_b)$ em i_b.
...		
F23	= TAN(C23)–C23–C25	
G3	= TAN(D3)–D3–C25	$f(x_m)$ em $(i_a+i_b)/2$.
...		
G23	= TAN(D23)–D23–C25	
H3	= ABS(C3–B3)	Erro – $abs(x_b - x_a)$
...		
H23	= ABS(C23–B23)	
C25	0,02634966	Dado = Valor da involuta = $inv(x)$
C26	= MÉDIA(B23:C23)	Resultado = Ângulo em radianos = x

A	B	C	D	E	F	G	H
	Zero de função para cálculo do Ângulo em função da involuta do ângulo						
i	Âng Inicial	Âng Final	Âng Médio	Inv Inicial	Inv Final	Inv Média	Âng F - Âng Ini
0	0.00000000	1.00000000	0.50000000	-0.02634966	0.53105806	0.01995283	1.00000000
1	0.00000000	0.50000000	0.25000000	-0.02634966	0.01995283	-0.02100774	0.50000000
2	0.25000000	0.50000000	0.37500000	-0.02100774	0.01995283	-0.00772308	0.25000000
3	0.37500000	0.50000000	0.43750000	-0.00772308	0.01995283	0.00388037	0.12500000
4	0.37500000	0.43750000	0.40625000	-0.00772308	0.00388037	-0.00241961	0.06250000
5	0.40625000	0.43750000	0.42187500	-0.00241961	0.00388037	0.00059870	0.03125000
6	0.40625000	0.42187500	0.41406250	-0.00241961	0.00059870	-0.00094246	0.01562500
7	0.41406250	0.42187500	0.41796875	-0.00094246	0.00059870	-0.00018000	0.00781250
8	0.41796875	0.42187500	0.41992188	-0.00018000	0.00059870	0.00020731	0.00390625
9	0.41796875	0.41992188	0.41894531	-0.00018000	0.00020731	0.00001315	0.00195313
10	0.41796875	0.41894531	0.41845703	-0.00018000	0.00001315	-0.00008355	0.00097656
11	0.41845703	0.41894531	0.41870117	-0.00008355	0.00001315	-0.00003523	0.00048828
12	0.41870117	0.41894531	0.41882324	-0.00003523	0.00001315	-0.00001105	0.00024414
13	0.41882324	0.41894531	0.41888428	-0.00001105	0.00001315	0.00000105	0.00012207
14	0.41882324	0.41888428	0.41885376	-0.00001105	0.00000105	-0.00000500	0.00006104
15	0.41885376	0.41888428	0.41886902	-0.00000500	0.00000105	-0.00000198	0.00003052
16	0.41886902	0.41888428	0.41887665	-0.00000198	0.00000105	-0.00000047	0.00001526
17	0.41887665	0.41888428	0.41888046	-0.00000047	0.00000105	0.00000029	0.00000763
18	0.41887665	0.41888046	0.41887856	-0.00000047	0.00000029	-0.00000009	0.00000381
19	0.41887856	0.41888046	0.41887951	-0.00000009	0.00000029	0.00000010	0.00000191
20	0.41887856	0.41887951	0.41887903	-0.00000009	0.00000010	0.00000001	0.00000095
Dado	Involuta =>	0.02634966					
Resultado	Ângulo =>	0.41887903	radianos				

Figura 3.14 – Planilha eletrônica – método da bissecção.

Os valores iniciais que determinam o primeiro intervalo i_a, i_b, dependem, evidentemente, de cada problema. Arbitrei para este exemplo $i_a = 0$ e $i_b = 1$ porque sabia que raiz (0,41887903) estaria contida entre estes valores.

Para as outras funções que encontraremos no decorrer deste livro, nem sempre tão simples quanto à deste exemplo, será necessário utilizar mais células para determiná-las. Melhor ainda seria a utilização de um software específico como o Progear[1], por exemplo. Para outras, tão simples quanto esta, basta substituir o conteúdo das células referentes às colunas E, F e G. Os dados também poderão ser em número maior, como, por exemplo, módulo normal, distância entre centros, ângulo de hélice etc., e não um único número, como neste exemplo. As estimativas iniciais também terão de ser adequadas a cada problema.

Algoritmo do método da bissecção

O algoritmo a seguir é extremamente simples e pode ser utilizado para qualquer linguagem de programação.

---

[1] Software para cálculo de engrenagens.

Início
   $m = (i_a + i_b)/2$
   Faça enquanto $|f(m)| \geq p$
     Se $f(i_a) * f(i_b) < 0$ *então*
       $i_b = m$
     Senão
       $i_a = m$
     Fim-Se
     $m = (i_a + i_b)/2$
   Fim-Faça
   Escreva "A raiz do intervalo dado é", m
Fim

Observação: i_a e i_b são, respectivamente, o ponto inicial e o ponto final do intervalo, f é a função definida e p é o erro máximo tolerado.

Traçado da curva evolvente

Podemos traçar a evolvente por meio de coordenadas polares ponto a ponto, atribuindo-se valores para o raio vetor r_x e calculando-se o ângulo φ. Para isto, utilize as Equações (3.1), (3.2) e (3.3).

Para obter as coordenadas cartesianas utilize as Equações (3.5) e (3.6).

$$a_t = \tan^{-1}\left(\frac{\tan \alpha_n}{\cos \beta}\right) \qquad (3.1)$$

$$\alpha_x = \cos^{-1}\left(\frac{d \cdot \cos \alpha_t}{2 \cdot r_x}\right) \qquad (3.2)$$

$$\varphi = \frac{S_n}{d \cdot \cos \beta} + \mathrm{inv}\,\alpha_t - \mathrm{inv}\,\alpha_x \qquad (3.3)$$

Para calcular a involuta de um ângulo qualquer, por exemplo α, aplique a Equação (3.4).

$$\mathrm{inv}\,\alpha = \tan \alpha - \alpha \quad [\alpha \text{ isolado em radianos}] \qquad (3.4)$$

Para obter as coordenadas cartesianas (x e y):

$$x_{ev} = r_x \cdot \mathrm{sen}\,\varphi \qquad (3.5)$$

$$y_{ev} = r_x \cdot \cos \varphi \qquad (3.6)$$

onde:

x_{ev} = Abscissa do perfil evolvente a partir do centro do dente.
y_{ev} = Ordenada do perfil evolvente a partir do centro da engrenagem.
S_n = Espessura circular normal do dente.
β = Ângulo de hélice sobre o diâmetro de referência.
d = Diâmetro de referência.
$α_n$ = Ângulo de perfil normal.
$α_t$ = Ângulo de perfil transversal.
$α_x$ = Ângulo de perfil no raio r_x.

Cálculo do raio no qual inicia a evolvente de um dente externo (r_u)

Para plotar toda a extensão do perfil evolvente, temos de conhecer os raios onde ele inicia e onde termina.

- Ele inicia exatamente onde termina a trocoide (perfil que veremos adiante). Nesse ponto, ocorre a intersecção ou a tangente entre os dois perfis. A distância entre o centro da roda até esse ponto é o raio r_u. Normalmente se especifica o diâmetro $d_u = 2 \cdot r_u$.
- Ele termina exatamente no início do chanfro, quando houver chanfro ou no círculo de cabeça do dente, quando não houver. Nos dentes com chanfro, a distância entre o centro da roda até o ponto onde termina a evolvente é o raio r_{Nk}. Normalmente se especifica o diâmetro $d_{Nk} = 2 \cdot r_{Nk}$.

Dependendo do número de dentes e de outras características como ângulo de perfil, ângulo de hélice e deslocamento do perfil, a crista da ferramenta geradora poderá penetrar ou não no perfil do dente. No caso positivo, o perfil trocoidal resulta em uma depressão e sua curva cruza com o perfil evolvente. No caso negativo, o perfil trocoidal tangencia o perfil evolvente.

Perfil sem depressão

Quando não há depressão, o ponto de tangência é facilmente determinado por equações que dependem do tipo de ferramenta utilizado (hob ou shaper).

Para dentes cortados com hob, utilize as Equações de (3.7) a (3.10). As condições geométricas são mostradas na Figura 3.15.

$$h_k = r_2 - r_{f2} \tag{3.7}$$

Involutometria do dente

$$h_{kz} = h_k - \frac{r_k}{\cos \beta} \cdot (1 - \operatorname{sen} \alpha_t) \quad (3.8)$$

$$r_u = \sqrt{\left[r_2 \cdot \operatorname{sen} \alpha_t - \left(\frac{h_{kz}}{\operatorname{sen} \alpha_t}\right)\right]^2 + r_{b2}^2} \quad (3.9)$$

$$d_u = 2 \cdot r_u \quad (3.10)$$

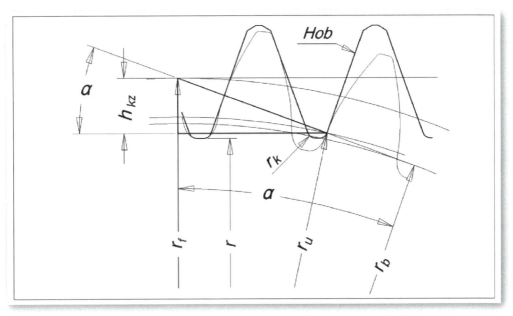

Figura 3.15 – Tangente entre a evolvente e a trocoide – corte com hob.

Para dente cortado com shaper, utilize as Equações (3.11), (3.12) e (3.10). As condições geométricas são mostradas na Figura 3.16.

$$\alpha_{u0} = \cos^{-1}\left(\frac{r_{b0}}{r_{uo}}\right) \quad (3.11)$$

$$r_u = \sqrt{(a_0 \cdot \operatorname{sen} \alpha_{wt} - r_{b0} \cdot \tan \alpha_{u0})^2 + r_{b2}^2} \quad (3.12)$$

$$d_u = 2 \cdot r_u \quad (3.10)$$

onde:

r_2 = Raio de referência da roda.
r_{f2} = Raio de pé da roda.
h_k = Altura da cabeça da ferramenta.
r_k = Raio da crista da ferramenta geradora.
r_{b2} = Raio base da roda.
r_{b0} = Raio base do shaper.
α_t = Ângulo de perfil transversal.
β = Ângulo de hélice sobre o diâmetro de referência.
d_u = Diâmetro de início da evolvente.
a_0 = Distância entre centros (roda e shaper).
r_{u0} = Raio máximo da evolvente do shaper.
α_{u0} = Ângulo de perfil do máximo raio da evolvente do shaper.

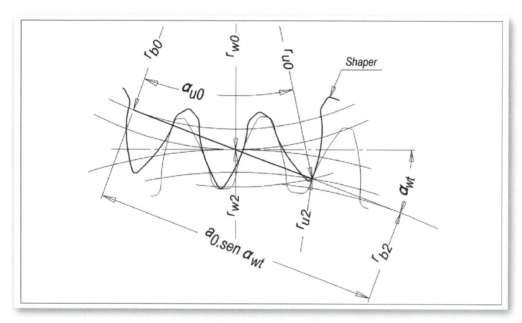

Figura 3.16 – Tangente entre a evolvente e a trocoide – corte com shaper.

Perfil com depressão

Quando há depressão, a trocoide cruza a evolvente. A determinação do ponto de intersecção depende do tipo de ferramenta utilizado (hob ou shaper) e é recomendado o uso da informática em virtude de sua complexidade.

Involutometria do dente

Para dentes cortados com hob, utilize as Equações de (3.13) a (3.23). As condições geométricas são mostradas na Figura 3.17.

$$A = r_2 - r_{f2} - r_k \tag{3.13}$$

$$B = \cos^{-1}\left(\frac{r_2 - A}{r_{tp}}\right) \tag{3.14}$$

$$C = \frac{A \cdot \tan B}{r_2} - \text{inv } B \tag{3.15}$$

$$D = \tan^{-1}\left[\frac{r_2 - A - \dfrac{r_{tp}^2}{r_2}}{\sqrt{r_{tp}^2 - (r_2 - A)^2}}\right] \tag{3.16}$$

$$E = \sqrt{r_{tp}^2 + r_k(r_k - 2 \cdot r_{tp} \cdot \text{sen } D)} \tag{3.17}$$

$$F = \tan^{-1}\left(\frac{\cos D}{\dfrac{r_{tp}}{r_k} - \text{sen } D} + C\right) \tag{3.18}$$

$$G = \frac{1}{2}\left(\frac{d_2 \cdot \pi}{z} - \frac{s_{n2}}{\cos \beta}\right) - (r_2 - r_{f2}) \cdot \tan \alpha_t \tag{3.19}$$

$$H = G - r_k \cdot \tan\left(45 - \frac{90 \cdot \tan \alpha_t}{\pi}\right) \tag{3.20}$$

$$I = \frac{\pi}{z} - \frac{H}{r_2} - F \tag{3.21}$$

$$J = \cos^{-1}\left(\frac{r_{b2}}{E}\right) \tag{3.22}$$

$$K = \frac{s_{n2}}{2 \cdot r_2 \cdot \cos \beta} + \text{inv } \alpha_t - \text{inv } J \tag{3.23}$$

Variar r_{tp} nas Equações (3.13) a (3.23) até que:

$$|I - K| \leq 0{,}00006° \text{ ou } |I - K| \leq 0{,}000001 \text{ rad.}$$

Quando isto acontecer, teremos: $r_u = F$ e $d_u = 2 \cdot r_u$

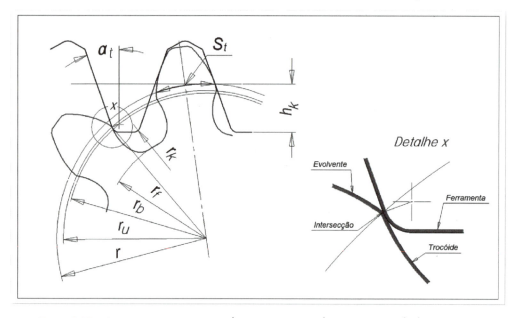

Figura 3.17 – Intersecção entre a evolvente e a trocoide – corte com hob.

Para dentes cortados com shaper, utilize as Equações de (3.24) a (3.39). As condições geométricas são mostradas na Figura 3.18.

$$A = a_0 - r_{f2} - r_k \qquad (3.24)$$

$$B = \cos^{-1}\left(\frac{r_{b0}}{A}\right) \qquad (3.25)$$

$$C = \cos^{-1}\left(\frac{a_0^2 + A^2 - r_{tp}^2}{2 \cdot a_0 \cdot A}\right) \qquad (3.26)$$

$$D = \frac{r_0}{r_2} \cdot C \qquad (3.27)$$

$$E = \frac{r_0}{r_2} \cdot \left(\frac{s_{n0}}{2 \cdot r_0} - \frac{r_k}{r_{b0}} + \text{inv}\,\alpha_t - \text{inv}\,B\right) \qquad (3.28)$$

$$F = \text{sen}^{-1}\left(\frac{A \cdot \text{sen}\,C}{r_{tp}}\right) - D + E \qquad (3.29)$$

Involutometria do dente

$$G = A \cdot (r_{tp}^2 \cdot \cos C - a_0 \cdot A \cdot \text{sen}^2 C) \tag{3.30}$$

$$H = A \cdot G \tag{3.31}$$

$$I = r_{tp}^2 \cdot (a_0 - A \cdot \cos C) \tag{3.32}$$

$$J = \frac{H}{I} - \frac{r_0}{r_2} \tag{3.33}$$

$$K = \frac{a_0 \cdot A \cdot \text{sen } C}{r_{tp}} \tag{3.34}$$

$$L = \tan^{-1}\left(\frac{r_{tp} \cdot J}{K}\right) \tag{3.35}$$

$$M = \sqrt{r_{tp}^2 + r_k(r_k - 2 \cdot r_{tp} \cdot \text{sen } L)} \tag{3.36}$$

$$N = \frac{180}{z} - \left[F + \cos^{-1}\left(\frac{r_{tp} - r_k \cdot \text{sen } L}{M}\right)\right] \quad \text{[graus]} \tag{3.37}$$

$$P = \cos^{-1}\left(\frac{r_{b2}}{M}\right) \tag{3.38}$$

$$Q = \frac{180}{\pi}\left(\frac{s_{n2}}{2 \cdot r_2 \cdot \cos \beta} + \text{inv } \alpha_t - \text{inv } P\right) \quad \text{[graus]} \tag{3.39}$$

Variar r_{tp} nas Equações (3.24) a (3.39) até que:

$$|N - Q| \leq 0{,}001° \text{ ou } |N - Q| \leq 0{,}00002 \text{ rad.}$$

Quando isso acontecer, teremos $r_u = M$ e $d_u = 2 \cdot r_u$

Exemplos para a determinação de r_u.
Vamos exemplificar as quatro condições:
1) Determinação de d_u sem depressão cortada com hob.
2) Determinação de d_u sem depressão cortada com shaper.
3) Determinação de d_u com depressão cortada com hob.
4) Determinação de d_u com depressão cortada com shaper.

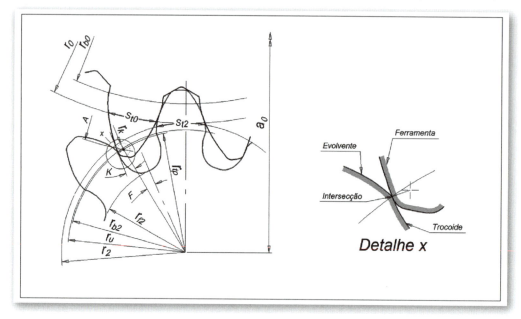

Figura 3.18 – Intersecção entre a evolvente e a trocoide – corte com shaper.

Determinação do início da evolvente (d_u) sem depressão cortado com hob

Dados:

Número de dentes (z) 40
Módulo normal (m_n) 10,000
Diâmetro de referência (d) 400,000
Diâmetro de pé (d_f) 367,960
Diâmetro base (d_b) 375,877
Ângulo de perfil (α) .... 20°
Ângulo de hélice (β) .... 0°
Espessura circular (S_n) 15,553
Raio da crista da ferramenta geradora (r_k) 2,000

$$h_k = 200 - 183{,}98 = 16{,}02 \qquad \text{ref (3.7)}$$

$$h_{kz} = 16{,}02 - 2 \times (1 - \operatorname{sen} 20°) = 14{,}704 \qquad \text{ref (3.8)}$$

Involutometria do dente

$$r_u = \sqrt{\left[200 \cdot \text{sen } 20° - \left(\frac{14{,}704}{\text{sen } 20°}\right)\right]^2 + 187{,}939^2} = 189{,}649 \qquad \text{ref (3.9)}$$

$$d_u = 2 \times 189{,}649 = 379{,}298 \qquad \text{ref (3.10)}$$

Determinação do início da evolvente (d_u) sem depressão cortado com shaper

Dados:

Número de dentes (z)	40
Módulo normal (m_n)	10,000
Diâmetro de referência da roda (d)	400,000
Diâmetro de pé da roda (d_f)	370,640
Diâmetro base da roda (d_b)	375,877
Ângulo de perfil (α)	20°
Ângulo de hélice (β)	0°
Espessura circular da roda (S_n)	15,216
Raio da crista do shaper (r_k)	1,350
Diâmetro de base do shaper (d_{b0})	234,923
Diâmetro do final da evolvente do shaper (d_{u0})	279,828
Ângulo de pressão transversal (α_{wt})	20,3936°
Distância entre centros entre a roda e o shaper (a_0)	325,822

$$\alpha_{u0} = \cos^{-1}\left(\frac{117{,}462}{139{,}914}\right) = 32{,}90986° \qquad \text{ref (3.11)}$$

$$r_u = \sqrt{(325{,}822 \times \text{sen } 20{,}3936° - 117{,}462 \times \tan 32{,}90986°)^2 + 187{,}939^2} =$$
$$= 191{,}645 \qquad \text{ref (3.12)}$$

Determinação do início da evolvente (d_u) com depressão cortado com hob

Neste exemplo, vamos tomar uma roda com um número de dentes bastante reduzido e sem deslocamento de perfil, com o objetivo de se deixar nítida a intersecção entre a trocoide e a evolvente.

Dados:

Número de dentes (z)	8
Módulo normal (m_n)	10,000

Diâmetro de referência (d) 80,000
Diâmetro de pé (d_f) 54,400
Diâmetro de início do chanfro (d_{Nk}) 99,660
Diâmetro base (d_b) 75,175
Ângulo de perfil (α) .... 20°
Ângulo de hélice (β) .... 0°
Espessura circular (S_n) 15,619
Raio da crista da ferramenta geradora (r_k) 2,000

Vamos aplicar o método numérico da bissecção, mostrando o resultado de cada iteração para servir como exemplo.

Na ausência de um software específico, o trabalho poderá ser sensivelmente reduzido com a utilização de uma planilha eletrônica para efetuar os cálculos e chegar à raiz.

Intervalo i_a, i_b adotado:

$$i_a = r_b = \frac{75{,}175}{2} = 37{,}588$$

$$i_b = r = \frac{80}{2} = 40$$

Para saber se a raiz está contida na primeira ou na segunda metade do intervalo, vamos analisar se o valor de $(I - K)$ é positivo ou negativo, respectivamente.

Mostrarei, para este exemplo, somente o cálculo da primeira iteração. Para os demais, mostrarei apenas os resultados.

Adotando $r_{tp} = 37{,}588$

$$A = 40 - 27{,}2 - 2 = 10{,}8 \qquad \text{ref (3.13)}$$

$$B = \cos^{-1}\left(\frac{40 - 10{,}8}{37{,}588}\right) = 39{,}02759° = 0{,}68116 \text{ rad} \qquad \text{ref (3.14)}$$

$$C = \frac{10{,}8 \times \tan 39{,}02759°}{40} - 0{,}12942 = 0{,}08944 \qquad \text{ref (3.15)}$$

$$D = \tan^{-1}\left[\frac{40 - 10{,}8 - \frac{37{,}588^2}{40}}{\sqrt{37{,}588^2 - (40 - 10{,}8)^2}}\right] = -14{,}50042° = -0{,}25308 \text{ rad} \qquad \text{ref (3.16)}$$

Involutometria do dente

$$E = \sqrt{37{,}588^2 + 2[2 - 2 \times 37{,}588 \times \text{sen}(-14{,}50042)]} = 38{,}13796 \qquad \text{ref (3.17)}$$

Observação: o valor de E não poderá ser menor que o raio base. Se isto acontecer, as próximas equações não poderão ser resolvidas.

$$F = \tan^{-1}\left(\dfrac{\cos(-14{,}50042°)}{\dfrac{37{,}588}{2} - \text{sen}(-14{,}50042°)} + 0{,}08944\right) = 8{,}03459° = 0{,}14023 \text{ rad} \qquad \text{ref (3.18)}$$

$$G = \dfrac{1}{2}\left(\dfrac{80 \cdot \pi}{8} - 15{,}609\right) - (40 - 27{,}2) \cdot \tan 20° = 3{,}24464 \qquad \text{ref (3.19)}$$

$$H = 3{,}24464 - 2 \times \tan\left(45° - \dfrac{90° \times \tan 20°}{\pi}\right) = 1{,}86132 \qquad \text{ref (3.20)}$$

$$I = \dfrac{\pi}{8} - \dfrac{1{,}86132}{40} - 0{,}14023 = 0{,}20594 \qquad \text{ref (3.21)}$$

$$J = \cos^{-1}\left(\dfrac{37{,}5875}{38{,}13796}\right) = 9{,}74643° = 0{,}17011 \text{ rad} \qquad \text{ref (3.22)}$$

$$K = \dfrac{15{,}619}{2 \times 40} + 0{,}0149 - 0{,}00166 = 0{,}20848 \qquad \text{ref (3.23)}$$

$$I - K = 0{,}20594 - 0{,}20848 = 0{,}00254$$

Obtivemos: $E = 38{,}138$ (arredondado para três casas decimais) e $(I - K) = +0{,}00254$. Como $0{,}00254 > 0{,}0001$, prosseguimos com as iterações.

Adotando $r_{tp} = 40{,}000$ obtivemos:
$E = 40{,}777$ e $(I - K) = +0{,}043840$.

Adotando $r_{tp} = \dfrac{37{,}588 + 40}{2} = 38{,}191$ obtivemos:

$E = 38{,}804$ e $(I - K) = +0{,}00696$.

Analisando os resultados de $(I - K)$ sabemos que a raiz se encontra na primeira metade do intervalo, ou seja, entre $37{,}588$ e $38{,}191$.

Adotando $r_{tp} = \dfrac{37{,}588 + 38{,}191}{2} = 37{,}889$ obtivemos:

$E = 38{,}471$ e $(I - K) = +0{,}00197$.

A raiz se encontra na primeira metade do intervalo, ou seja, entre 37,588 e 37,889.

Adotando $r_{tp} = \dfrac{37,588 + 37,889}{2} = 37,739$ obtivemos:

$E = 38,305$ e $(I - K) = -0,00034$.

A raiz se encontra na segunda metade do intervalo, ou seja, entre 37,739 e 37,889.

Adotando $r_{tp} = \dfrac{37,739 + 37,889}{2} = 37,814$ obtivemos:

$E = 38,388$ e $(I - K) = +0,00080$.

A raiz se encontra na primeira metade do intervalo, ou seja, entre 37,739 e 37,814.

Adotando $r_{tp} = \dfrac{37,739 + 37,814}{2} = 37,776$ obtivemos:

$E = 38,346$ e $(I - K) = +0,00022$.

A raiz se encontra na primeira metade do intervalo, ou seja, entre 37,739 e 37,776.

Adotando $r_{tp} = \dfrac{37,739 + 37,776}{2} = 37,758$ obtivemos:

$E = 38,326$ e $(I - K) = -0,00006$.

Como $|-0,00006| < 0,0001$, podemos considerar $r_u = E = 38,326$.

$$d_u = 2 \cdot r_u = 2 \times 38,326 = 76,652 \qquad \text{ref (3.10)}$$

É oportuno guardar o valor de r_{tp} (37,758), se houver a pretensão de se traçar o filete trocoidal, que veremos adiante.

Determinação do início da evolvente (d_u) com depressão cortado com shaper

Como no exemplo anterior, aqui também vamos adotar uma roda com um número de dentes reduzido e sem deslocamento de perfil. O objetivo é o mesmo: deixar nítida a intersecção entre a trocoide e a evolvente.

Involutometria do dente

Dados:

Número de dentes (z)	8
Módulo normal (m_n)	10,000
Diâmetro de referência da roda (d_2)	80,000
Diâmetro de referência do shaper (d_0)	200,000
Diâmetro de pé da roda (d_{f2})	55,660
Diâmetro base da roda (d_{b2})	75,175
Diâmetro base do shaper (d_{b0})	93,970
Ângulo de perfil (α)	20°
Ângulo de hélice (β)	0°
Espessura circular da roda (S_{n2})	15,706
Espessura circular do shaper (S_{n0})	15,704
Raio da crista da ferramenta geradora (r_k)	2,000
Distância entre centros (roda e shaper) (a_0)	140,000

Vamos aplicar o método numérico da bissecção.

Intervalo i_a, i_b adotado:

$i_a = 37,3$

$i_b = 38,6$

Para saber se a raiz está contida na primeira ou na segunda metade do intervalo, vamos analisar se o valor de $(M - P)$ é positivo ou negativo, respectivamente.

Mostrarei somente o cálculo da primeira iteração, para os demais, mostrarei apenas os resultados.

Adotando $r_{tp} = 37,3$

$$A = 140 - 27,83 - 2 = 110,17 \qquad \text{ref (3.24)}$$

$$B = \cos^{-1}\left(\frac{93,97}{110,17}\right) = 31,4655° = 0,5492 \text{ rad} \qquad \text{ref (3.25)}$$

$$C = \cos^{-1}\left(\frac{140^2 + 110,17^2 - 37,3^2}{2 \times 140 \times 110,17}\right) = 10,34533° = 0,18056 \text{ rad} \qquad \text{ref (3.26)}$$

$$D = \frac{100}{40} \times 10,34533° = 25,86274° = 0,45139 \text{ rad} \qquad \text{ref (3.27)}$$

$$E = \frac{100}{40} \cdot \left(\frac{15,704}{2 \times 100} - \frac{2}{93,9695} + 0,014904 - 0,062796\right) \qquad \text{ref (3.28)}$$

$$= 0,02335 \text{ rad} = 1,33786°$$

$$F = \text{sen}^{-1}\left(\frac{110{,}17 \times \text{sen } 10{,}34533}{37{,}3}\right) - 25{,}86274 + 1{,}33786 = 7{,}50747° =$$
$$= 0{,}13103 \text{ rad}$$
ref (3.29)

$$G = 37{,}3^2 \times \cos 10{,}34533° - 140 \times 110{,}17 \times \text{sen}^2\, 10{,}34533 = 871{,}28787 \quad \text{ref (3.30)}$$

$$H = 110{,}17 \times 871{,}28787 = 95989{,}78493 \quad \text{ref (3.31)}$$

$$I = 37{,}3^2 \cdot (140 - 110{,}17 \cdot \cos 10{,}34533°) = 43993{,}88718 \quad \text{ref (3.32)}$$

$$J = \frac{95989{,}78493}{43993{,}88718} - \frac{100}{40} = -0{,}31811 \quad \text{ref (3.33)}$$

$$K = \frac{140 \times 110{,}17 \times \text{sen } 10{,}34533°}{37{,}3} = 74{,}25630 \quad \text{ref (3.34)}$$

$$L = \tan^{-1}\left[\frac{37{,}3 \cdot (-0{,}31811)}{74{,}25630}\right] = -9{,}07852° = -0{,}15845 \text{ rad} \quad \text{ref (3.35)}$$

$$M = \sqrt{37{,}3^2 + 2\,[2 - 2 \times 37{,}3 \times \text{sen } (-9{,}07852°)]} = 37{,}66739 \quad \text{ref (3.36)}$$

Observação: o valor de M não poderá ser menor que o raio base. Se isso acontecer, as próximas equações não poderão ser resolvidas.

$$N = \frac{180}{8} - \left\{7{,}50747° + \cos^{-1}\left(\frac{37{,}3 - 2 \times \text{sen }(-9{,}07852°)}{37{,}66739}\right)\right\} = 11{,}98685° \quad \text{ref (3.37)}$$

$$P = \cos^{-1}\left(\frac{37{,}5877}{37{,}66739}\right) = 3{,}72763° = 0{,}06506 \text{ rad} \quad \text{ref (3.38)}$$

$$Q = \frac{180}{\pi}\left(\frac{15{,}706}{2 \times 40} + 0{,}0149043 - 0{,}00009\right) = 12{,}09743° = 0{,}21114 \text{ rad} \quad \text{ref (3.39)}$$

$$N - Q = 11{,}98685 - 12{,}09743 = -0{,}11058$$

Obtivemos: $M = 37{,}66739$ e $(N - Q) = -0{,}11058°$.

Como $|N - Q| > 0{,}001°$, prosseguimos com as iterações.

Adotando $r_{tp} = 38{,}6$, extremo oposto do intervalo adotado, obtivemos:

$$M = 39{,}12229 \text{ e } (N - Q) = +0{,}87834$$

Involutometria do dente

Adotando $r_{tp} = \dfrac{37,3 + 38,6}{2} = 37,950$ obtivemos:

$M = 38,398$ e $(N - Q) = +0,31341$.

Analisando os resultados de $(N - Q)$ sabemos que a raiz se encontra na primeira metade do intervalo, ou seja, entre 37,3 e 37,95.

Adotando $r_{tp} = \dfrac{37,3 + 37,95}{2} = 37,625$ obtivemos:

$M = 38,034$ e $(N - Q) = +0,07876$.

Prosseguindo com as iterações, chegamos ao $r_{tp} = 37,501$. Obtivemos:
$M = 37,894$ e $(N - Q) = +0,00011$. Este resultado satisfaz a condição imposta.

Traçado da evolvente de um dente externo cortado com hob com depressão

Vamos traçar o perfil evolvente utilizando os dados do exemplo do dente cortado com hob e com depressão no pé. Por meio dos cálculos, determinamos o raio $r_u = 38,326$, onde o perfil começa. Sabemos onde ele termina, ou seja, no raio $r_{Nk} = 49,830$, que é dado. Para traçar o perfil evolvente vamos plotar n pontos neste intervalo, incluindo r_u e d_{Nk}, onde:

$$P_1 = r_{Nk},\ P_2 = P_1 - \dfrac{r_{Nk} - r_u}{n - 1},\ P_3 = P_2 - \dfrac{r_{Nk} - r_u}{n - 1},\ \ldots\ P_n = P_{n-1} - \dfrac{r_{Nk} - r_u}{n - 1}$$

Para o nosso exemplo, vamos adotar $n = 20$. Teremos, então, 20 pontos que unidos por retas, formarão o perfil evolvente.

Cálculo das coordenadas para $r_x = 49,83$, que representa o ponto de número 1 da Tabela 3.1.

$$\alpha_{x1} = \cos^{-1}\left(\dfrac{80 \times \cos 20}{2 \times 49,83}\right) = 41,0341° \qquad \text{ref (3.2)}$$

$$\varphi_1 = \dfrac{15,619}{80} + 0,014904 - 0,15415 = 0,05599 \text{ rad} = 3,2079° \qquad \text{ref (3.3)}$$

$$x_{ev1} = 49,83 \times \text{sen}\, 3,2079° = 2,788 \qquad \text{ref (3.5)}$$

$$y_{ev1} = 49,83 \times \cos 3,2079° = 49,752 \qquad \text{ref (3.6)}$$

Da mesma maneira, podemos determinar os outros 19 pontos, cujos valores estão na Tabela 3.1 e plotados na Figura 3.19.

Tabela 3.1 – Evolvente de um dente externo

Ponto P	r_x [mm]	α_x [graus]	φ [graus]	x_{ev} [mm]	y_{ev} [mm]
1	49,830	41,0341	3,2079	2,788	49,752
2	49,225	40,2176	3,8088	3,270	49,116
3	48,619	39,3663	4,3996	3,730	48,476
4	48,014	38,4772	4,9794	4,167	47,832
5	47,408	37,5469	5,5478	4,583	47,186
6	46,803	36,5718	6,1041	4,977	46,537
7	46,197	35,5472	6,6474	5,348	45,887
8	45,592	34,4680	7,1769	5,696	45,234
9	44,986	33,3280	7,6917	6,021	44,581
10	44,381	32,1199	8,1907	6,323	43,928
11	43,775	30,8344	8,6727	6,601	43,275
12	43,170	29,4605	9,1364	6,855	42,622
13	42,564	27,9838	9,5800	7,084	41,971
14	41,959	26,3852	10,0018	7,287	41,321
15	41,353	24,6408	10,3995	7,465	40,674
16	40,748	22,7137	10,7704	7,615	40,030
17	40,142	20,5512	11,1109	7,736	39,390
18	39,537	17,0663	11,4166	7,826	38,775
19	38,931	15,0975	11,6807	7,882	38,125
20	38,326	11,2642	11,8927	7,898	37,503

Desenvolvimento da evolvente interna por meio de coordenadas

Para traçar a evolvente de um dente interno, utilize as mesmas Equações (3.1) a (3.6), porém substitua a espessura circular normal do dente S_n pela dimensão circular normal do vão T_n. A origem das coordenadas é em x_{ev}, o centro do vão e em y_{ev}, o centro da roda.

Cálculo do raio no qual termina a evolvente de um dente interno r_u

Como no perfil evolvente para o dente externo, aqui também precisamos conhecer os raios onde ele inicia e onde termina.

Involutometria do dente

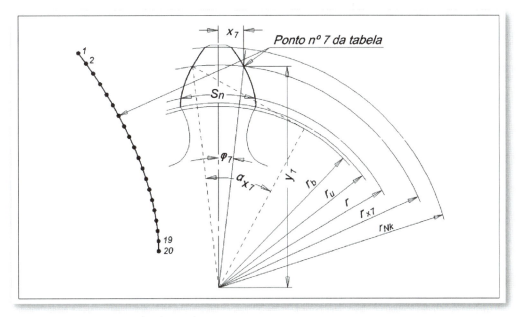

Figura 3.19 – Traçado da evolvente externa.

- Ele inicia exatamente no final do chanfro, quando houver chanfro (a distância entre o centro da roda até este ponto é o raio r_{Nk}, diâmetro d_{Nk}), ou no círculo de cabeça do dente, quando não houver.
- Ele termina exatamente onde começa a trocoide (perfil que veremos adiante). Nesse ponto, ocorre a tangente entre os dois perfis. A distância entre o centro da roda até esse ponto é o raio r_u, diâmetro d_u.

$$r_{r0} = |r_{f2}| - |a_0| - r_k \tag{3.40}$$

$$\alpha_{r0} = \cos^{-1}\left(\frac{r_{b0}}{r_{r0}}\right) \tag{3.41}$$

$$\alpha_{i0} = \tan^{-1}\left(\tan \alpha_{r0} + \frac{r_k}{r_{b0}}\right) \tag{3.42}$$

$$r_{i0} = \frac{r_{b0}}{\cos \alpha_{i0}} \tag{3.43}$$

$$r_u = \sqrt{(|a_0| \cdot \operatorname{sen} \alpha_t + r_{i0} \cdot \operatorname{sen} \alpha_{i0})^2 + r_{b2}^2} \tag{3.44}$$

$$d_u = 2 \cdot r_u \tag{3.10}$$

onde:

r_{r0} = Distância entre o centro do shaper até o centro do raio de crista do shaper.
α_{r0} = Ângulo de perfil do centro do raio de crista do shaper.
r_{b0} = Raio base do shaper.
r_k = Raio da crista do shaper.
α_{i0} = Ângulo de perfil do final da evolvente do shaper.
r_{i0} = Distância do centro do shaper até o final da evolvente.
a_0 = Distância entre os centros do shaper e da roda.

Determinação do início da evolvente (d_u) para um dente interno

Dados:

Módulo (m)	10,000
Número de dentes do shaper (z_0)	21
Número de dentes da roda (z_2)	– 46
Diâmetro de pé da roda (d_{f2})	– 490,92
Distância entre centros da roda com o shaper (a_0)	– 125,00
Raio de crista do shaper (r_k)	2,000
Diâmetro base do shaper (d_{b0})	197,335
Diâmetro base da roda (d_{b2})	432,259
Ângulo de perfil (α)	20°
Ângulo de hélice (β)	0°
Diâmetro de início do chanfro da roda (d_{Nk})	– 441,13
Dimensão circular do vão da roda (T_n)	19,683

As condições geométricas são mostradas na Figura 3.20.

$$r_{r0} = 245,46 - 125 - 2 = 118,46 \qquad \text{ref (3.40)}$$

$$\alpha_{r0} = \cos^{-1}\left(\frac{98,6675}{118,46}\right) = 33,6003° \qquad \text{ref (3.41)}$$

$$\alpha_{i0} = \tan^{-1}\left(\tan 33,6003° + \frac{2}{98,6675}\right) = 34,3985° \qquad \text{ref (3.42)}$$

Involutometria do dente

$$r_{i0} = \frac{98,6675}{\cos 34,3985°} = 119,5784 \qquad \text{ref (3.43)}$$

$$r_u = \sqrt{(125 \times \text{sen } 20° + 119,5784 \times \text{sen } 34,3985°)^2 + 216,1295^2} = 242,652 \qquad \text{ref (3.44)}$$

$$d_u = 2 \times 242,652 = 485,304 \qquad \text{ref (3.10)}$$

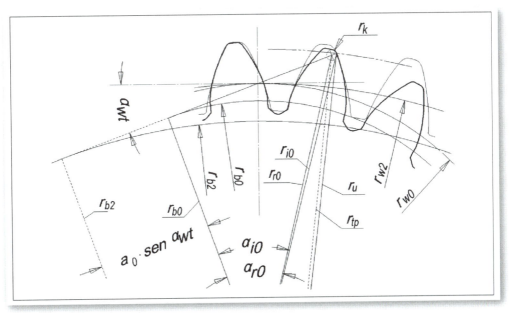

Figura 3.20 – Tangência entre a evolvente e a trocoide para dentes internos.

Traçado da evolvente de um dente interno

Sabemos, agora, que a evolvente começa no raio $r_{Nk} = 220,565$ (dado) e termina no raio $r_u = 242,652$ calculado anteriormente. Para traçar o perfil evolvente vamos plotar n pontos nesse intervalo, incluindo r_{Nk} e r_u, onde:

$$P_1 = r_u, \; P_2 = P_1 - \frac{r_u - r_{Nk}}{n-1}, \; P_3 = P_2 - \frac{r_u - r_{Nk}}{n-1}, \; \ldots P_n = P_{n-1} - \frac{r_u - r_{Nk}}{n-1}$$

Para o nosso exemplo, vamos adotar $n = 20$. Teremos, então, 20 pontos que unidos por retas, formarão o perfil evolvente.

Cálculo das coordenadas para $r_x = 242{,}652$, que representa o ponto de número 1 da Tabela 3.2.

$$\alpha_{x1} = \cos^{-1}\left(\frac{460 \times \cos 20°}{2 \times 242{,}652}\right) = 27{,}0391° \qquad \text{ref (3.2)}$$

$$\varphi_1 = \frac{19{,}683}{460} + 0{,}014904 - 0{,}038463 = 0{,}01923 = 1{,}101804° \qquad \text{ref (3.3)}$$

$$x_{ev1} = 242{,}652 \times \text{sen } 1{,}101804° = 4{,}666 \qquad \text{ref (3.5)}$$

$$y_{ev1} = 242{,}652 \times \cos 1{,}10184° = 242{,}607 \qquad \text{ref (3.6)}$$

Da mesma maneira, podemos determinar os outros 19 pontos, cujos valores estão na Tabela 3.2 e plotados na Figura 3.21.

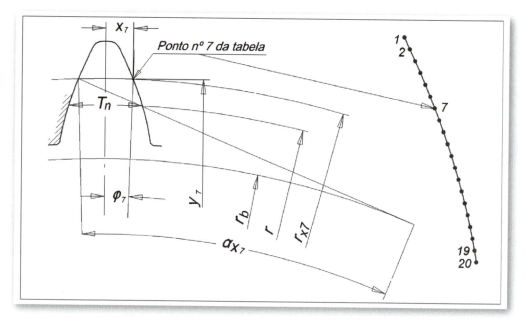

Figura 3.21 – Traçado da evolvente interna.

Involutometria do dente

Tabela 3.2 – Evolvente de um dente interno

Ponto P	r_x [mm]	a_x [graus]	j [graus]	x_{ev} [mm]	y_{ev} [mm]
1	242,652	27,0389	1,1018	4,666	242,607
2	241,489	26,4934	1,2406	5,228	241,432
3	240,327	25,9318	1,3767	5,774	240,257
4	239,164	25,3531	1,5101	6,303	239,081
5	238,002	24,7559	1,6406	6,814	237,904
6	236,839	24,1388	1,7681	7,308	236,726
7	235,677	23,5002	1,8926	7,784	235,548
8	234,514	22,8383	2,0139	8,241	234,369
9	233,352	22,1507	2,1318	8,680	233,190
10	232,189	21,4351	2,2462	9,100	232,011
11	231,027	20,6883	2,3570	9,501	230,831
12	229,864	19,9069	2,4639	9,882	229,652
13	228,702	19,0864	2,5668	10,242	228,472
14	227,539	18,2216	2,6653	10,581	227,293
15	226,377	17,3055	2,7594	10,898	226,114
16	225,214	16,3296	2,8486	11,192	224,936
17	224,052	15,2822	2,9325	11,463	223,759
18	222,889	14,1474	3,0109	11,707	222,582
19	221,727	12,9018	3,0830	11,925	221,406
20	220,565	11,5096	3,1482	12,113	220,232

Deslizamento relativo entre os flancos evolventes

Um estudo da ação dos perfis evolventes conjugados, mostra como eles deslizam, um sobre o outro, quando estão em contato durante a transmissão.

Na Figura 3.22, a ilustração mostra dois flancos conjugados de um dentado externo, onde ambos os círculos de base têm o mesmo diâmetro. A Figura 3.23 mostra dois flancos conjugados de um dentado interno. Os círculos base, para ambos os casos, são divididos em igual número de espaços e linhas tangentes são traçadas em direção ao perfil evolvente. Podemos notar que, enquanto as divisões sobre os círculos base são iguais, os segmentos correspondentes a essas divisões sobre o perfil evolvente são diferentes. Os segmentos mais próximos ao círculo base são os menores e, à medida que se afastam, vão aumentando progressivamente.

As divisões sobre o círculo base e suas correspondentes sobre o perfil evolvente, são numeradas para comparação e identificação. Na mesma figura, estão indicadas as porções que entram em contato durante o movimento de transmissão.

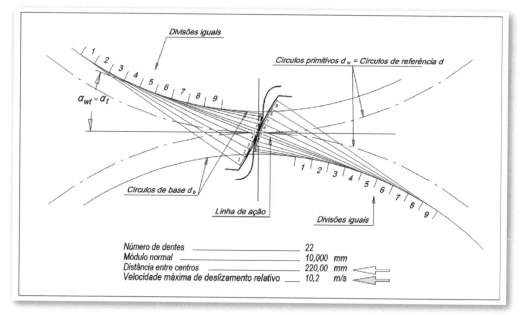

Figura 3.22 – Deslizamento relativo entre os flancos dos dentes externos.

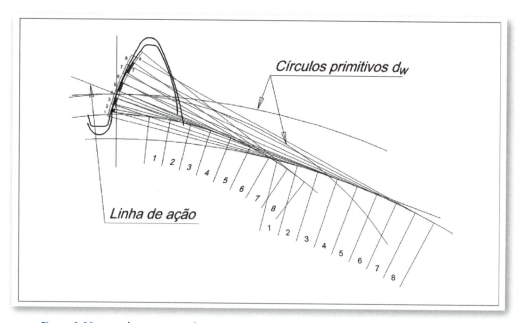

Figura 3.23 – Deslizamento relativo entre os flancos dos dentes internos.

A diferença entre os comprimentos dos arcos correspondentes é o deslizamento relativo entre os flancos dos dentes. Podemos ainda notar que, sobre os círculos primitivos, não há deslizamento relativo. Por isso, esses círculos são também

Involutometria do dente

chamados círculos de rolamento, já que não há deslizamento, somente rolamento entre os flancos. O máximo valor de deslizamento se dá no local onde o fim de um dos perfis está em contato com o flanco conjugado próximo ao círculo base.

O ponto de contato entre os flancos dos dentes está sempre sobre a linha tangente comum a ambos os círculos de base, ou seja, sobre a linha de ação. A Figura 3.24 mostra, ampliado, o mesmo desenho da Figura 3.22 e, para comparação, são ilustrados dois cilindros que rolam um sobre o outro, sem deslizar.

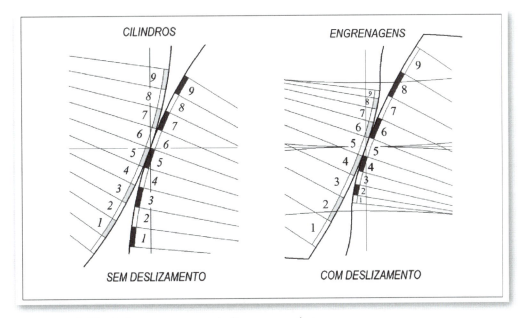

Figura 3.24 – Rolamento puro e deslizamento relativo.

Quando a distância entre centros é aumentada, mantendo-se os mesmos diâmetros, o valor do deslizamento relativo diminui como mostrado na Figura 3.25. A razão disto, é que os pontos de contato entre os perfis estão mais distantes dos círculos base.

A velocidade de deslizamento relativo entre a cabeça da roda 1 com o pé da roda 2 (v_{ga}) é determinada por meio das Equações (3.45) a (3.50).

Velocidade angular da roda 1 (ω_1)

$$\omega_1 = \frac{n_1 \cdot \pi}{30000} \quad [\text{rad/s}] \tag{3.45}$$

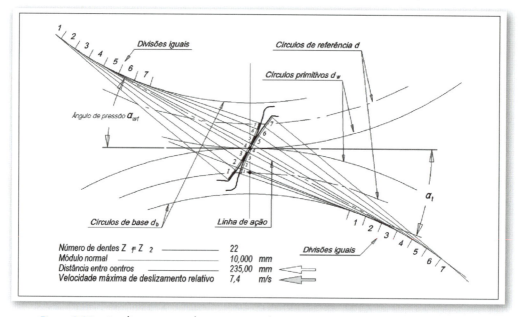

Figura 3.25 – Deslizamento relativo com a distância entre centros aumentada.

Ângulo de pressão transversal (α_{wt})

$$\text{inv } \alpha_{wt} = \text{inv } \alpha_t + 2 \cdot \frac{x_1 + x_2}{z_1 + z_2} \cdot \tan \alpha_n \quad (3.46)$$

ou

$$\cos \alpha_{wt} = \frac{(z_1 + z_2) \cdot m_t}{2 \cdot a} \cdot \cos \alpha_t \quad (3.47)$$

Para calcular α_{wt} dado a inv α_{wt}, consulte a Figura 6.3, Capítulo 6.

$$g_a = \frac{1}{2} \cdot (\sqrt{d_{Na1}^2 - d_{b1}^2} - d_{b1} \cdot \tan \alpha_{wt}) \quad [\text{mm}] \quad (3.48)$$

$$u = \frac{z_2}{z_1} \quad (3.49)$$

$$v_{ga} = \omega_1 \cdot g_a \cdot \left(1 + \frac{1}{u}\right) \quad [\text{m/s}] \quad (3.50)$$

onde:

    n_1 = Velocidade angular da roda 1 em RPM.

    d_{Na1} = Diâmetro útil de cabeça da roda 1 em mm.

    d_{b1} = Diâmetro base da roda 1.

A velocidade de deslizamento relativa entre o pé da roda 1 com a cabeça da roda 2 (v_{gf}) é determinada por meio das Equações (3.51) e (3.52). Para dentado interno o número de dentes (z_2) é negativo.

$$g_f = \frac{1}{2} \cdot \left(\frac{z_2}{|z_2|} \cdot \sqrt{d_{Na2}^2 - d_{b2}^2} - d_{b2} \cdot \tan \alpha_{wt} \right) \quad \text{[mm]} \qquad (3.51)$$

$$v_{gf} = \omega_1 \cdot g_f \cdot \left(1 + \frac{1}{u}\right) \quad \text{[m/s]} \qquad (3.52)$$

onde:

    d_{Na2} = Diâmetro útil de cabeça da roda 2.

    d_{b2} = Diâmetro base da roda 2.

Cremalheira

Esquematizado na Figura 3.26, um gabarito com perfil reto e ângulo corretamente determinado está fixado sobre uma régua deslizante. Outro gabarito com perfil evolvente está fixado em uma roda. Esta última transmitirá movimento linear uniforme a régua. Analogamente a um par de rodas dentadas, para transmitir movimento linear contínuo, sucessivos dentes deverão ser gerados.

Para que o movimento seja uniforme, é necessário que os flancos sejam igualmente espaçados e rigorosamente paralelos.

Note que, quando o gabarito evolvente deslocou-se a uma distância Y sobre a linha de ação, a régua deslocou-se X na direção linear. Se Y é o passo base da engrenagem, X é o passo linear da cremalheira. Portanto, um determinado movimento angular da roda, transmitirá um correspondente movimento linear na cremalheira. Isso acontece porque o passo circular da roda é igual ao passo linear da cremalheira. Observe também, que o flanco reto do dente da cremalheira, tem um ângulo normal à linha de ação.

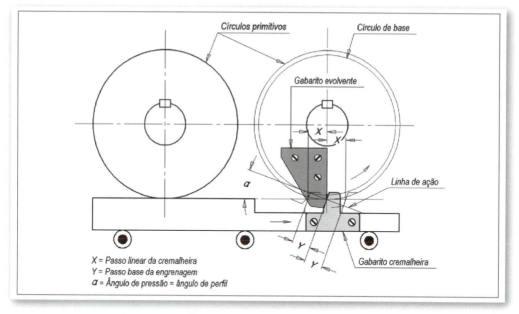

Figura 3.26 – Pinhão e cremalheira recortados nos gabaritos traçados.

Princípios básicos da engrenagem com perfil evolvente

Um projeto bem elaborado resultará em uma transmissão suave e sem vibração. Caso contrário, o resultado poderá ser frustrante.

Os problemas nos projetos de engrenagem poderão ser fortemente minimizados, se entendermos completamente os princípios básicos envolvidos.

Há três elementos básicos nos projetos de engrenagem com perfil evolvente, a saber:

- Distância entre centros.
- Diâmetro dos círculos de base.
- Relação de transmissão ou relação de velocidades.

Esses elementos são claramente ilustrados na Figura 3.27, em seus diagramas A, B, C e D.

Conforme a Figura 3.27A:

Temos uma linha vertical, cujo comprimento é a distância entre centros das rodas. Esta linha está dividida pelo ponto primitivo (*e*), na proporção da relação de transmissão, onde a parte superior representa o raio primitivo da roda motora (pinhão) e a parte inferior representa o raio primitivo da roda movida (coroa).

Temos também uma linha inclinada que passa pelo ponto *e*, que representa a linha de ação. A linha horizontal que passa também pelo ponto *e*, forma com a linha de ação, o ângulo de pressão.

As linhas desenhadas a partir dos centros do pinhão e da coroa normais (que formam um ângulo de 90°) à linha de ação definem os pontos *a* e *b*, os quais representam as origens das evolventes ou os raios de base da coroa e do pinhão, respectivamente.

Temos ainda as linhas *c* e *d* que partem dos centros de ambas as rodas até os pontos *a* e *b* sobre a linha de ação.

O raio *c*, representa o diâmetro de cabeça máximo da coroa, e o raio *d* representa o diâmetro de cabeça máximo do pinhão.

Agora, vamos analisar os diagramas:

Quando aumentamos a distância entre centros, mantendo os números de dentes e o módulo, como ilustrado no diagrama B:

- os raios de base e a relação de transmissão continuam os mesmos, como no diagrama A;
- o ponto primitivo *e* é deslocado;
- os pontos *a* e *b* sobre a linha de ação também são deslocados, afetando os diâmetros máximos de cabeça da coroa e do pinhão respectivamente;
- o ângulo de pressão é aumentado.

Quando alteramos o ângulo de pressão, como ilustrado no diagrama C:

- a distância entre centros e a relação de transmissão continuam as mesmas, como no diagrama A;
- os raios de base do pinhão e da coroa são alterados, afetando os diâmetros máximos de cabeça da coroa e do pinhão respectivamente.

Quando alteramos a relação de transmissão, como ilustrado no diagrama D:

- o ângulo de pressão continua o mesmo, como no diagrama C;
- os raios de base do pinhão e da coroa são alterados, afetando os diâmetros máximos de cabeça da coroa e do pinhão respectivamente.

Os diagramas A, B, C e D da Figura 3.28, são similares aos da Figura 3.27, porém, acrescidos dos dentes e dos arcos que passam pelos pontos *a*, *b* e *e*. Estes arcos correspondem, em cada caso, os círculos base, os círculos primitivos e o círculo de cabeça máximo da coroa e do pinhão, respectivamente. Uma compara-

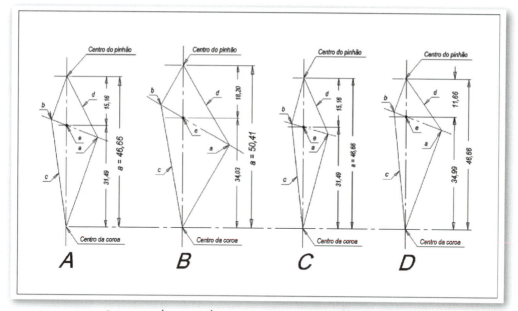

Figura 3.27 – Princípios básicos da engrenagem com perfil evolvente.

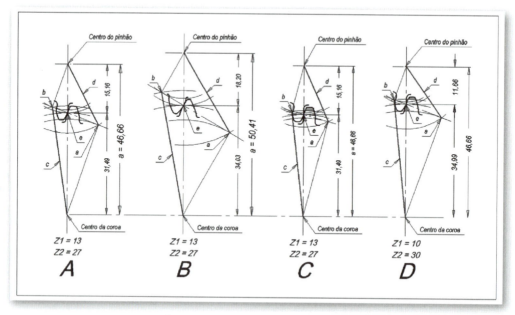

Figura 3.28 – Princípios básicos da engrenagem com perfil evolvente acrescidos dos dentes.

Involutometria do dente

ção destes diagramas demonstra claramente a relação mútua entre os três elementos fundamentais do projeto de engrenagem, recordando: *distância entre centros*, *círculos de base* e *relação de transmissão*.

Demonstrei que uma alteração na distância entre centros, mantendo-se os mesmos círculos de base, afeta o ângulo de pressão das duas curvas evolventes, desenvolvidas a partir desses círculos. Isso não acontece quando o engrenamento se dá entre uma roda dentada e uma cremalheira. Foi demonstrado na Figura 3.26, que a linha de ação deve formar um ângulo reto com o flanco do dente da cremalheira. Como mostrado na Figura 3.29A, o centro da roda está a uma distância *a* da cabeça do dente da cremalheira. Na Figura 3.29B, essa distância, agora indicada como *b*, foi sensivelmente aumentada.

Podemos notar que o aumento da distância não afetou o diâmetro do círculo de base ou o diâmetro do círculo primitivo, nem tampouco, o ângulo de pressão.

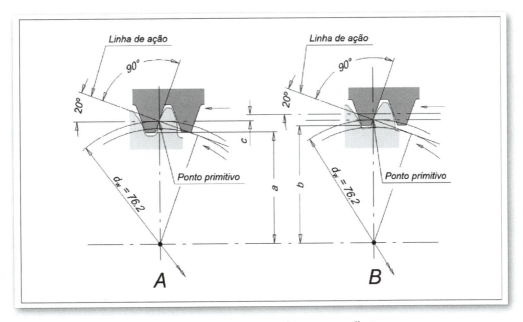

Figura 3.29 – Distância entre centros para pinhão e cremalheira.

Leis fundamentais da curva evolvente

A partir destes precedentes, podemos criar as leis fundamentais a respeito da curva evolvente e sua aplicação nos flancos dos dentes das engrenagens que operam com eixos paralelos.

São elas:

1) A evolvente é determinada, única e exclusivamente, pelo diâmetro do seu círculo base.
2) O movimento angular de uma evolvente, a partir do centro de seu círculo base, gera movimento angular na evolvente conjugada, na exata proporção dos diâmetros de seus respectivos círculos base.
3) Uma evolvente não possui ângulo de pressão, até que tenha contato com outra evolvente ou com um flanco de dente de uma cremalheira.
4) O ângulo de pressão é determinado pela distância entre centros e pelos diâmetros de seus círculos base.
5) O ângulo de pressão, uma vez estabelecido, é constante para uma fixada distância entre centros.
6) Uma evolvente não possui círculo primitivo até que tenha contato com outra evolvente ou com um flanco de dente de uma cremalheira.
7) O diâmetro primitivo de uma evolvente conjugada a outra é determinado pela distância entre centros e pela relação de transmissão.
8) O ângulo de pressão de uma evolvente conjugada com um flanco de dente de uma cremalheira é inalterado quando o centro do círculo de base é deslocado, distanciando-se ou aproximando-se da cremalheira.
9) O diâmetro primitivo de uma evolvente conjugada com um flanco de dente de uma cremalheira é inalterado quando o centro do círculo de base é deslocado, distanciando-se ou aproximando-se da cremalheira.
10) A posição da linha primitiva de uma cremalheira conjugada a uma roda dentada é determinada pela intersecção da linha de ação com uma linha que passa no centro do círculo de base e perpendicular à direção do movimento da cremalheira.

TROCOIDE

A trocoide é o elemento que liga o início da evolvente com o raio de pé. Nas rodas com pequeno número de dentes, é comum o perfil do dente, ultrapassar o círculo de base no sentido de fora para o centro da roda, onde a evolvente não pode mais ser definida. Essa parte do perfil é exatamente a trocoide.

Mesmo nas rodas com muitos dentes, onde o raio de base passa abaixo do raio de pé do dente, o perfil que liga a evolvente com o raio de pé, ou seja, o adoçamento do pé do dente, é normalmente uma trocoide. Digo normalmente, porque a trocoide é o produto de uma peça gerada.

Alguns tipos de engrenagens, não produzidas por processo de geração, principalmente as sinterizadas (metal em pó) e as injetadas em plásticos, possuem um

Involutometria do dente

único raio no pé ligando os flancos anti-homólogos dos dentes. Nessas peças há, de fato, um raio e não uma trocoide.

O dente conjugado não tem contato com essa parte do perfil. Ao contrário, ela deve ser desenhada para que o topo do dente conjugado passe livremente, sem nenhuma interferência.

Enquanto a curva evolvente é gerada pelos flancos, a trocoide é gerada pela crista da ferramenta.

Trata-se de uma epicicloide alongada, na grande maioria dos casos.

Antes de definir a epicicloide, vamos definir a cicloide:

Cicloide (ou cicloide ordinária) é a curva descrita por um ponto de uma circunferência que rola sem deslizar por uma linha reta. Essa circunferência é denominada geratriz da cicloide.

Quando a curva é descrita por um ponto situado fora da geratriz, a curva é denominada trocoide. A trocoide pode ser cicloide alongada ou encurtada. Portanto:

Trocoide ou *cicloide alongada* é a curva descrita por um ponto situado no exterior de uma circunferência que rola sem deslizar por uma linha reta. Veja a Figura 3.30.

Quando a geratriz rola sobre uma circunferência, e não sobre uma linha reta, a curva descrita recebe o nome de epicicloide.

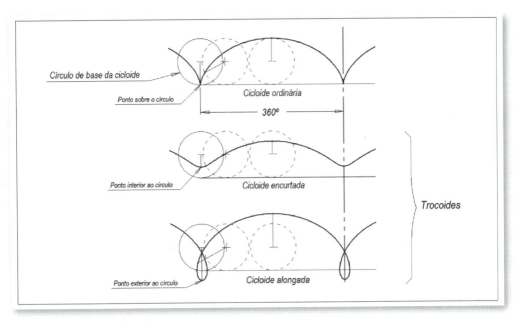

Figura 3.30 – Cicloides.

As epicicloides também podem ser encurtadas ou alongadas. Veja um exemplo de epicicloide alongada na Figura 3.31.

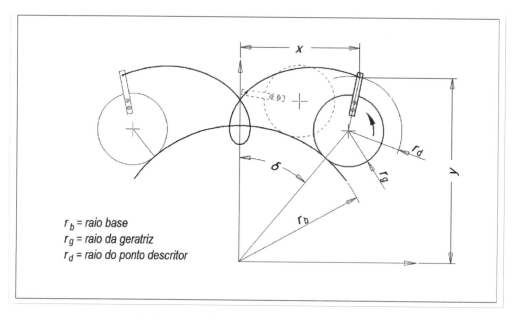

Figura 3.31 – Epicicloide alongada – Trocoide.

As equações gerais dessa curva, expressadas em sua forma paramétrica, são as seguintes:

$$x_{ft} = (r_b + r_g) \cdot \cos \delta - r_d \cdot \cos \left(\frac{r_b + r_g}{r_g} \cdot \delta \right) \quad [\delta \text{ em radianos}] \quad (3.53)$$

$$y_{ft} = (r_b + r_g) \cdot \text{sen } \delta - r_d \cdot \text{sen} \left(\frac{r_b + r_g}{r_g} \cdot \delta \right) \quad [\delta \text{ em radianos}] \quad (3.54)$$

Desenvolvimento da trocoide primitiva e do filete trocoidal

Normalmente, as ferramentas geradoras possuem um raio em sua crista (ver Figura 3.32). Isso, além de reduzir o desgaste da ferramenta, reduz a concentração de tensões no pé do dente, em decorrência do fato de se obter um adoçamento maior.

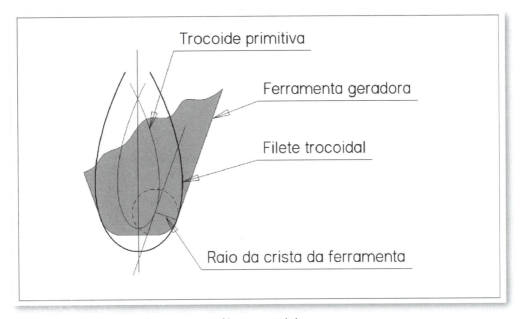

Figura 3.32 – Trocoide primitiva e filete trocoidal.

O emprego do raio máximo possível ($r_{k\,max}$) é muito comum e seu valor pode ser determinado pela formulação a seguir. Veja as condições geométricas na Figura 3.33.

Já o valor mínimo é igual a zero, ou seja, canto vivo.

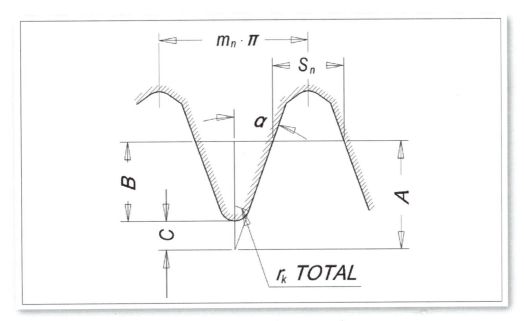

Figura 3.33 – Perfil de referência com raio de crista total.

O raio padronizado, normalmente empregado quando não há especificação em contrário, é de 20% do módulo normal. Veja na Figura 3.34 a ilustração do que estou dizendo.

$$A = \frac{m_n \cdot \pi - s_n}{2 \cdot \tan \alpha_n} \quad (3.55)$$

$$B = \frac{d - d_f}{2} \quad (3.56)$$

$$C = \frac{r_k}{\sen \alpha_n} - r_k = r_k \left(\frac{1}{\sen \alpha_n} - 1 \right) = A - B \quad (3.57)$$

$$r_{k_{max}} = \frac{A - B}{\dfrac{1}{\sen \alpha_n} - 1} \quad (3.58)$$

Ou agrupando os termos:

$$r_{k_{max}} = \frac{\dfrac{m_n \cdot \pi - s_n}{2 \cdot \tan \alpha_n} - \dfrac{d - d_f}{2}}{\dfrac{1}{\sen \alpha_n} - 1} \quad (3.59)$$

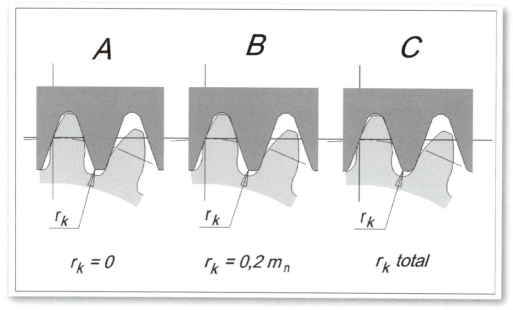

Figura 3.34 – Raio de crista da ferramenta geradora.

Involutometria do dente

onde:

m_n = Módulo normal.

Sn = Espessura circular normal do dente.

d = Diâmetro de referência.

d_f = Diâmetro de pé.

α_n = Ângulo de perfil normal.

Voltemos às trocoides...

A curva gerada pelo centro do raio da crista da ferramenta é a trocoide primitiva. O perfil real, gerado pela ferramenta, é denominado filete trocoidal e liga a evolvente ao raio de pé. A Figura 3.35 mostra a porção de um filete trocoidal que se presta à formação do perfil do dente.

Podemos traçar a trocoide primitiva, por meio de coordenadas polares ponto a ponto, atribuindo valores para o raio vetor e calculando o ângulo. Além disso, podemos calcular o ângulo formado entre a tangente à trocoide, em cada um destes pontos, e o raio vetor correspondente. Evidentemente, quando o raio da crista da ferramenta for igual a zero, a trocoide primitiva se confunde com o filete trocoidal.

A Figura 3.36 mostra as condições geométricas para o que está descrito aqui e, também, para a formulação a seguir.

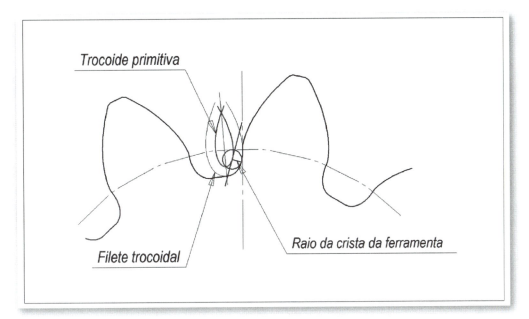

Figura 3.35 – A trocoide no dente da roda.

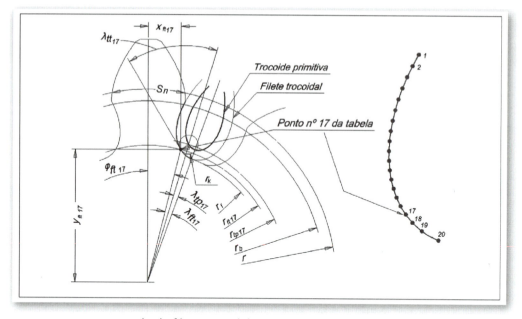

Figura 3.36 – Traçado do filete trocoidal.

Traçado do filete trocoidal externo

Para o traçado da trocoide, temos de fornecer uma série de raios (r_{tp}) que correspondem aos pontos da trocoide primitiva. Para cada ponto fornecido, podemos determinar o ponto que corresponde ao filete trocoidal e, assim, obter a curva, unindo esses pontos. Utilize as Equações de (3.60) a (3.71).

$$c_v = r - r_f - r_k \qquad (3.60)$$

$$\alpha_v = \cos^{-1}\left(\frac{r - c_v}{r_{tp}}\right) \qquad (3.61)$$

$$\varphi_{tp} = \frac{c_v \cdot \tan \alpha_v}{r} - \tan \alpha_v + \alpha_v \qquad (3.62)$$

$$c_p = \sqrt{r_{tp}^2 - (r - c_v)^2} \qquad (3.63)$$

$$y_{tt} = \tan^{-1}\left(\frac{r - c_v - \dfrac{r_{tp}^2}{r}}{c_p}\right) \qquad (3.64)$$

$$r_{tf} = \sqrt{r_{tp}^2 + r_k \cdot (r_k - 2 \cdot r_{tp} \cdot \operatorname{sen} y_{tt})} \qquad (3.65)$$

Involutometria do dente

$$\gamma_{ft} = \tan^{-1}\left(\frac{\cos\gamma_{tt}}{\frac{r_{tp}}{r_k} - \sen\gamma_{tt}}\right) + \varphi_{tp} \quad [\text{rad}] \tag{3.66}$$

$$T_t = \left(\frac{d \cdot \pi}{z} - \frac{s_n}{\cos\beta}\right) \tag{3.67}$$

$$T_2 = \frac{T_t}{2} - (r - r_f) \cdot \tan\alpha_t - \tan\left(45 - \frac{90 \cdot \tan\alpha_t}{\pi}\right) \cdot r_k \tag{3.68}$$

$$\varphi_{ft} = \frac{180}{\pi} \cdot \left(\frac{\pi}{z} - \frac{T_2}{r} - \gamma_{ft}\right) \quad [\text{graus}] \tag{3.69}$$

As coordenadas polares do filete trocoidal externo são:

Raio = r_{ft}

Ângulo = φ_{ft}

As coordenadas cartesianas do filete trocoidal externo são:

$$x_{ft} = r_{ft} \cdot \sen\varphi_{ft} \tag{3.70}$$

$$y_{ft} = r_{ft} \cdot \cos\varphi_{ft} \tag{3.71}$$

onde:

c_v = Ordenada do centro do raio de crista até a linha primitiva do perfil de referência.

r = Raio de referência.

d = Diâmetro de referência.

r_f = Raio de pé.

r_k = Raio da crista da ferramenta.

r_{tp} = Raio qualquer da trocoide primitiva.

φ_{tp} = Ângulo vetorial da trocoide primitiva.

γ_{tt} = Ângulo entre a tangente da trocoide primitiva e o raio vetor.

r_{ft} = Raio qualquer do filete trocoidal.

φ_{ft} = Ângulo vetorial do filete trocoidal.

x_{ft} = Abscissa de um ponto qualquer do filete trocoidal.

y_{ft} = Ordenada de um ponto qualquer do filete trocoidal.

Preparação para o traçado da trocoide externa

Vamos tomar o mesmo exemplo do traçado da evolvente, cujos dados repetimos a seguir:

Número de dentes (z) 8
Módulo normal (m_n) 10,000
Diâmetro de referência (d) 80,000
Diâmetro de pé (d_f) 54,400
Diâmetro de início do chanfro (d_{Nk}) 99,660
Diâmetro base (d_b) 75,175
Ângulo de perfil (α) .... 20°
Ângulo de hélice (β) .... 0°
Espessura circular (S_n) 15,619
Raio da crista da ferramenta geradora (r_k) 2,000

A trocoide deve começar no raio de pé r_f = 27,20 e terminar no raio r_u = 38,326, determinado quando traçamos a evolvente.

Para traçar o filete trocoidal precisamos entrar com n raios que compõem os pontos da trocoide primitiva.

O primeiro raio, referente ao ponto P_1, como já mencionado, foi determinado quando traçamos a evolvente:

r_{tp1} = 37,758. O último raio, referente ao ponto P_{20} é:

$$r_{tp20} = r_f + r_k = 27,2 + 2 = 29,2$$

Determinação dos raios (eixos polares) para o traçado da trocoide externa

Não é conveniente que a distribuição dos raios seja linear. A precisão do traçado na região próxima ao pé do dente, onde o raio de curvatura é menor, ficaria prejudicada, com seguimentos de retas muito longos. Portanto, uma distribuição exponencial é adequada. O método apresentado a seguir pode ser aplicado com razoável precisão.

Em princípio vamos determinar o segmento exponencial (X):

$$X = \frac{\ln(R_1 - R_n + 1)}{n - 1} \tag{3.72}$$

Cálculo dos raios:

$$r_{tp1} = r_{tpn} + e^{(n-1) \cdot X} - 1 \qquad (3.73)$$

$$r_{tp2} = r_{tpn} + e^{(n-2) \cdot X} - 1$$

$$r_{tp3} = r_{tpn} + e^{(n-3) \cdot X} - 1$$

$$\ldots$$

$$r_{tpn} = r_{tpn} + e^{(n-n) \cdot X} - 1 = r_{tpn}$$

Exemplo:

Vamos adotar $n = 20$.

$$X = \frac{\ln(37{,}758 - 29{,}2 + 1)}{19} = 0{,}11881 \qquad \text{ref (3.72)}$$

$$r_{tp1} = 29{,}2 + e^{19 \times 0{,}11881} - 1 = 37{,}758 \qquad \text{ref (3.73)}$$

$$r_{tp2} = 29{,}2 + e^{18 \times 0{,}11881} - 1 = 36{,}687$$

$$r_{tp3} = 29{,}2 + e^{17 \times 0{,}11881} - 1 = 35{,}737$$

$$\ldots$$

$$r_{tp20} = 29{,}20 + e^{0 \times 0{,}11881} - 1 = 29{,}200$$

Veja graficamente os resultados na Figura 3.37.

Traçado da trocoide externa

Continuando com o exemplo, vamos calcular as coordenadas x_{ft} e y_{ft} para $r_{tp1} = 37{,}758$, que representa o ponto de número 1 da Tabela 3.3. Os valores das 20 coordenadas estão plotados na Figura 3.36.

$$c_v = 40 - 27{,}2 - 2 = 10{,}8 \qquad \text{ref (3.60)}$$

$$\alpha_v = \cos^{-1}\left(\frac{40 - 10{,}8}{37{,}758}\right) = 39{,}34444° = 0{,}68669 \text{ rad} \qquad \text{ref (3.61)}$$

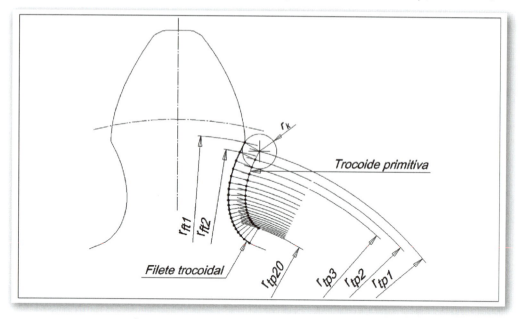

Figura 3.37 – Distribuição dos raios da trocoide primitiva externa $r_{tp1}, r_{tp2}, r_{tp3}, ..., r_{tp20}$.

$$\varphi_{tp} = \frac{10{,}8 \times \tan 39{,}34444°}{40} - \tan 39{,}34444 + 0{,}68669 = 0{,}08834 \text{ rad} =$$

$$= 5{,}05602°$$
ref (3.62)

$$c_p = \sqrt{37{,}758^2 - (40 - 10{,}8)^2} = 23{,}93815 \qquad \text{ref (3.63)}$$

$$\gamma_{tt} = \tan^{-1}\left(\frac{40 - 10{,}8 - \frac{37{,}758^2}{40}}{23{,}93815}\right) = -15{,}06134° = -0{,}26287 \text{ rad} \quad \text{ref (3.64)}$$

$$r_{ft} = \sqrt{37{,}758^2 + 2 \times (2 - 2 \times 37{,}758 \times \text{sen}(-15{,}06134°))} = 38{,}32640 \quad \text{ref (3.65)}$$

$$\gamma_{ft} = \tan^{-1}\left(\frac{\cos(-15{,}06134°)}{\frac{37{,}758}{2} - \text{sen}(-15{,}06134°)}\right) + 5{,}05602° = 7{,}94463°$$

$$= 0{,}13866 \text{ rad}$$
ref (3.66)

$$T_t = \frac{80 \cdot \pi}{8} - 15{,}619 = 15{,}79693 \qquad \text{ref (3.67)}$$

Involutometria do dente

$$T_2 = \frac{15,79693}{2} - (40 - 27,2) \cdot \tan 20° - \tan\left(45 - \frac{90° \cdot \tan 20°}{\pi}\right) 2 = 1,86133 \quad \text{ref (3.68)}$$

$$\varphi_{ft} = \frac{180°}{\pi} \cdot \left(\frac{\pi}{8} - \frac{1,86133}{40} - 0,13866\right) = 0,20751 \text{ rad} = 11,88945° \quad \text{ref (3.69)}$$

As coordenadas cartesianas do filete trocoidal externo são:

$$x_{ft} = 38,3264 \times \text{sen } 11,88945° = 7,896 \quad \text{ref (3.70)}$$

$$y_{ft} = 38,3264 \times \cos 11,88945° = 37,504 \quad \text{ref (3.71)}$$

Tabela 3.3 – Trocoide de um dente externo

Ponto P	r_{tp} [mm]	j_{tp} [graus]	r_{ft} [mm]	j_{ft} [graus]	x_{ft} [mm]	y_{ft} [mm]
1	37,758	5,0560	38,3265	11,889	7,896	37,504
2	36,687	5,4436	37,1320	11,363	7,316	36,404
3	35,737	5,6945	36,0536	10,987	6,871	35,393
4	34,892	5,8303	35,0784	10,742	6,538	34,464
5	34,143	5,8694	34,1947	10,611	6,297	33,610
6	33,477	5,8276	33,3925	10,581	6,132	32,825
7	32,886	5,7185	32,6627	10,640	6,031	32,101
8	32,361	5,5537	31,9975	10,778	5,984	31,433
9	31,895	5,3425	31,3899	10,987	5,982	30,815
10	31,481	5,0928	30,8338	11,260	6,021	30,240
11	31,113	4,8107	30,3238	11,595	6,095	29,705
12	30,787	4,5008	29,8551	11,988	6,201	29,204
13	30,497	4,1661	29,4238	12,440	6,338	28,733
14	30,240	3,8077	29,0262	12,951	6,505	28,288
15	30,011	3,4249	28,6593	13,529	6,705	27,864
16	29,808	3,0134	28,3202	14,185	6,940	27,457
17	29,628	2,5638	28,0066	14,941	7,221	27,060
18	29,468	2,0543	27,7166	15,844	7,567	26,664
19	29,326	1,4243	27,4482	17,020	8,034	26,246
20	29,200	0,0000	27,2000	19,834	9,229	25,587

O filete trocoidal poderá ou não penetrar no dente, produzindo uma depressão e reduzindo a espessura crítica, localizada no ponto mais solicitado do dente. Evidentemente, uma redução nesse ponto não é bem-vinda, uma vez que o dente fica debilitado e poderá não resistir às forças impostas. Para resolver ou minimizar esse problema, há recursos que estudaremos adiante. A Figura 3.38A ilustra um dente debilitado e a Figura 3.38B ilustra um dente "saudável".

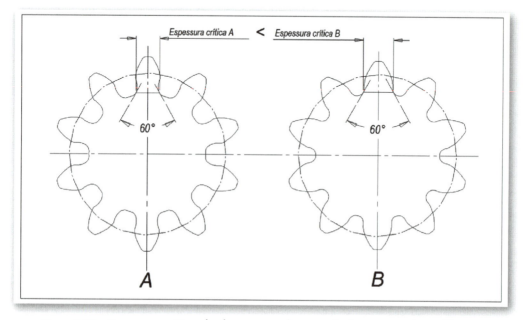

Figura 3.38 – Espessura crítica do dente em rodas sem deslocamento de perfil (A) e com deslocamento de perfil (B).

Traçado do filete trocoidal interno

Para o traçado da trocoide interna, temos também de fornecer uma série de raios (r_{tp}) que correspondem aos pontos da trocoide primitiva. Para cada ponto fornecido, podemos determinar o ponto que corresponde ao filete trocoidal e, assim, obter a curva unindo esses pontos.

Consulte a Figura 3.39 para ver as condições geométricas.

Vamos determinar o maior r_{tp} o qual chamaremos de r_{tpn}:

$$r_{tpn} = |r_{f2}| - r_k \qquad (3.74)$$

Involutometria do dente

Vamos determinar o menor r_{tp}, o qual chamaremos r_{tp1}:

$$r_{tf1} = \sqrt{(\sqrt{r_u^2 - r_b^2} - r_k)^2 + r_b^2} \qquad (3.75)$$

Para determinar as coordenadas da trocoide, adotamos uma quantidade de raios (r_{tp}) entre r_{tpn} e r_{tp1} (inclusive) e aplicamos as Equações de (3.78) até (3.95) para cada um desses raios.

Quanto maior o número de raios, maior a precisão da curva.

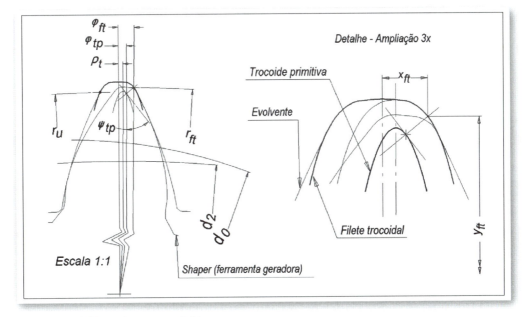

Figura 3.39 – Filete trocoidal interno.

Aqui também é interessante adotar uma distribuição exponencial para os raios. Como vimos no traçado da trocoide externa, a precisão da curva é maior na região onde o raio de curvatura é menor, ou seja, próxima ao pé do dente. Podemos utilizar o método apresentado a seguir.

Primeiro, precisamos determinar o segmento exponencial (X):

$$X = \frac{\ln(R_n - R_1 + 1)}{n - 1} \qquad (3.76)$$

Segundo, determinar os raios:

$$r_{tp1} = r_{tpn} - e^{(n-1) \cdot X} + 1 \qquad (3.77)$$

$$r_{tp2} = r_{tpn} - e^{(n-2) \cdot X} + 1$$

$$r_{tp3} = r_{tpn} - e^{(n-3) \cdot X} + 1$$

$$...$$

$$r_{tpn} = r_{tpn} - e^{(n-n) \cdot X} + 1 = r_{tpn}$$

Agora, podemos determinar os pontos do filete trocoidal.
Os resultados destas equações são constantes para todos os pontos:

$$r_{r0} = rf_2 + a_0 - r_k \qquad (3.78)$$

$$\alpha_{r0} = \cos^{-1}\left(\frac{r_{b0}}{r_{r0}}\right) \qquad (3.79)$$

$$\alpha_{i0} = \tan^{-1}\left(\tan \alpha_{r0} + \frac{r_k}{r_{b0}}\right) \qquad (3.80)$$

$$r_{i0} = \frac{r_{b0}}{\cos \alpha_{i0}} \qquad (3.81)$$

Os resultados destas equações variam para cada ponto:

$$\delta_0 = \cos^{-1}\left(\frac{r_{tp}^2 - a_0^2 - r_{r0}^2}{2 \cdot |a_0| \cdot r_{r0}}\right) \qquad (3.82)$$

$$\delta_2 = \frac{z_0 \cdot \delta_0}{|z_2|} \qquad (3.83)$$

$$\rho_t = \frac{z_0 \left(\dfrac{T_{n0}}{2 \cdot r_0 \cdot \cos \beta} - \dfrac{r_k}{r_{b0}} + \text{inv } \alpha_t - \text{inv } \alpha_{r0}\right)}{|z_2|} \qquad (3.84)$$

Involutometria do dente

$$\varphi_{tp} = \text{sen}^{-1}\left(\frac{r_{r0} \cdot \text{sen } \delta_0}{r_{tp}}\right) - \delta_2 + \rho_t \qquad (3.85)$$

$$A = r_{r0}^2 \cdot |a_0| \cdot \text{sen}^2 \delta_0 \qquad (3.86)$$

$$B = r_{r0} \cdot r_{tp}^2 \cdot \cos \delta_0 \qquad (3.87)$$

$$C = r_{tp}^2 \cdot (|a_0| + r_{r0} \cdot \cos \delta_0) \qquad (3.88)$$

$$D = \frac{A + B}{C} - \frac{z_0}{|z_2|} \qquad (3.89)$$

$$E = -\frac{|a_0| \cdot r_{r0} \cdot \text{sen } \delta_0}{r_{tp}} \qquad (3.90)$$

$$\psi_{tp} = \tan^{-1}\left(\frac{r_{tp} \cdot D}{E}\right) \qquad (3.91)$$

$$r_{ft} = \sqrt{r_{tp}^2 + r_k^2 - 2 \cdot r_k \cdot r_{tp} \cdot \text{sen } \psi_{tp}} \qquad (3.92)$$

$$\varphi_{ft} = \varphi_{tp} + \cos^{-1}\left(\frac{r_{tp} - r_k \cdot \text{sen } \psi_{tp}}{r_{ft}}\right) \qquad (3.93)$$

As coordenadas polares do filete trocoidal interno são:
Raio = r_{ft}
Ângulo = φ_{ft}

As coordenadas cartesianas do filete trocoidal interno são:

$$x_{ft} = r_{ft} \cdot \text{sen } \varphi_{ft} \qquad (3.94)$$

$$y_{ft} = r_{ft} \cdot \cos \varphi_{ft} \qquad (3.95)$$

onde:

r_{r0} = Distância entre o centro do shaper até o centro do raio de crista do shaper.
r_{f2} = Raio de pé da roda.
a_0 = Distância entre os centros do shaper e da roda.
r_k = Raio da crista do shaper.
α_{r0} = Ângulo de perfil do centro do raio de crista do shaper.
r_{i0} = Distância do centro do shaper até o final da evolvente.

α_{i0} = Ângulo de perfil do final da evolvente do shaper.
δ_0 = Ângulo de rotação do shaper.
δ_2 = Ângulo de rotação da roda.
ρ_t = Ângulo entre a origem da trocoide e a linha de centro do vão entre os dentes.
φ_{tp} = Ângulo vetorial da trocoide primitiva.
Ψ_{tp} = Ângulo entre o raio vetor e a tangente da trocoide.

Preparação para o traçado da trocoide interna

Vamos tomar o mesmo exemplo do traçado da evolvente, cujos dados repetimos a seguir:

Módulo (m_n)	10,000
Número de dentes do shaper (z_0)	21
Número de dentes da roda (z_2)	– 46
Raio de referência do shaper (r_0)	105,000
Ângulo de perfil (α)	20°
Ângulo de hélice (β)	0°
Diâmetro de pé da roda (d_{f2})	– 490,920
Diâmetro de cabeça do shaper (d_{a0})	240,920
Dimensão do vão circular da roda (T_n)	19,683
Raio da crista do shaper (r_k)	2,000
Distância entre centros entre roda e shaper (a_0)	–125,000
Diâmetro base do shaper (d_{b0})	197,335
Diâmetro base da roda (d_{b2})	– 432,259

Cálculo de um ponto qualquer do filete trocoidal

Vamos determinar o ponto número 1. Temos o raio r_u = 242,652, que foi calculado quando traçamos a evolvente. Em função deste raio, vamos calcular r_{tp1}.

$$r_{tp1} = \sqrt{(\sqrt{242,652^2 - 216,13^2} - 2)^2 + 216,13^2} = 241,749 \qquad \text{ref (3.75)}$$

Cálculo das coordenadas do ponto número 1:

$$r_{r0} = 245,46 + (-125) + (-2) = 118,46 \qquad \text{ref (3.78}$$

$$\alpha_{r0} = \cos^{-1}\left(\frac{98,6675}{118,46}\right) = 33,6003° \qquad \text{ref (3.79)}$$

Involutometria do dente

$$\delta_0 = \cos^{-1}\left(\frac{241{,}749^2 - (-125)^2 - 118{,}46^2}{2 \times 125 \times 118{,}46}\right) = 13{,}59858° = 0{,}23734 \text{ rad} \qquad \text{ref (3.82)}$$

$$\delta_2 = \left(\frac{21 \times 13{,}59858°}{46}\right) = 6{,}20800° = 0{,}10835 \text{ rad} \qquad \text{ref (3.83)}$$

$$\rho_t = \frac{21\left(\dfrac{19{,}683}{210} - \dfrac{2}{98{,}6675} + 0{,}0149094 - 0{,}07797\right)}{46}$$

$$= 0{,}00474 \text{ rad} = 0{,}27158° \qquad \text{ref (3.84)}$$

$$\varphi_{tp} = \text{sen}^{-1}\left(\frac{118{,}46 \times \text{sen } 13{,}59858°}{241{,}749}\right) - 6{,}208 + 0{,}27158 = 0{,}67958° \qquad \text{ref (3.85)}$$

$$A = 118{,}46^2 \times 125 \times \text{sen}^2\, 13{,}59858° = 96966{,}17577 \qquad \text{ref (3.86)}$$

$$B = 118{,}46 \times 241{,}749^2 \times \cos 13{,}59858° = 6729033{,}52225 \qquad \text{ref (3.87)}$$

$$C = 241{,}749^2 \times (125 + 118{,}46 \times \cos 13{,}59858) = 14034355{,}89737 \qquad \text{ref (3.88)}$$

$$D = \frac{96966{,}17577 + 6729033{,}52225}{14034355{,}89737} - \frac{21}{46} = 0{,}02986 \qquad \text{ref (3.89)}$$

$$E = -\frac{125 \times 118{,}46 \times \text{sen } 13{,}59858°}{241{,}749} = -14{,}40126 \qquad \text{ref (3.90)}$$

$$\Psi_{tp} = \tan^{-1}\left(\frac{241{,}749 \times 0{,}02986}{-14{,}40126}\right) = -26{,}61905° = -0{,}46459 \text{ rad} \qquad \text{ref (3.91)}$$

$$r_{ft} = \sqrt{241{,}749^2 + 2^2 - 2 \times 2 \times 241{,}749 \times \text{sen}(-26{,}61905°)} = 242{,}65171 \qquad \text{ref (3.92)}$$

$$\varphi_{ft} = 0{,}67958° + \cos^{-1}\left(\frac{241{,}749 - 2 \times \text{sen} - 26{,}61905}{242{,}65171}\right) = 1{,}10177° \qquad \text{ref (3.93)}$$

As coordenadas polares do filete trocoidal interno são:

Raio = r_{ft}

Ângulo = φ_{ft}

As coordenadas cartesianas do filete trocoidal interno são:

$$x_{ft} = 242{,}65171 \cdot \operatorname{sen} 1{,}10177° = 4{,}666 \qquad \text{ref (3.94)}$$

$$y_{ft} = 242{,}65171 \cdot \cos 1{,}10177° = 242{,}607 \qquad \text{ref (3.95)}$$

Determinação dos raios (eixos polares) para o traçado da trocoide interna

Continuando com o exemplo e adotando $n = 20$, vamos determinar os raios r_{tp} distribuídos em uma escala exponencial.

Segmento exponencial (X):

$$X = \frac{\ln(243{,}46 - 241{,}749 + 1)}{19} = 0{,}05249 \qquad \text{ref (3.72)}$$

Raios:

$$r_{tp1} = 243{,}46 - e^{19 \times 0{,}05249} + 1 = 241{,}749 \qquad \text{ref (3.77)}$$

$$r_{tp2} = 243{,}46 - e^{18 \times 0{,}05249} + 1 = 241{,}888$$

$$r_{tp3} = 243{,}46 - e^{17 \times 0{,}05249} + 1 = 242{,}019$$

...

$$r_{tp20} = 243{,}46 - e^{0 \times 0{,}05249} + 1 = 243{,}460$$

Traçado da trocoide interna

Aplicando as fórmulas apresentadas aqui, determinamos os 20 pontos mostrados na Tabela 3.4 e plotados na Figura 3.40.

Involutometria do dente

Tabela 3.4 – Trocoide de um dente interno

Ponto	r_{tp} [mm]	φ_{tp} [graus]	r_{ft} [mm]	φ_{ft} [graus]	x_{ft} [mm]	y_{ft} [mm]
1	241,749	0,67958	242,65171	1,10177	4,666	242,607
2	241,888	0,66276	242,82142	1,08089	4,581	242,778
3	242,019	0,64609	242,98553	1,05981	4,494	242,944
4	242,144	0,62956	243,14454	1,03847	4,407	243,105
5	242,262	0,61312	243,29893	1,01678	4,317	243,261
6	242,375	0,59674	243,44919	0,99464	4,226	243,413
7	242,481	0,58040	243,59580	0,97192	4,132	243,561
8	242,583	0,56404	243,73928	0,94849	4,035	243,706
9	242,679	0,54761	243,88014	0,92417	3,934	243,848
10	242,770	0,53106	244,01893	0,89873	3,827	243,989
11	242,856	0,51431	244,15623	0,87191	3,715	244,128
12	242,938	0,49726	244,29266	0,84334	3,596	244,266
13	243,016	0,47979	244,42889	0,81255	3,466	244,404
14	243,090	0,46172	244,56571	0,77889	3,325	244,543
15	243,160	0,44282	244,70396	0,74140	3,166	244,683
16	243,226	0,42271	244,84466	0,69863	2,985	244,826
17	243,289	0,40075	244,98899	0,64818	2,771	244,973
18	243,349	0,37570	245,13838	0,58541	2,505	245,126
19	243,406	0,34431	245,29463	0,49869	2,135	245,285
20	243,460	0,27194	245,46000	0,27217	1,166	245,457

Notem na Figura 3.40, que mesmo aplicando uma distribuição exponencial para os raios r_{tp}, os seguimentos de retas próximos ao pé do dente ficam demasiadamente longos, prejudicando a precisão da curva.

Raio no lugar do filete trocoidal

Mencionei, no início deste capítulo, que algumas rodas dentadas, principalmente as sinterizadas e as injetadas em plásticos, podem ter um raio no pé do dente, em vez de uma trocoide. Outra possibilidade é um dente com um raio total na cabeça, embora não seja comum nas engrenagens, mas muito comum

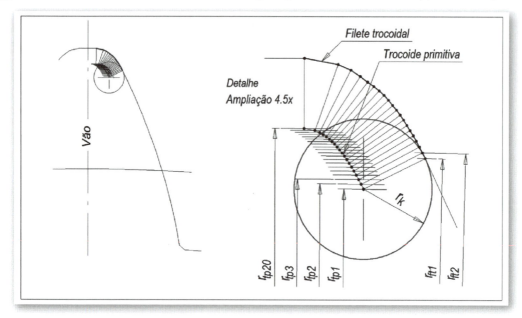

Figura 3.40 – Distribuição dos raios da trocoide primitiva interna $r_{tp1}, r_{tp2}, r_{tp3}, ..., r_{tp20}$.

nas ferramentas shaper. Há, ainda, alguns estriados (splines), externos e internos, que possuem raio total no pé do dente.

Nesses casos, podemos ter de...

...determinar o raio que: tangencia o círculo de pé e as duas evolventes que formam os flancos anti-homólogos dos dentes, dado o raio de pé.

...determinar o raio que: tangencia o círculo de cabeça e as duas evolventes que formam os flancos anti-homólogos dos dentes, dado o raio de cabeça.

... determinar o raio de pé, dado o raio que o tangencia e tangencia também as duas evolventes que formam os flancos anti-homólogos dos dentes.

... determinar o raio de cabeça, dado o raio que o tangencia e tangencia também as duas evolventes que formam os flancos anti-homólogos dos dentes.

Veja a Figura 3.41.

Para esses casos, e somente para esses casos, existe uma função que se chama *sevoluta*, que é uma combinação das palavras *sec*ante e in*voluta* (do ângulo). A sevoluta de θ é:

$$\text{sev } \theta = \sec \theta - \text{inv } \theta = \frac{1}{\cos \theta} - \text{inv } \theta = \frac{1}{\cos \theta} - \tan \theta + \theta \qquad (3.96)$$

Involutometria do dente

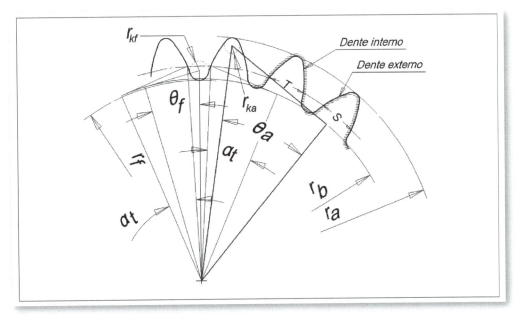

Figura 3.41 – Raio na cabeça e no pé do dente – dentes externos e internos.

Observação: [θ em radianos]

Vamos ver as aplicações típicas para a sevoluta de um ângulo.

Na Figura 3.41, r_{kf} é o raio no pé do dente de uma roda externa, mas pode ser também, o raio na cabeça de uma roda interna. Este raio tangencia as evolventes anti-homólogas.

Na mesma figura, r_{ka} é o raio na cabeça de uma roda externa, que também pode ser o raio no pé de uma roda interna. Nas fórmulas apresentadas a seguir, utilizaremos a notação S, tanto para a espessura do dente (para roda com dentes externos), quanto para a dimensão do vão (para rodas com dentes internos), que, a rigor, deveria ser T.

Determinação do raio que tangencia o círculo de cabeça e as evolventes

Chamamos este raio de r_{ka}.

$$\operatorname{sev} \theta_a = \frac{r_a}{r_b} - \frac{\left(\dfrac{S_n}{m_n \cdot z} + \tan \alpha_t - \alpha_t\right) \cdot z \cdot \cos \alpha_t \cdot m_n}{2 \cdot \cos \beta \cdot r_b} \tag{3.97}$$

Substituindo (3.96) em (3.97), temos:

$$\frac{1}{\cos\theta_a} - \tan\theta_a + \theta_a = \frac{r_a}{r_b} - \frac{\left(\dfrac{s_n}{m_n \cdot z} + \tan\alpha_t - \alpha_t\right) \cdot z \cdot \cos\alpha_t \cdot m_n}{2 \cdot \cos\beta \cdot r_b} \qquad (3.98)$$

Para determinar θ_a temos de utilizar um método numérico. Neste caso é oportuno o método de Newton e Raphson em razão da facilidade de se obter a derivada da função. Este método é explicado com mais detalhes no capítulo 6.

Vamos a ele:

Método de Newton e Raphson para determinar a sevoluta do ângulo

Sabemos que $f(\theta_a) = \dfrac{1}{\cos\theta_a} - \tan\theta_a + \theta_a - \operatorname{sev}\theta_a = 0 \qquad (3.99)$

A derivada é $f'(\theta_a) = 1 - \dfrac{1}{\cos^2\theta_a} + \dfrac{\tan\theta_a}{\cos\theta_a} \qquad (3.100)$

$$\alpha_{a(n+1)} = \theta_{a(n)} - \frac{f(\theta_{a(n)})}{f'(\theta_{a(n)})} \qquad (3.101)$$

Então:

$$\theta_{a(n+1)} = \theta_{a(n)} - \frac{\dfrac{1}{\cos\theta_{a(n)}} - \tan\theta_{a(n)} + \theta_{a(n)} - \operatorname{sev}\theta_{a(n)}}{1 - \dfrac{1}{\cos^2\theta_{a(n)}} + \dfrac{\tan\theta_{a(n)}}{\cos\theta_{a(n)}}} \qquad (3.102)$$

A primeira aproximação, conforme Irving Laskin, é

$$\theta_{a(1)} = 0{,}8\,(\operatorname{sev}\theta_a - 1) + 1{,}4\sqrt{\operatorname{sen}\theta_a - 1} \ \ [\text{rad}] \qquad (3.103)$$

$$\theta_{a(2)} = \theta_{a(1)} - \frac{\dfrac{1}{\cos\theta_{a(1)}} - \tan\theta_{a(1)} + \theta_{a(1)} - \operatorname{sev}\theta_{a(1)}}{1 - \dfrac{1}{\cos^2\theta_{a(1)}} + \dfrac{\tan\theta_{a(1)}}{\cos\theta_{a(1)}}} \ \ [\text{rad}] \qquad (3.104)$$

Involutometria do dente

Essas iterações devem ser feitas até que:

$$\left| \frac{1}{\cos \theta_a} - \tan \theta_a + \theta_a - \text{sev } \theta_a \right| < 10^{-7} \tag{3.105}$$

Quando esta condição for satisfeita:

$$r_{ka} = \left(r_a - \frac{r_b}{\cos \theta_a} \right) \cdot \cos \beta_b \tag{3.106}$$

Determinação do raio que tangencia o círculo de pé e as evolventes

Chamamos este raio de r_{kf}.

$$\text{sev } \theta_f = \frac{r_f}{r_b} - \frac{s_n}{m_n \cdot z} - \tan \alpha_t + \alpha_t + \frac{\pi}{z} \tag{3.107}$$

Substituindo (3.96) em (3.107):

$$\frac{1}{\cos \theta_f} - \tan \theta_f + \theta_f = \frac{r_f}{r_b} - \frac{s_n}{m_n \cdot z} - \tan \alpha_t + \alpha_t + \frac{\pi}{z} \tag{3.108}$$

Para determinar θ_f temos de utilizar um método numérico. Recomendo o método de Newton e Raphson, já explicado aqui.

Encontrado θ_f, podemos calcular r_{kf}:

$$r_{kf} = \left(\frac{r_b}{\cos \theta_f} - r_f \right) \cdot \cos \beta_b \tag{3.109}$$

onde:

r_a = Raio de cabeça de uma roda externa ou (somente para esse cálculo) raio de pé de uma roda interna.

r_f = Raio de pé de uma roda externa ou (somente para esse cálculo) raio de cabeça de uma roda interna.

S_n = Espessura circular norma do dente de uma roda externa ou (somente para esse cálculo) dimensão circular normal do vão de uma roda interna.

Determinação do raio de cabeça r_a em função do filete da cabeça r_{ka}

Para determinar o raio de cabeça (r_a), precisamos da involuta do ângulo e não da sevoluta.

$$\operatorname{inv} \theta_a = \frac{\left(\dfrac{s_n}{m_n \cdot z} + \operatorname{inv} \alpha_t\right) \cdot z \cdot m_n \cdot \cos \alpha_t}{2 \cdot \cos \beta \cdot r_b} - \frac{r_{ka}}{\cos \beta_b \cdot r_b} \qquad (3.110)$$

$$\tan \theta_a - \theta_a = \frac{\left(\dfrac{s_n}{m_n \cdot z} + \tan \alpha_t - \alpha_t\right) \cdot z \cdot m_n \cdot \cos \alpha_t}{2 \cdot \cos \beta \cdot r_b} - \frac{r_{ka}}{\cos \beta_b \cdot r_b} \qquad (3.111)$$

Para determinar θ_a temos de utilizar um método numérico. O método de Newton e Raphson é o mais indicado. Veja explicação já apresentada aqui.

Encontrado θ_a, podemos calcular r_a:

$$r_a = \frac{r_b}{\cos \theta_a} + \frac{r_{ka}}{\cos \beta_b} \qquad (3.112)$$

Determinação do raio de pé r_f em função do filete do pé r_{kf}

Para determinar o raio de pé (r_f), precisamos da involuta do ângulo e não da sevoluta.

$$\operatorname{inv} \theta_f = \frac{s_n}{m_n \cdot z} + \frac{r_{kf}}{\cos \beta_b \cdot r_b} + \operatorname{inv} \alpha_t - \frac{\pi}{z} \qquad (3.113)$$

$$\tan \theta_f - \theta_f = \frac{s_n}{m_n \cdot z} + \frac{r_{kf}}{\cos \beta_b \cdot r_b} + \tan \alpha_t - \alpha_t - \frac{\pi}{z} \qquad (3.114)$$

Para determinar θ_f temos de utilizar um método numérico. Pode ser o método de Newton e Raphson, já explicado.

Encontrado θ_f, podemos calcular r_f:

$$r_f = \frac{r_b}{\cos \theta_f} - \frac{r_{kf}}{\cos \beta_b} \qquad (3.115)$$

Involutometria do dente

Exemplo da determinação do raio que tangencia o círculo de cabeça e as evolventes

Dados:

Módulo (m_n) 5,000
Número de dentes (z) 22
Ângulo de perfil normal (α_n) .... 20°
Ângulo de hélice (β) .... 25°
Raio de cabeça (r_a) 67,161
Espessura circular normal do dente (S_n) 7,784
Raio base (r_b) 56,314

$$\alpha_t = \tan^{-1}\left(\frac{\tan 20°}{\cos 25°}\right) = 21{,}88023° = 0{,}38188 \text{ rad} \qquad \text{ref (3.1)}$$

$$\text{sev } \theta_a = \frac{67{,}161}{56{,}314} - \frac{\left(\frac{7{,}784}{5 \times 22} + \tan 21{,}88023° - 0{,}38188\right) \times 22 \times \cos 21{,}88023° \times 5}{2 \cdot \cos 25° \times 56{,}314} \qquad \text{ref (3.97)}$$

$$= 1{,}102136$$

Vamos aplicar o método numérico de Newton e Raphson.

A primeira aproximação, conforme Irving Laskin, é:

$$\theta_{a(1)} = 0{,}8 \,(1{,}10213226 - 1) + 1{,}4 \sqrt{1{,}10213226 - 1} = 0{,}52911974 \text{ [rad]} \qquad \text{ref (3.103)}$$

$$\theta_{a(2)} = 0{,}52911974 - \frac{\dfrac{1}{\cos 0{,}52911974} - \tan 0{,}52911974 + 0{,}52911974 - 1{,}10213226}{1 - \dfrac{1}{\cos^2 0{,}52911974} + \dfrac{\tan 0{,}52911974}{\cos 0{,}52911974}} \qquad \text{ref (3.104)}$$

$$= 0{,}52714342 \text{ [rad]}$$

$$\left|\frac{1}{\cos 0{,}52714342} - \tan 0{,}52714342 + 0{,}52714342 - 1{,}10213226\right| = 7{,}5 \times 10^{-7} \qquad \text{ref (3.105)}$$

Como $7{,}5 \times 10^{-7} > 10^{-7}$, vamos para uma nova iteração:

$$\theta_{a(2)} = 0{,}52714342 - \frac{\dfrac{1}{\cos 0{,}52714342} - \tan 0{,}52714342 + 0{,}52714342 - 1{,}10213226}{1 - \dfrac{1}{\cos^2 0{,}52714342} + \dfrac{\tan 0{,}52714342}{\cos 0{,}52714342}} \qquad \text{ref (3.104)}$$

$$= 0{,}52714119 \text{ [rad]}$$

$$\left| \frac{1}{\cos 0{,}52714119} - \tan 0{,}52714119 + 0{,}52714119 - 1{,}10213226 \right| = 3{,}45 \times 10^{-10} \quad \text{ref (3.105)}$$

Como $3{,}45 \times 10^{-10} < 10^{-7}$, podemos considerar a raiz, ou seja, o ângulo θ_a encontrado.

$$\theta_a = 0{,}527141 \text{ rad} = 30{,}202965°$$

$$\beta_b = \text{sen}^{-1}(\text{sen } 25° \cdot \cos 20°) = 23{,}39896° \quad \text{ref (7.37)}$$

$$r_{ka} = \left(67{,}161 - \frac{56{,}314}{\cos 30{,}202965°}\right) \cdot \cos 23{,}39896° = 1{,}837 \quad \text{ref (3.106)}$$

Exemplo da determinação do raio que tangencia o círculo de pé e as evolventes

Dados:

Módulo (m_n) 5,000
Número de dentes (z) 22
Ângulo de perfil normal (α_n) .... 20°
Ângulo de hélice (β) .... 25°
Raio de pé (r_f) 54,579
Espessura circular normal do dente (S_n) 7,784
Raio base (r_b) 56,314

$$\text{sev } \theta_f = \frac{54{,}579}{56{,}314} - \frac{7{,}784}{5 \times 22} - \tan 21{,}88023° + 0{,}38188 + \frac{\pi}{22} = 1{,}0215072 \quad \text{ref (3.107)}$$

Vamos aplicar o método numérico de Newton e Raphson.

Para a primeira aproximação, conforme Irving Laskin, pode ser aplicada a Equação (3.103):

$$\theta_{f(1)} = 0{,}8(1{,}0215072 - 1) + 1{,}4\sqrt{1{,}0215072 - 1} = 0{,}2225206 \text{ [rad]} \quad \text{ref (3.103)}$$

$$\theta_{f(2)} = 0{,}2225206 - \frac{\dfrac{1}{\cos 0{,}2225206} - \tan 0{,}20516 + 0{,}20516 - 1{,}0215072}{1 - \dfrac{1}{\cos^2 0{,}20516} + \dfrac{\tan 0{,}20516}{\cos 0{,}20516}} \quad \text{ref (3.104)}$$

$$= 0{,}2223833 \text{ [rad]}$$

Involutometria do dente

$$\left|\frac{1}{\cos 0{,}2223833} - \tan 0{,}2223833 + 0{,}2223833 - 1{,}0215072\right| = 3{,}1 \times 10^{-8} \quad \text{ref (3.105)}$$

Como $3{,}1 \times 10^{-8} < 10^{-7}$, podemos considerar a raiz, ou seja, o ângulo θ_a encontrado.

$$\theta_f = 0{,}2223833 \text{ rad} = 12{,}741634°$$

$$r_{kf} = \left(\frac{56{,}314}{\cos 12{,}741634°} - 54{,}579\right) \cdot \cos 23{,}398962° = 2{,}897 \quad \text{ref (3.109)}$$

Exemplo da determinação do raio de cabeça em função do filete da cabeça

Os dados são os mesmos do exemplo da determinação de r_{ka}, porém, temos agora r_{ka} como dado:

$$r_{ka} = 1{,}837$$

$$\text{inv } \theta_a = \frac{\left(\dfrac{7{,}784}{5 \times 22} + \tan 21{,}880233 - 0{,}381882\right) \times 22 \times 5 \cdot \cos 21{,}880233}{2 \times \cos 25° \times 56{,}314} \quad \text{ref (3.110)}$$

$$- \frac{1{,}837}{\cos 23{,}39896° \times 56{,}3143} = 0{,}054942$$

Determinar θ_a utilizando um método numérico. Pode ser o método de Newton e Raphson.

$$\theta_a = 30{,}20297° = 0{,}527141 \text{ rad}$$

$$r_a = \frac{56{,}3143}{\cos 30{,}20297°} + \frac{1{,}837}{\cos 23{,}398962°} = 67{,}161 \quad \text{ref (3.112)}$$

Exemplo da determinação do raio de pé em função do filete do pé

Dados:

Os dados são os mesmos do exemplo da determinação de r_{kf}, porém, temos agora r_{kf} como dado:

$$r_{kf} = 2{,}897$$

$$\text{inv } \theta_f = \frac{7{,}784}{5 \times 22} + \frac{2{,}897}{\cos 23{,}398962° \times 56{,}314} + \tan 21{,}88023° + 0{,}38188 - \frac{\pi}{22} \quad \text{ref (3.113)}$$

$$= 0{,}003740$$

Determinar θ_f utilizando um método numérico. O método utilizado pode ser o de Newton e Raphson, já explicado.

$$\theta_f = 12{,}741665° = 0{,}222384 \text{ rad}$$

$$r_f = \frac{56{,}314}{\cos 12{,}741665°} - \frac{2{,}897}{\cos 23{,}398962°} = 54{,}579 \quad \text{ref (3.115)}$$

CHANFRO DE CABEÇA

O chanfro de cabeça é o elemento que liga o final da evolvente ao raio de cabeça. O chanfro é também um perfil evolvente, porém, gerado com um ângulo de perfil muito diferente da evolvente principal que é o perfil ativo do dente. A evolvente do chanfro possui um círculo base menor e o ângulo de perfil maior que a evolvente do flanco, porém é gerada pela mesma ferramenta. Veja sua definição na Figura 3.42.

O chanfro é também chamado semitopping. Esse elemento pode não existir. Nesse caso a evolvente termina exatamente na cabeça do dente, podendo formar um canto vivo, dependendo do número de dentes da roda. O chanfro de cabeça é

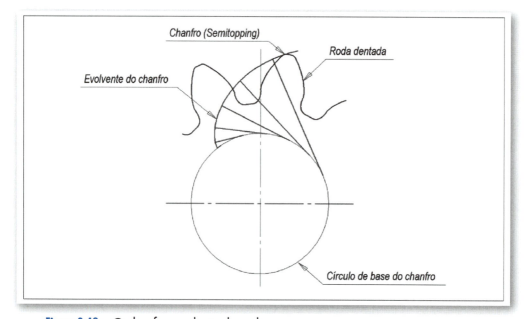

Figura 3.42 – O chanfro no dente da roda.

Involutometria do dente

sempre muito bem-vindo, principalmente nas peças fabricadas em série, nas quais uma ferramenta específica é utilizada. Além de remover os cantos vivos, normalmente indesejáveis em quase todas as peças mecânicas, facilita a locação de operações posteriores às de acabamento como rasqueteamento (shaving), quando a locação é feita pelo diâmetro de cabeça. O rasqueteamento gera rebarbas e, quando não há chanfros, essas rebarbas impedem uma locação adequada no dispositivo.

O chanfro normalmente é desenhado com o propósito de ficar simétrico na crista do dente. Veja na Figura 3.43 que c_c é aproximadamente igual a c_f. Não há nenhum rigor nisto, mas apenas uma conveniência estética para o produto.

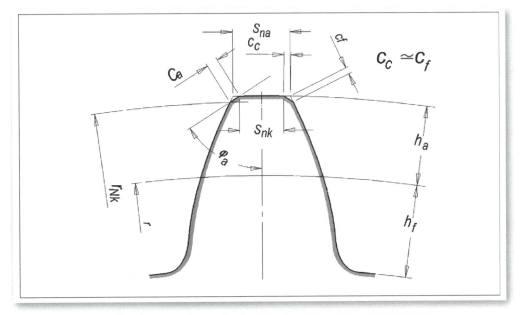

Figura 3.43 – Chanfro na cabeça do dente – dente externo.

A posição do chanfro, normalmente é determinada por meio do ponto de interseção entre as evolventes do flanco e do chanfro. A distância desse ponto até o centro da roda é chamado raio de início do chanfro, cuja notação é r_{Nk}.

Normalmente, no desenho, é especificado o diâmetro de início do chanfro ($d_{Nk} = 2 \cdot r_{Nk}$) e o ângulo do chanfro φ_a. Como sempre, no dente de uma engrenagem, podemos definir o ângulo na seção normal φ_{an} ou na seção transversal φ_{at}.

Observação 1:
O perfil do chanfro é uma evolvente e não uma reta, portanto, o ângulo φ_a é o ângulo formado entre uma linha vertical que passa pelo centro do dente a uma

linha perpendicular ao raio de curvatura no ponto onde se inicia o chanfro (intersecção entre as evolventes do flanco e do chanfro).

Observação 2:

Não podemos confundir o diâmetro de início do chanfro d_{Nk} com o diâmetro útil de cabeça d_{Na}. Esses diâmetros podem coincidir nos casos em que o aproveitamento da altura do dente é total. Muitas vezes, isso não é verdadeiro, conforme veremos adiante, neste capítulo.

A seguir, está um método para se determinar d_{Nk} e φ_{an}:

Espessura da cabeça sem o chanfro (S_{na})

$$\alpha_a = \cos^{-1}\left(\frac{d_b}{d_a}\right) \qquad (3.116)$$

$$A = \frac{s_n}{m_n \cdot z} + \text{inv } \alpha_t - \text{inv } \alpha_a \qquad (3.117)$$

$$s_{na} = \frac{A \cdot z \cdot \cos \alpha_t}{\cos \alpha_a} \cdot m_n \qquad (3.118)$$

Ângulo do chanfro na seção normal (φ_{na})

$$\varphi_{na} = 45° + \frac{1}{2}\cos^{-1}\left(\frac{d_b}{d_a}\right) - \frac{s_{na}}{d_a} \qquad (3.119)$$

Esse valor pode ser arredondado para um número inteiro.

Ângulo do chanfro na seção transversal (φ_{ta})

$$\varphi_{ta} = \tan^{-1}\left(\frac{\tan \varphi_{na}}{\cos \beta}\right) \qquad (3.120)$$

Comprimento do chanfro (C_a)

$$C_a = f \cdot \left(\frac{s_{na}}{\cos \varphi_{na}}\right) \qquad (3.121)$$

Sendo $0{,}125 \leq f \leq 0{,}2$.

$f = 0{,}15$, normalmente, resulta em um bom chanfro.

Observação: Os limites para a constante f foram adotados por mim. Você pode alterar esses valores para aumentar ou diminuir o comprimento do chanfro. Se o chanfro é útil apenas para quebrar o canto vivo na cabeça do dente, ele deve ter o menor valor possível, desde que não seja absorvido pela tolerância do diâmetro de cabeça. Um chanfro muito acentuado reduz o grau de recobrimento de perfil, o que não é recomendado.

Diâmetro de início do chanfro (d_{Nk})

$$A = \frac{4x \cdot \tan(\alpha_n) + \pi}{2 \cdot z} + \operatorname{inv} \alpha_t \tag{3.122}$$

$$B = \operatorname{inv}\left[\cos^{-1}\left(\frac{d_b}{d_{Nk}}\right)\right] \tag{3.123}$$

$$C = \frac{180}{\pi}(A - B) \quad [\text{graus}] \tag{3.124}$$

$$D = \operatorname{sen}^{-1}\left(\frac{d_{Nk} \cdot \operatorname{sen}(C) - 2 \cdot C_a \cdot \operatorname{sen} \varphi_{na}}{4 \cdot d_a}\right) \tag{3.125}$$

$$d_{Nk} - \sqrt{4 \cdot C_a^2 + d_a^2 - 4 \cdot C_a \cdot d_a \cdot \cos(\varphi_{na} + D)} < 0{.}0001 \tag{3.126}$$

O valor de d_{Nk} deve ser encontrado por meio de um método numérico. A condição da expressão (3.126) deve ser satisfeita. Os limites para a primeira estimativa pode ser:

$$d_{Nki} = d_a - 2 \cdot C_a$$

$$d_{Nkf} = d_a$$

A tolerância para o diâmetro de início do chanfro pode ser determinada por meio da equação a seguir:

$$A_{dNk} = \frac{s_{ns} - s_{ni}}{1{,}25 \cdot \operatorname{sen} \alpha} \tag{3.127}$$

onde:

S_{ns} = Espessura circular normal máxima do dente.
S_{ni} = Espessura circular normal mínima do dente.

Para dentado externo, a tolerância deve ter sinal negativo e, para dentado interno, sinal positivo.

ESPESSURA DA CABEÇA DO DENTE COM CHANFRO NA SEÇÃO NORMAL (S_{nk})

Quando o dente é muito alto, é conveniente conhecer a espessura circular normal de cabeça, levando-se em conta o chanfro. Ver condições geométricas na Figura 3.44.

Círculo base do chanfro:

$$\varphi_{ta} = \tan^{-1}\left(\frac{\tan \varphi_{na}}{\cos \beta}\right) \quad (3.128)$$

$$\alpha_{tNa} = \cos^{-1}\left(\frac{d_b}{d_{Nk}}\right) \quad (3.129)$$

$$d_{bNk} = d_a \left\{\cos\left[\varphi_{ta} + \left(\frac{s_n}{m_n \cdot z} + \text{inv } \alpha_t - \text{inv } \alpha_{tNa}\right) \cdot \frac{180}{\pi}\right]\right\} \quad (3.130)$$

$$\delta_t = \cos^{-1}\left(\frac{d_{bNk}}{d_a}\right) \quad (3.131)$$

$$\gamma_t = \cos^{-1}\left(\frac{d_{bNk}}{d_{Nk}}\right) \quad (3.132)$$

$$S_{nk} = d_a \cdot \cos \beta \left(\frac{s_n}{m_n \cdot z} + \text{inv } \alpha_t - \text{inv } \alpha_{tNa} + \text{inv } \gamma_t - \text{inv } \delta_t\right) \quad (3.133)$$

onde:

d_{bNk} = Círculo base do chanfro.
d_{Nk} = Diâmetro do início do chanfro.
φ_{na} = Ângulo do chanfro na seção normal (dado).
φ_{ta} = Ângulo do chanfro na seção transversal.
d_b = Círculo base.
β = Ângulo de hélice.
d_a = Diâmetro de cabeça.

Involutometria do dente

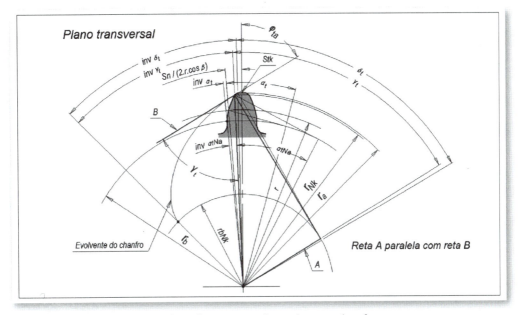

Figura 3.44 – Espessura da cabeça, considerando-se o chanfro.

Um exemplo de aplicação pode ser visto no Capítulo 18, na seção "Diâmetro de início do chanfro".

Notem na Figura 3.45 a parte do perfil do hob que gera a evolvente do chanfro e cujo valor de h_q é dado por:

$$h_q = r \cdot \cos \alpha_n \cdot \cos \alpha_{na} \cdot (\text{inv } \alpha_n - \text{inv } \alpha_{na} + \theta) \cdot \frac{1}{\text{sen } (\alpha_{na} - \alpha_n)} \quad (3.134)$$

$$\theta = \text{inv } \gamma_t - \text{inv } \alpha_{nNa} \quad (3.135)$$

RAIO DE PÉ

O raio de pé é o elemento que forma o perfil mais interno nas rodas com dentado externo e o perfil mais externo nas rodas com dentado interno. Veja ilustração na Figura 3.46.

Esse elemento pode não existir, se a trocoide ocupar seu lugar geométrico. Nesses casos, essas rodas possuem, no pé do dente, o que chamamos raio total, apesar de não ser um raio, como já explicado.

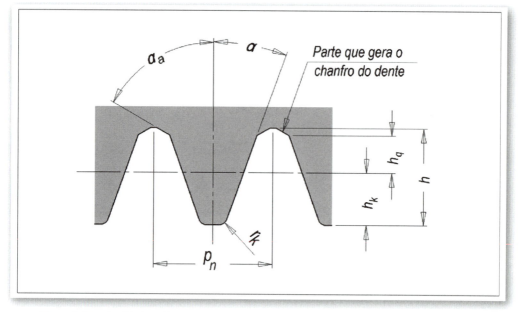

Figura 3.45 – Perfil de referência.

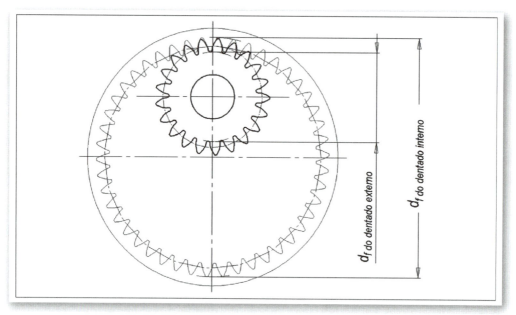

Figura 3.46 – Diâmetro de pé (d_f).

Involutometria do dente

Mesmo o elemento não existindo, a característica geométrica é definida como:

- a distância entre o centro da roda à tangente mais interna do filete trocoidal, para as rodas com dentes externos;
- a distância entre o centro da roda à tangente mais externa do filete trocoidal, para as rodas com dentes internos.

Nos desenhos, é comum especificar o diâmetro de pé e não o raio.

Determinação do diâmetro de pé

O diâmetro de pé deve ser determinado para que a cabeça do dente da roda conjugada passe livremente por ele, com uma folga c. Veja a Figura 3.47.

Tendo-se a distância entre centros nominal (a) e o diâmetro de cabeça da roda conjugada (d_{a2}), podemos determinar:

o diâmetro de pé da roda 1 (d_{f1}):

$$d_{f1} = 2 \cdot \left(a - \frac{d_{a2}}{2} - f \cdot m_n \right) \qquad (3.136)$$

o diâmetro de pé da roda 2 (d_{f2}):

$$d_{f2} = 2 \cdot \left(a - \frac{d_{a1}}{2} - f \cdot m_n \right) \qquad (3.137)$$

onde:

f = 1/6 a 1/4, normalmente 1/4.

No caso de rodas conjugadas com dentado interno, a e d_{a2} são negativos.

Para uma roda individual, na qual não se conhece a distância entre centros, podemos, com certa precaução, determinar o diâmetro de pé (d_f) utilizando a equação a seguir:

$$d_f = m_n \cdot \left(\frac{z}{\cos \beta} - g + 2 \cdot x \right) \qquad (3.138)$$

onde g = 7/3 a 5/2, normalmente 5/2.

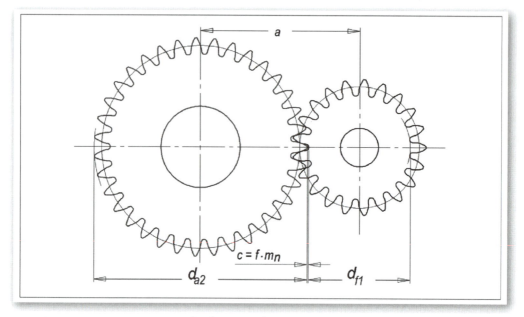

Figura 3.47 – Determinação do diâmetro de pé.

Tolerância para o diâmetro de pé

A tolerância A_{df} pode ser determinada conforme a equação a seguir:

$$A_{df} = \frac{1,2 \cdot T_{sn}}{\operatorname{sen} \alpha_n} \tag{3.139}$$

Para dentado externo utilize sinal negativo e para dentado interno, sinal positivo.

onde:

T_{sn} = Tolerância da espessura ou do vão circular normal do dente.

α_n = Ângulo de perfil normal.

RAIO DE CABEÇA

O raio de cabeça é o elemento que forma o perfil mais externo nas rodas com dentado externo e o perfil mais interno nas rodas com dentado interno. Sua notação é r_a.

Involutometria do dente

O raio de cabeça, normalmente, é obtido do blank, ou seja, do cilindro torneado em operação anterior à geração do dentado, onde esse raio já está acabado. Porém, o raio pode ser obtido na operação de geração do dentado, na qual a própria ferramenta geradora o corta.

Nesse caso, é chamado topping. Esse elemento poderia não existir se, as evolventes anti-homólogas do dente (esquerda e direita), se encontrassem, formando um vértice agudo (altura total de cabeça), porém, essa condição é indesejável, em razão da fragilidade causada na peça.

Normalmente, no desenho é especificado o diâmetro de cabeça d_a, onde $d_a = 2 \cdot r_a$.

O diâmetro de cabeça da roda está associado à altura da cabeça do dente, também chamado addendum. O addendum é a distância radial entre um ponto sobre o raio de referência até um ponto sobre o raio de cabeça, ou seja, $addendum = h_a = r_a - r$. Veja a Figura 3.43.

O diâmetro de cabeça pode variar para mais ou para menos, independentemente do deslocamento do perfil. Nos projetos mais antigos, a altura da cabeça do dente era igual ao módulo normal somado algebricamente com o valor do deslocamento. Essa condição, porém, pode impedir um aproveitamento maior na utilização do dente. Um dente mais alto poderá proporcionar um grau de recobrimento maior, resultando em um engrenamento mais preciso e mais capacitado.

Quando possível, dependendo da geometria, 80% da altura máxima resultará em uma boa altura de cabeça. Entende-se por altura máxima, quando o dente é pontudo, ou seja, quando a espessura de cabeça é igual a zero. A norma norte-americana AGMA recomenda uma altura máxima, de tal maneira que o comprimento do arco que forma o raio de cabeça (espessura circular normal de cabeça), não seja menor que 27,5% do módulo normal.

Determinação do raio de cabeça

Para calcular o diâmetro de cabeça máximo, utilize as equações a seguir:

$$\text{inv } \alpha_x = \frac{s_n}{d \cdot \cos \beta} + \text{inv } \alpha_t \qquad (3.140)$$

Para determinar α_x utilize o método numérico de Newton e Raphson ilustrado na Figura 6.3.

$$d_{a_{max}} = \frac{d_b}{\cos \alpha_x} \qquad (3.141)$$

Fator de altura do dente

Para perceber se um dente é alongado ou encurtado, podemos definir um fator. É o fator de altura do dente k_a.

$$k_\alpha = \frac{d_a - d}{2 \cdot m_n} - x \qquad (3.142)$$

O valor de k_a mostra a altura relativa do dente. Note, pela fórmula, que para um addendum igual a uma vez o módulo normal e para $x = 0$, o fator k_a será igual a 1. Por exemplo:

$$m_n = 2$$
$$d = 100$$
$$x = 0$$
$$d_a = d + 2 \cdot m_n = 100 + 4 = 104$$

$$k_a = \frac{104 - 100}{2 \times 2} - 0 = 1 \qquad \text{ref (3.142)}$$

O mesmo resultado se dá quando deslocamos, com o mesmo valor, o perfil e o diâmetro de cabeça. Por exemplo:

$$m_n = 2$$
$$d = 100$$
$$x = 0,5$$
$$d_a = d + 2 \cdot m_n + 2 \cdot m_n \cdot x = 2 \cdot m_n \cdot (x + 1) + d \qquad (3.143)$$
$$d_a = 2 \times 2 \cdot (0,5 + 1) + 100 = 106 \qquad \text{ref (3.143)}$$

$$k_a = \frac{106 - 100}{2 \times 2} - 0,5 = 1 \qquad \text{ref (3.142)}$$

Se, no caso apresentado aqui, tivéssemos arbitrado um valor maior para o diâmetro de cabeça, teríamos um valor maior que 1 para o fator k_a. Vejam um exemplo com $d_a = 108$:

$$m_n = 2$$
$$d = 100$$
$$x = 0,5$$
$$d_a = 108$$

$$k_a = \frac{108 - 100}{2 \times 2} - 0,5 = 1,5 \qquad \text{ref (3.142)}$$

Resumindo:

o fator $k_a = 1$, indica uma altura de cabeça standard.

o fator $k_a > 1$, indica um dente alongado.

o fator $k_a < 1$, indica um dente encurtado.

Cálculo de d_a em função de k_a:

$$d_a = 2 \, m_n \, (k_a + x) + d \tag{3.144}$$

Lembre-se que, para dentado interno, d_a e d são negativos.

Diâmetro de cabeça em função da espessura de cabeça

Muitas vezes, desejamos obter o diâmetro de cabeça em função da espessura circular normal da cabeça. Por exemplo, temos o módulo normal, arbitramos a espessura circular normal de cabeça mínima, conforme recomendação da norma AGMA, ou seja

$s_{na} = 0{,}275 \cdot m_n$ e partimos para o cálculo de d_a.

Determinação do diâmetro de cabeça em função de S_{na} para dentado externo

Utilize as Equações (3.145), (3.146) e (3.147). Ilustração na Figura 3.48.

$$A = \frac{s_n}{m_n \cdot z} + \tan \alpha_t - \alpha_t \tag{3.145}$$

$$B = \tan \alpha_a - \alpha_a + \frac{s_{na}}{m_n \cdot z} \cdot \frac{\cos \alpha_a}{\cos \alpha_t} \quad [\alpha_a \text{ isolado em rad}] \tag{3.146}$$

Variar α_a na Equação (3.146) até que $|A - B| \leq 0{,}0001$.

Quando essa condição for satisfeita, podemos obter o diâmetro de cabeça:

$$d_a = \frac{2 \cdot r_b}{\cos \alpha_a} \tag{3.147}$$

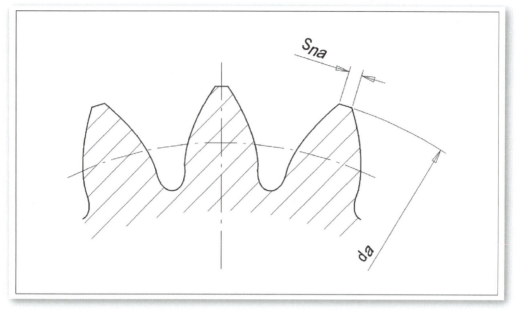

Figura 3.48 – Diâmetro de cabeça em função da espessura de cabeça – dentes externos.

Determinação do diâmetro de cabeça em função de S_{na} para dentado interno

Utilize as Equações (3.148), (3.149) e (3.147). Ver Figura 3.49.

$$A = \tan \alpha_t - \alpha_t - \frac{T_n}{m_n \cdot z} \qquad (3.148)$$

$$B = \tan \alpha_a - \alpha_a - \frac{1}{\cos \beta} \cdot \left(\frac{\pi}{z} - \frac{\frac{s_{na}}{\cos \alpha_t} \cdot \cos \alpha_a}{m_n \cdot z} \right) \qquad (3.149)$$

Observação: [α_a isolado em rad, z negativo]

Variar α_a na Equação (3.149) até que $|A - B| \leq 0{,}0001$.

Quando essa condição for satisfeita, podemos obter o diâmetro de cabeça aplicando a Equação (3.147).

Involutometria do dente

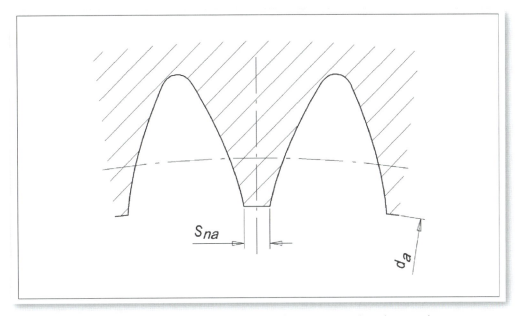

Figura 3.49 – Diâmetro de cabeça em função da espessura de cabeça – dentes internos.

Tolerância para o diâmetro de cabeça

A tolerância A_{da} pode ser determinada conforme a equação a seguir:

$$A_{da} = 0,0007 \left(0,45 \sqrt[3]{|d_a|} + \frac{|d_a|}{1000}\right) e^{0,45Q} \tag{3.150}$$

Para dentado externo, utilize sinal negativo e, para dentado interno, sinal positivo.

onde:

Q = Qualidade DIN/ISO.

e = Base dos logaritmos neperianos = 2,718282.

Exemplo para determinação do diâmetro de cabeça em função da espessura de cabeça para dentes externos

Dados:

Módulo (m_n) 5,000
Número de dentes (z) 21
Ângulo de perfil normal (α_n) .... 20°

Ângulo de hélice (β) .... 25°
Espessura circular normal (S_n) 7,784
Espessura circular normal de cabeça (S_{na}) 1,998
Raio base (r_b) 107,509

$$\alpha_t = \tan^{-1} \frac{\tan 20°}{\cos 25°} = 21,880233° = 0,381882 \text{ rad} \qquad \text{ref (3.1)}$$

$$A = \frac{7,784}{5 \times 21} + \tan 21,880233° - 0,381882 = 0,093848 \qquad \text{ref (3.145)}$$

$$B = \tan \alpha_a - \alpha_a + \frac{1,998}{5 \times 21} \cdot \frac{\cos \alpha_a}{\cos 21,880233°} \qquad \text{ref (3.146)}$$

Para encontrar α_a foi aplicado o método numérico da bissecção.

$$\alpha_a = 0,583625 \text{ rad} = 33,439279°$$

$$d_a = \frac{107,509}{\cos 33,439279°} = 128,835 \qquad \text{ref (3.147)}$$

Exemplo para determinação do diâmetro de cabeça em função da espessura de cabeça para dentes internos

Dados:
Módulo (m_n) 5,000
Número de dentes (z) .... – 46
Ângulo de perfil (α) .... 20°
Ângulo de hélice (β) .... 0°
Dimensão circular normal do vão (T_n) 9,881
Espessura circular normal de cabeça (S_{na}) 2,788
Raio base (r_b) .... – 216,129

Como $\beta = 0°$, $\alpha_t = \alpha_n = 20°$

$$A = \tan 20° - 0,3490966 - \frac{9,881}{5 \times (-46)} = 0,057865 \qquad \text{ref (3.148)}$$

Involutometria do dente

$$B = \tan \alpha_a - \alpha_a - \frac{1}{\cos 0°}\left(\frac{\pi}{-46} - \frac{\frac{2{,}788}{\cos 20°} \cdot \cos \alpha_a}{5 \times (-46)}\right) = 0{,}057865 \qquad \text{ref (3.149)}$$

Para encontrar α_a, foi aplicado o método numérico da bissecção.

$$\alpha_a = 0{,}187874 \text{ rad} = 10{,}76440°$$

$$d_a = \frac{-216{,}129}{\cos 10{,}76440°} = 220{,}000 \qquad \text{ref (3.147)}$$

Percentual da altura máxima do dente (k_{aPer}) para dentes externos

$$\text{inv } A = \frac{\pi + 4 \cdot x \cdot \tan \alpha_n}{2 \cdot z} + \text{inv } \alpha_t \qquad (3.151)$$

Para calcular A, dado a inv A, utilize o método numérico de Newton e Raphson.

$$B = \frac{\frac{z}{\cos \beta}\left(\frac{\cos \alpha_t}{\cos A} - 1\right) - 2x}{2} \qquad (3.152)$$

$$k_{aPer} = \frac{100\left(\frac{d_a - d}{2\,m_n} - x\right)}{B} \qquad (3.153)$$

Observação: Para dentes internos, o percentual da altura máxima não é oportuno.
Exemplo para dentes externos.
Dados:

Módulo (m_n) 5,000
Número de dentes (z) 21
Ângulo de perfil normal (α_n) .... 20°
Ângulo de hélice (β) .... 25°
Fator de deslocamento de perfil (x) 0,5
Diâmetro de cabeça (d_a) 130,855

$$\text{inv } A = \frac{\pi + 4 \times 0{,}5 \times \tan 20°}{2 \times 21} + \text{inv } 21{,}880233° = 0{,}111846 \qquad \text{ref (3.151)}$$

Para encontrar A foi aplicado o método numérico de Newton e Raphson.

$$A = 0,652824 \text{ rad} = 37,40406°$$

$$B = \dfrac{\dfrac{21}{\cos 25°}\left(\dfrac{\cos 21,880233°}{\cos 37,40406°} - 1\right) - 2 \times 0,5}{2} = 1,448384 \qquad \text{ref (3.152)}$$

$$d = \dfrac{m_n \cdot z}{\cos \beta} = \dfrac{5 \times 21}{\cos 25°} = 115,854682 \qquad \text{ref (7.30)}$$

$$k_{aPer} = \dfrac{100\left(\dfrac{130,855 - 115,854682}{2 \times 5} - 0,5\right)}{1,448384} = 69,04\% \qquad \text{ref (3.153)}$$

OS CINCO ELEMENTOS DO DENTE

Mostrei, até aqui, os cinco elementos que formam o dente de uma engrenagem. As Figuras 3.50 e 3.51 ilustram mais tecnicamente as curvas que compõem cada um desses elementos para dentado externo e interno, respectivamente.

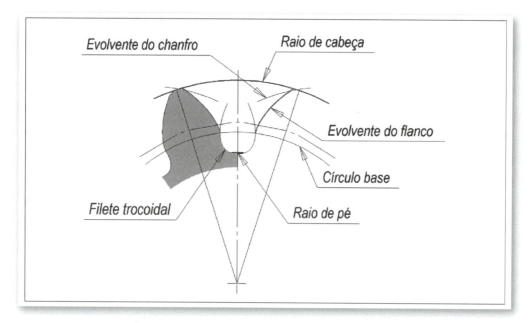

Figura 3.50 – Involutometria do dente externo.

Involutometria do dente

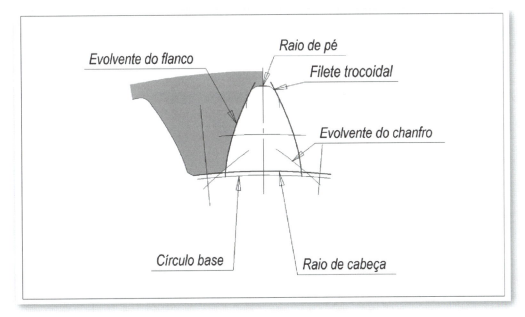

Figura 3.51 – Involutometria do dente interno.

GERAÇÃO DO DENTE COMPLETO

Uma única ferramenta é capaz de gerar o perfil completo dos dentes de uma roda. Como já foi dito, até o diâmetro de cabeça pode ser gerado na mesma operação, embora isso não seja muito comum, na prática. Até uma saída para as ferramentas de acabamento como rasqueteamento (shaving) e retífica, pode ser gerada pela ferramenta, por meio de uma protuberância cuidadosamente projetada na cabeça do dente da ferramenta. Isso será visto adiante, no Capítulo 14.

A Figura 3.52 mostra as posições que os dentes (das lâminas de corte) da ferramenta tipo hob, assume durante a geração de um dente da roda, destacando com linhas mais grossas o momento da geração de cada um dos elementos que o compõe.

A Figura 3.53 contém a foto de um hob.

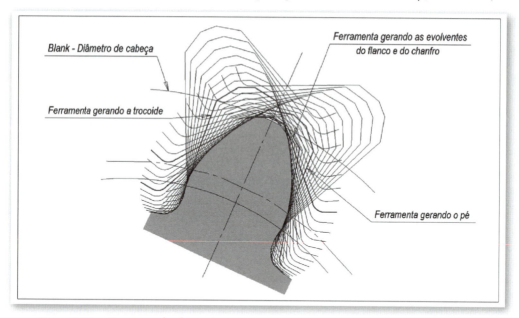

Figura 3.52 – Geração do dentado externo.

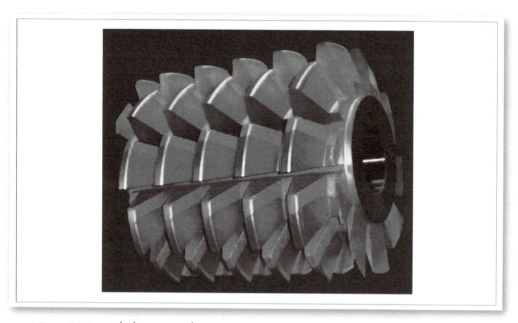

Figura 3.53 – O hob – caracol.

CAPÍTULO 4

Tipos de engrenamento

Os eixos dos dois elementos (motor e movido) de um engrenamento podem ocupar, entre si, diversas posições relativas. Dependendo da necessidade da aplicação, as engrenagens podem ser constituídas de diversos formatos. Neste livro, nos ocuparemos apenas das engrenagens cilíndricas, porém, veja, a seguir, uma breve descrição dos engrenamentos mais comuns, ilustrados na Figura 4.1.

ENGRENAGENS CILÍNDRICAS COM EIXOS PARALELOS QUE GIRAM EM SENTIDOS OPOSTOS

Essas engrenagens possuem dentes externos (retos e/ou helicoidais). Constituem o sistema mais aplicado. Atingem altíssimas rotações, na ordem de 100000 rpm e velocidades periféricas de 200 m/s. Existem aplicações para até 60000 hp.

ENGRENAGENS CILÍNDRICAS COM EIXOS PARALELOS QUE GIRAM NO MESMO SENTIDO

Nessas engrenagens, uma das rodas possui dentes externos, e a outra, dentes internos (retos e/ou helicoidais). São empregadas em situações em que o espaço disponível é restrito e em redutores epicicloidais (planetários).

Figura 4.1 – Tipos de engrenamento.

ENGRENAGENS CONCORRENTES

São engrenagens cujos eixos concorrem em um ponto, portanto, são rodas cônicas. Possuem dentes retos ou curvos (espirais). As engrenagens com dentes retos operam, normalmente, em baixas rotações.

ENGRENAGENS HIPERBOLOIDES

São engrenagens que possuem eixos reversos em planos distintos. Por essa razão, os eixos não se cruzam. Tecnologia dos grandes fabricantes de máquinas como, por exemplo, a Gleason (Americana), cujo nome é Hipoidal, e a Klingelnberg (Alemã), cujo nome é Paloidal.

ENGRENAGENS PARA CORRENTE E/OU CORREIA DENTADA

Essas engrenagens têm eixos distantes um do outro e transmitem potência por meio de uma corrente ou correia dentada. Uma grande vantagem é a leveza do conjunto.

SEM FIM E COROA

O elemento motor desse tipo de engrenagem é constituído de uma rosca que transmite potência para uma roda chamada coroa. Os eixos que constituem o engrenamento são reversos, normalmente 90 graus e são aplicadas em duas situações importantes:

1) Grandes reduções, em que a relação de transmissão é determinada pela razão entre o número de dentes da coroa e o número de entradas do sem fim, que pode ser uma ou mais.
2) Precisão na transmissão e no controle do jogo entre flancos. Um exemplo típico de aplicação é a mesa rotativa das geradoras de engrenagens.

PINHÃO E CREMALHEIRA

Esse tipo de engrenagem possui uma roda cilíndrica engrenada a uma cremalheira, cujo número de dentes é infinito. Os dentes podem ser retos ou helicoidais. O ângulo formado entre o eixo da roda e o movimento retilíneo da cremalheira, depende dos ângulos de hélices de cada elemento.

REDUTOR EPICICLOIDAL OU PLANETÁRIO

O redutor epicicloidal ou plenário é composto por uma roda chamada *solar*, algumas rodas planetárias solidárias a um prato chamado *suporte planetário* e uma roda com dentes internos chamada *anelar*. Veja esquema na Figura 4.2.

São aplicados em sistemas em que se exige altas reduções e pouco espaço físico. Sua aplicação é muito ampla, desde parafusadeiras elétricas até guindastes, passando por tratores, caminhões de grande porte, escavadeiras, transmissões automáticas veiculares e muitas outras.

Cada um dos componentes (roda solar, suporte planetário e roda anelar) pode ser a entrada, a saída ou o elemento estacionário. Cada combinação determina uma relação de transmissão diferente. Veja a seguir, as três condições citadas com as respectivas equações, acompanhadas com exemplos, nos quais adotamos:

roda solar: 30 dentes;

roda anelar: 62 dentes.

Observação: O número de dentes das rodas planetárias não afeta a relação de transmissão.

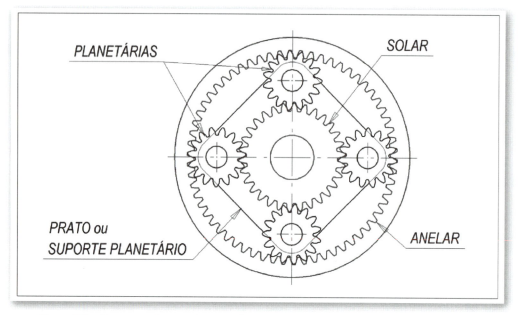

Figura 4.2 – Esquema de um sistema planetário.

Relações de transmissão (u) de um sistema epicicloidal (planetário):

Primeira condição
Entrada: Solar
Saída: Suporte planetário
Fixo: Anelar
Relação de transmissão (u): 1 + Za / Zs
Exemplo: 1 + 62 / 30 = 3,1:1
Observação: Redução de velocidade – Entrada e saída no mesmo sentido

Segunda condição
Entrada: Suporte planetário
Saída: Anelar
Fixo: Solar
Relação de transmissão (u): 1 / (1 + Zs / Za)
Exemplo: 1/(1 + 30 / 62 = 0,67:1
Observação: Ampliação de velocidade – Entrada e saída no mesmo sentido

Terceira condição

Entrada: Solar

Saída: Anelar

Fixo: Suporte planetário

Relação de transmissão (u): $-Z_a / Z_s$

Exemplo: $-62 / 30 = -2,1:1$

Observação: Redução de velocidade – Entrada e saída com sentidos opostos

CAPÍTULO 5

Definições

Para facilitar o entendimento quando se fala sobre engrenagens, algumas definições foram estabelecidas.

ENGRENAGEM OU RODA DENTADA?

Engrenagem é um substantivo que nomeia um conjugado, uma vez que, para engrenar algo, são necessários pelo menos dois componentes, ou seja, um motriz e outro movido, quando se trata de uma transmissão mecânica. Portanto, a rigor, esse termo não é correto quando nos referirmos à apenas um dos elementos.

Roda dentada (ou apenas *roda* para simplificar, quando inserido no contexto), nesse caso, seria o termo adequado.

Consultando dois dicionários, *engrenagem*, segundo o dicionário *Michaelis*:

s.f. 1. Mec. Ato ou efeito de engrenar. 2. Conjunto de peças de um maquinismo. e segundo o dicionário *Aurélio*:

s.f. 1. Jogo de rodas denteadas para transmissão de movimentos e força, nos maquinismos. 2. Roda denteada que gira sobre carril denteado ou em cremalheira.

Aceitando a definição 2 do dicionário *Aurélio* e, também, pelo fato de o termo engrenagem ficar, ao longo do tempo, tão associado à ideia de sinônimo de roda dentada, vamos aqui endossar essa prática, que é tão comum no dia a dia dentro das empresas.

DIREÇÃO DA HÉLICE

Nas engrenagens externas

À *direita*, se, ao posicionar a roda com seu eixo na posição vertical, a extremidade do dente no lado superior estiver à direita da extremidade do mesmo dente no lado inferior.

À *esquerda*, se, ao posicionar a roda com seu eixo na posição vertical, a extremidade do dente no lado superior estiver à esquerda da extremidade do mesmo dente no lado inferior.

Reta, se, ao posicionar a roda com seu eixo na posição vertical, as extremidades de um mesmo dente estiverem alinhadas com o eixo da roda. Nesse caso, podemos dizer que a inclinação é de 0°. A Figura 5.1 mostra os três exemplos descritos aqui.

Nas engrenagens internas

À *direita*, se, ao posicionar a roda com seu eixo na posição vertical e observando o corte passando pelo seu centro, a extremidade do dente no lado inferior estiver à direita da extremidade do mesmo dente no lado superior.

À *esquerda*, se, ao posicionar a roda com seu eixo na posição vertical e observando o corte passando pelo seu centro, a extremidade do dente no lado inferior estiver à esquerda da extremidade do mesmo dente no lado superior.

Reta, se, ao posicionar a roda com seu eixo na posição vertical e observando o corte passando pelo seu centro, as extremidades de um mesmo dente estiverem alinhadas com o eixo da roda. Nesse caso, podemos dizer que a inclinação é de 0°. A Figura 5.2 mostra os três exemplos descritos aqui.

PLANOS DE TRABALHO

Frontal, *transversal* ou *circunferencial* são sinônimos e referem-se ao plano perpendicular ao eixo da roda.

Normal refere-se ao plano perpendicular (normal) ao dente.

Definições

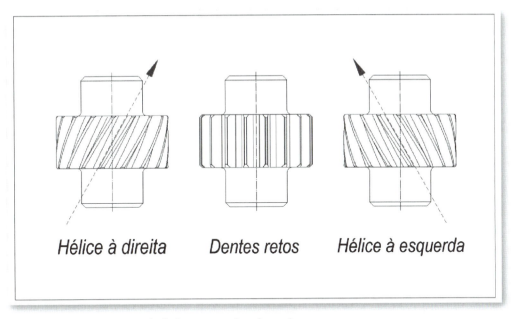

Figura 5.1 – Direção da hélice em rodas dentadas externas.

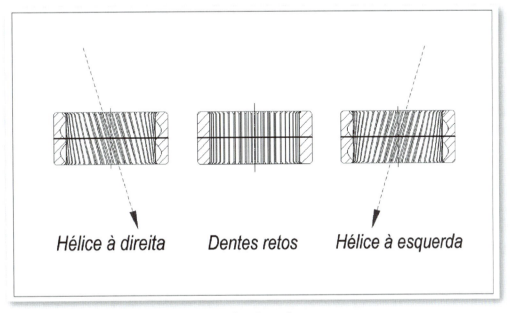

Figura 5.2 – Direção da hélice em rodas dentadas internas.

Evidentemente que nas rodas com dentes retos, os planos frontais e normais se confundem. A Figura 5.3 mostra os dois planos descritos aqui.

POSIÇÕES DOS FLANCOS EM RODAS COM DENTES EXTERNOS

Direito, se, ao posicionar o centro do dente para cima na vertical, o flanco estiver do lado direito.

Esquerdo, se, ao posicionar o centro do dente para cima na vertical, o flanco estiver do lado esquerdo.

POSIÇÕES DOS FLANCOS EM RODAS COM DENTES INTERNOS

Direito, se, ao posicionar o centro do vão entre os dentes para cima na vertical, o flanco estiver do lado direito.

Esquerdo, se, ao posicionar o centro do vão entre os dentes para cima na vertical, o flanco estiver do lado esquerdo.

A Figura 5.4 mostra os exemplos descritos aqui. Evidentemente, essas definições dependem do ponto de vista. Ao visualizar-se a peça por baixo, a posição se inverte.

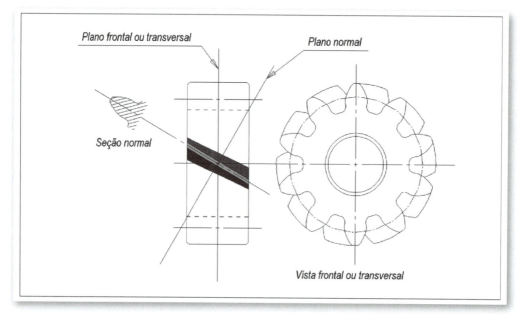

Figura 5.3 – Planos de trabalho.

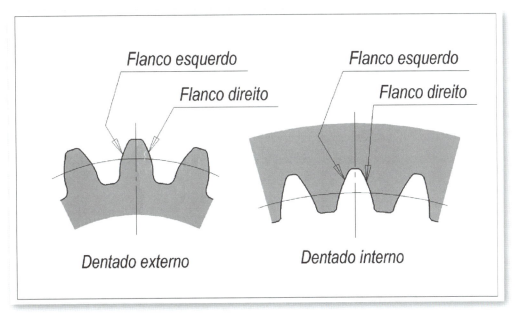

Figura 5.4 – Posição dos flancos.

EVOLUTA DA CURVA

A evoluta de uma curva genérica é o lugar geométrico formado por seus centros de curvatura. As tangentes a uma evoluta são normais à curva original. Na Figura 5.5, A é uma parábola ($y = x^2$) e E é a sua evoluta. O ponto B é o **centro de curvatura** relativo ao ponto C. Para uma reta, a curvatura é nula e o raio de curvatura é infinito.

Se na curva evolvente podemos associar a cada ponto dessa curva um centro de curvatura, veja, na Figura 5.6, que sua evoluta é exatamente o círculo de base.

INVOLUTA OU EVOLVENTE DO ÂNGULO

Involuta e evolvente são sinônimos. Neste livro, a involuta ou a evolvente do ângulo será referida somente como involuta do ângulo, para não confundir com a curva evolvente.

Definição da involuta do ângulo

Para estudar a involuta do ângulo, vamos criar um ponto sobre a curva evolvente, que é o ponto C da Figura 5.7.

Vamos considerar um triângulo retângulo. A hipotenusa é a distância entre o centro do círculo de base até o ponto C da curva evolvente. O cateto menor é

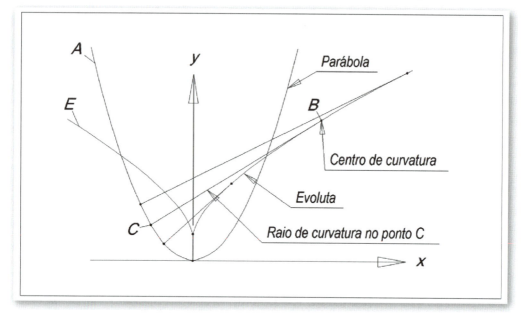

Figura 5.5 – Evoluta de uma curva.

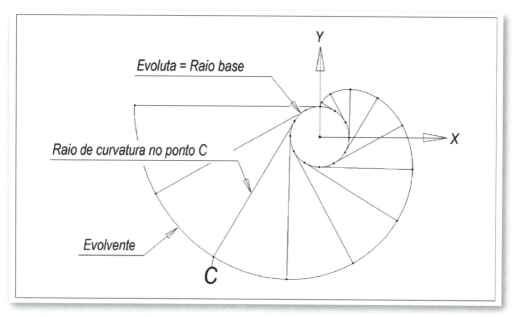

Figura 5.6 – Evoluta da evolvente.

Definições

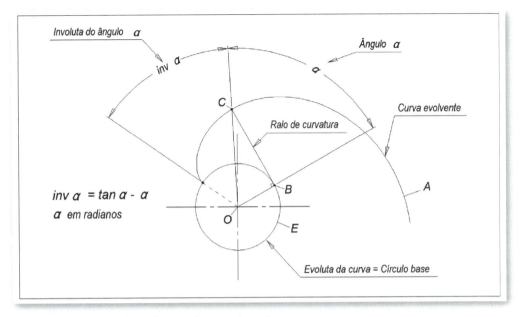

Figura 5.7 – Involuta do ângulo e evoluta da curva.

o raio do círculo de base. O cateto maior é a reta normal ao ponto C da curva evolvente até o ponto tangente ao círculo de base. Esse cateto é o raio de curvatura do ponto C. O ângulo formado entre a hipotenusa e o cateto menor é o ângulo de incidência. No caso das rodas dentadas, é chamado ângulo de perfil.

Sendo α o ângulo de incidência, a função involuta do ângulo de incidência ou, simplesmente, involuta de α é dada por: $inv_\alpha = tan\ \alpha - \alpha$, sendo α em radianos.

A Figura 5.8 mostra a involuta do ângulo de perfil de uma roda dentada.

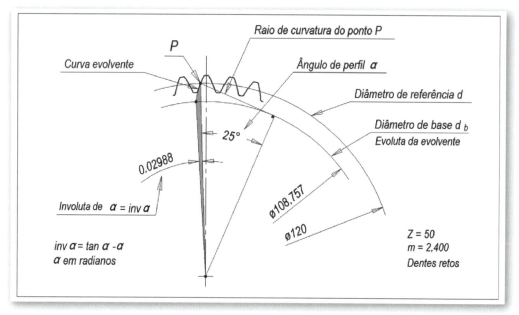

Figura 5.8 – Involuta do ângulo de perfil.

CAPÍTULO 6

Uso prático da involuta do ângulo

Vez ou outra, deparamo-nos com um problema geométrico, temos a necessidade de calcular algo, e não dispomos das equações para resolver tal problema. Nesse caso, temos de deduzi-las, e foi por essa razão que estudamos a involuta do ângulo. Ela é útil na dedução de muitas equações. Aliás, no Capítulo 3, muitas expressões continham a involuta do ângulo.

GRAUS SEXAGESIMAIS, DECIMAIS E RADIANOS

Outra grandeza muito utilizada nos cálculos geométricos de engrenagem é o ângulo, normalmente expresso em radianos. Portanto, vamos relembrar aqui, alguns conceitos. Considere a Figura 6.1 para as próximas seções.

Graus sexagesimais

Os submúltiplos do grau sexagesimal são: o *minuto* e o *segundo*. Um minuto (1') é o ângulo correspondente a 1/60 do ângulo de um grau, ou seja, 1' = 1° / 60. Um segundo (1") é o ângulo correspondente a 1/60 do ângulo de um minuto, ou seja, 1" = 1' / 60.

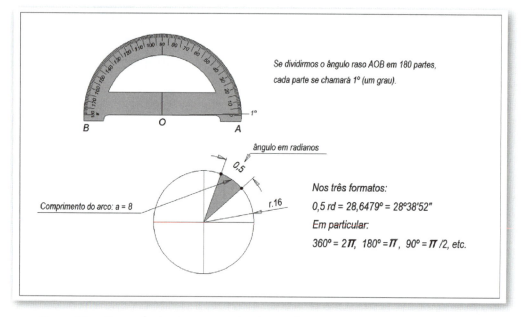

Figura 6.1 – Graus decimais, sexagesimais e radianos.

Graus decimais

Os submúltiplos do grau decimal são: o *décimo*, o *centésimo*, o *milésimo* etc. Um décimo (0,1°) é o ângulo correspondente a 1/10 do ângulo de um grau, ou seja, 0,1° = 1° / 10. Um centésimo (0,01°) é o ângulo correspondente a 1/10 do ângulo de um décimo, ou seja, 0,01° = 0,1° / 10.

Radianos

Em uma circunferência, o ângulo é medido pela razão entre o comprimento do arco que forma o ângulo e o raio dessa circunferência, ou seja,

$$1° = \pi/180 = 0{,}017453 \text{ radianos.}$$

A conversão de graus decimais para radianos se efetua pela fórmula:

$$A_{rad} = \pi/180 \cdot A°$$

A conversão de radianos para graus decimais se efetua pela fórmula:

$$A° = 180/\pi \cdot A_{rad}$$

APLICAÇÃO DA INVOLUTA NO CÁLCULO DA ESPESSURA DE CABEÇA

A Figura 6.2 mostra a espessura circular da cabeça de um dente reto (S_{na}) que pode ser determinada com a Equação 6.3.

Trata-se de um cálculo muito simples, onde podemos facilmente deduzir a fórmula. Como a espessura circular que queremos calcular está localizada no círculo de cabeça da roda, em princípio, temos de calcular o ângulo de perfil nesse círculo.

Na figura, temos o triângulo retângulo em destaque, no qual a hipotenusa é o raio de cabeça, o cateto maior (no nosso exemplo) é o raio de base e o outro cateto é o raio de curvatura da evolvente no ponto, fechando o triângulo. Dados os raios dos círculos de cabeça r_a e de base r_b, determinamos o ângulo de perfil no círculo de cabeça α_a:

$$\alpha_a = \cos^{-1}\left(\frac{r_b}{r_a}\right) \tag{6.1}$$

Com os conceitos vistos aqui, vamos entender as três parcelas necessárias para chegarmos ao semiângulo do arco de cabeça do dente X_a:

$S_n/(2r)$ = semiângulo do arco primitivo em radianos, onde

S_n = espessura circular do dente no círculo de referência;

r = raio de referência;

α = ângulo de perfil em radianos (sobre o círculo de referência);

α_a = ângulo de perfil sobre o círculo de cabeça em radianos, calculado anteriormente.

Semiângulo do arco de cabeça do dente (X_a)

$$X_a = \frac{S_n}{2 \cdot r} + inv_\alpha - inv_{\alpha a} \tag{6.2}$$

$$S_{na} = 2 \cdot r_a \cdot X_a = 2 \cdot r_a \left(\frac{S_n}{2 \cdot r} + inv_\alpha - inv_{\alpha a}\right) \tag{6.3}$$

MÉTODO NUMÉRICO DE NEWTON E RAPHSON

No caso anterior, calculamos inv α = tan α − α. No próximo caso, teremos de calcular α dado a inv_α. A dificuldade é um pouco maior, porque não podemos

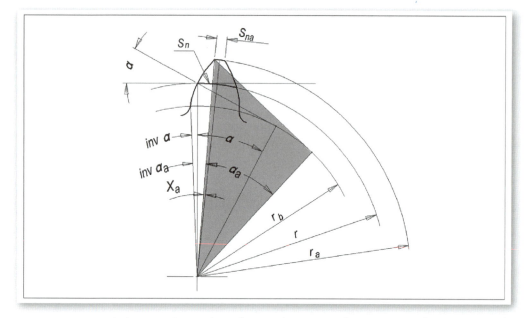

Figura 6.2 – Aplicação da involuta do ângulo para a determinação da espessura de cabeça.

calcular α analiticamente por meio de uma equação algébrica, pois a incógnita α está envolvida, também, em uma função (*tan* α).

Mostrei, anteriormente, um método numérico (dicotomia ou bissecção) que poderia ser aplicado aqui, mas o melhor caminho para este caso é obter α com o emprego do método de Newton e Raphson, que veremos a seguir:

Trata-se de um método numérico, cujo objetivo, é determinar o valor de α para o qual uma função $f(α)$ seja zero ($f(α) = 0$). O valor de α é chamado raiz da função $f(α) = 0$ ou zero da função $f(α)$. O problema só pode ser resolvido por métodos que aproximam a solução. Embora esse método não forneça a raiz exata, conseguimos calculá-la com erro menor que 0,0000001, precisão esta, muito satisfatória para o nosso caso.

No exemplo da Figura 6.3, traçamos uma reta tangente à curva $y = f(x)$, a partir do ponto $x(n), f[x(n)]$.

$X(n)$ é o ponto que corta o eixo dos x e pode ser obtido pela Equação (6.4) se a involuta de x for menor ou igual a 0,5 ou pela Equação (6.5), se a involuta de x for maior que 0,5. Estas equações foram deduzidas por Dudley e resultam numa ótima aproximação inicial.

Para $f(x) \leq 0,5$.

$$X(n) = 1{,}441 \sqrt[3]{\operatorname{inv} x} - 0{,}366 \operatorname{inv} x \qquad (6.4)$$

Uso prático da involuta do ângulo

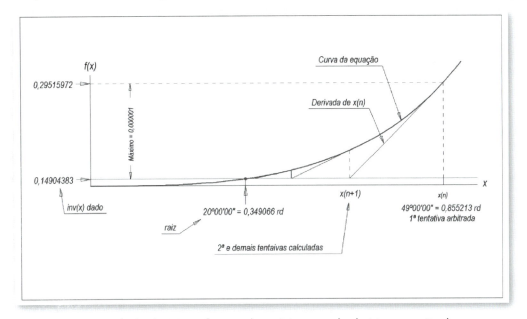

Figura 6.3 – Cálculo de (x) em função de inv(x) – método de Newton e Raphson.

Para $f(x) > 0,5$:

$$X_{(n)} = 0,243\,\pi + 0,471\,\text{inv}\,x \tag{6.5}$$

A reta tangente traçada intercepta o eixo dos x no ponto $x(n+1)$. Calculamos $f[x(n+1)]$ e subtraímos esse valor de $inv(x)$ dado. Se a diferença for maior que a tolerância requerida, traçamos outra reta tangente a partir do ponto $x(n+1)$, $f[x(n+1)]$ que corta o eixo dos x no ponto $x(n+2)$, sendo esse ponto uma melhor aproximação da raiz. O processo se repete até que encontremos a raiz com a tolerância requerida.

Esse método é conhecido também como método das tangentes. Realmente, a interpretação anterior justifica este nome.

Ainda no exemplo da Figura 6.3, temos:

$$\text{inv}\,x = 0,014904383867$$

e queremos calcular o ângulo x, com erro máximo igual a 0,0000001. Os cálculos serão feitos usando aritmética de ponto flutuante com 12 algarismos significativos.

Sabemos que

$$\text{inv}\,x = \tan x - x, \text{ ou seja,}$$
$$\tan x - x - 0,014904383867 = 0$$

Do método de Newton e Raphson, sabemos que

$$X_{(n+1)} = X_{(n)} - \frac{f[X_{(n)}]}{f'[X_{(n)}]} \tag{6.6}$$

onde a função de x é:

$$f(x) = \tan x - x \tag{6.7}$$

e sua derivada é:

$$f'(x) = \sec^2(x) - 1 \tag{6.8}$$

Das identidades trigonométricas, sabemos que

$$\sec^2(x) - \tan^2(x) = 1 \tag{6.9}$$

ou

$$\sec^2(x) - 1 = \tan^2(x) \tag{6.10}$$

ou seja:

$$f'(x) = \tan^2(x) \tag{6.11}$$

Portanto:

$$X_{(n+1)} = X_{(n)} - \frac{\tan[X_{(n)}] - X_{(n)} - \text{inv } x}{\tan^2[X_{(n)}]} \tag{6.12}$$

$n = 0, 1, 2, \ldots$

Vamos aos cálculos...

Primeira aproximação:

$X_{(0)} = 1{,}441 \sqrt[3]{0{,}014904383867} - 0{,}366 \times 0{,}014904383867 = 0{,}34917440004$

Vamos checar a condição:

$f_{[X(0)]} = \tan 0{,}349174400040 - 0{,}349174400040 - 0{,}014904383867 = 0{,}000014385196$

Como $0{,}000014385196 > 0{,}0000001$, vamos para a primeira iteração:

$X_{(1)} = 0{,}349174400040 - \dfrac{0{,}000014385196}{(\tan 0{,}349174400040)^2} = 0{,}349065884803$

Vamos checar a condição:

$f_{[X(1)]}$ = tan 0,349065884803 – 0,349065884803 – 0,014904383867 = 0,000000004855

Como 0,000000004855 < 0,0000001, podemos considerar $X_{(1)}$, a raiz do problema.

A raiz 0,349065884803 radianos é igual a 20,00000193 graus decimais.

Note que, com a escolha da aproximação inicial adequada, podemos reduzir sensivelmente o intervalo e encontrar a raiz com apenas uma iteração, dispensando o uso do computador.

APLICAÇÃO DA INVOLUTA NO CÁLCULO DA DIMENSÃO M

A Figura 6.4 mostra a dimensão sobre rolos de uma roda com dentes retos. Com o conteúdo mostrado aqui e acompanhando a figura, podemos facilmente compreender o desenvolvimento das fórmulas a seguir.

No triângulo destacado em cinza na Figura 6.4, precisamos determinar o ângulo α_m para calcular C, que é a distância entre os centros da roda e do rolo. Porém, para determinar o ângulo α_m precisamos calcular as quatro parcelas de inv a_m. São elas:

- $S_n/(2r)$ = semiângulo do arco de referência em radianos, onde
  S_n = espessura circular do dente no círculo de referência;
  r = raio de referência;

- inv α = tan α – α, onde:
  α = ângulo de perfil em radianos (sobre o círculo de referência).

- $\dfrac{D_M}{2 \cdot r_b}$ = setor circular hachurado na figura.

Para determinar o ângulo deste setor, vamos imaginar uma evolvente, paralela ao flanco do dente, que parte do centro do rolo e termina no raio base. O comprimento de arco compreendido entre estas duas evolventes é exatamente o raio do rolo ($d_M/2$). Basta dividi-lo pelo raio base para chegarmos ao ângulo.

- π/z = ângulo entre os centros do vão e do dente.

Com estas quatro parcelas chegamos à *inv* α_m.

$$\text{inv } a_m = \frac{s_n}{2 \cdot r} + \frac{D_M}{2 \cdot r_b} + \text{inv } \alpha - \frac{\pi}{z} \qquad (6.13)$$

Para calcular α_m dado a inv α_m, aplique o método numérico de Newton e Raphson.

$$2C = \frac{2 \cdot r_b}{\cos \alpha_m}$$

Diâmetro base (d_b)

$$d_b = d \cdot \cos \alpha_t \qquad (6.14)$$

Raio base (r_b)

$$r_b = \frac{d_b}{2} \qquad (6.15)$$

Para α_t ver Equação (3.1)

Com a distância C calculada, podemos determinar a dimensão sobre rolos:

Para número par de dentes:

$$M_d = 2 \cdot C + D_M \qquad (6.16)$$

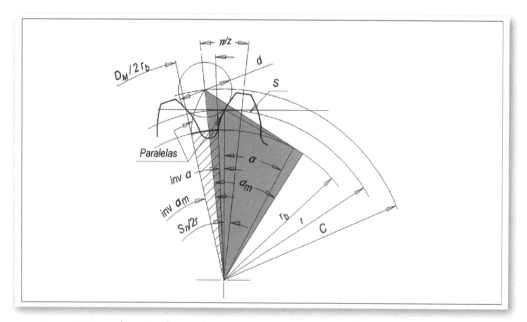

Figura 6.4 – Aplicação da involuta do ângulo para o cálculo da dimensão sobre rolos.

Para número ímpar de dentes (ver Figura 6.5):

$$M_d = 2 \cdot C \cdot \cos \frac{90°}{z} + D_M \qquad (6.17)$$

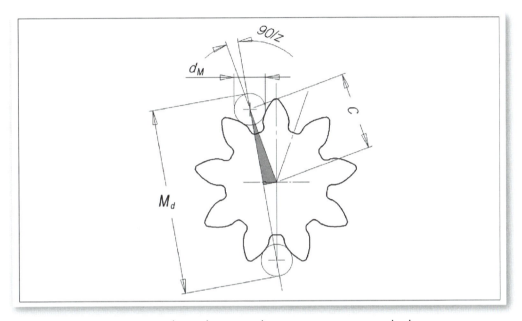

Figura 6.5 – Dimensão sobre rolos em rodas com número ímpar de dentes.

CAPÍTULO 7

Características geométricas

Neste capítulo, estudaremos as principais características geométricas de uma roda dentada isolada ou de um par de engrenagens.

DISTÂNCIA ENTRE CENTROS

A distância entre centros é a dimensão básica para se posicionar as rodas dentadas entre si, no plano de rotação. Seu valor, normalmente, é resultante das necessidades exigidas do equipamento onde as engrenagens trabalharão. Esta dimensão é controlada na caixa onde são montados os suportes de seus eixos, como rolamentos ou buchas.

A distância entre centros não possui um valor absoluto. Temos a distância entre centros inferior e a distância entre centros superior, definindo o seu campo de tolerância. A média entre essas distâncias normalmente é especificada e denominada distância entre centros nominal.

Quanto maior for a distância entre centros, mais confortável será o desenvolvimento do projeto das engrenagens. Poderemos, por exemplo, arbitrar um número de dentes maior, que, até certo limite, é "saudável" para as engrenagens. Veja, na próxima seção, os detalhes a respeito do número de dentes. A distância entre centros (a) pode ser determinada com a utilização das Equações (7.1) ou (7.2) ou (7.3). A Equação (7.4), simplificada, pode ser utilizada para engrenamento zero.

$$a = \frac{1}{2} \cdot (d_{w1} + d_{w2}) \tag{7.1}$$

$$a = a_d \cdot \frac{\cos \alpha_t}{\cos \alpha_{wt}} \tag{7.2}$$

$$a = \frac{m_n \cdot (z_1 + z_2)}{2 \cdot \cos \beta} \cdot \frac{\cos \alpha_t}{\cos \alpha_{wt}} \tag{7.3}$$

a_d = distância entre centros zero, ou seja, sem os deslocamentos dos perfis.

$$a_d = \frac{d_1 + d_2}{2} = m_n \cdot \frac{z_1 + z_2}{2 \cdot \cos \beta} \tag{7.4}$$

Para calcular a distância entre centros sem jogo entre flancos (a''), podemos usar as seguintes fórmulas:

$$\text{inv}_{\alpha L} = \frac{z_1 \cdot (s_{n1} + s_{n2})}{\cos \beta} - \frac{d \cdot \pi}{d \cdot (z_1 + z_2) + \text{inv } \alpha_t} \tag{7.5}$$

Para calcular α_L dado inv α_L, consulte a Figura 6.3, Capítulo 6.

$$a'' = \frac{d_1 + d_2}{2} \cdot \frac{\cos \alpha_t}{\cos \alpha_L} \tag{7.6}$$

Para determinar α_t utilize a Equação (3.1).
Para determinar α_{wt} utilize a Equação (3.46) ou (3.47).
Para determinar d_{w1} utilize a Equação (7.32).
Para determinar d_{w2} utilize a Equação (7.33).

Tolerância para distância entre centros

A tolerância para a distância entre centros (A_a) é determinada em função da distância entre centros a e da classe ISO *js*:

Tabela 7.1

Distância entre centros $|a|$	a_i
$|a| < 18$	13,416
$18 \leq |a| < 30$	23,238
$30 \leq |a| < 50$	38,730
$50 \leq |a| < 80$	63,246
$80 \leq |a| < 120$	97,980
$120 \leq |a| < 180$	146,969
$180 \leq |a| < 250$	212,132
$250 \leq |a| < 315$	280,624
$315 \leq |a| < 400$	354,965
$400 \leq |a| < 500$	447,214
$500 \leq |a| < 630$	561,249
$630 \leq |a| < 800$	709,930
$800 \leq |a| < 1000$	894,427
$1000 \leq |a| < 1250$	1118,034
$1250 \leq |a| < 1600$	1414,214
$1600 \leq |a| < 2000$	1788,854
$2000 \leq |a| < 2500$	2236,068
$2500 \leq |a|$	2806.243

$$A = 0{,}45 \sqrt[3]{a_i} + \frac{a_i}{1000} \qquad (7.7)$$

Tabela 7.2

Qualidade média das rodas	Série de tolerâncias
$Q = 3$	js5 a js8, inclusive.
$Q = 4, 5$ ou 6	js6 a js9, inclusive.
$Q = 7, 8$ ou 9	js7 a js10 inclusive.
$Q = 10, 11$ ou 12	js8 a js11 inclusive.

Tabela 7.3

Classe ISO js	a_j
5	7
6	10
7	16
8	25
9	40
10	64
11	100

$$A_a = \pm \frac{a_j \cdot A}{2000} \qquad (7.8)$$

NÚMERO DE DENTES

O número de dentes das engrenagens é arbitrado levando-se em conta a distância entre centros, módulo normal, ângulo de perfil e o ângulo de hélice, características estas, que veremos adiante.

A proporção entre os números de dentes das rodas motora e movida é calculada em função da relação de transmissão, ou seja, relação entre as rotações de entrada e de saída da transmissão.

Em rodas com um número de dentes pequeno, o raio de curvatura do flanco diminui, diminuindo também a área de contato e aumentado proporcionalmente a pressão entre os flancos conjugados. Além disto, poderá haver penetração da crista do dente da ferramenta geradora do dentado, debilitando a seção crítica, localizada próxima ao pé do dente. O grau de recobrimento também diminui, sobrecarregando mais cada dente em contato. É evidente que a vida útil do par engrenado diminuirá sensivelmente.

Veja na Figura 7.1 o exemplo de um caso que corresponde ao que é descrito aqui.

Com a aceitação desses argumentos, e sempre que possível, devemos cuidar para não adotar um número de dentes pequeno nas engrenagens. Se isso não for possível, podemos minimizar o problema utilizando recursos como o deslocamento de perfil, que veremos adiante. Veja a ilustração da Figura 7.2 e compare com a ilustração da Figura 7.1.

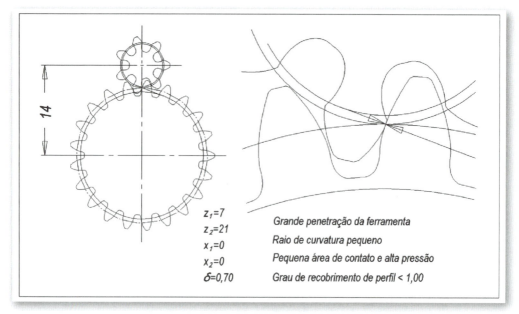

Figura 7.1 – Número de dentes reduzido sem deslocamento de perfil.

Características geométricas

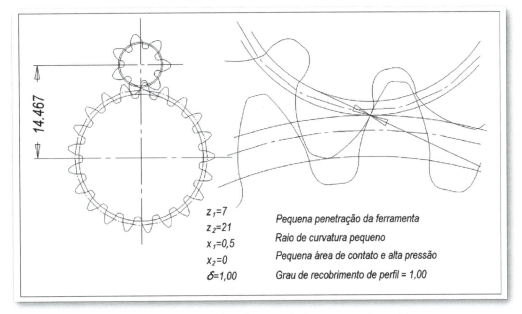

Figura 7.2 – Número de dentes reduzido com deslocamento de perfil.

As engrenagens ilustradas na Figura 7.3 têm o dobro de dentes das ilustradas na Figura 7.1, sem o recurso do deslocamento do perfil. Observe que, tanto o raio curvatura como o grau de recobrimento aumentaram e a penetração da ferramenta diminuiu no pinhão.

Com a tecnologia atual das máquinas destinadas a dar acabamento nos dentes, a qualidade das engrenagens aumentou muito, diminuindo os erros individuais dos dentados. Entretanto, sempre haverá alguma distorção, e para minimizar os problemas derivados dessas distorções, é aconselhável que a razão entre os números de dentes do par não seja um número inteiro. Dessa maneira, todos os dentes da roda motora vão conjugar com todos os dentes da roda movida, promovendo um acasalamento uniforme, sem vícios.

Determinação dos números de dentes

A determinação dos números de dentes pode ser feita de várias maneiras diferentes. A seguir é apresentado um algoritmo para até seis alternativas. Evidentemente, a constante A da Equação (7.9), na qual sugiro que seja igual a 3, e a constante B da Equação (7.10), na qual sugiro que seja igual a 2, podem ser aumentadas para se obter mais alternativas, porém, os deslocamentos dos perfis poderão resultar muito altos (positivos ou negativos) e, portanto, inadequados. Em outras palavras, quando a soma dos números de dentes é maior, os dentes

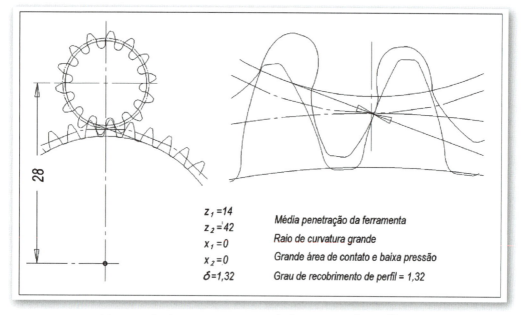

Figura 7.3 – Número de dentes mínimo sem deslocamento de perfil.

poderão ficar debilitados em sua seção crítica e, quando a soma dos números de dentes é menor, o recobrimento de perfil poderá ficar pequeno demais. Veja as Figuras 7.4 a 7.9, que correspondem às seis alternativas exemplificadas a seguir.

Temos os seguintes dados:

Relação de transmissão (u)

Módulo normal (m_n)

Distância entre centros (a)

Ângulo de perfil normal (α_n)

Ângulo de hélice (β)

Para dentados externos:

$$\Sigma_{z_{min}} = \text{int}\left(\frac{2 \cdot a \cdot \cos\beta}{m_n} + 0{,}5\right) - A \qquad (7.9)$$

Características geométricas

$A = 3$

$$\Sigma_{z_{max}} = \text{int}\left(\frac{2 \cdot a \cdot \cos \beta}{m_n} + 0{,}5\right) + B \qquad (7.10)$$

$B = 2$

$$z_1 = \text{int}\left(\frac{\Sigma_z}{u+1} + 0{,}5\right) \qquad (7.11)$$

$$z_2 = \Sigma_z - z_1 \qquad (7.12)$$

Para dentados internos:

As equações são as mesmas, porém, para dentados internos, todas as grandezas relacionadas com o número de dentes, como distância entre centros e relação de transmissão entre outras, devem ter sinal negativo.

Exemplo para a determinação dos números de dentes externos

Dados

Relação de transmissão nominal (u).. 3,325
Módulo normal (m_n).. 3,000
Distância entre centros (a). .... 110 mm
Ângulo de perfil normal (α_n) .... 20°
Ângulo de hélice (β) .... 15°

$$\Sigma_{z_{min}} = \text{int}\left(\frac{2 \times 100 \times \cos 15°}{3} + 0{,}5\right) - 3 = 68 \qquad \text{ref (7.9)}$$

$$\Sigma_{z_{máx}} = \text{int}\left(\frac{2 \times 100 \times \cos 15}{3} + 0{,}5\right) + 2 = 73 \qquad \text{ref (7.10)}$$

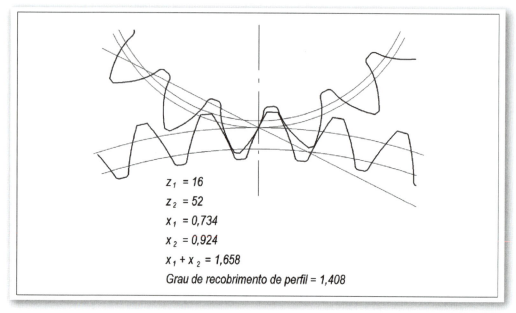

Figura 7.4 – Jogo de rodas 16 x 52.

1ª alternativa com $\Sigma_z = 68$

Veja a Figura 7.4.

$$z_1 = \text{int}\left(\frac{68}{3{,}325 + 1} + 0{,}5\right) = 16 \qquad \text{ref (7.11)}$$

$$z_2 = 68 - 12 = 52 \qquad \text{ref (7.12)}$$

Erro de $u = 3{,}325 - 52/16 = 3{,}325 - 3{,}25 = 0{,}075$

Características geométricas

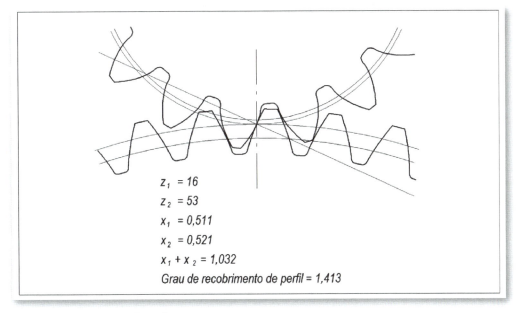

Figura 7.5 – Jogo de rodas 16 × 53.

2ª alternativa com $\Sigma_z = 69$

Veja a Figura 7.5.

$$z_1 = \text{int}\left(\frac{69}{3{,}325 + 1} + 0{,}5\right) = 16 \qquad \text{ref (7.11)}$$

$$z_2 = 69 - 16 = 53 \qquad \text{ref (7.12)}$$

Erro de $u = 3{,}325 - 53/16 = 3{,}325 - 3{,}3125 = 0{,}0125$

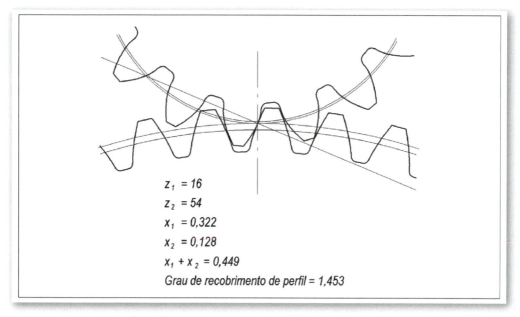

Figura 7.6 – Jogo de rodas 16 x 54.

3ª alternativa com $\Sigma_z = 70$

Veja a Figura 7.6.

$$z_1 = \text{int}\left(\frac{70}{3{,}325 + 1} + 0{,}5\right) = 16 \qquad \text{ref (7.11)}$$

$$z_2 = 70 - 16 = 54 \qquad \text{ref (7.12)}$$

Erro de $u = 3{,}325 - 54/16 = 3{,}325 - 3{,}375 = -0{,}05$

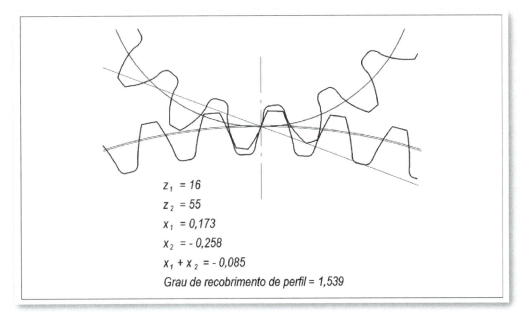

Figura 7.7 – Jogo de rodas 16 x 55.

4ª alternativa com $\Sigma_z = 71$

Veja a Figura 7.7.

$$z_1 = \text{int}\left(\frac{71}{3{,}325 + 1} + 0{,}5\right) = 16 \qquad \text{ref (7.11)}$$

$$z_2 = 71 - 16 = 55 \qquad \text{ref (7.12)}$$

Erro de $u = 3{,}325 - 55/16 = 3{,}325 - 3{,}4375 = -0{,}1125$

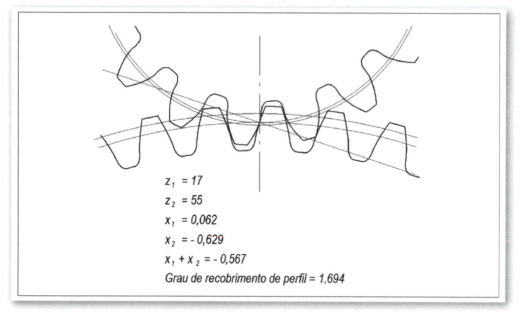

Figura 7.8 – Jogo de rodas 17 x 55.

5ª **alternativa com** $\Sigma_z = 72$

Veja a Figura 7.8.

$$z_1 = \text{int}\left(\frac{72}{3,325 + 1} + 0,5\right) = 17 \qquad \text{ref (7.11)}$$

$$z_2 = 72 - 17 = 55 \qquad \text{ref (7.12)}$$

Erro de u = 3,325 − 55 / 17 = 3,325 − 3,2353 = 0,0897

Características geométricas

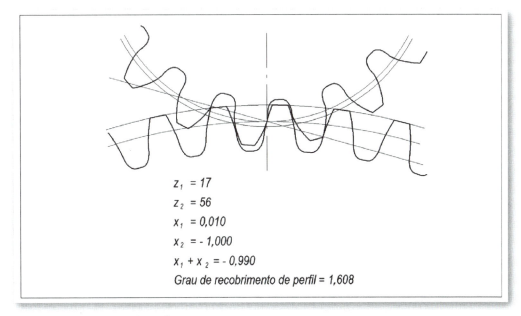

$z_1 = 17$
$z_2 = 56$
$x_1 = 0,010$
$x_2 = -1,000$
$x_1 + x_2 = -0,990$
Grau de recobrimento de perfil = 1,608

Figura 7.9 – Jogo de rodas 17 x 56.

6ª alternativa com $\Sigma_z = 73$

Veja a Figura 7.9.

$$z_1 = \text{int}\left(\frac{73}{3,325 + 1} + 0,5\right) = 17 \qquad \text{ref (7.11)}$$

$$z_2 = 73 - 17 = 56 \qquad \text{ref (7.12)}$$

Erro de u = 3,325 – 56 / 17 = 3,325 – 3,2941 = 0,0309

Número de dentes virtual

Para muitos cálculos, é necessário o número de dentes virtual (z_n). Diferentemente do *número de dentes*, o *número de dentes virtual* normalmente não é um número inteiro e equivale, em uma engrenagem reta, ao número de dentes de uma engrenagem helicoidal. Pode ser determinado com a seguinte equação:

$$z_n = \frac{z}{\cos^2 \beta_b \cdot \cos \beta} \quad (7.13)$$

MÓDULO

O módulo (m) de uma roda dentada é a relação entre o diâmetro de referência e o número de dentes. Portanto, o valor do módulo, que é dado em milímetros, define o tamanho do dente.

O módulo pode ser configurado como normal, ou seja, visto na direção normal ao dente, ou transversal, visto na direção do eixo de rotação. Evidentemente, nas engrenagens retas, as duas configurações se confundem.

Relações:

O perímetro do círculo de referência é $p_e = d \cdot \pi$.

Ao dividir p_e pelo número de dentes, obtemos o passo circular p_c:

$$p_c = \frac{d \cdot \pi}{z} \rightarrow d = \frac{p_c \cdot z}{\pi}$$

Se o módulo (m) é a relação entre o diâmetro de referência (d) e número de dentes (z):

$$m = \frac{d}{z}$$

Então:

$$m = \frac{p_c \cdot z}{\pi \cdot z} = \frac{p_c}{\pi} \rightarrow p_c = m \cdot \pi$$

Para evitar confusão, vamos chamar o módulo (m) de módulo transversal (m_t):

$$m_t = m$$

Características geométricas

O módulo normal é:

$$m_n = m_t \cdot \cos \beta \qquad (7.14)$$

$$m_n = \frac{d \cdot \cos \beta}{z} \qquad (7.15)$$

$$m_t = \frac{m_n}{\cos \beta} \qquad (7.16)$$

Graficamente, podemos determinar o módulo da seguinte maneira:

1) Traçamos uma linha com o comprimento do diâmetro de referência. Por exemplo, se o diâmetro de referência for 100 mm, o comprimento da linha será 100 mm.
2) Dividimos essa linha em z partes, onde z é o número de dentes.
3) O comprimento de cada divisão é exatamente o valor do módulo transversal.

Outra maneira de se especificar o tamanho do dente é por meio do diametral pitch (P), notação comum nos Estados Unidos.

A relação com o módulo é:

$P = 25,4 / m$, ou seja, é o número de dentes por polegada no diâmetro de referência.

Graficamente, podemos determinar o diametral pitch da seguinte maneira:

1) Traçamos uma linha com o comprimento do diâmetro de referência, como no exemplo apresentado aqui.
2) Dividimos essa linha em z partes, onde z é o número de dentes.
3) Contamos quantas divisões cabem no comprimento de uma polegada (25,4 mm).
4) Esse número é exatamente o valor do diametral pitch transversal.

A Figura 7.10 ilustra os dois exemplos descritos aqui e também três rodas, todas com 20 dentes, porém, com o tamanho dos dentes, ou seja, com os módulos distintos.

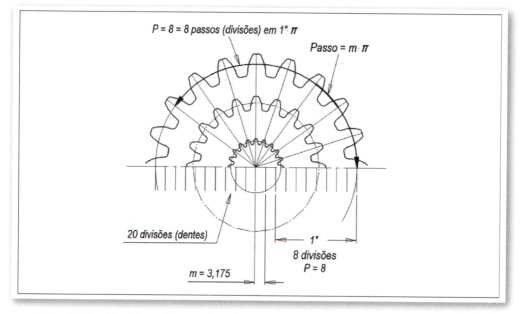

Figura 7.10 – Módulo e diametral pitch.

Na figura:

- a roda maior tem o diametral pitch = 8,000 e o módulo = 3,175.
- a roda média tem o diametral pitch = 12,700 e o módulo = 2,000.
- a roda menor tem o diametral pitch = 20,000 e o módulo = 1,270.

Podemos notar ainda que o valor do módulo é diretamente proporcional ao tamanho do dente. Já o diametral pitch, é inversamente proporcional.

O valor do módulo é determinado em função da carga exercida sobre o dente. Com um módulo maior, tem-se uma maior resistência às solicitações.

ÂNGULO DE PERFIL

Na introdução deste livro, foi dito que o termo *ângulo de pressão*, por possuir vários significados, tem gerado alguma confusão. Vamos explicar melhor aqui:

A Figura 7.11 mostra uma roda dentada engrenada com sua ferramenta geradora. O *ângulo de perfil* é exatamente o ângulo do flanco reto da ferramenta. É também o ângulo formado entre a linha primitiva da ferramenta e a reta tangente ao círculo base que passa pelo ponto primitivo (linha de ação). Isto é verdadeiro,

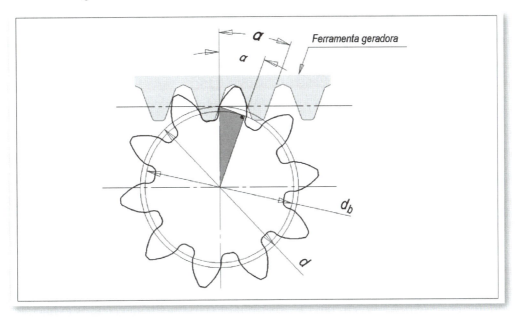

Figura 7.11 – Ângulo de perfil.

mesmo com a distância entre centros alterada, porque a ferramenta geradora tem um perfil de cremalheira.

A Figura 7.12 mostra dois pares de engrenagens retas. Ambos possuem os mesmos números de dentes e os mesmos módulos, portanto, os mesmos círculos base. O par indicado com A tem a distância entre centros a, e o indicado com B tem a distância entre centros a_V, maior que a.

Se a linha de ação tangencia os círculos de base e estes foram afastados, em B, em virtude de uma distância entre centros maior, o ângulo da linha de ação aumentou. Esse ângulo é o verdadeiro *ângulo de pressão* (α_w), também denominado *ângulo de pressão de trabalho* ou *ângulo de pressão operacional* ou *ângulo de pressão de funcionamento*.

Podemos definir o *ângulo de pressão*, como o ângulo formado pela linha de ação e pela reta perpendicular à linha que passa pelos centros das engrenagens.

O ângulo de perfil (α) tem o mesmo ângulo do flanco da ferramenta geradora, como mostra a Figura 7.11 e somente terá o mesmo valor que o *ângulo de pressão* (α_w) se a distância entre centros for standard, ou seja, se o engrenamento for V_0 (soma dos deslocamentos dos perfis igual a zero).

Conclusões:

- O ângulo de perfil (α), diferentemente do *ângulo de pressão* ($α_w$), não muda com a distância entre centros.
- O termo *ângulo de perfil* é utilizado para especificar uma roda individual e não um par engrenado.
- O termo *ângulo de pressão* é utilizado para especificar um par engrenado.
- O *ângulo de perfil*, especificado conjuntamente com o *módulo normal*, determina o passo base.
- Em um par engrenado, o ângulo de pressão é constante porque a linha de ação não muda de lugar. Já o ângulo de perfil é diferente para cada ponto das evolventes em contato.

Normalmente o termo *ângulo de perfil*, sem nenhum complemento, refere-se ao ângulo sobre o círculo de referência. Se um ângulo de perfil estiver sobre outro ponto, por exemplo, no círculo de cabeça, necessariamente deveremos explicitar: *ângulo de perfil de cabeça*.

Tanto o ângulo de perfil quanto o ângulo de pressão podem ser definidos no plano normal ou no plano transversal.

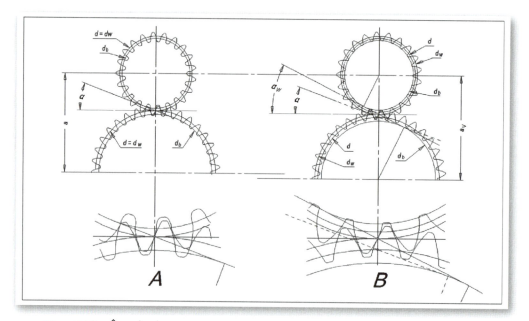

Figura 7.12 – Ângulo de pressão.

Características geométricas

Você pode alterar o ângulo de pressão objetivando, dependendo do caso, obter:

- Menor número de dentes sem penetração.
- Menor velocidade relativa de deslizamento entre os flancos.
- Menor carga radial sobre os eixos.
- Maior recobrimento de perfil.
- Maior resistência à flexão no pé do dente.
- Menor pressão entre os flancos.

A seguir algumas relações:

Ângulo de perfil normal sobre o diâmetro de referência:

$$\cos \alpha_n = \frac{P_{bn}}{m_n \cdot \pi} \tag{7.17}$$

onde:

P_{bn} = Passo base normal.

$$\tan \alpha_n = \tan \alpha_t \cdot \cos \beta \tag{7.18}$$

Ângulo de perfil transversal sobre o diâmetro de referência:

$$\cos \alpha_t = \frac{d_b}{d} \tag{7.19}$$

$$\tan \alpha_t = \frac{\tan \alpha_n}{\cos \beta} \tag{7.20}$$

Ângulo de perfil normal sobre o diâmetro de referência deslocado:

$$\cos \alpha_{vn} = \frac{\cos \alpha_n \cdot \cos \beta}{\cos \beta_v \cdot \left(1 + 2 \cdot \frac{x}{z} \cdot \cos \beta\right)} \tag{7.21}$$

$$\cos \alpha_{vn} = \frac{d}{d_v} \cdot \frac{\cos \alpha_n \cdot \cos \beta}{\cos \beta_v} \tag{7.22}$$

onde:

β_v = Ângulo de hélice sobre d_v

$$\tan \alpha_{vn} = \tan \alpha_{vt} \cdot \cos \beta_v \tag{7.23}$$

Ângulo de perfil transversal sobre o diâmetro de referência deslocado:

$$\cos \alpha_{vt} = \frac{z \cdot \cos \alpha_t}{z + 2 \cdot x \cdot \cos \beta} \qquad (7.24)$$

$$\cos \alpha_{vt} = \frac{\cos \alpha_t}{1 + 2 \cdot \frac{x}{z} \cdot \cos \beta} \qquad (7.25)$$

Ângulo de perfil transversal sobre um diâmetro d_y qualquer:

$$\cos \alpha_{yt} = \frac{d_b}{d_y} \qquad (7.26)$$

$$\cos \alpha_{yt} = \frac{d}{d_y} \cdot \cos \alpha_t \qquad (7.27)$$

$$\operatorname{inv} \alpha_{yt} = \tan \alpha_{yt} - \alpha_{yt} \quad [\alpha_{yt} \text{ em rad}] \qquad (7.28)$$

Ângulo de perfil normal sobre um diâmetro d_y qualquer:

$$\tan \alpha_{yn} = \tan \alpha_{yt} \cdot \cos \beta_y \qquad (7.29)$$

DIÂMETRO DE REFERÊNCIA (d)

De maneira análoga ao ângulo de pressão, o diâmetro de referência também tem gerado alguma confusão. Vamos esclarecer:

Por definição, o diâmetro de referência é:

$$d = \frac{m_n \cdot z}{\cos \beta_0} \qquad (7.30)$$

onde:

m_n = Módulo normal.

z = Número de dentes.

β_0 = Ângulo de hélice sobre d.

Note que as grandezas que definem d não se alteram com o aumento da distância entre centros ou com os deslocamentos dos perfis. Logo, o diâmetro de referência também não é alterado, ou seja, ele é constante.

Características geométricas

Diâmetro de referência deslocado (d_v)

Diferentemente de d, o diâmetro de referência deslocado, cuja notação é d_v, acompanha o deslocamento do perfil:

$$d_v = d + 2 \cdot x \cdot m_n \tag{7.31}$$

onde x é fator de deslocamento do perfil, que veremos com mais detalhes adiante.

Diâmetro primitivo (d_w)

Há ainda outro círculo que pode ser confundido com os círculos comentados aqui. É o círculo primitivo, cuja notação é d_w. Este círculo só pode ser definido em um par de engrenagens e nunca em uma roda isolada.

Para um par de engrenagens externas:

$$d_{w1} = \frac{2 \cdot a}{1 + \dfrac{z_2}{z_1}} \tag{7.32}$$

$$d_{w2} = d_{w1} \cdot \frac{z_2}{z_1} \tag{7.33}$$

onde:

a = Distância entre centros.

z_1 = Número de dentes da roda 1.

z_2 = Número de dentes da roda 2.

Suas propriedades são:

d_{w1} e d_{w2} têm a mesma velocidade periférica, porque são tangentes.

d_{w1} e d_{w2} dividem a distância entre centros na proporção dos números de dentes das rodas.

$d_{w1} / d_{w2} = z_1 / z_2$

O ponto de tangência entre d_{w1} e d_{w2} é exatamente o ponto primitivo, por onde passa a linha de ação.

É sobre esse ponto que normalmente surgem os pites (pitting).

É sobre este ponto que a direção do deslizamento entre os flancos se inverte. Veja ilustração na Figura 7.13.

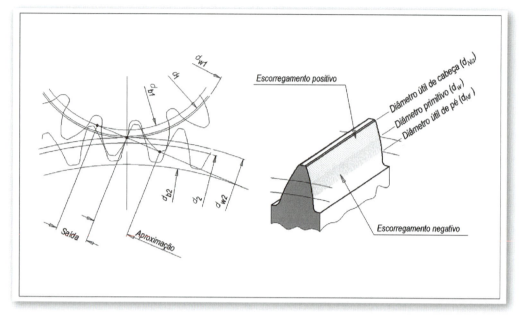

Figura 7.13 – Diâmetro primitivo d_w.

Outras figuras que mostram os círculos citados anteriormente são:

- Figura 7.14, que ilustra o engrenamento *zero*.

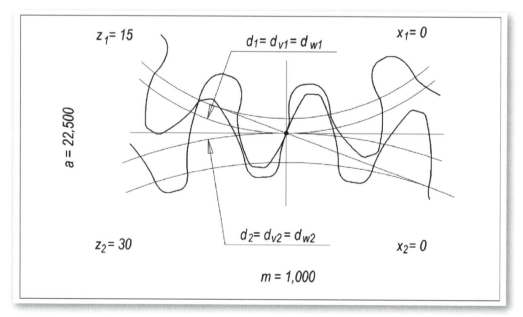

Figura 7.14 – Engrenamento zero.

Características geométricas

Engrenamento *zero* é o engrenamento onde não há deslocamento de perfil em nenhuma das rodas do par, ou seja, $x_1 = 0$ e $x_2 = 0$. A distância entre centros não é alterada e os três círculos d, d_v e d_w, são idênticos.

- Figura 7.15, que ilustra o engrenamento V*zero*.

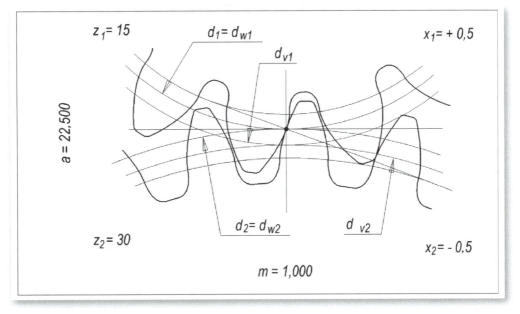

Figura 7.15 – Engrenamento V*zero*.

Engrenamento V*zero* é o engrenamento onde a soma dos deslocamentos dos perfis é nula, ou seja, $x_1 + x_2 = 0$. A distância entre centros não é alterada, os círculos d e d_w são idênticos e os círculos d_v acompanham os deslocamentos dos perfis.

- Figura 7.16, que ilustra o engrenamento V.

Engrenamento V é o engrenamento onde a soma dos deslocamentos dos perfis é diferente de zero, podendo ser positiva ou negativa. A distância entre centros é alterada e os círculos d, d_v e d_w são diferentes.

ÂNGULO DE HÉLICE

O ângulo de hélice é função do passo de hélice P_z (medido na direção axial da roda dentada) e do diâmetro a partir do qual se deseja obter o ângulo.

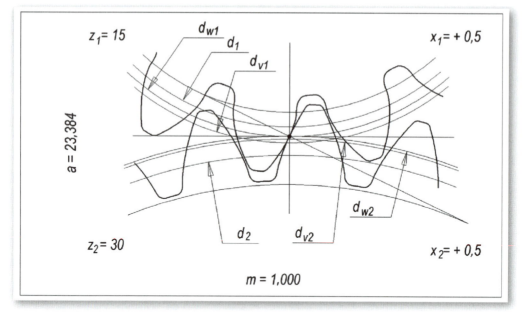

Figura 7.16 – Engrenamento V.

Ângulo de hélice sobre o círculo de referência

Sobre o diâmetro de referência, o ângulo de hélice é dado por:

$$\beta = \operatorname{sen}^{-1}\left(\frac{z \cdot m_n \cdot \pi}{P_z}\right) = \tan^{-1}\left(\frac{d \cdot \pi}{P_z}\right) \qquad (7.34)$$

O passo de hélice P_z é o comprimento obtido com uma volta completa do dente, como ilustra a Figura 7.17.

O diâmetro, a partir do qual se especifica o ângulo, é normalmente o de referência d.

Ângulo de hélice sobre um círculo qualquer

Para um diâmetro d_y qualquer, utilize a equação a seguir:

$$\beta_y = \operatorname{sen}^{-1}\left(\operatorname{sen}\beta \cdot \frac{\cos\alpha_n}{\cos\alpha_{yn}}\right) = \tan^{-1}\left(\tan\beta \cdot \frac{d_y}{d}\right) \qquad (7.35)$$

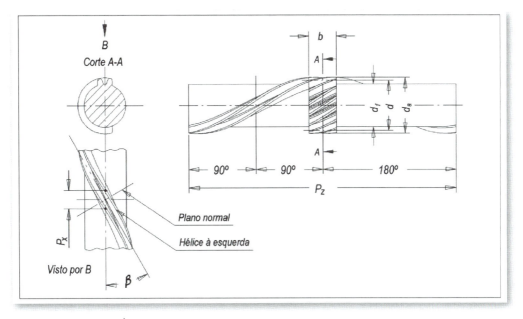

Figura 7.17 – Hélice.

Ângulo de hélice sobre o círculo de referência deslocado

O ângulo de hélice sobre o diâmetro de referência deslocado d_v é dado por:

$$\beta_v = \tan^{-1}\left(\frac{z + 2 \cdot x \cdot \cos\beta}{z} \cdot \tan\beta\right) \tag{7.36}$$

Observação: Como o passo de hélice é constante, o ângulo varia em função do diâmetro. Quanto menor o diâmetro, menor também será o ângulo.

Ângulo de hélice sobre o círculo base

Para medir o ângulo de hélice em alguns equipamentos, é necessário o ângulo de hélice sobre o diâmetro de base β_b.

$$\beta_b = \text{sen}^{-1}(\text{sen}\,\beta \cdot \cos\alpha_n) \tag{7.37}$$

Ângulo de hélice em função da velocidade angular

O ângulo de hélice normalmente é arbitrado em função da velocidade angular. Para uma estimativa inicial podemos determinar o ângulo, utilizando a Equação (7.38):

$$\beta_i = \tan^{-1}\left[\left(\frac{m_n \cdot n_T}{50000}\right)^{0{,}555}\right] \cdot \frac{180}{\pi} \quad \text{[graus]} \quad (7.38)$$

onde:

m_n = Módulo normal [mm].

n_T = Rotação no maior torque [RPM].

Ângulo de hélice normalizado

A norma DIN 3978 fornece quatro tabelas de ângulos normalizados (séries de 1 a 4).

A utilização dos ângulos normalizados é particularmente útil nos casos em que a geração dos dentes é feita por aplainamento tipo Fellows, Lorenz etc. Esse tipo de geração requer, normalmente, uma guia helicoidal que é montada na máquina e cujo valor para sua aquisição não é baixo. Para ser econômico, este método de geração requer um número limitado de guias helicoidais para cobrir todos os ângulos de hélices especificados. A norma DIN adotou apenas seis, ou seja, seis passos de hélices diferentes.

As séries 1 e 2 são para módulos normais padronizados.

A série 1 deve ser preferida à série 2, pelo fato de permitir uma densidade maior de número de dentes da ferramenta shaper. Em outras palavras, com a série 1 é possível obter, para quase todos os seis passos de hélices normalizados, um número de dentes adequado para a ferramenta.

A série 2 especifica ângulos intermediários, em relação à série 1, de maneira a reduzir o intervalo entre os valores dos ângulos.

As séries 3 e 4 são para módulos especiais.

A série 3 deve ser preferida à série 4 pelo mesmo motivo já exposto aqui.

A série 4 especifica ângulos intermediários, em relação à série 3, de maneira a reduzir o intervalo entre os valores dos ângulos.

Passos de hélices normalizados conforme DIN 3978:

1) $960 \cdot \pi = 3015{,}929$ mm
2) $640 \cdot \pi = 2010{,}619$ mm
3) $480 \cdot \pi = 1507{,}964$ mm
4) $320 \cdot \pi = 1005{,}310$ mm
5) $240 \cdot \pi = 753{,}982$ mm
6) $160 \cdot \pi = 502{,}655$ mm

Características geométricas

É evidente que, para produzir rodas com dentes helicoidais nas duas direções (direita e esquerda) e rodas com dentes retos, serão necessárias 12 guias, além de uma guia reta, perfazendo um total de 13 guias.

A relação entre o ângulo de hélice (β), módulo normal (m_n), o número de dentes do cortador shaper (z_0) e o passo de hélice da guia (p_{z0}) é dada por:

$$\operatorname{sen} \beta = \frac{m_n \cdot z_0 \cdot \pi}{p_{z0}} \tag{7.39}$$

Por exemplo, se você tem uma roda dentada com $m_n = 3,000$ e arbitrar um ângulo de hélice de 15° para seu projeto, poderá adotar, sem nenhuma restrição, o ângulo normalizado 15°13'06" e escolher um número de dentes adequado para a ferramenta, em função de um dos seis passos.

O passo de hélice da ferramenta deve ser idêntico ao da guia, tanto no valor, quanto na direção. Vejamos:

Número de dentes da ferramenta para cada passo normalizado:

$$z_0 = \frac{p_{z0} \cdot \operatorname{sen} \beta}{m_n \cdot \pi} \tag{7.40}$$

$$d_0 = \frac{z_0 \cdot m_n}{\cos \beta} \tag{7.41}$$

Para passo 960 · π (3015,929 mm):

$$z_{0(1)} = \frac{3015{,}929 \times \operatorname{sen} 15{,}218333°}{3 \times \pi} = 84 \text{ dentes} \qquad \text{ref (7.40)}$$

$$d_{0(1)} = \frac{84 \times 3}{\cos 15{,}218333°} = 261{,}158 \qquad \text{ref (7.41)}$$

Para passo 640 · π (2010,619 mm):

$$z_{0(2)} = \frac{2010{,}619 \times \operatorname{sen} 15{,}218333°}{3 \times \pi} = 56 \text{ dentes} \qquad \text{ref (7.40)}$$

$$d_{0(2)} = \frac{56 \times 3}{\cos 15{,}218333°} = 174{,}105 \qquad \text{ref (7.41)}$$

Para passo 480 · π (1507,964 mm):

$$z_{0(3)} = \frac{1507{,}964 \times \text{sen } 15{,}218333°}{3 \times \pi} = 42 \text{ dentes} \qquad \text{ref (7.40)}$$

$$d_{0(3)} = \frac{42 \times 3}{\cos 15{,}218333°} = 130{,}579 \qquad \text{ref (7.41)}$$

Para passo 320 · π (1005,310 mm):

$$z_{0(4)} = \frac{1005{,}310 \times \text{sen } 15{,}218333°}{3 \times \pi} = 28 \text{ dentes} \qquad \text{ref (7.40)}$$

$$d_{0(4)} = \frac{28 \times 3}{\cos 15{,}218333°} = 87{,}053 \qquad \text{ref (7.41)}$$

Para passo 240 · π (753,982 mm):

$$z_{0(5)} = \frac{753{,}982 \times \text{sen } 15{,}218333°}{3 \times \pi} = 21 \text{ dentes} \qquad \text{ref (7.40)}$$

$$d_{0(5)} = \frac{21 \times 3}{\cos 15{,}218333°} = 65{,}290 \qquad \text{ref (7.41)}$$

Para passo 160 · π (502,655 mm):

$$z_{0(6)} = \frac{502{,}655 \times \text{sen } 15{,}218333°}{3 \times \pi} = 14 \text{ dentes} \qquad \text{ref (7.40)}$$

$$d_{0(6)} = \frac{14 \times 3}{\cos 15{,}218333°} = 43{,}526 \qquad \text{ref (7.41)}$$

Podemos escolher a ferramenta com 42 dentes, cujo diâmetro de referência é 130,579 mm, bem adequada ao módulo normal igual a 3.

Observação: O formato angular dado é sexagesimal e o aplicado nas equações é decimal.

Características geométricas

Para estabelecer os ângulos de hélices, a norma DIN 3978 dividiu os módulos normais em seis grupos para as séries 1 e 2, conforme tabela a seguir:

Tabela 7.4

Grupo 1	1,000	2,000	4,000	8,000
Grupo 2	1,125	2,250	4,500	9,000
Grupo 3	1,250	2,500	5,000	10,000
Grupo 4	1,375	2,750	5,500	11,000
Grupo 5	1,500	3,000	6,000	12,000
Grupo 6	1,750	3,500	7,000	14,000

Os valores para sen β são formados em incrementos de 0,025 $m_{n\,min}$, onde $m_{n\,min}$ é o menor módulo normal de cada grupo das séries 1 e 2.

Ângulos de hélices (β) série 1 DIN 3978

Grupo 1 – Série 1
m_n = 1,000 \ 2,000 \ 4,000 \ 8,000
0,100000 ≤ sen β ≤ 0,450000
Δ(sen β): 0,025000

sen β	β
0,100000	05°44'21"
0,125000	07°10'51"
0,150000	08°37'37"
0,175000	10°04'43
0,200000	11°32'13"
0,225000	13°00'10"
0,250000	14°28'39"
0,275000	15°57'43"
0,300000	17°27'27"
0,325000	18°57'56"
0,350000	20°29'14"
0,375000	22°01'28"
0,400000	23°34'41"
0,425000	25°09'02"
0,450000	26°44'37"

Grupo 2 – Série 1
m_n = 1,125 \ 2,250 \ 4,500 \ 9,000
0,112500 ≤ sen β ≤ 0,506250
Δ(sen β): 0,028125

sen β	β
0,112500	06°27'34"
0,140326	08°05'02"
0,168750	09°42'55"
0,196875	11°21'15"
0,225000	13°00'10"
0,253125	14°39'45"
0,281250	16°20'05"
0,309375	18°01'18"
0,337500	19°43'29"
0,365625	21°26'46"
0,393750	23°11'17"
0,421875	24°57'11"
0,450000	26°44'37"
0,478125	28°33'47"
0,506250	30°24'52"

Grupo 3 – Série 1
m_n = 1,250 \ 2,500 \ 5,000 \ 10,000
0,093250 ≤ sen β ≤ 0,593750
Δ(sen β): 0,031250

sen β	β
0,093750	05°22'46"
0,125000	07°10'51"
0,156250	08°59'21"
0,187500	10°48'25"
0,218750	12°38'08"
0,250000	14°28'39"
0,281250	16°20'05"
0,312500	18°12'36"
0,343750	20°06'20"
0,375000	22°01'28"
0,406250	23°58'10"
0,437500	25°56'40"
0,468750	27°57'11"
0,500000	30°00'00"
0,531250	32°05'24"
0,562500	34°13'44"

Grupo 4 – Série 1
m_n = 1,375 \ 2,750 \ 5,500 \ 11,000
0,103125 ≤ sen β ≤ 0,653125
Δ(sen β): 0,034375

sen β	β
0,103125	05°55'09"
0,137500	07°54'12"
0,171875	09°53'49"
0,206250	11°54'10"
0,240625	13°55'24"
0,275000	15°57'43"
0,309375	18°01'18"
0,343750	20°06'20"
0,378125	22°13'03"
0,412500	24°21'43"
0,446875	26°32'36"
0,481250	28°46'01"
0,515625	31°02'21"
0,550000	33°22'01"
0,584375	35°45'32"
0,618750	38°13'30"

Grupo 5 – Série 1
m_n = 1,500 \ 3,000 \ 6,000 \ 12,000
0,112500 ≤ sen β ≤ 0,67500
Δ(sen β): 0,037500

sen β	β
0,112500	06°27'34"
0,150000	08°37'37"
0,187500	10°48'25"
0,225000	13°00'10"
0,262500	15°13'06"
0,300000	17°27'27"
0,337500	19°43'29"
0,375000	22°01'28"
0,412500	24°21'43"

Grupo 6 – Série 1
m_n = 1,750 \ 3,500 \ 7,000 \ 14,000
0,131250 ≤ sen β ≤ 0,700000
Δ(sen β): 0,043750

sen β	β
0,131250	07°32'31"
0,175000	10°04'43"
0,218750	12°38'08"
0,262500	15°13'06"
0,306250	17°50'00"
0,350000	20°29'14"
0,393750	23°11'17"
0,437500	25°56'40"
0,481250	28°46'01"

Características geométricas

0,450000	26°44'37"	0,525000	31°40'06"
0,487500	29°10'35"	0,568750	34°39'47"
0,525000	31°40'06"	0,612500	37°46'14"
0,562500	34°13'44"	0,656250	41°00'52"
0,600000	36°52'12"	0,700000	44°25'37"
0,637500	39°36'20"		
0,675000	42°27'15"		

Ângulos de hélices (β) série 2 DIN 3978

Grupo 1 – Série 2
m_n = 1,000 \ 2,000 \ 4,000 \ 8,000
0,112500 ≤ sen β ≤ 0,512500
Δ(sen β): 0,025000

Grupo 2 – Série 2
m_n = 1,125 \ 2,250 \ 4,500 \ 9,000
0,126563 ≤ sen β ≤ 0,5765625
Δ(sen β): 0,028125

sen β	β	sen β	β
0,112500	06°27'34"	0,126563	07°16'16"
0,137500	07°54'12"	0,154688	08°53'55"
0,162500	09°21'07"	0,182813	10°32'01"
0,187500	10°48'25"	0,210938	12°10'38"
0,212500	12°16'08"	0,239063	13°49'52"
0,237500	13°44'21"	0,267188	15°29'49"
0,262500	15°13'06"	0,295313	17°10'35"
0,287500	16°42'30"	0,323438	18°52'15"
0,312500	18°12'36"	0,351563	20°34'59"
0,337500	19°43'29"	0,379688	22°18'52"
0,362500	21°15'14"	0,407813	24°04'03"
0,387500	22°47'57"	0,435938	25°50'42"
0,412500	24°21'43"	0,464063	27°38'59"
0,437500	25°56'40"	0,492188	29°29'04"
0,462500	27°32'55"	0,520313	31°21'12"
0,487500	29°10'35"	0,548438	33°15'36"
0,512500	30°49'50"	0,576563	35°12'33"

Grupo 3 – Série 2
m_n = 1,250 \ 2,500 \ 5,000 \ 10,000
0,109375 ≤ sen β ≤ 0,640625
Δ(sen β): 0,031250

sen β	β
0,109375	06°16'45"
0,140625	08°05'02"
0,171875	09°53'49"
0,203125	11°43'11"
0,234375	13°33'17"
0,265625	15°24'15"
0,296875	17°16'12"
0,328125	19°09'18"
0,359375	21°03'43"
0,390625	22°59'36"
0,421875	24°57'11"
0,453125	26°56'40"
0,484375	28°58'18"
0,515625	31°02'21"
0,546875	33°09'10"
0,578125	35°19'08"
0,609375	37°32'40"
0,640625	39°50'18"

Grupo 4 – Série 2
m_n = 1,375 \ 2,750 \ 5,500 \ 11,000
0,120313 ≤ sen β ≤ 0,704688
Δ(sen β): 0,034375

sen β	β
0,120313	06°54'37"
0,154688	08°53'55"
0,189063	10°53'53"
0,223438	12°54'40"
0,257813	14°56'25"
0,292188	16°59'20"
0,326563	19°03'37"
0,360938	21°09'28"
0,395313	23°17'08"
0,429688	25°26'52"
0,464063	27°38'59"
0,498438	29°53'48"
0,532813	32°11'45"
0,567188	34°33'16"
0,601563	36°58'55"
0,635938	39°29'23"
0,670313	42°05'28"
0,704688	44°48'15"

Grupo 5 – Série 2
m_n = 1,500 \ 3,000 \ 6,000 \ 12,000
0,131250 ≤ sen β ≤ 0,693750
Δ(sen β): 0,037500

sen β	β
0,131250	07°32'31"
0,168750	09°42'55"
0,206250	11°54'10"
0,243750	14°06'29"
0,281250	16°20'05"
0,318750	18°35'14"
0,356250	20°52'12"
0,393750	23°11'17"

Grupo 6 – Série 2
m_n = 1,750 \ 3,500 \ 7,000 \ 14,000
0,109375 ≤ sen β ≤ 0,721875
Δ(sen β): 0,043750

sen β	β
0,109375	06°16'45"
0,153125	08°48'29"
0,196875	11°21'15"
0,240625	13°55'24"
0,284375	16°31'17"
0,328125	19°09'18"
0,371875	21°49'53"
0,415625	24°33'31"

Características geométricas

0,431250	25°32'49"	0,459375	27°20'48"
0,468750	27°57'11"	0,503125	30°12'25"
0,506250	30°24'52"	0,546875	33°09'10"
0,543750	32°56'21"	0,590625	36°12'05"
0,581250	35°32'19"	0,634375	39°22'25"
0,618750	38°13'30"	0,678125	42°41'50"
0,656250	41°00'52"	0,721875	46°12'34"
0,693750	43°55'40"		

Para estabelecer os ângulos de hélices, a norma DIN 3978 dividiu os módulos normais em seis grupos para as séries 3 e 4, conforme tabela a seguir:

Tabela 7.5

Grupo 1		4,250
Grupo 2		4,750
Grupo 3		5,250
Grupo 4		5,750
Grupo 5	3,250	6,500
Grupo 6	3,750	

Ângulos de hélices (β) série 3 DIN 3978

Grupo 1 – Série 3
$m_n = 4,250$
$0,106250 \leq \operatorname{sen} \beta \leq 0,478125$
$\Delta(\operatorname{sen} \beta): 0,026563$

Grupo 2 – Série 3
$m_n = 4,750$
$0,118750 \leq \operatorname{sen} \beta \leq 0,534375$
$\Delta(\operatorname{sen} \beta): 0,0296875$

sen β	β	sen β	β
0,106250	06°05'57"	0,118750	06°49'12"
0,132813	07°37'56"	0,148438	08°32'11"
0,159375	09°10'14"	0,178125	10°15'38"
0,185938	10°42'57	0,207813	11°59'39"
0,212500	12°16'08"	0,237500	13°44'21"
0,239063	13°49'52"	0,267188	15°29'49"
0,265625	15°24'15"	0,296875	17°16'12"
0,292188	16°59'20"	0,326563	19°03'37"
0,318750	18°35'14"	0,356250	20°52'12"

sen β	β	sen β	β
0,345313	20°12'03"	0,385938	22°42'07"
0,371875	21°49'53"	0,415625	24°33'31"
0,398438	23°28'50"	0,445313	26°26'36"
0,425000	25°09'02"	0,475000	28°21'34"
0,451563	26°50'38"	0,504688	30°18'38"
0,478125	28°33'47"	0,534375	32°18'06"

Grupo 3 – Série 3
$m_n = 5{,}250$
$0{,}098438 \leq \text{sen } \beta \leq 0{,}590625$
$\Delta(\text{sen } \beta): 0{,}0328125$

Grupo 4 – Série 3
$m_n = 5{,}750$
$0{,}107813 \leq \text{sen } \beta \leq 0{,}646875$
$\Delta(\text{sen } \beta): 0{,}0359375$

sen β	β	sen β	β
0,098438	05°38'57"	0,107813	06°11'21"
0,131250	07°32'31"	0,143750	08°15'54"
0,164063	09°26'34"	0,179688	10°21'06"
0,196875	11°21'15"	0,215625	12°27'08"
0,229688	13°16'43"	0,251563	14°34'12"
0,262500	15°13'06"	0,287500	16°42'30"
0,295313	17°10'35"	0,323438	18°52'15"
0,328125	19°09'18"	0,359375	21°03'43"
0,360938	21°09'28"	0,395313	23°17'08"
0,393750	23°11'17"	0,431250	25°32'49"
0,426563	25°14'59"	0,467188	27°51'07"
0,459375	27°20'48"	0,503125	30°12'25"
0,492188	29°29'04"	0,539063	32°37'11"
0,525000	31°40'06"	0,575000	35°05'59"
0,557813	33°54'17"	0,610937	37°39'26"
0,590625	36°12'05"	0,646875	40°18'23"

Grupo 5 – Série 3
$m_n = 3{,}250 \setminus 6{,}500$
$0{,}121875 \leq \text{sen } \beta \leq 0{,}731250$
$\Delta(\text{sen } \beta): 0{,}040625$

Grupo 6 – Série 3
$m_n = 3{,}750$
$0{,}140625 \leq \text{sen } \beta \leq 0{,}703125$
$\Delta(\text{sen } \beta): 0{,}046875$

sen β	β	sen β	β
0,121875	07°00'01"	0,140625	08°05'02"
0,162500	09°21'07"	0,187500	10°48'25"
0,203125	11°43'11"	0,234375	13°33'17"
0,243750	14°06'29"	0,281250	16°20'05"

0,284375	16°31'17"	0,328125	19°09'18"
0,325000	18°57'56"	0,375000	22°01'28"
0,365625	21°26'46"	0,421875	24°57'11"
0,406250	23°58'10"	0,468750	27°57'11"
0,446875	26°32'36"	0,515625	31°02'21"
0,487500	29°10'35"	0,562500	34°13'44"
0,528125	31°52'44"	0,609375	37°32'40"
0,568750	34°39'47"	0,656250	41°00'52"
0,609375	37°32'40"	0,703125	44°40'42"
0,650000	40°32'30"		
0,690625	43°40'47"		
0,731250	46°59'29"		

Ângulos de hélices (β) série 4 DIN 3978

Grupo 1 – Série 4
$m_n = 4{,}250$
$0{,}119531 \leq \operatorname{sen} \beta \leq 0{,}464844$
$\Delta(\operatorname{sen} \beta): 0{,}026563$

Grupo 2 – Série 4
$m_n = 4{,}750$
$0{,}133594 \leq \operatorname{sen} \beta \leq 0{,}519531$
$\Delta(\operatorname{sen} \beta): 0{,}0296875$

sen β	β	sen β	β
0,119531	06°51'54"	0,133594	07°40'38"
0,146094	08°24'02"	0,163281	09°23'51"
0,172656	09°56'32"	0,192969	11°07'34"
0,199219	11°29'29	0,222656	12°51'54"
0,225781	13°02'56"	0,252344	14°36'58"
0,252344	14°36'58"	0,282031	16°22'53"
0,278906	16°11'42"	0,311719	18°09'46"
0,305469	17°47'11"	0,341406	19°57'45"
0,332031	19°23'32"	0,371094	21°46'59"
0,358594	21°00'50"	0,400781	23°37'37"
0,385156	22°39'12"	0,430469	25°29'50"
0,411719	24°18'46"	0,460156	27°23'50"
0,438281	25°59'39"	0,489844	29°19'49"
0,464844	27°42'00"	0,519531	31°18'03"

Grupo 3 – Série 4
$m_n = 5,250$
$0,114844 \leq \text{sen } \beta \leq 0,574219$
$\Delta(\text{sen } \beta): 0,0328125$

sen β	β
0,114844	06°35'41"
0,147656	08°29'28"
0,180469	10°23'49"
0,213281	12°18'53"
0,246094	14°14'47"
0,278906	16°11'42"
0,311719	18°09'46"
0,344531	20°09'11"
0,377344	22°10'09"
0,410156	24°12'53"
0,442969	26°17'36"
0,475781	28°24'37"
0,508594	30°34'13"
0,541406	32°46'46"
0,574219	35°02'42"

Grupo 4 – Série 4
$m_n = 5,750$
$0,125781 \leq \text{sen } \beta \leq 0,628906$
$\Delta(\text{sen } \beta): 0,0359375$

sen β	β
0,125781	07°13'33"
0,161719	09°18'24"
0,197656	11°24'00"
0,233594	13°30'31"
0,269531	15°38'11"
0,305469	17°47'11"
0,341406	19°57'45"
0,377344	22°10'09"
0,413281	24°24'40"
0,449219	26°41'37"
0,485156	29°01'22"
0,521094	31°24'20"
0,557031	33°51'03"
0,592969	36°22'05"
0,628906	38°58'10"

Grupo 5 – Série 4
$m_n = 3,250 \setminus 6,500$
$0,142188 \leq \text{sen } \beta \leq 0,670313$
$\Delta(\text{sen } \beta): 0,040625$

sen β	β
0,142188	08°10'28"
0,182813	10°32'01"
0,223438	12°54'40"
0,264063	15°18'41"
0,304688	17°44'22"
0,345313	20°12'03"
0,385938	22°42'07"
0,426563	25°14'59"
0,467188	27°51'07"
0,507813	30°31'06"
0,548438	33°15'36"
0,589063	36°05'26"
0,629688	39°01'37"
0,670313	42°05'28"

Grupo 6 – Série 4
$m_n = 3,750$
$0,117188 \leq \text{sen } \beta \leq 0,726563$
$\Delta(\text{sen } \beta): 0,046875$

sen β	β
0,117188	06°43'47"
0,164063	09°26'34"
0,210938	12°10'38"
0,257813	14°56'25"
0,304688	17°44'22"
0,351563	20°34'58"
0,398438	23°28'50"
0,445313	26°26'36"
0,492188	29°29'04"
0,539063	32°37'11"
0,585938	35°52'09"
0,632813	39°15'29"
0,679688	42°49'09"
0,726563	46°35'56"

Por que engrenagens helicoidais?

Você poderá arbitrar o ângulo de hélice, objetivando, dependendo do caso, obter:

- Penetração gradual por toda largura da engrenagem, quanto maior for o ângulo.
- Distribuição da pressão por vários dentes, diminuindo a deformação elástica e a solicitação de penetração da cabeça dos dentes, quanto maior for o ângulo.
- Menor volume de ruído, quanto maior for o ângulo.
- Menor número mínimo de dentes sem penetração, quanto maior for o ângulo.
- Diminuição da carga axial nos eixos das rodas, diminuindo a perda por atrito nos mancais, quanto menor for o ângulo.

PASSO

Passo é a distância entre um ponto sobre um dente e o correspondente ponto sobre um dente adjacente. Essa dimensão pode ser tomada ao longo de uma curva, nas direções transversal, normal ou axial. O uso da palavra "passo" sem qualquer adjetivo, comumente é utilizada para especificar "passo circular", mas pode gerar confusão. Portanto, devemos especificar com precisão sua qualificação, como, por exemplo, passo circular transversal, passo base normal, passo axial etc.

Passo circular

Passo circular é o comprimento de um arco, medido sobre o círculo de referência, entre dois perfis adjacentes. Veja a definição na Figura 7.18.

Passo circular normal

Passo circular normal é o passo circular medido no plano normal (ver Figuras 5.3 e 7.19). É dado por:

$$p_n = m_n \cdot \pi \tag{7.42}$$

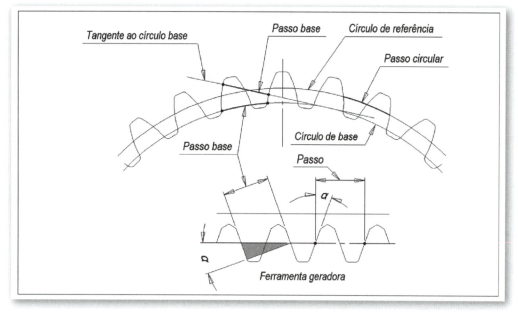

Figura 7.18 – Passo.

Passo circular transversal

Passo circular transversal é o passo circular medido no plano transversal (ver Figuras 5.3 e 7.19). É dado por:

$$p_t = \frac{m_n \cdot \pi}{\cos \beta} = \frac{d \cdot \pi}{z} \qquad (7.43)$$

Passo circular transversal primitivo

Passo circular transversal primitivo é o comprimento de um arco, medido sobre o círculo primitivo, entre dois perfis adjacentes. Esse parâmetro é usado para calcular o jogo entre flancos, porque este é definido sobre o círculo primitivo d_w. É dado por:

$$p_{wt} = \frac{d_w \cdot \pi}{z} \qquad (7.44)$$

Passo axial

Passo axial (P_x) é o comprimento de uma reta, medido no plano axial, entre dois perfis adjacentes. Veja a Figura 7.17.

Características geométricas

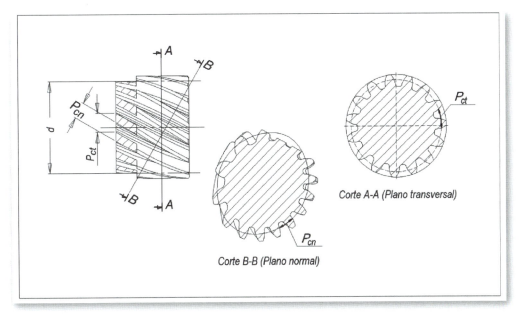

Figura 7.19 – Passo normal e passo transversal.

O passo axial independe do diâmetro, portanto, tem o mesmo valor em qualquer raio do cilindro. Para não confundir *passo axial* com *passo de hélice* (definido na Figura 7.17), pode-se usar *passo linear* ao se referir ao passo axial. É dado por:

$$p_x = \frac{m_n \cdot \pi}{\text{sen } |\beta|} = \frac{p_z}{|z|} \tag{7.45}$$

Passo base

Passo base é o comprimento de um arco, medido sobre o círculo base ou o comprimento de uma reta, tangente ao círculo de base, entre dois perfis adjacentes. Veja a definição nas Figuras (7.18) e (7.20).

Passo base normal

Passo base normal é o passo base medido no plano normal (ver Figuras 5.3 e 7.21). É particularmente útil para a análise geométrica de uma peça física, quando é possível tomar duas dimensões sobre dentes (W_k e W_{k-1}) como, por exemplo, sobre 2 e 3 dentes (W_2 e W_3), ou sobre 3 e 4 dentes (W_3 e W_4) e assim por diante. Este assunto será visto no Capítulo 12.

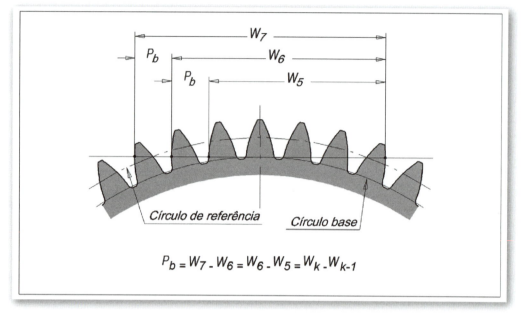

Figura 7.20 – Passo base.

O passo base normal é igual a $W_k - W_{k-1}$, como mostra claramente a Figura 7.20. É dado também por:

$$p_b = p_n \cdot \cos \alpha_n = m_n \cdot \pi \cdot \cos \alpha_n \qquad (7.46)$$

Passo base axial

O passo base axial só pode ser definido em uma engrenagem ou cremalheira helicoidal e é medido no plano axial (ver Figura 7.21). É dado por:

$$p_{bx} = \frac{m_n \cdot \pi \cdot \cos \alpha_n}{\text{sen } |\beta|} \qquad (7.47)$$

DESLOCAMENTO DO PERFIL

A Figura 7.22 ilustra, por meio de quatro exemplos, um dos recursos mais úteis para os projetos de engrenagens com perfil evolvente. Usando-se uma ferramenta com determinado módulo e ângulo de perfil, é possível cortar o mesmo número de dentes, variando-se os diâmetros de cabeça e de pé.

Características geométricas

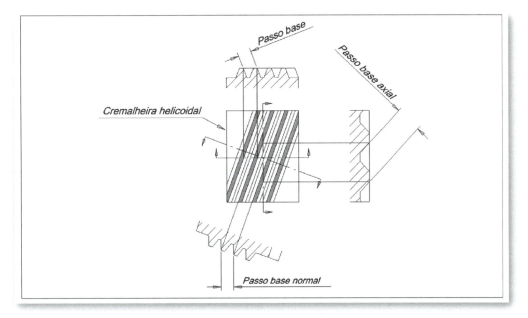

Figura 7.21 – Relações entre os passos base.

Na figura, as rodas, com dez dentes, estão engrenadas com suas respectivas ferramentas geradoras. Na verdade, a ferramenta é a mesma. O que difere é a sua posição na direção radial, o que resulta no deslocamento. O módulo normal (m_n) é igual a 2 com o fator de deslocamento do perfil (x) variando entre – 0,25 até + 0,50. Os deslocamentos são incrementados de 0,5 mm, ou seja,

$$m \cdot x = 2 \times 0{,}25 = 0{,}5$$

A Figura 7.23 mostra, sobrepostos, os mesmos perfis da Figura 7.22. O deslocamento do perfil pode ser aplicado tanto para fora (positivo), aumentando os diâmetros (nas rodas com dentes externos), quanto para dentro (negativo), diminuindo os diâmetros.

Dividindo-se o valor do deslocamento ($x \cdot m_n$) pelo módulo normal (m_n), obtemos o fator de deslocamento do perfil, conhecido também como fator de correção. Sua notação é x. Como o deslocamento é $x \cdot m_n$, os diâmetros das rodas são aumentados de $2 \cdot x \cdot m_n$.

As engrenagens com deslocamentos dos perfis, apesar de terem seus diâmetros de cabeça e de pé distintos, em relação às engrenagens não modificadas, possuem os mesmos passos base, alterando a distância entre centros e o ângulo de pressão. Porém, como os números de dentes são os mesmos, a relação de transmissão não é afetada.

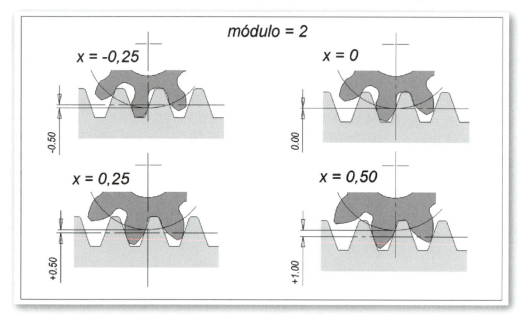

Figura 7.22 – Deslocamento do perfil.

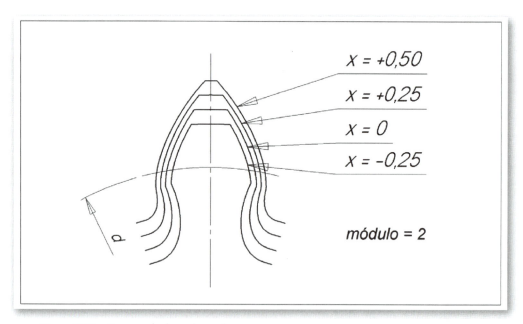

Figura 7.23 – Dentes deslocados sobrepostos.

Utilizando bem esse recurso, podemos:

- Evitar penetração do perfil conjugado no pé do dente em peças com reduzido número de dentes.
- Aumentar o grau de recobrimento do perfil.
- Ajustar uma predeterminada distância entre centros.
- Otimizar a geometria do dente, objetivando velocidades relativas de deslizamento mais adequadas.
- Equalizar a resistência dos dentes, em relação à flexão, entre as rodas conjugadas, com grande diferença nos números de dentes.

É muito improvável que todas estas "virtudes" sejam cumpridas simultaneamente. Então, temos de escolher, em função de nossas necessidades, os valores mais adequados.

Inicialmente, determinamos a soma dos fatores de deslocamento dos perfis (Σ_x):

$$\Sigma_x = \frac{(\text{inv } \alpha_{wt} - \text{inv } \alpha_t)}{2 \cdot \tan \alpha_n} \cdot (z_1 + z_2) \quad (7.48)$$

Depois, repartimos essa soma, para cada roda do par. Os documentos normativos recomendam essa distribuição por meio de métodos que veremos a seguir.

Determinação dos fatores de deslocamento dos perfis conforme a norma DIN

A norma alemã DIN 3992 fornece um diagrama que permite a determinação gráfica do fator de deslocamento do perfil da roda 1 (x_1). Não vou reproduzir aqui o diagrama, porém, desenvolvi um método analítico baseado nesse diagrama, que fornece os resultados. Utilize as Equações de (7.49) a (7.53) e as Tabelas 7.6 e 7.7:

Média aritmética dos números de dentes virtuais (z_{nmed})

$$z_{nmed} = \frac{z_{n1} + z_{n2}}{2} \quad (7.49)$$

$$C = \frac{(z_{nmed} - 20)}{130} \quad (7.50)$$

i = índice do primeiro valor, de $[D_{(1)} \text{ a } D_{(17)}] > \frac{\Sigma x}{2}$

$$E = \frac{\left(\frac{\Sigma x}{2} - D_{(i-1)}\right)}{D_{(i)} - D_{(i-1)}} \cdot (A_{(i)} - A_{(i-1)}) + A_{(i-1)} \quad (7.51)$$

$$F = \frac{\left(\frac{\Sigma x}{2} - D_{(i-1)}\right)}{D_{(i)} - D_{(i-1)}} \cdot (B_{(i)} - B_{(i-1)}) + B_{(i-1)} \quad (7.52)$$

$$x_1 = \frac{\Sigma x}{2} - \frac{(F - E)}{130} \cdot (z_{nmed} - z_{n1}) \quad (7.53)$$

Para relação de transmissão $= \frac{z_2}{z_1} \geq 1$, ou seja, transmissão para mais lento:

Tabela 7.6

1	$A_{(1)} = -0,196$	$B_{(1)} = -4,632$	$D_{(1)} = A_{(1)} - [A_{(1)} - B_{(1)}] \cdot C$
2	$A_{(2)} = -0,160$	$B_{(2)} = -4,187$	$D_{(2)} = A_{(2)} - [A_{(2)} - B_{(2)}] \cdot C$
3	$A_{(3)} = -0,120$	$B_{(3)} = -3,735$	$D_{(3)} = A_{(3)} - [A_{(3)} - B_{(3)}] \cdot C$
4	$A_{(4)} = -0,079$	$B_{(4)} = -3,279$	$D_{(4)} = A_{(4)} - [A_{(4)} - B_{(4)}] \cdot C$
5	$A_{(5)} = -0,036$	$B_{(5)} = -2,823$	$D_{(5)} = A_{(5)} - [A_{(5)} - B_{(5)}] \cdot C$
6	$A_{(6)} = 0,008$	$B_{(6)} = -2,372$	$D_{(6)} = A_{(6)} - [A_{(6)} - B_{(6)}] \cdot C$
7	$A_{(7)} = 0,054$	$B_{(7)} = -1,932$	$D_{(7)} = A_{(7)} - [A_{(7)} - B_{(7)}] \cdot C$
8	$A_{(8)} = 0,102$	$B_{(8)} = -1,509$	$D_{(8)} = A_{(8)} - [A_{(8)} - B_{(8)}] \cdot C$
9	$A_{(9)} = 0,153$	$B_{(9)} = -1,109$	$D_{(9)} = A_{(9)} - [A_{(9)} - B_{(9)}] \cdot C$
10	$A_{(10)} = 0,210$	$B_{(10)} = -0,734$	$D_{(10)} = A_{(10)} - [A_{(10)} - B_{(10)}] \cdot C$
11	$A_{(11)} = 0,272$	$B_{(11)} = -0,387$	$D_{(11)} = A_{(11)} - [A_{(11)} - B_{(11)}] \cdot C$
12	$A_{(12)} = 0,341$	$B_{(12)} = -0,069$	$D_{(12)} = A_{(12)} - [A_{(12)} - B_{(12)}] \cdot C$
13	$A_{(13)} = 0,417$	$B_{(13)} = 0,225$	$D_{(13)} = A_{(13)} - [A_{(13)} - B_{(13)}] \cdot C$
14	$A_{(14)} = 0,500$	$B_{(14)} = 0,500$	$D_{(14)} = A_{(14)} - [A_{(14)} - B_{(14)}] \cdot C$
15	$A_{(15)} = 0,590$	$B_{(15)} = 0,767$	$D_{(15)} = A_{(15)} - [A_{(15)} - B_{(15)}] \cdot C$
16	$A_{(16)} = 0,685$	$B_{(16)} = 1,039$	$D_{(16)} = A_{(16)} - [A_{(16)} - B_{(16)}] \cdot C$
17	$A_{(17)} = 0,784$	$B_{(17)} = 1,338$	$D_{(17)} = A_{(17)} - [A_{(17)} - B_{(17)}] \cdot C$

Para relação de transmissão = $\dfrac{z_2}{z_1} < 1$, ou seja, transmissão para mais veloz:

Tabela 7.7

1	$A_{(1)} = -0{,}154$	$B_{(1)} = -0{,}297$	$D_{(1)} = A_{(1)} - [A_{(1)} - B_{(1)}] \cdot C$
2	$A_{(2)} = -0{,}106$	$B_{(2)} = -0{,}191$	$D_{(2)} = A_{(2)} - [A_{(2)} - B_{(2)}] \cdot C$
3	$A_{(3)} = -0{,}055$	$B_{(3)} = -0{,}104$	$D_{(3)} = A_{(3)} - [A_{(3)} - B_{(3)}] \cdot C$
4	$A_{(4)} = 0{,}000$	$B_{(4)} = 0{,}000$	$D_{(4)} = A_{(4)} - [A_{(4)} - B_{(4)}] \cdot C$
5	$A_{(5)} = 0{,}060$	$B_{(5)} = 0{,}133$	$D_{(5)} = A_{(5)} - [A_{(5)} - B_{(5)}] \cdot C$
6	$A_{(6)} = 0{,}125$	$B_{(6)} = 0{,}298$	$D_{(6)} = A_{(6)} - [A_{(6)} - B_{(6)}] \cdot C$
7	$A_{(7)} = 0{,}195$	$B_{(7)} = 0{,}489$	$D_{(7)} = A_{(7)} - [A_{(7)} - B_{(7)}] \cdot C$
8	$A_{(8)} = 0{,}270$	$B_{(8)} = 0{,}707$	$D_{(8)} = A_{(8)} - [A_{(8)} - B_{(8)}] \cdot C$
9	$A_{(9)} = 0{,}351$	$B_{(9)} = 0{,}966$	$D_{(9)} = A_{(9)} - [A_{(9)} - B_{(9)}] \cdot C$
10	$A_{(10)} = 0{,}436$	$B_{(10)} = 1{,}302$	$D_{(10)} = A_{(10)} - [A_{(10)} - B_{(10)}] \cdot C$
11	$A_{(11)} = 0{,}525$	$B_{(11)} = 1{,}780$	$D_{(11)} = A_{(11)} - [A_{(11)} - B_{(11)}] \cdot C$
12	$A_{(12)} = 0{,}619$	$B_{(12)} = 2{,}504$	$D_{(12)} = A_{(12)} - [A_{(12)} - B_{(12)}] \cdot C$
13	$A_{(13)} = 0{,}716$	$B_{(13)} = 3{,}628$	$D_{(13)} = A_{(13)} - [A_{(13)} - B_{(13)}] \cdot C$
14	$A_{(14)} = 0{,}818$	$B_{(14)} = 5{,}361$	$D_{(14)} = A_{(14)} - [A_{(14)} - B_{(14)}] \cdot C$
15	$A_{(15)} = 0{,}924$	$B_{(15)} = 7{,}978$	$D_{(15)} = A_{(15)} - [A_{(15)} - B_{(15)}] \cdot C$
16	$A_{(16)} = 1{,}034$	$B_{(16)} = 11{,}826$	$D_{(16)} = A_{(16)} - [A_{(16)} - B_{(16)}] \cdot C$
17	$A_{(17)} = 1{,}150$	$B_{(17)} = 17{,}337$	$D_{(17)} = A_{(17)} - [A_{(17)} - B_{(17)}] \cdot C$

Determinação dos fatores de deslocamento dos perfis conforme a norma BS

O método apresentado pela norma inglesa British Standards PD 6457 é mais simples que o anterior e são considerados três casos:

1) Para aplicações gerais:

$$x_1 = \frac{1}{3} \cdot \left(1 - \frac{1}{u}\right) + \frac{\Sigma x}{1 + u} \tag{7.54}$$

2) Para igualdade aproximada da resistência à flexão entre as rodas do par:

$$x_1 = \frac{1}{2} \cdot \left(1 - \frac{1}{u}\right) + \frac{\Sigma x}{1 + u} \qquad (7.55)$$

3) Para equalização aproximada das velocidades relativas de deslizamento:

$$x_1 = \frac{1}{\sqrt{z_{n1}}} \cdot \left(1 - \frac{1}{u}\right) + \frac{\Sigma x}{1 + u} \qquad (7.56)$$

Determinação dos fatores de deslocamento dos perfis conforme a norma ISO/TR

O método ISO/TR 4467, define o fator de deslocamento do perfil da roda 1 da seguinte forma:

$$x_1 = \lambda \cdot \frac{u - 1}{u + 1} + \frac{\Sigma x}{1 + u} \qquad \text{Se } u > 5 \text{ use } u = 5. \qquad (7.57)$$

$0{,}50 \leq \lambda \leq 0{,}75$ fator de redução.

Para todos os casos:
Relação de transmissão (u):

$$u = \frac{z_2}{z_1} \qquad (7.58)$$

Número de dentes virtual da roda 1:

$$z_{n1} = \frac{z_1}{\cos^2 \beta_{b1} \cdot \cos \beta} \qquad (7.59)$$

Número de dentes virtual da roda 2:

$$z_{n2} = \frac{z_2}{\cos^2 \beta_{b2} \cdot \cos \beta} \qquad (7.60)$$

Fator de deslocamento do perfil da roda 2:

$$x_2 = \Sigma x - x_1 \qquad (7.61)$$

Características geométricas

Fator de deslocamento do perfil mínimo (x_min)

$$x_{min} = \frac{h_{a0} - r_k \cdot (1 - \text{sen } \alpha_n)}{m_n} - \frac{z \cdot \text{sen}^2 \alpha_t}{2 \cdot \cos \beta} \qquad (7.62)$$

Onde h_{a0} é a altura da cabeça e o r_k é o raio de crista da ferramenta geradora.

Vamos, como exemplo, tomar um par de engrenagens para comparar os resultados dos três métodos citados:

Dados
Número de dentes da roda motora (z_1) 21
Número de dentes da roda movida (z_2) 35
Módulo normal (m_n) 3,000
Distância entre centros (a) 88,500
Ângulo de perfil (α) .... 20°
Ângulo de hélice (β) .... 15°
Addendum do hob da roda motora (h_{a01}) 3,806
Addendum do hob da roda movida (h_{a02}) 3,583
Raio de crista do hob de ambas as rodas (r_k) 0,600

Determinação da soma dos fatores de deslocamento dos perfis:

$$\alpha_t = \tan^{-1}\left(\frac{\tan 20°}{\cos 15°}\right) = 20{,}64690° = 0{,}36036 \text{ rad} \qquad \text{ref (3.1)}$$

$$\text{inv } \alpha_t = \tan 20{,}64690° - 0{,}36036 = 0{,}01645$$

$$m_t = \frac{3}{\cos 15°} = 3{,}10583 \qquad \text{ref (7.16)}$$

$$\alpha_{wt} = \cos^{-1}\left(\frac{(21+35) \times 3{,}10583}{2 \times 88{,}5} \cos 20{,}64690°\right) = 23{,}14370° = 0{,}40393 \text{ rad} \qquad \text{ref (3.47)}$$

$$\text{inv } \alpha_{wt} = \tan 23{,}14370° - 0{,}40393 = 0{,}02350$$

$$\Sigma_x = \frac{(0{,}02350 - 0{,}01645)}{2 \times \tan 20°} (21 + 35) = 0{,}54267 \text{ rad} \qquad \text{ref (7.48)}$$

$$\frac{\Sigma_x}{2} = 0{,}27134$$

Exemplo do método conforme a norma DIN 3992

Número de dentes virtual da roda 1.

$$\beta_b = \text{sen}^{-1}(\text{sen } 15° \times \cos 20°) = 14{,}07610° \qquad \text{ref (7.37)}$$

$$z_{n1} = \frac{21}{\cos^2 14{,}07610° \times \cos 15°} = 23{,}10765 \qquad \text{ref (7.59)}$$

Número de dentes virtual da roda 2.

$$z_{n2} = \frac{35}{\cos^2 14{,}07610° \times \cos 15°} = 38{,}51274 \qquad \text{ref (7.60)}$$

$$z_{nmed} = \frac{23{,}10765 + 38{,}51274}{2} = 30{,}81020 \qquad \text{ref (7.49)}$$

$$C = \frac{(30{,}81020 - 20)}{130} = 0{,}08316 \qquad \text{ref (7.50)}$$

Como a transmissão é para mais lento, vamos utilizar a Tabela 7.6 e calcular $D_{(i)}$ até que este ultrapasse o valor de $\Sigma x/2$ que é 0,27134.

$$A_{(12)} = 0{,}341 \qquad B_{(12)} = -0{,}069 \qquad D_{(12)} = 0{,}30690$$

Veja que $D_{(12)} = 0{,}30690$ é o primeiro resultado a ultrapassar

$$\Sigma x/2 = 0{,}27134, \text{ logo } i = 12$$

Os resultados anteriores foram:

$$D_{(10)} = 0{,}13150$$
$$D_{(11)} = 0{,}21720$$

Características geométricas

$$E = \frac{0,27134 - 0,21720}{0,30690 - 0,21720} \cdot (0,341 - 0,272) + 0,272 = 0,31365 \quad \text{ref (7.51)}$$

$$F = \frac{0,27134 - 0,21720}{0,30690 - 0,21720} \cdot (-0,069 - 0,387) + (-0,387) = -0,19507 \quad \text{ref (7.52)}$$

$$x_1 = 0,27134 - \frac{(-0,19507 - 0,31365)}{130}(30,81020 - 23,10765) = 0,30148 \quad \text{ref (7.53)}$$

$$x_2 = 0,54267 - 0,30148 = 0,24119$$

Exemplo do método conforme a norma British Standards PD 6457

Vamos aplicar o exemplo para os três casos:

1) Para aplicações gerais:

$$u = \frac{35}{21} = 1,66667$$

$$x_1 = \frac{1}{3} \cdot \left(1 - \frac{1}{1,66667}\right) + \frac{0,54267}{1 + 1,66667} = 0,33683 \quad \text{ref (7.54)}$$

$$x_2 = 0,54267 - 0,333683 = 0,20584$$

2) Para igualdade aproximada da resistência à flexão entre as rodas do par:

$$x_1 = \frac{1}{2} \cdot \left(1 - \frac{1}{1,66667}\right) + \frac{0,54267}{1 + 1,66667} = 0,40350 \quad \text{ref (7.55)}$$

$$x_2 = 0,54267 - 0,40350 = 0,13917$$

3) Para equalização aproximada das velocidades relativas de deslizamento:

$$x_1 = \frac{1}{\sqrt{23,10765}} \cdot \left(1 - \frac{1}{1,66667}\right) + \frac{0,54267}{1 + 1,66667} = 0,28671 \quad \text{ref (7.56)}$$

$$x_2 = 0,54267 - 0,28671 = 0,25596$$

Exemplo do método conforme a norma ISO/TR 4467

Neste método, precisamos adotar um valor para λ entre 0,5 e 0,75. Para o exemplo, vamos determinar x_1 para os dois extremos.

Primeiro caso com λ = 0,5:

$$x_1 = 0,5 \times \frac{1,66667 - 1}{1,66667 + 1} + \frac{0,54267}{1 + 1,66667} = 0,32850 \qquad \text{ref (7.57)}$$

$$x_2 = 0,54267 - 0,32850 = 0,21417$$

Segundo caso com λ = 0,75:

$$x_1 = 0,75 \times \frac{1,66667 - 1}{1,66667 + 1} + \frac{0,54267}{1 + 1,66667} = 0,39100 \qquad \text{ref (7.57)}$$

$$x_2 = 0,54267 - 0,39100 = 0,15167$$

Fator de deslocamento do perfil de produção (x_E)

Este fator é calculado em função da espessura circular normal efetiva do dente. Portanto x_E é diferente de x. Para dentado externo é sempre um pouco menor.

O fator de deslocamento do perfil (x), comumente especificado nos desenhos de engrenagens, é função da espessura circular normal teórica do dente e não da espessura circular normal efetiva.

$$x_E = \frac{\dfrac{S_n}{m_n} - \dfrac{\pi}{2}}{2 \cdot \tan \alpha_n} \qquad (7.63)$$

Se acrescentarmos o afastamento *Anse* na espessura do dente, podemos determinar x.

$$x = \frac{\dfrac{S_n + Anse}{m_n} - \dfrac{\pi}{2}}{2 \cdot \tan \alpha_n} \qquad (7.64)$$

Para o afastamento *Anse* ver a seção "Afastamento sobre a espessura do dente ou sobre a dimensão do vão" no Capítulo 8.

Características geométricas

Fator de deslocamento do perfil em função da distância entre centros e de x_2

Como a distância entre centros (a) é calculada em função de ($x_1 + x_2$), podemos determinar:

x_1 em função de a e x_2

ou

x_2 em função de a e x_1

Primeiro calculamos α_{wt} em função de a, por meio da Equação (3.47).

Depois calculamos Σ_x por meio da Equação (7.48) e finalmente x_1 ou x_2 utilizando as Equações (7.65) e (7.66).

$$x_1 = \Sigma_x - x_2 \tag{7.65}$$

$$x_2 = \Sigma_x - x_1 \tag{7.66}$$

Fatores de deslocamento do perfil (x_1 e x_2) em função das espessuras dos dentes de ambas as rodas

Para determinar x_1 e x_2, tendo a distância entre centros e as espessuras dos dentes de ambas as rodas, podemos usar as Equações (7.67), (7.68) e (7.69):

Somatória de x_E:

$$\Sigma_{xE} = \frac{\dfrac{S_{n1} + S_{n2}}{m_n} - \pi}{2 \cdot \tan \alpha} \tag{7.67}$$

Para determinar Σ_x utilize a Equação (7.48).

Para determinar x_{E1} e x_{E2} utilize a Equação (7.63).

$$x_1 = x_{E1} + \frac{\Sigma_x + \Sigma_{xE}}{2} \tag{7.68}$$

$$x_2 = x_{E2} + \frac{\Sigma_x + \Sigma_{xE}}{2} \tag{7.69}$$

Exemplo para o fator de deslocamento do perfil mínimo (x_{min})

Para roda motora...

$$x_{1min} = \frac{3,806 - 0,6 \cdot (1 - \operatorname{sen} 20°)}{3} - \frac{21 \times \operatorname{sen}^2 20,6469°}{2 \times \cos 15°} = -0,214 \quad \text{ref (7.62)}$$

Para roda movida...

$$x_{2min} = \frac{3,583 - 0,6 \cdot (1 - \operatorname{sen} 20°)}{3} - \frac{35 \times \operatorname{sen}^2 20,6469°}{2 \times \cos 15°} = -1,190 \quad \text{ref (7.62)}$$

Deslocamento do perfil para dentado interno

O deslocamento do perfil, definido como $x \cdot m_n$, como o próprio nome diz, desloca o dente da roda aumentando ou diminuindo os seus círculos, dependendo do sinal de x, que pode ser positivo ou negativo.

Para os dentados externos, o fator de deslocamento positivo aumenta os seus círculos e também a espessura circular normal do dente.

Para os dentados internos, o fator de deslocamento positivo diminui os seus círculos e também a dimensão circular normal do vão.

Para que não haja confusão e memorizar melhor essas definições vamos estabelecê-las da seguinte maneira:

Tanto para os dentados externos quanto para os internos, quando $x > 0$, o deslocamento se dá no sentido do pé para a cabeça do dente. Veja a Figura 7.24.

As razões pela qual deslocamos os perfis nas rodas com dentes internos são as mesmas explicadas aqui para os dentes externos.

Inicialmente, determinamos a soma dos fatores de deslocamento dos perfis (Σ_x) utilizando a Equação (7.48).

Depois, repartimos essa soma, para cada roda do par. Bons resultados podem ser obtidos, adotando-se engrenamento V-0 e privilegiando velocidades relativas de deslizamento equalizadas. A norma DIN 3993 disponibiliza um diagrama para a obtenção de x, em função dos números de dentes virtuais das duas rodas do par. Nesse caso, como o engrenamento é V-0, x_1 é igual a $-x_2$.

Com base na norma citada, desenvolvi um método alternativo que aproxima satisfatoriamente os valores, sem o uso do diagrama. Em vez disto, é utilizada a Tabela 7.8. Aqui também, os fatores de deslocamento dos perfis são determinados em função dos números virtuais de dentes das duas rodas do par.

Características geométricas

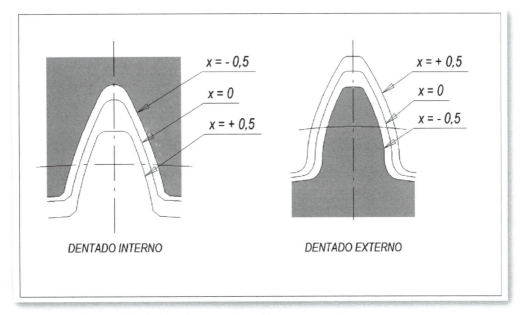

Figura 7.24 – Perfis deslocados nos dentados externos e internos.

Tabela 7.8

Faixa de zn_2	A	B	C	D
$|z_{n2}| \leq 40$	0,0189	0,4369	– 0,0080	0,0750
$40 < |z_{n2}| \leq 50$	0,0159	0,5561	– 0,0061	– 0,0010
$50 < |z_{n2}| \leq 55$	0,0151	0,5956	– 0,0048	– 0,0660
$55 < |z_{n2}| \leq 60$	0,0175	0,4603	– 0,0050	– 0,0550
$60 < |z_{n2}| \leq 65$	0,0183	0,4147	– 0,0050	– 0,0550
$65 < |z_{n2}| \leq 70$	0,0087	1,0400	– 0,0014	– 0,2890
$70 < |z_{n2}| \leq 75$	0,0116	0,8084	– 0,0030	– 0,1770
$75 < |z_{n2}| \leq 80$	0,0021	1,5149	– 0,0014	– 0,2970
$80 < |z_{n2}| \leq 90$	0,0098	0,9037	– 0,0023	– 0,2250
$90 < |z_{n2}| \leq 100$	0,0109	0,8020	– 0,0025	– 0,2070
$100 < |z_{n2}| \leq 110$	0,0069	1,2080	– 0,0016	– 0,2970
$110 < |z_{n2}| \leq 120$	0,0043	1,4907	– 0,0011	– 0,3520
$120 < |z_{n2}| \leq 140$	0,0116	0,6147	– 0,0020	– 0,2440
$140 < |z_{n2}| \leq 160$	0,0086	1,0256	– 0,0015	– 0,3210
$160 < |z_{n2}| \leq 200$	0,0064	1,3788	– 0,0010	– 0,3970
$200 < |z_{n2}| \leq 250$	0,0046	1,7451	– 0,0007	– 0,4560
$250 < |z_{n2}| \leq 400$	0,0034	2,0371	– 0,0004	– 0,5293
$400 < |z_{n2}| \leq 1000$	0,0009	3,0454	– 0,0001	– 0,6460
$1000 < |z_{n2}|$	0,0000	4,8400	0,0000	– 0,8150

$$E = C \cdot |z_{n2}| + D \tag{7.70}$$

$$x_1 = (A \cdot |z_{n2}| + B) \cdot z_{n1}^E \tag{7.71}$$

$$x_2 = -x_1 \tag{7.72}$$

Limites para a soma dos fatores de deslocamentos dos perfis

Por meio de regressões, desenvolvi a partir do diagrama da norma DIN 3993, as equações que aproximam os valores que limitam Σ_x para os dentados internos em função de seu número de dentes virtual e também do número de dentes virtual do pinhão.

Limite mínimo:

$$A = 0{,}0955 \cdot (z_{n2} - \Sigma z_n - 10) + 1{,}91 \tag{7.73}$$

$$B = 0{,}000008 \cdot \Sigma z_n^3 \tag{7.74}$$

$$\Sigma_{xmin} = 0{,}0008 \cdot \Sigma z_n^2 + 0{,}054 \cdot \Sigma z_n + 0{,}2214 + A + B \tag{7.75}$$

Limite máximo:

$$\Sigma x_{max} = \frac{0{,}9958 \cdot |\Sigma z_n|^{0{,}2376} \cdot |z_{n2}|^{0{,}1509}}{|z_{n2}|^{0{,}255}} - 1 \tag{7.76}$$

onde:

z_{n1} = Número virtual de dentes do pinhão.
z_{n2} = Número virtual de dentes da roda interna.
z_2 = Número de dentes da roda interna.
$\Sigma z_n = (z_{n1} + z_{n2})$

Como exemplo, vamos considerar o seguinte par:
Dados
Número de dentes do pinhão (z_1)................................. 16
Número de dentes da roda interna (z_2)........................ −30
Ângulo de hélice (β) .... 15°
Ângulo de perfil normal ($α_n$) .... 20°

Número de dentes virtual da roda 1.

$$\beta_b = \text{sen}^{-1}(\text{sen } 15° \times \cos 20°) = 14{,}07610° \qquad \text{ref (7.37)}$$

$$z_{n1} = \frac{16}{\cos^2 14{,}07610° \times \cos 15°} = 17{,}606 \qquad \text{ref (7.13)}$$

Número virtual de dentes da roda 2.

$$z_{n2} = \frac{-30}{\cos^2 14{,}07610° \times \cos 15°} = -33{,}011 \qquad \text{ref (7.13)}$$

$$\Sigma z_n = -33{,}011 + 17{,}606 = -15{,}405$$

Determinação de x_1 e x_2:

A = 0,0189
B = 0,4369
C = – 0,0080
D = 0,0750
E = – 0,0080 × 33,011 + 0,0750 = – 0,189
x_1 = (0,0189 × 33,011 + 0,4369) × 17,606$^{-0{,}189}$ = 0,617
x_2 = – 0,617

Determinação do limite mínimo de ($x_1 + x_2$)

$$A = 0{,}0955 \cdot [-33{,}011 - (-15{,}405) - 10] + 1{,}91 = -0{,}726 \qquad \text{ref (7.73)}$$

$$B = 8 \times 10^{-6} (-15{,}405)^3 = -0{,}029247 \qquad \text{ref (7.74)}$$

$$\Sigma x_{min} = 8 \times 10^{-4}(-15{,}405)^2 + 0{,}054(-15{,}405) + 0{,}2214 - 0{,}726 +$$
$$+ (-0{,}029247) = -1{,}176 \qquad \text{ref (7.75)}$$

Determinação do limite máximo de ($x_1 + x_2$)

$$\Sigma x_{max} = \frac{0{,}9958 \times 15{,}405^{0{,}2376 \times 33{,}011^{0{,}1509}}}{33{,}011^{0{,}255}} - 1 = 0{,}228 \qquad \text{ref (7.76)}$$

CAPÍTULO 8
Ajuste das engrenagens

Estudaremos neste capítulo:

- As características geométricas e os fenômenos do engrenamento que podem afetar o jogo entre flancos, também chamado de folga de engrenamento ou backlash, em inglês.
- Os diâmetros de início e final de contato efetivo de uma roda sobre a outra, também denominados de diâmetro útil de pé e diâmetro útil de cabeça ou, ainda, SAP – Start of Active Profil, em inglês.
- Interferência e possibilidade de montagem radial nas engrenagens externa/interna.

Chamei este tópico de ajuste das engrenagens, porque tanto o jogo entre flancos quanto os diâmetros úteis de pé e de cabeça são propriedades do engrenamento e não de uma roda dentada isolada.

JOGO ENTRE FLANCOS

O nosso principal objetivo aqui é assegurar um jogo mínimo e limitar o jogo máximo entre os flancos dos dentes durante o trabalho de transmissão, uma vez que vários fatores contribuem para esta variação.

Temos de estabelecer as espessuras dos dentes e as dimensões W e M, com suas respectivas tolerâncias, em função de todos os fatores e também de todos os fenômenos que podem alterar o jogo entre flancos de um par de engrenagens.

W é a dimensão sobre k dentes consecutivos e M é a dimensão sobre duas esferas ou dois rolos colocados em vãos (vazios entre os dentes) diametralmente opostos da roda. Na verdade, são recursos utilizados para medir a espessura do dente, e que veremos com detalhes adiante.

Na maioria das aplicações, o jogo entre flancos não é prejudicial. Ao contrário, ele é necessário para acomodar as variações de fabricação das engrenagens e da caixa onde essas engrenagens são montadas.

Nos engrenamentos utilizados em sistemas em que a precisão da transmissão é relevante como, por exemplo, nas máquinas impressoras coloridas de alta qualidade, em que a sobreposição das cores deve ser perfeita, o jogo entre flancos pode ser prejudicial.

Veja na Figura 8.1A, um par de engrenagens sem jogo entre flancos e na Figura 8.1B, um par com jogo.

O valor do jogo nada tem a ver com a qualidade do dentado, porém as diferentes qualidades afetam o jogo, uma vez que os erros individuais do próprio dentado e a distância entre centros, normalmente, são calculados em função da qualidade.

Antes de prosseguirmos, vamos dissertar um pouco sobre a qualidade:

Qualidade das engrenagens

Os índices utilizados pela norma DIN estão entre 1 até 12, inclusive. Esses índices servem para caracterizar a qualidade do dentado. Quanto menor o índice, melhor a qualidade, ou seja, tolerâncias mais rigorosas.

A qualidade da roda dentada deve ser compatível com sua aplicação, ou seja, escolhida conforme a necessidade e as características de funcionamento da máquina, nunca acima das necessidades do sistema, a fim de reduzir o custo de sua manufatura e controle.

Índices de qualidade usuais em função da aplicação

Aparelhos de medição, controle e roda máster	1 a 4
Para velocidade tangencial acima de 25 m/s	3 a 4
Máquinas em geral com boa precisão	6 a 8
Indústria automobilística e máquinas ferramentas	5 a 9
Emprego geral, sem grande precisão	8 a 11

Ajuste das engrenagens

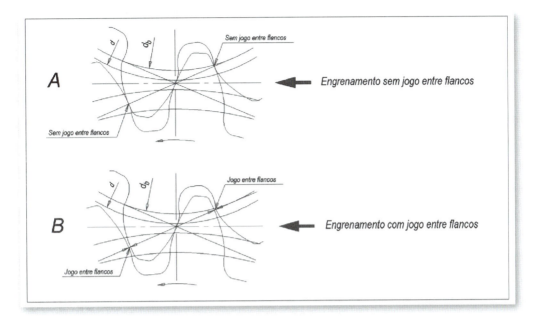

Figura 8.1 – Jogo entre flancos.

Índices de qualidade em função do acabamento

Dentes retificados.. 1 a 5
Dentes rasqueteados... 6 a 9
Dentes fresados... 10 a 12

Dois tipos de jogo entre flancos devem ser analisados:

1. Jogo entre flancos de serviço.
2. Jogo entre flancos de inspeção.

Jogo entre flancos de serviço

Para o jogo entre flancos de serviço podemos analisar:

Jogo estabilizado inferior e superior

É constante e afetado por todos os fatores modificadores do jogo, depois de estabilizadas as temperaturas envolvidas no trabalho de transmissão.

Jogo mínimo e máximo atingidos

Normalmente, no início do trabalho, o jogo diminui em virtude do rápido aquecimento das engrenagens, em relação à caixa, e também em virtude dos coeficientes de dilatação, nos casos em que os materiais das rodas e da caixa se diferem. À medida que o equilíbrio térmico tende a se estabelecer, o jogo passa a aumentar (por causa da dilatação da caixa). O jogo mínimo merece uma atenção especial. Uma interferência (jogo negativo) promoverá escoriações nos flancos, aumentando o ruído e diminuindo a vida útil das engrenagens.

Jogo entre flancos de inspeção

Para o jogo entre flancos de inspeção podemos analisar:

Jogo de inspeção na própria máquina – inferior e superior

É o jogo afetado somente pelos desvios individuais dos próprios dentados, posições dos eixos e excentricidade dos mancais. Não há influência térmica nem elasticidade do conjunto.

Jogo de inspeção em dispositivo – inferior e superior

É o jogo afetado somente pelos desvios individuais dos próprios dentados. Não há influências térmicas nem elasticidade do conjunto. As rodas são montadas com distância entre centros nominal e com os eixos perfeitamente posicionados.

Jogo teórico inferior e superior

É o jogo calculado somente em função das espessuras dos dentes e da distância entre centros nominal.

A Figura 8.2 mostra uma tabela com as cinco condições distintas.

Análise dos fatores modificadores do jogo entre flancos transversal

É comum, projetistas sem muita experiência desprezarem os fatores que alteram o jogo entre flancos durante o trabalho de transmissão. Estipulam-se espessuras dos dentes menores que as teóricas ou mantêm-se as espessuras teóricas aumentando um pouco a distância entre centros e está "resolvido".

Isso pode funcionar perfeitamente, mas não se pode garantir que o jogo entre flancos ficará dentro dos limites desejados, ou pior, que não haverá interferência (jogo entre flancos negativo).

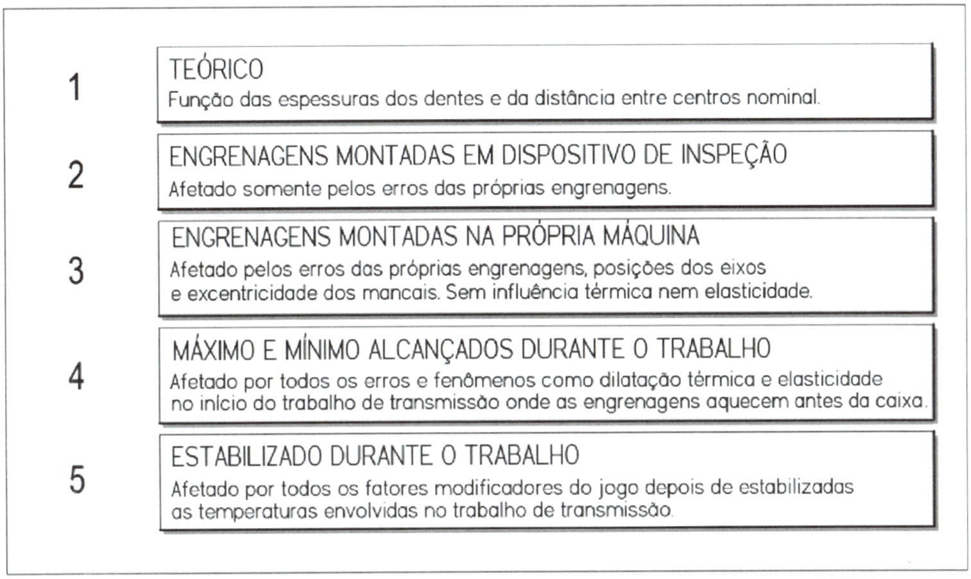

Ajuste das engrenagens

1	**TEÓRICO**	Função das espessuras dos dentes e da distância entre centros nominal.
2	**ENGRENAGENS MONTADAS EM DISPOSITIVO DE INSPEÇÃO**	Afetado somente pelos erros das próprias engrenagens.
3	**ENGRENAGENS MONTADAS NA PRÓPRIA MÁQUINA**	Afetado pelos erros das próprias engrenagens, posições dos eixos e excentricidade dos mancais. Sem influência térmica nem elasticidade.
4	**MÁXIMO E MÍNIMO ALCANÇADOS DURANTE O TRABALHO**	Afetado por todos os erros e fenômenos como dilatação térmica e elasticidade no início do trabalho de transmissão onde as engrenagens aquecem antes da caixa.
5	**ESTABILIZADO DURANTE O TRABALHO**	Afetado por todos os fatores modificadores do jogo depois de estabilizadas as temperaturas envolvidas no trabalho de transmissão.

Figura 8.2 – Jogo entre flancos em cinco condições distintas.

Vamos analisar os principais fatores que podem afetar o jogo entre flancos:

Variação do jogo devida à tolerância da distância entre centros (VT_{Aa})

$$VT_{Aa\,min} = -2 \cdot A_a \cdot \frac{\tan \alpha}{\cos \beta} \qquad (8.1)$$

$$VT_{Aa\,max} = 2 \cdot A_a \cdot \frac{\tan \alpha}{\cos \beta} \qquad (8.2)$$

onde:

A_a = Metade da tolerância da distância entre centros (mm).

α = Ângulo de perfil.

β = Ângulo de hélice sobre o diâmetro de referência.

Variação do jogo devida ao cruzamento dos eixos (VT_{Ce})

$$VT_{Ce\,min} = -\left(\frac{f_{Sc} \cdot b_c}{L}\right) \qquad (8.3)$$

$$VT_{Ce\,max} = \left(\frac{f_{Sc} \cdot b_c}{L}\right) \tag{8.4}$$

onde:

f_{Sc} = Erro de cruzamento dos eixos (mm).
b_c = Extensão de contato (mm).
L = Distância entre os mancais (mm).

Variação do jogo devida aos erros individuais do dentado (VT_{Ei})

$$VT_{Ei1\,min} = \sqrt{\left(\frac{F_{\beta 1}}{\cos \alpha_{wt}}\right)^2 + \left(\frac{f_{f1}}{\cos \alpha_{wt}}\right)^2 + f_{p1}^2} \tag{8.5}$$

$$VT_{Ei2\,min} = \sqrt{\left(\frac{F_{\beta 2}}{\cos \alpha_{wt}}\right)^2 + \left(\frac{f_{f2}}{\cos \alpha_{wt}}\right)^2 + f_{p2}^2} \tag{8.6}$$

$$VT_{Ei1\,max} = \frac{VT_{Ei1\,min}}{2} \tag{8.7}$$

$$VT_{Ei2\,max} = \frac{VT_{Ei2\,min}}{2} \tag{8.8}$$

onde:

F_β = Desvio total na linha dos flancos (mm).
f_f = Desvio de forma do perfil evolvente (mm).
f_p = Desvio de passo individual (mm).
α_{wt} = Ângulo de pressão transversal.

Variação do jogo devida ao erro de excentricidade dos mancais (VT_{Ex})

$$VT_{Ex\,min} = -2 \cdot f_B \cdot \frac{\tan \alpha}{\cos \beta} \tag{8.9}$$

$$VT_{Ex\,max} = 2 \cdot f_B \cdot \frac{\tan \alpha}{\cos \beta} \tag{8.10}$$

onde:

f_B = Erro de excentricidade dos mancais (mm).
α = Ângulo de perfil.
β = Ângulo de hélice sobre o diâmetro de referência.

Ajuste das engrenagens

Variação do jogo devida à elasticidade do conjunto (VT_{El})

Quando não se conhece o valor da elasticidade (f_L), pode-se utilizar a formulação a seguir para uma estimativa:

$$C = \frac{\pi}{4} \left(\frac{d_{sh}}{2}\right)^4 \tag{8.11}$$

$$D = \frac{F_{rd}}{120000 \, C} \tag{8.12}$$

$$E = \frac{L^3}{8} \tag{8.13}$$

$$f_L = D \cdot E \tag{8.14}$$

Se o valor da elasticidade f_L for negativo:

$$VT_{El \, min} = 2 \cdot f_L \cdot \frac{\tan \alpha}{\cos \beta} \tag{8.15}$$

Se o valor da elasticidade for positivo:

$$VT_{El \, min} = 0 \tag{8.16}$$

Se o valor da elasticidade for positivo ou zero:

$$VT_{El \, max} = 2 \cdot f_L \cdot \frac{\tan \alpha}{\cos \beta} \tag{8.17}$$

Se o valor da elasticidade for negativo:

$$VT_{El \, max} = 0 \tag{8.18}$$

onde:

d_{sh} = Diâmetro do eixo (mm).
F_{rd} = Força radial [N].
L = Distância entre os mancais (mm).
f_L = Valor da elasticidade do conjunto (mm).
α = Ângulo de perfil.
β = Ângulo de hélice sobre o diâmetro de referência.

Variação do jogo devida ao aquecimento (VT_{Aq})

$$A_1 = \frac{C_{Rdil1} \cdot z_1 \cdot a}{z_1 + z_2} (T_{Rmd} - 20) \tag{8.19}$$

$$A_2 = \frac{C_{Rdil2} \cdot z_2 \cdot a}{z_1 + z_2} (T_{Rmd} - 20) \tag{8.20}$$

Tabela 8.1 – Material da roda

	C_{Rdil}
Aço	0,0000115
Ferro fundido	0,0000100
Metal leve	0,0000240

Tabela 8.2 – Material da caixa

	C_{Cdil}
Aço	0,0000115
Ferro fundido	0,0000100
Metal leve	0,0000240

$$VT_{Aq\,min} = 2[(T_{Cmd} - 20)C_{Cdil} \cdot a - (A_1 + A_2)] \frac{\tan \alpha}{\cos \beta} \tag{8.21}$$

$$VT_{Aq\,max} = VT_{Aq\,min} \tag{8.22}$$

onde:

C_{Rdil1} = Coeficiente de dilatação do pinhão.

C_{Rdil2} = Coeficiente de dilatação da coroa.

C_{Cdil} = Coeficiente de dilatação da caixa.

T_{Rmd} = Temperatura das rodas no instante da máxima diferença de temperatura entre a caixa e as rodas (°C).

T_{Cmd} = Temperatura da caixa no instante da máxima diferença de temperatura entre a caixa e as rodas (°C).

a = Distância entre centros (mm).

Ajuste das engrenagens

Cálculo do jogo entre flancos transversal

Jogo entre flancos teórico (jn_1)

Temos de analisar os extremos, ou seja, o jogo entre flancos mínimo e o jogo entre flancos máximo. Podemos acompanhar esta análise, observando um exemplo na Figura 8.3.

Começamos com o jogo entre flancos teórico, que é calculado com a distância entre centros média e com as espessuras circulares normais, mínima e máxima.

$$jn_{1\min} = \frac{A_{sne1} + A_{sne2}}{1000} \qquad (8.23)$$

$$jn_{1\max} = \frac{A_{sne1} + T_{sn1} + A_{sne2} + T_{sn2}}{1000} \qquad (8.24)$$

A_{sne} e T_{sn} em μm.

No exemplo da Figura 8.3, temos:

$jn_{1\min} = 0,150$

$jn_{1\max} = 0,200$.

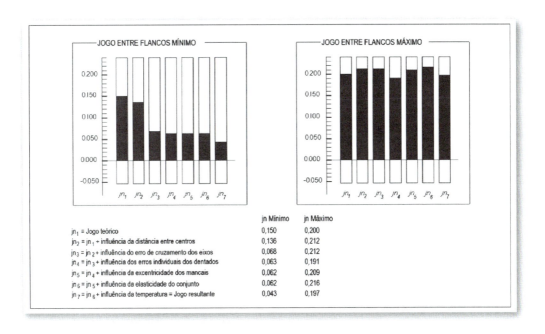

Figura 8.3 – Gráficos do jogo entre flancos de serviço.

Jogo entre flancos com a influência da tolerância da distância entre centros (jn_2)

A distância entre centros, determinada pela caixa onde as engrenagens serão acomodadas, também poderá estar na mínima ou na máxima, ou seja, dentro da tolerância especificada no projeto.

Sua influência deve ser considerada, tanto para aumentar quanto para diminuir o jogo.

$jn_2 = jn_1 +$ Influência da distância entre centros

$$jn_{2min} = \left(\frac{jn_{1min}}{\cos \beta} + VT_{Aa\,min}\right) \cos \beta \tag{8.25}$$

$$jn_{2max} = \left(\frac{jn_{1max}}{\cos \beta} + VT_{Aa\,max}\right) \cos \beta \tag{8.26}$$

No exemplo:
$jn_{2min} = 0{,}136$
$jn_{2max} = 0{,}212$.

Jogo entre flancos com a influência do erro de cruzamento dos eixos (jn_3)

Os erros de alinhamento dos furos da caixa podem consistir em uma inclinação f_{Sa} (erro de paralelismo) ou em um cruzamento f_{Sb} (erro de planura) dos eixos. Os erros de paralelismo normalmente são desprezados porque não podem ser maiores que a tolerância da distância entre centros que já foram consideradas. Já, o erro de cruzamento, afeta o jogo entre flancos atuando sempre no sentido de reduzi-lo.

$Jn_3 = jn_2 +$ Influência do erro de cruzamento dos eixos

$$A = VT_{Aa\,min}^2 + VT_{Ce\,min}^2 \tag{8.27}$$

$$B = VT_{Ce\,min}^2 + VT_{Aa\,min}^2 \tag{8.28}$$

$$jn_{3min} = \left(\frac{jn_{1min}}{\cos \beta} - \sqrt{A}\right) \cos \beta \tag{8.29}$$

$$jn_{3max} = \left(\frac{jn_{1max}}{\cos \beta} - (\pm 1)\sqrt{|B|}\right) \cos \beta \tag{8.30}$$

Aplicar sinal positivo (+), se B for positivo, e sinal negativo (−), se B for negativo.

Ajuste das engrenagens

No exemplo:

$jn_{3min} = 0{,}068$

$jn_{3\,max} = 0{,}212$.

Jogo entre flancos com a influência dos erros individuais do dentado (j_{n4})

As rodas dentadas são fabricadas dentro de uma qualidade especificada e, portanto, permitem-se desvios, como, por exemplo, excentricidade, variação das espessuras dos dentes etc. Chamamos a esses desvios de erros individuais do dentado da roda motora (f_{C1}) e da roda movida (f_{C2}). Sua influência é considerável e afeta os jogos mínimo e máximo.

$Jn_4 = jn_3 +$ Influência dos erros individuais do dentado

$$A = VT_{Aa\,min}^2 + VT_{Ce\,min}^2 + VT_{Ei1\,min}^2 + VT_{Ei2\,min}^2 \tag{8.31}$$

$$B = -VT_{Aa\,max}^2 + VT_{Ce\,max}^2 + VT_{Ei1\,max}^2 + VT_{Ei2\,max}^2 \tag{8.32}$$

$$jn_{4min} = \left(\frac{jn_{1min}}{\cos \beta} - \sqrt{A}\right) \cos \beta \tag{8.33}$$

$$jn_{4max} = \left(\frac{jn_{1max}}{\cos \beta} - (\pm 1)\sqrt{|B|}\right) \cos \beta \tag{8.34}$$

Aplicar sinal positivo (+), se B for positivo, e sinal negativo (−), se B for negativo.

No exemplo:

$jn_{4min} = 0{,}063$

$jn_{4\,max} = 0{,}191$

Jogo entre flancos com a influência da excentricidade dos mancais (jn_5)

Os mancais também podem influenciar no jogo entre flancos, tanto no aumento quanto na redução. Engloba as excentricidades dos rolamentos e dos elementos fixos (ou giratórios) apoiados entre si.

$Jn_5 = jn_4 +$ Influência da excentricidade dos mancais

$$A = VT_{Aa\,min}^2 + VT_{Ce\,min}^2 + VT_{Ei1\,min}^2 + VT_{Ei2\,min}^2 + VT_{Ex\,min}^2 \tag{8.35}$$

$$B = -VT_{Aa\,max}^2 + VT_{Ce\,max}^2 + VT_{Ei1\,max}^2 + VT_{Ei2\,max}^2 + VT_{Ex\,max}^2 \tag{8.36}$$

$$jn_{5min} = \left(\frac{jn_{1min}}{\cos \beta} - \sqrt{A}\right) \cos \beta \qquad (8.37)$$

$$jn_{5max} = \left(\frac{jn_{1max}}{\cos \beta} - (\pm 1)\sqrt{|B|}\right) \cos \beta \qquad (8.38)$$

Aplicar sinal positivo (+), se B for positivo, e sinal negativo (–), se B for negativo.
No exemplo:
$jn_{5min} = 0{,}062$
$jn_{5\,max} = 0{,}209$

Jogo entre flancos com a influência da elasticidade do conjunto (j_{n6})

Durante o trabalho de transmissão, pode haver um aumento da distância entre centros, em razão das forças normais aos eixos. Essas forças podem provocar:

- Elasticidade na caixa.
- Deslocamento dos rolamentos.
- Flexão dos eixos, principalmente quando a distância entre os mancais for grande.

Geralmente, a elasticidade do conjunto influi no aumento do jogo entre flancos, porém, se um terceiro eixo estiver montado na caixa e este estiver forçando um dos dois eixos em estudo, o jogo poderá ser reduzido.

$Jn_6 = jn_5 +$ *Influência da elasticidade do conjunto*

$$jn_{6min} = \left(\frac{jn_{1min}}{\cos \beta} - \sqrt{A} + VT_{El\,min}\right) \cos \beta \qquad (8.39)$$

$$jn_{6max} = \left(\frac{jn_{1max}}{\cos \beta} - (\pm 1)\sqrt{|B|} + VT_{El\,max}\right) \cos \beta \qquad (8.40)$$

Para A utilize a Equação (8.35).
Para B utilize a Equação (8.36).
Aplicar sinal positivo (+), se B for positivo, e sinal negativo (–), se B for negativo.
No exemplo:
$jn_{6min} = 0{,}062$
$jn_{6\,max} = 0{,}216$

Ajuste das engrenagens

Jogo entre flancos com a influência da temperatura (j_{n7})

Outro fator que pode afetar sensivelmente o jogo entre flancos, é a temperatura. A temperatura dilata os materiais e essa dilatação altera o jogo. Esses valores são realmente difíceis de quantificar e, normalmente, são arbitrados em função da experiência em aplicações semelhantes. No início do trabalho, o aquecimento das rodas, em relação à caixa, é geralmente mais rápido. Há aplicações menos comuns em que a caixa se aquece mais rapidamente como, por exemplo, o motor Diesel, onde a caixa é o próprio motor. Além disso, os materiais podem ter coeficientes de dilatação diferentes, que modificam o jogo. Antes de o conjunto entrar em equilíbrio térmico, há um momento em que a diferença de temperaturas entre as rodas e a caixa é máxima. A influência, nesse momento, é maior.

$Jn_7 = jn_6 +$ *Influência da temperatura*

Para *A* utilize a Equação (8.35).

Para *B* utilize a Equação (8.36).

$$jn_{7min} = \left(\frac{jn_{1min}}{\cos \beta} - \sqrt{A} + VT_{El\,min} + VT_{Aq\,min} \right) \cos \beta \qquad (8.41)$$

$$jn_{7max} = \left(\frac{jn_{1max}}{\cos \beta} - (\pm 1)\sqrt{|B|} + VT_{El\,max} + VT_{Aq\,max} \right) \cos \beta \qquad (8.42)$$

Aplicar sinal positivo (+), se *B* for positivo e sinal negativo (−), se *B* for negativo.

No exemplo:

$jn_{7min} = 0{,}043$

$jn_{7max} = 0{,}197$

os valores 0,043 e 0,197 são os resultados finais, ou seja, o jogo mínimo e o jogo máximo, respectivamente. Para resultados mais realísticos, foi necessária a aplicação da *lei da propagação dos defeitos,* porque é improvável que todos os valores sejam máximos ou mínimos, na mesma aplicação.

Espessura do dente

A espessura do dente, embora seja uma característica geométrica, será estudada nesta seção, porque está diretamente associada ao jogo entre flancos, portanto, ao ajuste das engrenagens. A espessura do dente é o tamanho do arco (no caso de espessura circular) ou da corda (no caso de espessura cordal) medido sobre um círculo qualquer (por exemplo, sobre o círculo de referência *d*) que corresponde a um dente, e pode ser tomada no plano transversal ou no plano normal. Note que somente sobre o círculo de referência, podemos definir quatro espessuras distintas, a saber:

- Espessura circular normal;
- Espessura circular transversal;
- Espessura cordal normal;
- Espessura cordal transversal.

Veja ilustrações na Figura 8.4.

A espessura do dente é definida para engrenagens com dentes externos. Para as engrenagens com dentes internos é definida a dimensão do vão. Por exemplo, no lugar da *espessura circular normal do dente*, temos a *dimensão circular normal do vão*.

Para as cremalheiras, a espessura normal do dente é o comprimento da linha primitiva que corresponde a um dente na seção normal. Veja, na Figura 8.5, os três casos descritos.

A maneira mais prática para se controlar a espessura do dente, é por meio da dimensão W (sobre k dentes consecutivos) ou da dimensão M (sobre duas esferas ou rolos). Por isso, nos desenhos, é comum encontrarmos tais dimensões na tabela de especificações do dentado. No entanto, o valor da espessura do dente é importante para a realização de cálculos. Veja adiante, neste capítulo, a formulação para o cálculo da espessura do dente em função da dimensão W e da dimensão M.

A Figura 8.1A, mostra um engrenamento sem jogo entre flancos. Isso acontece quando ambas as rodas do par têm os seus dentes com as espessuras circulares

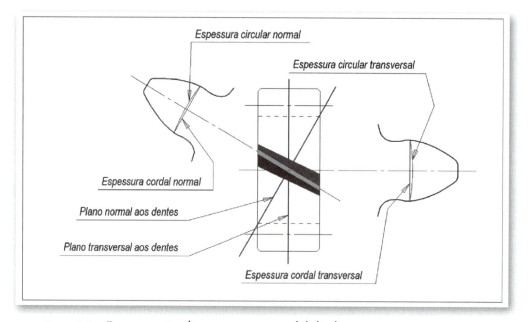

Figura 8.4 – Espessura circular e espessura cordal do dente.

Ajuste das engrenagens

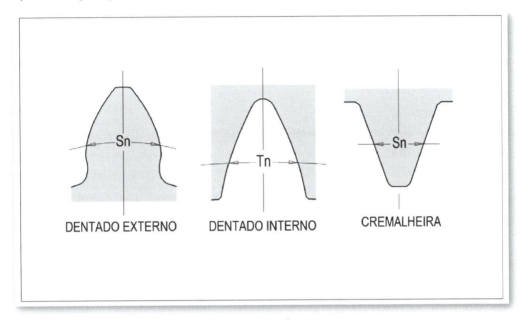

Figura 8.5 – Espessura do dente e dimensão do vão.

normais teóricas. Esse engrenamento, na maioria das aplicações, terá problema. Para resolvê-lo, temos de aplicar um afastamento na espessura do dente.

Afastamento sobre a espessura do dente ou sobre a dimensão do vão

O afastamento, nas rodas com dentes externos, é uma redução na espessura do dente. O afastamento, nas rodas com dentes internos, é um acréscimo na dimensão do vão. A norma DIN 3967 adotou 11 diferentes grupos de afastamentos, cuja notação é A_{sne} e que são designados por letras ou pares de letras. A seguir estão os grupos e as respectivas equações, cujos resultados, em milímetros, são muito próximos aos especificados na norma.

a	$A_{sne} = 0,100\ e^{Nb}$
ab	$A_{sne} = 0,083\ e^{Nb}$
b	$A_{sne} = 0,070\ e^{Nb}$
bc	$A_{sne} = 0,057\ e^{Nb}$
c	$A_{sne} = 0,048\ e^{Nb}$
cd	$A_{sne} = 0,040\ e^{Nb}$
d	$A_{sne} = 0,033\ e^{Nb}$

e	$A_{sne} = 0{,}022\ e^{Nb}$
f	$A_{sne} = 0{,}010\ e^{Nb}$
g	$A_{sne} = 0{,}005\ e^{Nb}$
h	$A_{sne} = 0$

$e = 2{,}718282 =$ base dos logaritmos neperianos.

$Nb =$ conforme Tabela 8.3.

Consulte a seção "Espessura circular normal do dente" do Capítulo 18, para obter algumas sugestões fornecidas por G. Niemann.

Tolerância para a espessura do dente ou para a dimensão do vão

Além do afastamento, é natural que se especifique uma tolerância dimensional para a fabricação. A tolerância T_{sn}, nas rodas com dentes externos, é aplicada para menos, ou seja, no sentido de reduzir a espessura do dente. Nas rodas com dentes internos, é aplicada para mais, ou seja, no sentido de aumentar a dimensão do vão. A norma DIN 3967 adotou dez diferentes classes de tolerâncias, cuja notação é T_{sn} e que são designadas por números de 21 a 30. A seguir estão as classes e as respectivas equações, cujos resultados, em milímetros, são muito próximos aos especificados na norma.

21	$T_{sn} = 1{,}77 \times 10^{-7} \times e^{(9{,}6894+Na)}$
22	$T_{sn} = 1{,}77 \times 10^{-7} \times e^{(10{,}1508+Na)}$
23	$T_{sn} = 1{,}77 \times 10^{-7} \times e^{(10{,}6122+Na)}$
24	$T_{sn} = 1{,}77 \times 10^{-7} \times e^{(11{,}0736+Na)}$
25	$T_{sn} = 1{,}77 \times 10^{-7} \times e^{(11{,}5350+Na)}$
26	$T_{sn} = 1{,}77 \times 10^{-7} \times e^{(11{,}9964+Na)}$
27	$T_{sn} = 1{,}77 \times 10^{-7} \times e^{(12{,}4578+Na)}$
28	$T_{sn} = 1{,}77 \times 10^{-7} \times e^{(12{,}9192+Na)}$
29	$T_{sn} = 1{,}77 \times 10^{-7} \times e^{(13{,}3806+Na)}$
30	$T_{sn} = 1{,}77 \times 10^{-7} \times e^{(13{,}8420+Na)}$

A numeração de 21 a 30 foi adotada para que não haja confusão entre as tolerâncias gerais estabelecidas pelas normas ISO, como, por exemplo, h7, g6 etc.

Tanto o afastamento quanto a tolerância é função do diâmetro de referência d.

$e = 2,718282$ = base dos logaritmos neperianos.

Na = conforme Tabela 8.3.

Tabela 8.3 – Valores de Nb e Na

Diâmetro de referência (d)	Nb	Na
$d \leq 10$	0,0	0,242
$10 < d \leq 50$	0,3	0,484
$50 < d \leq 125$	0,6	0,726
$125 < d \leq 280$	0,9	0,968
$280 < d \leq 560$	1,2	1,210
$560 < d \leq 1000$	1,5	1,452
$1000 < d \leq 1600$	1,8	1,694
$1600 < d \leq 2500$	2,1	1,936
$2500 < d \leq 4000$	2,4	2,178
$4000 < d \leq 6300$	2,7	2,420
$6300 < d \leq 10000$	3,0	2,662

Espessura do dente e dimensão do vão teórica, máxima e mínima

A espessura circular normal teórica do dente é dada por:

$$S_n = m_n \left(\frac{\pi}{2} + 2 \cdot x \cdot \tan \alpha_n \right) \tag{8.43}$$

A dimensão circular normal teórica do vão é dada por:

$$T_n = m_n \left(\frac{\pi}{2} - 2 \cdot x \cdot \tan \alpha_n \right) \tag{8.44}$$

onde:

m_n = Módulo normal.

x = Fator de deslocamento do perfil.

α_n = Ângulo de perfil normal.

A espessura circular normal efetiva superior do dente é dada pela espessura circular normal teórica reduzida do afastamento A_{sne}:

$$S_{ns} = S_n - A_{sne} \tag{8.45}$$

A dimensão circular normal efetiva inferior do vão é dada pela dimensão circular normal teórica somada do afastamento A_{sne}:

$$T_{ni} = T_n + A_{sne} \tag{8.46}$$

A espessura circular normal efetiva inferior do dente é dada pela espessura circular normal efetiva superior reduzida da tolerância T_{sn}:

$$S_{ni} = S_{ns} - T_{sn} \tag{8.47}$$

A dimensão circular normal efetiva superior do vão é dada pela dimensão circular normal efetiva inferior somada da tolerância T_{sn}:

$$T_{ns} = T_{ni} + T_{sn} \tag{8.48}$$

A Figura 8.6 ilustra o exposto aqui no que se refere a dentados externos.

Determinação da espessura circular normal do dente

Espessura circular do dente em função da dimensão W

$$S_n = m_n \left\{ \frac{W_k}{m_n \cdot \cos \alpha_n} - [z \cdot \text{inv } \alpha_t + (k-1)\pi] \right\} \tag{8.49}$$

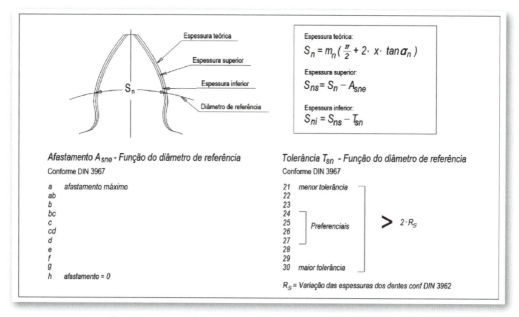

Figura 8.6 – Afastamento e tolerância para a espessura do dente.

Ajuste das engrenagens

Espessura circular do dente em função da dimensão M

$$A = \frac{D_M}{\cos[\tan^{-1}(\tan \beta \cos \alpha_t)]} \tag{8.50}$$

Para z = par:

$$B = d_M \pm D_M \tag{8.51}$$

Para z = impar:

$$B = \frac{d_M \pm D_M}{\cos \dfrac{90}{z}} \tag{8.52}$$

Aplique o sinal negativo para dentes externos e o positivo para dentes internos.

$$C = \cos^{-1}\left(\frac{|d| \times \cos \alpha_t}{B}\right) \tag{8.53}$$

Para dentes externos:

$$S_n = \left(\operatorname{inv} C - \operatorname{inv} \alpha_t - \frac{A}{d \cdot \cos \alpha_t} + \frac{\pi}{z}\right) d \cdot \cos \beta \tag{8.54}$$

Para dentes internos:

$$T_n = \left(\operatorname{inv} C - \operatorname{inv} \alpha_t + \frac{A}{|d| \cdot \cos \alpha_t}\right) |d| \cdot \cos \beta \tag{8.55}$$

Espessura circular do dente sobre um círculo dado

Em alguns casos é necessário determinar a espessura do dente em um círculo qualquer, por exemplo no círculo de cabeça, em função da espessura do dente sobre o círculo de referência d.

$$A = \cos^{-1}\left(\frac{d_b}{d_y}\right) \tag{8.56}$$

Para dentes externos:

$$B = \frac{s_n}{m_n \cdot z} + \operatorname{inv} \alpha_t - \operatorname{inv} A \tag{8.57}$$

$$S_{ny} = \frac{B \cdot z \cdot m_n \cdot \cos \alpha_t}{\cos A} \tag{8.58}$$

S_{ny} = Espessura circular normal do dente sobre o círculo d_y.

Para dentes internos:

$$B = \frac{T_n}{m_n \cdot |z|} + \text{inv } \alpha_t - \text{inv } A \tag{8.59}$$

$$T_{ny} = \frac{B \cdot |z| \cdot m_n \cdot \cos \alpha_t}{\cos A} \tag{8.60}$$

$$S_{ny} = \frac{d_y \cdot \pi}{z} - T_{ny} \tag{8.61}$$

onde:

T_{ny} = Dimensão circular normal do vão sobre o círculo d_y.
S_{ny} = Espessura circular normal do dente sobre o círculo d_y.

Espessura cordal e altura correspondente, a partir da cabeça do dente

Uma forma pouco precisa de controle, é medir a espessura cordal a partir da altura cordal da cabeça do dente, utilizando-se de um paquímetro especial próprio. A seguir estão as equações para a determinação da espessura cordal e da altura correspondente, a partir da cabeça do dente.

Entende-se como altura cordal da cabeça do dente, a distância da corda (tomada sobre o círculo de referência) à cabeça do dente.

A medição com o paquímetro é feita após o ajuste da altura (h_a) de uma lingueta graduada.

Esse controle é aceitável para rodas dentadas com baixo nível de qualidade.

$$S_{nc} = \text{sen}\left(\frac{180}{\pi} \cdot \frac{s_n}{z_n \cdot m_n}\right) \cdot z_n \cdot m_n \tag{8.62}$$

$$r_{na} = \frac{d_a + z_n \cdot m_n - d}{2} \tag{8.63}$$

$$h_a = r_{na} - \sqrt{\left(\frac{z_n \cdot m_n}{2}\right)^2 - \left(\frac{s_{nc}}{2}\right)^2} \tag{8.64}$$

onde:

z_n = Número de dentes virtual – Equação (7.13).

s_n = Espessura circular normal do dente.

d_a = Diâmetro da cabeça.

S_{nc} = Espessura cordal normal sobre o círculo de referência.

h_a = Altura cordal da cabeça do dente.

Círculos úteis de pé e de cabeça do dente

Os dentes das engrenagens trabalham de maneira intermitente. A cada rotação, eles entram em ação somente num curto período de tempo, tempo esse que depende principalmente do número de dentes e da velocidade angular da roda. Enquanto estão agindo, o ponto de contato entre os dentes da roda motora e da roda movida percorrem, como já visto, um caminho que é definido pela linha de ação. O comprimento do caminho percorrido é a *distância de contato* (g_α), que é estudada no Capítulo 9.

Em um par de engrenagens externas, o ponto de contato começa na parte mais interna da roda motora e na parte mais externa da roda movida. Com a rotação das rodas, esse ponto se desloca para a parte mais externa da roda motora e mais interna da roda movida, até terminar a ação entre eles.

Já em um par de engrenagens internas, o ponto de contato começa na parte mais interna da roda motora e na parte mais interna da roda movida. Com a rotação das rodas, esse ponto se desloca para a parte mais externa da roda motora e mais externa da roda movida até terminar a ação entre eles.

A extensão no flanco do dente, definido pelo início e fim do contato, é a região ativa, e a melhor maneira de se especificar esses dois pontos é por meio de círculos. Esses círculos são denominados *círculo útil de pé*, cuja notação é d_{Nf}, e *círculo útil de cabeça*, cuja notação é d_{Na}.

Conclusão:

O ponto de partida do contato determina:

- o círculo útil de pé da roda 1 (d_{Nf1});
- o círculo útil de cabeça da roda 2 (d_{Na2}).

O ponto final do contato determina:

- o círculo útil de pé da roda 2 (d_{Nf2});
- o círculo útil de cabeça da roda 1 (d_{Na1}).

Os controles gráficos, para o perfil evolvente, são efetuados nessa região do dente, ou seja, entre o d_{Nf1} e o d_{Na1} para a roda 1 e entre o d_{Nf2} e o d_{Na2} para a roda 2.

Veja ilustrações para os dentados externos e para os dentados externo/interno nas Figuras 8.7 e 8.8, respectivamente.

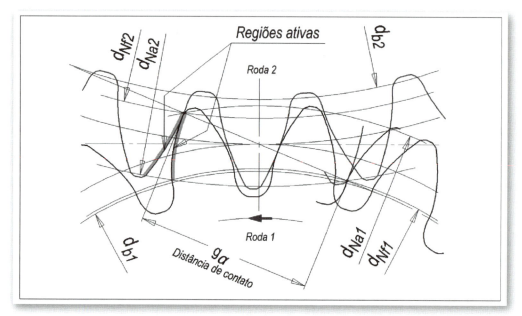

Figura 8.7 – Círculos úteis de pé e de cabeça do dente para par externo/externo.

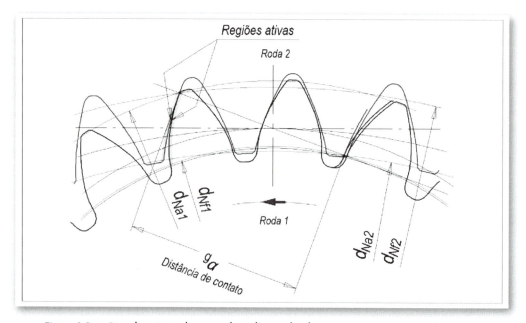

Figura 8.8 – Círculos úteis de pé e de cabeça do dente para par externo/interno.

Ajuste das engrenagens

Diâmetro útil de pé

Determinação do diâmetro útil de pé da roda 1:

$$d_{Nf1} = \sqrt{\left(2 \cdot a \cdot \operatorname{sen} \alpha_{wt} - \frac{z_2}{|z_2|} \cdot \sqrt{d_{Na2}^2 - d_{b2}^2}\right)^2 + d_{b1}^2} \qquad (8.65)$$

Determinação do diâmetro útil de pé da roda 2:

$$d_{Nf2} = \frac{z_2}{|z_2|} \sqrt{\left(2 \cdot a \cdot \operatorname{sen} \alpha_{wt} - \sqrt{d_{Na1}^2 - d_{b1}^2}\right)^2 + d_{b2}^2} \qquad (8.66)$$

Exemplo de um par com dentados externos

Dados:

Módulo normal (m_n)	5,000
Número de dentes da roda 1 (z_1)	21
Número de dentes da roda 2 (z_2)	35
Diâmetro de base da roda 1 (d_{b1})	107,509
Diâmetro de base da roda 2 (d_{b2})	179,182
Diâmetro útil de cabeça da roda 1 (d_{Na1})	131,830
Diâmetro útil de cabeça da roda 2 (d_{Na2})	207,200
Fator de deslocamento do perfil da roda 1 (x_1)	0,5
Fator de deslocamento do perfil da roda 2 (x_1)	0,1
Ângulo de perfil normal (α_n)	20°
Ângulo de hélice (β)	25°
Distância entre centros (a)	157,319

Primeiro, vamos determinar o ângulo de perfil na seção transversal:

$$\alpha_t = \tan^{-1} \frac{\tan 20°}{\cos 25°} = 21,880233° \qquad \text{ref (3.1)}$$

Segundo, vamos determinar o módulo na seção transversal:

$$m_t = \frac{5}{\cos 25°} = 5,51689 \qquad \text{ref (7.16)}$$

Terceiro, vamos determinar o ângulo de pressão na seção transversal, Equação (3.46):

$$\alpha_{wt} = \cos^{-1}\left(\frac{(21+35) \times 5{,}51689}{2 \times 157{,}319} \cdot \cos 21{,}880233°\right) = 24{,}33149° \qquad \text{ref (3.47)}$$

$$d_{Nf1} = \sqrt{\left(2 \times 157{,}319 \times \operatorname{sen} 24{,}33149° - \frac{35}{|35|} \times \sqrt{207{,}2^2 - 179{,}182^2}\right)^2 + 107{,}509^2} = $$
$$= 110{,}512 \qquad \text{ref (8.65)}$$

$$d_{Nf2} = \frac{35}{|35|}\sqrt{\left(2 \times 157{,}319 \times \operatorname{sen} 24{,}33149° - \sqrt{131{,}83^2 - 107{,}509^2}\right)^2 + 179{,}182^2} =$$
$$= 186{,}953 \qquad \text{ref (8.66)}$$

Exemplo de um par com dentes externos/internos

Dados:

Módulo normal (m_n)... 5,000
Número de dentes da roda 1 (z_1)... 21
Número de dentes da roda 2 (z_2)... −46
Diâmetro de base da roda 1 (d_{b1}) 98,668
Diâmetro de base da roda 2 (d_{b2}) .... −216,129
Diâmetro útil de cabeça da roda 1 (d_{Na1})............................... 120,560
Diâmetro útil de cabeça da roda 2 (d_{Na2})............................... −223,523
Fator de deslocamento do perfil da roda 1 (x_1) 0,546
Fator de deslocamento do perfil da roda 2 (x_1) .... − 0,546
Ângulo de perfil (α) .... 20°
Ângulo de hélice (β) .... 0°
Distância entre centros (a) .... − 62,5

Como o dentado é reto, $\alpha_{wt} = \alpha_n$

$$d_{Nf1} = \sqrt{\left(2 \times (-62{,}5) \times \operatorname{sen} 20° - \frac{-46}{46} \times \sqrt{-223{,}523^2 - (-216{,}129)^2}\right)^2 + 98{,}668^2} =$$
$$= 99{,}693 \qquad \text{ref (8.65)}$$

$$d_{N/2} = \frac{-46}{46} \cdot \sqrt{\left(2 \times (-62,5) \times \text{sen } 20° - \sqrt{120,56^2 - 98,668^2}\right)^2 + (-216,129)^2} =$$
ref (8.66)

$$= -243,439$$

Falso engrenamento

Um erro comum, cometido por projetistas iniciantes, é aumentar a altura de cabeça do dente da coroa, mesmo quando esta é engrenada com um pinhão que tem reduzido número de dentes e cuja penetração da ferramenta geradora é acentuada, gerando uma depressão. Nesses casos, não se aproveita todo o perfil do dente da coroa, uma vez que a distância de contato é limitada por essa depressão.

O dente com depressão eleva o diâmetro de intersecção entre o perfil evolvente e o perfil trocoidal. O círculo onde se encontra este ponto é chamado círculo de início da evolvente d_u.

Quando mencionei, na seção anterior, que o deslocamento do perfil poderia aumentar o grau de recobrimento, era justamente para minimizar este problema. Como a penetração da ferramenta geradora diminui nos perfis deslocados positivamente, consegue-se um maior aproveitamento da altura do dente da roda conjugada. Veja exemplos nas Figuras 8.9 a 8.12. No exemplo ilustrado na Figura 8.9, o aproveitamento da altura do dente é total, justamente porque os dentes são rebaixados. Trata-se de um projeto ruim e por isso, na prática, não é aconselhável.

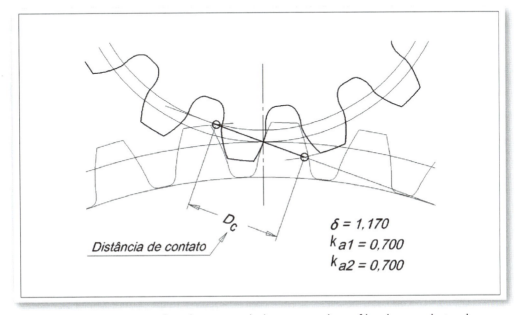

Figura 8.9 – Diâmetro de cabeça sem deslocamento de perfil – dentes rebaixados.

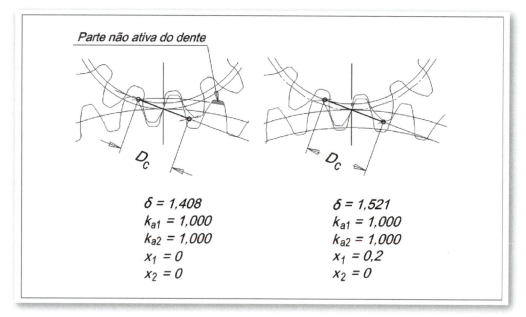

Figura 8.10 – Diâmetro de cabeça sem e com deslocamento de perfil – dentes padronizados.

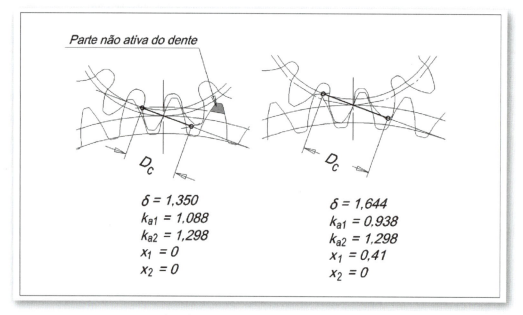

Figura 8.11 – Diâmetro de cabeça sem e com deslocamento de perfil – dentes alongados.

Ajuste das engrenagens

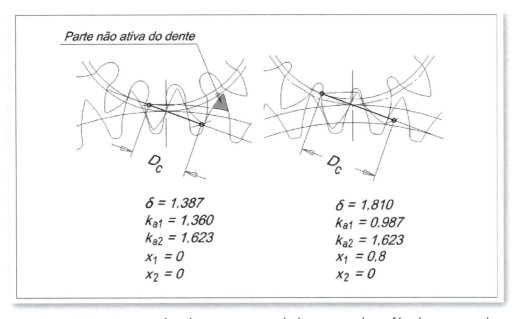

Figura 8.12 – Diâmetro de cabeça sem e com deslocamento de perfil – dentes pontudos.

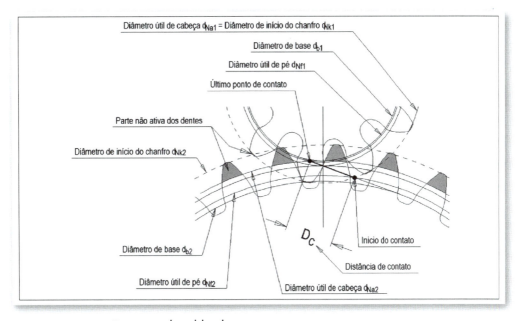

Figura 8.13 – Correção de addendum.

Nos casos em que não se consegue aproveitar toda a altura do dente da coroa, mesmo com deslocamento do perfil do dente do pinhão, é apropriado proceder a uma correção de addendum na coroa. Veja ilustração na Figura 8.13.

Frequentemente, confunde-se diâmetro útil de cabeça (d_{Na}) com diâmetro de início do chanfro (d_{Nk}). Eles têm o mesmo valor, quando o aproveitamento da altura do dente é total, ou seja, o perfil evolvente é aproveitado por completo. Lembremos que o final do perfil evolvente é exatamente o início do chanfro de cabeça, quando houver chanfro, evidentemente.

Correção de addendum consiste em adequar a altura do dente, removendo a parte inativa, uma vez que não será aproveitada para a transmissão.

Ao observar com atenção o detalhe A da Figura 8.14, veremos que a parte inativa do dente não toca o dente conjugado. A isto, podemos chamar de falso engrenamento.

Diâmetro útil de cabeça

Podemos calcular o diâmetro útil de cabeça (d_{Na}) para rodas com dentes externos, utilizando as Equações de (8.67) até (8.70) para a roda 2 e Equações de (8.73) até (8.76) para a roda 1.

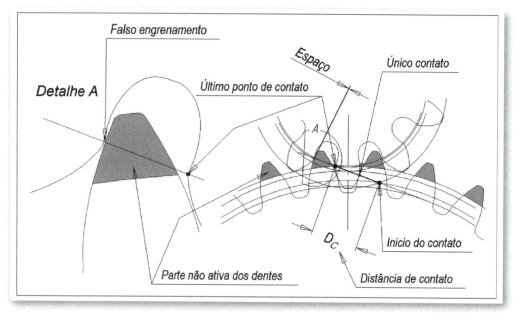

Figura 8.14 – Falso engrenamento.

Ajuste das engrenagens

$$A = \cos^{-1}\left(\frac{d_{b1}}{d_{w1}}\right) \tag{8.67}$$

$$B = 180 - \operatorname{sen}^{-1}\left(d_{w1} \cdot \frac{\operatorname{sen}(90 - A)}{d_{Nf1}}\right) \quad [°] \tag{8.68}$$

$$C = \frac{d_{w1}}{2 \cdot \operatorname{sen} B} \cdot \cos(A - B) \tag{8.69}$$

$$d_{Na2} = \sqrt{d_{w2}^2 + 4 \cdot d_{w2} \cdot C \cdot \operatorname{sen} A + 4 \cdot C^2} \tag{8.70}$$

Para rodas com dentes internos, utilizamos as Equações de (8.67) a (8.69) e (8.71 ou 8.72).

$$d_{Na2} = \frac{z_2}{|z_2|} \sqrt{d_{w2}^2 + 4 \cdot d_{w2} \cdot C \cdot \operatorname{sen} A + 4 \cdot C^2} \tag{8.71}$$

ou

$$d_{Na2} = \frac{z_2}{|z_2|} \sqrt{\left(2 \cdot a \cdot \operatorname{sen} \alpha_{wt} - \sqrt{d_{Nf1}^2 - d_{b1}^2}\right)^2 + d_{b2}^2} \tag{8.72}$$

Para o cálculo de d_{Na1}, basta inverter os índices. Vejamos:

$$A = \cos^{-1}\left(\frac{d_{b2}}{d_{w2}}\right) \quad [°] \tag{8.73}$$

$$B = 180 - \operatorname{sen}^{-1}\left(d_{w2} \cdot \frac{\operatorname{sen}(90 - A)}{d_{Nf2}}\right) \quad [°] \tag{8.74}$$

$$C = \frac{d_{w2}}{2 \cdot \operatorname{sen} B} \cdot \cos(A - B) \tag{8.75}$$

$$d_{Na1} = \sqrt{d_{w1}^2 + 4 \cdot d_{w1} \cdot C \cdot \operatorname{sen} A + 4 \cdot C^2} \tag{8.76}$$

onde:
- Índice 1 = refere-se à roda menor (pinhão).
- Índice 2 = refere-se à roda maior (coroa).
- d_b = Diâmetro base.
- d_w = Diâmetro primitivo.
- d_u = Diâmetro de início da evolvente.
- d_{Na} = Diâmetro útil de cabeça.

Exemplo de um par com dentes externos

Neste exemplo, vamos tomar um par, cuja roda 1 possua um número de dentes bastante reduzido e sem deslocamento de perfil, com o objetivo de provocar, na roda 2, um diâmetro útil de cabeça menor que o diâmetro de início do chanfro.

Dados:

Número de dentes da roda 1 (z_1) 10
Número de dentes da roda 2 (z_2) 50
Módulo normal (m_n) 5,000
Distância entre centros (a) 165,507
Diâmetro de início do chanfro da roda 1 (d_{Nk1}) 66,20
Diâmetro de início do chanfro da roda 2 (d_{Nk2}) 290,02
Diâmetro base da roda 1 (d_{b1}) 51,195
Diâmetro base da roda 2 (d_{b2}) 255,974
Ângulo de perfil normal (α_n) .... 20°
Ângulo de hélice (β) .... 25°
Diâmetro de início da evolvente da roda 1 (d_{u1}) 51,961
Diâmetro de início da evolvente da roda 2 (d_{u2}) 266,946
Diâmetro primitivo da roda 1 (d_{w1}) 55,169
Diâmetro primitivo da roda 2 (d_{w2}) 275,845

$$A = \cos^{-1}\left(\frac{51,195}{55,169}\right) = 21,8802326° = 0,3818821 \text{ rad} \qquad \text{ref (8.67)}$$

$$B = 180° - \text{sen}^{-1}\left(55,169 \cdot \frac{\text{sen}(90° - 21,8802326°)}{51,961}\right) = 99,85279° = 1,742760 \text{ rad} \qquad \text{ref (8.68)}$$

$$C = \frac{55,169}{2 \cdot \text{sen } 99,85279°} \times \cos(21,8802326° - 99,85279°) = 5,834093 \qquad \text{ref (8.69)}$$

$$d_{Na2} = \sqrt{275,845^2 + 4 \times 275,845 \times 5,834093 \times \text{sen } 21,8802326° + 4 \times 5,834093^2} =$$
$$= 280,402 \qquad \text{ref (8.70)}$$

Notem que o diâmetro útil de cabeça da roda 2 (d_{Na2} = 280,402), é bem menor que o diâmetro de início do chanfro (d_{Nk2} = 290,02) dado. Isto significa que uma boa parte do dente é inativa.

Ajuste das engrenagens

Para o cálculo de d_{Na1}, basta inverter os índices. Este cálculo, normalmente, é desnecessário porque raramente haverá parte inativa no dente do pinhão. Vamos mostrar isto no exemplo a seguir:

$$A = \cos^{-1}\left(\frac{255,974}{275,845}\right) = 21,8802326° = 0,3818821 \text{ rad} \qquad \text{ref (8.73)}$$

$$B = 180° - \text{sen}^{-1}\left(275,845 \cdot \frac{\text{sen}(90° - 21,8802326°)}{266,946}\right) = 106,48426° = \qquad \text{ref (8.74)}$$
$$= 1,858501 \text{ rad}$$

$$C = \frac{275,845}{2 \cdot \text{sen } 106,48426°} \times \cos(21,8802326° - 106,48426°) = 13,52594 \qquad \text{ref (8.75)}$$

$$d_{Na1} = \sqrt{55,169^2 + 4 \times 55,169 \times 13,52594 \times \text{sen } 21,8802326° + 4 \times 13,52594^2} = \qquad \text{ref (8.76)}$$
$$= 69,913$$

Como $d_{Na1} > d_{Nk1}$, na peça física teremos $d_{Na1} = d_{Nk1}$.

Notem que o diâmetro útil de cabeça da roda 1 (d_{Na1} = 69.913) calculado, é maior que o diâmetro de início do chanfro (d_{Nk1} = 66.20) dado. Isto significa que o diâmetro útil de cabeça é exatamente igual ao diâmetro de início do chanfro ($d_{Na1} = d_{Nk1}$). Pois, o diâmetro de início do chanfro é o final do perfil evolvente.

Exemplo de um par com dentes externos/internos

Como no exemplo anterior, aqui também vamos tomar um par, cuja roda 1 possua um número de dentes reduzido e sem deslocamento de perfil, com o objetivo de provocar, na roda 2, um diâmetro útil de cabeça menor que o diâmetro de início do chanfro. Veja ilustração na Figura 8.15.

Dados:

Número de dentes da roda 1 (z_1)	10
Número de dentes da roda 2 (z_2)	–50
Módulo normal (m_n)	5,000
Distância entre centros (a)	–100,00
Diâmetro de início do chanfro da roda 2 (d_{Nk2})	–238,790
Diâmetro base da roda 1 (d_{b1})	46,985
Diâmetro base da roda 2 (d_{b2})	–234,923
Ângulo de perfil (α)	20°

Ângulo de hélice (β) .... 0°
Diâmetro útil de pé da roda 1(d_{Nf1}) 47,738
Diâmetro primitivo da roda 1(d_{w1}) 50,000
Diâmetro primitivo da roda 2(d_{w2}) .... –250,000

$$A = \cos^{-1}\left(\frac{46,985}{50,000}\right) = 20° = 0,3490659 \text{ rad} \qquad \text{ref (8.67)}$$

$$B = 180° - \text{sen}^{-1}\left(50 \cdot \frac{\text{sen}(90° - 20°)}{47,738}\right) = 100,190494° = 1,748654 \text{ rad} \quad \text{ref (8.68)}$$

$$C = \frac{50}{2 \cdot \text{sen } 100,190494°} \times \cos(20° - 100,190494°) = 4,327605 \qquad \text{ref (8.69)}$$

$$d_{Na2} = \frac{-50}{50}\sqrt{(-250)^2 + 4 \times (-250) \times 4,327605 \times \text{sen } 20° + 4 \times 4,327605^2} =$$
$$= -247,173 \qquad \text{ref (8.71)}$$

Vamos fazer o mesmo exemplo utilizando a Equação (8.72).

$$d_{Na2} = \frac{-50}{50}\sqrt{[2 \times (-100) \times \text{sen } 20° - \sqrt{47,738^2 - 46,985^2}]^2 + 234,923^2} =$$
$$= -247,173 \qquad \text{ref (8.72)}$$

Notem que o diâmetro útil de cabeça da roda 2 (d_{Na2} = –247,173), é bem menor que o diâmetro de início do chanfro (d_{Nk2} = –238,790) dado, ou seja, |d_{Na2}| > |d_{Nk2}|. Isto significa que uma boa parte do dente é inativa.

Interferência entre as cabeças das engrenagens externa/interna

Dependendo das características geométricas das rodas interna e externa, conjugadas, é possível que haja interferência entre as cabeças dos dentes, como ilustrado na Figura 8.16, exatamente no ponto P.

Observe na figura, que o canto da cabeça do dente do pinhão faz um movimento angular que vai do ponto L até o ponto P. Este movimento tem a medida angular φ + ν. O canto da cabeça do dente da roda interna faz também um movimento angular, mantendo a relação de transmissão, que vai do ponto M até o

Ajuste das engrenagens

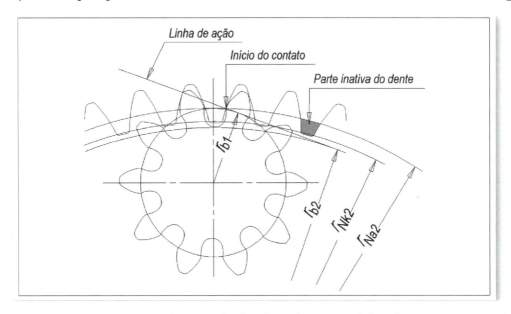

Figura 8.15 – Diâmetro de início do chanfro x diâmetro útil de cabeça – par externo/interno.

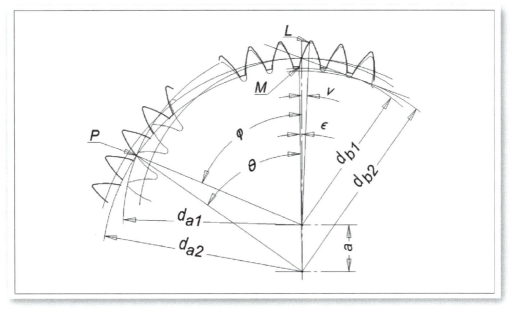

Figura 8.16 – Interferência no engrenamento externo/interno.

ponto P. Este movimento tem a medida angular $\frac{\varphi + \nu}{|u|}$. Para evitar um choque entre os cantos das cabeças dos dentes, ou seja, entre os pontos L e M, a seguinte condição deve ser cumprida:

$$\frac{\varphi + \nu}{|u|} > \theta - \varepsilon$$

De uma forma mais prática, a norma DIN 3993 adotou um fator, que mostra se há interferência entre as rodas engrenadas. É o fator de interferência K.

$$K = \frac{\varphi + \nu}{|u| \cdot (\theta - \varepsilon)} > 1 \quad \text{[todos os ângulos em radianos]} \tag{8.77}$$

K > 1 indica que não há interferência.
Equações:

$$\varphi = \cos^{-1}\left(\frac{d_{a2}^2 - 4a^2 - d_{a1}^2}{4 \cdot d_{a1} \cdot |a|}\right) \quad [\text{rad}] \tag{8.78}$$

$$\alpha_{at1} = \cos^{-1}\left(\frac{d_{b1}}{d_{a1}}\right) \quad [\text{rad}] \tag{8.79}$$

$$\nu = \operatorname{inv} \alpha_{at1} - \operatorname{inv} \alpha_{wt} \quad [\text{rad}] \tag{8.80}$$

$$\theta = \cos^{-1}\left(\frac{d_{a2}^2 + 4a^2 - d_{a1}^2}{4 \cdot d_{a2} \cdot a}\right) \quad [\text{rad}] \tag{8.81}$$

$$\alpha_{at2} = \cos^{-1}\left(\frac{d_{b2}}{d_{a2}}\right) \quad [\text{rad}] \tag{8.82}$$

$$\varepsilon = \operatorname{inv} \alpha_{wt} - \operatorname{inv} \alpha_{at2} \quad [\text{rad}] \tag{8.83}$$

Vamos calcular o fator K, utilizando o exemplo anterior, considerando:

$$d_{a1} = 64{,}74 \text{ e } d_{a2} = -247{,}09:$$

$$\varphi = \cos^{-1}\left(\frac{(-247{,}09)^2 - 4 \times (-100)^2 - 64{,}74^2}{4 \times 64{,}74 \times 100}\right) = 49{,}37158° =$$

ref (8.78)

$$= 0{,}86170 \text{ rad}$$

Ajuste das engrenagens

$$\alpha_{at1} = \cos^{-1}\left(\frac{46,985}{64,74}\right) = 43,46880° = 0,75867 \text{ rad} \qquad \text{ref (8.79)}$$

Como as rodas são retas: $\alpha_{wt} = \alpha_n = 20° = 0,34907$ rad

$$\nu = \text{inv } 43,46880° - \text{inv } 20° = 0,18926 - 0,01490 = 0,17435 \text{ rad} \qquad \text{ref (8.80)}$$

$$\theta = \cos^{-1}\left(\frac{(-247,09)^2 + 4(-100)^2 - 64,74^2}{4 \times 247,09 \times 100}\right) = 11,46983° = 0,20019 \text{ rad} \qquad \text{ref (8.81)}$$

$$\alpha_{at2} = \cos^{-1}\left(\frac{-234,923}{-247,09}\right) = 18,05511° = 0,31512 \text{ rad} \qquad \text{ref (8.82)}$$

$$\varepsilon = \text{inv } 20° - \text{inv } 18,05511° = 0,01490 - 0,01086 = 0,00404 \text{ rad} \qquad \text{ref (8.83)}$$

$$K = \frac{0,86170 + 0,17435}{5(0,20019 - 0,00404)} = 1,05639 > 1 \therefore \text{Não há interferência} \qquad \text{ref (8.77)}$$

Possibilidade de montagem radial do pinhão na roda interna

Em um par de rodas externa (pinhão) e interna (coroa), nem sempre é possível montar o pinhão, deslocando-o na direção radial no plano de rotação. Veja a seta na Figura 8.17.

Para que haja essa possibilidade, o valor A deve ser maior que zero.

O valor de A é a distância entre os pontos L' e M' tomada na direção perpendicular ao movimento de montagem e desmontagem do pinhão na coroa.

Observe que os pontos L' e M' representam os cantos das cabeças dos dentes de ambas as rodas, movimentadas angularmente partindo dos pontos L e M. As medidas angulares destes movimentos são:

Para o pinhão: $\xi_1 + \nu$ \hfill (8.84)

Para a coroa: $\quad \xi_2 - \varepsilon = \dfrac{\xi_1 + \nu}{|u|} \quad \rightarrow \quad \xi_2 = \dfrac{\xi_1 + \nu}{|u|} + \varepsilon$ \hfill (8.85)

É possível a montagem e desmontagem radial do pinhão quando:

$$A = \frac{1}{2}(|d_{a2}| \cdot \text{sen } \xi_2 - d_{a1} \cdot \text{sen } \xi_1) > 0 \qquad (8.86)$$

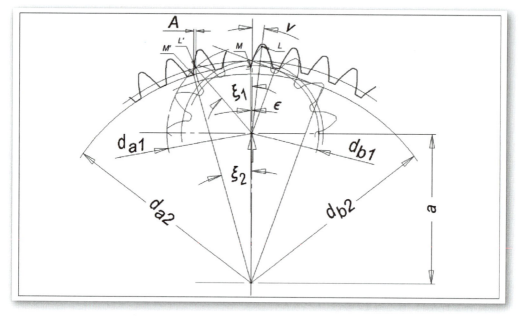

Figura 8.17 – Possibilidade de montagem radial do pinhão na roda com dentes internos.

onde:

$$\xi_1 = \tan^{-1}\left(\frac{1}{d_{b1}}\sqrt{\frac{d_{a1}^2 \cdot d_{b2}^2 - d_{a2}^2 \cdot d_{b1}^2}{d_{a2}^2 - d_{a1}^2}}\right) \qquad (8.87)$$

$$\xi_2 = \frac{\xi_1 + v}{|u|} + \varepsilon \qquad (8.88)$$

u = relação de transmissão.

Para este exemplo, vamos utilizar, ainda, o mesmo par do exemplo anterior:

$$\xi_1 = \tan^{-1}\left(\frac{1}{46,985}\sqrt{\frac{64,74^2 \times (-234,923)^2 - (-247,09)^2 \times 46,985^2}{(-247,09)^2 - 64,74^2}}\right) = \qquad \text{ref (8.87)}$$

$= 41,24819° = 0,71992$ rad

$v = \text{inv } 43,46880° - \text{inv } 20° = 0,18926 - 0,01490 = 0,17435$ rad   ref (8.80)

$\varepsilon = \text{inv } 20° - \text{inv } 18,05511° = 0,01490 - 0,01086 = 0,00404 \text{ rad}$ ref (8.83)

$\xi_2 = \dfrac{0,71992 + 0,17435}{5} + 0,00404 = 0,18289 \text{ rad} = 10,47902°$ ref (8.88)

$A = \dfrac{1}{2} (247,09 \times \text{sen } 10,47902° - 64,74 \times \text{sen } 41,24819°) = 1,128 > 0$ ref (8.86)

Portanto, montagem e desmontagem radial possíveis.

9 CAPÍTULO

Grau de recobrimento

GRAU DE RECOBRIMENTO DE PERFIL

O *grau de recobrimento de perfil*, também conhecido como **relação de condução**, é dado pela relação *distância de contato/passo base*, onde a *distância de contato* é o comprimento na linha de ação compreendido entre o início e o fim do engrenamento, também denominado *duração de engrenamento* e o *passo base*, que é o passo circular medido ao longo da circunferência de base, como já visto em tópico anterior.

A distância de contato (g_α) pode ser dividida em duas partes. Do ponto inicial de contato até o ponto primitivo, temos a primeira parte que é denominada *distância de acesso* e sua notação é g_f. Do ponto primitivo até o ponto final de contato, temos a segunda parte que é denominada *distância de recesso* e sua notação é g_a. Veja ilustração na Figura 9.1.

O *grau de recobrimento de perfil* deve ser sempre maior que 1 para não prejudicar a continuidade do movimento na transmissão. Em outras palavras, se a distância de contato for menor que o passo base, terminada a ação de um dente, não haverá outro em contato.

O *grau de recobrimento de perfil* pode ser visualizado pela quantidade de dentes em contato durante o ciclo de engrenamento. Por exemplo, se o grau de reco-

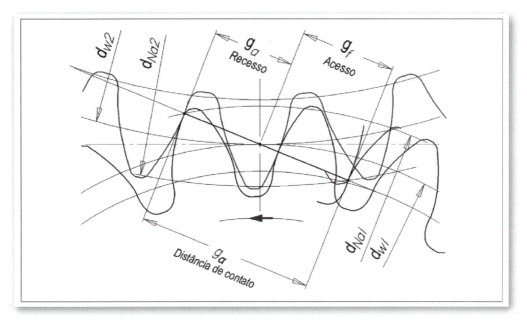

Figura 9.1 – Distância de contato, de acesso e de recesso.

brimento de perfil de um par de engrenagens é 1,725, então dois pares de dentes estarão em contato 72,5% do tempo e um único par de dentes estará em contato 27,5% do tempo.

Se o grau de recobrimento de perfil é 2,725, então três pares de dentes estarão em contato 72,5% do tempo e dois pares de dentes estarão em contato 27,5%.

Em geral, a transmissão é mais suave e silenciosa quando o grau de recobrimento de perfil é maior.

As cargas também variam em função do grau de recobrimento do perfil. Se a força necessária para transmitir o movimento é F, então a força sobre os dentes será:

- F quando houver somente um par de dentes em contato;
- $0,5\ F$ quando houver dois pares de dentes em contato;
- $0,333\ F$ quando houver três pares de dentes em contato, e assim por diante.

A Figura 9.2 mostra dois momentos distintos de um engrenamento. Em um primeiro momento, apenas um par de dentes em contato e, em um segundo momento, dois pares de dentes em contato.

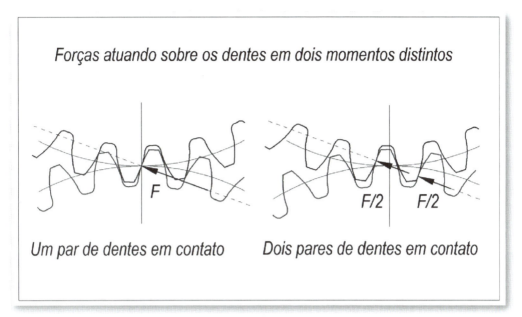

Figura 9.2 – Grau de recobrimento de perfil.

É recomendável, para a maioria das aplicações, que o grau de recobrimento de perfil não seja menor que 1,4, mas, uma melhoria no nível de ruído pode ser conseguida com um grau de recobrimento = 2.

Veja na Figura 9.3, uma experiência feita por Gustav Niemann em um engrenamento com dentes retos, flancos dos dentes retificados, força tangencial de 240 kgf e diversas rotações. Segundo Niemann, o efeito favorável pode ser atribuído à ausência de uma zona única de engrenamento (o que reduz o impulso de engrenamento) e à compensação das forças de atrito (o impulso na circunferência primitiva diminui).

O grau de recobrimento de perfil é sensível à variação da distância entre centros, por meio dos deslocamentos dos perfis, principalmente em engrenagens com módulos pequenos. Os números de dentes, quando pequenos, também limitam o grau de recobrimento do perfil. Veja nas Figuras 9.4, 9.5 e 9.6 exemplos de engrenagens com 10, 30 e 50 dentes, respectivamente, e relação de transmissão igual a um para os três casos. Note a influência do número de dentes no grau de recobrimento de perfil. Na Figura 9.7 é ilustrado um exemplo de um par externo/interno.

Um recurso que podemos utilizar com o objetivo de se conseguir um grau de recobrimento de perfil maior, é aumentar a altura dos dentes tornando-os mais pontudos, porém, o aproveitamento da altura do dente deve ser total. Às vezes,

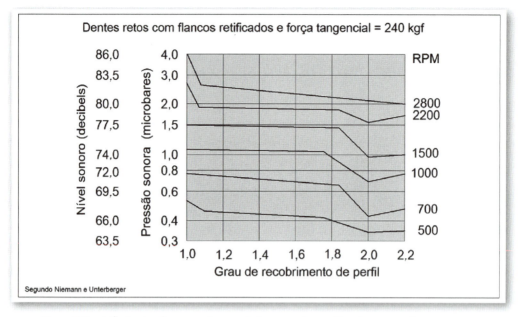

Figura 9.3 – Influência do grau de recobrimento de perfil sobre o ruído.

corremos o risco de ter um falso engrenamento, como ilustrado na Figura 8.14. Nesse caso, um deslocamento positivo na roda com menor número de dentes, poderá aumentar o grau de recobrimento de perfil.

As Equações (9.1) e (9.2) determinam o grau de recobrimento de perfil (ε_α):

Distância de contato (g_α)

$$g_\alpha = \frac{1}{2}\left[\sqrt{d^2_{Na1} - d^2_{b1}} + \frac{z_2}{|z_2|} \cdot \sqrt{d^2_{Na2} - d^2_{b2}} - (d_{b1} + d_{b2}) \cdot \tan \alpha_{wt}\right] \quad (9.1)$$

Grau de recobrimento de perfil (ε_α):

$$\varepsilon_\alpha = \frac{g_\alpha \cdot \tan \alpha_n}{m_n \cdot \pi \cdot \operatorname{sen} \alpha_t} \quad (9.2)$$

As Equações (3.51) e (3.48) determinam as distâncias de acesso (g_f) e de recesso (g_a) respectivamente.

Grau de recobrimento

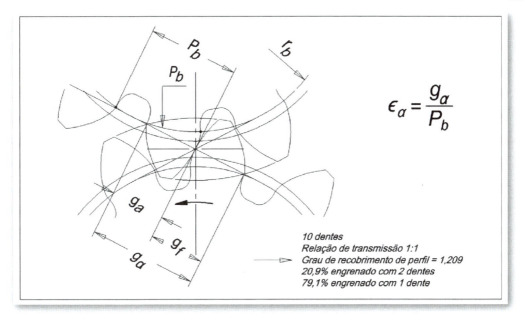

Figura 9.4 – Grau de recobrimento de perfil baixo.

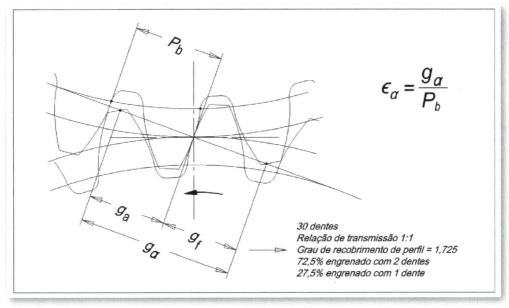

Figura 9.5 – Grau de recobrimento de perfil alto.

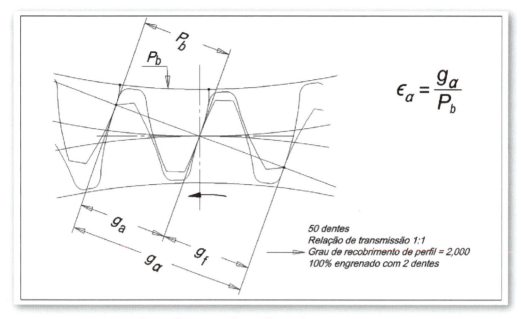

Figura 9.6 – Grau de recobrimento de perfil ideal.

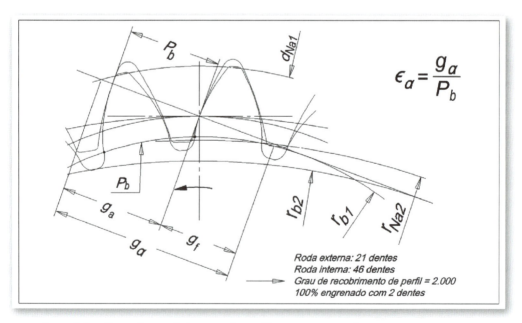

Figura 9.7 – Grau de recobrimento de perfil – par externo/interno.

Grau de recobrimento **231**

Distância de acesso (g_f)

A distância de acesso pode ser determinada com a Equação (3.51).

Observações:

O ângulo α_t é dado em radianos, quando isolado.

O ângulo α_{wt} pode ser determinado com a Equação (3.46) e com a aplicação de um método numérico. O método de Newton e Raphson é o mais indicado.

Distância de recesso (g_a)

A distância de recesso pode ser determinada com a Equação (3.48).

A Equação (9.3) é outra forma de calcular o grau de recobrimento de perfil.

$$\varepsilon_\alpha = \frac{g_a + g_f}{p_{bt}} \tag{9.3}$$

onde:

p_{bt} = Passo base transversal.

Exemplo de um par com dentados externos

Dados:

Módulo normal (m_n)	5,000
Número de dentes da roda 1 (z_1)	21
Número de dentes da roda 2 (z_2)	35
Diâmetro de base da roda 1 (d_{b1})	107,509
Diâmetro de base da roda 2 (d_{b2})	179,182
Diâmetro útil de cabeça da roda 1 (d_{Na1})	130,855
Diâmetro útil de cabeça da roda 2 (d_{Na2})	204,091
Fator de deslocamento do perfil da roda 1 (x_1)	0,5
Fator de deslocamento do perfil da roda 2 (x_2)	0,1
Ângulo de perfil normal (α_n)	20°
Ângulo de hélice (β)	25°

Primeiro, vamos determinar o ângulo de perfil na seção transversal, Equação (3.1):

$$\alpha_t = \tan^{-1} \frac{\tan 20°}{\cos 25°} = 21,880233° = 0,381882 \text{ rad} \qquad \text{ref (3.1)}$$

$$\text{inv } \alpha_{wt} = \tan 21{,}880233° - 0{,}381882 + 2 \times \frac{0{,}5 + 0{,}1}{21 + 35} \cdot \tan 20° = 0{,}027514 \qquad \text{ref (3.46)}$$

$$\alpha_{wt} = 24{,}33135°$$

$$g_f = \frac{1}{2}\left(\sqrt{130{,}885^2 - 107{,}509^2} - 107{,}509 \cdot \tan 24{,}33135°\right) = 12{,}992 \qquad \text{ref (3.51)}$$

$$g_a = \frac{1}{2}\left(\frac{35}{|35|} \cdot \sqrt{204{,}091^2 - 179{,}182^2} - 179{,}182 \cdot \tan 24{,}33135°\right) = 8{,}343 \qquad \text{ref (3.48)}$$

Com o passo base transversal (p_{bt}) podemos determinar o grau de recobrimento de perfil (ε_α):

$$p_{bt} = \frac{m_n \cdot \pi}{\cos \beta} \cdot \cos \alpha_t = \frac{5\pi}{\cos 25°} \cdot \cos 21{,}880233° = 16{,}083$$

$$\varepsilon_\alpha = \frac{g_a + g_f}{p_{bt}} = \frac{12{,}992 + 8{,}343}{16{,}083} = 1{,}327 \qquad \text{ref (9.3)}$$

Outra forma de calcular o grau de recobrimento de perfil é aplicando as Equações (9.1) e (9.2).

$$g_\alpha = \frac{1}{2} \cdot \left[\sqrt{130{,}855^2 - 107{,}509^2} + \frac{35}{|35|} \cdot \sqrt{204{,}091^2 - 179{,}182^2} - (107{,}509 + 179{,}182) \cdot \tan 24{,}33135°\right] = 21{,}336 \qquad \text{ref (9.1)}$$

$$\varepsilon_\alpha = \frac{21{,}336 \cdot \tan 20°}{5 \cdot \pi \cdot \text{sen } 21{,}880233} = 1{,}327 \qquad \text{ref (9.2)}$$

Exemplo de um par com dentes externo/interno

Dados:

Módulo normal (m_n) 5,000
Número de dentes da roda 1 (z_1) 21
Número de dentes da roda 2 (z_2) .... − 46
Diâmetro de base da roda 1 (d_{b1}) 98,668

Grau de recobrimento

Diâmetro de base da roda 2 (d_{b2}) .... −216,129
Diâmetro útil de cabeça da roda 1 (d_{Na1}) 120,560
Diâmetro útil de cabeça da roda 2 (d_{Na2}) .... −222,607
Fator de deslocamento do perfil da roda 1 (x_1) 0,546
Fator de deslocamento do perfil da roda 2 (x_2) .... −0,546
Ângulo de perfil (α) .... 20°
Ângulo de hélice (β) .... 0°

Como os dentado são retos, $\alpha_t = \alpha_n = 20°$.
Como $x_1 + x_2 = 0$ então $\alpha_{wt} = \alpha_n = 20°$.

$$g_f = \frac{1}{2} \cdot \left(\frac{-46}{46} \sqrt{(-220{,}607)^2 - (-216{,}129)^2} - (-216{,}129) \cdot \tan 20° \right) = $$
ref (3.51)

$$= 12{,}677$$

$$g_a = \frac{1}{2} \cdot \left(\sqrt{120{,}560^2 - 98{,}668^2} - 98{,}668 \times \tan 20° \right) = 16{,}683$$
ref (3.48)

Com o passo base podemos determinar o grau de recobrimento de perfil (ε_α):

$$p_{bt} = \frac{m_n \cdot \pi}{\cos \beta} \cdot \cos \alpha_t = \frac{5\pi}{\cos 0°} \cdot \cos 20° = 14{,}761$$

$$\varepsilon_\alpha = \frac{g_a + g_f}{p_b} = \frac{16{,}683 + 12{,}676}{14{,}761} = 1{,}989$$
ref (9.3)

Outra forma de calcular o grau de recobrimento de perfil:

$$g_\alpha = \frac{1}{2} \cdot \left[\sqrt{120{,}560^2 - 98{,}668^2} + \frac{-46}{46} \cdot \sqrt{(-222{,}607)^2 - (-216{,}129)^2} - \right.$$

$$\left. (98{,}668 + (-216{,}129)) \cdot \tan 20° \right] = 29{,}359$$
ref (9.1)

$$\varepsilon_\alpha = \frac{29{,}359 \times \tan 20°}{5 \times \pi \times \operatorname{sen} 20°} = 1{,}989$$
ref (9.2)

Diâmetros úteis de cabeça para se alcançar o grau de recobrimento de perfil = 2

Dependendo das condições geométricas do par, é possível alterar os diâmetros úteis de cabeça, mantendo-se a proporção que foram determinados, para alcançar o grau de recobrimento de perfil igual a 2. É trabalhoso, porém fácil. As notações dos novos diâmetros são d_{Na1Alt} e d_{Na2Alt}.

Vamos às equações:

$$A = 4 \cdot P_{bt} + (d_{b1} + d_{b2}) \cdot \tan \alpha_{wt} \tag{9.4}$$

$$B = \frac{A^2 \cdot d_{Na1}^2 \cdot (d_{Na1}^2 + d_{Na2}^2)}{(d_{Na1}^2 - d_{Na2}^2)^2} \tag{9.5}$$

$$C = \frac{d_{Na1}^2 \cdot (d_{b1}^2 - d_{b2}^2)}{d_{Na1}^2 - d_{Na2}^2} \tag{9.6}$$

$$D = A^2 \cdot d_{Na1}^6 \cdot (A \cdot d_{Na2} - d_{Na1} \cdot d_{b2}) \cdot (A \cdot d_{Na2} + d_{Na1} \cdot d_{b2}) \tag{9.7}$$

$$E = A^2 \cdot d_{Na1}^6 \cdot d_{Na2}^2 \cdot (d_{b1}^2 + d_{b2}^2) - A^2 \cdot d_{Na1}^4 \cdot d_{Na2}^4 \cdot d_{b1}^2 \tag{9.8}$$

$$F = \frac{2 \cdot \sqrt{D + E}}{(d_{Na1}^2 - d_{Na2}^2)^2} \tag{9.9}$$

$$d_{Na1Alt} = \sqrt{B + C - F} \tag{9.10}$$

$$d_{Na2Alt} = \frac{d_{Na2} \cdot d_{Na1Alt}}{d_{Na1}} \tag{9.11}$$

GRAU DE RECOBRIMENTO DE HÉLICE

O *grau de recobrimento de hélice* é um número que determina a quantidade de pares de dentes que se engrenam simultaneamente, ao longo da extensão de contato, verificado na direção axial. Veja as Figuras 9.8 e 9.9. Podemos determiná-lo com a seguinte equação:

$$\varepsilon_\beta = \frac{b \cdot \tan \beta}{p_s} \tag{9.12}$$

Grau de recobrimento

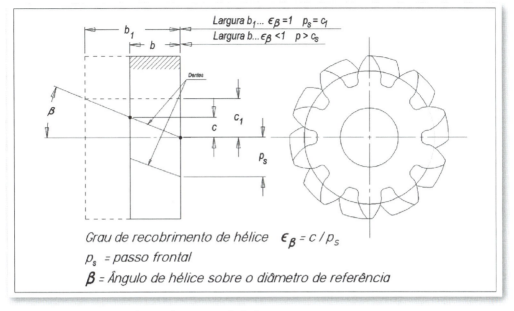

Figura 9.8 – Grau de recobrimento de hélice.

Figura 9.9 – Roda com dentes helicoidais.

onde:

b = Largura dos dentes.

β = Ângulo de hélice sobre o círculo de referência.

p_s = Passo transversal.

O *grau de recobrimento de hélice* é igual a zero para as engrenagens com dentes retos.

GRAU DE RECOBRIMENTO TOTAL

O *grau de recobrimento total* é a soma do grau de recobrimento de perfil com o grau de recobrimento de hélice.

$$\varepsilon_\tau = \varepsilon_\alpha + \varepsilon_\beta \tag{9.13}$$

CAPÍTULO 10

Modificação dos flancos dos dentes

MODIFICAÇÃO DO PERFIL EVOLVENTE

Deformação na cabeça do dente

Como já dissemos, os perfis evolventes devem estar paralelos e igualmente espaçados para um bom funcionamento. No tratamento térmico, o resfriamento é mais rápido na cabeça do dente, porque há menos massa nessa região e esse fenômeno pode provocar uma deformação tipo protuberância. Observe, na Figura 10.1, a interferência provocada por essa deformação.

O resultado desse fenômeno é uma transmissão ruidosa. A retificação dos flancos após o tratamento térmico, certamente, resolverá esse problema, mas nem sempre o custo dessa operação se justifica. Uma solução mais econômica em peças rasqueteadas, é modificar o perfil evolvente. A Figura 10.2 mostra sete diferentes padrões que são utilizados na indústria.

Note que a modificação pode ser feita somente na cabeça ou na cabeça e no pé do dente.

O objetivo dessa modificação é que a deformação gerada no tratamento térmico não alcance a linha teórica do perfil evolvente, eliminando a interferência.

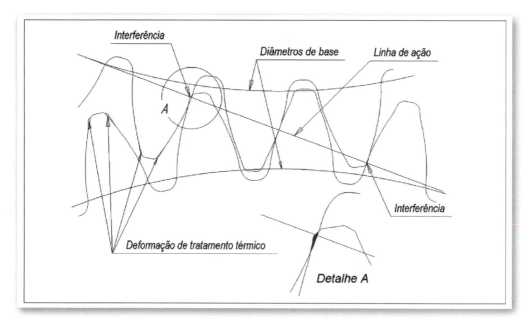

Figura 10.1 – Interferência promovida por deformação do flanco do dente.

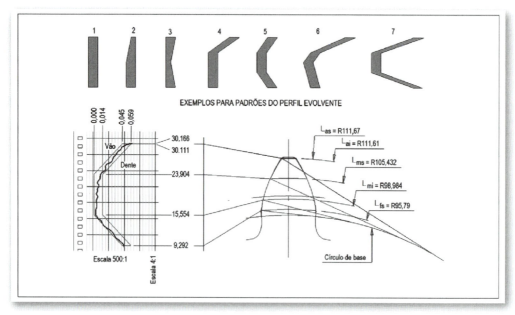

Figura 10.2 – Modificação do perfil evolvente.

Modificação dos flancos dos dentes

Essa modificação, apesar de ser um desvio do perfil evolvente, traz um benefício que compensa.

A notação utilizada, como mostrada na Figura 10.2, é a seguinte:

L_{as} = início do chanfro superior.
L_{ai} = início do chanfro inferior.
L_{ms} = início do alívio superior.
L_{mi} = final do alívio inferior.
L_{fs} = início do perfil ativo.

Os valores da curva que representa o perfil do flanco do dente podem ser expressos em milímetros ou em graus, dependendo do tipo de máquina utilizada. A seguir estão as duas formas de cálculo:

Para a curva de desenvolvimento linear:

$$L_{fs} = \sqrt{r_{Nf}^2 - r_b^2} \quad [mm] \tag{10.1}$$

$$L_{ai} = \sqrt{r_{Nai}^2 - r_b^2} \quad [mm] \tag{10.2}$$

Cada empresa tem o seu próprio método para determinar os valores de L_{mi} e L_{ms}, quando o objetivo é minimizar os impactos causados por deformação do tratamento térmico. A seguir está a minha sugestão:

$$L_{mi} = L_{fs} + 0,3 \cdot (L_{ai} - L_{fs}) \quad [mm] \tag{10.3}$$

$$L_{ms} = L_{fs} + 0,7 \cdot (L_{ai} - L_{fs}) \quad [mm] \tag{10.4}$$

Para a curva de desenvolvimento angular:

$$L_\angle = \frac{L_-}{r_b} \cdot \frac{180}{\pi} \quad [°] \tag{10.5}$$

onde:

r_t = Raio sobre o dentado [mm].
r_b = Raio base [mm].
L_- = Desenvolvimento linear.

Flexão do dente

Mesmo quando não há deformação provocada pelo tratamento térmico ou nas engrenagens com dentes retificados, estes podem sofrer uma deformação de flexão quando carregados. Com essa deformação, as rodas assumem uma posição angular um pouco diferente da original e, em função disto:

- No início da ação, os dentes que estão prestes a engrenar, ainda descarregados, entram em choque no momento do engrenamento.
- No término da ação, com intensidade um pouco menor que a condição anterior, os dentes descarregados retornam à sua posição original chocando-se contra o dente conjugado.

Para melhor entendimento sobre os choques na entrada dos dentes, considere os dois exemplos da Figura 10.3.

Na Figura 10.3A, os dentes estão descarregados ou com carga pouco intensa. Nesse caso, considerando que não há qualquer tipo de erro, os dentes transmitem movimento de uma roda para outra, de maneira normal, sem deformação e sem qualquer impacto.

Na Figura 10.3B, o engrenamento está sob carga, portanto, os dentes D_{v1} e D_{t1} estão fletidos (o que é exagerado na figura). Isso provoca um pequeno deslo-

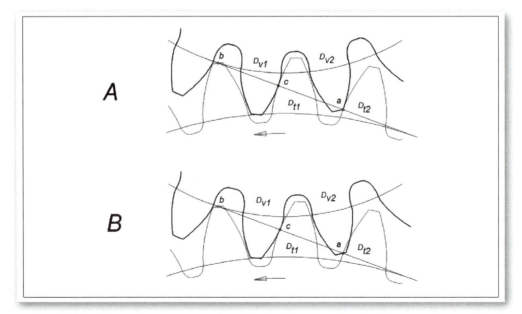

Figura 10.3 – Choque na entrada dos dentes.

Modificação dos flancos dos dentes

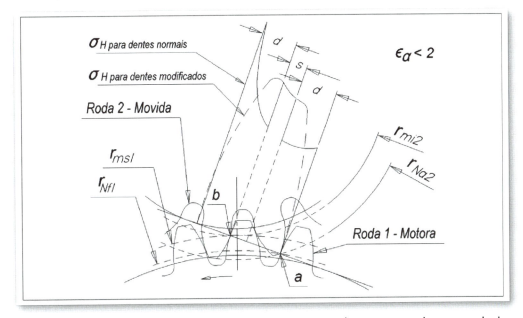

Figura 10.4 – Região de simples e duplo contato entre os dentes – início do contato duplo.

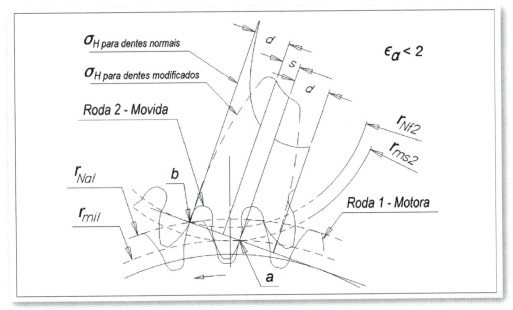

Figura 10.5 – Região de simples e duplo contato entre os dentes – início do contato simples.

camento angular em ambas as rodas. Como os dentes D_{v2} e D_{t2} estão ainda descarregados, a cabeça do dente D_{v2} tende a penetrar na região do diâmetro útil do pé do dente D_{t2} com valor igual à soma das flexões dos dentes D_{v1} e D_{t1} no ponto c.

Na realidade, não há penetração, mas, sim, um impacto. Esse fenômeno, principalmente nos engrenamentos nos quais a carga e a velocidade são elevadas, gera ruído, além de influenciar na vida útil da engrenagem, pois a película de óleo aderida aos flancos dos dentes é destruída pela interferência brusca entre eles.

A modificação do perfil evolvente pode tornar mais suave o engrenamento entre os dentes, tanto no início quanto no final do contato. O desenho ideal para os alívios, deveria ser feito de maneira que a distribuição da carga normal sobre os dentes gerasse as tensões de contato (σ_H) conforme as linhas tracejadas, mostradas nas Figuras 10.4 e 10.5.

A rigor, a modificação deverá ser efetuada somente nas regiões em que há duplo contato (regiões a_1, a_2, b_1 e b_2 mostradas na Figura 10.6).

Na região de simples contato (contato em apenas um par de dentes, conforme regiões c_1 e c_2 da Figura 10.6), não há a possibilidade de acontecer esse fenômeno, portanto, não há necessidade de modificação. Vamos analisar as Figuras 10.4 e 10.5.

Na Figura 10.4 a cabeça da roda movida entra em contato com o dente da roda motora exatamente no ponto a. A partir desse momento, os pontos a e b seguem em contato, portanto, contato duplo, até atingirem a condição mostrada

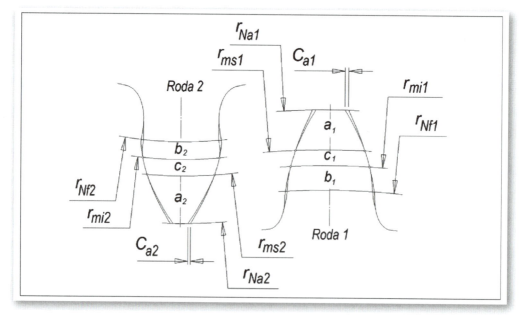

Figura 10.6 – Região de simples e duplo contato entre os dentes.

Modificação dos flancos dos dentes

na Figura 10.5, onde a cabeça do dente da roda movida, exatamente no ponto *b*, perde a ação. A partir deste ponto, novamente, um único par de dentes permanece em contato (ponto *a*).

Nas Figuras 10.4 e 10.5, as regiões cotadas com a letra *d* indicam duplo contato. A região cotada com a letra *s* indica simples contato.

Um estudo baseado no princípio explicado aqui, para grau de recobrimento menor que 2, pode nos dizer onde começar e onde terminar (d_{Na}, d_{ms}, d_{mi} e d_{Nf}) os alívios nos flancos dos dentes. Utilize as equações a seguir.

Os resultados mostrados na Figura 10.6, para os dentes de ambas as rodas, são tomados das Figuras 10.4 e 10.5.

$$r_{Na1} = \frac{d_{Na1}}{2} \tag{10.6}$$

$$r_{Nf2} = \frac{d_{Nf2}}{2} \tag{10.7}$$

$$A = \cos^{-1}\left(\frac{4a^2 + d_{Nf2}^2 - d_{Na1}^2}{4 \cdot a \cdot d_{Nf2}}\right) \tag{10.8}$$

$$B = \alpha_{wt} - A + 90° \tag{10.9}$$

$$r_{ms2} = \frac{1}{2}\sqrt{4p_b^2 - 4p_b \cdot d_{Nf2} \cdot \cos B + d_{Nf2}^2} \tag{10.10}$$

$$C = \cos^{-1}\left(\frac{d_{Nf2}^2 + d_{Na1}^2 - 4a^2}{2 \cdot d_{Nf2} \cdot d_{Na1}}\right) \tag{10.11}$$

$$D = C + A - \alpha_{wt} - 90° \tag{10.12}$$

$$r_{mi1} = \frac{1}{2}\sqrt{4p_b^2 - 4p_b \cdot d_{Na1} \cdot \cos D + d_{Na1}^2} \tag{10.13}$$

$$r_{Nf1} = \frac{d_{Nf1}}{2} \tag{10.14}$$

$$r_{Na2} = \frac{d_{Na2}}{2} \tag{10.15}$$

$$E = \cos^{-1}\left(\frac{4a^2 + d_{Na2}^2 - d_{Nf1}^2}{4 \cdot a \cdot d_{Na2}}\right) \tag{10.16}$$

$$F = 90° - \alpha_{wt} - E \tag{10.17}$$

$$r_{mi2} = \frac{1}{2}\sqrt{4p_b^2 - 4p_b \cdot d_{Na2} \cdot \cos F + d_{Na2}^2} \tag{10.18}$$

$$G = \cos^{-1}\left(\frac{d_{Na2}^2 + d_{Nf1}^2 - 4a^2}{2 \cdot d_{Na2} \cdot d_{Nf1}}\right) \tag{10.19}$$

$$H = G - E \tag{10.20}$$

$$r_{ms1} = \frac{1}{2}\sqrt{4p_b^2 - 4p_b \cdot d_{Nf1} \cdot \cos H + d_{Nf1}^2} \tag{10.21}$$

Para as curvas de desenvolvimento:

$$L_{a1} = \sqrt{r_{Na1}^2 - r_{b1}^2} \tag{10.22}$$

$$L_{ms1} = \sqrt{r_{ms1}^2 - r_{b1}^2} \tag{10.23}$$

$$L_{mi1} = \sqrt{r_{mi1}^2 - r_{b1}^2} \tag{10.24}$$

$$L_{f1} = \sqrt{r_{Nf1}^2 - r_{b1}^2} \tag{10.25}$$

$$L_{a2} = \sqrt{r_{Na2}^2 - r_{b2}^2} \tag{10.26}$$

$$L_{ms2} = \sqrt{r_{ms2}^2 - r_{b2}^2} \tag{10.27}$$

$$L_{mi2} = \sqrt{r_{mi2}^2 - r_{b2}^2} \tag{10.28}$$

$$L_{f2} = \sqrt{r_{Nf2}^2 - r_{b2}^2} \tag{10.29}$$

onde:

d_{Nf} = Diâmetro útil de pé.
d_{Na} = Diâmetro útil de cabeça.
p_b = Passo base.
a = Distância entre centros.
α_{wt} = Ângulo de pressão transversal.

O alívio C_k deve ser igual à soma da flexão total do par de dentes em c (Figura 10.3) e dos erros de passo e de perfil, em função da qualidade especificada.

Modificação dos flancos dos dentes

Para um valor aproximado, podemos utilizar as fórmulas práticas a seguir:

$$C_{k\,min} = 0{,}00002 \cdot \frac{F_t}{b} \qquad (10.30)$$

$$C_{k\,max} = 0{,}00003 \cdot \frac{F_t}{b} + 0{,}0025 \qquad (10.31)$$

onde:

F_t = Força tangencial [kgf].

b = Largura do dentado [mm].

Se C_k resultar em um valor muito pequeno, este poderá ser aumentado até o máximo de $0{,}02\ m_n$.

Exemplo para a determinação dos diâmetros limites e do valor do recuo dos alívios

Consideremos que os dados necessários para a determinação dos diâmetros dos alívios de ambas as rodas já foram determinados.

Dados:

Distância entre centro (a)	78,865 mm
Passo base (p_b)	8,857 mm
Diâmetro útil de cabeça da roda 1 (d_{Na1})	111,000 mm
Diâmetro útil de cabeça da roda 2 (d_{Na2})	58,800 mm
Diâmetro útil de pé da roda 1 (d_{Nf1})	101,581 mm
Diâmetro útil de pé da roda 2 (d_{Nf2})	48,488 mm
Raio base da roda 1 (r_{b1})	49,334 mm
Raio base da roda 2 (r_{b2})	23,962 mm
Largura do dentado ($b_1 = b_2$)	20,000 mm
Força tangencia (F_t)	15000 N
Ângulo de pressão transversal (α_{wt})	21,6608°

$$r_{Na1} = \frac{111}{2} = 55{,}5 \qquad \text{ref (10.6)}$$

$$r_{Nf2} = \frac{48{,}488}{2} = 24{,}244 \qquad \text{ref (10.7)}$$

$$A = \cos^{-1}\left(\frac{4 \times 78{,}865^2 + 48{,}488^2 - 111^2}{4 \times 78{,}865 \times 48{,}488}\right) = 12{,}9190° \quad \text{ref (10.8)}$$

$$B = 21{,}6608° - 12{,}9190° + 90° = 98{,}7418 \quad \text{ref (10.9)}$$

$$r_{ms2} = \frac{1}{2}\sqrt{4 \times 8{,}857^2 - 4 \times 8{,}857 \times 48{,}488 \times \cos 98{,}7418° + 48{,}488^2} =$$
$$= 27{,}046 \quad \text{ref (10.10)}$$

$$C = \cos^{-1}\left(\frac{48{,}488^2 + 111^2 - 4 \times 78{,}865^2}{2 \times 48{,}488 \times 111}\right) = 161{,}4764° \quad \text{ref (10.11)}$$

$$D = 161{,}4764° + 12{,}9190° - 21{,}6608° - 90° = 62{,}7346° \quad \text{ref (10.12)}$$

$$r_{mi1} = \frac{1}{2}\sqrt{4 \times 8{,}857^2 - 4 \times 8{,}857 \times 111 \times \cos 62{,}7346° + 111^2} =$$
$$= 52{,}041 \quad \text{ref (10.13)}$$

$$r_{Nf1} = \frac{101{,}581}{2} = 50{,}791 \quad \text{ref (10.14)}$$

$$r_{Na2} = \frac{58{,}8}{2} = 29{,}4 \quad \text{ref (10.15)}$$

$$E = \cos^{-1}\left(\frac{4 \times 78{,}865^2 + 58{,}8^2 - 101{,}581^2}{4 \times 78{,}865 \times 58{,}8}\right) = 13{,}7497° \quad \text{ref (10.16)}$$

$$F = 90° - 21{,}6608° - 13{,}7497° = 54{,}5895° \quad \text{ref (10.17)}$$

$$r_{mi2} = \frac{1}{2}\sqrt{4 \times 8{,}857^2 - 4 \times 8{,}857 \times 58{,}8 \times \cos 54{,}5895° + 58{,}8^2} =$$
$$= 25{,}319 \quad \text{ref (10.18)}$$

$$G = \cos^{-1}\left(\frac{58{,}8^2 + 101{,}581^2 - 4 \times 78{,}865^2}{2 \times 58{,}8 \times 101{,}581}\right) = 158{,}3424° \quad \text{ref (10.19)}$$

$$H = 158{,}3424° - 54{,}5895° = 103{,}7529° \quad \text{ref (10.20)}$$

$$r_{ms1} = \frac{1}{2}\sqrt{4 \times 8{,}857^2 - 4 \times 8{,}857 \times 101{,}581 \times \cos 103{,}7529° + 101{,}581^2} =$$
$$= 53{,}591 \quad \text{ref (10.21)}$$

Modificação dos flancos dos dentes

Para as curvas de desenvolvimento:

$$L_{a1} = \sqrt{55{,}5^2 - 49{,}334^2} = 25{,}425 \qquad \text{ref (10.22)}$$

$$L_{ms1} = \sqrt{53{,}591^2 - 49{,}334^2} = 20{,}932 \qquad \text{ref (10.23)}$$

$$L_{mi1} = \sqrt{52{,}041^2 - 49{,}334^2} = 16{,}566 \qquad \text{ref (10.24)}$$

$$L_{f1} = \sqrt{50{,}791^2 - 49{,}334^2} = 12{,}078 \qquad \text{ref (10.25)}$$

$$L_{a2} = \sqrt{29{,}4^2 - 23{,}962^2} = 17{,}035 \qquad \text{ref (10.26)}$$

$$L_{ms2} = \sqrt{27{,}046^2 - 23{,}962^2} = 12{,}542 \qquad \text{ref (10.27)}$$

$$L_{mi2} = \sqrt{25{,}319^2 - 23{,}962^2} = 8{,}178 \qquad \text{ref (10.28)}$$

$$L_{f2} = \sqrt{24{,}244^2 - 23{,}962^2} = 3{,}687 \qquad \text{ref (10.29)}$$

Para o recuo:

$$C_{k\,min} = 0{,}00002 \cdot \frac{15000}{20} = 0{,}015 \qquad \text{ref (10.30)}$$

$$C_{k\,max} = 0{,}00003 \cdot \frac{15000}{20} + 0{,}0025 = 0{,}025 \qquad \text{ref (10.31)}$$

Para este exemplo, escolhemos o padrão número 5 da Figura 10.2, conhecido como padrão *K*, em virtude de seu formato. Os limites para as curvas de desenvolvimento podem ser vistas na Figura 10.7, onde a distância horizontal é exatamente a tolerância F_f = 0,014 da norma DIN 3962. Para o valor do recuo, vamos adotar a média dos valores calculados aqui:

$$C_a = 0{,}020 \text{ mm}$$

MODIFICAÇÃO DA LINHA DE FLANCOS

A linha de flanco é a linha que passa sobre o flanco, de uma lateral à outra do dente.

A modificação da linha de flanco é mais utilizada que a modificação do perfil evolvente e a razão disto é que a distribuição da carga ao longo da largura do dente é fundamental para a sua resistência.

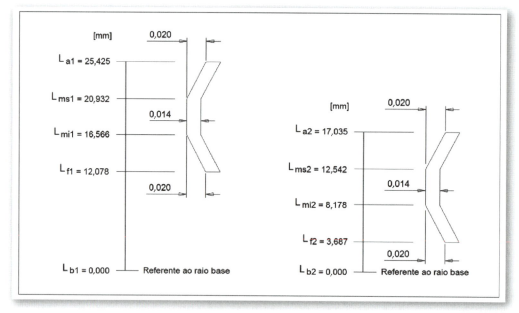

Figura 10.7 – Limites para o perfil evolvente.

Uma distribuição desigual da carga ao longo da largura dos dentes é provocada principalmente por:

- Erro na direção da hélice, proveniente da fabricação.
- Erro de paralelismo, proveniente das posições dos mancais e da elasticidade desigual da caixa.
- Flexão dos eixos, sobretudo nas rodas posicionadas em balanço.

Veja na Figura 10.8 dois casos típicos de flexão dos eixos.

Cargas concentradas na lateral do dente e aplicadas repetidamente podem provocar rachaduras, as quais se estendem progressivamente em área e profundidade, até produzir a falha. Trata-se de um fenômeno de fadiga, portanto, não é necessariamente uma indicação de mau projeto ou manufatura defeituosa.

A Figura 10.9 ilustra uma fratura típica.

Para minimizar esse problema, podemos aplicar modificações nos flancos dos dentes. As modificações servem para compensar esses desvios e as mais comuns são:

- Abaulamento (crowning).
- Alívios nas laterais (end relief).

Modificação dos flancos dos dentes

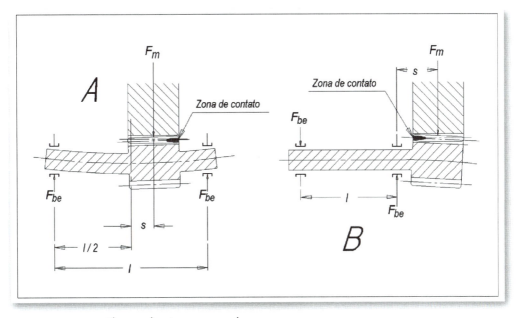

Figura 10.8 – Flexão do eixo – zona de contato.

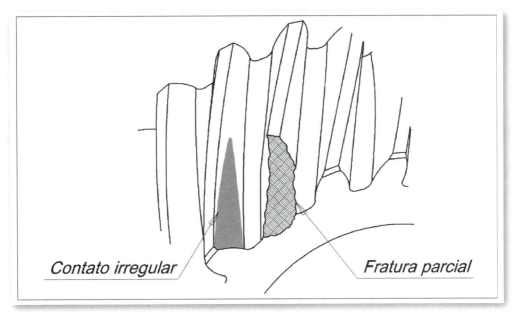

Figura 10.9 – Fratura parcial do dente.

- Inclinação.
- Abaulamento mais inclinação.

A Figura 10.10 ilustra os quatro casos.
As modificações podem ser geradas por:

- Fresadoras geradoras CNC.
- Fresadoras geradoras com dispositivos especiais.
- Rasqueteadoras (shaving).
- Retificadoras de flancos.

Esses recursos construtivos servem para forçar um contato centralizado na direção da largura dos dentes, facilitando o ajuste natural (acasalamento ou amaciamento) entre os flancos.

O controle gráfico do abaulamento é verificado pela maior distância entre a linha média (mínimos quadrados) do flanco e pela reta passante pelas interseções da linha média com as paralelas que delimitam o comprimento de desenvolvimento, medida na direção axial da roda. Veja a Figura 10.11.

A altura do abaulamento (flecha) ou do alívio nas laterais, geralmente é determinada em função da largura do dentado.

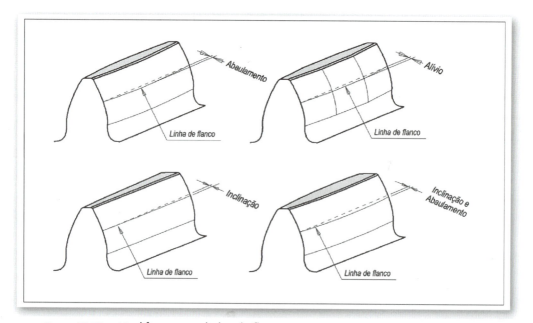

Figura 10.10 – Modificação na linha de flancos.

Modificação dos flancos dos dentes

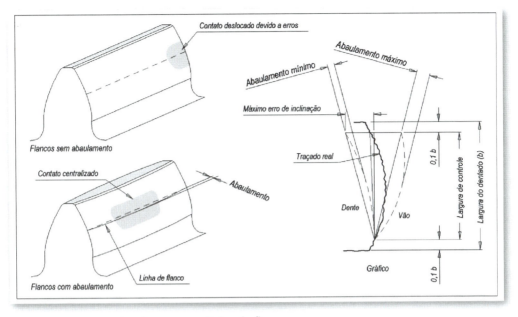

Figura 10.11 – Abaulamento na linha de flancos.

Consulte, no Capítulo 11, a seção "Abaulamento de largura (C_β)" para maiores detalhes e, para a determinação do valor do abaulamento, utilize as Equações (11.66), (11.67) e (11.68).

Caso não disponha dos dados necessários para a utilização destas equações, utilize as Equações (11.69) e (11.70).

CAPÍTULO 11
Controle dimensional

Descrevemos, até este momento, engrenagens como uma série de curvas evolventes uniformemente espaçadas ao redor da circunferência de um cilindro, cuja função é transmitir movimento de um eixo para outro. A transmissão será perfeita, se as engrenagens forem perfeitas, ou seja, se não houver nenhum desvio em sua construção, em relação às especificações teóricas.

Embora existam máquinas capazes de gerar evolventes muito precisas com qualidade excepcional, a maioria das aplicações não requer tal perfeição. Como já dissemos, a qualidade da engrenagem deve ser compatível com sua aplicação, e nunca acima das necessidades, a fim de reduzir o custo de sua manufatura.

A precisão da engrenagem é determinada pela exatidão de cada perfil evolvente que a compõe e, também, pela exatidão do espaçamento entre os dentes ao redor do cilindro, que é chamado passo.

Veremos, a seguir, os desvios que podem ser controlados, de maneira que possamos assegurar uma determinada qualidade e garantir que a funcionalidade das engrenagens satisfará a necessidade da aplicação para a qual foi projetada.

A qualidade dos sistemas de engrenamento necessária para garantir as características funcionais pretendidas como: capacidade de carga, velocidade, vida útil e nível de ruído, dependem, além de outros fatores, da precisão dos processos de fabricação utilizados. A avaliação do nível de qualidade das engrenagens é, normalmente, realizada por meio do controle de parâmetros característicos, comparando os resultados obtidos com os valores das tolerâncias especificados nas normas.

Mostrarei os desvios isoladamente, embora, na realidade, haverá uma combinação de vários ou de todos esses desvios em uma mesma peça.

Para as engrenagens montadas com uma distância fixa entre centros, que constitui a grande maioria das aplicações, os erros de passo, de perfil e de hélice, causam variações de rotação na engrenagem conjugada. Essas variações consistem em um pequeno avanço ou um pequeno retardo na posição angular da roda conjugada, em relação à posição teórica. Estas variações de rotação são conhecidas como erro de transmissão, que pode ser medido diretamente em um dispositivo, com a utilização de uma engrenagem máster como conjugada. Veremos esses dispositivos mais à frente, neste capítulo.

Além da imprecisão do movimento, o erro de transmissão pode provocar alto nível de ruído durante o trabalho. Em algumas aplicações, as variações podem causar cargas imprevisíveis nos componentes da máquina, e contribuir para uma falha prematura.

Controle da espessura do dente

A espessura circular do dente, normalmente é controlada por meio da dimensão W ou da dimensão M.

Dimensão W (sobre dentes)

A dimensão W é o comprimento da tangente à circunferência de base, entre os planos paralelos tangentes aos flancos externos (anti-homólogos) de um grupo de k dentes consecutivos. Veja ilustração na Figura 11.1.

Trata-se de uma conversão puramente geométrica da espessura circular normal, que não leva em conta os erros de passo. É necessário que os pontos extremos da medição, ou seja, os pontos de contato entre os discos do micrômetro e os flancos dos dentes, estejam em trechos de arco de evolvente (do perfil dos dentes). O número de dentes escolhido para medição, portanto, tem limitações:

O menor valor depende das características geométricas do dentado, porém nunca menor que dois.

O maior valor é limitado pela altura do dente, pois o ponto de contato ficaria mais elevado que o diâmetro útil de cabeça.

Outra limitação nesse controle ocorre quando uma roda dentada helicoidal possui uma largura insuficiente, ou seja, pequena demais para que o micrômetro assente com firmeza sobre os flancos dos dentes.

Controle dimensional

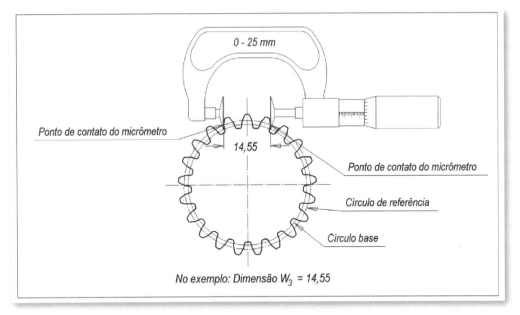

Figura 11.1 – Dimensão W (sobre k dentes consecutivos).

Quanto maior for o ângulo de hélice, maior deverá ser a largura mínima para a medição.

Veja a Figura 11.2.

Para uma medição precisa, é necessário que o micrômetro esteja posicionado simetricamente sobre os dentes para evitar que seus discos toquem em regiões deformadas ou modificadas dos flancos, como, por exemplo, próximo à cabeça ou ao pé. O mesmo acontece com a quantidade de dentes tomada para a medição. As Figuras 11.3 e 11.4 ilustram os dois casos.

No caso de dentes com recuo de cabeça, por exemplo, é importante conhecer o diâmetro do ponto de contato entre o disco do micrômetro e o flanco do dente. Conhecendo esse diâmetro, podemos determinar o número de dentes k a ser medido de maneira a evitar o contato na região modificada. Veja como calcular adiante.

A dimensão W pode também ser tomada nas rodas com dentes internos, embora, na prática, isso não seja muito comum. Veja na Figura 11.5 um exemplo de dimensão W sobre sete vãos.

Nas cremalheiras, a dimensão W não é oportuna.

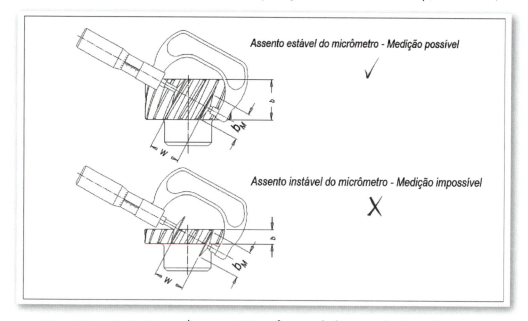

Figura 11.2 – Limitação na dimensão W em função da largura do dentado.

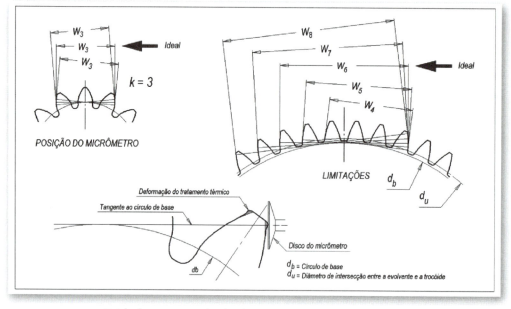

Figura 11.3 – Cuidados na tomada da dimensão W.

Controle dimensional

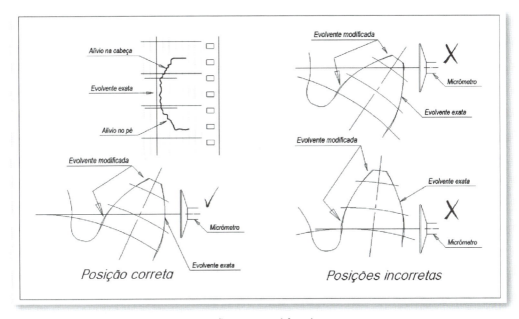

Figura 11.4 – Dimensão *W* sobre flancos modificados.

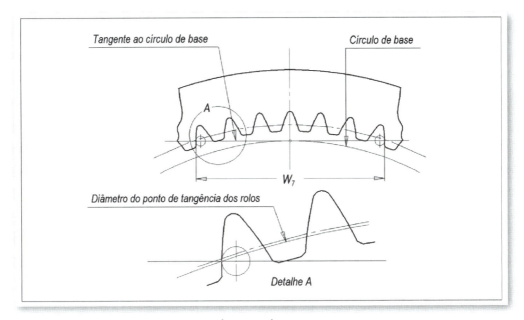

Figura 11.5 – Dimensão *W* em rodas com dentes internos.

Cálculo do número k de dentes consecutivos a medir

Para dentados retos sem deslocamento de perfil (x = 0)

$$k = z \cdot \frac{\alpha}{180} + 0{,}5 \quad [\alpha = \text{ângulo de perfil em graus decimais}] \qquad (11.1)$$

O resultado deve ser arredondado para um número inteiro.

Para dentados retos com x ≥ 0,4

$$k = z \cdot \frac{\alpha}{180} + 0{,}5 + z \cdot \frac{\tan \alpha_x}{\pi} - (z + 2 \cdot x) \cdot \frac{\tan \alpha}{\pi} \qquad (11.2)$$

onde:

$$\tan \alpha_x = \sqrt{\tan^2 \alpha + 4 \cdot \frac{x}{z} \cdot \sec^2 \alpha + 4 \cdot \left(\frac{x}{z}\right)^2 \cdot \sec^2 \alpha} \qquad (11.3)$$

Para dentados helicoidais sem deslocamento de perfil (x = 0)

$$k = z \cdot \left(\frac{\alpha_t}{180} + \frac{\tan \alpha_t \cdot \tan^2 \beta_b}{\pi} \right) + 0{,}5 \qquad (11.4)$$

Para dentados helicoidais com deslocamento de perfil

$$A = 4 \cdot \frac{x}{z} \cdot \cos \beta \cdot \left(1 + \frac{x}{z} \cdot \cos \beta\right) \qquad (11.5)$$

$$B = \tan^2 \alpha_n + \cos^2 \beta \qquad (11.6)$$

$$C = \cos \beta \cdot (\text{sen}^2 \alpha_n + \cos^2 \beta \cdot \cos^2 \alpha_n) \qquad (11.7)$$

$$D = \frac{z}{\pi} \cdot \tan \alpha_t + 2 \cdot \frac{x}{\pi} \cdot \tan \alpha_n \qquad (11.8)$$

$$k' = z \cdot \frac{\alpha_t}{180} + 0{,}5 + \frac{z}{\pi} \cdot \frac{\sqrt{\tan^2 \alpha_n + A \cdot B}}{C} - D \quad (\alpha_t \text{ em graus}) \qquad (11.9)$$

$$k = \text{int}(k' + 0{,}5) \qquad (11.10)$$

Controle dimensional

Dimensão W teórica

$$W_K = m_n \cdot \cos \alpha_n \left[\left(k - \frac{z}{2 \cdot |z|} \right) \cdot \pi + z \cdot \text{inv } \alpha_t \right] + 2 \cdot x \cdot m_n \cdot \text{sen } \alpha_n \qquad (11.11)$$

Dimensão W em função da espessura circular normal do dente

$$A = |z| \cdot \text{inv } \alpha_{wt} + (k - 1) \cdot \pi \qquad (11.12)$$

$$W_k = \left(A + \frac{s_n}{m_n} \right) \cdot m_n \cdot \cos \alpha_n \qquad (11.13)$$

Para determinar α_t utilize a Equação (3.1) e para β_b utilize a Equação (7.37).

Diâmetro do ponto de contato entre o disco do micrômetro e o flanco de dente

$$d_{Wt} = \sqrt{(d \cdot \cos \alpha_t)^2 + \left(W_K \cdot \frac{\text{sen } \alpha_n}{\text{sen } \alpha_t} \right)^2} \qquad (11.14)$$

Largura mínima da roda dentada para a medição W_k

$$b \geq W_k \cdot \text{sen } \beta + b_M \cdot \cos \beta \qquad (11.15)$$

onde:

b_M = Diâmetro do disco do micrômetro.

Dimensão M (sobre rolos ou esferas)

Para as rodas dentadas externas, essa é a dimensão tomada sobre duas esferas ou dois rolos colocados em vãos (vazio entre os dentes) diametralmente opostos da roda.

Para as rodas dentadas internas, é a dimensão medida entre duas esferas ou dois rolos colocados nos vãos dos dentes diametralmente opostos da roda. Essa dimensão é possível também em rodas com número ímpar de dentes, em que a reta que liga os centros das esferas (ou rolos) não passa pelo centro geométrico da roda. Veja ilustrações na Figura 11.6.

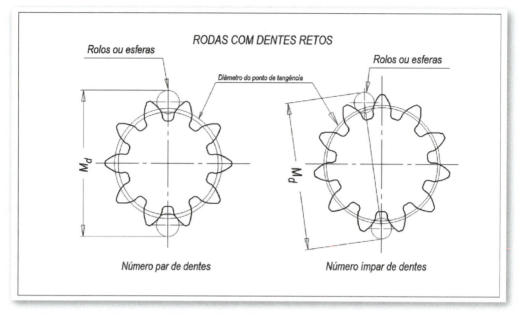

Figura 11.6 – Dimensão M (sobre dois rolos ou esferas).

Para as cremalheiras comuns, feitas a partir de barras retangulares, é a dimensão entre a base da barra, normalmente utilizada para assentá-la, e a linha tangente externa ao rolo. A Figura 11.7A, ilustra esse caso.

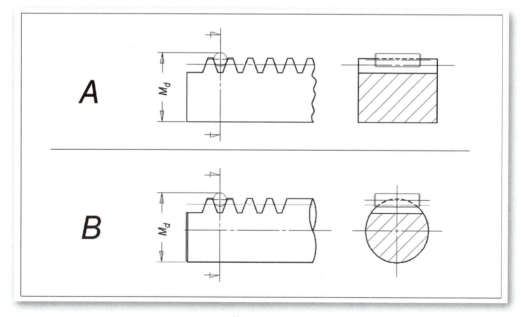

Figura 11.7 – Dimensão M em cremalheiras.

Controle dimensional

Para cremalheiras utilizadas em sistemas de direção automotiva ou feitas a partir de barras circulares, é a dimensão entre os pontos tangentes externos do rolo e da barra que constitui o corpo da cremalheira. A Figura 11.7B, ilustra este caso.

A dimensão M é uma conversão puramente geométrica da espessura circular normal do dente, que não leva em conta a excentricidade e/ou a ovalização da roda.

Teoricamente, as esferas podem ser utilizadas, sem restrições, para o controle de qualquer roda dentada cilíndrica. Na prática, a medição tomada nas rodas fresadas com hob e com avanços muito altos, poderá divergir algo do real em virtude da topografia gerada.

Os rolos devem ser evitados para o controle das rodas dentadas helicoidais com número ímpar de dentes. O instrumento de medição, geralmente um micrômetro, posicionará os rolos de maneira que fiquem paralelos, mas a medida tomada poderá ser incorreta. O erro é realmente exíguo, porém, deve ser considerado. Veja a Figura 11.8.

No caso das cremalheiras, os rolos devem ser preferidos.

Para as engrenagens com dentes abaulados (crowning), não há restrições para a utilização de rolos, uma vez que o contato se dará no ponto mais alto do abaulado. Já, para a utilização das esferas, deve-se ter o cuidado de posicioná-las no centro do dentado, ou seja, no ponto mais alto do abaulado. Caso contrário, a medida tomada não corresponderá à dimensão real.

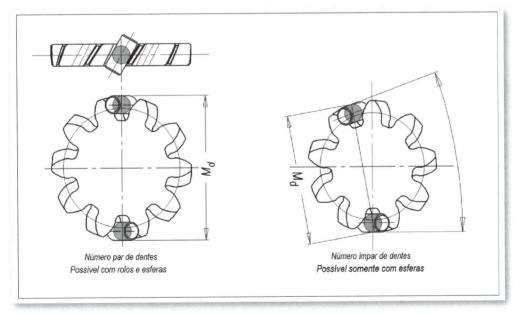

Figura 11.8 – Dimensão M em dentados helicoidais.

Evidentemente, quanto maior for o abaulamento, maior será o erro, se esse cuidado for desprezado. A Figura 11.9 mostra uma maneira prática e funcional para se posicionar as esferas no centro do dentado.

Trata-se de um dispositivo composto de uma base plana com dois apoios, para as esferas, aparafusados nesta base. Esses apoios poderão, se possível, ser retirados de uma contra peça (engrenagem conjugada), que se encaixarão perfeitamente na roda a ser controlada. A Figura 11.9 ilustra a maneira correta de se tomar a dimensão M em uma roda com dentes abaulados.

Classe de tolerância para as esferas e rolos utilizados na dimensão M

As tolerâncias das esferas ou dos rolos deverão obedecer, sempre que possível e em função da qualidade da roda, uma das três classes a seguir:

Qualidade DIN da roda: 1 até 4
Classe............................: 0
Tolerância....................: ± 0,5 µm

Qualidade DIN da roda: 5 até 8
Classe............................: 1
Tolerância....................: ± 1,5 µm

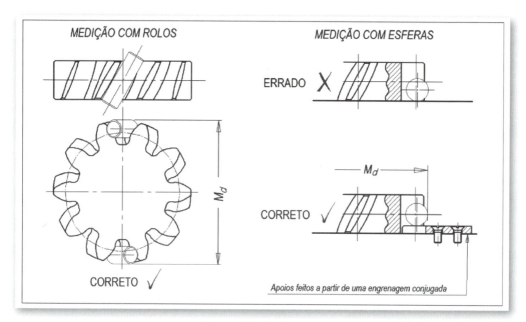

Figura 11.9 – Dimensão M em dentes abaulados.

Controle dimensional

Qualidade DIN da roda: 9 até 12
Classe............................: 2
Tolerância.....................: ± 3,0 µm

Para se medir a dimensão M em rodas com dentado interno, utilizando-se um micrômetro, é necessária a utilização de um dispositivo que consiste em duas cunhas deslizantes que, expandidas, comprimem os rolos colocados nos vãos diametralmente opostos da roda dentada. As cunhas possuem um ângulo que as retém fortemente fixadas entre os rolos. Veja um exemplo na Figura 11.10.

Dentes rebaixados são comuns, principalmente em estriados internos, dificultando a utilização de rolos para a medição M. É provável que o rolo adequado à medição toque o pé do dente antes de tocar nos flancos, que é onde nos interessa. Para resolver o problema, basta facetar os rolos, de modo a não interferir no pé dos dentes. A Figura 11.11 mostra um exemplo no qual um rolo com diâmetro de 2,623 mm foi facetado para a dimensão de 2,2 mm. Essa prática é funcional, porém, os rolos devem estar corretamente posicionados. Um pequeno movimento angular, de um ou dos dois rolos, pode levar a uma medição equivocada.

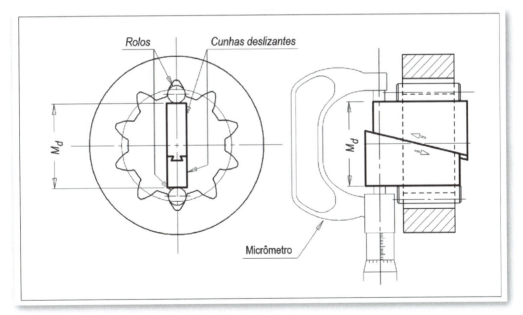

Figura 11.10 – Dimensão M (entre dois rolos) para dentado interno.

Diâmetro das esferas ou rolos (D_M) utilizados para a dimensão M_d

$$z_{nW} = z \cdot \frac{\text{inv } \alpha_t}{\text{inv } \alpha_n} \tag{11.16}$$

$$\tan \beta_v = \frac{z + 2 \cdot x \cdot \cos \beta}{z} \cdot \tan \beta \tag{11.17}$$

$$\cos \alpha_{vn} = \frac{\cos \alpha_n \cdot \cos \beta}{\cos \beta_v \cdot \left(1 + 2 \cdot \frac{x}{z} \cdot \cos \beta\right)} \tag{11.18}$$

$$k_{DM} = \frac{z_{nW}}{\pi} \left(\tan \alpha_{vn} - 2 \frac{x}{z_{nW}} \tan \alpha_n - \text{inv } \alpha_n\right) + \frac{z}{2 \cdot |z|} \tag{11.19}$$

$$\alpha_{kn} = 180 \frac{\left(k_{DM} + 0{,}5 - \frac{z}{2 \cdot |z|}\right)}{z_{nW}} \quad [\text{graus}] \tag{11.20}$$

$$D_M = z_{nW} \cdot m_n \cdot \cos \alpha_n \cdot (\tan \alpha_{kn} - \tan \alpha_{vn}) \tag{11.21}$$

Para padronizar o diâmetro dos rolos, selecionar, na tabela a seguir, o valor que mais se aproxima do D_M calculado.

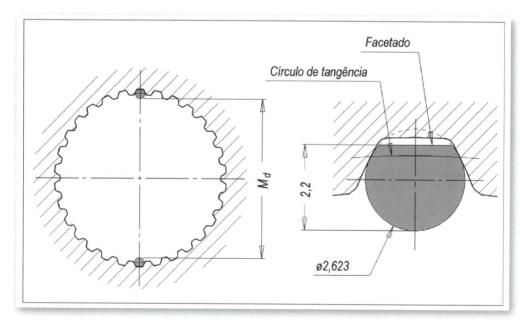

Figura 11.11 – Dimensão M entre dois rolos facetados.

Tabela 11.1 – Diâmetros padronizados para rolos ou esferas

0,195	0,455	1,100	2,250	3,750	5,500	9,000	15,000	28,000	60,000
0,220	0,530	1,250	2,500	4,000	6,000	10,000	16,000	30,000	70,000
0,250	0,620	1,400	2,750	4,250	6,500	10,500	18,000	35,000	80,000
0,290	0,725	1,500	3,000	4,500	7,000	11,000	20,000	40,000	90,000
0,335	0,895	1,750	3,250	5,000	7,500	12,000	22,000	45,000	100,000
0,390	1,000	2,000	3,500	5,250	8,000	14,000	25,000	50,000	120,000

Dimensão sobre esferas ou rolos (M_d) para dentado externo reto

α_K = Ângulo de perfil no centro da esfera ou do rolo.

$$\text{inv } \alpha_K = \frac{S}{d} + \frac{D_M}{d_b} + \text{inv } \alpha - \frac{\pi}{z} \quad (11.22)$$

Para calcular α_K, dada a inv α_K, consulte a Figura 6.3.
Para determinar d_b utilize a Equação (6.14).
S = Espessura circular do dente.
C = Distância entre os centros da esfera (ou do rolo) e da roda.

$$C = \frac{d_b}{2 \cdot \cos \alpha_K} \quad \rightarrow \quad 2C = \frac{d_b}{\cos \alpha_K} \quad (11.23)$$

Dimensão sobre esferas ou rolos para número par de dentes

$$M_d = 2C + D_M \quad (11.24)$$

Dimensão sobre esferas ou rolos para número ímpar de dentes

$$M_d = 2C \cdot \cos \frac{90}{z} + D_M \quad (11.25)$$

α_M = Ângulo de perfil no ponto de tangência da esfera ou rolo.

$$\tan \alpha_M = \tan \alpha_K - \frac{D_M}{d_b} \quad (11.26)$$

d_M = Círculo do ponto de tangência da esfera ou rolo:

$$d_M = \frac{d_b}{2 \cdot \cos \alpha_M} \qquad (11.27)$$

Dimensão entre esferas ou rolos (M_d) para dentado interno reto

α_K = Ângulo de perfil no centro da esfera ou rolo.

$$\text{inv } \alpha_K = \frac{T}{d} - \frac{D_M}{d_b} + \text{inv } \alpha \qquad (11.28)$$

Para calcular α_K, dada a inv α_K, consulte a Figura 6.3.
Para determinar d_b utilize a Equação (6.14).
T = Dimensão circular do vão.
C = Distância entre os centros da esfera (ou rolo) e da roda.

$$C = \frac{d_b}{2 \cdot \cos \alpha_K} \rightarrow 2C = \frac{d_b}{\cos \alpha_K} \qquad (11.29)$$

Dimensão entre esferas ou rolos para número par de dentes

$$M_d = 2C - D_M \qquad (11.30)$$

Dimensão entre esferas ou rolos para número ímpar de dentes

$$M_d = 2C \cdot \cos \frac{90}{z} - D_M \qquad (11.31)$$

α_M = Ângulo de perfil no ponto de tangência da esfera ou rolo.

$$\tan \alpha_M = \tan \alpha_K + \frac{D_M}{d_b} \qquad (11.32)$$

d_M = Diâmetro do ponto de tangência da esfera ou rolo:

$$d_M = \frac{d_b}{2 \cdot \cos \alpha_M} \qquad (11.33)$$

Dimensão sobre esferas ou rolos (M_d) para dentado externo helicoidal

$$A = \frac{S_n}{d \cdot \cos \beta} \tag{11.34}$$

$$\text{inv } \alpha_{kt} = A + \frac{D_M}{d_b \cdot \cos \beta_b} + \text{inv } \alpha_t - \frac{\pi}{z} \tag{11.35}$$

Para calcular α_{Kt}, dada a inv α_{Kt}, consulte a Figura 6.3.
Para determinar d_b, utilize a Equação (6.14).
Para determinar β_b, utilize a Equação (7.37).
Para determinar α_t, utilize a Equação (3.1).
α_{Kt} = Ângulo de perfil no centro da esfera ou rolo.
S_n = Espessura circular normal do dente.
$2C$ = Distância entre os centros das esferas ou rolo.

$$C = \frac{d_b}{2 \cdot \cos \alpha_{Kt}} \quad \rightarrow \quad 2C = \frac{d_b}{\cos \alpha_{Kt}} \tag{11.36}$$

Dimensão sobre esferas ou rolos para número par de dentes

$$M_d = 2C + D_M \tag{11.37}$$

Dimensão sobre esferas ou rolos para número ímpar de dentes

$$M_d = 2C \cdot \cos \frac{90}{z} + D_M \tag{11.38}$$

α_{Mt} = Ângulo de perfil no ponto de tangência da esfera ou rolo.

$$\tan \alpha_{Mt} = \tan \alpha_{Kt} - \frac{D_M \cdot \cos \beta_b}{d_b} \tag{11.39}$$

r_{Mt} = Raio do ponto de tangência da esfera ou rolo:
Ver condições geométricas na Figura 11.12.

$$r_{Mt} = \frac{d_b}{2 \cdot \cos \alpha_{Mt}} \tag{11.40}$$

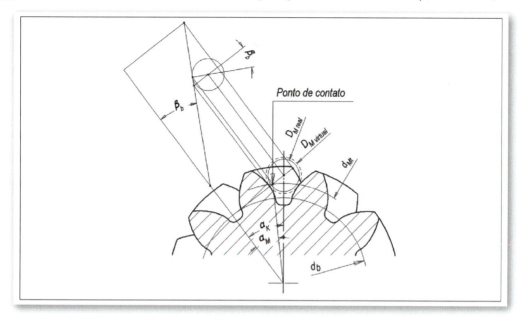

Figura 11.12 – Ponto de contato da esfera nas rodas externas helicoidais.

Dimensão entre esferas ou rolos (M_d) para dentado interno helicoidal

α_{Kt} = Ângulo de perfil no centro da esfera ou rolo.

$$\text{inv } \alpha_{Kt} = \frac{T_t}{d} - \frac{D_M}{d_b \cdot \cos \beta_b} + \text{inv } \alpha_t \qquad (11.41)$$

Para calcular α_{Kt}, dada a inv α_{Kt}, consulte a Figura 6.3.
Para determinar d_b, utilize a Equação (6.14).
Para determinar β_b, utilize a Equação (7.37).
Para determinar α_t, utilize a Equação (3.1).

T_T = Dimensão circular transversal do vão.
$2C$ = Distância entre os centros das esferas ou rolos.

$$C = \frac{d_b}{2 \cdot \cos \alpha_{Kt}} \quad \rightarrow \quad 2C = \frac{d_b}{\cos \alpha_{Kt}} \qquad (11.42)$$

Controle dimensional

Dimensão entre esferas ou rolos para número par de dentes

$$M_d = 2C - D_M \tag{11.43}$$

Dimensão entre esferas ou rolos para número ímpar de dentes

$$M_d = 2C \cdot \cos \frac{90}{z} - D_M \tag{11.44}$$

α_{Mt} = Ângulo de perfil no ponto de tangência da esfera ou rolo.

$$\tan \alpha_{Mt} = \tan \alpha_{Kt} + \frac{D_M \cdot \cos \beta_b}{d_b} \tag{11.45}$$

r_{MT} = Raio do ponto de tangência da esfera ou rolo:

Ver condições geométricas na Figura 11.13.

$$r_{MT} = \frac{d_b}{2 \cdot \cos \alpha_{Mt}} \tag{11.46}$$

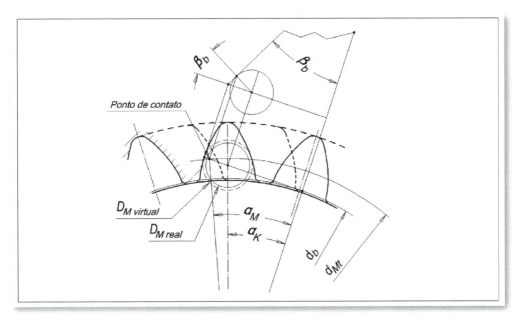

Figura 11.13 – Ponto de contato da esfera nas rodas internas helicoidais.

Tolerâncias do dentado

As tolerâncias do dentado, também chamadas microgeometria, são calculadas de acordo com a norma DIN 3961, em função, dependendo da sua característica, do diâmetro de referência, do módulo, do número de dentes e da largura do dentado.

Para se obter os valores tabelados na norma, o módulo normal e o diâmetro de referência são substituídos por números preferenciais serie R20 (Renard) conforme as Tabelas 11.2 e 11.3. A largura do dentado é substituída pelos valores da Tabela 11.4.

Q = Qualidade DIN (1 a 12).
m_{np} = Módulo normal preferencial (Tabela 11.2) [mm].
d_p = Diâmetro de referência preferencial (Tabela 11.3) [mm].
b_p = Largura do dentado preferencial (Tabela 11.4) [mm].
L = Comprimento de arco no círculo de referência [mm].
int = Arredonda o número para baixo até o inteiro mais próximo.
Resultados das fórmulas em µm.

Tabela 11.2 – Módulo preferencial

Módulo normal (m_n)	Módulo normal preferencial (m_{np})
≤ 2,00	1,40
2,00 ≤ 3,55	2,50
3,55 ≤ 6,00	5,00
6,00 ≤ 10,00	8,00
10,00 ≤ 16,00	12,50
16,00 ≤ 25,00	20,00
25,00 ≤ 40,00	31,50
40,00 ≤ 70,00	50,00

Tabela 11.3 – Diâmetro de referência preferencial

Diâmetro de referência (d)	Diâmetro de referência preferencial (d_p)
≤ 50	22,4
50 ≤ 125	80,0
125 ≤ 280	180,0
280 ≤ 560	400,0
560 ≤ 1000	710,0
1000 ≤ 1600	1250,0
1600 ≤ 2500	2000,0
2500 ≤ 4000	3150,0
4000 ≤ 6300	5000,0
> 6300	8000,0

Controle dimensional

Tabela 11.4 – Largura do dentado preferencial

Largura do dentado (b)	Largura do dentado preferencial (b_p)
< 20	10
20 ≤ 40	30
40 ≤ 100	70
100 ≤ 160	130
> 160	210

Desvio de concentricidade

Desvio de concentricidade é a diferença máxima observada entre as medidas radiais tomada sobre uma esfera (ou rolo), colocada nos vãos de todos os dentes da roda que gira em torno de seu eixo geométrico. Pode ser utilizada, também, uma ponta especial fixada no comparador, que toca os flancos de um mesmo dente, em vez de tocar os flancos de dentes adjacentes como nos casos das esferas e dos rolos. Veja, na Figura 11.14, exemplo de uma roda com 20 dentes.

Outra maneira de obter o desvio de concentricidade é com a utilização de um dispositivo universal para medir o deslocamento de transmissão, conhecido como engrenômetro. Veremos esse dispositivo mais à frente, neste capítulo.

O valor encontrado não pode ser maior que o máximo determinado na norma para a qualidade especificada.

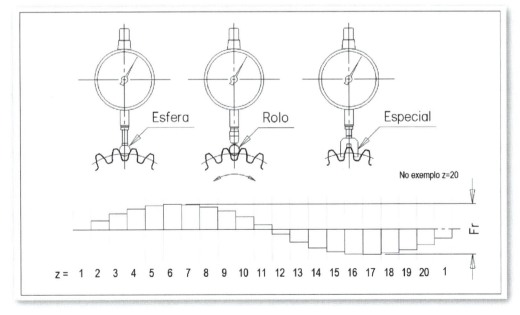

Figura 11.14 – Desvio de excentricidade (F_r).

A excentricidade pode ser provocada pelo mecanismo divisor da máquina geradora ou em um mau posicionamento da peça, durante o corte dos dentes.

Entretanto, a excentricidade não acrescenta ruído (intensidade sonora) na transmissão, porque sua frequência, normalmente, é baixa, mas pode prejudicar a uniformidade da velocidade angular da roda conduzida.

Conforme a norma DIN 3961, a notação do desvio de concentricidade é F_r, e esse desvio é determinado pela equação:

$$F_r = \text{int } \{1,4^{(Q-5)} \cdot [1,68 + 2,18 \cdot \sqrt{m_{np}} + (2,3 + 1,2 \log m_{np}) \cdot dp^{0,25}] + 0,5\} \quad (11.47)$$

Flutuação das espessuras dos dentes

É a diferença máxima das espessuras dos dentes, verificada na totalidade deles.

Como já vimos, podemos obter a espessura do dente, por meio da dimensão W, medida sobre um determinado número de dentes consecutivos. Tomemos como exemplo, a Figura 11.15, cuja roda tem 20 dentes. O número k de dentes a ser medido é 4. Marcamos o dente no qual iniciaremos as medições e tomamos as 20 medidas W sobre 4 dentes. A diferença entre as dimensões, máxima e mínima, é o valor da flutuação. O valor encontrado não pode ser maior que o máximo determinado na norma para a qualidade especificada.

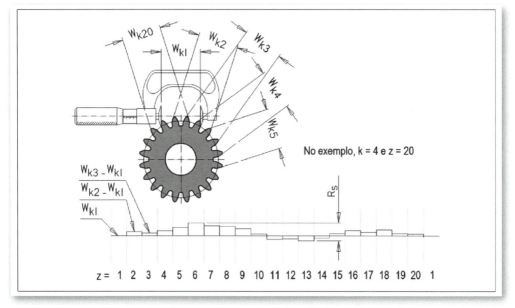

Figura 11.15 – Flutuação das espessuras dos dentes (R_s).

Controle dimensional

Conforme a norma DIN 3961, a notação da flutuação das espessuras dos dentes é R_s e é determinada pela equação:

$$R_s = \text{int}\{1,4^{(Q-5)}[1 + 1,28 \cdot \sqrt{m_{np}} + (1,33 + 0,7 \cdot \log m_{np}) \cdot dp^{0,25}] + 0,5\} \qquad (11.48)$$

Desvio de passo

O passo, nas rodas dentadas, é o espaçamento entre os dentes ao redor do cilindro. Erros, nestes espaçamentos, são tolerados e sua magnitude depende da qualidade especificada. A norma DIN 3962 define os parâmetros a serem controlados e estabelece seus valores em função da qualidade do dentado e do diâmetro de referência. Os parâmetros são:

Desvio de passo individual (f_p)

É a diferença entre os passos circular teórico e o real, medidos o mais próximo possível do diâmetro de referência. Veja um exemplo na Figura 11.16.

Conforme a norma DIN 3961, é determinado por uma das equações a seguir:

Para $Q \leq 9$:

$$f_p = \text{int}\{1,4^{(Q-5)}[4 + 0,315(m_{np} + 0,25 \cdot \sqrt{d_p})] + 0,5\} \qquad (11.49)$$

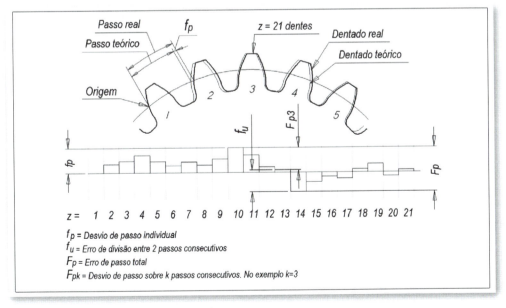

Figura 11.16 – Desvio de passo (divisão).

Para Q > 9

$$f_p = \text{int}\{1{,}6^{(Q-5)}[4 + 0{,}315(m_{np} + 0{,}25 \cdot \sqrt{d_p})] + 0{,}5\} \qquad (11.50)$$

Erro de divisão entre dois passos consecutivos (f_u)

É a diferença entre dois passos consecutivos. Veja um exemplo na Figura 11.16.

Conforme a norma DIN 3961, é determinado por uma das equações a seguir:

Para $Q \leq 9$:

$$f_u = \text{int}\{1{,}4^{(Q-5)}[5 + 0{,}4(m_{np} + 0{,}25 \cdot \sqrt{d_p})] + 0{,}5\} \qquad (11.51)$$

Para $Q > 9$:

$$f_u = \text{int}\{1{,}6^{(Q-5)}[5 + 0{,}4(m_{np} + 0{,}25 \cdot \sqrt{d_p})] + 0{,}5\} \qquad (11.52)$$

Erro de passo total (F_p)

É a diferença entre o maior e o menor passo, considerando-se todos os dentes da roda. Veja um exemplo na Figura 11.16.

Conforme a norma DIN 3961, é determinado por uma das equações a seguir:

Para $Q \leq 9$:

$$F_p = \text{int}\left[1{,}4^{(Q-5)}\left(7{,}25 \cdot \frac{d_p^{1/3}}{z^{1/7}}\right) + 0{,}5\right] \qquad (11.53)$$

Para $Q > 9$:

$$F_p = \text{int}\left[1{,}6^{(Q-5)}\left(7{,}25 \cdot \frac{d_p^{1/3}}{z^{1/7}}\right) + 0{,}5\right] \qquad (11.54)$$

Desvio de passo sobre k passos consecutivos (F_{pk})

É a diferença entre o maior e o menor passo, considerando-se k dentes consecutivos da roda. Veja um exemplo na Figura 11.16.

Controle dimensional

Conforme a norma DIN 3961, é determinado por uma das equações a seguir:

Para $Q \leq 9$:

$$F_{pk} = \text{int}\left[1,4^{(Q-5)}\left(6,25 \cdot m_{np}^{1/7} \cdot \frac{L^{1/3}}{d_p^{1/7}}\right) + 0,5\right] \qquad (11.55)$$

Para $Q > 9$:

$$F_{pk} = \text{int}\left[1,6^{(Q-5)}\left(6,25 \cdot m_{np}^{1/7} \cdot \frac{L^{1/3}}{d_p^{1/7}}\right) + 0,5\right] \qquad (11.56)$$

Desvio de passo sobre uma fração (z/k) de volta $(F_{pz/k})$

É a diferença entre o maior e o menor passo, considerando-se apenas $1/k$ de dentes. Veja um exemplo com $z = 21$ e $k = 2$ na Figura 11.17.

Desvio de passo base normal (f_{pe})

É a diferença entre o passo base teórico e o real. Veja um exemplo com $z = 21$ na Figura 11.18.

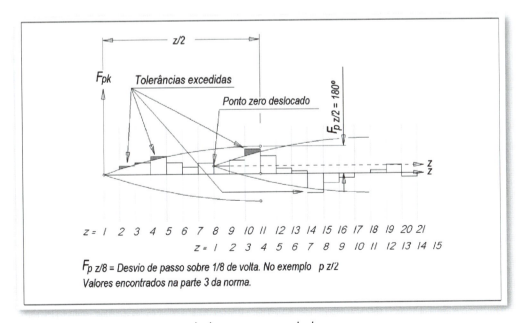

Figura 11.17 – Desvio acumulado em um setor de k passos.

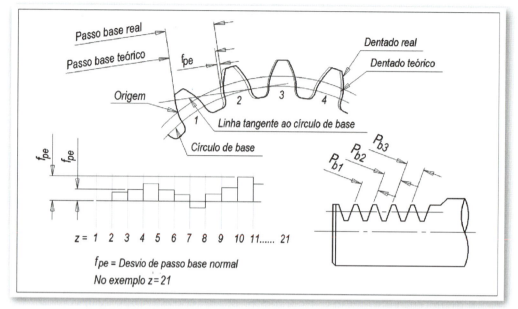

Figura 11.18 – Desvio de passo base normal (f_{pe}).

Conforme a norma DIN 3961, é determinado por uma das equações a seguir:

Para $Q \leq 9$:

$$f_{pe} = \text{int } \{1{,}4^{(Q-5)} [4 + 0{,}315 (m_{np} + 0{,}25 \cdot \sqrt{d_p})] + 0{,}5\} \qquad (11.57)$$

Para $Q > 9$

$$f_{pe} = \text{int } \{1{,}6^{(Q-5)} [4 + 0{,}315 (m_{np} + 0{,}25 \cdot \sqrt{d_p})] + 0{,}5\} \qquad (11.58)$$

Desvio de hélice

A hélice, em uma roda dentada, é definida pelo seu passo, medido na direção axial e por um círculo, normalmente o círculo de referência, sobre o qual calculamos o ângulo. Nas rodas com dentes retos, consideramos o passo infinito e o ângulo igual a zero.

A norma DIN 3962 define os parâmetros a serem controlados e estabelece seus valores em função da qualidade e da largura do dentado. Os parâmetros são:

Desvio total na linha dos flancos (F_β)

É a diferença entre duas curvas paralelas à linha de flanco teórica, que delimitam a linha de flanco real, compreendida dentro da área de avaliação.

Procedimento manual para a análise do diagrama: Traçam-se duas retas paralelas verticais tangenciando-as aos picos e vales mais afastados, dentro da área de avaliação.

F_β é a distância entre essas duas retas tomada na direção horizontal.

Normalmente, a área de avaliação é 80% da largura b, ou seja, despreza-se 10% de cada um dos lados.

Em flancos abaulados, a verificação de F_β não é oportuna, visto que, a modificação da linha de flanco influi no valor da medição.

Conforme a norma DIN 3961, o desvio total é determinado por uma das equações a seguir:

Para $Q \leq 6$:

$$F_\beta = \text{int } [1,25^{(Q-5)} (0,8 \cdot \sqrt{b_p} + 4) + 0,5] \tag{11.59}$$

Para $6 < Q \leq 8$:

$$F_\beta = \text{int } [1,4^{(Q-5)} (0,8 \cdot \sqrt{b_p} + 4) + 0,5] \tag{11.60}$$

Para $8 < Q \leq 12$:

$$F_\beta = \text{int } [1,6^{(Q-5)} (0,8 \cdot \sqrt{b_p} + 4) + 0,5] \tag{11.61}$$

Desvio angular na linha dos flancos ($f_{H\beta}$)

É a diferença entre o ângulo de hélice real e o teórico, verificada a partir da curva compensadora compreendida em todo o comprimento do diagrama.

Procedimento manual para a análise do diagrama: Traça-se a curva compensadora, determinada dentro da área de avaliação.

Traça-se uma reta vertical, partindo-se do ponto de intersecção entre a curva compensadora e o limite superior do diagrama. $f_{H\beta}$ é a distância entre os pontos de intersecção entre a curva compensadora e o limite superior do diagrama, com o ponto de intersecção entre a curva compensadora e o limite inferior do diagrama, tomada na direção horizontal.

Normalmente, a área de avaliação é 80% da largura b, ou seja, despreza-se 10% de cada um dos lados.

Conforme a norma DIN 3961, o desvio angular é determinado por uma das equações a seguir:

Para $Q \leq 6$:

$$f_{H\beta} = \text{int} \left[1{,}32^{(Q-5)} (4{,}16 \cdot b_p^{0{,}14}) + 0{,}5 \right] \tag{11.62}$$

Para $6 < Q \leq 8$:

$$f_{H\beta} = \text{int} \left[1{,}4^{(Q-5)} (4{,}16 \cdot b_p^{0{,}14}) + 0{,}5 \right] \tag{11.63}$$

Para $8 < Q \leq 12$:

$$f_{H\beta} = \text{int} \left[1{,}55^{(Q-5)} (4{,}16 \cdot b_p^{0{,}14}) + 0{,}5 \right] \tag{11.64}$$

Desvio de forma na linha dos flancos ($f_{\beta f}$)

É a distância entre duas linhas de flanco de referência que delimitam a linha de flanco real.

Procedimento manual para a análise do diagrama: Traça-se a curva compensadora. Traçam-se duas paralelas à curva compensadora, tangenciando-as aos picos e vales mais afastados. Em outras palavras, essas duas retas são traçadas em ambos os lados, de modo a incluir o gráfico dentro da área de avaliação. $f_{\beta f}$ é a distância entre estas duas retas, tomada na direção horizontal.

Conforme a norma DIN 3961, esse desvio é determinado pela equação:

$$f_{\beta f} = \sqrt{F_\beta^2 - f_{H\beta}^2} \tag{11.65}$$

Abaulamento de largura (C_β)

Também conhecido como crown, o abaulamento de largura é uma modificação determinada da linha de flanco, como já foi visto anteriormente no Capítulo 10.

O abaulamento é feito, normalmente, em apenas uma das rodas do par.

Controle dimensional

Definição

É a maior distância entre a curva compensadora e a linha de referência, tomada na direção horizontal. A linha de referência é a reta que passa pelos pontos de intersecção entre as linhas que delimitam a área de avaliação e a curva compensadora.

Procedimento manual para a análise do diagrama: Traça-se a curva compensadora e a linha de referência. Toma-se a maior distância entre essas duas linhas no sentido horizontal.

Relembrando:

Linha de flanco é a linha que passa sobre o flanco de uma lateral à outra do dentado.

Curva compensadora é a curva quártica de melhor ajuste dos **mínimos quadrados**, ou seja, a curva que passa o mais próxima possível dos pontos que formam a curva real do diagrama. Em outras palavras, é curva que melhor divide os picos e vales da curva real. Normalmente, é suficiente traçar a curva compensadora (inclui também a reta compensadora) de modo intuitivo, que resultará aproximada no gráfico. Em casos especiais, em que o rigor é extremo, recomenda-se utilizar o método matemático dos mínimos quadrados. As Figuras 11.19 e 11.20 mostram exemplos em uma roda com dentes sem abaulamento e outra com abaulamento, respectivamente.

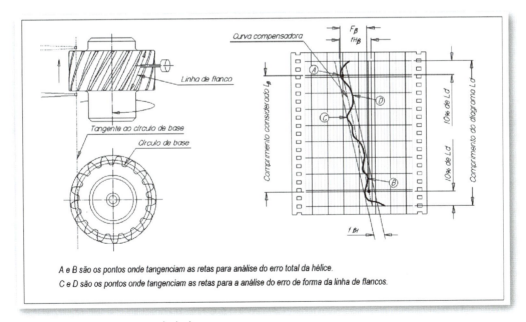

Figura 11.19 – Desvio de hélice.

Nada garante que a posição da hélice de um dente seja idêntica em todos os dentes da roda. Portanto, não basta verificar apenas um dente. Em geral, são escolhidos quatro dentes, distribuídos uniformemente na circunferência, um a cada 90° aproximadamente. Nas rodas menores, aceitam-se três dentes, distribuídos uniformemente na circunferência, um a cada 120° aproximadamente.

Como cada dente possui dois flancos, no caso de se escolher quatro dentes, oito gráficos serão executados.

Uma hélice teoricamente perfeita resultaria em um gráfico, cuja curva seria uma reta vertical.

O valor do abaulamento (C_β) deve ser adotado em função dos erros e das deformações envolvidas no conjunto no qual as engrenagens (inclusive) fazem parte. Uma maneira, não obrigatória, mas aproveitada da experiência, para determiná-lo é a seguinte:

$$f_{sh} = 0,023 \cdot \left[\left| 1 + K' \cdot \frac{L \cdot s}{d_1^2} \cdot \left(\frac{d_1}{d_{sh}}\right)^4 - 0,3 \right| + 0,3 \right] \cdot \left(\frac{b}{d_1}\right)^2 \cdot \frac{F_t \cdot K_A}{b} \quad (11.66)$$

$$C_{\beta i} = \frac{1}{2} \cdot (f_{sh} + 1,5 \cdot f_{H\beta}) \quad (11.67)$$

$$C_{\beta s} = 1,4 \, C_{\beta i} \quad (11.68)$$

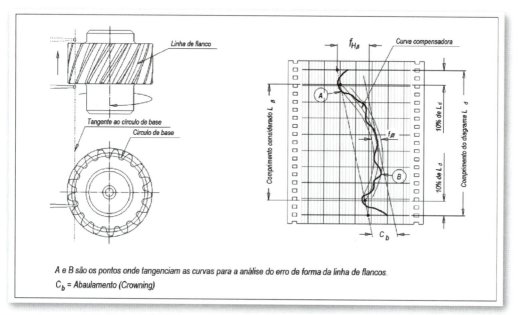

Figura 11.20 – Desvio de hélice com abaulamento (crowning).

Controle dimensional

$f_{H\beta}$, f_{sh}, $C_{\beta i}$ e $C_{\beta s}$ em µm

$C_{\beta i}$ = Abaulamento inferior

$C_{\beta s}$ = Abaulamento superior

O valor de $C_{\beta i}$ deve estar entre 5 e 40 µm mais uma tolerância de fabricação em torno de 0,4 $C_{\beta i}$ µm.

O abaulamento deve ser especificado com tolerância, ou seja, um valor inferior ($C_{\beta i}$) e um superior ($C_{\beta s}$):

Valores para o fator K'

Arranjo físico (Figuras 18.5 a 18.7)	3	4	5	6	7
Roda integrada ao eixo ou prensada	0,48	–0,48	1,33	–0,36	–0,6
Roda montada no eixo com chaveta ou estrias	0,80	–0,80	1,33	–0,60	–1,0

Considerar a condição 1 (Roda integrada ao eixo ou prensada), somente quando:

$\dfrac{d_1}{d_{sh}} \geq 1,15$. Caso contrário, considere a condição 2.

Para os arranjos físicos 1 e 2 (Figura 18.4), considere $K' = 0$

Uma sugestão que normalmente resulta em um bom funcionamento, quando não dispomos das variáveis necessárias para o cálculo, é:

$$C_{\beta i} = 0{,}0005 \cdot b \qquad (11.69)$$

$$C_{\beta s} = 0{,}0007 \cdot b \qquad (11.70)$$

onde:

C_β = Valor do abaulamento [mm].

K' = Constante que depende do arranjo físico, da posição do pinhão em relação à entrada ou à saída do torque e do ajuste do pinhão no eixo. Veja as Figuras de 18.4 a 18.7.

l = Distância entre os mancais [mm].

s = Distância entre o centro dos mancais ao centro da roda dentada [mm].

d_{sh} = Diâmetro do eixo [mm].

d_1 = Diâmetro de referência do pinhão [mm].

b = Largura do dentado [mm].

F_t = Força tangencial [N].

K_A = Fator de aplicação.

$f_{H\beta}$ = Desvio angular na linha dos flancos [mm].

Correção da hélice

Quando o gráfico mostrar uma hélice com o ângulo menor que o especificado (sentido contrário à hélice teórica), devemos proceder a uma correção a favor da hélice.

Quando verificamos uma hélice com o ângulo maior que o especificado, dizemos que o desvio do ângulo está no sentido favorável à hélice teórica. Nesse caso, devemos proceder a uma correção contrária à hélice.

A Figura 11.21 mostra um exemplo, onde três dentes (seis flancos) foram verificados.

É comum verificarmos na mesma peça uma hélice com o ângulo menor que o especificado, em que o desvio do ângulo está no sentido contrário à hélice teórica e a outra com o ângulo maior que o especificado, no qual o desvio do ângulo está no sentido favorável à hélice teórica. Isso acontece quando o dentado está com

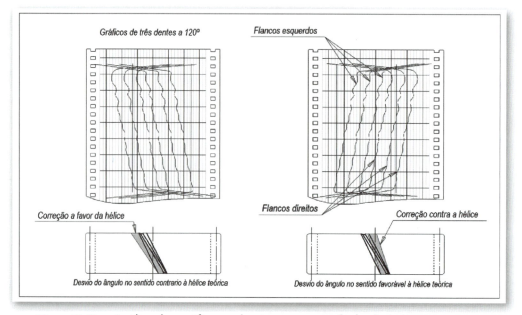

Figura 11.21 – Análise dos gráficos – desvios contra e a favor da hélice.

Controle dimensional

batimento radial (excêntrico) ou as faces da roda estão com batimento axial. Evidentemente, os dois erros de batimento podem estar presentes simultaneamente na peça. À soma dos maiores valores encontrados (a favor e contra a hélice) dá-se o nome de embaralhamento.

Veja na Figura 11.22, dois exemplos, um sem e outro com abaulamento, em que três dentes foram escolhidos para a verificação.

Outros casos são os desvios de forma axial e os desvios de abaulamento, ambos ilustrados na Figura 11.23. Esses desvios, muitas vezes, são desejáveis e são aplicados para corrigir o contato em casos de flexão do eixo o qual a roda está montada. Classificar esses gráficos como desvios é incorreto, uma vez que estão conforme as especificações. Por isso, os classificamos como *modificação da linha de flanco*. Veja o Capítulo 10 para os detalhes.

O desvio de forma axial, muitas vezes, é chamado desvio de conicidade, o que não é correto, uma vez que um cone é definido por uma base circular, o que não é o caso do dente de uma engrenagem.

É inaceitável flanco com abaulamento negativo, formando concavidade. Esse defeito pode ser gerado no tratamento térmico.

Desvio de perfil

O perfil, em uma roda dentada, é exatamente o perfil do flanco do dente, que, no nosso caso, é a curva evolvente. Seu controle é feito também por meio de

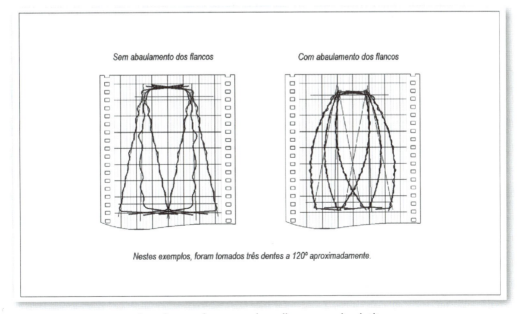

Figura 11.22 – Análise dos gráficos – embaralhamento das hélices.

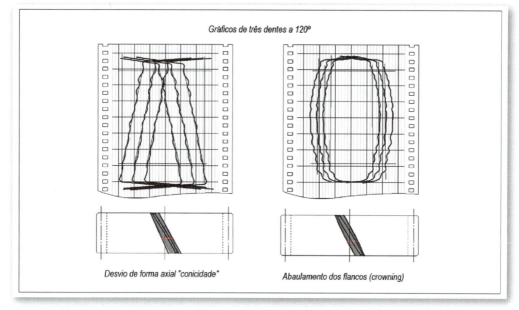

Figura 11.23 – Análise dos gráficos – desvio de forma axial e abaulamento.

gráficos, a exemplo do controle da hélice. Aliás, é utilizado o mesmo equipamento para ambos os controles.

A norma DIN 3962 define os parâmetros a serem controlados e estabelece seus valores unicamente em função da qualidade do dentado. Os parâmetros são:

Desvio total do perfil evolvente (F_f)

É a diferença entre duas paralelas à evolvente teórica, que delimitam toda a curva de perfil real, compreendida dentro da área de avaliação.

Procedimento manual para a análise do diagrama: Traçam-se duas retas paralelas verticais tangenciando-as aos picos e vales mais afastados dentro da área de avaliação. F_f é a distância entre essas duas retas, tomada na direção horizontal.

A área de avaliação é compreendida entre os diâmetros úteis de pé e de cabeça.

Em evolventes com modificações, a verificação de F_f não é oportuna, tendo-se em vista que essas modificações influem no valor de medição.

Conforme a norma DIN 3961, o desvio total do perfil envolvente é determinado pela equação:

$$F_f = \sqrt{f_{H\alpha}^2 + f_f^2} \tag{11.71}$$

Desvio angular do perfil evolvente ($f_{H\alpha}$)

É a diferença entre o ângulo de perfil real e o teórico e/ou entre o círculo base real e o teórico, verificada a partir da curva compensadora dentro da área de avaliação.

Essa inclinação pode ser provocada por um erro do ângulo de perfil (em ferramentas mal afiadas ou mal posicionadas) e/ou por excentricidade do círculo base (não coincidência entre os eixos da roda em operação e o eixo de rotação da mesa da máquina geradora).

Procedimento manual para a análise do diagrama: Traça-se a curva compensadora, determinada dentro da área de avaliação. Traça-se uma reta vertical, partindo do ponto de intersecção entre a curva compensadora e o limite superior da área de avaliação. $f_{H\alpha}$ é a distância entre os pontos de intersecção entre a curva compensadora e o limite superior da área de avaliação com o ponto de intersecção entre a curva compensadora e o limite inferior da área de avaliação tomada na direção horizontal.

A curva compensadora é uma reta, tanto no perfil sem modificação, quanto no perfil com modificação.

A área de avaliação é compreendida entre os diâmetros úteis de pé e de cabeça.

Conforme a norma DIN 3961, esse desvio é determinado por uma das equações a seguir:

Para $Q \leq 9$:

$$f_{H\alpha} = \text{int } \{1,4^{(Q-5)} [2,5 + 0,25 \, (m_{np} + 3 \cdot \sqrt{m_{np}})] + 0,5\} \qquad (11.72)$$

Para $Q > 9$:

$$f_{H\alpha} = \text{int } \{1,6^{(Q-5)} [2,5 + 0,25 \, (m_{np} + 3 \cdot \sqrt{m_{np}})] + 0,5\} \qquad (11.73)$$

Desvio de forma do perfil evolvente (f_f)

É a distância entre os dois perfis de referência que delimitam a curva do perfil real.

A forma do perfil evolvente consiste de uma ondulação gerada pela ferramenta tipo hob. Essa ondulação é em função do número de entradas e do número de lâminas que compõem a ferramenta, portanto, deve ser uniforme e pode ser controlada por meio de gráficos. A magnitude dessa ondulação, não pode ultrapassar os valores tolerados, em função da qualidade especificada. Uma ondulação irregular pode ser provocada por uma ferramenta mal afiada ou com craterização no fio de corte, por mal posicionamento, por mecanismo de divisão com folgas etc. Esse tipo de erro pode provocar vibração e ruído, principalmente em engrenamentos que operam em altas velocidades. Operações de acabamento posterior como rasqueteamento ou retificação podem eliminar essa ondulação, aumentando sobremaneira a qualidade. Evidentemente, irregularidades podem estar presentes mesmo com operações de acabamento.

Procedimento manual para a análise do diagrama: Traça-se a curva compensadora. Traçam-se duas paralelas à curva compensadora tangenciando-as aos picos e vales, mais afastados. Em outras palavras, essas duas retas são traçadas em ambos os lados, de modo a incluir o gráfico dentro da área de avaliação. O desvio de forma f_f é a distância entre essas duas retas, tomada na direção horizontal.

A curva compensadora é uma reta no perfil sem modificação. No perfil com modificação, a curva compensadora acompanha o perfil modificado.

Conforme a norma DIN 3961, esse desvio é determinado por uma das equações a seguir:

Para $Q \leq 9$:

$$f_f = \text{int } \{1,4^{(Q-5)} [1,5 + 0,25 \cdot (m_{np} + 9 \cdot \sqrt{m_{np}})] + 0,5\} \quad (11.74)$$

Para $Q > 9$:

$$f_f = \text{int } \{1,6^{(Q-5)} [1,5 + 0,25 \cdot (m_{np} + 9 \cdot \sqrt{m_{np}})] + 0,5\} \quad (11.75)$$

Na Figura 11.24 podemos observar os diagramas de uma roda com dentes fresados, sem nenhum acabamento posterior, e outro com dentes rasqueteados ou retificados.

Normalmente, os mesmos dentes escolhidos para a verificação da hélice, são objetos da verificação do perfil. O número de gráficos também é o mesmo. Se forem escolhidos quatro dentes, teremos oito gráficos, dois para cada dente, ou seja, um para cada flanco.

Uma evolvente teoricamente perfeita resultaria em um gráfico, cuja curva seria uma reta vertical. Na prática, podemos verificar uma evolvente, cujo lado da inclinação, caminhando do pé para a cabeça do dente, revela os seguintes erros:

Na direção para o lado isento de material: $f_{H\alpha}$ = positivo
Círculo de base maior que o teórico ou ângulo de perfil menor que o teórico.

Controle dimensional

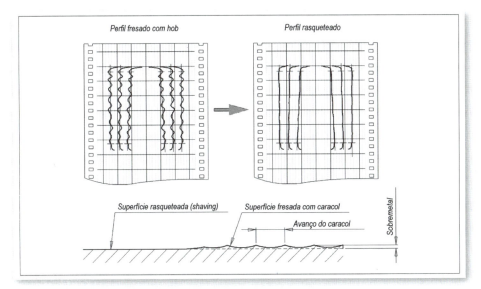

Figura 11.24 – Perfil fresado com hob e perfil rasqueteado.

Na direção para o lado do material: $f_{H\alpha}$ = negativo

Círculo de base menor que o teórico ou ângulo de perfil maior que o teórico.

Relembrando:

Curva compensadora é a curva quártica de melhor ajuste dos **mínimos quadrados**, ou seja, a curva que passa o mais próxima possível dos pontos que formam a curva real do diagrama. Em outras palavras, é curva que melhor divide os picos e vales da curva real. Normalmente, é suficiente traçar a curva compensadora (inclui também a reta compensadora) de modo intuitivo, que resultará aproximada no gráfico. Em casos especiais, em que o rigor é extremo, recomenda-se utilizar o método matemático dos mínimos quadrados.

A Figura 11.25 mostra um exemplo de uma roda com dentes sem modificação no perfil.

A Figura 11.26 mostra um exemplo de uma roda com dentes modificados no perfil, tanto no pé quanto na cabeça do dente.

Diâmetro útil de pé é a circunferência na qual se inicia o perfil ativo no flanco, a partir do pé do dente. É o ponto mais interno (nas rodas com dentes externos) que toca a roda conjugada. Nas rodas com pequeno número de dentes, essa circunferência pode se confundir com a circunferência de base.

Diâmetro útil de cabeça é o último ponto do flanco do dente, próximo à cabeça, a tocar no flanco do dente conjugado. Na maioria das engrenagens, o diâmetro

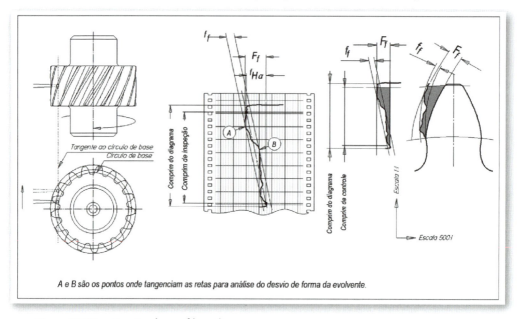

Figura 11.25 – Desvio do perfil evolvente.

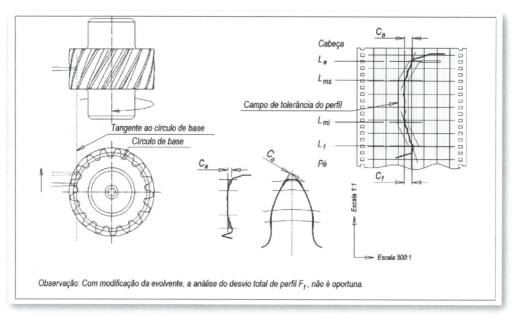

Figura 11.26 – Desvio do perfil evolvente com modificação.

Controle dimensional

útil de cabeça coincide com o diâmetro de início do chanfro ou com o próprio diâmetro de cabeça, quando não há chanfro.

As Figuras 11.27 e 11.28 mostram exemplos de uma roda com pequeno e outra com grande número de dentes, respectivamente. Nessas ilustrações, estão esquematizados os sistemas de controle do perfil evolvente.

Algumas máquinas fornecem valores angulares (α_i) em vez de valores lineares (c_i). A conversão é dada pela fórmula:

$$c_i = \alpha_i \cdot r_b$$

onde: α_i é o ângulo dado em radianos, e r_b é o raio base.

Modificação do perfil evolvente, também chamado abaulamento de altura, são recuos que podem ser feitos na cabeça **ou** no pé, ou, ainda, na cabeça **e** no pé do dente (este último conhecido como perfil k). Trata-se de uma curva que parte de um determinado diâmetro e caminha em direção à cabeça e/ou em direção ao pé do dente, removendo material.

A modificação é desenhada para:

- compensar as deformações causadas no tratamento térmico, exatamente na cabeça, onde há menos massa e, portanto, sofre um choque térmico maior;
- compensar a deformação de flexão dos dentes conjugados durante o trabalho de transmissão.

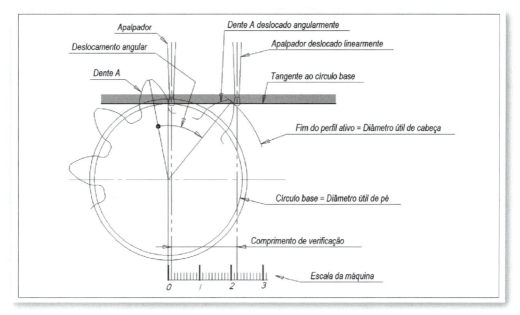

Figura 11.27 – Verificação da evolvente com número de dentes pequeno.

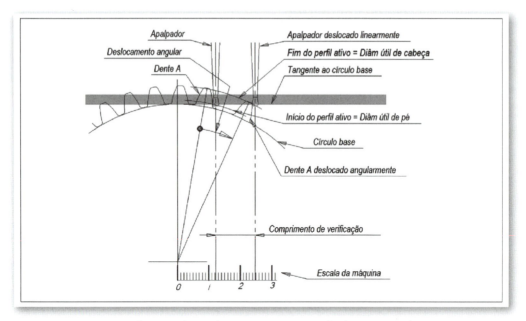

Figura 11.28 – Verificação da evolvente com número de dentes grande.

Veja o Capítulo 10 para mais detalhes.

A Figura 11.29 mostra os gráficos de uma roda com dentes deformados no tratamento térmico.

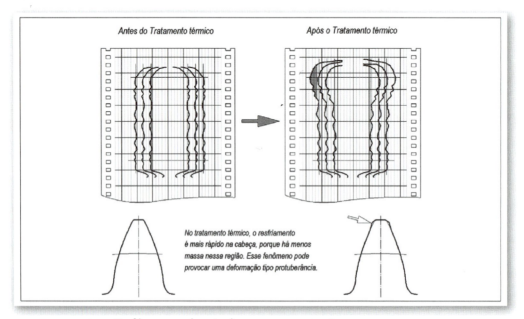

Figura 11.29 – Perfil antes e depois do tratamento térmico.

Deslocamento de transmissão

O deslocamento de transmissão, também chamado de erro de transmissão ou erro composto radial, ou erro composto tangencial, é o desvio observado no processo pelo qual se faz rodar, em ensaios, a roda em inspeção com a roda máster, em um aparelho ou em uma máquina de teste desenvolvida especialmente para esse fim.

Vamos substituir o termo "erro" designado para "erro de transmissão" ou "erro composto radial", ou "erro composto tangencial", pelo termo "deslocamento", que é mais adequado.

O deslocamento de transmissão é medido, e os valores obtidos servem para avaliar a qualidade das engrenagens. O deslocamento pode ser radial ou tangencial.

O deslocamento de transmissão radial é um controle muito utilizado por se tratar de um método simples e de baixo custo, no que se refere ao investimento inicial necessário. O controle é baseado em uma propriedade geométrica fundamental das engrenagens com dentes de perfil evolvente. Vejamos:

Deslocamento de transmissão radial

Se duas rodas dentadas, com o mesmo passo base e com perfis evolventes perfeitos, são engrenadas com os flancos pressionados um contra o outro, com uma força constante, a distância entre os centros resultará em uma constante em toda a duração de engrenamento.

O deslocamento de transmissão radial é baseado neste princípio, a partir do qual se mede a variação da distância entre centros, quando uma roda máster é conjugada a uma roda que se está controlando. Veja a Figura 11.30.

As variações provocadas pela roda máster são normalmente desprezadas, uma vez que sua qualidade é necessariamente muito maior que a qualidade da roda em controle.

A seguir, estão relacionadas as classes de precisão para as rodas máster como sugestão:

- Classe 1: para controlar rodas das classes 4 e 5.
- Classe 2: para controlar rodas das classes 6 e 7.
- Classe 3: para controlar rodas das classes 8 até 9.
- Classe 4: para controlar rodas das classes 10 até 12.

Esse sistema de controle, apesar de ser muito prático, é também bastante limitado. Além de outras influências, o fato de depender dos resultados obtidos dos dois flancos (direito e esquerdo) simultaneamente, os erros individuais das duas

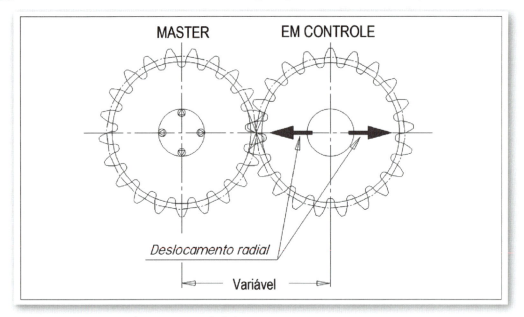

Figura 11.30 – Deslocamento radial de transmissão.

famílias de flancos se somarão algebricamente, podendo se acumular, se atenuar ou até mesmo se anular, mascarando os resultados obtidos. Desse modo, duas rodas com erros de perfis muito diferentes, podem gerar gráficos muito parecidos. Não há como separar os erros de cada família de flancos. Na maioria das aplicações, as engrenagens trabalham com uma única família de flancos em contato e com uma distância entre centros fixa. Portanto, esse controle não reflete o real funcionamento da maioria das engrenagens utilizadas em máquinas, veículos etc.

Vamos analisar cada característica tomada nesse controle:

Deslocamento composto radial (F_i'')

É a amplitude máxima da variação da distância entre centros, no ensaio de deslocamento composto radial em uma volta completa da roda em inspeção com a roda máster, em que ambas são montadas, sem jogo entre flancos, pressionadas uma contra a outra por ação de uma mola. O registro gráfico desse ensaio apresenta uma sucessão (igual ao número de dentes da roda) de pequenas ondulações.

O deslocamento composto radial é a distância, tomada na direção perpendicular ao movimento do papel na impressora, entre o pico mais alto e o vale mais baixo (amplitude total), observados em toda extensão do diagrama. A amplitude total do diagrama resulta da combinação de F_p, F_r e de R_s.

Controle dimensional

Relembrando:

F_p = Erro de passo total.

F_r = Excentricidade.

R_s = Flutuação das espessuras dos dentes.

Conforme a norma DIN 3961, é determinado pela equação:

$$F''_i = \text{int} \{1,4^{(Q-5)} [2 + 2,57 \cdot \sqrt{m_{np}} + (3,12 + 0,432 \log m_{np}) \cdot d_p^{0,25}] + 0,5\} \quad (11.76)$$

Salto radial (f''_i)

É a amplitude máxima das pequenas ondulações, normalmente distantes entre si de um passo, apresentadas no gráfico. Esta amplitude representa a variação da distância entre centros, em um deslocamento angular das rodas, correspondente à duração de engrenamento de um único dente.

O salto radial resulta da combinação de f_p, f_f, F_β e de R_s.

Relembrando:

f_p = Desvio de passo individual.

f_f = Desvio de forma do perfil evolvente.

F_β = Desvio total na linha dos flancos.

R_s = Flutuação das espessuras dos dentes.

Conforme a norma DIN 3961, é determinado pela equação:

$$f''_i = \text{int} [1,4^{(Q-5)} (1,8 \cdot \sqrt{m_{np}} + 1,6 \cdot d_p^{0,25} - 1) + 0,5] \quad (11.77)$$

Excentricidade (F''_r)

É a excentricidade máxima observada por meio de uma linha compensadora traçada entre as curvas que representam os saltos, em uma volta completa da roda em inspeção. É equivalente à diferença máxima entre as medidas radiais tomada sobre uma esfera colocada nos vãos de todos os dentes da roda, que gira em torno de seu eixo geométrico, como estudado na seção "Desvio de concentricidade" neste capítulo.

Se o aparelho de medição, ilustrado na Figura 11.31, puder fornecer a distância entre centros (a''), é possível controlar, de modo indireto, a espessura dos dentes. Evidentemente, a roda em controle deve estar engrenada com uma roda máster.

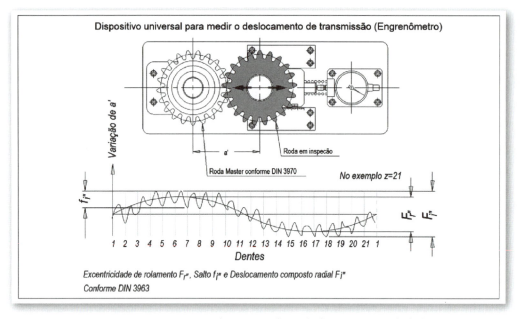

Figura 11.31 – Dispositivo universal para medir o deslocamento radial de transmissão.

Cuidados a serem tomados no controle do deslocamento de transmissão radial:

1) Nas rodas com pequeno número de dentes, há o risco de a cabeça da roda máster tocar abaixo do diâmetro base (interferência), alterando o resultado. Veja ilustração deste problema na Figura 11.32.
2) Nas rodas com grande deslocamento positivo do perfil, há o risco da cabeça da roda máster não tocar em todo o perfil ativo, em função da espessura da cabeça da roda máster ser maior que o vão próximo ao pé do dente da roda em controle. Veja ilustração deste problema na Figura 11.33.
3) Nas rodas onde a largura é maior que a roda máster, posicione-as de maneira que fiquem simétricas, em uma primeira medição. Desloque a roda máster para ambas as extremidades, posicionando-a a uma distância de 10% da largura da roda em controle de suas laterais, para as outras duas medições. Veja ilustração na Figura 11.34.
4) A força da roda em controle sobre a roda máster deve ser suficiente para assegurar o contato permanente entre os flancos. Força excessiva pode provocar pequenas deformações nos flancos, alterando os resultados, principalmente em peças não tratadas termicamente (material mole), muito estreitas e com pequenos números de dentes, onde o raio de curvatura do perfil evolvente é pequeno. Veja ilustração na Figura 11.35.

Controle dimensional

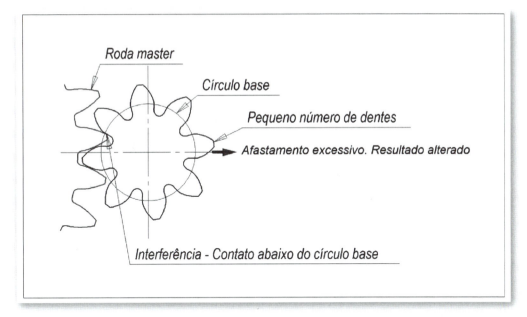

Figura 11.32 – Interferência na medição do deslocamento de transmissão radial.

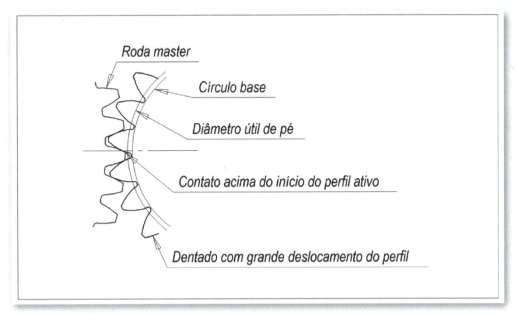

Figura 11.33 – Contato insuficiente na medição do deslocamento de transmissão radial.

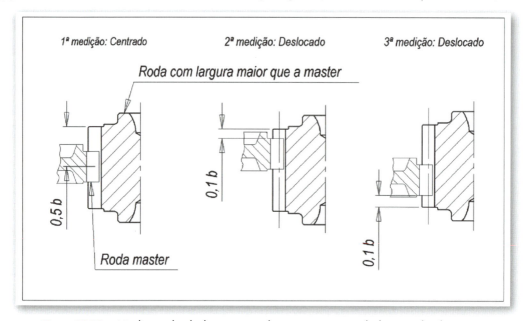

Figura 11.34 – Medição do deslocamento de transmissão radial em rodas largas.

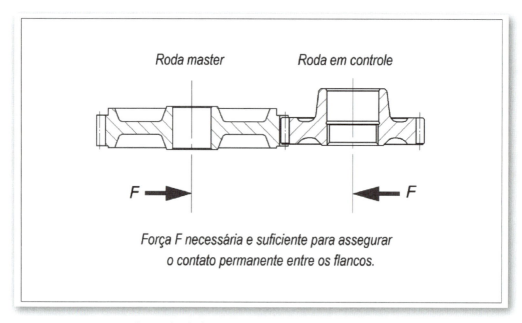

Figura 11.35 – Medição do deslocamento de transmissão radial com força excessiva.

Deslocamento de transmissão tangencial

O deslocamento tangencial é mais eficiente que o radial, porque controla apenas flancos homólogos, ou seja, uma mesma família de flancos. Portanto, é o método de controle que mais se aproxima das condições reais de funcionamento. É pouco utilizado por se tratar de um método de controle caro, no que se refere ao investimento inicial necessário. O controle é baseado em uma propriedade geométrica fundamental das engrenagens com dentes de perfil evolvente:

Se duas rodas dentadas com o mesmo passo base e com perfis evolventes perfeitos são engrenadas com distância entre centros nominal e jogo entre flancos e com força constante entre os flancos em contato, a relação das velocidades angulares será constante em toda a duração de engrenamento.

O deslocamento de transmissão tangencial é baseado neste princípio, pelo qual se mede a variação da velocidade angular da roda em teste conjugada a uma roda máster. Veja ilustração na Figura 11.36.

As variações provocadas pela roda máster são normalmente desprezadas, uma vez que sua qualidade é necessariamente maior que a qualidade da roda em controle.

Vamos analisar cada característica:

Deslocamento composto tangencial (F_i')

É a amplitude máxima da variação dos pontos situados sobre a linha de engrenamento (linha de ação) e seus pontos teóricos, no ensaio de deslocamento de

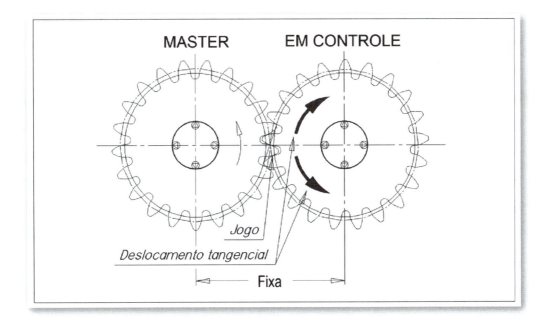

Figura 11.36 – Deslocamento tangencial de transmissão.

transmissão em uma volta completa da roda em inspeção com a roda máster, quando ambas são montadas com a distância entre centros nominal e jogo entre flancos. Os flancos em contato são pressionados, um contra o outro, com uma força constante. O registro gráfico desse ensaio apresenta uma sucessão (igual ao número de dentes da roda) de pequenas ondulações. O deslocamento composto tangencial é a distância, tomada na direção perpendicular ao movimento do papel na impressora, entre o pico mais alto e o vale mais baixo (amplitude total), observados em toda extensão do diagrama. A amplitude total do diagrama resulta da combinação de F_p, F_r e de R_s.

Relembrando:

F_p = Erro de passo total.

F_r = Excentricidade.

R_s = Flutuação das espessuras dos dentes.

Conforme a norma DIN 3961 é determinada por uma das equações a seguir:

Para $Q \leq 9$:

$$F'_i = \text{int}\{1,4^{(Q-5)} [0,8 \cdot (F_p + F_t)] + 0,5\} \qquad (11.78)$$

Para $Q > 9$:

$$F'_i = \text{int}\{1,6^{(Q-5)} [0,8 \cdot (F_p + F_t)] + 0,5\} \qquad (11.79)$$

Salto tangencial (f'_i)

É a amplitude máxima das pequenas ondulações, normalmente distantes entre si de um passo, apresentadas no gráfico. O salto tangencial resulta da combinação de f_p, f_f, F_β e de R_s.

Relembrando:

f_p = Desvio de passo individual

f_f = Desvio de forma do perfil evolvente

F_β = Desvio total na linha dos flancos

R_s = Flutuação das espessuras dos dentes

Conforme a norma DIN 3961, é determinado por uma das equações a seguir:

Controle dimensional

Para $Q \leq 9$:

$$f'_i = \text{int}\{1{,}4^{(Q-5)}\,[0{,}7 \cdot (f_p + F_f)] + 0{,}5\} \tag{11.80}$$

Para $Q > 9$:

$$f'_i = \text{int}\{1{,}6^{(Q-5)}\,[0{,}7 \cdot (f_p + F_f)] + 0{,}5\} \tag{11.81}$$

Existem máquinas modernas que medem o deslocamento tangencial de transmissão de maneira totalmente eletrônica, porém, para compreender o funcionamento básico desse processo, vamos analisar o dispositivo universal mecânico.

O princípio desse dispositivo é mostrado na Figura 11.37.

A roda máster [1] e a roda em teste [2] estão montadas em seus respectivos eixos que são ajustados e fixados à distância entre centros desejada.

Com o auxílio do manípulo (parafuso) [3], desloca-se o carro de comando [4].

Em função da inclinação da ranhura [5] do platô [6], o disco [7] desliza, movimentando a barra motora [8] na direção perpendicular ao carro de comando [4].

A barra motora [8] gira o cilindro receptor [9] sem deslizar, o qual, por sua vez, gira a roda máster [1], porque está no mesmo eixo.

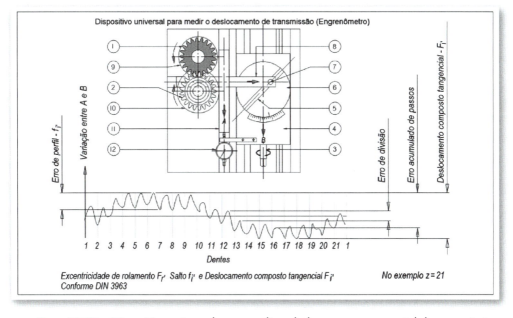

Figura 11.37 – Dispositivo universal para medir o deslocamento tangencial de transmissão.

Como a roda máster [1] está engrenada com a roda em teste [2], o cilindro motor [10] gira também, porque está no mesmo eixo.

O cilindro motor [10], por sua vez, move sem deslizar, a barra detectora [11] paralelamente ao movimento do carro de comando [4]. Os desvios dos flancos em contato se traduzem, então, por acelerações e desacelerações temporárias da barra detectora, que assume um avanço ou retardo sobre o carro onde está fixado o instrumento [12] que mede as oscilações. No desenho, um relógio comparador está representando o instrumento, mas, obviamente, poderia ser um sensor, que transmitiria as informações a um computador ou, até mesmo, a um registrador gráfico.

CAPÍTULO 12
Análise geométrica

A análise geométrica do dentado de uma engrenagem física, consiste em determinar os seus dados construtivos, como módulo normal, ângulo de perfil, ângulo de hélice sobre o diâmetro de referência, além de todas as demais características necessárias para um desenho completo do dentado.

MÉTODO DAS DIMENSÕES W PARA DENTADO EXTERNO RETO

Inicialmente, precisamos determinar o passo base normal, e a maneira mais simples de determiná-lo é tomar duas dimensões W, uma sobre k e outra sobre $k-1$ dentes consecutivos, como, por exemplo, sobre três e dois dentes (W_3 e W_2), ou sobre quatro e três dentes (W_4 e W_3), e assim por diante.

Veja ilustração na Figura 12.1.

Como já vimos no Capítulo 7, o passo base normal é:

$$P_b = W_k - W_{k-1} \tag{12.1}$$

e

$$P_b = m_n \cdot \cos \alpha \cdot \pi \tag{12.2}$$

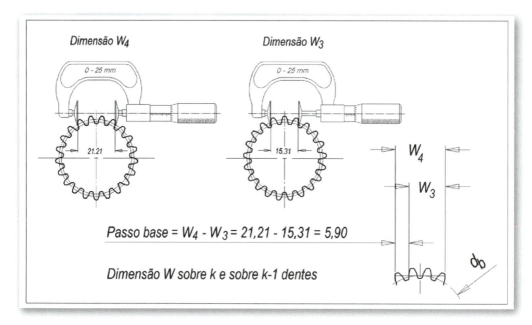

Figura 12.1 – Análise geométrica.

então:

$$W_k - W_{k-1} = m_n \cdot \cos \alpha \cdot \pi$$

$$m_n \cdot \cos \alpha = \frac{W_k - W_{k-1}}{\pi} \qquad (12.3)$$

MÉTODO DAS DIMENSÕES M PARA DENTADO EXTERNO RETO

Um problema que encontramos com frequência, principalmente nas rodas com um número muito pequeno de dentes, é a impossibilidade de se tomar a dimensão W sobre dois números de dentes consecutivos. Por exemplo, é possível medir sobre dois dentes (W_2), mas não sobre três (W_3) como mostra a Figura 12.2. Isso pode acontecer, também, nas rodas com dentes rebaixados e estriados.

Nesses casos, é possível determinar o passo base por meio de duas dimensões sobre rolos. Uma com rolos maiores (D_{Mg}), que tocam os perfis evolventes anti-homólogos próximo à cabeça do dente e outra com rolos menores (D_{Mp}) que tocam os perfis evolventes anti-homólogos próximo ao pé do dente.

Análise geométrica

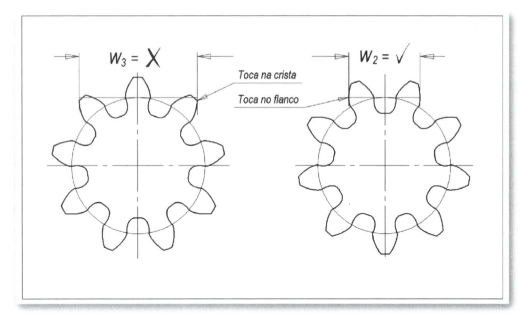

Figura 12.2 – Análise geométrica – dimensão equivocada.

Para facilitar a compreensão, inicialmente vamos deduzir as fórmulas para um dentado reto. Acompanhe o desenvolvimento das Equações de (12.4) até (12.10) e da Expressão (12.11). Observe o setor circular em destaque (pintado em cinza) na Figura 12.3. Os dois raios que o formam são os raios base da roda (r_b), e o arco é a diferença entre os raios dos rolos utilizados para as medições.

Pela figura, podemos definir o ângulo central desse setor circular de duas maneiras:

$$\theta = \frac{D_{Mg} - D_{Mp}}{2 \cdot r_b} \qquad (12.4)$$

$$\theta = \text{inv } \alpha_{Mg} - \text{inv } \alpha_{Mp} \qquad (12.5)$$

Então:

$$\text{inv } \alpha_{Mg} - \text{inv } \alpha_{Mp} = \frac{D_{Mg} - D_{Mp}}{2 \cdot r_b} \qquad (12.6)$$

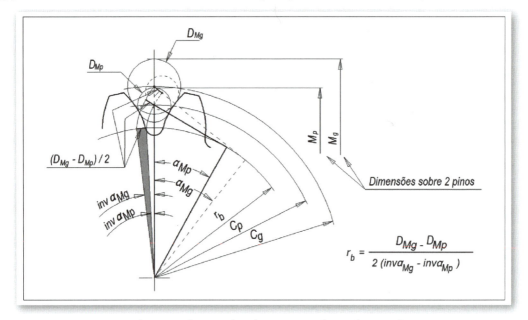

Figura 12.3 – Raio base em função das dimensões sobre rolos em dentes retos externos.

Como:

$$\text{inv } \alpha_{Mg} = \tan \alpha_{Mg} - \alpha_{Mg} \quad [\alpha_{Mg} \text{ em radianos}]$$

$$\text{inv } \alpha_{Mp} = \tan \alpha_{Mp} - \alpha_{Mp} \quad [\alpha_{Mp} \text{ em radianos}]$$

$$r_b = \frac{D_{Mg} - D_{Mp}}{2 \cdot (\tan \alpha_{Mg} - \tan \alpha_{Mp} - \alpha_{Mg} + \alpha_{Mp})} \tag{12.7}$$

Cálculo de C_g e C_p para z par:

$$C_g = \frac{M_g - D_{Mg}}{2} \quad \text{e} \quad C_p = \frac{M_p - D_{Mp}}{2} \tag{12.8}$$

Cálculo de C_g e C_p para z ímpar:

$$C_g = \frac{M_g - D_{Mg}}{2 \cdot \cos\frac{90}{z}} \quad \text{e} \quad C_p = \frac{M_p - D_{Mp}}{2 \cdot \cos\frac{90}{z}}$$

Pelo triângulo retângulo tracejado da figura, temos:

$$r_b = C_g \cdot \cos \alpha_{Mg} \quad \rightarrow \quad \alpha_{Mg} = \cos^{-1}\left(\frac{r_b}{C_g}\right) \tag{12.9}$$

Análise geométrica

Pelo triângulo retângulo da figura (traçado em preto com linhas grossas), temos:

$$r_b = C_p \cdot \cos \alpha_{Mp} \rightarrow \alpha_{Mp} = \cos^{-1}\left(\frac{r_b}{C_p}\right) \tag{12.10}$$

Logo:

$$\left| r_b - \frac{D_{Mg} - D_{Mp}}{2\,(\tan \alpha_{Mg} - \tan \alpha_{Mp} - \alpha_{Mg} + \alpha_{Mp})} \right| \leq 0{,}0001 \tag{12.11}$$

[α_{Mg} e α_{Mp} em radianos]

Variar (r_b) até que a condição imposta pela Expressão (12.11) seja satisfeita. Quando isso acontecer, teremos o raio base da roda. Para esse procedimento, o melhor caminho é utilizar um método numérico, como, por exemplo, o método da bissecção, explicado no Capítulo 3, ou outro de sua preferência.

MÉTODO DAS DIMENSÕES *N* PARA DENTADO EXTERNO RETO

Para as rodas dentadas retas de grande porte como, por exemplo, $z = 200$ e $m = 30$, que resultaria em um diâmetro de referência de 6000 mm é muito difícil medir a dimensão *W* e mais difícil ainda medir a dimensão *M*, principalmente em campo, em que o acesso à medição não está a nosso favor. Nesse caso podemos tomar a dimensão *N*.

A dimensão *N* é a dimensão tomada sobre dois rolos assentados sobre vãos próximos, não necessariamente adjacentes. Para facilitar, vamos chamar de *k* dentes, o número de dentes que fica entre os rolos e que é igual ao número de passos entre os mesmos rolos. Observe isso na Figura 12.4, para dentado externo, e 12.5, para dentado interno.

Com as dimensões N_g e N_p, nosso objetivo é chegar às dimensões C_g e C_p, respectivamente.

$$A = \frac{180\,k}{z} \tag{12.12}$$

$$C_g = \frac{N_g - D_{Mg}}{2 \operatorname{sen} A} \tag{12.13}$$

$$C_p = \frac{N_p - D_{Mp}}{2 \operatorname{sen} A} \tag{12.14}$$

Com C_g e C_p, podemos proceder exatamente como no método das dimensões M para encontrar o raio base.

Para os três métodos (W, M e N), com o raio base (r_b) podemos determinar o passo base:

$$P_b = \frac{2 \cdot r_b \cdot \pi}{z} \qquad (12.15)$$

e

$$P_b = m_n \cdot \cos \alpha \cdot \pi \qquad (12.16)$$

então:

$$\frac{2 \cdot r_b \cdot \pi}{z} = m_n \cdot \cos \alpha \cdot \pi \qquad (12.17)$$

Ou

$$m_n \cdot \cos \alpha = \frac{2 \cdot r_b}{z} \qquad (12.18)$$

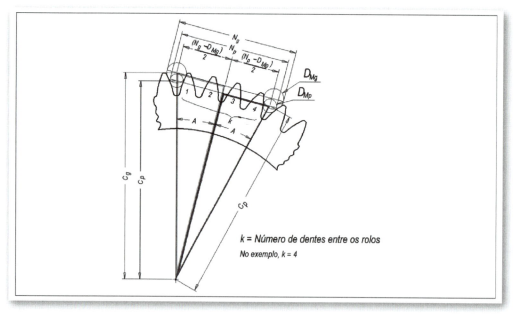

Figura 12.4 – Determinação de C_g e C_p em função das dimensões N_g e N_p, em dentado externo.

Análise geométrica

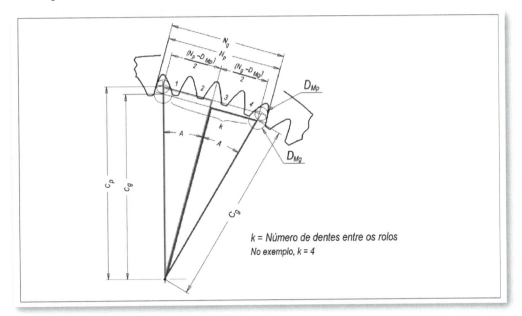

Figura 12.5 – Determinação de C_g e C_p em função das dimensões N_g e N_p, em dentado interno.

Note que, o que importa realmente é o produto $m_n \cdot \cos \alpha$.

Os ângulos de perfil mais empregados são:

14°30'	17°30'	25°00'
15°00'	18°00'	27°30'
16°00'	18°30'	30°00'
16°30'	20°00'	37°30'
17°00'	22°30'	45°00'

Os ângulos de 30° e superiores são empregados com frequência nos estriados e não nas engrenagens.

Tomando, na peça física, o passo base e arbitrando o valor do ângulo de perfil, podemos calcular o módulo normal (m_n):

$$m_n = \frac{W_k - W_{k-1}}{\pi \cdot \cos \alpha} = \frac{p_b}{\pi \cdot \cos \alpha} \tag{12.19}$$

ou

$$m_n = \frac{2 \cdot r_b}{z \cdot \cos \alpha} \quad (12.20)$$

Para cada ângulo de perfil, teremos um módulo normal, de modo que o passo base será sempre o mesmo. Sendo assim, o perfil evolvente também o será.

Se compararmos o perfil do dente da peça física que estamos analisando com o perfil obtido por meio de nossos cálculos, em que o ângulo de perfil diverge um do outro, veremos que a diferença entre eles é o perfil trocoidal, aquele abaixo do perfil evolvente. Se a diferença entre os ângulos de perfil for pequena, a diferença entre os perfis trocoidais será desprezível. Se for muito grande, poderemos ter problemas de interferência.

Para que percebamos as diferenças e possamos distingui-las no desenho, vamos calcular três módulos diferentes para os ângulos de perfil de 14°30', 20°00' e 30°00'.

No exemplo, temos:

Dentes retos

Número de dentes = 20

Dimensão W sobre três dentes = 15,32

Dimensão W sobre dois dentes = 9,42

Passo base = P_b = 15,35 − 9,42 = 5,90   ref (12.1)

Alternativa 1:

Arbitrando-se α = 14°30'

$$m_n = \frac{5{,}90}{\pi \cdot \cos 14{,}5°} = 1{,}940 \quad \text{ref (12.19)}$$

Ver perfil de referência na Figura 12.6.

Alternativa 2:

Arbitrando-se α = 20°00'

$$m_n = \frac{5{,}90}{\pi \cdot \cos 20{,}0°} = 2{,}000 \quad \text{ref (12.19)}$$

Ver perfil de referência na Figura 12.7.

Análise geométrica

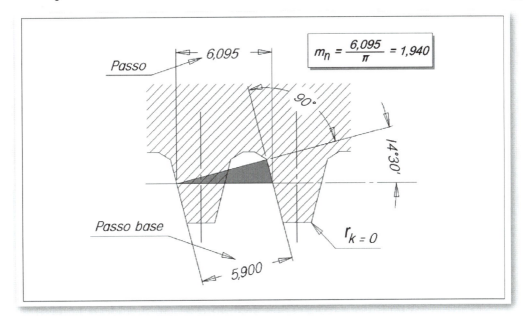

Figura 12.6 – Perfil de referência com ângulo de perfil = 14°30' e módulo = 1,940.

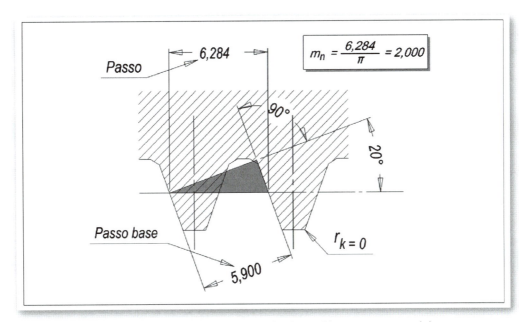

Figura 12.7 – Perfil de referência com ângulo de perfil = 20°00' e módulo = 2,000.

Alternativa 3:

Arbitrando $\alpha = 30°00'$

$$m_n = \frac{5{,}90}{\pi \cdot \cos 30{,}0°} = 2{,}169 \qquad \text{ref (12.19)}$$

Ver perfil de referência na Figura 12.8.

Na Figura 12.9, estão sobrepostos os perfis resultantes das três alternativas apresentadas aqui.

Note que os perfis evolventes são idênticos, porém os perfis trocoidais são distintos. As trocoides foram traçadas com os raios das cristas das ferramentas iguais a zero, portanto, essas diferenças são devidas exclusivamente à geração, não havendo influência do raio.

Para que a análise geométrica do dentado fique completa, deverão ser observados também os diâmetros de cabeça, de raiz, chanfro de cabeça (semitopping) etc.

O diâmetro de cabeça requer uma atenção especial, quando o número de dentes for ímpar, em virtude do fato de que os encostos do instrumento de medição tocarão nos vértices das cabeças, principalmente nas rodas com pequeno número de dentes. Nesses casos é necessário calcular o diâmetro de cabeça (d_a) em função da dimensão sobre cristas (d_k) tomada na peça física. Vejamos:

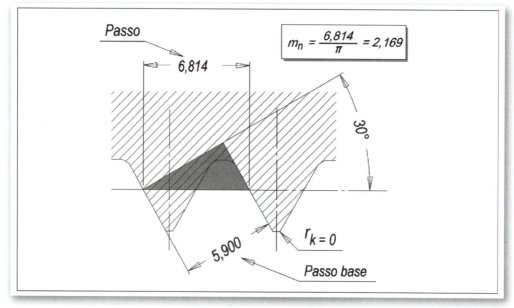

Figura 12.8 – Perfil de referência com ângulo de perfil = 30°00' e módulo = 2,169.

Análise geométrica

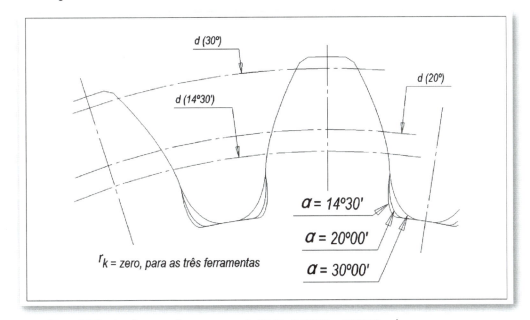

Figura 12.9 – Perfis gerados com α = 14°30', 20°00' e 30°00' sobrepostos.

$$A = d_k - \frac{S_{na}}{\cos \beta} \cdot \operatorname{sen} \frac{\pi}{2 \cdot z} \tag{12.21}$$

$$B = 2 \cdot \cos \frac{\pi}{2 \cdot z} \tag{12.22}$$

$$C = \frac{S_{na}}{2 \cdot \cos \beta} \tag{12.23}$$

$$d_a = 2 \sqrt{\left(\frac{A}{B}\right)^2 + C^2} \tag{12.24}$$

Veja um exemplo na Figura 12.10.

MÉTODO DAS DIMENSÕES W PARA DENTADO EXTERNO HELICOIDAL

A maneira de se medir o passo base nas rodas com dentes helicoidais, por meio das dimensões sobre dentes ($W_k - W_{k-1}$), não é muito diferente das rodas com dentes retos. A diferença é que, para o dentado helicoidal, temos de determinar o ângulo de hélice sobre o diâmetro de referência (β), a partir de um ângulo

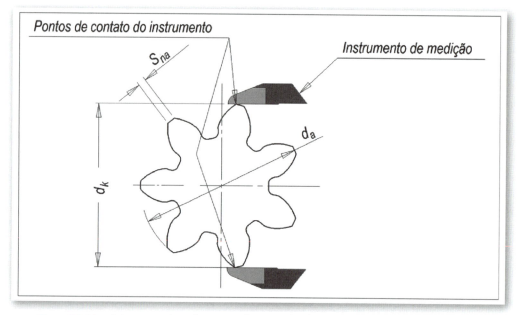

Figura 12.10 – Diâmetro de cabeça em função da dimensão sobre cristas.

de hélice (β_y) medido sobre um diâmetro qualquer (d_y). Afinal, quando medimos o ângulo, não sabemos ainda, qual é o diâmetro de referência (d).

A melhor maneira de se medir o ângulo de hélice, é utilizando uma máquina medidora de engrenagens. A seguir, está um procedimento de como fazer isto, como sugestão:

1) Utilizar um disco cujo diâmetro esteja entre os círculos de pé e de cabeça.
2) Arbitrar um ângulo para o platô da máquina, próximo ao ângulo de hélice da engrenagem.
3) Movimentar o apalpador da máquina sobre a hélice sem que a pena do registrador toque no papel.
4) Girar o platô da máquina para corrigir o traçado do registrador.
5) Repetir os itens 2, 3 e 4 até que o registrador trace as melhores linhas verticais.
6) Efetuar os itens anteriores em três ou quatro dentes equidistantes.
7) Registrar os gráficos no papel para documentar o trabalho.
8) Anotar no papel, o ângulo obtido (β_y) e o diâmetro do disco (d_y) utilizado na medição, como exemplificado na Figura 12.11.

Análise geométrica

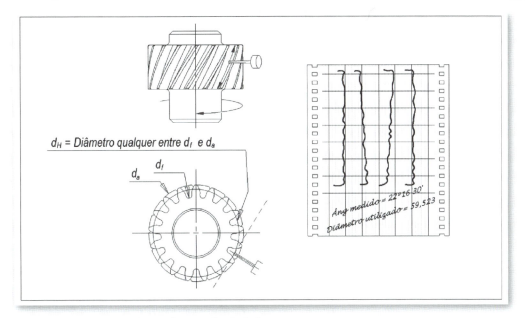

Figura 12.11 – Medição do ângulo de hélice.

9) O ângulo de hélice sobre o círculo de referência pode ser calculado com a aplicação da Equação (12.34). Para entender essa equação, veja a demonstração a seguir.

Da Figura 12.12, temos:

$$p_z = \frac{d_y \cdot \pi}{\tan \beta_y} = \frac{d \cdot \pi}{\tan \beta} \qquad (12.25)$$

$$d = \frac{m_n \cdot z}{\cos \beta} \qquad (12.26)$$

Substituindo (12.26) em (12.25)...

$$p_z = \frac{m_n \cdot z}{\cos \beta} \cdot \frac{\pi}{\tan \beta} \qquad (12.27)$$

Da trigonometria:

$$\tan \beta = \frac{\operatorname{sen} \beta}{\cos \beta} \qquad (12.28)$$

Substituindo (12.28) em (12.27)...

$$p_z = \frac{m_n \cdot z}{\cos \beta} \cdot \frac{\pi}{\left(\dfrac{\operatorname{sen} \beta}{\cos \beta}\right)} \quad (12.29)$$

Cortando $\cos \beta$:

$$p_z = \frac{m_n \cdot z \cdot \pi}{\operatorname{sen} \beta} \quad (12.30)$$

$$\operatorname{sen} \beta = \frac{m_n \cdot z \cdot \pi}{p_z}$$

Tomando a função inversa:

$$\beta = \operatorname{sen}^{-1}\left(\frac{m_n \cdot z \cdot \pi}{P_z}\right) \quad (12.31)$$

Substituindo (12.25) em (12.31):

$$\beta = \operatorname{sen}^{-1}\left(\frac{m_n \cdot z \cdot \pi}{\dfrac{d_y \cdot \pi}{\tan \beta_y}}\right) \quad (12.32)$$

$$\beta = \operatorname{sen}^{-1}\left(m_n \cdot z \cdot \pi \cdot \frac{\tan \beta_y}{d_y \cdot \pi}\right) \quad (12.33)$$

Cortando π:

$$\beta = \operatorname{sen}^{-1}\left(m_n \cdot z \cdot \cancel{\pi} \cdot \frac{\tan \beta_y}{d_y \cdot \cancel{\pi}}\right)$$

$$\beta = \operatorname{sen}^{-1}\left(m_n \cdot z \cdot \frac{\tan \beta_y}{d_y}\right) \quad (12.34)$$

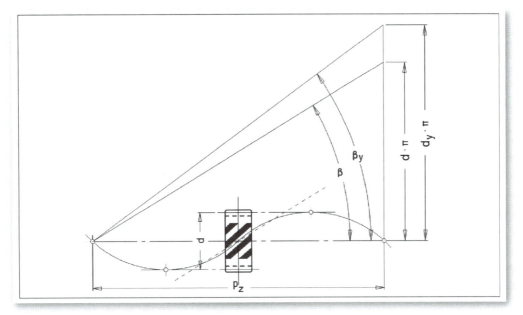

Figura 12.12 – Determinação do ângulo de hélice sobre o diâmetro de referência.

MÉTODO DAS DIMENSÕES M PARA DENTADO EXTERNO HELICOIDAL

A maneira de se medir o passo base nas rodas com dentes helicoidais, por meio das dimensões sobre rolos ($M_g - M_p$), é um pouco diferente das rodas com dentes retos. Veja a Figura 12.13 para compreender as fórmulas.

Cálculo do ângulo de hélice sobre o diâmetro base (β_b) em função do ângulo (β_y) medido sobre um diâmetro qualquer d_y:

$$p_z = \frac{d_y \cdot \pi}{\tan \beta_y} = \frac{d_b \cdot \pi}{\tan \beta_b} \qquad (12.35)$$

$$\tan \beta_b = \frac{2 \cdot r_b \cdot \pi \cdot \tan \beta_y}{d_y \cdot \pi} \qquad (12.36)$$

$$\beta_b = \tan^{-1} \left(\frac{2 \cdot rb \cdot \tan \beta_y}{d_y} \right) \qquad (12.37)$$

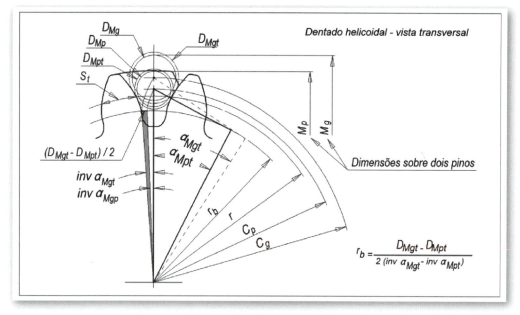

Figura 12.13 – Raio base em função das dimensões sobre rolos em dentes helicoidais.

Cálculo do diâmetro virtual (D_{Mgt} e D_{Mpt}) dos rolos de medição em função do diâmetro real dos rolos (D_{Mg} e D_{Mp}):

$$D_{Mgt} = \frac{D_{Mg}}{\cos \beta_b} \tag{12.38}$$

$$D_{Mpt} = \frac{D_{Mp}}{\cos \beta_b} \tag{12.39}$$

$$D_{Mgt} - D_{Mpt} = \frac{D_{Mg} - D_{Mp}}{\cos \beta_b} = \frac{D_{Mg} - D_{Mp}}{\cos\left[\tan^{-1}\left(\dfrac{2 \cdot r_b \cdot \tan \beta_y}{d_y}\right)\right]} \tag{12.40}$$

Cálculo de C_g e C_p:

para z ímpar:
$$C_g = \frac{M_g - D_{Mg}}{2 \cdot \cos \dfrac{90}{z}} \tag{12.41}$$

para z par:
$$C_g = \frac{M_g - d_{Mg}}{2}$$

Análise geométrica

para z ímpar:
$$C_p = \frac{M_p - D_{Mp}}{2 \cdot \cos \frac{90}{z}} \tag{12.42}$$

para z par:
$$C_p = \frac{M_p - D_{Mp}}{2} \tag{12.43}$$

Pelo triângulo retângulo tracejado da figura, temos:

$$r_b = C_g \cdot \cos \alpha_{Mgt} \rightarrow \alpha_{Mgt} = \cos^{-1}\left(\frac{r_b}{C_g}\right) \tag{12.43}$$

Pelo triângulo retângulo da figura (traçado com linhas pretas grossas), temos:

$$r_b = C_p \cdot \cos \alpha_{Mpt} \rightarrow \alpha_{Mpt} = \cos^{-1}\left(\frac{r_b}{C_p}\right) \tag{12.44}$$

Logo:

$$\left| r_b - \frac{D_{Mg} - D_{Mp}}{2 \cdot \cos\left[\tan^{-1}\left(\frac{2 \cdot r_b \cdot \tan \beta_y}{d_y}\right)\right] \cdot \left[\tan \alpha_{Mgt} - \tan \alpha_{Mpt} - \frac{\pi}{180} \cdot (\alpha_{Mgt} - \alpha_{Mpt})\right]} \right| \leq$$

$\leq 0{,}0001$ [α_{Mgt} e α_{Mpt} em graus decimais] (12.45)

Variar (r_b) até que a condição imposta pela Expressão (12.45) seja satisfeita. Quando isso acontecer, teremos o raio base da roda. Para esse procedimento, o melhor caminho é utilizar um método numérico, como, por exemplo, o método da bissecção explicado no Capítulo 3.

Com o raio base (r_b), podemos determinar o passo base normal:

$$P_b = \frac{2 \cdot r_b \cdot \pi \cdot \cos \beta_b}{z} \tag{12.46}$$

Para checar o passo base, determinado por meio dos métodos explicados aqui, há um instrumento especial. Veja um modelo na Figura 12.14.

MÉTODO DAS DIMENSÕES N PARA DENTADO EXTERNO HELICOIDAL

Esse método é particularmente útil para analisar rodas de grande porte, normalmente aplicadas em equipamentos em que as velocidades angulares são baixas. Portanto, considerei inoportuno o desenvolvimento desse método para dentados helicoidais.

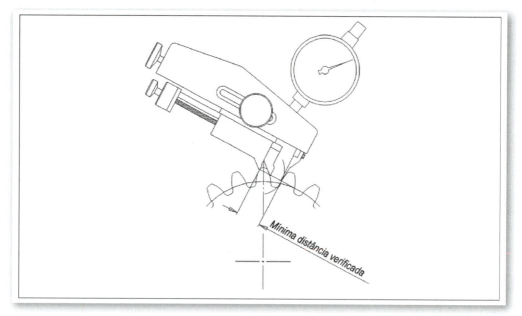

Figura 12.14 – Instrumento comparador para passo base.

EXEMPLO PARA ANÁLISE GEOMÉTRICA DE UM DENTADO EXTERNO RETO

Consideremos uma peça física com 21 dentes.

Exemplo do método das dimensões W

Tomei duas dimensões sobre dentes, $W_4 = 86,000$ e $W_3 = 62,38$.
Arbitrei um ângulo de perfil de 20°.

$$m_n = \frac{(86 - 62,38)}{\cos 20° \cdot \pi} = 8,000 \qquad \text{ref (12.19)}$$

Exemplo do método das dimensões M

Selecionei dois pares de rolos, cujos diâmetros distintos podem ser utilizados para as duas medições que precisamos para determinar o passo base. São eles: $D_{Mp} = 14,000$ e $D_{Mg} = 26,000$.

Tomei, então, as duas dimensões sobre rolos:

Com a utilização dos rolos diâmetro 26,000 → $M_g = 223,97$
Com a utilização dos rolos diâmetro 14,000 → $M_p = 189,54$

Análise geométrica

Em princípio, vamos calcular a distância entre o centro da roda até o centro do rolo para as duas dimensões M, ou seja, C_g e C_p:

$$C_g = \frac{223{,}97 - 26}{2 \cdot \cos\dfrac{90}{21}} = 99{,}26256 \qquad \text{ref (12.41)}$$

$$C_p = \frac{189{,}54 - 14}{2 \cdot \cos\dfrac{90}{21}} = 88{,}01611 \qquad \text{ref (12.42)}$$

Sabemos que:

$$\alpha_{Mg} = \cos^{-1}\frac{r_b}{99{,}26256} \qquad \text{ref (12.9)}$$

$$\alpha_{Mp} = \cos^{-1}\frac{r_b}{88{,}01611} \qquad \text{ref (12.10)}$$

Agora podemos aplicar a Equação (12.11), pois temos uma única incógnita que é o r_b.

$$\left| r_b - \frac{26 - 14}{2\,(\tan\alpha_{Mg} - \tan\alpha_{Mp} - \alpha_{Mg} + \alpha_{Mp})} \right| \leq 0{,}0001 \qquad \text{ref (12.11)}$$

Como não podemos encontrá-la por meio da álgebra, vamos utilizar o método numérico da bissecção, adotando o intervalo entre 78,0 e 80,0 para o r_b.

Na 15ª iteração encontrei a raiz, ou seja, $r_b = 78{,}93561$ com erro = 0,000061. Veja a Figura 12.15.

Passo base:

$$P_b = \frac{2 \times 78{,}93561 \cdot \pi}{21} = 23{,}61748 \qquad \text{ref (12.15)}$$

Arbitrei um ângulo de perfil de 20°.

$$m_n = \frac{23{,}61748}{\cos 20° \cdot \pi} = 8{,}000 \qquad \text{ref (12.19)}$$

	A	B	C	D	E	F	G	H	I	J	K	L	M	N
1		Zero de função para cálculo do raio base em função de duas dimensões M - Dentado Externo												
2	i	rbI	rbF	rbM	AlfaMgtI	AlfaMptI	f(rbI)	AlfaMgtF	AlfaMptF	f(rbF)	AlfaMgtM	AlfaMptM	f(rbM)	|rbF-rbI|
3	0	78.000000	80.000000	79.000000	0.666816	0.481716	2.233866	0.633529	0.430099	-2.915385	0.650355	0.456586	-0.164370	2.000000
4	1	78.000000	79.000000	78.500000	0.666816	0.481716	2.233866	0.650355	0.456586	-0.164370	0.658629	0.469306	1.074985	1.000000
5	2	78.500000	79.000000	78.750000	0.658629	0.469306	1.074985	0.650355	0.456586	-0.164370	0.654503	0.462987	0.465811	0.500000
6	3	78.750000	79.000000	78.875000	0.654503	0.462987	0.465811	0.650355	0.456586	-0.164370	0.652432	0.459797	0.153405	0.250000
7	4	78.875000	79.000000	78.937500	0.652432	0.459797	0.153405	0.650355	0.456586	-0.164370	0.651394	0.458194	-0.004804	0.125000
8	5	78.875000	78.937500	78.906250	0.652432	0.459797	0.153405	0.651394	0.458194	-0.004804	0.651913	0.458996	0.074469	0.062500
9	6	78.906250	78.937500	78.921875	0.651913	0.458996	0.074469	0.651394	0.458194	-0.004804	0.651654	0.458595	0.034875	0.031250
10	7	78.921875	78.937500	78.929688	0.651654	0.458595	0.034875	0.651394	0.458194	-0.004804	0.651524	0.458395	0.015046	0.015625
11	8	78.929688	78.937500	78.933594	0.651524	0.458395	0.015046	0.651394	0.458194	-0.004804	0.651459	0.458294	0.005124	0.007813
12	9	78.933594	78.937500	78.935547	0.651459	0.458294	0.005124	0.651394	0.458194	-0.004804	0.651426	0.458244	0.000161	0.003906
13	10	78.935547	78.937500	78.936523	0.651426	0.458244	0.000161	0.651394	0.458194	-0.004804	0.651410	0.458219	-0.002321	0.001953
14	11	78.935547	78.936523	78.936035	0.651426	0.458244	0.000161	0.651410	0.458219	-0.002321	0.651418	0.458232	-0.001080	0.000977
15	12	78.935547	78.936035	78.935791	0.651426	0.458244	0.000161	0.651418	0.458232	-0.001080	0.651422	0.458238	-0.000460	0.000488
16	13	78.935547	78.935791	78.935669	0.651426	0.458244	0.000161	0.651422	0.458238	-0.000460	0.651424	0.458241	-0.000150	0.000244
17	14	78.935547	78.935669	78.935608	0.651426	0.458244	0.000161	0.651424	0.458241	-0.000150	0.651425	0.458242	0.000006	0.000122
18	15	78.935608	78.935669	78.935638	0.651425	0.458242	0.000006	0.651424	0.458241	-0.000150	0.651425	0.458242	-0.000072	0.000061
19	16	78.935608	78.935638	78.935623	0.651425	0.458242	0.000006	0.651425	0.458242	-0.000072	0.651425	0.458242	-0.000033	0.000031
20	17	78.935608	78.935623	78.935616	0.651425	0.458242	0.000006	0.651425	0.458242	-0.000033	0.651425	0.458242	-0.000014	0.000015
21	18	78.935608	78.935616	78.935612	0.651425	0.458242	0.000006	0.651425	0.458242	-0.000014	0.651425	0.458242	-0.000004	0.000008
22	19	78.935608	78.935612	78.935610	0.651425	0.458242	0.000006	0.651425	0.458242	-0.000004	0.651425	0.458242	0.000001	0.000004
23	20	78.935610	78.935612	78.935611	0.651425	0.458242	0.000001	0.651425	0.458242	-0.000004	0.651425	0.458242	-0.000002	0.000002

Figura 12.15 – Planilha eletrônica, método da bissecção – cálculo de $r_b = f(d_M)$, dentes externos 1.

Exemplo do método das dimensões N

Vamos considerar uma roda dentada de grande porte.

Número de dentes (z) = 200.

Selecionei dois pares de rolos, cujos diâmetros distintos podem ser utilizados para as duas medições que precisamos para determinar o passo base. São eles: $d_{Mp} = 50,000$ e $d_{Mg} = 70,000$.

Tomei, então, as duas dimensões sobre os rolos separados de quatro dentes, ou seja $k = 4$:

Com a utilização dos rolos diâmetro 70,000 → $N_g = 451,11$.
Com a utilização dos rolos diâmetro 50,000 → $N_p = 427,61$.

Notem que, com um paquímetro com capacidade de medição até 500 mm, podemos fazer esta análise. Pelo método das dimensões W, seria necessário um instrumento com capacidade de medição acima de 2000 mm.

Análise geométrica

Em princípio, vamos calcular a distância entre o centro da roda até o centro do rolo (C_g e C_p) para as duas dimensões N tomadas, ou seja, N_g e N_p.

$$A = \frac{180° \times 4}{200} = 3,6° \qquad \text{ref (12.12)}$$

$$C_g = \frac{451,11 - 70}{2 \cdot \text{sen } 3,6°} = 3034,77342 \qquad \text{ref (12.13)}$$

$$C_p = \frac{427,61 - 50}{2 \cdot \text{sen } 3,6°} = 3003,90298 \qquad \text{ref (12.14)}$$

Sabemos que:

$$\alpha_{Mg} = \cos^{-1} \frac{r_b}{3034,77342} \qquad \text{ref (12.9)}$$

$$\alpha_{Mp} = \cos^{-1} \frac{r_b}{3003,90298} \qquad \text{ref (12.10)}$$

Agora, podemos aplicar a Expressão (12.11), pois temos uma única incógnita que é o r_b.

$$\left| r_b - \frac{70 - 50}{2 \,(\tan \alpha_{Mg} - \tan \alpha_{Mp} - \alpha_{Mg} + \alpha_{Mp})} \right| \leq 0,0001 \qquad \text{ref (12.11)}$$

Como não podemos encontrá-la por meio da álgebra, vamos utilizar o método numérico da bissecção, adotando o intervalo entre 2800 e 2850 para o r_b.

Na 19ª iteração encontrei a raiz, ou seja, $r_b = 2819,593$ com erro = 0,000076.

Passo base:

$$P_b = \frac{2 \times 2819,593 \cdot \pi}{200} = 88,580123 \qquad \text{ref (12.15)}$$

Arbitrei um ângulo de perfil de 20°.

$$m_n = \frac{88,580123}{\cos 20° \cdot \pi} = 30,005 \qquad \text{ref (12.19)}$$

Certamente, o módulo desse dentado é 30,000. A diferença de 0,005 reflete a imprecisão das dimensões N_g e N_p tomadas.

É importante ter em mente que erro de divisão, variação das espessuras dos dentes e erro de inclinação do dente (ângulo diferente de zero) afetam o resultado final.

EXEMPLO PARA ANÁLISE GEOMÉTRICA DE UM DENTADO EXTERNO HELICOIDAL

Temos uma peça física com 21 dentes.

Exemplo do método das dimensões W

Tomei duas dimensões sobre dentes, $W_4 = 66,29$ e $W_3 = 48,58$.
Arbitrei um ângulo de perfil de 20°.

$$m_n = \frac{(66,29 - 48,58)}{\cos 20° \cdot \pi} = 6,000 \qquad \text{ref (12.19)}$$

Exemplo do método das dimensões M

Selecionei dois pares de rolos, cujos diâmetros distintos podem ser utilizados para as duas medições de que precisamos para determinar o passo base. São eles: $D_{Mp} = 11,000$ e $D_{Mg} = 22,000$.

Tomei, então, as duas dimensões sobre rolos:

Com a utilização dos rolos diâmetro 22,000 → $M_g = 191,20$

Com a utilização dos rolos diâmetro 11,000 → $M_p = 159,72$

Tomei o ângulo de hélice $\beta_y = 25°20'32'' = 25,34227°$ sobre o diâmetro de 141,20, utilizando uma máquina própria para medição de engrenagens. O diâmetro de 141,20 foi escolhido arbitrariamente.

$$C_g = \frac{191,20 - 22}{2 \cdot \cos \frac{90}{21}} = 84,83722 \qquad \text{ref (12.41)}$$

$$C_p = \frac{159,72 - 11}{2 \cdot \cos \frac{90}{21}} = 74,56851 \qquad \text{ref (12.42)}$$

$$\alpha_{Mgt} = \cos^{-1}\left(\frac{r_b}{84,83722}\right) \qquad \text{ref (12.43)}$$

$$\alpha_{Mpt} = \cos^{-1}\left(\frac{r_b}{74,56851}\right) \qquad \text{ref (12.44)}$$

Análise geométrica

i	rbl	rbF	rbM	AlfaMgtl	AlfaMptl	f(rbl)	AlfaMgtF	AlfaMptF	f(rbF)	AlfaMgtM	AlfaMptM	f(rbM)	|rbF-rbl|
0	62.000000	66.000000	64.000000	0.751287	0.589084	4.486071	0.679383	0.484104	-3.517682	0.716078	0.538905	1.020193	4.000000
1	64.000000	66.000000	65.000000	0.716078	0.538905	1.020193	0.679383	0.484104	-3.517682	0.697931	0.512173	-1.091476	2.000000
2	64.000000	65.000000	64.500000	0.716078	0.538905	1.020193	0.697931	0.512173	-1.091476	0.707053	0.525693	0.000326	1.000000
3	64.500000	65.000000	64.750000	0.707053	0.525693	0.000326	0.697931	0.512173	-1.091476	0.702505	0.518973	-0.536197	0.500000
4	64.500000	64.750000	64.625000	0.707053	0.525693	0.000326	0.702505	0.518973	-0.536197	0.704782	0.522343	-0.265641	0.250000
5	64.500000	64.625000	64.562500	0.707053	0.525693	0.000326	0.704782	0.522343	-0.265641	0.705918	0.524020	-0.132090	0.125000
6	64.500000	64.562500	64.531250	0.707053	0.525693	0.000326	0.705918	0.524020	-0.132090	0.706486	0.524857	-0.065741	0.062500
7	64.500000	64.531250	64.515625	0.707053	0.525693	0.000326	0.706486	0.524857	-0.065741	0.706769	0.525275	-0.032672	0.031250
8	64.500000	64.515625	64.507813	0.707053	0.525693	0.000326	0.706769	0.525275	-0.032672	0.706911	0.525484	-0.016164	0.015625
9	64.500000	64.507813	64.503906	0.707053	0.525693	0.000326	0.706911	0.525484	-0.016164	0.706982	0.525589	-0.007917	0.007813
10	64.500000	64.503906	64.501953	0.707053	0.525693	0.000326	0.706982	0.525589	-0.007917	0.707018	0.525641	-0.003795	0.003906
11	64.500000	64.501953	64.500977	0.707053	0.525693	0.000326	0.707018	0.525641	-0.003795	0.707035	0.525667	-0.001734	0.001953
12	64.500000	64.500977	64.500488	0.707053	0.525693	0.000326	0.707035	0.525667	-0.001734	0.707044	0.525680	-0.000704	0.000977
13	64.500000	64.500488	64.500244	0.707053	0.525693	0.000326	0.707044	0.525680	-0.000704	0.707049	0.525686	-0.000189	0.000488
14	64.500000	64.500244	64.500122	0.707053	0.525693	0.000326	0.707049	0.525686	-0.000189	0.707051	0.525690	0.000068	0.000244
15	64.500122	64.500244	64.500183	0.707051	0.525690	0.000068	0.707049	0.525686	-0.000189	0.707050	0.525688	-0.000060	0.000122
16	64.500122	64.500183	64.500153	0.707051	0.525690	0.000068	0.707050	0.525688	-0.000060	0.707050	0.525689	0.000004	0.000061
17	64.500153	64.500183	64.500168	0.707050	0.525689	0.000004	0.707050	0.525688	-0.000060	0.707050	0.525689	-0.000028	0.000031
18	64.500153	64.500168	64.500160	0.707050	0.525689	0.000004	0.707050	0.525689	-0.000028	0.707050	0.525689	-0.000012	0.000015
19	64.500153	64.500160	64.500156	0.707050	0.525689	0.000004	0.707050	0.525689	-0.000012	0.707050	0.525689	-0.000004	0.000008
20	64.500153	64.500156	64.500154	0.707050	0.525689	0.000004	0.707050	0.525689	-0.000004	0.707050	0.525689	0.000000	0.000004

Figura 12.16 – Planilha eletrônica, método da bissecção – cálculo de $r_b = f(d_M)$, dentes externos 2.

Agora, podemos aplicar a Expressão (12.11), pois temos apenas uma incógnita que é o r_b. Como não podemos encontrá-la por meio da álgebra, vamos utilizar o método numérico da bissecção, adotando o intervalo entre 62 e 66 para o r_b.

Na 16º iteração, encontrei a raiz, ou seja, $r_b = 64,5001$ com erro = 0,000061. Veja a Figura 12.16.

Passo base:

$$\beta_b = \tan^{-1}\left(\frac{2 \times 64,5 \times \tan 25,34227°}{141,2}\right) = 23,39719° \qquad \text{ref (12.37)}$$

$$P_{bn} = \frac{2 \times 64,5 \times \pi \times \cos 23,39719°}{21} = 17,71153° \qquad \text{ref (12.46)}$$

Arbitrei um ângulo de perfil de 20°.

$$m_n = \frac{17,71153}{\cos 20° \cdot \pi} = 6,000 \qquad \text{ref (12.19)}$$

MÉTODO DAS DIMENSÕES W PARA DENTADO INTERNO RETO E HELICOIDAL

É inoportuna a utilização desse método para dentado interno, em virtude da dificuldade de se tomar as dimensões W_k e W_{k-1}.

MÉTODO DAS DIMENSÕES M PARA DENTADO INTERNO RETO E HELICOIDAL

Para a determinação do passo base, em rodas de porte pequeno e médio com dentado interno, o melhor caminho é por meio de duas dimensões entre rolos. Uma com rolos maiores (D_{Mg}), que tocam os perfis evolventes anti-homólogos próximos à cabeça do dente, e outra com rolos menores (D_{Mp}) que tocam os perfis evolventes anti-homólogos próximos ao pé do dente, exatamente como no dentado externo. Veja as condições geométricas para dentado reto na Figura 12.17 e para dentado helicoidal na Figura 12.18.

Cálculo de C_g e C_p:

Fórmula geral:

$$C_{g,p} = \frac{M_{g,p} + D_{Mg,p}}{2 \cdot \cos \dfrac{\text{frac}\left(\frac{z}{2}\right) \cdot 180}{z}} \qquad (12.47)$$

Sendo frac $\dfrac{z}{2}$ = parte fracionária de $\dfrac{z}{2}$ que pode resultar zero ou 0,5.

Simplificando,

para número par de dentes:

$$C_g = \frac{M_g + D_{Mg}}{2} \qquad (12.48)$$

$$C_p = \frac{M_p + D_{Mp}}{2} \qquad (12.49)$$

para número ímpar de dentes:

$$C_g = \frac{M_g + D_{Mg}}{2 \cdot \cos \dfrac{90}{z}} \qquad (12.50)$$

Análise geométrica

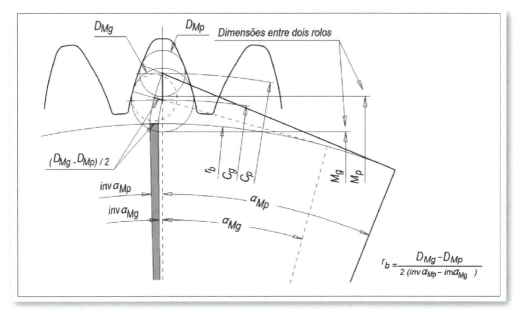

Figura 12.17 – Raio base em função das dimensões entre rolos em dentes retos internos.

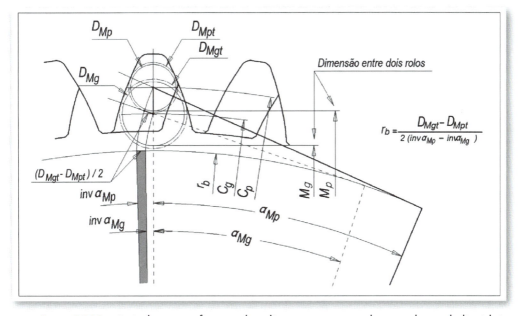

Figura 12.18 – Raio base em função das dimensões entre rolos em dentes helicoidais internos.

$$C_p = \frac{M_p + D_{Mp}}{2 \cdot \cos\frac{90}{z}} \qquad (12.51)$$

Pelo triângulo retângulo tracejado das Figuras 12.17 e 12.18, temos:

$$r_b = C_g \cdot \cos\alpha_{Mg} \rightarrow \alpha_{Mg} = \cos^{-1}\left(\frac{r_b}{C_g}\right) \qquad (12.52)$$

Pelos triângulos retângulos (traçados com linhas pretas e grossas) das Figuras 12.17 e 12.18, temos:

$$r_b = C_p \cdot \cos\alpha_{Mp} \rightarrow \alpha_{Mp} = \cos^{-1}\left(\frac{r_b}{C_p}\right) \qquad (12.53)$$

Logo, para dentado helicoidal, temos:

$$\left| r_b - \frac{D_{Mg} - D_{Mp}}{2 \cdot \cos\left[\tan^{-1}\left(\frac{2 \cdot r_b \cdot \tan\beta_y}{d_y}\right)\right] \cdot \left[\tan\alpha_{Mp} - \tan\alpha_{Mg} - \frac{\pi}{180} \cdot (\alpha_{Mp} - \alpha_{Mg})\right]} \right| \leq$$

$$\leq 0{,}0001 \qquad (12.54)$$

E para dentado reto, a expressão simplificada:

$$\left| r_b - \frac{D_{Mg} - D_{Mp}}{2 \cdot \left[\tan\alpha_{Mp} - \tan\alpha_{Mg} - \frac{\pi}{180} \cdot (\alpha_{Mp} - \alpha_{Mg})\right]} \right| \leq 0{,}0001 \qquad (12.55)$$

α_{Mg} e α_{Mp} em graus decimais.

Variar (r_b) até que a condição imposta pelas expressões apresentadas aqui sejam satisfeitas. Quando isso acontecer, teremos o raio base da roda. Para esse procedimento, o melhor caminho é utilizar um método numérico, como, por exemplo, o método da bissecção, explicado no Capítulo 3, ou outro de sua preferência.

Com o raio base (r_b), podemos determinar o passo base normal:

$$P_b = \frac{2 \cdot r_b \cdot \pi \cdot \cos\beta_b}{z} \qquad (12.56)$$

EXEMPLO PARA ANÁLISE GEOMÉTRICA DE UMA RODA DENTADA INTERNA RETA

Temos uma peça física com 46 dentes.

Selecionamos dois pares de rolos, cujos diâmetros distintos podem ser utilizados para as duas medições que precisamos para determinar o passo base. São eles: $D_{Mp} = 16{,}000$ e $D_{Mg} = 22{,}000$.

Tomamos, então, as duas dimensões entre rolos:

Com a utilização dos rolos diâmetro 22,000 → $M_g = 426{,}572$

Com a utilização dos rolos diâmetro 16,000 → $M_p = 450{,}924$

$$C_g = \frac{426{,}572 + 22}{2} = 224{,}286 \qquad \text{ref (12.48)}$$

$$C_p = \frac{450{,}924 + 16}{2} = 233{,}462 \qquad \text{ref (12.49)}$$

Aplicando o método numérico da bissecção, considerando o intervalo [215,0, 217,0], encontramos a raiz, ou seja, o $r_b = 216{,}130$, com erro igual a 0,000061 na 15ª iteração. Veja a Figura 12.19.

	A	B	C	D	E	F	G	H	I	J	K	L	M	N
1	Zero de função para cálculo do raio base em função de duas dimensões M - Dentado Interno													
2	i	rbI	rbF	rbM	AlfaMgtI	AlfaMptI	f(rbI)	AlfaMgtF	AlfaMptF	f(rbF)	AlfaMgtM	AlfaMptM	f(rbM)	|rbF-rbI|
3	0	215.000000	217.000000	216.000000	0.288761	0.400360	8.881051	0.255588	0.377775	-7.798674	0.272667	0.389223	1.091262	2.000000
4	1	216.000000	217.000000	216.500000	0.272667	0.389223	1.091262	0.255588	0.377775	-7.798674	0.264263	0.383540	-3.201613	1.000000
5	2	216.000000	216.500000	216.250000	0.272667	0.389223	1.091262	0.264263	0.383540	-3.201613	0.268497	0.386392	-1.019143	0.500000
6	3	216.000000	216.250000	216.125000	0.272667	0.389223	1.091262	0.268497	0.386392	-1.019143	0.270590	0.387810	0.044835	0.250000
7	4	216.125000	216.250000	216.187500	0.270590	0.387810	0.044835	0.268497	0.386392	-1.019143	0.269545	0.387101	-0.484932	0.125000
8	5	216.125000	216.187500	216.156250	0.270590	0.387810	0.044835	0.269545	0.387101	-0.484932	0.270068	0.387456	-0.219497	0.062500
9	6	216.125000	216.156250	216.140625	0.270590	0.387810	0.044835	0.270068	0.387456	-0.219497	0.270329	0.387633	-0.087194	0.031250
10	7	216.125000	216.140625	216.132813	0.270590	0.387810	0.044835	0.270329	0.387633	-0.087194	0.270459	0.387721	-0.021145	0.015625
11	8	216.125000	216.132813	216.128906	0.270590	0.387810	0.044835	0.270459	0.387721	-0.021145	0.270525	0.387766	0.011853	0.007813
12	9	216.128906	216.132813	216.130859	0.270525	0.387766	0.011853	0.270459	0.387721	-0.021145	0.270492	0.387743	-0.004644	0.003906
13	10	216.128906	216.130859	216.129883	0.270525	0.387766	0.011853	0.270492	0.387743	-0.004644	0.270508	0.387755	0.003605	0.001953
14	11	216.129883	216.130859	216.130371	0.270508	0.387755	0.003605	0.270492	0.387743	-0.004644	0.270500	0.387749	-0.000519	0.000977
15	12	216.129883	216.130371	216.130127	0.270508	0.387755	0.003605	0.270500	0.387749	-0.000519	0.270504	0.387752	0.001543	0.000488
16	13	216.130127	216.130371	216.130249	0.270504	0.387752	0.001543	0.270500	0.387749	-0.000519	0.270502	0.387750	0.000512	0.000244
17	14	216.130249	216.130371	216.130310	0.270502	0.387750	0.000512	0.270500	0.387749	-0.000519	0.270501	0.387750	-0.000004	0.000122
18	15	216.130249	216.130310	216.130280	0.270502	0.387750	0.000512	0.270501	0.387750	-0.000004	0.270502	0.387750	0.000254	0.000061
19	16	216.130280	216.130310	216.130295	0.270502	0.387750	0.000254	0.270501	0.387750	-0.000004	0.270501	0.387750	0.000125	0.000031
20	17	216.130295	216.130310	216.130302	0.270501	0.387750	0.000125	0.270501	0.387750	-0.000004	0.270501	0.387750	0.000061	0.000015
21	18	216.130302	216.130310	216.130306	0.270501	0.387750	0.000061	0.270501	0.387750	-0.000004	0.270501	0.387750	0.000029	0.000008
22	19	216.130306	216.130310	216.130308	0.270501	0.387750	0.000029	0.270501	0.387750	-0.000004	0.270501	0.387750	0.000013	0.000004
23	20	216.130308	216.130310	216.130309	0.270501	0.387750	0.000013	0.270501	0.387750	-0.000004	0.270501	0.387750	0.000004	0.000002

Figura 12.19 – Planilha eletrônica, método da bissecção – cálculo de $r_b = f(d_M)$, dentes internos 1.

Passo base:

$$P_b = \frac{2 \times 216{,}130 \times \pi}{46} = 29{,}52145 \qquad \text{ref (12.15)}$$

Arbitrando um ângulo de perfil de 20°, encontramos o módulo:

$$m_n = \frac{29{,}52145}{\cos 20° \cdot \pi} = 10{,}000 \qquad \text{ref (12.19)}$$

EXEMPLO PARA ANÁLISE GEOMÉTRICA DE UMA RODA DENTADA INTERNA HELICOIDAL

Temos uma peça física com 45 dentes.

Selecionei dois pares de rolos, cujos diâmetros distintos podem ser utilizados para as duas medições que preciso para determinar o passo base. São eles: $D_{Mp} = 16{,}000$ e $D_{Mg} = 20{,}000$.

Tomamos, então, as duas dimensões entre rolos:

Com a utilização dos rolos diâmetro 20,000 → $M_g = 458{,}34$

Com a utilização dos rolos diâmetro 16,000 → $M_p = 476{,}20$

Tomei o ângulo de hélice $\beta_y = 24°40' = 24{,}6667°$ sobre o diâmetro de 489,00, utilizando uma máquina própria para medição de engrenagens. O diâmetro de 489,00 foi escolhido arbitrariamente.

$$C_g = \frac{458{,}34 + 20}{2 \cdot \cos \frac{90}{45}} = 239{,}31578 \qquad \text{ref (12.50)}$$

$$C_p = \frac{476{,}20 + 16}{2 \cdot \cos \frac{90}{45}} = 246{,}25001 \qquad \text{ref (12.51)}$$

Aplicando o método numérico da bissecção, considerando o intervalo [228,0, 232,0], encontramos a raiz, ou seja, o $r_b = 230{,}386$, com erro igual a 0,00006104 na 16ª iteração. Veja a Figura 12.20.

Passo base normal (P_{bn}):

$$\beta_b = \tan^{-1}\left(\frac{2 \times 230{,}386 \cdot \tan 24{,}6667°}{489}\right) = 24{,}000° \qquad \text{ref (12.37)}$$

$$P_b = \frac{2 \times 230{,}386 \times \pi \times \cos 24°}{45} = 29{,}52237 \qquad \text{ref (12.46)}$$

Análise geométrica

	A	B	C	D	E	F	G	H	I	J	K	L	M	N
1				Zero de função para cálculo do raio base em função de duas dimensões M - Dentado Interno										
2	i	rbI	rbF	rbM	AlfaMgtI	AlfaMptI	f(rbI)	AlfaMgtF	AlfaMptF	f(rbF)	AlfaMgtM	AlfaMptM	f(rbM)	|rbF-rbI|
3	0	228.000000	232.000000	230.000000	0.308744	0.387416	19.249188	0.247898	0.341862	-16.896742	0.279936	0.365318	3.518769	4.000000
4	1	230.000000	232.000000	231.000000	0.279936	0.365318	3.518769	0.247898	0.341862	-16.896742	0.264391	0.353777	-5.976744	2.000000
5	2	230.000000	231.000000	230.500000	0.279936	0.365318	3.518769	0.264391	0.353777	-5.976744	0.272271	0.359592	-1.069684	1.000000
6	3	230.000000	230.500000	230.250000	0.279936	0.365318	3.518769	0.272271	0.359592	-1.069684	0.276129	0.362466	1.262324	0.500000
7	4	230.250000	230.500000	230.375000	0.276129	0.362466	1.262324	0.272271	0.359592	-1.069684	0.274207	0.361031	0.106009	0.250000
8	5	230.375000	230.500000	230.437500	0.274207	0.361031	0.106009	0.272271	0.359592	-1.069684	0.273241	0.360312	-0.479383	0.125000
9	6	230.375000	230.437500	230.406250	0.274207	0.361031	0.106009	0.273241	0.360312	-0.479383	0.273724	0.360672	-0.186077	0.062500
10	7	230.375000	230.406250	230.390625	0.274207	0.361031	0.106009	0.273724	0.360672	-0.186077	0.273966	0.360852	-0.039882	0.031250
11	8	230.375000	230.390625	230.382813	0.274207	0.361031	0.106009	0.273966	0.360852	-0.039882	0.274086	0.360942	0.033102	0.015625
12	9	230.382813	230.390625	230.386719	0.274086	0.360942	0.033102	0.273966	0.360852	-0.039882	0.274026	0.360897	-0.003381	0.007813
13	10	230.382813	230.386719	230.384766	0.274086	0.360942	0.033102	0.274026	0.360897	-0.003381	0.274056	0.360919	0.014863	0.003906
14	11	230.384766	230.386719	230.385742	0.274056	0.360919	0.014863	0.274026	0.360897	-0.003381	0.274041	0.360908	0.005742	0.001953
15	12	230.385742	230.386719	230.386230	0.274041	0.360908	0.005742	0.274026	0.360897	-0.003381	0.274034	0.360902	0.001181	0.000977
16	13	230.386230	230.386719	230.386475	0.274034	0.360902	0.001181	0.274026	0.360897	-0.003381	0.274030	0.360900	-0.001100	0.000488
17	14	230.386230	230.386475	230.386353	0.274034	0.360902	0.001181	0.274030	0.360900	-0.001100	0.274032	0.360901	0.000040	0.000244
18	15	230.386353	230.386475	230.386414	0.274032	0.360901	0.000040	0.274030	0.360900	-0.001100	0.274031	0.360900	-0.000530	0.000122
19	16	230.386353	230.386414	230.386383	0.274032	0.360901	0.000040	0.274031	0.360900	-0.000530	0.274031	0.360901	-0.000245	0.000061
20	17	230.386353	230.386383	230.386368	0.274032	0.360901	0.000040	0.274031	0.360900	-0.000245	0.274032	0.360901	-0.000102	0.000031
21	18	230.386353	230.386368	230.386360	0.274032	0.360901	0.000040	0.274032	0.360901	-0.000102	0.274032	0.360901	-0.000031	0.000015
22	19	230.386353	230.386360	230.386356	0.274032	0.360901	0.000040	0.274032	0.360901	-0.000031	0.274032	0.360901	0.000005	0.000008
23	20	230.386356	230.386360	230.386358	0.274032	0.360901	0.000005	0.274032	0.360901	-0.000031	0.274032	0.360901	-0.000013	0.000004

Figura 12.20 – Planilha eletrônica, método da bissecção – Cálculo de $r_b = f(d_M)$, dentes internos 2.

Arbitrando um ângulo de perfil de 20°, encontramos o módulo normal (m_n):

$$m_n = \frac{29{,}52237}{\cos 20° \cdot \pi} = 10{,}000 \qquad \text{ref (12.19)}$$

CAPÍTULO 13
Desenho do produto

O desenho do produto deve representar a peça acabada com todas as suas especificações como:

- Dimensões e suas respectivas tolerâncias.
- Tolerâncias de forma e posição.
- Rugosidades superficiais.
- Classe de qualidade do dentado.
- Material e tratamento térmico.

O desenho do produto não deve representar o processo de fabricação ou descrever os métodos de manufatura.

O desenho do produto, normalmente, faz parte da documentação que compõe o contrato entre o fornecedor e o cliente (proprietário do desenho), portanto, nenhum detalhe deve ser omitido por este ou presumido pelo fornecedor. A Figura 13.1 mostra um exemplo.

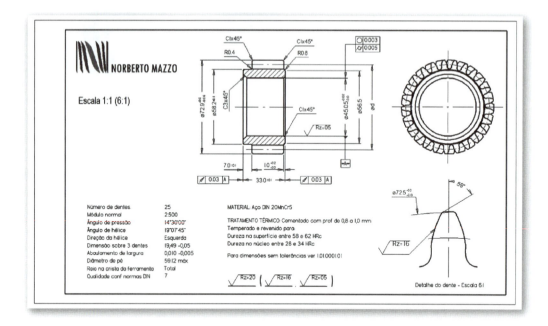

Figura 13.1 – Desenho do produto.

CAPÍTULO 14
Processo de fabricação

Um processo bem elaborado para a manufatura é a melhor forma de garantir a conformidade e a qualidade exigida no desenho do produto.

Normalmente, é composto de duas partes:

1) Folha de processo.
2) Folha de operação.

FOLHA DE PROCESSO

A folha de processo é o documento que contém todo o processo de fabricação do produto. Em seu cabeçalho, constam todos os dados que identificam o produto, como número do desenho, número da peça, número do desenho da peça bruta, de onde a peça acabada parte (barra, fundido, forjado etc.) e peso, entre outros.

No corpo da folha, são descritas todas as operações, cada uma com seu respectivo número e opcionalmente com o equipamento associado à operação, tempo padrão etc.

De preferência, a numeração, deve ser espaçada, como sugerida no exemplo da Figura 14.1: 10, 20, 30... Isto permite a inclusão de novas operações entre as

```
                    FOLHA DE PROCESSO
  NORBERTO MAZZO
                    Produto                            Engrenagem
                    Número do produto                  1.02.003.0004.05
                    Número ou descrição do bruto       Barra ø76,2 x 36,0
                    Material tipo                      Aço DIN 20MnCr5
                    Peso do material bruto             1,29 kg
                    Peso da peça acabada               0,42 kg
                    Arquivo                            102003000405.DOC
                    Data da última revisão             31/01/2012
                    Responsável e data                 JP de Araujo - 31/01/2012

                    OP    DESCRIÇÃO                    EQUIPAMENTO
                    010   Serrar barra                 Serra de fita
                    020   Tornear lado do dentado      Torno CNC
                    030   Tornear lado do cubo         Torno CNC
                    040   Fresar dentes                Fresadora geradora vertical
                    050   Rasquetear dentes            Rasqueteadora
                    060   Inspecionar - pré tratamento térmico   Bancada
                    070   Tratar termicamente          Serviço externo
                    080   Retificar furo e face lado do cubo     Retificadora de furo e face
                    090   Retificar face lado do dentado         Retificadora de face
                    100   Inspecionar peça acabada     Bancada
                    110   Lavar                        Lavadora
                    120   Olear e embalar              Manual
```

Figura 14.1 – Folha de processo.

existentes como, por exemplo, operação 25, mantendo a sequência numérica crescente do processo.

FOLHA DE OPERAÇÃO

A folha de operação é o documento no qual são desenhadas, cada fase do processo. Podemos considerar que cada fixação é uma operação distinta. Por exemplo, vamos supor que o produto parte de um bruto laminado, ou seja, uma barra redonda. Para serrá-la, é necessária uma fixação. Essa seria a primeira operação. Veja o exemplo na Figura 14.2.

A folha de operação pode conter muitas informações, porém devemos ter o cuidado de não poluí-la demais com dados desnecessários ou pouco interessantes para aquela operação.

O desenho deve representar a peça, no estado que sairá daquela operação, com todas as suas especificações como:

- Dimensões e suas respectivas tolerâncias.
- Tolerâncias de forma e posição.
- Rugosidades superficiais.
- Dados construtivos e classe de qualidade do dentado.

Processo de fabricação

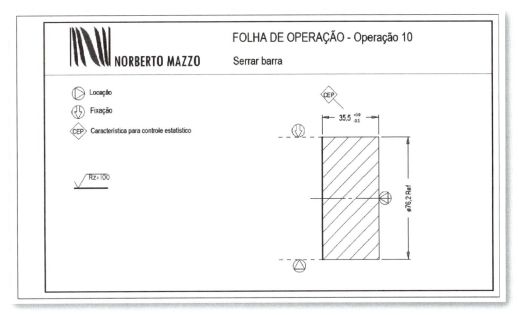

Figura 14.2 – Folha de processo – Serrar barra, Operação 10.

Se a operação se referir ao tratamento térmico, descrever também na folha:

- Material.
- Tipo de tratamento térmico.
- Peso.
- Tolerância para deformação.

Além disso, são essenciais, informações como:

- Locação e fixação, que dará, à engenharia de processos, subsídios para o projeto do dispositivo de usinagem.
- Característica para o CEP, ou seja, para o controle estatístico do processo, se houver, onde normalmente é escolhida a característica com a tolerância mais rigorosa.
- Descrição do ferramental (de fixação, de corte, calibradores, instrumentos de medição, padrões para aferição etc.) que ajudará na preparação externa da máquina.

As Figuras de 14.2 a 14.9 mostram um conjunto completo do processo de fabricação de uma roda dentada. As linhas grossas dos desenhos representam as superfícies a serem usinadas.

Neste exemplo de processo, a peça parte de uma barra laminada redonda, mas, para grandes lotes, por questões de economia, e até de qualidade, é recomendável que o bruto seja forjado. Além da economia de material, o tempo de usinagem do blank é menor, proporcionando economia no tempo e nas ferramentas de corte. Por outro lado, deve ser levado em conta o custo para o forjamento da peça, além do investimento com o ferramental para forjar, que não é baixo. Veja o croqui do bruto forjado na Figura 14.10.

O termo blank, mencionado aqui, é de origem inglesa e foi adotado na indústria para designar a engrenagem, antes da usinagem dos dentes. No dicionário Michaelis, a melhor definição para o nosso caso é: "Pedaço de metal a ser estampado ou cunhado". Por falta de um termo adequado em português, a palavra blanke foi adaptada por algumas empresas. Vamos, aqui, continuar usando a palavra original.

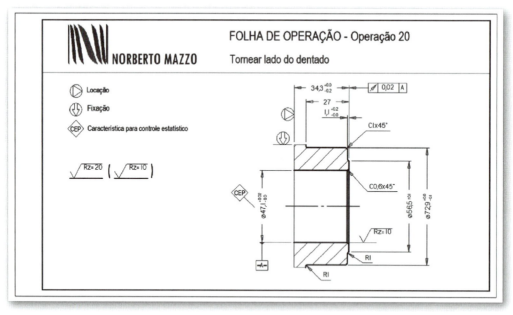

Figura 14.3 – Folha de processo – Tornear lado da engrenagem, Operação 20.

Processo de fabricação

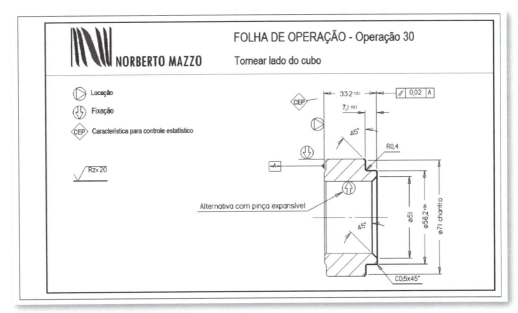

Figura 14.4 – Folha de processo – Tornear lado do cubo, Operação 30.

Figura 14.5 – Folha de processo – Gerar dentes, Operação 40.

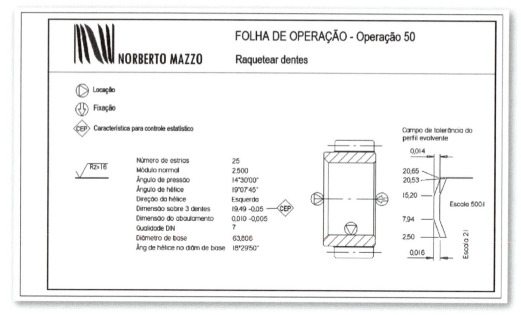

Figura 14.6 – Folha de processo – Rasquetear dentes, Operação 50.

Figura 14.7 – Folha de processo – Tratar termicamente, Operação 70.

Processo de fabricação

Figura 14.8 – Folha de processo – Retificar furo e face do cubo, Operação 80.

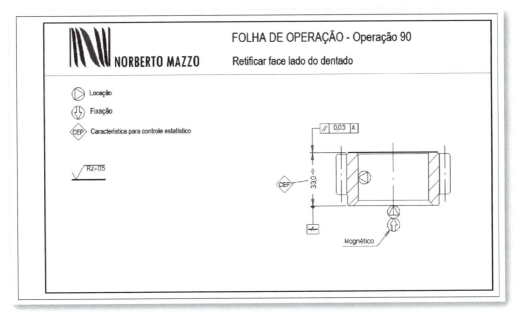

Figura 14.9 – Folha de processo – Retificar face lado do dentado, Operação 90.

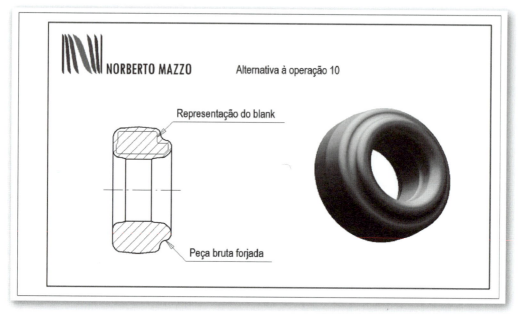

Figura 14.10 – Folha de processo – Bruto forjado, alternativa à Operação 10.

PREPARAÇÃO DO BLANK

A qualidade do produto acabado depende, fundamentalmente, da qualidade do blank. O diâmetro externo do blank, normalmente é o próprio diâmetro de cabeça da peça acabada e é determinado no projeto da engrenagem, ou seja, na concepção do produto. Um sobremetal no diâmetro externo do blank poderá ser necessário nos seguintes casos:

- A engrenagem é fabricada por um processo no qual o acabamento do diâmetro de cabeça é feito pela própria ferramenta geradora dos dentes. Esse processo é conhecido como topping. Um valor de referência para o sobremetal é de 0,25 mm.
- Por algum motivo, o diâmetro de cabeça é retificado após o tratamento térmico. Um valor de referência para o sobremetal é de 0,15 mm.

Uma atenção especial para o diâmetro (piloto) e para a face, por onde o blank é posicionado, é requerida. Principalmente quando a peça for colocada no dispositivo, sem nenhum mecanismo para eliminar a folga entre eles. Isso vale tanto para as operações de geração, quanto para as operações de acabamento do dentado. Vamos explicar isto na seção "Acabamento nos dentes" deste capítulo.

LOCAÇÃO DA PEÇA NO ESPAÇO

Para posicionar perfeitamente uma peça física no espaço, precisamos tirar os seis graus de liberdade possíveis, que são as três rotações e as três translações. Para as engrenagens, geralmente, bastam cinco. Como a peça é circular, não precisamos nos preocupar com uma das rotações, a não ser nos casos em que a locação angular é necessária. Por exemplo, um dos dentes deve ter um posicionamento angular com um rasgo de chaveta, ou com um furo para sincronismo. Como esses casos não são tão comuns, vamos considerar apenas cinco graus de liberdade a tirar.

Geralmente o diâmetro piloto tira dois graus de liberdade, ou seja, duas translações. A face, por onde a peça é apoiada, tira os outros três, ou seja, uma translação e duas rotações. Digo geralmente, porque a maioria das engrenagens, quando guiadas por um diâmetro, tem esse diâmetro maior que o seu comprimento. Nos casos em que o comprimento do furo, por exemplo, é maior que o seu diâmetro, há duas opções para locação:

1) O guia do dispositivo é rebaixado de modo a não tocar em toda a extensão do furo tirando, portanto, dois graus de liberdade. A face é apoiada em três pontos (ou por inteiro, se o perímetro de apoio for pequeno) de modo a eliminar os outros três. Veja um exemplo na Figura 14.11.
2) O guia do dispositivo toca o furo em toda a sua extensão, tirando quatro graus de liberdade: duas rotações e duas translações. A face é apoiada no menor diâmetro possível, para eliminar uma translação, ou seja, o grau de liberdade que falta para completar os cinco necessários.

Não podemos utilizar o guia do dispositivo para tocar em toda a extensão do furo e também apoiar em uma face com um diâmetro grande. O sistema ficaria hipervinculado (hiperlocado). Veja um exemplo na Figura 14.2.

Voltando ao blank, um valor de referência para a folga máxima entre o diâmetro piloto e a guia do dispositivo é de 50% da excentricidade F_r, especificada no desenho do produto. Este é um valor de referência, mas, quanto menor for a folga, menor será a dificuldade de obter um produto dentro da qualidade final exigida.

Tanto para o diâmetro piloto quanto para a face de apoio, o ideal é escolher os mesmos que posicionarão a peça no conjunto, onde será aplicada. Por exemplo, o furo para roda com dentes externos e o anel externo em uma roda com dentes internos.

No caso de um eixo com engrenagem integrada, muito comum em pinhões, os furos de centro servem para sua locação. A peça terá apenas um grau de liberdade,

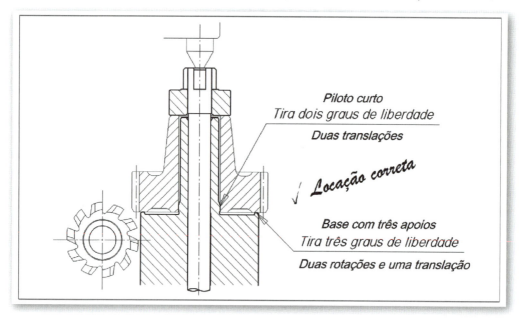

Figura 14.11 – Dispositivo para gerar dentes – locação correta da peça.

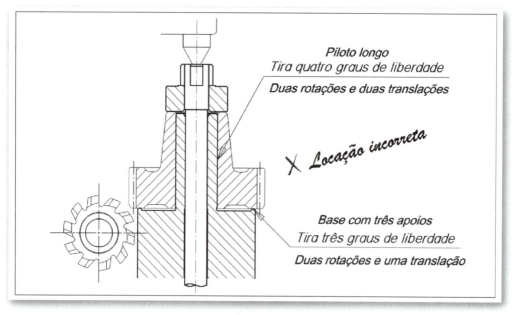

Figura 14.12 – Dispositivo para gerar dentes – locação incorreta da peça.

Processo de fabricação

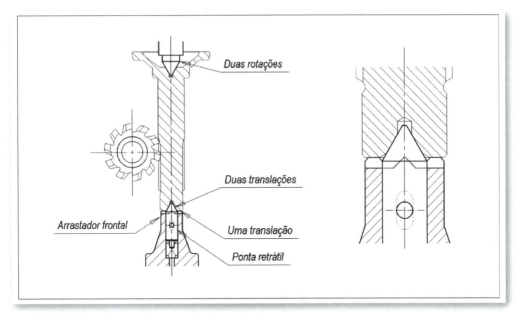

Figura 14.13 – Dispositivo para gerar dentes – locação entre pontas e arraste frontal.

que é a rotação em torno de seus centros, justamente a que não precisa tirar. O arraste pode ser feito de várias maneiras.

Um modo prático para fresar dentados sobre eixos, principalmente quando as cargas de usinagem não são muito altas, é o arraste frontal, onde o dispositivo possui algumas garras, que cravam na peça e servem de apoio, tirando um grau de liberdade, ou seja, uma translação. Nesse caso, o ponto que está montado no dispositivo deve ser retrátil, com ação de molas, justamente para não interferir na translação. Veja um exemplo na Figura 14.13.

Uma alternativa para esse modelo é o arraste pelo próprio furo de centro. Uma ponta cônica provida de garras, tira três graus de liberdade, mais precisamente três translações, e a ponta móvel do lado oposto tira duas rotações, como mostra a Figura 14.14. Esse tipo de arraste é muito eficiente, porém, o furo de centro não deve ser muito pequeno. Pode ser aplicado, dependendo do número de dentes, até módulo 5.

Outro modo muito prático é a locação e arraste por atrito. Uma peça cônica com formato de um copo tira três graus de liberdade, que são as três translações. O ponto da máquina tira as duas rotações que faltam para completar as cinco necessárias. Nesse caso, a conicidade do copo deve ser suficientemente pequena para fazer o arraste sem deslizar. Em outras palavras, o ângulo de inclinação do

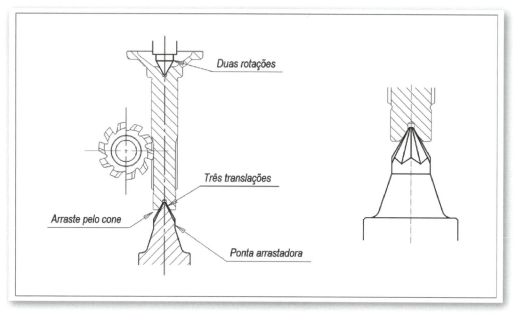

Figura 14.14 – Dispositivo para gerar dentes – locação entre pontas e arraste pelo furo de centro.

copo, que é a metade da conicidade, deve ser menor que o ângulo de atrito, que é o arco tangente do coeficiente de atrito dos materiais envolvidos. Veja um exemplo na Figura 14.15.

Outro caso comum:

Vamos imaginar uma engrenagem anelar com dentes internos, os quais deverão ser gerados em uma aplainadora (escateladora) tipo Fellows, Lorenz etc. Vamos supor que a locação dessa coroa, no equipamento onde trabalhará, é feita por meio de dois furos, com pinos de guia. Como já dissemos aqui, a locação no dispositivo deverá ser feita, de preferência, pelos mesmos pontos que posicionarão a peça no conjunto, onde será aplicada. Vamos utilizar, então, um plano e dois pinos para a locação dessa coroa.

Como mostrado na Figura 14.16, o plano tem três apoios, que tiram três graus de liberdade, ou seja, uma translação e duas rotações. Um pino cilíndrico, que tira mais duas translações e outro pino facetado que tira a outra rotação. Nesse caso, foi necessário tirar os seis graus de liberdade, para um posicionamento perfeito.

Repare que o pino facetado deve ser montado na direção da rotação a ser impedida. O formato desse pino é necessário para não interferir nas translações.

Os pinos utilizados para a locação podem ser curtos ou longos. O pino cilíndrico curto e o pino facetado curto, utilizados em nosso exemplo, tiram dois

Processo de fabricação

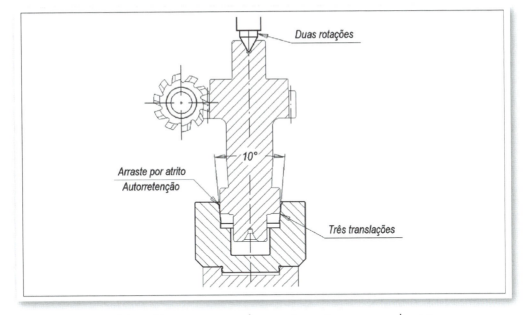

Figura 14.15 – Dispositivo para gerar dentes – Locação por copo de atrito.

graus de liberdade, que são duas translações e um grau de liberdade que é a rotação, respectivamente. Já o pino cilíndrico longo e o pino facetado longo, tiram, no caso do primeiro, duas translações e duas rotações e, no caso do segundo, uma rotação e uma translação.

Não é possível locar uma peça tirando menos que cinco graus de liberdade, mas é possível locá-la tirando mais que os cinco necessários. O problema, nesse caso, é que a peça ficará hiperlocada e, em função da irregularidade dimensional, que é natural, em virtude de suas tolerâncias, haverá um posicionamento diferente para cada peça no dispositivo, não mantendo-se a repetibilidade necessária à boa qualidade.

GERAÇÃO DE DENTES

Vimos, na seção anterior, algumas maneiras de como locar e arrastar uma peça, cujos dentes serão gerados. Vamos, agora, detalhar a geração em si.

Os dentes de uma engrenagem podem ser produzidos com ou sem remoção de cavacos. Os processos que não removem cavacos incluem fusão, estampagem, moldagem com rolos laminadores, sinterização, injeção de resinas plásticas, forjados etc. Com remoção de material, os processos podem ser por forma ou por geração. O primeiro (por forma), é utilizado principalmente para dentes retos, e inclui fresamento com ferramenta singela e brochamento, que cortam o vão entre

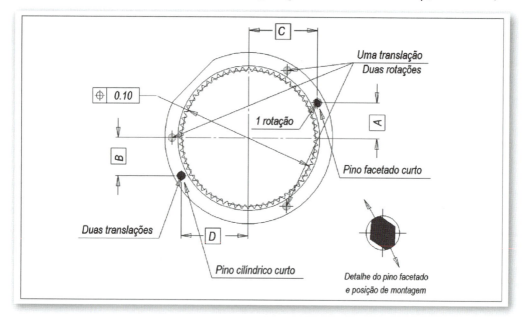

Figura 14.16 – Dispositivo para gerar dentes – locação com pinos.

dois dentes adjacentes com um sistema de divisão. Nesse grupo, podemos ainda incluir o corte de chapas por raio laser, eletroerosão a fio e retificação com rebolo singelo (disco). O segundo (por geração), utilizado para dentes retos e helicoidais, inclui fresamento com ferramenta tipo hob (caracol), tipo shaper (faca circular) e tipo rack (pente).

O processo é escolhido em função da geometria da peça, da qualidade e da quantidade que compõem os lotes. O fresamento pode ser utilizado tanto para desbaste como para acabamento.

Ainda nesse grupo, podemos incluir o processo de rasqueteamento (shaving) e retificação com rebolo tipo caracol.

A Figura 14.17 fornece uma tabela com o grau de dificuldade, para obter as qualidades em função do tipo de operação. É apenas uma referência e depende da qualidade e do estado de conservação da máquina, das ferramentas e dos dispositivos utilizados.

Neste livro, vamos ver somente os processos de geração, que são os mais utilizados na indústria em virtude da alta produtividade que proporcionam e por responderem bem às necessidades qualitativas.

Processo de fabricação **347**

GRAU DE DIFICULDADE NA OPERAÇÃO DE ACABAMENTO NOS FLANCOS DOS DENTES			
QUALIDADE DO DENTADO		RETIFICADO	RASQUETEADO	FRESADO
DIN e ISO	AGMA			
1		Muito alto		
2		Muito alto		
3	15	Muito alto		
4	14	Alto	Muito alto	
5	13	Médio	Muito alto	
6	12	Baixo	Alto	Muito alto
7	11	Muito baixo	Médio	Muito alto
8	10		Baixo	Alto
9	9		Muito baixo	Médio
10	8			Baixo
11	7			Muito baixo
12	6			Muito baixo
	5			Muito baixo
	4			Muito baixo
	3			Muito baixo

Depende da qualidade e do estado de conservação da máquina, ferramenta e dispositivo de locação e fixação

Figura 14.17 – Grau de dificuldade na operação de acabamento dos flancos dos dentes.

Geração de dentes com ferramenta tipo hob

A ferramenta tipo hob, conhecida também como caracol, é a mais utilizada para o corte de dentes nas engrenagens cilíndricas retas e helicoidais. É normalmente utilizada para gerar dentados externos, porém ferramentas muito estreitas podem gerar dentados internos.

Nesse processo de corte dos dentes, a ferramenta e a peça trabalham conjugadas uma à outra na máquina geradora, de maneira semelhante a um par composto por coroa e sem-fim. A ferramenta, em forma de um parafuso sem-fim, cujas espiras são interrompidas por sulcos que formam as lâminas de corte, gira continuamente (indexação contínua) avançando sobre a peça e cortando os vãos entre os dentes, de maneira que a posição (passo), a forma e o tamanho dos dentes gerados, fiquem adequados ao acoplamento entre as rodas, motora e movida na cinemática da qual ambas farão parte. Nesse processo, o dentado é gerado cinematicamente, permitindo produzir, além de engrenagens com perfil evolvente, estriados com flancos paralelos, engrenagens para acoplar correntes, catracas e outros perfis especiais. Além disso, as ferramentas podem ser produzidas com diversas opções de materiais e revestimentos como, por exemplo, o TiN (Nitreto de titânio), o TiAlN (Futura ou Tinal) e o AlCrN (Alcrona) que lhes conferem rendimentos excepcionais, mesmo operando com altíssimas velocidades de corte. Novos revestimentos são desenvolvidos de tempos em tempos.

Para a produção de dentados com perfil evolvente, os flancos dos dentes da ferramenta tipo hob são retilíneos em forma de trapézio, como podem ser vistos nas Figuras 3.33 e 3.45.

Em relação à posição e ao movimento da ferramenta, temos as seguintes condições, que podem ser vistas na Figura 14.18:

Trabalho com avanço axial

Avanço é a denominação do movimento da ferramenta, em relação ao eixo da peça, quando está cortando. Veja, a seguir, as características do avanço axial:

- A posição do eixo da ferramenta em relação ao eixo da peça é transversal.
- O eixo da ferramenta é inclinado, em relação ao plano da mesa da máquina, com ângulo η_d ou η_e, dependendo das direções dos ângulos de hélice da peça (β) e da ferramenta (γ).
- A ferramenta penetra na peça, com profundidade h idêntica à altura do dente a ser gerado.
- A ferramenta se movimenta com avanço uniforme na direção paralela ao eixo da peça. O sentido desse movimento pode variar, dependendo de alguns fatores, principalmente aos que se referem à formação do cavaco. Veja mais detalhes adiante.

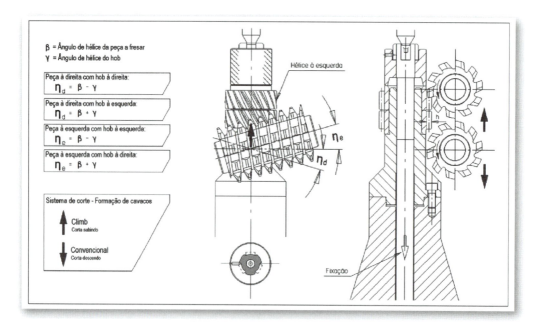

Figura 14.18 – Geração de dentes com fresa tipo hob.

- A ferramenta e a peça, além de receberem, da máquina geradora, movimentos de rotação que respeitam a relação entre o número de entradas da ferramenta e o número de dentes da peça, recebem, ainda, uma rotação suplementar, fornecida por um grupo diferencial para compensar o ângulo de hélice da peça em relação à direção de avanço da ferramenta.

Com essa combinação de movimentos e depois de um adequado número de giros da peça, a ferramenta percorre certa distância, preparada para garantir o corte de toda a largura da peça, ou das peças, na forma e dimensão final. Devem ser incluídas, nessa distância, a entrada e a saída da ferramenta. Portanto, um amplo espaço de cada lado da peça deve ser planejado, conforme mostra o exemplo da Figura 14.18.

Em alguns casos, pode ser inconveniente a utilização do avanço da ferramenta na direção axial em relação ao eixo da peça. Por exemplo, na geração dos dentes de uma coroa que trabalha com um parafuso sem-fim, o avanço da ferramenta deve ser radial ou tangencial, em relação ao eixo da coroa.

Trabalho com avanço radial

Veja, a seguir, as características do avanço radial:

- A ferramenta avança na direção perpendicular ao eixo da peça, cortando os dentes até atingir a profundidade desejada, normalmente, a altura total h do dente. Na preparação da máquina, o operador entra com o hob até perto da dimensão W acabada, que chamaremos de W_f. Nesse ponto, ele mede a dimensão W, ainda maior que a dimensão acabada. Podemos chamar essa dimensão de W_i. Para atingir a dimensão acabada (W_f), a ferramenta deve, ainda, deslocar um percurso que vamos chamar de D_H.

A equação do deslocamento radial do hob (D_H) em função de ($W_i - W_f$) é:

$$D_H = \frac{W_i - W_f}{2 \cdot \operatorname{sen} \alpha} \tag{14.1}$$

Veja as condições geométricas na Figura 14.19.

As linhas mais grossas representam os dentes gerados ainda não acabados (conjugados com o hob) com a dimensão W_i.

As linhas mais finas representam os dentes gerados acabados (conjugados com o hob) com a dimensão W_f.

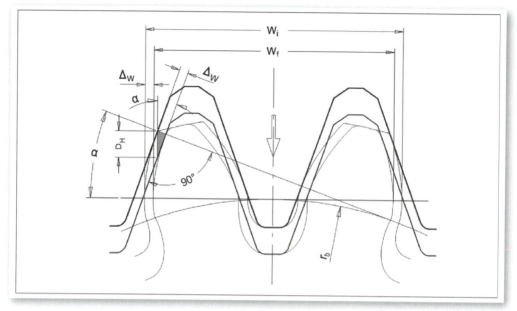

Figura 14.19 – Deslocamento do hob em função da dimensão W ($W_i - W_f$).

- A ferramenta e a peça recebem, da máquina geradora, movimentos de rotação que respeitam a relação entre o número de entradas da ferramenta e o número de dentes da peça. Veja a Figura 14.20.

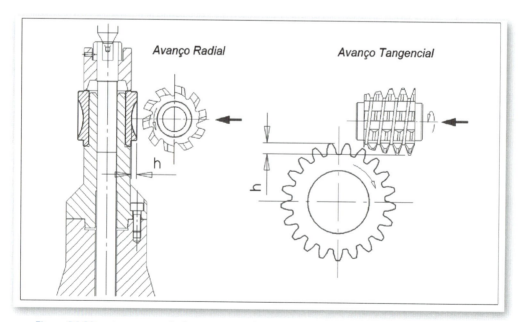

Figura 14.20 – Avanço radial e tangencial do hob.

Processo de fabricação

Trabalho com avanço tangencial

Veja, a seguir, as características do avanço tangencial:

A ferramenta avança na direção tangencial em relação ao eixo da peça. É preposicionada para cortar uma altura *h* do dente e, durante o trabalho, percorre certa distância, preparada para garantir o corte total dos dentes na forma e dimensão final. Veja a Figura 14.20.

Trabalho com avanço diagonal

O avanço diagonal é a combinação dos avanços axial e tangencial. Veja esquema na Figura 14.21.

Sistema de corte

O sistema de corte é caracterizado em função do movimento da peça em relação ao da ferramenta, como mostra a Figura 14.22. Inicialmente, foram criadas as denominações *Concordante* e *Discordante* para associar o sentido de movimento da mesa da máquina com o giro da ferramenta nas fresadoras universais, onde a mesa se movimenta enquanto a ferramenta permanece parada em sua translação. Na maioria das máquinas geradoras, o avanço axial é executado pelo carro porta-ferramenta. Para definir se o corte é concordante ou discordante, a

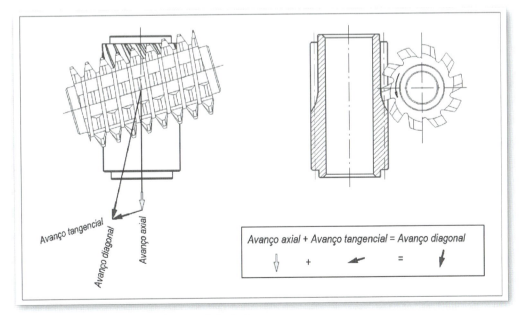

Figura 14.21 – Avanço diagonal do hob.

regra é a mesma das fresadoras universais. Se o sentido do movimento axial da ferramenta concordar com o sentido de corte, receberá o nome de Convencional ou Discordante, caso contrário, receberá o nome de Climb ou Concordante. Parece contraditório, mas os nomes concordante e discordante estão associados ao movimento da peça e ao sentido de corte da ferramenta.

A seguir um resumo das vantagens e desvantagens de um e outro sistema de corte.

No corte de engrenagens, com dentes retos, e nos helicoidais, com pequenos ângulos de inclinação (até cerca de 25°), a maneira como o cavaco é formado difere, nos sistemas Climb e Convencional.

A forma característica do cavaco, semelhante a uma vírgula, é a mesma para os dois sistemas, mas, no sistema Convencional, o corte se inicia na parte fina do cavaco enquanto, no sistema Climb, o início se dá na extremidade de maior espessura.

Começar o corte pela parte fina do cavaco, como acontece no sistema Convencional, possibilita um pressionamento da ferramenta sobre o material na região já cortada com a lâmina anterior, em vez de cortá-lo bruscamente, aproveitando toda a profundidade, o que é correto, porque evita um amassamento na peça. Esse amassamento, em função do atrito gerado, desgasta os fios de corte da ferramenta, diminuindo sua vida útil, além de provocar baixa qualidade

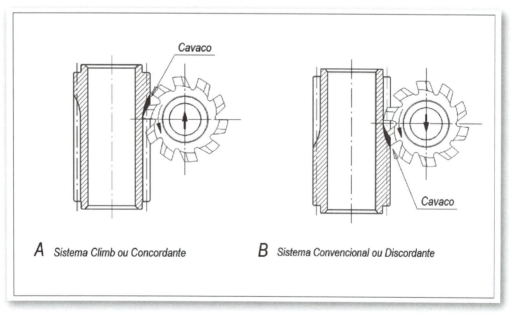

Figura 14.22 – Sistema de corte com hob.

superficial na peça. Esse fenômeno ocorre de forma limitada nas peças com materiais duros, em relação aos mais tenazes.

Nos dentados helicoidais com pequenos ângulos de inclinação, a virtude do sistema Climb, é que todos os dentes da ferramenta penetram diretamente no blank (cilindro onde os dentes estão sendo gerados) iniciando o corte pela parte de maior espessura do cavaco, propiciando uma remoção considerável de material. Nos dentados helicoidais com grandes ângulos de inclinação, a maioria dos dentes da ferramenta penetram em uma parte dos vãos já cortados anteriormente, diminuindo tal virtude.

Um detalhe importante, que deve ser considerado, é que o sistema Climb requer máquinas rígidas e em boas condições de funcionamento. A folga entre o fuso e a porca, nesse sistema, é especialmente crítica.

É fácil imaginar, observando a parte A da Figura 14.22, que a força provocada pelo movimento de translação do carro porta-ferramenta, elimina uma suposta folga entre o fuso e a porca, enquanto o movimento de rotação da ferramenta provoca uma força no sentido contrário. Na parte B da mesma figura, ambas as forças agem no mesmo sentido, eliminando a suposta folga. Nas máquinas modernas, equipadas com fuso de esferas, esse problema praticamente não existe.

Para concluir esta análise resumida, podemos dizer que:

- Para dentados retos ou helicoidais com pequenos ângulos de inclinação, o sistema de corte climb é vantajoso. Além de cortar com melhor acabamento superficial com traços uniformes e opacos (sem brilho), reduz os erros de forma e posição.
- Os dois sistemas podem ser utilizados para dentados com ângulos de inclinação acima de 25º.
- Para engrenagens, cujos dentados são acabados na própria geradora, dois passes podem ser adequados. Nesse caso, o primeiro passe (desbaste) pode ser efetuado pelo sistema de corte convencional e o segundo (acabamento) pelo sistema climb.
- O sistema Convencional pode ser utilizado para materiais mais duros, mesmo nas peças com pequenos ângulos de hélice.

Hob com múltiplas entradas

Como dissemos anteriormente, o hob nada mais é que um parafuso sem-fim, cujas espiras possuem sulcos igualmente espaçados no sentido axial, de maneira a formar lâminas cortantes. Esses sulcos podem também ser helicoidais quando o ângulo de hélice, que forma as espiras, ultrapassar um determinado valor de inclinação (normalmente 7º).

Como se trata de uma rosca sem-fim é perfeitamente possível construí-lo com uma ou mais entradas. A indústria tem adotado o hob com múltiplas entradas por sua capacidade de reduzir significativamente o tempo de produção. No entanto, por muito tempo, foi considerado adequado apenas para desbaste e operações de pré-acabamento, em função da imprecisão provocada pelo erro de posição de suas espiras e, também, pela incapacidade das máquinas geradoras.

Hoje, seu emprego aumentou enormemente, e por razões bem definidas:

- Maior precisão em sua construção;
- Importante redução no tempo da operação;
- Máquinas geradoras mais potentes, mais rígidas, mais sólidas, mais rápidas e mais fáceis de preparar.

Antes de analisarmos as características de precisão da superfície dos dentes gerados com ferramentas com uma ou mais entradas, é importante notar a diferença entre os dois tipos, quanto à sua capacidade de corte. Em pincípio, o tempo necessário para se cortar uma peça com determinada ferramenta, é inversamente popocional ao número de entradas dessa ferramenta. Obviamente isso depende, também, dos elementos geométricos do par *peça-ferramenta* e do avanço adotado. A avaliação da distribuição dos cavacos removidos pelos vários dentes envolvidos no corte é muito complexa, porque a seção do cavaco é variável ao longo do perfil cortante da ferramenta.

A diferença na espessura do cavaco removido pela ferramenta com múltiplas entradas em comparação com ferramentas com uma única entrada, limita a vantagem do emprego das ferramentas com mais de uma entrada no corte das engrenagens com pequeno número de dentes. Veja alguns exemplos de rodas com 12, 24 e 48 dentes na Figura 14.23, mas, antes, para que se possam avaliar os valores apresentados na figura, vamos dar uma sugestão das espessuras máximas do cavaco (h_c) em função do módulo normal:

Para $m_n \le 3$:

$$h_c = 0{,}1\ m_n + 0{,}05 \qquad (14.2)$$

Para $m_n > 3$:

$$h_c = 0{,}35 \qquad (14.3)$$

Em função da velocidade de corte, do material empregado na ferramenta e o tipo de recobrimento, a espessura máxima do cavaco deve ser limitada. Uma consulta ao fabricante da ferramenta é oportuna, já que essas tecnologias avançam rapidamente.

Processo de fabricação

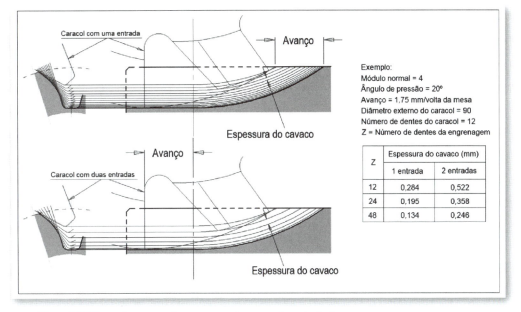

Figura 14.23 – Influência do número de entradas do hob.

Voltando aos exemplos da Figura 14.23, no caso da roda com 12 dentes gerada com uma ferramenta de duas entradas, mostrada na figura, seria oportuna uma redução do avanço da ferramenta. Isso, evidentemente, reduziria a vantagem do emprego dessa ferramenta.

É importante também observar o limite de rotação da mesa da máquina. Pois, para uma mesma rotação da ferramenta, teremos para a mesa da máquina, uma rotação duas vezes maior para uma ferramenta com duas entradas, três vezes maior para uma ferramenta com três entradas e assim por diante.

Para rodas com pequeno número de dentes, o emprego de ferramenta com múltiplas entradas irá requerer uma alta rotação do sem-fim que aciona a mesa da máquina, provocando desgaste excessivo ao par.

Os fabricantes de máquinas fornecem, em seus manuais, os valores limites das velocidades e, normalmente, oferecem opções, como construção de sem-fins com mais entradas, para adequar a máquina às necessidades do cliente.

Em geral, podemos dizer que a ferramenta com múltiplas entradas é produtivamente vantajosa para rodas com grande número de dentes.

A ferramenta tipo hob é composta por diversas lâminas cortantes igualmente espaçadas, nas quais estão os perfis que gerarão os dentes da engrenagem. Em virtude dessa constução, a ferramenta gera os dentes de maneira intermitente. À medida que a ferramenta e a peça giram, conjugadas uma à outra, o perfil do dente é gerado por diversas retas, cada uma correspondente a um dente da ferramenta. Essas retas, na verdade, é que vão definir a curva evolvente do flanco do dente.

Esse processo de corte, por se tratar de segmentos de retas, cuja quantidade é finita, gerará uma irregularidade, se comparado com uma curva evolvente teórica. Essa irregularidade, para uma dada engrenagem, depende não só de algumas características geométricas, mas, principalmente, do número de lâminas e do número de entradas da ferramenta.

Se uma ferramenta com duas entradas tiver o mesmo número de lâminas que uma ferramenta com uma única entrada, o número de dentes da ferramenta que participa da geração do perfil é exatamente a metade, produzindo uma irregularidade maior, ou seja, um acabamento mais grosseiro.

Veja a Equação (14.4) que calcula a profundidade da irregularidade gerada na linha de flancos (δ_x) e a Equação (14.5), que calcula a irregularidade gerada no perfil evolvente (δ_y). A Figura 14.24 ilustra os dois casos no mesmo flanco. Nas Tabelas 14.1 e 14.2 estão alguns exemplos das irregularidades δ_x e δ_y, produzidas nas rodas dentadas, em seis condições distintas.

Notem que a irregularidade de perfil (δ_y) aumenta nas engrenagens com pequeno número de dentes.

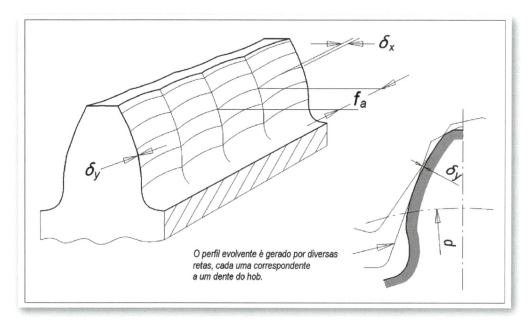

Figura 14.24 – Irregularidades do flanco devidas ao corte com hob.

A mesma ferramenta do exemplo anterior, com um diâmetro externo de 90 mm e avançando 2,6 mm/volta da mesa, produzirá uma irregularidade δ_x = 7,8 μm em torno do diâmetro de referência da roda. Essa irregularidade é, geralmente, muito mais importante do que a irregularidade de perfil (δ_y) e não depende do número de dentes da engrenagem nem tampouco do número de entradas da ferramenta. Depende apenas do seu diâmetro.

Notem que, como a ferramenta com múltiplas entradas normalmente possui um diâmetro maior e também um ângulo de hélice maior, ou seja, dois fatores que tendem a reduzir o tamanho do erro provocado pelo avanço, essas ferramentas podem produzir irregularidades (de avanço) menores. Isso não significa que o acabamento superficial dos dentes seja melhor, pois temos de considerar outros fatores. De qualquer maneira, podemos afirmar que o valor do avanço e o diâmetro da ferramenta prevalecem na criação da irregularidade δ_x e independem do número de entradas da ferramenta.

Profundidade da irregularidade gerada na linha de flancos (δ_x):

$$\delta_x = \left(\frac{f_a}{\cos \beta}\right)^2 \cdot \frac{\operatorname{sen} \alpha_n}{4 \cdot d_{a0}} \quad [\text{mm}] \qquad (14.4)$$

onde:

f_a = Avanço axial [mm/rotação].
β = Ângulo de hélice da roda.
α_n = Ângulo de perfil normal.
d_{a0} = Diâmetro externo do hob [mm].

Irregularidade no perfil (δ_y):

$$\delta_y = \frac{\pi^2 \cdot z_0^2 \cdot m_n \cdot \operatorname{sen} \alpha_n}{4 \cdot z_2 \cdot i^2} \quad [\text{mm}] \qquad (14.5)$$

onde:

z_0 = Número de entradas do hob.
m_n = Módulo normal.
α_n = Ângulo de perfil normal.
z_2 = Número de dentes da roda.
i = Número de lâminas do hob.

Veja, a seguir, alguns exemplos para comparação das irregularidades entre seis condições distintas:

Dados:

Módulo normal (m_n)	4,000
Número de dentes da roda (z_2)	12, 24 e 48
Número de entradas do hob (z_0)	1 e 2
Número de lâminas do hob (i)	12
Ângulo de perfil normal (α_n)	20°
Ângulo de hélice (β)	25°
Diâmetro externo do hob (d_{a0})	70 e 90 mm
Avanço axial do hob em mm/rotação (f_a)	1,75, 2,60 e 3,50
Dimensão do vão circular da roda (T_n)	19,683

Vamos fazer um exemplo analítico de cada uma das irregularidades (δ_x e δ_y) e mostrar os demais resultados nas Tabelas 14.1 e 14.2, respectivamente.

$$\delta_x = \left(\frac{1,75}{\cos 25°}\right)^2 \cdot \frac{\sen 20°}{4 \times 70} = 0,004554 \text{ mm} \simeq 4,6 \text{ μm} \qquad \text{ref (14.4)}$$

Irregularidade na linha de flanco (δ_x) em μm:

$$\delta_y = \frac{\pi^2 \times 1^2 \times 4 \times \sen 20°}{4 \times 12 \times 12^2} = 0,001953 \text{ mm} \simeq 2,0 \text{ μm} \qquad \text{ref (14.5)}$$

Irregularidade no perfil evolvente (δ_y) em μm:

Tabela 14.1 – Irregularidade δ_x provocada pelo hob (em μm)

Avanço axial do hob f_a	Diâm. externo do hob d_{a0} = 70	Diâm. externo do hob d_{a0} = 90
1,75	4,6	3,5
2,60	10,1	7,8
3,50	18,2	14,2

Processo de fabricação

Tabela 14.2 – Irregularidade δ_y provocada pelo hob (em μm)

Número de dentes da roda z_2	Nº de entradas do hob $z_0 = 1$	Nº de entradas do hob $z_0 = 2$
12	2,0	7,8
24	1,0	3,9
48	0,5	2,0

Vamos analisar a relação existente entre o número de dentes da roda com o número de entradas e o número de lâminas da ferramenta: Tomemos uma roda com 24 dentes, gerada por uma ferramenta com uma única entrada. O dente da ferramenta cortará os vãos 1, 2, 3, 4 ... 24, 1, 2, 3, 4 ...24, 1, 2... da roda. O número de lâminas da ferramenta afeta somente a irregularidade do perfil. Como o filete é único, a disposição dos segmentos de reta que vão substituir a curva evolvente do dente será perfeitamente uniforme em todos os flancos homólogos da roda.

Tomemos agora a mesma roda com 24 dentes, gerada por uma ferramenta com duas entradas. A relação entre os dentes da roda e os da ferramenta é diferente. O primeiro filete da ferramenta corta os vãos 1, 3, 5, 7...21, 23, 1, 3, 5, 7...21, 23, 1, 3...da roda, enquanto o segundo corta os vãos 2, 4, 6, 8...22, 24, 2, 4, 6, 8...22, 24, 2, 4.

Isto significa que metade da roda é cortada exclusivamente com o primeiro filete e a outra metade exclusivamente com o segundo.

Podemos ter uma ideia aproximada da resolução do perfil gerado observando os três elementos da Figura 14.25, que difere entre si apenas pelo número de entradas da ferramenta e os da Figura 14.26, que diferem entre si apenas pelo número de lâminas.

Se a ferramenta tem um número de lâminas, como 12, por exemplo, divisível pelo número de entradas, como 2, por exemplo, os dois filetes se sobrepõem exatamente um com o outro depois de uma rotação da ferramenta de meia-volta.

A distribuição dos segmentos de reta que representa a curva gerada permanece a mesma, seja para os vãos identificados com números pares (no exemplo), como aqueles identificados com números ímpares. Diferentemente, se a ferramenta têm um número de lâminas, como 11, por exemplo, não divisível pelo número de entradas, como 2, a distribuição desses segmentos é diferente entre os espaços ímpares e pares, como mostrado na Figura 14.27.

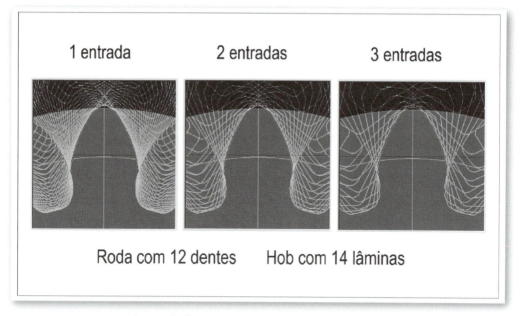

Figura 14.25 – Resolução do flanco do dente em função do número de entradas do hob.

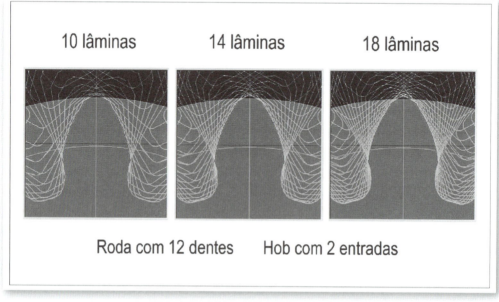

Figura 14.26 – Resolução do flanco do dente em função do número de lâminas do hob.

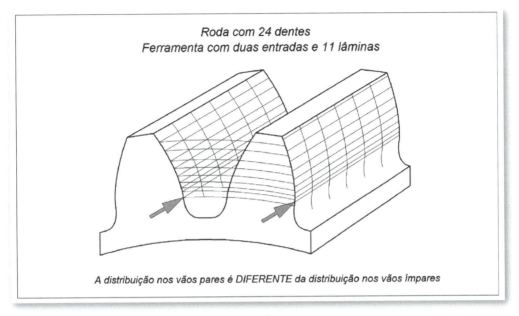

Figura 14.27 – Distribuição dos segmentos de retas – z_2 par, i ímpar, $z_0 = 2$.

Ainda diferente é o caso, por exemplo, de uma ferramenta com duas entradas, cortando uma roda com 25 dentes, ou seja, com um número de dentes não divisível pelo número de entradas.

Nesse caso, o primeiro filete da ferramenta corta os vãos 1, 3, 5...21, 23, 25, 2, 4, 6...enquanto o segundo corta os vãos 2, 4, 6...22, 24, 1, 3, 5..., ou seja, o mesmo vão é cortado em cada volta da mesa por um filete diferente. Se o número de lâminas é 12, a distribuição dos segmentos de retas é novamente igual para os vãos identificados com números pares, como aqueles identificados com números ímpares, conforme mostra a Figura 14.28.

Se a ferramenta tem 11 lâminas, há uma distribuição diferente das retas, dessa vez, sobre o mesmo dente, que mudará a cada giro da ferramenta. Nesse caso, a superfície assume a aparência mostrada na Figura 14.29.

Nesse último caso, portanto, o número de áreas cortadas volta a ser exatamente igual à obtida em uma engrenagem cortada pela ferramenta com uma única entrada, embora a disposição dessas áreas seja diferente. Veja o esquema mostrado na Figura 14.30.

Estas análises, a respeito das irregularidades, são puramente geométricas, uma vez que, na precisão final dos dentes, refletem os erros de forma e posição da própria ferramenta, como passo e perfil, entre outros erros que, em seus aspectos práticos, apresentam uma oscilação cuja amplitude dependerá da classe de precisão da ferramenta (D, C, B, A, AA e AAA, conforme norma DIN 3968).

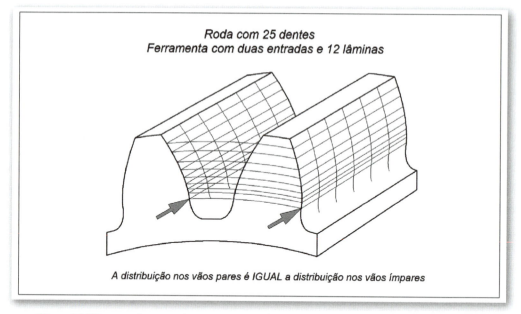

Figura 14.28 – Distribuição dos segmentos de retas – z_2 ímpar, i par, $z_0 = 2$.

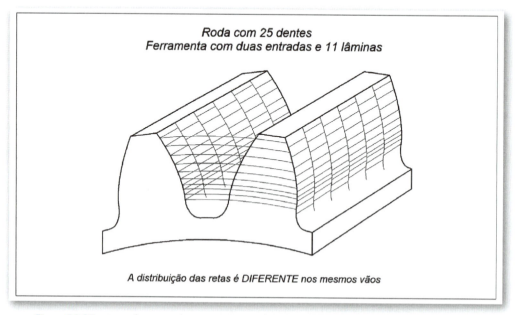

Figura 14.29 – Distribuição dos segmentos de retas – z_2 ímpar, i ímpar, $z_0 = 2$.

Processo de fabricação

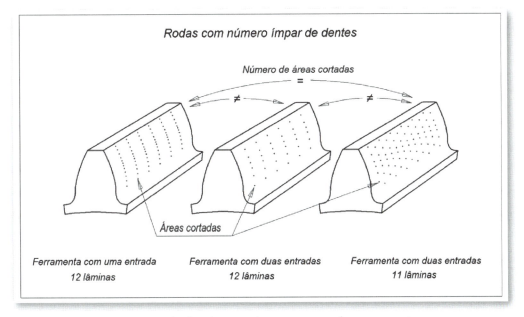

Figura 14.30 – Esquema de distribuição dos segmentos de retas – z_2 ímpar.

Além disso, poderá haver imprecisão de posição na montagem da ferramenta na máquina, como excentricidade e instabilidade axial (cambaleio).

A Figura 14.31 ilustra a repercussão da ondulação do passo da engrenagem no caso da utilização de ferramentas com uma e duas entradas. Se a precisão das duas ferramentas é igual, ou seja, se a amplitude da ondulação é a mesma em ambos os casos, o erro de perfil total também é o mesmo para as duas ferramentas, variando apenas a disposição do erro, uma consequência da geração do dente com uma única rotação em torno do próprio eixo da ferramenta com duas entradas e de duas rotações em torno do próprio eixo da ferramenta com uma única entrada.

Para nos manter em sintonia com os exemplos citados, uma ferramenta módulo 4 pode ter uma tolerância de 0,028 mm no passo, de acordo com a classe B da norma DIN 3968. Essa variação afeta o perfil do dente da engrenagem em um erro de igual magnitude, que, quantitativamente, está bem acima da irregularidade devida ao número limitado de lâminas cortantes da ferramenta que está envolvida no processo de corte.

No caso das ferramentas com uma única entrada, os flancos direitos, por exemplo, irão gerar todos os flancos homólogos dos dentes da roda, exatamente da mesma maneira. Portanto, as irregularidades e ondulações se traduzirão em simples erros de perfil. Já, a engrenagem cortada por uma ferramenta com múlti-

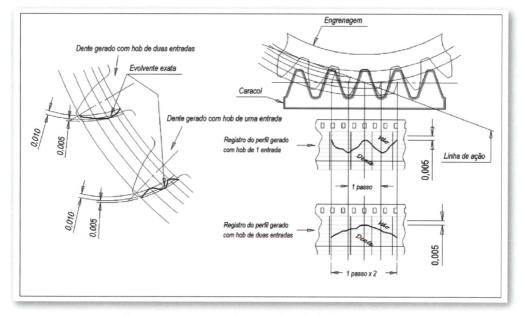

Figura 14.31 – Influência do número de entradas do hob.

plas entradas, poderá ter um erro de divisão, quando seu número de dentes for divisível pelo número de entradas da ferramenta.

A Figura 14.32 ilustra o erro de divisão no caso de uma roda com número par de dentes, cortada com a mesma ferramenta do exemplo já utilizado, ou seja, módulo 4, duas entradas com erro de passo tolerado até 0,028 mm e com exata divisão das entradas.

Desprezando qualquer erro da máquina, o erro de divisão na roda pode chegar a 0,028 mm. No entanto, é importante que nesse caso, controlando a divisão em diversos diâmetros diferentes da engrenagem, pelo menos em um dos diâmetros, a divisão seja exata. Se você encontrar, variando o diâmetro de medição, ora divisão exata ora divisão errada, a causa do erro é devida à flutuação do passo ou à afiação da ferramenta ou, ainda, à montagem dessa ferramenta na máquina.

Por outro lado, se a divisão estiver incorreta em todos os diâmetros tomados, o erro é, seguramente, de divisão das entradas da ferramenta.

Esta consideração deixa de ser verdadeira quando o número de dentes da roda não for divisível pelo número de entradas da ferramenta. Nesse caso, de fato, ambos os filetes podem estar envolvidos na geração do mesmo flanco do dente, produzindo um perfil que reflete as oscilações defasadas dos dois filetes, melhorando significamente tanto a divisão quanto o perfil dos dentes da roda. Veja ilustração na Figura 14.33.

Processo de fabricação

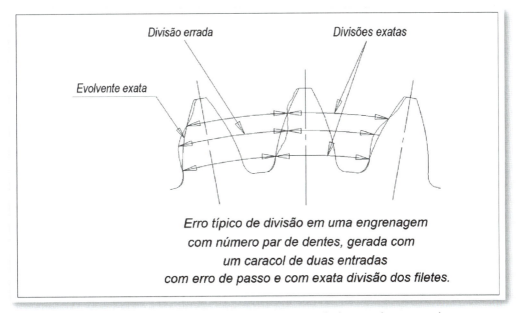

Figura 14.32 – Erro típico de divisão gerado – z_2 par, hob com duas entradas.

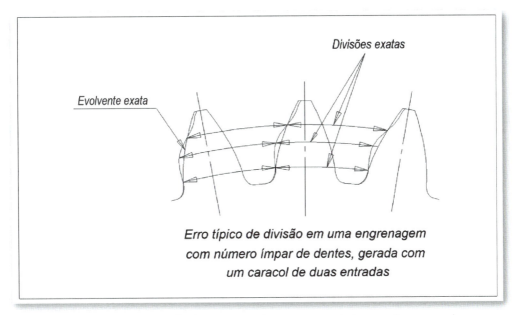

Figura 14.33 – Erro típico de divisão gerado – z_2 ímpar, hob com duas entradas.

Avanço axial da ferramenta em função da espessura máxima do cavaco

O avanço axial (f_a) é especificado em mm por rotação da peça.

A experiência tem demonstrado que a melhor maneira de especificar o avanço axial da ferramenta tipo hob, para o corte de rodas dentadas, é em função da espessura máxima teórica do cavaco removido pelas lâminas do hob. Espessuras maiores aumentam as forças de corte e reduzem a vida do hob.

As espessuras do cavaco são aumentadas quando o módulo, o avanço axial, a profundidade de corte e o número de entradas do hob são aumentados. As espessuras do cavaco são reduzidas quando o número de dentes da engrenagem, o diâmetro externo e número de lâminas do hob são aumentados.

Bernd Hoffmeister, em 1970, desenvolveu uma formulação para calcular a espessura máxima teórica do cavaco.

Espessuras de cavaco entre 0,2 a 0,35 mm resultam em um bom equilíbrio entre a qualidade produzida e o tempo de usinagem.

Por razões econômicas, é interessante uma redução no tempo de usinagem. Por isso, procura-se trabalhar com avanços axiais altos. No entanto, a profundidade das marcas geradas na peça, aumenta quadraticamente com o avanço axial. A profundidade dessas marcas, que definem a topografia dos flancos dos dentes, é admissível, até certo ponto, em função da qualidade ou da etapa do processo, como, por exemplo, pré-shaving, pré-retífica e desbaste, no caso de dois ou mais passes ou acabamento.

Segundo a Fette (tradicional fabricante alemã de ferramentas), se:

- a ferramenta for de metal duro e a fresagem processada com óleo de corte, a máxima espessura do cavaco deve ficar entre 0,12 e 0,20 mm.
- a ferramenta de metal duro e fresagem a seco, 80% do calor gerado pelo processo de corte deve ser dissipado pelos cavacos, portanto, sua seção transversal deve ser adequada à esta função e sua espessura não deve ser inferior a 0,12 mm.

Cálculo do avanço axial em função da espessura do cavaco, segundo Bernd Hoffmeister:

Veja a Figura 14.34.

$$A = 4,9\, m_n \tag{14.6}$$

$$B = z^{(0,00925\beta - 0,542)} \cdot e^{-0,015\beta} \qquad [\beta \text{ em radianos}] \tag{14.7}$$

Processo de fabricação

$$C = e^{-0.015x} \tag{14.8}$$

$$D = \left(\frac{r_{a0}}{m_n}\right)^{-0.00825\beta - 0.225} \qquad [\beta \text{ em radianos}] \tag{14.9}$$

$$E = \left(\frac{i}{z_0}\right)^{-0.877} \tag{14.10}$$

$$F = \left(\frac{p_c}{m_n}\right)^{0.319} \tag{14.11}$$

$$f_\alpha = m_n \cdot \left(\frac{h_c}{A \cdot B \cdot C \cdot D \cdot E \cdot F}\right)^{1.957} \tag{14.12}$$

Como exemplo, vamos calcular o avanço da ferramenta em função da espessura máxima do cavaco.

Dados:
Módulo (m_n) 5,000
Número de dentes da roda (z) 22
Ângulo de perfil normal (α_n) .... 20°

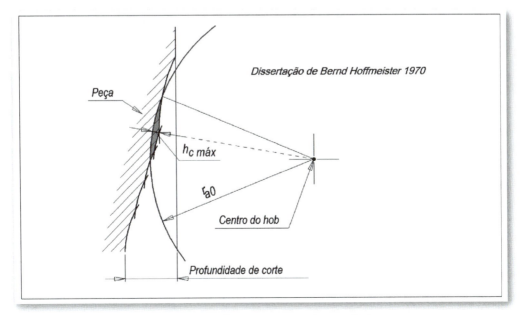

Figura 14.34 – Máxima espessura do cavaco cortado com hob.

Ângulo de hélice (β) em radianos .... 25° = 0,436332 rad
Fator de deslocamento do perfil (x) 0,5
Profundidade de corte (p_c) 13,226
Raio externo do hob (r_{a0}) 55
Número de lâminas do hob (i) 12
Número de entradas do hob (z_0) 2
Espessura máxima do cavaco (h_c) 0,35

$$A = 4,9 \times 5 = 24,5 \qquad \text{ref (14.6)}$$

$$B = 22^{(0,00925 \times 0,436332 - 0,542)} \cdot e^{-0,015 \times 0,436332} = 0,188357 \qquad \text{ref (14.7)}$$

$$C = e^{-0,015 \times 0,5} = 0,992528 \qquad \text{ref (14.8)}$$

$$D = \left(\frac{55}{5}\right)^{-0,00825 \times 0,436332 - 0,225} = 0,578013 \qquad \text{ref (14.9)}$$

$$E = \left(\frac{12}{2}\right)^{-0,877} = 0,207760 \qquad \text{ref (14.10)}$$

$$F = \left(\frac{13,226}{5}\right)^{0,319} = 1,363843 \qquad \text{ref (14.11)}$$

$$f_\alpha = 5 \cdot \left(\frac{0,35}{24,5 \times 0,188367 \times 0,992528 \times 0,578013 \times 0,207760 \times 1,363843}\right)^{1,957} = \qquad \text{ref (14.12)}$$
$$= 1,125 \quad [\text{mm/rot}]$$

Número máximo de entradas para o hob ($z_{0\,\text{máx}}$)

Como já mencionado, o ângulo de hélice do hob deve ser menor ou igual a 7° para que as lâminas de corte sejam axiais (não helicoidais). Podemos determinar o número máximo de entradas do hob, utilizando este parâmetro. A equação para determinar o ângulo é:

$$\tan \gamma = \frac{z_0 \cdot m_n}{d_0}$$

Processo de fabricação

onde:

z_0 = Número de entradas.

d_0 = Diâmetro de referência do hob.

γ = Ângulo de hélice do hob.

int = Parte inteira.

$$z_0 = \text{int}\left(\frac{\tan \gamma \cdot d_0}{m_n}\right) \quad \text{onde int = parte inteira.}$$

$$\tan 7° = 0,123$$

$$z_{0\,\text{máx}} = \text{int}\left(\frac{0,123 \cdot d_0}{m_n}\right) \tag{14.13}$$

Protuberância na cabeça do hob

Mencionei, no Capítulo 3, que um dente gerado por um hob poderia ter até cinco elementos geométricos. Na verdade, pode ter mais de cinco. Os elementos que não foram citados naquele capítulo se referem àqueles produzidos pela protuberância do hob. A protuberância é um detalhe construtivo feito na cabeça do dente da ferramenta com o objetivo de gerar no dente da roda, uma "saída" para a ferramenta de acabamento, seja ela um cortador shaving ou um rebolo para retificação. Essa protuberância pode ser construída de duas formas diferentes: tipo tangente ou tipo paralelo. Veja ilustração das duas formas na Figura 14.35.

A Figura 14.36 mostra todos os elementos gerados pelo hob com protuberância tipo tangente, do lado esquerdo, e tipo paralela, do lado direito.

A melhor opção para a forma construtiva, normalmente, é escolhida pelo fabricante da ferramenta e é função tanto das necessidades geométricas do dente a ser gerado quanto do ajuste das engrenagens, como o diâmetro útil de pé.

Aproveitamento do hob

O hob, como qualquer ferramenta de corte, sofre desgaste durante o processo de usinagem. O desgaste do hob é provocado por vários fatores, entre eles:

- a velocidade de corte;
- o material e a dureza da peça que está sendo usinada;
- o material e o revestimento do hob;
- o óleo bombeado sobre o par *peça-ferramenta*, que tem a função de lubrificar e refrigerar o corte;
- a rigidez do dispositivo e sua capacidade de fixação;
- a potência e a rigidez da máquina geradora.

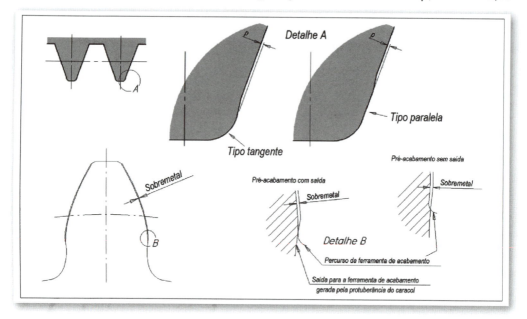

Figura 14.35 – Protuberância da crista do hob.

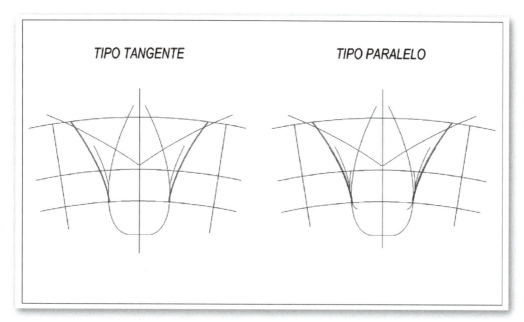

Figura 14.36 – Involutometria do dente produzida por um hob com protuberância.

Processo de fabricação

Preocupada com a precisão do produto que está sendo usinado, com a produtividade do processo e também em prolongar a vida útil da ferramenta, a indústria resolveu controlar o desgaste da ferramenta e adotar medidas para minimizá-lo.

Entre essas medidas está o deslocamento tangencial do hob, conhecido como shifting.

O shifting pode ser feito intermitentemente, entre uma operação e outra, ou continuamente, como um avanço tangencial. O método mais utilizado é o intermitente.

O valor do deslocamento é calculado em função das características geométricas da peça e da ferramenta.

O sentido do deslocamento deve ser:

- oposto ao sentido de rotação da peça, quando se desejar um melhor acabamento dos dentes. A nova posição dos dentes intactos do hob (com os fios de corte não desgastados) fará o acabamento dos dentes da peça;
- no mesmo sentido de rotação da peça, quando se desejar menor desgaste da ferramenta e, portanto, maior economia no processo.

Nesse caso, a nova posição dos dentes desgastados fará o acabamento. A primeira opção deve ser preferida para as operações de acabamento dos dentes, enquanto a segunda, para as operações de desbaste ou pré-acabamento, como pré-shaving ou pré-retífica.

Essa combinação de movimentos e o valor de cada deslocamento são favoráveis a uma melhor distribuição do desgaste e da temperatura gerados na ferramenta. A Figura 14.37 contém um esquema. Veja o esquema para acompanhar o formulário a seguir.

$$Shf = \frac{h_k}{\tan \alpha_n} \tag{14.14}$$

$$Shf_f = \frac{h_k}{\tan \alpha_n} + 0{,}2\,\pi \cdot m_n \tag{14.15}$$

$$Shf_i = \frac{h_k}{\tan \alpha_n} + 0{,}7\,\pi \cdot m_n \tag{14.16}$$

$$L_{shifting} = L_{hob} - \left(\frac{2\,h_k}{\tan \alpha_n} + 0{,}9\,\pi \cdot m_n\right) \tag{14.17}$$

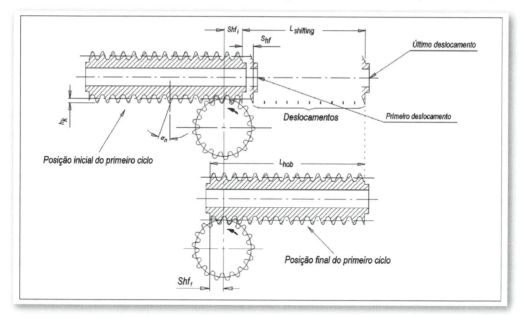

Figura 14.37 – Aproveitamento do hob – shifting.

Vamos considerar estas fórmulas para calcular um exemplo, onde:

Módulo normal (m_n) 3,000
Ângulo de perfil normal (α_n) .... 20°
Altura da cabeça do hob (h_k) 3,75
Comprimento útil do hob (L_{hob}) 140
Lote a ser processado (N_p) .... 200 peças

Valor de cada deslocamento (shifting):

$$Shf = \frac{3,75}{\tan 20°} = 10,3 \text{ mm} \qquad \text{ref (14.14)}$$

Valor da margem de segurança final do hob:

$$Shf_f = \frac{3,75}{\tan 20°} + 0,2 \, \pi \cdot 3 = 12,2 \text{ mm} \qquad \text{ref (14.15)}$$

Valor da margem de segurança inicial do hob:

$$Shf_i = \frac{3,75}{\tan 20°} + 0,7 \, \pi \cdot 3 = 16,9 \text{ mm} \qquad \text{ref (14.16)}$$

Processo de fabricação

Valor do deslocamento total (shifting total):

$$L_{shifting} = 140 - \left(\frac{2 \times 3{,}75}{\tan 20°} + 0{,}9\,\pi \cdot 3\right) = 110{,}9 \text{ mm} \qquad \text{ref (14.17)}$$

É recomendado um pequeno deslocamento do hob ($K_{shifting}$) no início de cada passe, em relação ao passe anterior. Em outras palavras, após o deslocamento total do hob (primeiro ciclo), não se deve retorná-lo à posição inicial, de maneira a forçar que os ciclos de movimento sejam diferentes, no que diz respeito ao seu posicionamento. O início do segundo ciclo deve começar a uma determinada distância em relação à posição inicial do primeiro. Essa distância é chamada subshifting e pode ser determinada dividindo-se o valor do shifting total ($L_{shifting}$) pelo número de peças do lote a ser produzido (N_p).

$$K_{shifting} = \frac{L_{shifting}}{N_p} \qquad (14.18)$$

No nosso exemplo:

$$K_{shifting} = \frac{110{,}9}{200} = 0{,}6 \text{ mm} \qquad \text{ref (14.18)}$$

Existem diversos algoritmos para se calcular esses valores. Muitas empresas possuem os seus próprios, adequando-os às suas condições de trabalho. Com a introdução do corte a seco (sem a utilização do óleo de corte), por exemplo, não são recomendados valores menores que os calculados com as fórmulas apresentadas aqui. Nesse caso, é importante deslocar os dentes aquecidos para fora da zona de corte.

Montagem do hob na máquina

A qualidade do dentado gerado com hob depende da qualidade deste e de sua montagem na máquina geradora.

Supondo que a máquina esteja em perfeito estado de conservação e apta para gerar um produto de qualidade, algumas orientações deverão ser respeitadas:

- A haste de apoio do mandril porta-ferramenta deve-se ajustar perfeitamente no suporte da máquina, estando isento de sujeira e sem marcas que possam locá-lo de maneira inadequada.
- Quanto à forma, o mandril porta-ferramenta deve ser rigorosamente cilíndrico e circular.

- Quanto à posição, o assento da ferramenta deve ser perfeitamente concêntrico com os seus apoios.
- Quanto à montagem do hob na máquina, são importantes a concentricidade e a estabilidade axial (ausência de cambaleio).

O hob normalmente possui anéis integrados (colarinhos) nas duas extremidades, que servem para a comprovação dessas condições. O ajuste entre o furo do hob e o mandril porta-ferramenta é determinante para a obtenção de um posicionamento perfeito. A Tabela 14.3 recomenda, conforme a norma DIN 3968, as condições ideais de ajuste.

Veja, na Figura 14.48, o efeito causado pela excentricidade e, na Figura 14.49, o efeito causado pelo cambaleio do hob na máquina.

Um relógio comparador ou apalpador pode comprovar essas características.

Tabela 14.3

Qualidade do Hob	Tolerâncias	
	Furo do hob	Mandril porta-ferramenta
AAA	H4	h4
AA	H5	h5 — Opcional g5 [1]
A	H5	h5 — Opcional g5 [1]
B	H6	g5
C	H6	g5
D	H7	g6

(1) Para as qualidades AA e A, dependendo do diâmetro do furo do hob (dentro da faixa tolerada), este poderá não montar no mandril. Nesse caso, utilize o mandril com afastamento **g** em vez de **h**.

É importante tirar a folga da chaveta no sentido contrário ao giro de trabalho.

Dispositivos para cortar dentes com hob

Para o projeto do dispositivo, devemos ter em mente os conceitos explicados no tópico *Locação da peça no espaço*, tirando os graus de liberdade necessários e suficientes para que haja repetibilidade das características obtidas na usinagem.

O grau de sofisticação do dispositivo depende da qualidade dimensional da peça, especialmente no que se refere à centralização do seu formato geométrico e à produtividade exigida.

Dispositivo de fixação e de locação com centralização pelo furo da peça

Para esse tipo de dispositivo, duas versões radicalmente diferentes, em relação à locação, podem ser concebidas:

A primeira versão, mais simples, é aquela cuja peça é locada por um mandril integral. Esse tipo de dispositivo centraliza a peça sem compensação da folga proveniente do afastamento e da tolerância de seu furo. Nesse caso, é fundamental que a especificação do furo da peça, normalmente definido no processo de fabricação, seja adequada à qualidade exigida. Caso contrário, é muito provável que teremos um erro de concentricidade no dentado, em relação ao furo.

Podemos considerar que o erro máximo de concentricidade F_r é dado pela soma das tolerâncias entre o mandril e a peça, mais o afastamento entre eles. Traduzindo em fórmula, temos:

$$F_{rMax} = Tol_F - Tol_M + Afast \qquad (14.19)$$

onde:

F_{rMax} = Excentricidade máxima possível (mm).
Tol_F = Tolerância do furo da peça (mm).
Tol_M = Tolerância do mandril (mm).
$Afast$ = Afastamento (mm).

Por exemplo:

Diâmetro do furo da peça: 65,000 H7

ou seja,

Diâmetro do furo da peça máximo: 65,030
Diâmetro do furo da peça mínimo: 65,000
Tolerância (T_{olF}): +0,030
Diâmetro do mandril: 64,990 h5

ou seja,

Diâmetro do mandril máximo: 64,990
Diâmetro do mandril mínimo: 64,977
Tolerância (T_{olM}): −0,013

Afastamento ($Afast$) = 65,000 − 64,990 = 0,010
F_{rMax} = 0,030 − (−0,013) + 0,010 = 0,053

Nesses dispositivos, normalmente é possível o aproveitamento de toda sua estrutura básica, bastando substituir o mandril porta-peça e a arruela de fixação para uma determinada família de peças. Isso, além de não demandar alto investimento inicial, reduz sensivelmente o tempo se preparação da máquina, diminuindo também o custo operacional.

Quanto à fixação, quando a peça é apoiada por uma face e fixada pela face oposta, há uma relação entre a força exercida e a área de apoio a ser respeitada. Podemos considerar a fórmula:

$$P_f = \frac{Força}{Área} > 20 \frac{kgf}{mm^2} \tag{14.20}$$

onde P_f = pressão de fixação. A força é dada em kgf e a área em mm², evidentemente.

A Figura 14.18 é um bom exemplo desse tipo de dispositivo.

A segunda versão, mais sofisticada, é aquela cuja peça é locada por um mandril (ou bucha) expansível ou castanhas móveis de maneira a eliminar a folga proveniente do afastamento e da tolerância de seu furo. O emprego dessa versão garante uma boa concentricidade no dentado gerado, em relação ao furo piloto.

Podemos classificar em dois grupos distintos os dispositivos que compensam a folga. Essa distinção se faz por meio do elemento de centragem, ou seja:

Bucha ou mandril expansível

Esse elemento, normalmente uma única peça, possui a geometria externa idêntica à da peça que será locada e a geometria interna cônica, onde um miolo ajustado nesse cone, por meio de um movimento axial, provoca uma deformação elástica uniforme na direção radial da bucha, que toca e centra a peça no dispositivo.

Castanhas deslizantes

Esses elementos, normalmente três ou mais peças, são montados de maneira equidistantes, possuem a geometria externa idêntica à da peça que será locada e a geometria interna cônica, onde um miolo ajustado nestes cones, por meio de um movimento axial, provoca um deslocamento radial uniforme que toca e centra a peça no dispositivo.

A Figura 14.38 ilustra, em sua parte A, as castanhas deslizantes e, em sua parte B, a bucha expansível. A Figura 14.39 ilustra mais duas versões diferentes de buchas expansíveis.

Para as duas versões:

- Quando mais de uma peça é montada no dispositivo formando um pacote, apesar das dimensões dos furos serem diferentes em função da tolerância,

Processo de fabricação

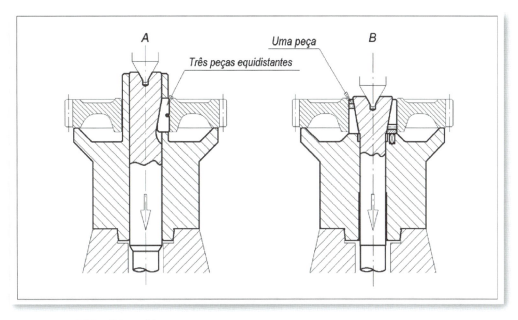

Figura 14.38 – Dispositivos autocentrantes.

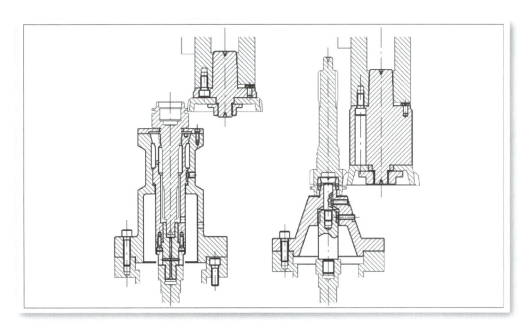

Figura 14.39 – Dispositivos para aplainar dentes com shaper.

é necessário que todas estejam perfeitamente centradas. Nesse caso, o dispositivo deve ser composto de vários elementos centralizadores, um para cada peça, sobretudo se estas requererem elevada exigência de precisão. Caso contrário, o dispositivo será limitado em sua capacidade de centrar todas as peças com perfeição.

- Não é conveniente montar pacotes com uma grande quantidade de peças, em virtude do risco de se somar os erros de planicidade e ortogonalidade (batimento axial) das faces, que se acumularão. Essa prática é justificável somente nos casos em que o rigor de qualidade não é muito alto.
- A boa qualidade dimensional depende de vários fatores e, entre eles, estão a planicidade e a ortogonalidade (batimento axial) das faces de apoio entre o dispositivo e a peça, mesmo quando uma única peça é montada. Em suma, no desenho do dispositivo, todas as partes que têm contato com a peça devem ter, em suas dimensões, tolerâncias estreitas.

Problemas de qualidade encontrados no processo de corte com hob

O resultado obtido no produto, por meio do corte com hob, reflete a qualidade do sistema utilizado, composto pela máquina, pela ferramenta, pelo dispositivo de locação/fixação e pelo próprio blank. Sempre que um ou mais desses componentes apresentar irregularidades, podemos ter um problema de qualidade em nosso produto.

Defeitos e prováveis causas

As figuras apresentadas a seguir, mostram os problemas mais comuns, encontrados no processo de corte com ferramenta tipo hob.

O termo "embaralhamento", amplamente usado, foi adotado para indicar a soma algébrica dos máximos desvios de inclinação (considerando todos os dentes verificados) tanto para a hélice (linha de flanco do dente), quanto para a evolvente (perfil do flanco do dente). Veja exemplos na Figura 14.40.

Uma das causas prováveis é a instabilidade axial, a qual chamaremos aqui de *batimento axial*. Esse erro é verificado no blank, operação anterior ao corte dos dentes. Pode ser um descuido do processo, mais precisamente da folha de operação, em que a especificação dos batimentos axiais não tem o rigor necessário à qualidade requerida ou é, até mesmo, omissa.

Outra provável causa do embaralhamento é o acúmulo de blanks empilhados para o corte dos dentes. Evidentemente, o acúmulo de peças faz acumular também o batimento axial, prejudicando as peças mais distantes do apoio. Para uma qualidade superior, não mais que duas peças deverão ser empilhadas.

Processo de fabricação

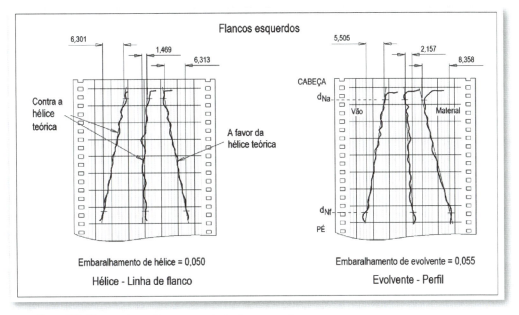

Figura 14.40 – Embaralhamento de hélice e evolvente.

Se a porca que fixa a ferramenta no eixo estiver com a face batendo em relação à rosca, na aplicação do torque, o eixo sofrerá uma flexão pequena, porém suficiente para embaralhar a hélice da engrenagem. Veja o efeito causado por esses descuidos na Figura 14.41.

Uma máquina em más condições de conservação também contribuirá para esse tipo de defeito.

O erro exemplificado na Figura 14.42, tem como prováveis causas a máquina. Normalmente, máquinas em más condições de utilização geram linhas de flancos irregulares. Um avanço muito alto também pode provocar irregularidades nas linhas de flancos.

A Figura 14.43 exemplifica o erro de inclinação, que pode ser a favor ou contra a hélice. Esse erro, normalmente, está associado à montagem do recâmbio, nas máquinas equipadas com esse conjunto, evidentemente. Dispositivos mal construídos e máquinas com sua geometria comprometida também provocam esse tipo de erro.

O perfil de referência (geometria da ferramenta tipo hob) é concebido para trabalhar em uma determinada posição de corte. As duas características (perfil e posição), estão intimamente ligadas uma à outra. Qualquer desvio de uma delas pode provocar erros no dente gerado. A precisão dessas características é função da classe de precisão da ferramenta, como por exemplo: D, C, B, A, AA e AAA conforme norma DIN 3968.

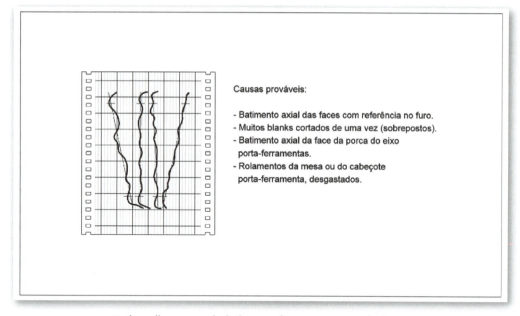

Figura 14.41 – Embaralhamento de hélice no fresamento com hob.

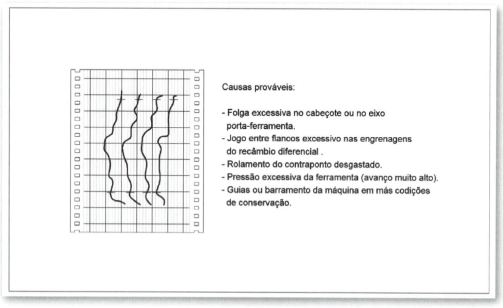

Figura 14.42 – Linha de flanco irregular no fresamento com hob.

Processo de fabricação **381**

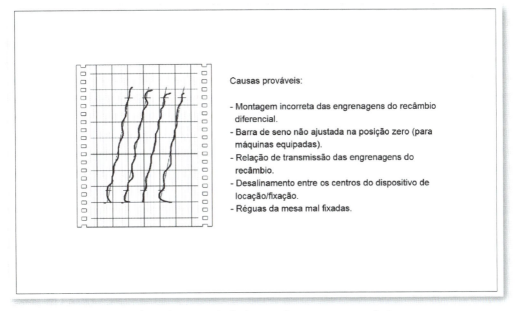

Figura 14.43 – Erro de inclinação da hélice no fresamento com hob.

Um descuido na afiação da ferramenta pode gerar os erros exemplificados nas Figuras 14.44, 14.45, 14.46 e 14.47.

Variações grosseiras na forma e embaralhamento do perfil podem ocorrer, se a locação do produto for mal projetada, por exemplo, hipervinculada ou se sua fixação for ineficaz. O mesmo pode acontecer se o blank foi construído sem os cuidados necessários para a precisão exigida no dentado.

O cuidado na preparação da operação e o estado da máquina podem influir sensivelmente na qualidade do perfil gerado. Veja exemplos nas Figuras 14.48, 14.49, 14.50 e 14.51.

A Figura 14.48 ilustra a deformação dos flancos gerados por uma ferramenta montada com erro de concentricidade. A excentricidade máxima deve ser de 0,005 mm para uma qualidade superior. Se o rigor não for muito grande, um erro de 0,01 mm pode ser aceito.

A Figura 14.49 ilustra a deformação dos flancos gerados por uma ferramenta montada com instabilidade axial, ou seja, com cambaleio. O erro máximo nesse caso, não deve ser maior que o da excentricidade sugerido aqui.

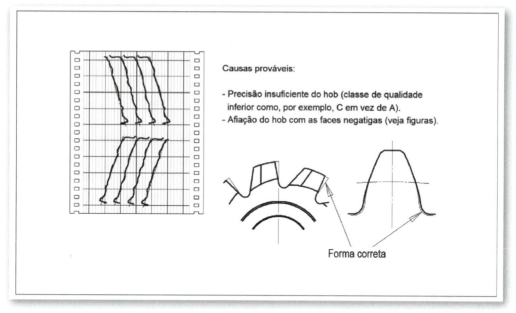

Figura 14.44 – Erro no perfil evolvente no fresamento com hob – caso 1.

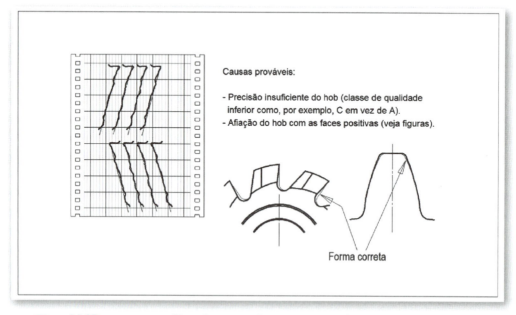

Figura 14.45 – Erro no perfil evolvente no fresamento com hob – caso 2.

Processo de fabricação

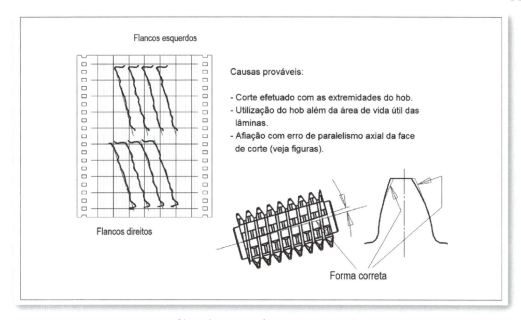

Figura 14.46 – Erro no perfil evolvente no fresamento com hob – caso 3.

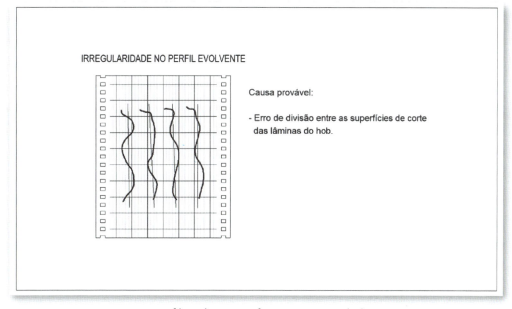

Figura 14.47 – Erro no perfil evolvente no fresamento com hob – caso 4.

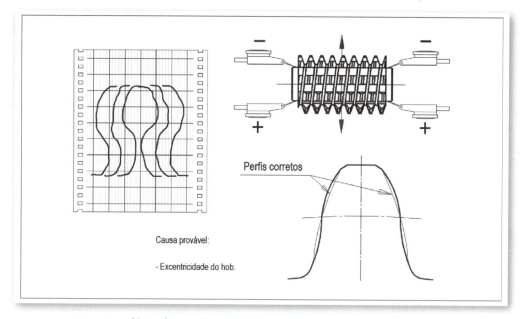

Figura 14.48 – Perfil em forma de "S" e flancos simétricos.

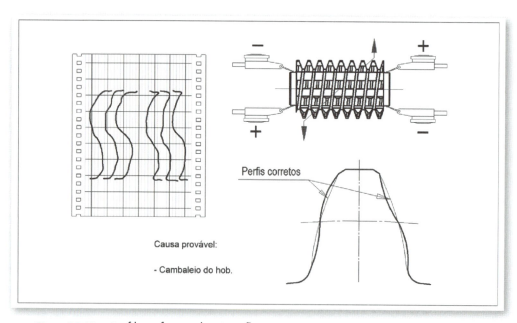

Figura 14.49 – Perfil em forma de "S" e flancos assimétricos.

Processo de fabricação

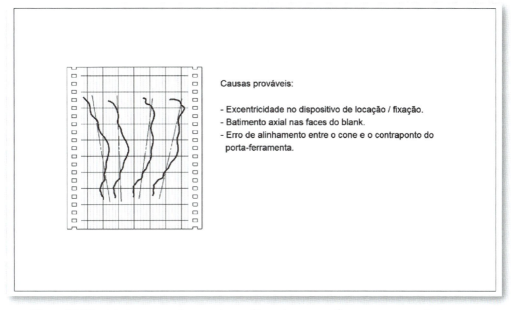

Figura 14.50 – Variação na forma do perfil evolvente no fresamento com hob.

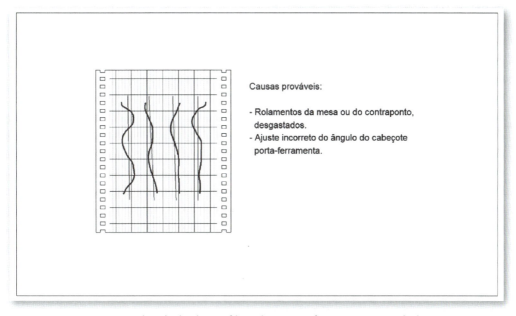

Figura 14.51 – Irregularidade do perfil evolvente no fresamento com hob.

Geração de dentes com ferramenta tipo shaper

A ferramenta tipo shaper, conhecida também por Fellows, nome de um tradicional fabricante norte-americano de máquinas, que hoje não existe mais, é a ferramenta mais utilizada para o corte de dentes nas engrenagens cilíndricas externas e internas, retas e helicoidais, quando não é possível a utilização do hob, em razão da geometria da peça a ser cortada. Em outras palavras, como já sabemos, o hob precisa de um amplo espaço, tanto para entrar quanto para sair da peça, para não interferir nas partes adjacentes ao dentado. Já com o shaper, como os movimentos são de aplainamento (ver Figura 14.52), é possível realizar o processo, com uma pequena saída para a ferramenta. Veja, na Figura 14.53, comparações entre os processos hobbing e shaping.

É evidente que, para possibilitar o corte de um maior número de geometrias, diversos tipos de ferramentas tipo shaper, que podem ser vistos na Figura 14.54, foram desenvolvidos. Nesse processo de corte dos dentes, a ferramenta e a peça trabalham conjugadas uma à outra na máquina geradora, exatamente como em um par de engrenagens, seja externo/externo ou externo/interno. A ferramenta, além do movimento angular (rotação), que respeita a relação de transmissão com a peça que está sendo usinada, possui movimentos axiais e radiais que descrevem, nas máquinas tradicionais, um retângulo e, nas máquinas modernas, um trapézio.

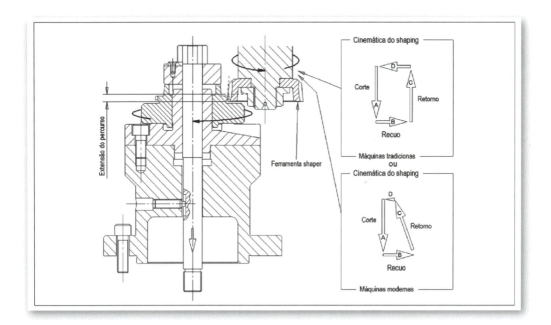

Figura 14.52 – Geração de dentes pelo processo shaping.

Processo de fabricação

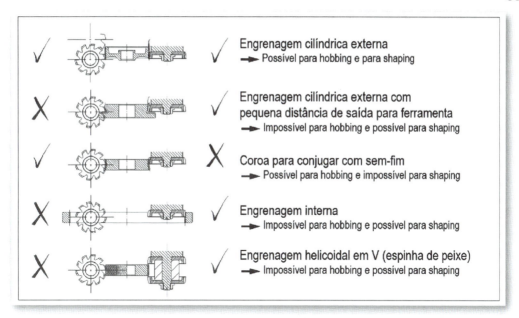

Figura 14.53 – Comparação entre os processos hobbing e shaping.

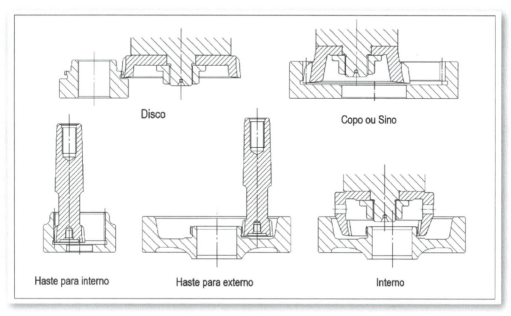

Figura 14.54 – Tipos de cortadores shaping.

Na Figura 14.52, o movimento axial (de cima para baixo) indicado com a seta A realiza o corte e seu curso é preparado para cobrir toda a extensão a ser cortada mais as distâncias de entrada e de saída da ferramenta. Em seguida, há o recuo que normalmente é de alguns décimos de milímetro e está indicado com a seta B. A ferramenta retorna à sua posição superior, movimento indicado com a seta C na figura. Em seguida, volta à posição inicial (seta D), terminando o ciclo.

Avanço no processo shaping

Além dos movimentos citados, há o movimento de avanço, que pode variar, dependendo dos recursos da máquina e da estratégia adotada. A Figura 14.55 mostra as quatro estratégias utilizadas no processo shaping, que são:

Avanço radial sem avanço rotativo

Sem movimento de rotação, a ferramenta avança na direção radial contra a peça, até atingir a profundidade total do dente.

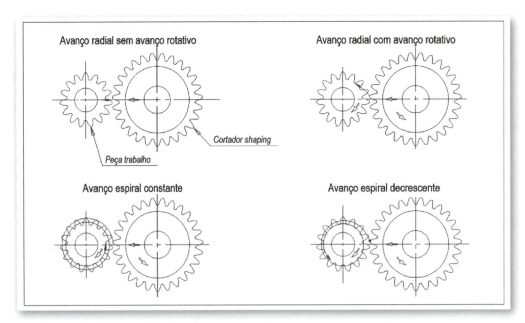

Figura 14.55 – Propriedades do processo shaping – estratégias de avanço.

Avanço radial com avanço rotativo

Com a ferramenta e a peça girando lentamente, a primeira avança na direção radial contra a segunda, até atingir a profundidade total do dente.

Avanço espiral constante

Com a ferramenta e a peça girando, a primeira avança na direção radial contra a segunda, com velocidade constante, até atingir a profundidade total do dente.

Avanço espiral decrescente

Com a ferramenta e a peça girando, a primeira avança na direção radial contra a segunda, com velocidade variável decrescente, até atingir a profundidade total do dente.

O processo de geração com shaper permite produzir, além de engrenagens e estriado com perfil evolvente, estriado com flancos paralelos, dentes com espessuras diferentes na mesma peça, dentes omitidos, forma de catraca, forma quadrada e outros perfis especiais. Além disso, o shaper, como o hob, pode ser construído com protuberância e semitopping e com diversas opções de revestimentos que lhes conferem rendimentos excepcionais.

Problemas de qualidade encontrados no processo de corte com shaper

Nesse processo, a exemplo do processo hobbing, o resultado obtido no produto, também reflete a qualidade do sistema utilizado, composto pela máquina, pela ferramenta, pelo dispositivo de locação/fixação e pelo próprio blank. Sempre que um ou mais desses componentes apresentar irregularidades, podemos ter um problema de qualidade em nosso produto.

Defeitos e prováveis causas

As Figuras 14.56, 14.57, 14.58 e 14.59, mostram os problemas mais comuns, encontrados no processo e as prováveis causas.

O erro exemplificado na Figura 14.56, pode ser detectado no controle do deslocamento radial ou tangencial de transmissão, ou no controle de excentricidade, todos abordados no Capítulo 11.

O erros exemplificados nas Figuras 14.57, 14.58 e 14.59, normalmente são reflexos de uma reafiação mal executada da ferramenta.

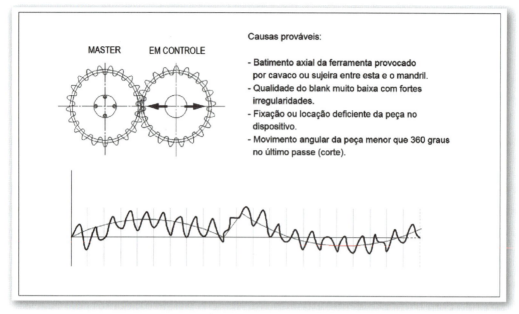

Figura 14.56 – Erro composto radial com descontinuidade no aplainamento.

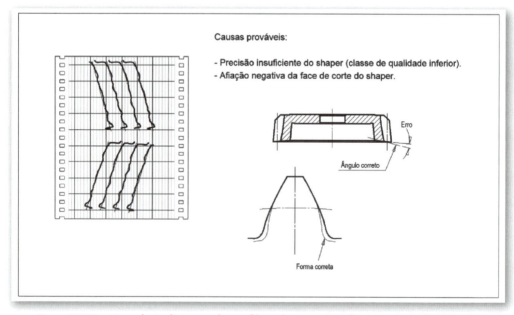

Figura 14.57 – Erro de inclinação do perfil evolvente no aplainamento e flancos simétricos – caso 1.

Processo de fabricação **391**

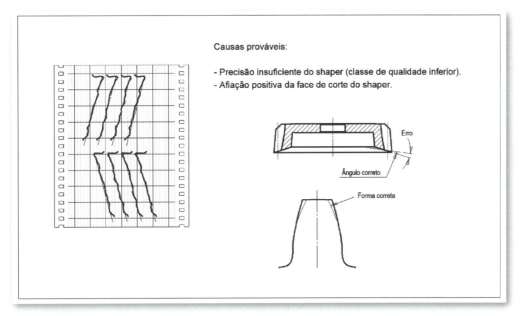

Figura 14.58 – Erro de inclinação do perfil evolvente no aplainamento e flancos simétricos – caso 2.

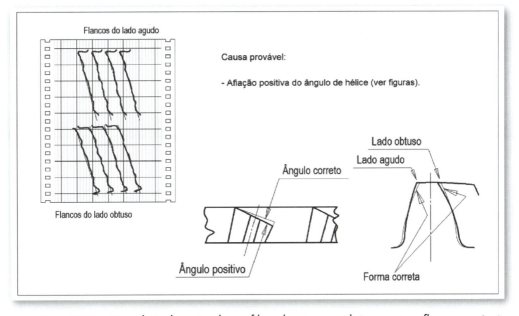

Figura 14.59 – Erro de inclinação do perfil evolvente no aplainamento e flancos assimétricos.

ACABAMENTO NOS DENTES

A operação 50, mostrada na Figura 14.6, refere-se a uma operação de acabamento dos flancos, que é o rasqueteamento rotativo, também conhecido como raspagem e shaving. Embora essa operação possa ser feita após o tratamento térmico desde que a dureza não ultrapasse 35 HRc, normalmente é efetuada antes. Por isso, a peça fica sujeita às deformações provocadas pelo choque térmico, inerente ao processo do tratamento de endurecimento. A fim de minimizar esse problema, foram especificados, na própria folha de operação, alívios no pé e na cabeça dos dentes (Figura 14.6). Esses alívios caracterizam uma modificação no perfil evolvente e podem ser vistos em detalhes no Capítulo 10.

Uma alternativa para o acabamento dos flancos é a retificação após o tratamento térmico. Essa opção confere aos flancos dos dentes, maior qualidade, uma vez que as deformações provocadas pelo tratamento térmico são eliminadas. É um processo mais demorado, portanto, mais custoso e deve ser utilizado quando for realmente necessário.

Outros processos, como roll finishing e acasalamento com abrasivos, são utilizados com menor frequência.

Acabamento nos dentes por rasqueteamento

O rasqueteamento dos flancos dos dentes (shaving) é uma operação de acabamento com remoção de cavacos que tem por objetivo melhorar a superfície dos dentes e aumentar a qualidade da peça como um todo. Pela experiência adquirida, podemos dizer que o rasqueteamento corrige ou modifica os erros do perfil cortado em, aproximadamente, 40%. Um erro de forma muito grande como f_f = 0,040 mm, por exemplo, ficará, após a operação, em torno de f_f = 0,024 mm. Por esta razão, o corte dos dentes, chamado pré-shaving é de fundamental importância no sucesso da operação. Estou falando de *forma*, mas, a *posição* não é menos importante.

Uma peça, cujo dentado esteja excêntrico em relação ao furo, que é por onde a peça está sendo locada, produzirá pressões diferentes sobre os flancos dos dentes durante uma volta da peça e, consequentemente, a remoção de material será maior ou menor dependendo dessa pressão. O resultado será uma variação nas espessuras dos dentes e embaralhamento do perfil evolvente. Nesse caso, em vez de corrigir o defeito, o rasqueteamento poderá minimizá-lo e transformá-lo em outro, talvez pior.

A operação se faz com a utilização de uma roda dentada de aço rápido, também chamada de cortador shaving, cujos flancos dos dentes possuem diversas ranhuras em forma de arestas cortantes. O engrenamento entre a peça e o cortador, normalmente, não tem folga, operando, portanto, sob pressão de contato nos

Processo de fabricação

dois flancos, simultaneamente. O sentido de rotação do par é revertido a cada passe. A operação é preparada para realizar vários passes, cujo número depende da qualidade que se pretende e do sobremetal. Os eixos do cortador e da peça são reversos com inclinação que varia entre 5° e 15° normalmente. Veja a Figura 14.60.

O processo de acabamento por rasqueteamento foi adotado pela indústria, principalmente a automotiva, graças ao custo da operação, que é reduzido quando comparado a outros e à versatilidade que o sistema oferece. Pode-se alterar o perfil e a linha de flancos (direção da hélice) para compensar eventuais problemas de forma e posição, além de poder-se aplicar esse processo a qualquer roda dentada cilíndrica externa.

A capacidade de trabalho das máquinas rasqueteadoras normais vai de 20 a 550 mm no diâmetro primitivo das rodas. Os fabricantes podem construir máquinas especiais com capacidade de trabalho muito maior. Há também máquinas para rasquetear dentados internos.

Princípio dos eixos cruzados

Para remover material ao rasquetear uma peça qualquer, é fundamental que a ferramenta exerça *pressão* e *movimento de deslizamento* sobre a peça.

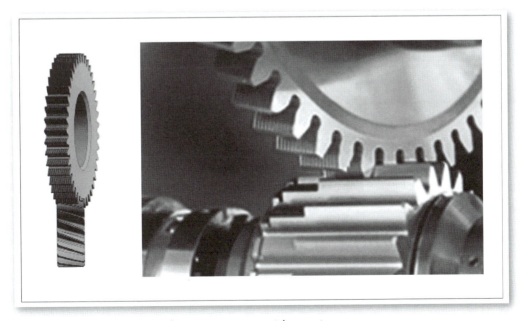

Figura 14.60 – Processo de rasqueteamento (shaving).

Princípio dos eixos cruzados em relação à pressão

Este princípio pode ser visualizado na Figura 14.61.

Dois cilindros de mesmo comprimento são colocados paralelamente, um sobre o outro, sem carga. O contato entre eles se dá por meio de uma linha que se estende por todo seu comprimento. Quando pressionados um contra o outro, a linha comum de contato se transforma em um retângulo, cuja largura variará em função da força, da dureza dos materiais e do raio de cada cilindro.

Agora, vamos girar um dos cilindros em um movimento angular de 15°. Repare que o retângulo comum de contato se transformou em um paralelogramo, cuja área de contato diminuiu sensivelmente. Sabemos que a pressão é inversamente proporcional à área de contato, quando a força é aplicada perpendicularmente. A fórmula nos mostra isso:

$$p = \frac{F}{A} \rightarrow F = p \cdot A$$

onde:

p = Pressão.
F = Força.
A = Área.

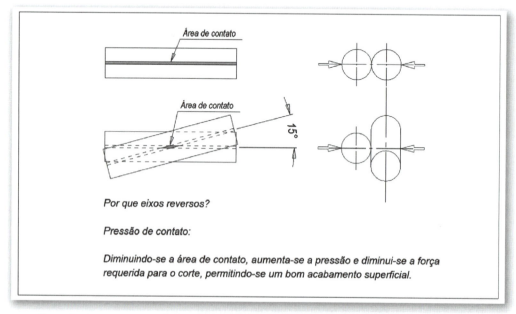

Figura 14.61 – Princípio dos eixos reversos em relação à pressão.

Processo de fabricação **395**

Nas engrenagens, semelhantemente aos cilindros, o contato entre dois dentes conjugados se dá, também, por meio de uma linha que se estende por toda a largura do dente, e sua posição, à medida que as engrenagens se movimentam angularmente, varia desde o início até o fim do perfil ativo.

Dependendo da força que os flancos dos dentes exercem um sobre o outro, essa linha, cujo comprimento é a extensão de contato (por exemplo, a menor largura entre as duas peças engrenadas), se transforma em um retângulo, no qual a largura depende da força, da dureza dos materiais envolvidos e do raio de curvatura sobre o perfil no ponto de contato. O comprimento continua sendo a extensão de contato. Ao montarmos as engrenagens (no nosso caso, ferramenta e peça) com seus eixos reversos, reduziremos a área de contato e, consequentemente, na mesma proporção, a força requerida para o rasqueteamento.

Princípio dos eixos cruzados em relação ao movimento de deslizamento

Como já vimos anteriormente, o contato entre os dentes de um par engrenado se dá sobre a linha de ação. No Capítulo 3, estudamos as velocidades de deslizamento relativas entre os flancos.

Um esquema da variação das velocidades relativas entre a ferramenta e a peça é mostrado na Figura 14.62. Repare que a velocidade V_s é maior quando o diâmetro útil de pé do dente da peça toca o diâmetro de cabeça do dente da fer-

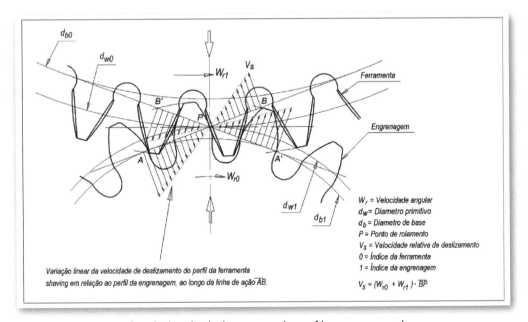

Figura 14.62 – Velocidades de deslizamento de perfil no processo de rasqueteamento.

ramenta. À medida que as engrenagens se movimentam angularmente, o contato entre os flancos caminha no sentido do ponto primitivo (ponto de tangência entre os círculos primitivos) e a velocidade V_S vai decrescendo proporcionalmente até chegar a zero. Desse ponto em diante, tanto o deslizamento relativo quanto o contato entre os flancos invertem o sentido e, a velocidade V_S volta a crescer, até chegar ao fim do engrenamento. Nesse caso, como o engrenamento se dá entre uma ferramenta e uma roda sem jogo entre os flancos, o contato é efetivo sobre as duas linhas de ação.

O deslizamento descrito aqui contribui para o rasqueteamento, somente na região em que sua velocidade tem certa magnitude, mas é totalmente ineficaz fora dela. É necessário um deslizamento adicional, na direção da linha de flancos (longitudinal ao dente), para a eficácia da operação. Esse deslizamento adicional é conseguido por meio da montagem, entre a ferramenta e a peça, com seus eixos reversos.

Este princípio pode ser visualizado claramente na Figura 14.63, na qual estão acopladas duas cremalheiras. A inferior, motora, com dentes inclinados, guiada na direção horizontal. A superior, movida, com dentes retos, guiada em uma direção a 15° da horizontal. Se a cremalheira inferior se move com velocidade V_{mot} na direção horizontal, acompanhando sua guia, imporá à cremalheira superior um movimento na direção determinada pelas inclinações de seus dentes, que no nosso exemplo é de 15°. A transferência do movimento de uma di-

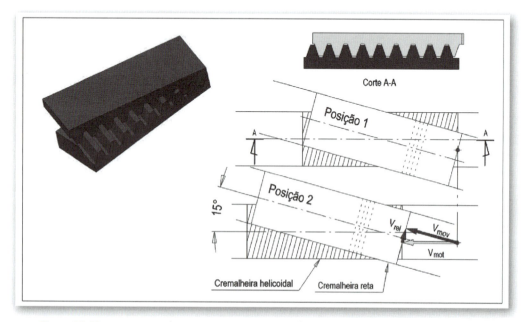

Figura 14.63 – Princípio dos eixos reversos em relação ao deslizamento.

Processo de fabricação

reção à outra, forçará os dentes das cremalheiras a um deslizamento relativo com velocidade V_{rel}.

Semelhantemente às cremalheiras, o engrenamento entre a ferramenta e a peça, graças ao cruzamento de seus eixos, provoca deslizamentos nas duas direções. Uma na direção do perfil (do pé à cabeça do dente) com velocidade V_S e a outra na direção da linha de flancos (direção longitudinal do dente) com velocidade V_L.

A velocidade V_S, para uma determinada rotação, é variável e pode ser calculada pela fórmula:

$$V_s = (\omega_p + \omega_f) \cdot BP \qquad (14.21)$$

onde:

ω_p = Velocidade angular da peça (rad/s).
ω_f = Velocidade angular da ferramenta (rad/s).
BP = Distância entre o ponto de contato B até o ponto primitivo P (mm).

A velocidade de deslizamento V_L, para uma determinada rotação, é constante e pode ser calculada pela fórmula:

$$V_L = \omega_f \cdot r_w \cdot (\text{sen } \beta_{0f} \pm \cos \beta_{0f} \cdot \tan \beta_{0p}) \qquad (14.22)$$

onde:

ω_f = Velocidade angular da ferramenta (rad/s).
r_w = Raio do círculo primitivo (mm).
β_{0f} = Ângulo de hélice sobre o círculo de referência da ferramenta (mm).
β_{0p} = Ângulo de hélice sobre o círculo de referência da peça (mm).

Esses dois deslizamentos produzirão um deslizamento resultante com velocidade V_C. Veja esquema na Figura 14.64.

Note que a velocidade V_C é oblíqua à linha de flanco e sua inclinação depende, obviamente, das direções V_S e V_L.

Como V_L é constante, V_C varia em função de V_S. Quando o contato estiver sobre o ponto primitivo, ou seja, sobre o círculo primitivo, V_S será igual a zero, portanto, V_C será igual a V_L.

Conclusão

Com os eixos reversos, sempre haverá um deslizamento que contribuirá na operação de rasqueteamento.

Como a maioria das ferramentas rasqueteadoras possui suas ranhuras cortantes na direção do perfil (do pé à cabeça do dente), o único ponto onde V_C é perpendicular a essas ranhuras é o ponto primitivo. Isto explica a razão de essa ser a região na qual se dá a melhor condição para o rasqueteamento.

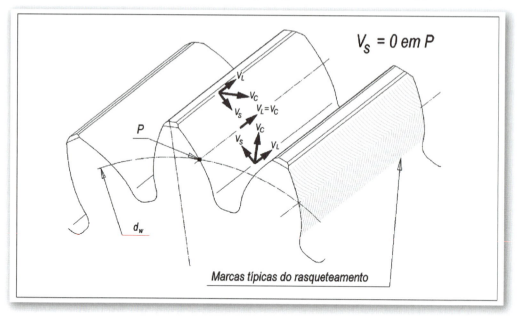

Figura 14.64 – Direção de corte no processo de rasqueteamento.

Procedimentos de trabalho

Os procedimentos de trabalho estão essencialmente caracterizados pelas direções dos movimentos de translação relativos entre a peça e a ferramenta.

São cinco procedimentos:

1) Longitudinal
2) Diagonal
3) Diagonal-Transversal
4) Transversal
5) Mergulho

A seguir estão algumas características, vantagens e desvantagens de cada um deles. A Figura 14.65 mostra, em forma de tabela, os cinco procedimentos para uma comparação direta.

Procedimento longitudinal

Também chamado de Paralelo e Convencional, esse procedimento pode ser utilizado somente nas rodas com espaço suficiente para a saída da ferramenta em ambos os lados.

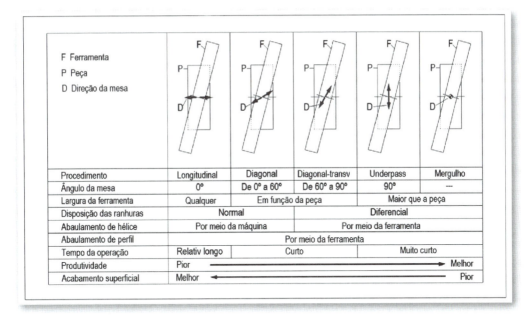

Figura 14.65 – Comparação entre os procedimentos de rasqueteamento.

A mesa porta-peça se desloca na direção paralela em relação ao eixo da peça.

O acabamento superficial, gerado por esse procedimento, é muito bom, semelhante ao obtido por retificação.

O tempo de operação é o maior entre os cinco procedimentos apresentados aqui, portanto, a produtividade é baixa.

Deve ser utilizado para produção de pequenos lotes ou para alta exigência de qualidade superficial.

O abaulamento pode ser feito pela máquina e a disposição das ranhuras da ferramenta é normal.

A largura da ferramenta é, normalmente, entre 20 e 25 mm.

Procedimento diagonal

Esse procedimento, como o Longitudinal, pode ser utilizado somente nas rodas com espaço suficiente para a saída da ferramenta em ambos os lados.

A mesa porta-peça se desloca em uma direção inclinada em relação ao eixo da peça em até 60°.

O acabamento superficial gerado por esse procedimento é bom.

O tempo de operação é curto, em virtude do curso reduzido em comparação com o procedimento Longitudinal, portanto, a produtividade é sensivelmente maior.

O abaulamento pode ser feito pela máquina e a disposição das ranhuras da ferramenta é normal.

A largura da ferramenta deve ser determinada em função da largura da peça e do ângulo da mesa empregado.

Procedimento diagonal-transversal

Também chamado Traverpass, esse procedimento também precisa de espaço para a saída da ferramenta em ambos os lados, porém, menores que os procedimentos anteriores. Esse espaço depende do ângulo de preparação da máquina.

A mesa porta-peça se desloca em uma direção inclinada em relação ao eixo da peça em um ângulo maior que 60°, podendo chegar próximo aos 90°.

O acabamento superficial gerado por esse procedimento é bom, porém um pouco inferior ao procedimento Diagonal.

O tempo de operação é menor que o realizado pelo procedimento Diagonal.

O abaulamento não pode ser feito pela máquina, portanto, a ferramenta deve ser convenientemente retificada. A disposição das ranhuras da ferramenta deve ser diferencial (que forma uma sequência helicoidal).

A largura da ferramenta deve ser determinada em função da largura da peça e do ângulo da mesa empregado.

Procedimento transversal

Também chamado Underpass, esse procedimento é empregado nas peças em que o espaço para a saída da ferramenta é pequeno, como nos trens de engrenagem, nos eixos pilotos e nas peças em que o dentado é adjacente a um flange, por exemplo.

A mesa porta-peça se desloca na direção perpendicular em relação ao eixo da peça, portanto, sem deslocamento longitudinal.

O acabamento superficial gerado por esse procedimento e o tempo de operação são inferiores aos já citados.

O abaulamento não pode ser feito pela máquina, portanto, a ferramenta deve ser convenientemente retificada. A disposição das ranhuras da ferramenta deve ser diferencial e a largura da ferramenta deve ser maior que a largura da peça.

Procedimento mergulho

Também chamado Plunge, esse procedimento é empregado nas peças em que o espaço para a saída da ferramenta é pequeno, como no procedimento Transversal.

A mesa porta-peça não se desloca em direção alguma, em relação ao eixo da peça.

O acabamento superficial gerado por esse procedimento e o tempo de operação são os menores entre os demais.

O abaulamento não pode ser feito pela máquina, portanto, a ferramenta deve ser convenientemente retificada. A disposição das ranhuras da ferramenta deve ser diferencial e a largura da ferramenta deve ser maior que a largura da peça.

É comum ver, nos flancos dos dentes rasqueteados por esse procedimento, as marcas da ranhura da ferramenta, que é gravada no momento da inversão da rotação. Entretanto, essas marcas são apenas visuais e, normalmente, não comprometem a qualidade superficial característica desse procedimento.

Rasqueteamento com contato par

Sabemos que, na operação de rasqueteamento, não há jogo entre os flancos da ferramenta e da peça. Portanto, as forças exercidas quando a peça é pressionada por meio de uma força P constante contra a ferramenta, se distribuem sobre as duas linhas de ação, afetando os flancos direito e esquerdo do dente. Para que o perfil resultante da usinagem não sofra deformações, é fundamental que haja uma distribuição simétrica dessas forças.

O Figura 14.66 mostra as posições sucessivas de um mesmo engrenamento, indicadas como posições A, B, C e D.

Note que na posição A há quatro pontos em contato, ou seja, duas forças atuando sobre uma linha de ação e outras duas atuando sobre a outra.

Diferentemente da posição A, na posição B há apenas três pontos em contato, em que duas forças estão atuando em uma linha de ação e uma única está atuando na outra. É evidente que, para haver o equilíbrio, a força que atua isoladamente tem magnitude duas vezes maior que a das forças que atuam em conjunto.

Na posição C, novamente, voltam as quatro forças, como em A. Finalmente, na posição D, voltam as três forças como em B.

É fácil imaginar que durante o processo, uma força maior, aplicada em um determinado ponto do perfil, removerá uma quantidade maior de material, formando uma depressão e, consequentemente, afetando a qualidade do dentado.

Essa depressão pode ser parecida com a mostrada no diagrama da Figura 14.66.

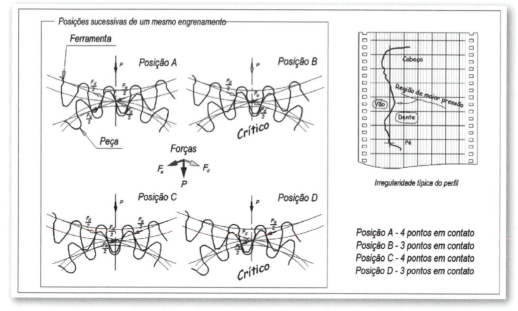

Figura 14.66 – Rasqueteamento em contato par.

Os fabricantes de ferramentas rasqueteadoras desenvolveram uma tecnologia para determinar uma geometria tal, que evita a possibilidade de contatos em número ímpar. A isso chamamos contato par.

Com essa tecnologia, dependendo das características geométricas do par e, sobretudo, do grau de recobrimento de perfil, é possível conceber uma ferramenta que engrena com a peça sempre com contato par, como, por exemplo, 4-2-4, 4-4-4, 6-4-6, entre outras combinações.

Para algumas geometrias, a saída (undercut) na peça, gerada pela protuberância da ferramenta pré-shaving, pode ser um fator complicador para o sucesso do projeto da ferramenta rasqueteadora. Para esses casos é recomendável eliminar tal protuberância.

O processo de rasqueteamento pode ser feito sem que haja uma força radial, exercida pela ferramenta contra a peça, de maneira a prover forças resultantes sobre as duas linhas de ação como descrito até aqui.

Nos casos em que o diâmetro da peça é muito pequeno em relação ao seu comprimento, a flexão provocada pela força radial pode comprometer a qualidade da operação. Para esses casos, há o método Seletivo, também conhecido por Tangencial.

Nesse método, existe o jogo entre flancos, como em um engrenamento normal e eles são rasqueteados por família de flancos. Inicialmente, os flancos direitos e, depois, os flancos esquerdos.

Um sistema de freio, que equipa a máquina, permite a aplicação da força tangencial necessária ao rasqueteamento.

Sobremetal para rasquetear

O sobremetal para rasquetear depende, fundamentalmente, da qualidade do corte pré-shaving (veja na próxima seção). A seguir, estão as fórmulas que podem ser aplicadas, em função das características da ferramenta utilizada no corte pré-shaving.

Notação:

z_1 = Número de dentes da ferramenta shaper.

z_2 = Número de dentes da peça que sofrerá a operação.

z_0 = Número de entradas do hob.

i = Número de lâminas do hob.

u = Relação de transmissão z_1/z_2.

SM = Sobremetal por flanco.

Condição A:

Pré-shaving com hob, onde: $i \leq 15$ e $z_0 \leq 2$

Pré-shaving com shaper, onde: $u < 2{,}0$

$$SM_a = 0{,}023 \cdot \sqrt[3]{m_n} \tag{14.23}$$

Condição B:

Pré-shaving com hob, onde: $i > 15$ e $z_0 \leq 2$

Pré-shaving com shaper, onde: $2{,}0 \leq u \leq 2{,}3$

$$SM_b = 0{,}020 \cdot \sqrt[3]{m_n} \tag{14.24}$$

Condição C:

Pré-shaving com hob, onde: $z_0 \geq 3$

Pré-shaving com shaper: Não aplicável

$$SM_c = 0{,}025 \cdot \sqrt[3]{m_n} \tag{14.25}$$

Condição D:

Pré-shaving com hob: Não aplicável

Pré-shaving com shaper: $u \geq 2{,}3$

$$SM_d = 0{,}018 \cdot \sqrt[3]{m_n} \qquad (14.26)$$

Pré-rasqueteamento

Como já dissemos, com o rasqueteamento pode-se obter um acabamento similar ao obtido na operação de retificação. No entanto, o nível de acabamento é fortemente influenciado pelo corte dos dentes, ou seja, do pré-rasqueteamento.

Outra denominação para essa operação é *pré-shaving*. É usada tanto para o corte efetuado na roda dentada, quanto para as ferramentas utilizadas para efetuar o corte, como hob pré-shaving, shaper pré-shaving etc.

As ferramentas pré-shaving podem ter ou não protuberância na cabeça, utilizada para gerar a saída da ferramenta rasqueteadora na roda dentada. Ver a seção "Protuberância na cabeça do hob".

As seguintes condições devem ser satisfeitas:

$$r_{Nf} > r_r > r_u$$

onde:

r_{Nf} = Raio útil de pé (início do perfil ativo).

r_r = Raio do início do perfil rasqueteado.

r_u = Raio de início da evolvente (intersecção entre o perfil evolvente e o filete trocoidal).

Veja, na Figura 14.67, a parte A. A parte B da mesma figura, mostra também o cavaco removido, em cada um dos três passes, pela ferramenta rasqueteadora em uma roda dentada cortada com uma ferramenta pré-shaving sem protuberância.

O primeiro passe da ferramenta remove o material entre os perfis 0 e 1. O segundo passe remove o material entre os perfis 1 e 2.

Observe que, neste passe, o cavaco removido pela ponta da ferramenta tem o dobro da espessura do cavaco removido pelo seu flanco.

O terceiro passe remove o material entre os perfis 2 e 3.

Observe agora que o cavaco removido pela ponta da ferramenta tem três vezes a espessura do cavaco removido pelo seu flanco.

Processo de fabricação

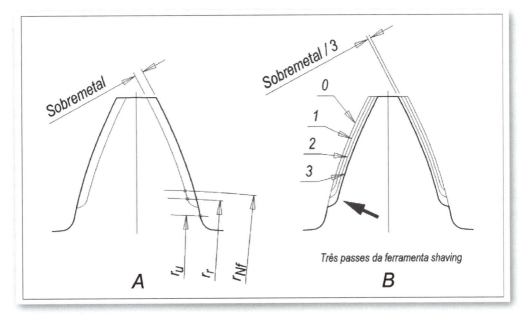

Figura 14.67 – Corte pré-rasqueteamento sem protuberância.

A partir dessas observações, que são comprovadas pela experiência, fica evidente que quando se utiliza uma ferramenta pré-shaving sem protuberância, a remoção de material por passe, deve ser reduzida e, por esta razão, a exigência quanto à precisão da ferramenta deve ser mais rigorosa. Nesse caso, uma ferramenta classe A, conforme norma DIN 3968, é recomendada.

Já, o fenômeno observado aqui não ocorre com a utilização das ferramentas com protuberância, como pode ser visto na Figura 14.68.

Para as rodas dentadas de maior porte ou quando se desejar trabalhar com grandes avanços no corte pré-shaving, a ferramenta com protuberância é a mais indicada. Nas rodas com pequeno número de dentes e sem grandes deslocamentos positivos de perfil, a protuberância da ferramenta pré-shaving pode não ser necessária, uma vez que a saída é gerada naturalmente.

Um alerta oportuno

Ao analisar o gráfico do perfil evolvente de um dente helicoidal cortado com hob pré-shaving, o valor do avanço utilizado pode levar a uma interpretação equivocada. A razão disto, é que a direção do apalpador da máquina de inspeção que mede a topografia do flanco não é a mesma das áreas cortadas pelo hob. Quanto maior for o avanço aplicado, maior será a dificuldade da análise.

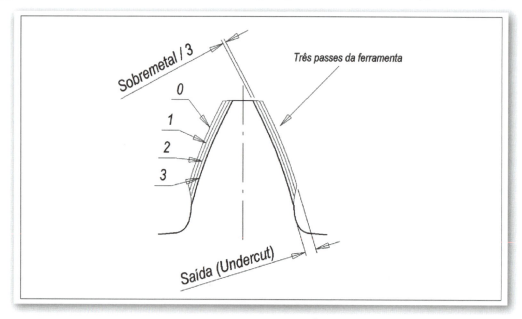

Figura 14.68 – Corte pré-rasqueteamento com protuberância.

Uma boa prática, para minimizar o efeito, é cortar a primeira peça (a mesma que será inspecionada por meio dos gráficos) com um avanço reduzido e, após a inspeção e aprovação, aumenta-se o avanço (para aquele estabelecido no processo) e libera-se a máquina para a produção normal. A Figura 14.69 mostra a topografia do flanco cortado com baixo avanço do hob em um dentado reto. Note que a direção percorrida pelo apalpador é a mesma das áreas cortadas pelo hob.

A Figura 14.70 mostra a topografia do flanco cortado com alto avanço do hob, também em um dentado reto. Pelo fato de ser um dentado reto, a direção percorrida pelo apalpador, continua a mesma das áreas cortadas pelo hob. Já a Figura 14.71 mostra a topografia do flanco cortado com alto avanço do hob, agora em um dentado helicoidal, mostrando o efeito.

Dispositivos utilizados para rasquetear

As rodas dentadas de tamanho pequeno ou médio, fáceis de manusear, podem ser fixadas por dispositivo tipo plug, com ou sem flange, como mostram as Figuras 14.72 e 14.73 respectivamente.

Um detalhe importante a ser observado é a simetria do dentado, em relação aos pontos de fixação. Nas figuras, essa simetria é especificada pelas cotas A e B. Isso permite a colocação invertida do conjunto na máquina. É comum, projetistas

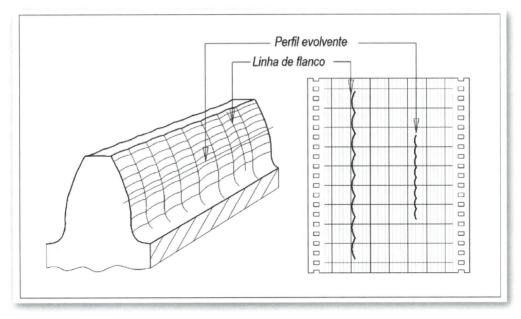

Figura 14.69 – Pré-rasqueteamento com baixo avanço do hob em dente reto.

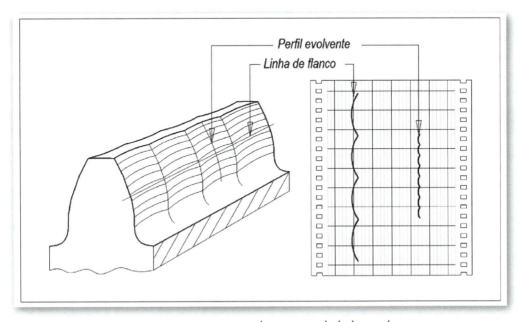

Figura 14.70 – Pré-rasqueteamento com alto avanço do hob em dente reto.

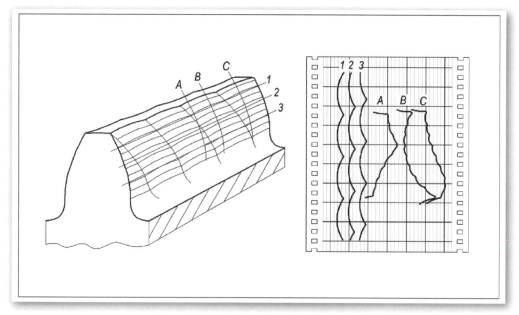

Figura 14.71 – Pré-rasqueteamento com alto avanço do hob em dente helicoidal.

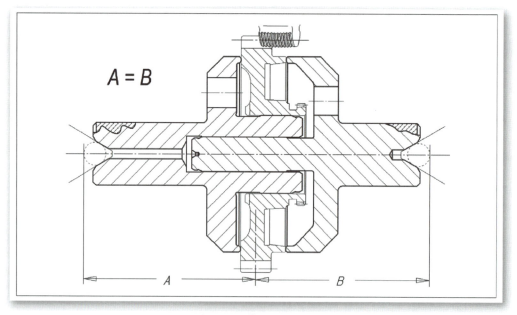

Figura 14.72 – Dispositivo tipo plug com flanges para rasqueteamento.

Processo de fabricação

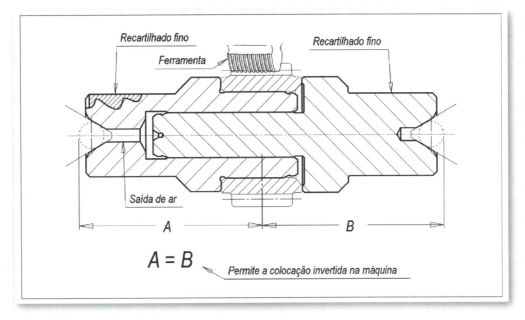

Figura 14.73 – Dispositivo tipo plug para rasqueteamento.

iniciantes não se atentarem a este detalhe, principalmente em peças assimétricas, como a ilustrada na Figura 14.72. No caso do exemplo mostrado nesta mesma figura, repare que o dispositivo não permite a montagem invertida da peça.

Quando essas condições não são respeitadas, o operador, por inadvertência, poderá colocar a peça de maneira errada no dispositivo, ou o conjunto invertido na máquina. A ferramenta, durante o avanço longitudinal, perderia o engrenamento com a roda e, ao retroceder, se chocaria com ela, destruindo a ferramenta e, talvez, algum componente da máquina.

Nas peças dentadas providas de furos de centro, como algumas árvores, eixos pilotos e trens de engrenagens, por exemplo, não se utilizam dispositivos. Nesses casos, é oportuno, se possível, montar algum empecilho na máquina para evitar a colocação invertida da peça. Se, ainda, isso não for possível, resta ao operador redobrar sua atenção em todo seu turno de trabalho.

Como alternativa ao dispositivo tipo plug, há o mandril com porca. Veja um modelo na Figura 14.74.

Esse mandril é de fácil fabricação e menos custoso, porém a fixação por porca pode provocar, nele, deformação de flexão. Se as faces de encosto da roda dentada não estiverem perfeitamente paralelas ou se a rosca do próprio mandril não estiver correta em sua posição, um batimento radial ou axial reduziria a qualidade

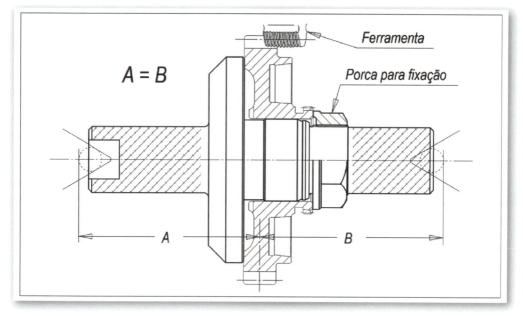

Figura 14.74 – Dispositivo com porca para rasqueteamento.

final da operação. Uma calibragem da rosca, após o tratamento térmico, é oportuna para corrigir as prováveis deformações. Outra solução prática e mais garantida é a adoção de arruelas basculantes entre a porca e a roda dentada, para minimizar tal distorção.

Velocidade de corte para rasquetear

A velocidade de corte, ou a rotação da ferramenta, para rasqueteamento não é algo que se possa definir com exatidão, como em outras operações de usinagem. São muitos os fatores que influenciam no resultado como, por exemplo, tamanho e formato da peça, diâmetro da ferramenta, procedimento de corte (longitudinal, underpass etc.), tamanho, geometria e inclinação do dente e largura do dentado, entre outros.

Como vimos na seção "Princípio dos eixos cruzados", a velocidade de corte, que é resultante do deslizamento entre os flancos, possui direção variável ao longo da linha de ação. Com a reafiação da ferramenta, a espessura de seus dentes vai diminuindo ao longo da vida útil, alterando o deslizamento relativo e, portanto, exigindo alterações da rotação, objetivando o melhor resultado. A experiência prática, normalmente, nos indica a condição ideal, porém, como ponto de partida, podemos arbitrar os seguintes valores:

Para peças com formato de disco:
Entre 120 até 150 m/min.
Para peças com formato de eixo:
Entre 80 até 120 m/min.
Para peças com dentes grandes (com módulo normal maior ou igual a 3):
Entre 80 até 120 m/min.

Avanços no processo de rasqueteamento

No processo de rasqueteamento, como em qualquer outro processo de usinagem, o valor do avanço é fundamental para o acabamento superficial dos dentes. Também para o avanço, a experiência prática nos indicará a melhor condição, não só para o acabamento, mas também para a forma do perfil que desejamos obter. Os melhores resultados têm sido obtidos com os seguintes valores:

Para ângulo entre eixos entre 10° a 15°:

$$a_p = 0{,}25 \quad [\text{mm/volta da peça}] \tag{14.27}$$

Para ângulo entre eixos entre 5° a 9°:

$$a_p = 0{,}12 \quad [\text{mm/volta da peça}] \tag{14.28}$$

Velocidade da mesa (v_p)

$$v_p = \frac{n_c \cdot z_s \cdot a_p}{z} \quad [\text{mm/min}] \tag{14.29}$$

onde:

n_c = RPM da ferramenta.

z_s = Número de dentes da ferramenta shaving.

z = Número de dentes da peça.

a_p = Avanço em mm/volta da peça.

Problemas de qualidade encontrados no processo de rasqueteamento

O resultado obtido no produto, por meio da operação de rasqueteamento, reflete a qualidade do sistema utilizado, composto pela máquina, pela ferramenta, pelo dispositivo (mandril) e pela própria peça, preparada em uma operação anterior que chamamos de pré-rasqueteamento ou pré-shaving. Sempre que um ou mais desses elementos apresentar irregularidades, podemos ter um problema de qualidade em nosso produto.

Defeitos e prováveis causas

As Figuras 14.76 até 14.96 apresentadas a seguir, mostram os problemas mais comuns, encontrados no processo de acabamento por rasqueteamento (shaver).

Evidentemente, os resultados gráficos encontrados na prática podem assumir infinitas formas diferentes. Os exemplos mostrados nas figuras a seguir, representam formas típicas.

O controle gráfico destas características, normalmente se faz tomando quatro dentes (para as rodas maiores) e três dentes (para as rodas menores) aproximadamente equidistantes. Isso é importante porque nem sempre os desvios estão uniformes em todos os dentes. Há casos em que verificamos:

- na hélice, desvios do ângulo em ambos os sentidos, ou seja, contra e a favor da hélice teórica.
- na evolvente, inclinações, caminhando do pé para a cabeça do dente, na direção para o lado do vão (isento de material) ($f_{H\alpha}$ positivo) e na direção para o lado do material ($f_{H\alpha}$ negativo).

Veja exemplos na Figura 14.40.

"HOP/HOD", na Figura 14.75, se refere à relação *Espessura do dente / Raio de cabeça*.

HOP = Height over pins.

HOD = Height over outside diameter.

Na reafiação da ferramenta é removido material dos flancos e, consequentemente, reduzida a espessura dos dentes. Teremos, portanto, novo HOP.

Como, no engrenamento da ferramenta com a peça, não há jogo entre flancos, a distância entre centros, nessa nova condição, é reduzida e o ângulo de pressão é alterado. Portanto, o diâmetro de cabeça da ferramenta (HOD) deve ser, também, alterado para que se mantenha a relação HOP/HOD ideal. O fabricante da ferramenta pode fornecer, se solicitado, um gráfico que especifica o HOD em função do HOP.

Processo de fabricação

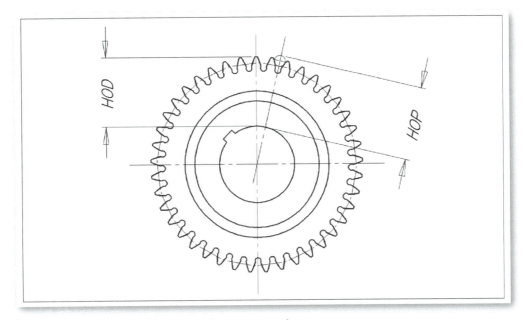

Figura 14.75 – Definição de HOP e HOD nas ferramentas para rasquetear.

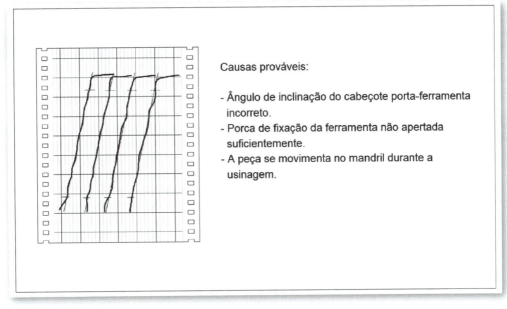

Causas prováveis:

- Ângulo de inclinação do cabeçote porta-ferramenta incorreto.
- Porca de fixação da ferramenta não apertada suficientemente.
- A peça se movimenta no mandril durante a usinagem.

Figura 14.76 – Erro de inclinação da hélice.

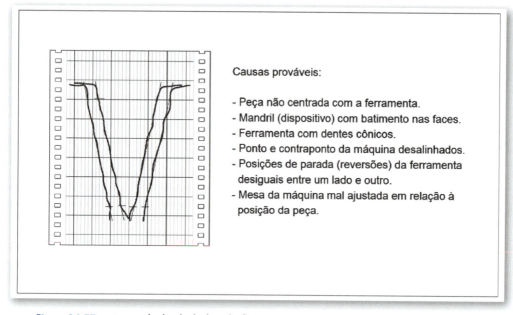

Figura 14.77 – Conicidade da linha de flancos.

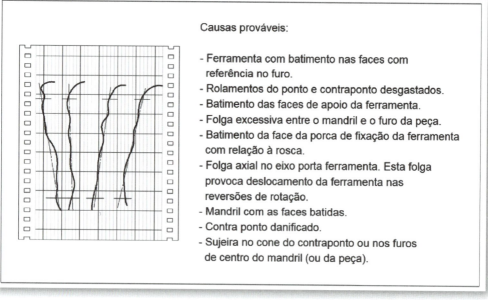

Figura 14.78 – Variação (embaralhamento) da linha de flancos.

Processo de fabricação

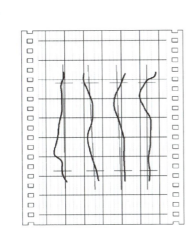

Causas prováveis:

- Réguas da máquina mal fixadas.
- Porca do fuso da máquina mal fixada.
- Freio da ferramenta ineficaz no momento das reversões.
- Ausência dos pinos da mesa.
- O sentido de rotação da ferramenta está incompatível com o sentido de movimento da mesa.
- Folga excessiva entre o mandril e a peça.
- Mesa da máquina mal ajustada em relação à peça.

Figura 14.79 – Irregularidade na linha de flancos.

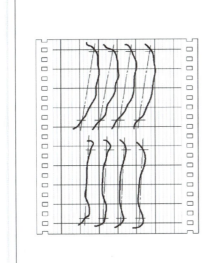

Causas prováveis:

- Dispositivo de abaulamento não ajustado corretamente.
- Flancos da ferramenta retificados com abaulamento ou depressão incorreta.
- Ângulo da mesa não ajustado corretamente no rasqueteamento diagonal.

Figura 14.80 – Erro de abaulamento ou depressão na linha de flancos.

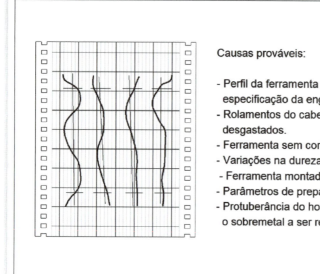

Causas prováveis:

- Perfil da ferramenta incompatível com a especificação da engrenagem.
- Rolamentos do cabeçote porta-ferramenta desgastados.
- Ferramenta sem corte ou mal afiada.
- Variações na dureza do material removido.
- Ferramenta montada com batimento axial ou radial.
- Parâmetros de preparação equivocados.
- Protuberância do hob pré-shaving insuficiente para o sobremetal a ser removido.

Figura 14.81 – Erro básico de perfil evolvente.

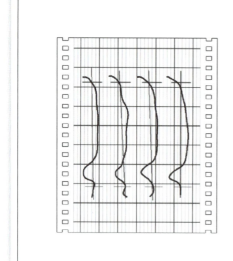

Causas prováveis:

- A altura da cabeça (addendum) do dente da ferramenta é muito grande.
- O alívio na cabeça do dente da ferramenta é insuficiente.

Figura 14.82 – Irregularidade de perfil (depressão) próxima ao pé do dente.

Processo de fabricação

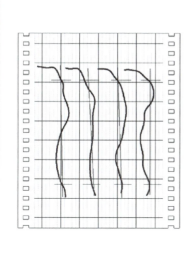

Causas prováveis:

- Depressão excessiva ou insuficiente no perfil da ferramenta.
- Muitas passadas em vazio para o acabamento.
- O sobremetal da engrenagem é insuficiente para uma boa remoção.
- Os rolamentos do cabeçote porta-ferramenta estão desgastados.
- Os flancos dos dentes da ferramentas não estão retificados completamente.
- Qualidade da engrenagem (pré-shaving) muito baixa com fortes irregularidades.

Figura 14.83 – Irregularidade de perfil entre os dentes.

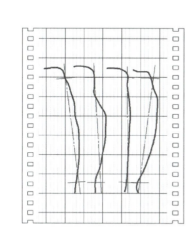

Causas prováveis:

- Excentricidade excessiva do dentado na engrenagem pré-shaving.
- Batimento das faces da engrenagem pré-shaving com referência no furo.
- Ponto e contraponto desalinhados.
- Folga excessiva entre o mandril e o furo da peça.
- Contraponto danificado.
- Sujeira no cone do contraponto ou nos furos de centro do mandril (ou da peça).
- Ferramenta sem corte.
- Ferramenta montada com cavaco ou sujeira nas faces.

Figura 14.84 – Variação (embaralhamento) do perfil.

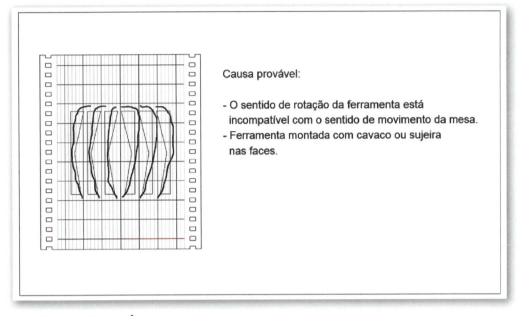

Figura 14.85 – Perfis assimétricos.

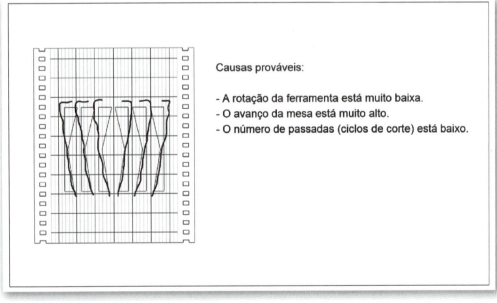

Figura 14.86 – Perfil positivo na cabeça do dente.

Processo de fabricação

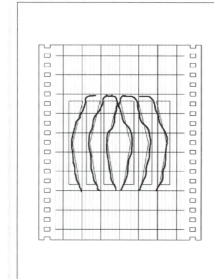

Causas prováveis:

- A rotação da ferramenta está muito alta.
- O avanço da mesa está muito baixo.
- O número de passadas (ciclos de corte) está baixo.

Figura 14.87 – Perfil negativo na cabeça do dente.

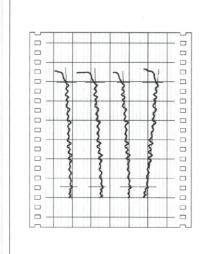

Causas prováveis:

- A rotação da ferramenta está muito baixa.
- O avanço da mesa está muito alto.
- O sentido de rotação da ferramenta está invertido se o procedimento é underpass ou mergulho (plunge).
- Ferramenta sem corte.
- Ferramenta com dentes danificados ou parcialmente fraturados.
- Ângulo de inclinação do cabeçote porta-ferramentas incorreto.

Figura 14.88 – Perfil rasqueteado com acabamento ruim.

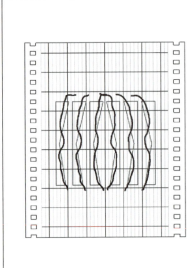

Causas prováveis:

- Qualidade da engrenagem (pré-shaving) muito baixa com fortes irregularidades.
- A rotação da ferramenta está muito alta.
- O avanço da mesa está muito baixo.
- O número de ciclos de corte está baixo para aços com alto teor de carbono.
- O número de ciclos de corte está alto para aços com baixo teor de carbono.
- Aproveitamento de uma ferramenta para um produto para o qual não foi projetada.
- Flancos da engrenagem pré-shaving deformados ou mal cortados.

Figura 14.89 – Perfil com depressão.

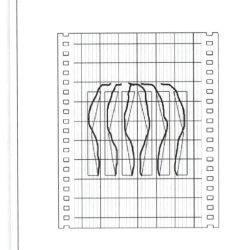

Causas prováveis:

- O sobremetal da engrenagem é excessivo.
- A rotação da ferramenta está muito alta.
- O avanço da mesa está muito baixo.

Figura 14.90 – Perfil evolvente com forma de "S".

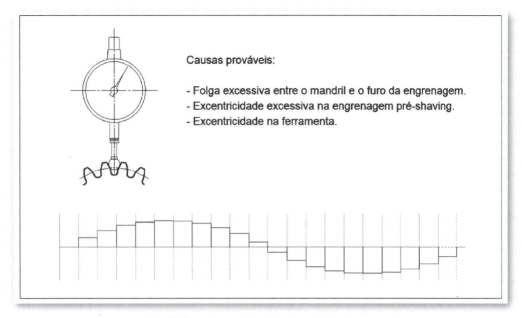

Figura 14.91 – Excentricidade no rasqueteamento.

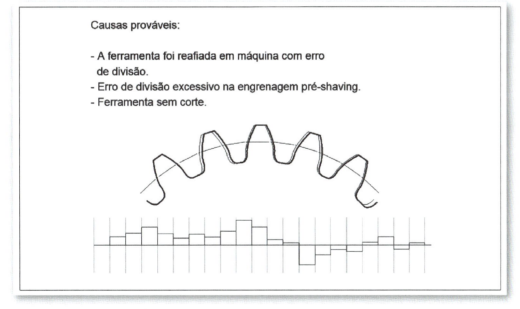

Figura 14.92 – Erro de passo no rasqueteamento.

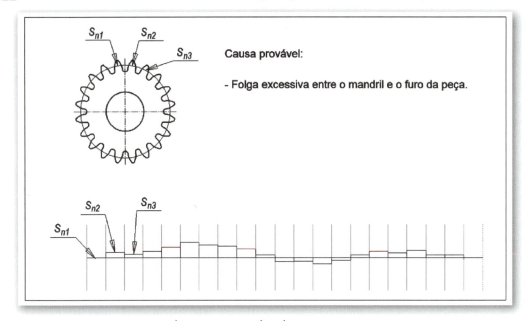

Figura 14.93 – Variação das espessuras dos dentes no rasqueteamento.

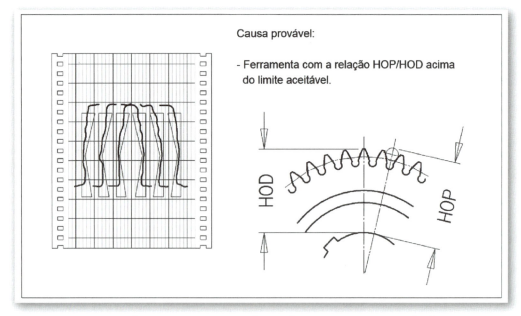

Figura 14.94 – Evolvente curta com ressalto no flanco próximo ao pé do dente.

Processo de fabricação

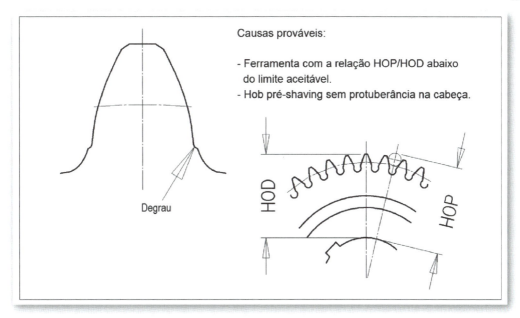

Figura 14.95 – Degrau no perfil trocoidal.

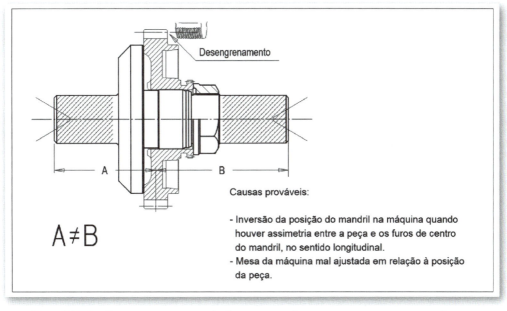

Figura 14.96 – Desengrenamento da ferramenta durante a operação com colisão.

Acabamento nos dentes por retificação

O processo por retificação pode ser efetuado por três diferentes métodos, que são descritos a seguir.

Método de retificação por geração contínua

Nesse método, a retificação se dá por geração, em que o rebolo se assemelha a um hob, porém, sem os sulcos que caracterizam suas lâminas cortantes. Podemos chamá-lo de rebolo caracol ou grinding worm. Na Figura 14.97, a foto da direita mostra uma retificadora Liebherr LCS 700 com o rebolo citado.

Ele gira continuamente (indexação contínua) conjugado à peça na máquina retificadora. O rebolo avança sobre a peça em um movimento de ida e volta na direção paralela ao eixo da peça, retificando os flancos dos dentes, de maneira que a posição (passo) e a forma dos dentes retificados fiquem adequadas às exigências de qualidade especificadas. Essa é a maneira mais rápida e rígida para a retificação de dentes, portanto, é o método ideal para a produção de grandes lotes. Em contrapartida, o custo do rebolo por peça é alto, se comparado com o do método de retificação por Forma.

Figura 14.97 – Retificação dos dentes por forma e por geração.

Método de retificação por forma

Nesse método, a retificação é feita por um rebolo que tem formato de um disco e o perfil de corte exatamente igual ao perfil do vão entre os dentes da roda.

A operação é feita dente a dente, e um sistema de indexação posiciona o vão a ser retificado. Por isso, esse método é lento, se comparado com o método por geração contínua e a qualidade da operação depende da dressagem do rebolo resinoide ou da precisão do rebolo confeccionado com diamantes sintéticos ou CBN (Nitreto de boro cúbico). Esse método proporciona melhor qualidade no perfil do dente e baixo custo do rebolo por peça. Veja tabela comparativa adiante.

A foto à esquerda da Figura 14.97 mostra a mesma máquina dressando o rebolo. Esta é uma das principais vantagens das retificadoras modernas, ou seja, é possível utilizar a mesma máquina para a retificação por geração contínua e por forma e/ou para a combinação dos dois métodos.

Método de retificação por geração de setores

Nesse método, a retificação é feita por dois rebolos posicionados paralelamente um ao outro, como se fosse um pente (rack), porém com formato de disco e perfis de corte cônicos. Enquanto a peça gira, os rebolos penetram radialmente, conjugando-os a ela. Em seguida, avançam na direção tangencial, retificando os flancos dos dentes, na porção que conseguem alcançar. Retificada essa porção de dentes, os rebolos se afastam na direção radial e retornam, na direção tangencial, à posição de início, formando um ciclo retangular.

A peça, nesse momento, faz um movimento angular para que uma nova porção de dentes possa ser retificada.

Esse é um método antigo e demorado que não necessita de uma abordagem mais aprofundada. A retificação por geração contínua e por forma com ferramentas dressáveis são os melhores métodos.

Para os três métodos citados, vários fatores podem contribuir para a boa qualidade ou para o fracasso da operação, como, por exemplo, o tamanho do grão do rebolo e o líquido refrigerante utilizado, entre outros.

Também para os três métodos, um amplo espaço de cada lado da peça deve ser planejado pelo projetista, para a entrada e para a saída do rebolo.

Sobremetal para retificação

O sobremetal para retificar é mais flexível se comparado ao sobremetal para rasquetear, por se tratar de um valor maior. Nas fórmulas a seguir, foram arbitrados valores que correspondem a três vezes o sobremetal utilizado para rasquetear.

A qualidade do pré-acabamento influencia no tempo de retificação, portanto, é recomendável qualidade 10, ou melhor, (conforme normas DIN 3961).

Notação:

z_1 = Número de dentes da ferramenta shaper

z_2 = Número de dentes da peça que sofrerá a operação

z_0 = Número de entradas do hob

i = Número de lâminas do hob

u = Relação de transmissão z_1/z_2

SM = Sobremetal por flanco

Condição A:

Pré-retificação com hob, onde: $i \leq 15$ e $z_0 \leq 2$

Pré- retificação com shaper, onde: $u < 2,0$

$$SM_a = 0,069 \cdot \sqrt[3]{m_n} \tag{14.30}$$

Condição B:

Pré- retificação com hob, onde: $i > 15$ e $z_0 \leq 2$

Pré- retificação com shaper, onde: $2,0 \leq u \leq 2,3$

$$SM_b = 0,060 \cdot \sqrt[3]{m_n} \tag{14.31}$$

Condição C:

Pré- retificação com hob, onde: $z_0 \geq 3$

Pré- retificação com shaper: Não aplicável

$$SM_c = 0,075 \cdot \sqrt[3]{m_n} \tag{14.32}$$

Condição D:

Pré- retificação com hob: Não aplicável

Pré- retificação com shaper: $u \geq 2,3$

$$SM_d = 0,054 \cdot \sqrt[3]{m_n} \tag{14.33}$$

Pré-retífica

Como o sobremetal para a retificação é normalmente grande, a utilização de ferramentas (pré-retífica) com protuberância é recomendada.

Nas rodas com pequeno número de dentes e sem grandes deslocamentos positivos de perfil, a protuberância da ferramenta pré-retificação pode não ser necessária, uma vez que a saída é gerada naturalmente, porém, pelo mesmo motivo descrito aqui, um estudo é oportuno.

Dispositivos utilizados para retificar dentes

Normalmente, a operação de retificação dos dentes é a última, portanto, a mais importante sob os aspectos econômicos. Praticamente, todos os custos diretos já foram agregados à peça. Além disso, é a operação que determina a qualidade do dentado. Por essas razões, a precisão do dispositivo é fundamental para o sucesso do resultado.

Para as peças de pequeno porte, o dispositivo, normalmente, se resume a um mandril com bucha expansível, à parte da máquina.

Para peças grandes, o conjunto do dispositivo é montado na mesa da máquina, com todos os componentes agregados.

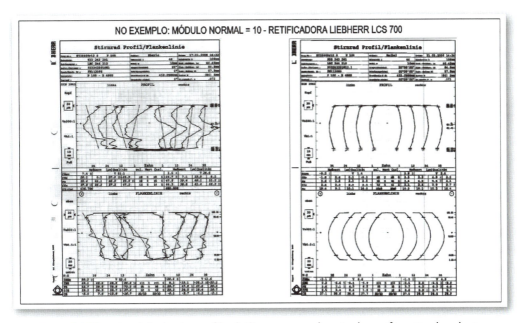

Figura 14.98 – Qualidade do perfil e hélice antes e depois da retificação dos dentes.

Resultados práticos

A seguir, podemos ver alguns resultados obtidos com uma retificadora Liebherr modelo LCS 700, mostrada nas fotos da Figura 14.97. Todos os resultados encontrados, gráficos e fotos das máquinas foram gentilmente fornecidos pela Liebherr da Alemanha.

Para uma comparação direta, veja na Figura 14.98, os gráficos de uma roda com 46 dentes, módulo normal 10, antes e depois da retificação. Foram tomados quatro dentes, mais precisamente os dentes 1, 12, 24 e 35, flancos direitos e esquerdos.

Na figura, a folha da esquerda na parte superior mostra os gráficos que refletem os perfis esquerdos e direitos, antes da retificação. As escalas são: va = 500:1 e vb = 1:1.

Ainda na folha da esquerda, agora na parte inferior, são mostrados os gráficos que refletem as linhas de flancos (hélices) esquerdas e direitas, também antes da retificação. As escalas são: va = 500:1 e vb = 5:1.

Utilizando as mesmas escalas, a folha da direita na parte superior mostra os gráficos que refletem os perfis esquerdos e direitos, depois da retificação.

Na mesma folha, na parte inferior, os gráficos refletem as linhas de flancos (hélices) esquerdas e direitas, depois da retificação.

Veja na Figura 14.99, folha da esquerda, antes da retificação: de cima para baixo:

- os gráficos de passo individual (f_p) e passo total (F_p) dos flancos esquerdos;
- os gráficos de passo individual (f_p) e passo total (F_p) dos flancos direitos;
- o gráfico de excentricidade (F_r).

Veja ainda na Figura 14.99, folha da direita, os gráficos das mesmas características depois da retificação. Note que estes gráficos foram traçados em escalas bem maiores que as dos gráficos dos dentes pré-acabados. Não fosse assim, seria impossível detectar as irregularidades.

Método por Geração contínua *versus* Forma

Para confrontar e visualizar os dois métodos foi tomada uma roda dentada cilíndrica helicoidal com as seguintes características:

Processo de fabricação

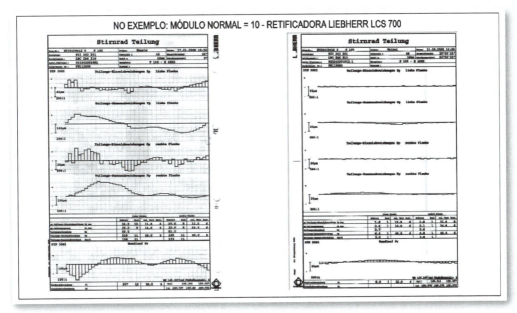

Figura 14.99 – Qualidade do passo antes e depois da retificação dos dentes.

Dimensionais:

Número de dentes = 65

Módulo normal = 9 mm

Ângulo de perfil = 20°

Ângulo de hélice = 10°

Extensão do dentado = 151 mm

Diâmetro de cabeça = 603,3 mm

Diâmetro de raiz = 562,6 mm

Qualidade pré-retífica – Gráficos mostrados na Figura 14.100:

Classificação conforme DIN 3961 = 10/11

F_r = 125/200 µm

F_p = 200/320 µm

f_p = 56/90 µm

F_β = 80/125 µm

$F_{H\beta}$ = 50/80 µm

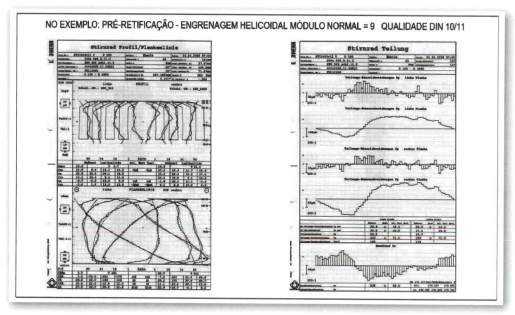

Figura 14.100 – Flancos pré-retificados.

Para fazer os controles gráficos, antes e depois da retificação, foram escolhidos e marcados os dentes 1, 10, 34 e 50. Na Figura 14.100, estão os gráficos dos dentes, antes da retificação de uma das peças, como exemplo.

Nas Figuras 14.101 e 14.102, estão nas folhas da esquerda os gráficos dos dentes após a retificação por forma. Nas folhas da direita, estão os gráficos dos dentes após a retificação por geração contínua. Para os perfis, os gráficos mostram um recuo na cabeça dos dentes, perfeitamente dentro dos campos traçados como limites tolerados.

A Tabela 14.4 mostra um comparativo entre tecnologia, tempo de ciclo e custo das ferramentas elaborado em 2009 pela Liebherr da Alemanha.

Processo de fabricação

Tabela 14.4 – Comparativo entre tecnologias

Descrição	Forma	Geração contínua
Velocidade de corte	35 m/s	63 m/s
Ferramenta de retificação	2 discos Carborundum	SG-Carborundum s/fim $z_0 = 1$
Sobremetal/flanco	0,30 – 0,32 mm	0,32 – 0,35 mm
Avanço axial 1º corte	600 mm/min	0,5 mm/rotação da mesa
Avanço axial 2º corte	600 mm/min	0,6 mm/rotação da mesa
Avanço axial 3º corte	1100 mm/min	0,6 mm/rotação da mesa
Avanço axial 4º corte	1800 mm/min	0,6 mm/rotação da mesa
Tempo cavaco a cavaco	0,6 min	0,6 min
Tempo dressagem /peça	18,5 min	12,0 min
Tempo de ciclo	86 min	30 min
Custo ferramenta/peça	2,59 Euros	11,75 Euros

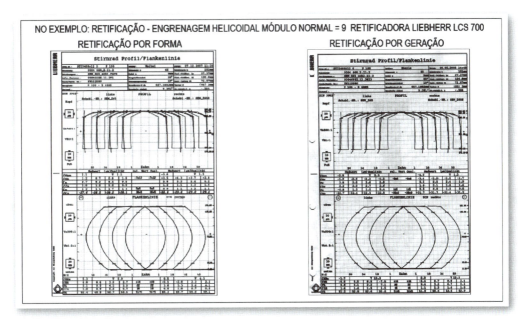

Figura 14.101 – Retificação por forma *versus* por geração – perfil e hélice.

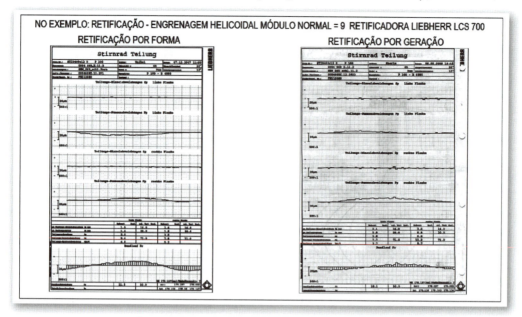

Figura 14.102 – Retificação por forma *versus* por geração – passo.

CAPÍTULO 15
Materiais e tratamento térmico

SELEÇÃO DOS MATERIAIS

A seleção dos materiais deve ser baseada, fundamentalmente, na experiência adquirida, específica para cada aplicação. Por exemplo:

Em redutores de velocidades, os critérios de escolha para as engrenagens são a força e o desgaste. Nesse caso, os materiais devem possuir uma resistência adequada às solicitações e propriedades que evitam um desgaste prematuro. Entretanto, esses critérios não são suficientes para uma boa escolha. Há casos em que a aplicação está vulnerável à corrosão ou o peso do conjunto é relevante. Como as aplicações variam, variam também as condições a serem satisfeitas.

Podemos classificar os materiais em dois grandes grupos, conforme mostrado no Quadro 15.1:

1) Não metálicos
2) Metálicos

O uso de materiais não metálicos na fabricação de engrenagens é muito comum.

Quadro 15.1 – Grupos de materiais.

Os principais métodos de manufatura são a moldagem e a usinagem, no qual o processo parte de barra ou chapa. As rodas dentadas moldadas são aplicadas, normalmente, quando a potência requerida é baixa, como no caso de eletrodomésticos, brinquedos e equipamentos portáteis, entre muitos outros. Esse processo produz em escalas altíssimas.

Muitos polímeros podem ser usinados, partindo de barra ou chapa. Essas engrenagens possuem uma capacidade de carga um pouco maior que as moldadas. As fabricadas com tecidos duros devem, necessariamente, partir de chapa. A barra não é recomendável por causa da direção das fibras, que tornam seus dentes frágeis em relação à flexão.

As principais limitações são:

- Baixa resistência em comparação com os materiais metálicos, principalmente o aço;
- Absorção de líquidos em ambientes quentes (efeito esponja). Esse fenômeno altera o tamanho e a resistência das engrenagens, principalmente quando não há nenhum tratamento pré-esponjamento.

- Precisão de transmissão. Os dentados das rodas fabricadas com resinas não podem ser acabados nos equipamentos tradicionalmente utilizados para as rodas dentadas feitas de metal como, por exemplo, as retificadoras e as rasqueteadoras (shaving).

As principais vantagens são:

- baixo custo;
- resistência à corrosão;
- peso sete vezes menor que o aço;
- baixa inércia;
- compatibilidade com os lubrificantes comerciais comuns;
- baixo nível de ruído;
- proteção contra sobrecarga, atuando como fusível;
- cores diversas que auxiliam na montagem;
- baixa manutenção.

MÉTODOS PARA A PREPARAÇÃO DO BRUTO

Os principais métodos para a preparação dos brutos metálicos são:

- fundição;
- forjamento a quente;
- forjamento a frio;
- laminação;
- estampagem.

Fundição

Os brutos fundidos valem por seu módulo de elasticidade relativamente baixo e indiferença às elevações de tensão. São adequados para peças de grande porte, em virtude da facilidade de produção.

O ferro é utilizado nas engrenagens onde a capacidade de carga é irrelevante. Já o aço pode ser utilizado nas engrenagens aplicadas aos equipamentos com maior potência. Tanto o ferro quanto o aço são vulneráveis à porosidade, que, se existir, pode debilitar os dentes.

Os brutos fundidos, normalmente, são desenhados para que se remova um mínimo de sobremetal. Essa é uma grande vantagem em comparação com os brutos laminados. Além da redução de custo devida à racionalização do material, economiza-se também no tempo de usinagem e nas ferramentas que preparam o blank.

Forjamento a quente

O forjamento a quente, normalmente feito no aço com matriz fechada, compacta o material e redireciona as fibras, aumentando sua tensão admissível à flexão. Esse processo é utilizado para peças de médio porte e média produção.

Os brutos forjados, são desenhados para que se remova um mínimo de sobremetal, proporcionando todas as vantagens descritas para os brutos fundidos.

Forjamento a frio

O forjamento a frio tem características geométricas e de aplicação parecidas com o forjamento a quente, porém é um processo mais utilizado para peças de pequeno porte e alta produção.

Laminação

As barras laminadas em seção circular são especialmente adequadas para a fabricação de peças em que o comprimento é bem maior que o diâmetro, de maneira a não se desperdiçar muito material. O eixo principal da transmissão veicular, onde a engrenagem é incorporada a esse eixo, é um exemplo típico.

Chapas laminadas, cortadas com maçarico, são adequadas para a fabricação de peças grandes e lotes muito pequenos.

Estampagem

Esse processo, além de produzir peças brutas, pode também produzir peças acabadas, como engrenagens de corrente e outras, em que uma precisão maior não é requerida. É utilizado normalmente para peças de pequeno porte e grandes lotes.

TRATAMENTO TÉRMICO

Aços para cementação

Os dentes das rodas produzidas com aço cementado, temperado e revenido, possuem grande resistência à pressão, ao desgaste e à flexão, por conceder certa flexibilidade em razão da baixa dureza do núcleo. Por essas razões, é o material mais utilizado na produção de engrenagens.

Quando não houver operação de retificação nos flancos ou outro processo de acabamento após o tratamento térmico, essas peças ficam vulneráveis às deformações causadas pelo choque térmico, durante o processo de têmpera. Portanto, recomenda-se especial cuidado no posicionamento das peças ao dar o choque térmico. Nos casos em que existem choques mecânicos bruscos e violentos, recomenda-se dureza no núcleo menor que 40 Rc.

Os flancos dos dentes devem ser suficientemente duros, para suportar a pressão gerada pela força, inerente ao trabalho de transmissão, de modo a não sofrer avarias como escoriações, deformações plásticas etc.

O núcleo, por sua vez, não pode ser muito duro, para conceder certa flexibilidade ao dente no momento em que um choque brusco e violento ocorrer, minimizando a probabilidade de uma fratura.

O ponto ideal para se medir a dureza do núcleo, com a peça cortada, é na face, exatamente na interseção entre o raio do pé com a linha de centro do dente.

As durezas superficiais dos flancos determinam as tensões limites à flexão e à pressão de Hertz admissível.

O método de medição da dureza, normalmente especificada, é o Rockwell C, porém, para profundidades pequenas o método Vickers é mais apropriado.

A Figura 15.1 fornece, como referência, uma tabela das profundidades endurecidas em função do módulo normal do dente.

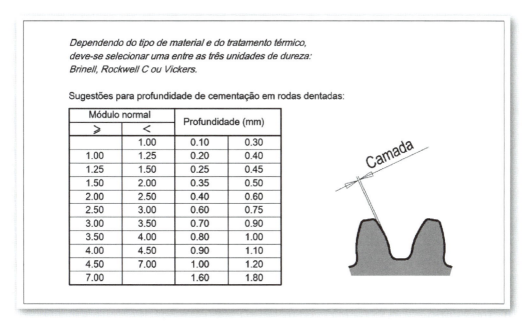

Figura 15.1 – Profundidade da camada cementada.

A dureza superficial e o gradiente de durezas abaixo da superfície dependem da composição do material e do processo de tratamento, porém, a seguir, estão valores para as durezas superficiais mínima e máxima que podem ser especificadas:

mínima = 58 Rc;

máxima = 63 Rc.

Um cuidado importante que deve ser tomado para garantir a qualidade, é remover todas as rebarbas e, se possível, as arestas vivas, antes do tratamento térmico.

Aços beneficiados

Os aços beneficiados, ou seja, temperados e revenidos, são recomendados para aplicações em que a pressão nos flancos não seja muito alta. É comum especificar um beneficiamento para dureza entre 35 e 38 Rc para que se permita fresar os dentes após o tratamento térmico. Nesse caso, os problemas de deformação deixarão de existir.

Aços sem tratamento térmico

Os aços sem nenhum tratamento térmico são utilizados em engrenagens muito leves, em que não há cargas, nem choques fortes o suficiente para fraturar e/ou deformar plasticamente os flancos dos dentes.

Aços nitretados com líquido

Os aços nitretados com líquido são recomendados para peças que necessitam de dureza superficial, mas que são fortemente vulneráveis às deformações de têmpera. Esse processo, praticamente, não deforma a peça, pelo fato de não haver choque térmico no processo, porém limita muito a profundidade da camada endurecida, que não passa de alguns centésimos de milímetro.

Aços nitretados com gás

Os aços nitretados com gás são recomendados para peças cujas características sejam idênticas às anteriores. A diferença é que a nitretação a gás proporciona uma profundidade bem maior da camada endurecida, podendo alcançar até 0,7 mm. Já a dureza, dependendo do material utilizado, pode ficar aquém das necessidades. Como referência, a tabela a seguir mostra alguns materiais com as respectivas durezas que podem alcançar:

Tabela 15.1 – Nitretação a gás

Material	Dureza Vickers (HV)
SAE 1010	316 – 331
SAE 1020	331 – 353
SAE 1030	341 – 365
SAE 1045	393 – 458
SAE 4340	672 – 715
SAE 8640	680 – 740
SAE 52100	700 – 760

Aços tratados por indução

Os aços tratados por indução são endurecidos superficialmente, como na cementação. As peças são vulneráveis a deformações, pelo fato de haver choque térmico no processo.

Normalmente, o indutor tem forma circular e, portanto, aquece todos os dentes simultaneamente. Porém, nas rodas em que os dentes são grandes o suficiente, o tratamento pode ser feito vão por vão, para simplificar a construção do indutor.

A profundidade endurecida deve ser regular e uniforme ao longo de toda a extensão do dentado. A tabela a seguir indica, como referência, a profundidade endurecida em função do módulo do dente. Uma ligeira redução da profundidade na região do pé do dente e um ligeiro aumento na região da cabeça são aceitáveis.

Tabela 15.2 – Têmpera por indução

Módulo normal	Profundidade mínima (mm)	Profundidade máxima (mm)
< 1,00 ≤ 1,35	0,4	0,6
< 1,35 ≤ 2,75	0,7	1,0
< 2,75 ≤ 3,50	0,8	1,3
< 3,50 ≤ 4,25	0,9	1,4
< 4,25 ≤ 5,00	1,0	1,5
< 5,00 ≤ 6,50	1,1	1,7
< 6,50 ≤ 7,00	1,2	1,8
< 7,00 ≤ 8,00	1,3	1,9
< 8,00 ≤ 10,0	1,4	2,1
< 10,0 ≤ 12,0	1,6	2,3
< 12,0 ≤ 14,0	1,7	2,5
< 14,0 ≤ 16,0	1,8	2,7
< 16,0 ≤ 18,0	1,9	2,9
< 18,0 ≤ 20,0	2,0	3,0
< 20,0 ≤ 22,0	2,1	3,2
< 22,0 ≤ 25,0	2,2	3,4

Após o tratamento por indução, é necessária uma operação para alívio de tensões.

A dureza superficial e o gradiente de durezas abaixo da superfície são dependentes da composição do material e do processo de tratamento, porém, a seguir estão valores para as durezas superficiais mínima e máxima que podem ser especificadas após o alívio de tensões:

mínima = 42 Rc;

máxima = 54 Rc.

Um cuidado importante, que deve ser tomado para garantir a qualidade, é remover todas as rebarbas e, se possível, as arestas vivas, antes do tratamento térmico por indução.

Aços tratados por chama

Os aços tratados por chama podem ser aplicados a uma ampla gama de tamanhos de dentes. Módulos entre 6 e 36 são tratados regularmente. Os casos em que o tamanho do dente se encontra abaixo ou acima dessa faixa, devem ser considerados especiais.

Somente os materiais que se prestam ao tratamento por chama devem ser utilizados.

Em virtude do choque térmico, as peças são vulneráveis a deformações.

Aços carbono (sem ligas), tanto os fundidos, como os laminados ou os forjados, não produzem um gradiente de dureza satisfatório. Os materiais com teor de carbono maior ou igual a 0,5%, não são apropriados para o tratamento por chamas, pois podem trincar no processo.

A Tabela 15.3 mostra as durezas em função da profundidade e do teor de carbono do material:

Todas as tomadas (de dureza) devem ser feitas, aproximadamente, sobre o círculo primitivo e servem para verificar as durezas nas respectivas profundidades.

Tabela 15.3 – Têmpera por chama

Teor de carbono (%)	Dureza na superfície	Dureza a 1,6 mm de profundidade
< 0,28 ≤ 0,33	45 Rc	45 Rc
< 0,33 ≤ 0,38	48 Rc	48 Rc
< 0,38 ≤ 0,43	50 Rc	50 Rc
< 0,43 ≤ 0,48	52 Rc	52 Rc

Materiais e tratamento térmico

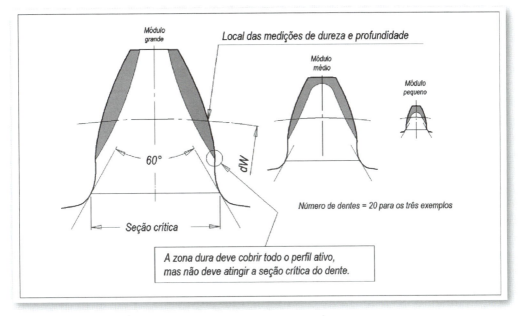

Figura 15.2 – Padrões para tratamento térmico por chamas.

O calor provocado pelas chamas deixa uma marca gravada na face da peça, na região tratada. A profundidade mínima dessa marca sobre o círculo primitivo deve ser de 3 mm.

Na região da cabeça do dente, a profundidade endurecida deve ser suficiente para suportar a pressão exercida durante o trabalho de transmissão.

Uma profundidade mínima em toda a zona endurecida deve ser mantida para se evitar um choque térmico mais violento (em virtude de a velocidade de resfriamento ser mais rápida) e, consequentemente, evitar formação de trincas superficiais, que levariam os dentes a uma fragmentação, em uma região extremamente dura.

Os padrões dos diferentes tamanhos de dentes tratados por chamas são mostrados na Figura 15.2.

RESISTÊNCIA DOS MATERIAIS

Valores limites de resistência à flexão (σ_{Flim})

É o valor da tensão limite à fadiga do material no pé do dente, quando submetido a uma flexão.

Os principais fatores que influenciam esse valor são:

- composição química;
- propriedades mecânicas;
- tratamento térmico, profundidade endurecida, gradiente de dureza;
- estrutura do bruto (forjamento, fundição, laminado etc.);
- tensões residuais (negativas, quando retificados os dentes e positivas, quando submetidos ao shot peening, por exemplo);
- impurezas e defeitos.

Os valores limites de resistência à flexão podem ser determinados por ensaios de pulsação ou testes de funcionamento das engrenagens para qualquer material e qualquer estado deste. Estes valores podem ser obtidos também por experiências de campo.

Durante a avaliação, é importante verificar se outros fatores de influência, como tamanho do dente, curvatura e rugosidade superficial do filete trocoidal, entre outros, estão interferindo nos resultados.

Se for impossível obter estes valores, como sugerido aqui, valores de referência poderão ser determinados com auxílio dos diagramas provenientes da norma DIN 3990, Parte 5. Veja uma reprodução na Figura 15.3.

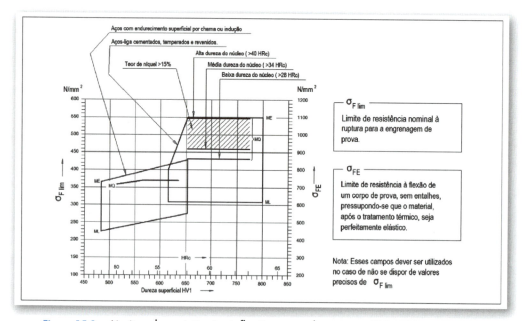

Figura 15.3 – Limites de resistência à flexão segundo normas ISO 6336 ou DIN 3990, Parte 5.

O valor obtido por meio do diagrama é função da dureza do material, do tipo de tratamento térmico e de um padrão de qualidade que define um mínimo de exigências para o material e seu tratamento térmico. Esses padrões de qualidade podem ser, conforme a mesma norma: ML, MQ e ME, sendo ML o mais brando e ME o mais rigoroso. Veja um resumo das exigências no Quadro 15.2 para ML, no Quadro 15.3 para MQ e no Quadro 15.4 para ME.

É importante salientar que os valores de referência indicados na norma, não refletem com precisão as condições de uma peça com suas próprias características geométricas e fabricada com um material e seu tratamento térmico específicos. São apenas valores de referência para projeto, fornecidos por ensaios de pulsação e de funcionamento executados em engrenagens de testes, cujas características são:

- módulo = de 3 até 5 mm;
- ângulo de hélice = 0°;
- parâmetro de entalhe q_{sT} = 2,5;
- fator de correção de tensão Y_{ST} = 2,0;
- rugosidade superficial de pé, Rz = 0,010 mm;
- extensão do dentado = de 10 até 50 mm;
- grau de precisão = alto.

Qualidade ML

Define um mínimo de exigências para o material e seu tratamento térmico. Indicado para pequenas cargas e aplicações não críticas.

Resumo dos controles requeridos para a qualidade ML:

- Propriedades mecânicas na condição final: HB ou HV.
- Profundidade da camada endurecida.
- Reparos com soldagem: em aço fundido, é permitido somente com um processo aprovado.
- Para outros materiais, não é permitido soldagem na região dos dentes.

Quadro 15.2 – Qualidade ML para o material e para o tratamento térmico.

Qualidade MQ

Define as exigências para a maioria das aplicações industriais e automotivas, a um custo moderado.
Resumo dos controles requeridos para a qualidade MQ:

- Propriedades mecânicas (na condição final): HB, HV ou HRc.
- Tensão de ruptura e Charpy ou Izod (amostragem aleatória).
- Detecção de trincas: Inspeção por partículas magnéticas (Mágna-Flux) em 100% das peças sobre a superfície temperada.
- Reparos com soldagem em aço fundido, somente com um processo aprovado
  Para outros materiais, não é permitido na região dos dentes.
- Inspeção ultrassônica em 100% das peças com materiais fundidos.
- Profundidade da camada endurecida.
- Microestrutura para os fundidos nodulares:
  Verificar em uma amostra do lote o conteúdo de perlita, ferrita e esferoidização de grafite.
- Para aços cementados, deve-se verificar o ajuste do forno com instrumentação própria para o controle da atmosfera.

Quadro 15.3 – Qualidade MQ para o material e para o tratamento térmico.

Qualidade ME

Define as exigências máximas para aplicações especiais de grande segurança.
Todos os controles aplicados para a qualidade MQ devem ser, também, aplicados para a qualidade ME, porém, onde se permite controle por amostragem aleatória, deve-se aplicar, para qualidade ME, em 100% das peças.

Outros controles necessários:
- Inspeção ultrassônica em 100% das peças para qualquer material.
- Controlar a profundidade transversal da camada em peças cementadas.
- Para as peças temperadas por indução ou chama, verificar a profundidade em vários pontos, ao longo da largura.
- Em aços cementados, verificar descarbonetação superficial, presença de carbonetos, austenita retida e essencialmente a estrutura martensítica.
- Controlar as condições do forno com registrador gráfico, durante todo o tempo de operação.

Quadro 15.4 – Qualidade ME para o material e para o tratamento térmico.

Utilizando os valores fornecidos pelos diagramas, a probabilidade de haver falha é de 1%, segundo a norma.

A tensão limite poderá ser aumentada se a peça for submetida ao processo de shot peening. Esse processo gera tensões residuais positivas (de compressão). Para que o resultado do processo seja favorável, a técnica de aplicação e o controle devem ser corretos e adequados a cada geometria. Veja o Capítulo 16.

Ainda segundo a norma, nenhum ponto afastado da superfície poderá ter dureza superior a qualquer ponto mais próximo da superfície. Se isto não for assegurado, deve-se levar em conta uma redução dos limites de resistência a fadiga fornecida pelos diagramas para todos os materiais.

Para as engrenagens cementadas usadas nos testes, as camadas endurecidas foram iguais ou maiores que $0,15 \cdot m_n$ nos flancos acabados.

Para as engrenagens nitretadas em gás, usadas nos testes, as camadas endurecidas foram de 0,4 a 0,6 mm nos flancos acabados.

A condição superficial do material é decisiva para arbitrar os limites de resistência à fadiga. Defeitos de fabricação, como descarbonetação, oxidação e trincas provocadas pela retificação, podem reduzir sensivelmente os valores, para todos os materiais.

Nos casos de têmpera por chama, em que somente os flancos são endurecidos, os valores são válidos somente para os casos nos quais a zona dura inicia-se a certa distância da seção crítica, conforme ilustrado na Figura 15.2. Caso contrário, os valores deverão ser reduzidos. A Tabela 15.4 mostra alguns materiais com os valores de σ_{Flim}.

Valores limites de resistência à pressão (σ_{Hlim})

É o valor da tensão, no limite à fadiga do material no flanco do dente, quando submetido à pressão de Hertz.

Os principais fatores que influenciam esse valor são:

- composição química;
- propriedades mecânicas;
- tratamento térmico, profundidade endurecida, gradiente de dureza;
- estrutura do bruto (forjamento, fundição, laminado etc.);
- tensões residuais (negativas, quando retificados os dentes, e positivas, quando submetidos ao shot peening, por exemplo);
- impurezas e defeitos.

Os valores limites de resistência à pressão podem ser determinados por ensaios com carga para qualquer material e qualquer estado deste. Estes valores podem ser obtidos também por experiências de campo.

Durante a avaliação, é importante verificar se outros fatores de influência, como a viscosidade do lubrificante, a rugosidade superficial dos flancos e a combinação de materiais, entre outros, estão interferindo nos resultados.

Se for impossível obter esses valores, como sugerido anteriormente, valores de referência poderão ser determinados com auxílio dos diagramas provenientes da norma DIN 3990, Parte 5. Veja uma reprodução na Figura 15.4.

O valor obtido por meio do diagrama é função da dureza do material, do tipo de tratamento térmico e de um padrão de qualidade que define um mínimo de exigências para o material e seu tratamento térmico. Esses padrões de qualidade podem ser, conforme a mesma norma: ML, MQ e ME, sendo ML o mais brando e ME o mais rigoroso. Veja um resumo das exigências nos Quadros 15.2, 15.3 e 15.4 para as qualidades ML, MQ e ME, respectivamente.

É importante salientar que os valores de referência indicados na norma, não refletem com precisão as condições de uma peça com suas próprias características geométricas e fabricada com um material e seu tratamento térmico específicos.

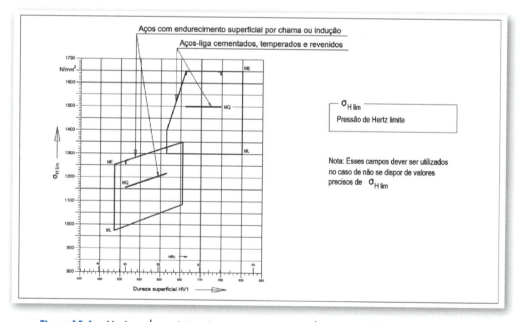

Figura 15.4 – Limites de resistência à pressão segundo normas ISO 6336 ou DIN 3990, Parte 5.

São apenas valores de referência para projeto, fornecidos por ensaios com cargas, executados em engrenagens de testes, cujas características são:

- rugosidade superficial dos flancos Rz = 3 µm;
- velocidade tangencial = 10 m/s;
- viscosidade do lubrificante = 100 mm²/s

Os valores dos limites de resistência à pressão dos materiais variam muito, em virtude das irregularidades e das variações da composição química, da estrutura resultante do tratamento térmico, da preparação do bruto (forjado, laminado etc.), da natureza de tensões residuais etc. Utilizando os valores fornecidos pelos diagramas, a probabilidade de haver falha é de 1%, segundo a norma.

A Tabela 15.4 a seguir mostra alguns materiais com as seguintes características:

- limites de resistência a pressão σ_{Hlim} [N/mm²];
- limite de resistência a flexão σ_{Flim} [N/mm²];

Tabela 15.4 – Materiais com os valores de σ_{Hlim} e σ_{Flim}"

Material	σ_{Hlim}	σ_{Flim}
Ferro fundido cinzento GG-20 – Não tratado	340	48
Ferro fundido cinzento GG-25 – Não tratado	350	52
Ferro fundido cinzento GG-30 – Não tratado	360	60
Ferro fundido nodular GGG-60 – Não tratado	430	158
Ferro fundido nodular GGG-70 – Não tratado	510	162
Ferro fundido nodular GGG-80 – Temperado e revenido	550	172
Aço carbono fundido GS-38 – Normalizado	420	145
Aço carbono fundido GS-45 – Normalizado	425	150
Aço carbono fundido GS-52 – Normalizado	450	160
Aço carbono fundido GS-60 – Normalizado	480	160
Aço liga fundido 36Mn5 – Temperado e revenido	560	192
Aço liga fundido GS-17CrMoV5 – Temperado e revenido	610	207
Aço carbono laminado Ck45 (SAE 1045) – Normalizado	430	178
Aço carbono laminado Ck60 (SAE 1060) – Normalizado	520	205

(continua)

(*continuação*)

Material	σ_{Hlim}	σ_{Flim}
Aço estrutural St52-3 – Não tratado	380	168
Aço laminado St50-2 – Não tratado	370	165
Aço laminado St60-2 – Não tratado	420	180
Aço laminado St70-2 – Não tratado	480	198
Aço carbono laminado Ck45 (SAE 1045) – Temperado e revenido	520	205
Aço carbono laminado Ck60 (SAE 1060) – Temperado e revenido	590	226
Aço liga laminado 31NiCr14 – Temperado e revenido	700	259
Aço liga laminado 34CrNiMo6 – Temperado e revenido	1160	352
Aço liga laminado 37Cr4 – Temperado e revenido	690	256
Aço liga laminado 42CrV6 – Temperado e revenido	720	265
Aço carbono laminado Ck10 – Cementado, temperado e revenido	1210	250
Aço carbono laminado Ck15 – Cementado, temperado e revenido	1210	250
Aço liga laminado 14NiCr14 – Cementado, temperado e revenido	1270	430
Aço liga laminado 15NiCr6 – Cementado, temperado e revenido	1270	430
Aço liga laminado 16MnCr5 – Cementado, temperado e revenido	1270	430
Aço liga laminado 20 NiCrMo2 – Cementado, temperado e revenido	1270	500
Aço liga laminado 20MnCr5 – Cementado, temperado e revenido	1270	430
Aço liga laminado 17NiCrMo6 – Cementado, temperado e revenido	1500	500
Aço carbono fundido 36Mn5 – Tratado por indução ou chama	1140	176
Aço carbono fundido GS-60 – Tratado por indução ou chama	1140	158
Aço liga laminado 34CrNiMo6 – Tratado por indução ou chama	1180	365
Aço liga laminado 37Cr4 – Tratado por indução ou chama	1140	302
Aço liga laminado 42CrMo4 – Tratado por indução ou chama	1220	370
Aço liga laminado 30CrMoV9 – Nitretado em gás	1180	352
Aço liga laminado 34CrAlMo5-10 – Nitretado em gás	1250	425
Aço liga laminado 34CrNiMo6 – Nitretado em gás	1060	327
Aço carbono laminado Ck50 (SAE 1050) – Nitretado em líquido	1140	195
Aço liga laminado 37Cr4 – Nitretado em líquido	1140	225
Aço liga laminado 42CrMo4 – Nitretado em líquido	1140	370
Aço liga laminado 42MnV7 – Nitretado em líquido	930	290
Aço carbono laminado Ck60 (SAE 1060) – Temperado, revenido e carbonitretado	800	325
Aço liga laminado 37Cr4 – Temperado, revenido e carbonitretado	1288	370

CAPÍTULO 16

Jateamento

SHOT PEENING

Shot peening é um tratamento mecânico superficial a frio efetuado em peças metálicas. Já consagrado na área industrial, envolve tecnologia de vanguarda e requer controles e equipamentos apropriados, bem como operadores conscientes e bem treinados.

O processo é identificado por vários nomes, conforme o idioma, como, por exemplo, *grenailhage de précontrainte*, em francês, ou *kugelstrahlen*, em alemão. Em português, poderia ser traduzido por *martelamento*, entretanto, *shot peening* é o termo, em inglês, internacionalmente aceito e compreendido.

Sua utilização é muito antiga e remonta a 2700 a.C. quando, em Ur, cidade da antiga região da Mesopotâmia, o ouro era martelado para ter sua dureza aumentada. As célebres espadas dos legendários cruzados (1100 a 1400) eram também marteladas até seu resfriamento, obtendo excepcional resistência.

Na era moderna, os martelos foram substituídos por jateamento de granalhas (partículas) esféricas, que podem ser metálicas ou de vidro, onde o impacto é uniformemente distribuído e a velocidade rigorosamente controlada.

Dos resultados experimentais obtidos com o martelamento de metais, desde o ouro de Ur, passando pelas espadas dos cruzados, até em centenas, milhares e, hoje, com milhões de testes, podemos afirmar, com toda a segurança, que o processo melhora as qualidades metalúrgicas superficiais das peças, quando bem aplicado.

Como o processo é empírico, a obtenção de um resultado ótimo não é fácil, pois se situa em uma faixa muito estreita e depende da associação entre a velocidade do jato, da granulometria (tamanho), da densidade do material e do formato das partículas que deve ser arredondado. Arestas angulares impactando as peças, marcariam ou cortariam as suas superfícies, agredindo-as de forma irregular e destrutiva. Sendo assim, são recomendáveis granalhas esféricas de aço, aço inoxidável, alumínio, cobre e até de vidro, entre outras. Estas são disponíveis no mercado e possuem excelente qualidade.

Com o uso do jateamento, marteladas isoladas são substituídas por inúmeros pequenos impactos que asseguram uma distribuição uniforme em toda a área que se deseja tratar. Modernos equipamentos utilizando pistolas de sucção, bicos de jato ou turbinas, garantem que as partículas sejam jateadas com absoluto controle e repetitividade.

Nas rodas dentadas, o processo está intimamente relacionado à melhoria da tensão residual. A vida útil nominal, segundo: A. NIKU-LARI, France. Le Grenaillhage de Précontrainte, première conférence internationale sur grenaillage, 1981, Paris e National Defense Research Committee Report (NA-115), Estados Unidos, pode aumentar entre 130% a 300%.

O shot peening deve ser aplicado quando necessitamos:

- aumentar a resistência à flexão no pé do dente;
- aumentar a resistência à corrosão;
- reduzir as dimensões ou peso das rodas, sem prejudicar sua resistência mecânica;
- aumentar a resistência mecânica sem aumentar suas dimensões;
- eliminar riscos de usinagem no pé do dente que podem gerar concentração de tensões.

Princípio básico do processo shot peening

O martelamento cria uma tensão de compressão (positiva) uniforme em toda a superfície jateada. Tratando-se uma chapa fina, em apenas um dos lados, paradoxalmente ela se deforma com a convexidade para o lado jateado. A tensão de compressão criada pelo impacto das partículas e equilibrada pela deformação da lâmina resulta em um gráfico de momentos na sua seção transversal, conforme mostra a Figura 16.1A. Note que na parte superior, a tensão positiva é permanente e atinge pequenas profundidades. Os demais valores são tensões decorrentes da

Jateamento

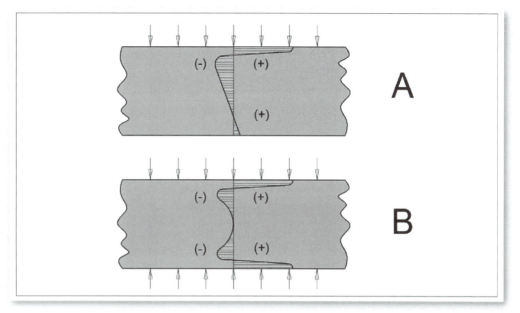

Figura 16.1 – Shot peening – Tensões geradas na plaqueta de Almen.

deformação elástica da chapa.

Jateando-se a superfície oposta com a mesma intensidade, de modo análogo ao anterior, as duas tensões superficiais se opõem, a deformação desaparece e o gráfico de momentos se altera, conforme a Figura 16.1B.

Conceito de intensidade de "peening"

Pensando em martelo, é intuitivo que a intensidade da operação de martelamento seja proporcional ao peso do martelo. No jateamento, quanto maior a velocidade de uma partícula no momento do impacto, mais violenta, ou intensa, será sua ação.

Matematicamente, a intensidade I está relacionada à massa M e à velocidade V.

$$I = \frac{M \cdot V^2}{2} \quad (16.1)$$

Na prática, avaliar a intensidade partindo-se da fórmula, não é possível. Normalmente, as esferas são fornecidas dentro de faixas de granulometria e seu diâmetro varia por desgaste. Também não é fácil determinar quantitativamente a velocidade do jato. Portanto, especificar uma determinada intensidade indicando as diversas variáveis envolvidas no processo como: material e granulometria da granalha, pressão ou rotação da turbina, ângulo de ataque, distância e tempo operacional, entre outros, não oferece a precisão e a confiabilidade requerida nas operações de shot peening.

O método de Almen, desenvolvido e patenteado pelo Dr. John O. Almen em 1942, nos Estados Unidos, tem sido utilizado no mundo todo para quantificar a intensidade do jateamento. Na verdade, ele não mede a intensidade, parte do princípio de que deformações iguais em chapas finas padronizadas correspondem a aplicações com iguais intensidades.

O Dr. Almen padronizou três tipos de plaquetas de aço SAE 1070, idênticas na largura (18,95 mm), no comprimento (76,00 mm), na dureza (45 a 48 HRc), na planicidade (± 0,013 mm) e no acabamento. Variou apenas a espessura. Ver Tabela 16.1.

Tabela 16.1 – Plaquetas Almen

Tipo	Espessura máxima	Espessura mínima
N	0,800 mm	0,775 mm
A	1,308 mm	1,283 mm
C	2,400 mm	2,375 mm

Ele padronizou também um bloco de apoio para as plaquetas e um dispositivo dotado de um relógio comparador, utilizado para medir a flecha da plaqueta deformada.

As plaquetas tipo N são utilizadas para pequenas intensidades, as do tipo A são as mais empregadas e as do tipo C são usadas para grandes intensidades.

Processo e número de Almen

O processo é simples. Veja a Figura 16.2. A plaqueta Almen e a granalha são selecionadas em função da intensidade a ser aplicada. A plaqueta é colocada no dispositivo de controle para que o relógio comparador seja zerado. Nesse momento, é oportuno checar a planicidade da plaqueta.

A plaqueta é, então, fixada no bloco de apoio com o lado em que foi feita a medição para baixo. O bloco de apoio é posicionado em gabaritos, de modo que a plaqueta a ele fixada fique em posição que coincida com a exata superfície da peça a ser tratada.

O jateamento é feito, movimentando-se o jato e/ou a plaqueta, nas mesmas condições a serem reproduzidas, futuramente, nas peças a serem tratadas.

Jateamento

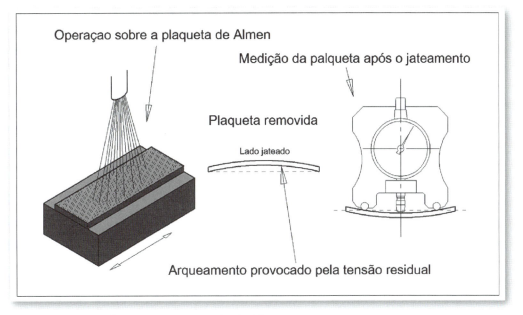

Figura 16.2 – Shot peening – método de Almen.

A plaqueta é retirada e colocada, novamente, no dispositivo de controle. A medida da flecha é tomada no lado não jateado, no mesmo ponto em que foi zerado o relógio comparador. Esta leitura é o que se denomina *Número de Almen*.

Por exemplo:

Uma medida entre 0,25A e 0,38A (mm) significa que a intensidade a ser aplicada na peça deve estar compreendida entre os limites que provoquem deformação na plaqueta tipo A entre 0,25 e 0,38 mm.

Cobertura e saturação

Na maioria dos casos, além de se indicar os limites para o número de Almen, uma especificação mais completa, inclui a cobertura.

Jateando-se rapidamente uma superfície, a área atingida pelas partículas pode ser representada por meio de um valor percentual em relação à área total. A Figura 16.3A representa uma superfície atingida em aproximadamente 55% e a Figura 16.3B, 90%.

Observação: Os percentuais efetivos das figuras são imprecisos e têm por objetivo apenas ilustrar a diferença entre os percentuais cobertos pela ação do jateamento.

Esses valores percentuais representam a cobertura. A avaliação visual é efetuada com ampliação de 50×.

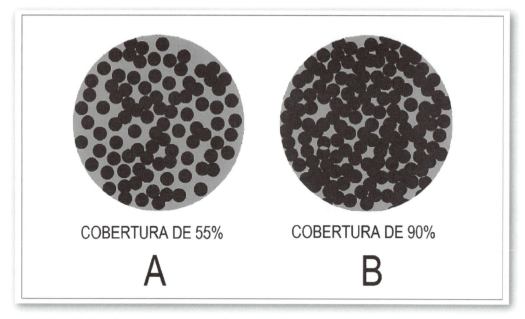

Figura 16.3 – Shot peening – superfícies jateadas.

O gráfico da intensidade em função do tempo é obtido mantendo-se todas as variáveis e variando-se o tempo. Note na Figura 16.4, que a intensidade é nula no início da operação, cresce rapidamente (em torno de 90%) até o tempo t, depois cresce lentamente (em torno de 10%) entre t e $2t$ até cessar completamente a partir daí. O ponto representado pelo tempo t é considerado como o ponto de saturação. Podemos definir o tempo t, como o tempo necessário para a saturação, quando a intensidade aumentar menos que 10% entre t e $2t$. Em outras palavras, podemos interpretar o fenômeno de saturação da estrutura superficial do metal quando, a partir de certo tempo, a intensidade de peening, pouco ou nada evoluir.

Esse ponto de saturação, praticamente, coincide com uma cobertura de 98%, geralmente considerada satisfatória quando se exige 100%.

A cobertura pode se sobrepor. Portanto, são possíveis valores superiores a 100%. Em algumas aplicações são exigidas coberturas de 150% ou 200%. Nesses casos, basta utilizar tempos iguais a $1,5t$ ou $2t$ respectivamente.

Especificação para o shot peening

Dependendo do rigor e da responsabilidade da aplicação, o detalhamento da especificação para o shot peening pode variar:

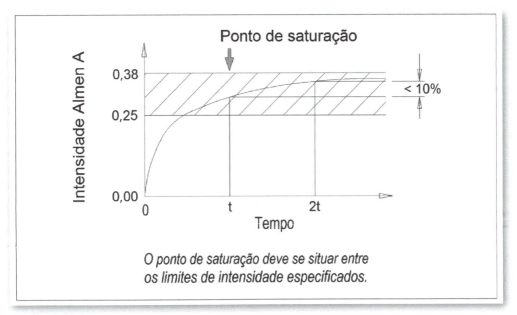

Figura 16.4 – Shot peening – curva de saturação.

1) Os números de Almen são sempre necessários e, geralmente, são especificados os valores mínimo e máximo.
2) Normalmente, a cobertura é especificada. Caso contrário, o percentual de 100% deve ser acordado com o prestador do serviço.
3) Restrições quanto a problemas de contaminação, limites de rugosidade e outros, são especificações complementares de natureza do material e da granulometria da granalha utilizada.
4) Em casos especiais ou muito críticos, detalhes do processo devem ser especificados para que a reprodução seja assegurada a cada operação realizada.

Operação

Qualquer que seja o grau de detalhamento da especificação para o shot peening, o primeiro passo é posicionar a plaqueta de Almen no mesmo nível da superfície da peça a ser tratada, de maneira a reproduzir as mesmas condições previstas para a aplicação do processo.

Por exemplo, para peening nos pés dos dentes de uma roda dentada, deve-se modificar uma peça (preferencialmente rejeitada) usinando-se uma cavidade para o alojamento do bloco de suporte com uma plaqueta de Almen, localizando-a exatamente no ponto a ser atingido. A peça é montada sobre um dispositivo giratório e o teste é realizado com todos os recursos de automatismo para que se possa reproduzir futuramente nas peças a serem tratadas. Nas peças de porte pequeno, nas quais é impossível o aproveitamento, um dispositivo deve ser projetado com o cuidado de se posicionar corretamente a plaqueta, de maneira que os movimentos defronte às pistolas ou turbinas, sejam idênticos aos que terão as superfícies a serem jateadas.

Não basta que a intensidade de peening aplicada seja igual à especificada. Ela deve ser obtida na área de saturação da curva *intensidade/tempo*, o que exige a observância de um método de trabalho, conforme segue:

Sempre que se tentar reproduzir os números de Almen em uma operação, é necessária a determinação da curva de saturação peculiar às variáveis envolvidas, como material e granulometria da granalha, distância da aplicação, pressão ou velocidade da turbina etc., em função do tempo t relativamente pequeno, medindo-se a deformação resultante, ou seja, a intensidade Almen.

O teste deverá ser repetido, usando-se, dessa vez, um tempo igual a $2t$. Se a intensidade for, ainda, maior que 10%, deve-se tornar a repetir o teste, enquanto o aumento da intensidade não ultrapasse este valor.

Satisfazendo-se essa condição, deve-se considerar o tempo anterior ao último teste como o tempo de saturação, ou seja, o tempo necessário para se obter 100% de cobertura. Esse tempo deverá estar situado, no gráfico, dentro da faixa de intensidades especificadas, conforme a Figura 16.4. Caso contrário, a operação deverá ser repetida corrigindo-se as variáveis.

Uma vez satisfeitas todas as condições, a curva resultante deverá ser arquivada juntamente com a identificação do produto e, também, com todas as condições operacionais empregadas no teste, devidamente registradas para orientação futura.

Em produção seriada, a medição deve ser repetida a cada seis ou oito horas, quando se emprega granalha de aço, e a cada uma ou duas, quando se empregam esferas de vidro.

Influência do shot peening no projeto de engrenagens

Os danos, em termos de resistência, à fadiga no pé do dente e a formação de pites (pitting) nos flancos, dependem fortemente da tensão superficial. Uma melhora significativa do comportamento à fadiga pode ser obtida por meio da indução de tensões residuais compressivas na superfície.

Uma maneira de minimizar esses danos é a modificação do campo de tensões. A cementação e o beneficiamento térmico seguidos de shot peening fornecem resultados muito atraentes se comparados a outros tratamentos de superfície.

Jateamento

A curva do perfil de tensões residuais em peças cementadas, temperadas e revenidas, melhorou significativamente após o tratamento de shot peening.

O shot peening nas engrenagens é muito comum. Peças de diversos tamanhos são tratadas com esse processo para aumentar a resistência à fadiga de flexão nos pés dos dentes e a resistência à pressão de Hertz nos flancos.

A solicitação do dente de uma engrenagem, quando engrenado, é semelhante à de uma viga engastada. O carregamento originado pelo contato entre os dentes durante o trabalho de transmissão cria uma tensão de flexão no pé, abaixo do ponto de contato, exatamente na seção crítica (veja a definição de seção crítica na Figura 15.3).

O tratamento por shot peening é comum após o endurecimento superficial. A amplitude da tensão residual máxima, após o shot peening sobre uma roda dentada cementada pode situar-se entre −1200 e −1600 MPa. Veja a Figura 16.5.

Observação: MPa = N/mm².

Para esses casos, normalmente, são utilizadas esferas de aço com altas durezas (55 a 62 HRc), entretanto, pode-se utilizar esferas de aço com durezas menores (45 a 52 HRc) para os casos em que as exigências forem menos rigorosas. Nessas condições, a amplitude das tensões residuais será, aproximadamente, metade daquela aplicada com esferas duras.

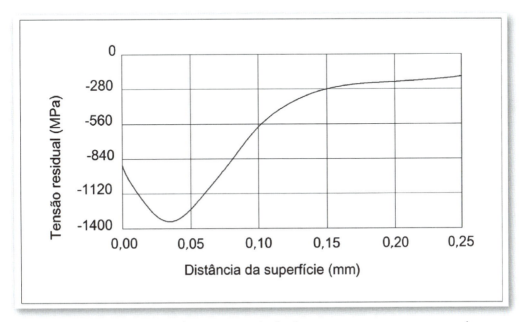

Figura 16.5 – Curva típica da tensão residual sobre uma engrenagem cementada.

Em relação à formação de pites (pitting) nos flancos dos dentes, a melhor maneira de aumentar a resistência é introduzir tensões residuais de compressão por meio de shot peening e, em seguida, dar o acabamento. Os processos que eliminam as marcas do shot peening são os mais recomendados, porque superfícies menos rugosas diminuem a pressão de contato, aumentado a vida útil nominal. Deve-se ter cuidado para que a remoção de material não exceda a 10% da camada comprimida pelo jateamento.

Um acréscimo da resistência à fadiga na ordem de 30% em um milhão de ciclos é comum em vários tipos de engrenagens.

Algumas agências e documentos normativos autorizam um aumento da carga admissível a fadiga por flexão no dente após o shot peening. Veja a seguir:

Lloyds Register of shipping:	20%
Det Norske Veritas:	20%
ANSI/AGMA 6032-A94 Marine Gearing Specification:	15%

CAPÍTULO 17

Lubrificação

CONSIDERAÇÕES

As engrenagens sempre causam a impressão de força, solidez, durabilidade etc. Estas são algumas das razões pelas quais não se dava a importância necessária à sua lubrificação. Essa importância foi crescendo juntamente com o aperfeiçoamento dos projetos.

A lubrificação, hoje, é tratada como um sistema, e este sistema pode determinar o sucesso ou o fracasso de uma boa transmissão. Portanto, a lubrificação não pode mais ser tratada como uma coadjuvante no projeto. As variáveis derivadas da lubrificação refletem sensivelmente nos resultados da vida útil do par e dos coeficientes de segurança à pressão. Em outras palavras, é um importante fator de influência.

As engrenagens são desenhadas para maximizar a capacidade de transmitir carga com o menor nível de ruído possível. Os perfís são acabados com excelente precisão nas máquinas modernas, e para que as engrenagens trabalhem com maior eficiência, a fricção "sólida", que se dá entre os dentes durante o trabalho de transmissão, deve ser substituída por uma fricção "líquida", mediante uma adequada película lubrificante.

LUBRIFICAÇÃO NAS ENGRENAGENS

Com o objetivo de se obter maior rendimento em um engrenamento, desenhamos os perfis dos dentes de maneira que se reduza ao máximo a velocidade de deslizamento entre eles. Mesmo assim, continuarão deslizando um sobre o outro. Como já vimos anteriormente, isto é inerente ao sistema.

Com base nisso, podemos descrever a teoria da lubrificação por cunha de óleo entre os dentes, já que o movimento relativo entre as superfícies (deslizamento) favorece a atuação do lubrificante. A isso chamamos de efeito elasto-hidrodinâmico.

Para uma melhor compreensão sobre a forma de como se realiza a lubrificação nos dentes das engrenagens, vamos imaginar o que ocorre com duas rodas de fricção que rodam e se deslizam uma sobre a outra:

Se elas tiverem o mesmo diâmetro e seus eixos a mesma velocidade ou se seus diâmetros forem diferentes, porém ambas tiverem a mesma velocidade tangencial, podemos afirmar que não existirá, entre elas, deslizamento algum, ou seja, haverá rolamento puro.

Se lubrificarmos o ponto em que as rodas entram em contato, o lubrificante, em virtude de sua adesividade, formará uma película fina sobre a superfície das rodas, película que, em razão de sua viscosidade, tenderá a separar as rodas.

Supomos agora que a velocidade tangencial de uma roda seja diferente da outra e que o fornecimento de lubrificante seja o mesmo. Entre as rodas, haverá uma combinação de rolamento e deslizamento. Esse último aumentará, à medida que aumentar a diferença de velocidades entre as rodas. O lubrificante não só aderirá, em forma de película fina, às superfícies das rodas, como será introduzido em forma de cunha (semelhante ao que se forma nos rolamentos planos), com a velocidade da roda mais veloz. Nesse caso, ainda com um fornecimento menor de lubrificante, a quantidade que será forçada a passar pelo jogo entre as superfícies em contato, será maior. Disso, se conclui que em tais condições, a lubrificação será mais segura e eficaz.

Esse fenômeno ocorre de maneira idêntica, entre os dentes das engrenagens durante o período em que estão engrenados. A eficiência é máxima no início do engrenamento (contato entre o diâmetro útil de pé da roda motora com diâmetro útil de cabeça da roda movida), diminui gradativamente, chegando a condições limitadas, ao se aproximar do diâmetro primitivo, e volta a aumentar à medida que se direciona ao fim do engrenamento (contato entre o diâmetro útil de cabeça da roda motora com diâmetro útil de pé da roda movida).

Lubrificação

Três fatores influenciam diretamente na formação da cunha lubrificante:

1) Perfil dos dentes.
2) Carga que transmitem.
3) Velocidade de funcionamento.

Perfil dos dentes

Dependendo das características geométricas de uma roda dentada, seus dentes podem ter perfis mais ou menos planos, sendo o número de dentes a característica de maior influência. Para exemplificar, a cremalheira, cujo número de dentes pode-se considerar infinito, tem o perfil totalmente plano.

A formação da película de lubrificante é favorecida nos perfis mais planos. Quanto mais plano é o perfil de um dente, maior é sua área de contato e, consequentemente, menor é a pressão sobre ele.

Nesse caso, a película de lubrificante que se interpõe entre as superfícies em contato, suporta cargas mais leves, diminuindo a possibilidade de se romper.

Aceitando-se esses fundamentos, podemos concluir que os dentes deverão ser os mais planos possíveis para que a engrenagem suporte maiores cargas. Isto é verdade até certo ponto, porque a formação da cunha será prejudicada, tornando a lubrificação menos eficaz, sobretudo na entrada e na saída do engrenamento.

Carga que transmitem

A formação de uma boa película lubrificante depende diretamente da carga transmitida pelas engrenagens, já que esta tende a desalojá-la das superfícies em contato. Quanto maior é a carga, maior é essa tendência. Portanto, a viscosidade e a resistência da película são dois fatores que determinam a carga que se pode transmitir.

É comum se especificar uma viscosidade excessiva para proteger a película de uma eventual ruptura. Isso implicará uma perda desnecessária de potência.

As variações da carga produzem alterações de temperatura que devem ser suportadas pelo lubrificante. É, portanto, indispensável que, para a lubrificação de engrenagens que transmitem cargas variáveis, se usem lubrificantes com maior índice de viscosidade. Isso garante uma viscosidade mais uniforme, sob todas as condições de trabalho.

Velocidade de funcionamento

A velocidade é outro fator que se deve considerar na lubrificação das engrenagens. Ela determina a duração de contato entre os dentes. Em baixas velocidades, a duração de contato é maior, apresentando, portanto, uma oportunidade para a dissolução da película lubrificante, com consequente desgaste dos dentes. Em altas velocidades, a principal inconveniência é a força centrífuga que tende a desprender o lubrificante dos dentes, expondo-os a um contato metálico, com consequente desgaste.

A força centrífuga aumenta em função do quadrado da velocidade tangencial. Portanto, um pequeno aumento de velocidade gera um apreciável aumento da força centrífuga.

Para minimizar esse fenômeno, é oportuno aplicar lubrificantes que possuam uma adesividade maior e uma viscosidade menor nos engrenamentos que operam em altas velocidades.

SISTEMAS DE LUBRIFICAÇÃO

Composição de um sistema

Um sistema de lubrificação é composto:

- pelo lubrificante;
- por seus meios de aplicação;
- por seus meios de retenção;
- pelos materiais das engrenagens;
- pelo ambiente operacional.

Seleção do sistema

A seleção do sistema de lubrificação deve ser baseada nos seguintes fatores:

- temperatura de operação;
- carga sobre os dentes;
- velocidade tangencial;
- grau de enclausuramento;
- vida de funcionamento entre as reaplicações do lubrificante;
- ambiente de operação.

Aplicação do lubrificante

Vários métodos diferentes podem ser utilizados para aplicar o lubrificante nas engrenagens. Os mais utilizados são:

- sistema de circulação por gravidade;
- sistema de circulação sob pressão própria;

Lubrificação

- sistema central de circulação sob pressão;
- sistema de neblina de óleo;
- sistema de imersão;
- sistema de lubrificação por depósito aberto;
- sistema de aplicação intermitente de óleo ou graxa;
- sistema manual de aplicação.

Sistema de circulação

O sistema de circulação consiste em garantir um fornecimento constante de óleo nos pontos que requerem lubrificação. No caso das engrenagens, nos pontos de contato entre os seus dentes.

Esse sistema, embora seja um dos mais eficazes, não é dos mais utilizados, em virtude de seu alto custo. Portanto, é utilizado somente em instalações em que sua aplicação é indispensável.

Os sistemas de circulação mais utilizados são:

Sistema de circulação por gravidade

É composto por dois depósitos: um acima e outro abaixo das engrenagens a serem lubrificadas. O primeiro armazena e fornece, para as engrenagens, o óleo por ação da gravidade. O segundo recebe o lubrificante já utilizado, purifica-o e o faz retornar, por bombeamento, ao depósito superior.

Sistema de circulação sob pressão própria

O óleo é injetado sobre as engrenagens por meio de uma bomba. Retorna ao depósito por gravidade para circular novamente pela ação da bomba.

Sistema central de circulação sob pressão

Consiste de um depósito central que serve às necessidades de toda a instalação. Nesse caso o volume de lubrificante é maior, o que favorece seu resfriamento.

Como no caso das engrenagens, o único local que requer lubrificação é a linha de contato entre os dentes. O óleo é dirigido a esse local por meio de bicos direcionados.

Dado que a quantidade de óleo utilizado nos sistemas circulantes é normalmente grande, devem ser tomados cuidados a fim de prolongar ao máximo sua vida. Os recipientes são herméticos para evitar contaminações e perdas. Conjuntos agregados, como sistemas de purificação por meio de filtros, são instalados para livrar o lubrificante das impurezas.

A vazão (V_z) pode ser determinada, como sugestão de G. Niemann, com a equação a seguir:

$$V_z = \left(0{,}06 + \frac{m_n \cdot v_t}{5000}\right) b \quad [\text{l/min}] \qquad (17.1)$$

onde:

v_t = Velocidade periférica [m/s].
b = Máximo entre b_1 e b_2 [mm].

Sistema de neblina de óleo

A lubrificação com neblina de óleo é um sistema automático para fornecer quantidades muito pequenas de lubrificante.

Um único atomizador pode lubrificar vários elementos de uma máquina como engrenagens, rolamentos, guias etc.

Esse sistema requer uma fonte de ar comprimido. Esse ar, em forma de corrente, inicialmente passa por um separador que retira dela a água. Seca, a corrente de ar comprimido passa por válvulas de controle e, em seguida, se mistura com o lubrificante. Quando acontece essa mistura, o óleo se separa em partículas minúsculas, formando uma neblina. Para evitar a formação de partículas grandes, a neblina passa por uma série de crivos que permitem atravessar somente as partículas menores. A neblina, já nas condições perfeitas, é lançada sobre os elementos alvos da lubrificação.

Sistema de imersão

Nesse sistema, o lubrificante é armazenado na própria caixa de engrenagens. Uma das engrenagem, normalmente a que está mais abaixo, mergulha parcialmente no lubrificante e com seu movimento de rotação lança o óleo aos pontos em que a lubrificação se faz necessária.

O nível do óleo deve ser constantemente controlado porque, além de lubrificar, tem a função de resfriar a peça.

A profundidade de imersão deve ser suficiente e necessária a uma lubrificação eficaz. Se estiver baixa, a lubrificação será prejudicada. Se estiver alta, resultará em uma agitação desnecessária, que produzirá calor e perda de potência.

O volume de óleo também é importante para que haja troca de calor. Um volume baixo manterá o óleo quente, de maneira a não cumprir sua função de resfriamento.

Nos sistemas de imersão, o lubrificante é submetido a uma agitação contínua. Portanto, a sujeira e as partículas metálicas não se acumulam no fundo da caixa por decantação. Por isso, é necessário remover periodicamente todo o lubrificante para filtrá-lo, antes de reintegrá-lo ao sistema. Normalmente, essa operação é efetuada após um período de repouso, em que as partículas provenientes do desgaste estão decantadas.

Determinação do volume e da profundidade de emersão

O volume (V_l) e a profundidade de emersão (P_r) podem ser determinados, como sugestão de G. Niemann, com as equações a seguir:

$$A = \left(\frac{0,1}{z \cdot \cos \beta} + \frac{0,03}{v_t + 2} \right) P_T \qquad (17.2)$$

onde:

z = Número de dentes da roda imersa.

Volume inferior:

$$V_{li} = 2,5 \, A \geq 0,010 \quad \text{[litros]} \qquad (17.3)$$

Volume superior:

$$V_{ls} = 3,2 \, A \geq 1,2 \, V_{li} \quad \text{[litros]} \qquad (17.4)$$

onde:

P_T = Potência no torque máximo [kW].
v_t = Velocidade periférica [m/s].

Profundidade inferior:

$$P_{ri} = m_n + 0,5 \quad \text{[litros]} \qquad (17.5)$$

Profundidade superior:

$$P_{rs} = 6 \, m_n + 0,5 \quad \text{[litros]} \qquad (17.6)$$

Sistema de lubrificação por depósito aberto

Esse sistema é utilizado para engrenagens abertas que operam em baixas velocidades.

Consiste em um recipiente ou uma bandeija que contém o óleo lubrificante. Este é levado ao ponto de contato entre os dentes pelo próprio movimento de rotação das engrenagens.

Esse tipo de lubrificação, na verdade, é um sistema de imersão no qual as engrenagens estão descobertas e pelo fato de as rotações serem baixas, a agitação do óleo não ocorre.

Um cuidado especial a ser tomado é em relação ao tamanho do recipiente. Esse deve receber todo o lubrificante que goteja das engrenagens.

Sistemas de aplicação intermitente de óleo e graxa

Este sistema é utilizado, normalmente, em trasmissãoes pesadas de grande porte. Como essas transmissões envolvem valores altíssimos, cuidados extremos devem ser tomados em sua manutenção. Recomendam-se, para esses casos, lubrificantes com altíssimas viscosidades e aderência para que possam resistir às altas pressões.

Nesse sistema, é utilizado um equipamento que, sistematicamente, injeta sobre os dentes das engrenagens uma quantidade controlada de lubrificante. Esse equipamento é composto por um recipiente onde o lubrificante é armazenado, por uma estação de bombeamento que fornece o lubrificante, por uma linha de alimentação, por distribuidores e, finalmente, por bicos injetores que lançam, com a pressão de ar comprimido, o lubrificante sobre os dentes das engrenagens. Esse sistema permite um controle preciso da frequência de injeção e da quantidade de lubrificante requerida pelo equipamento. Alarmes e detectores de falhas na lubrificação devem ser integrados ao sistema para assegurar a integridade dos elementos da transmissão.

A Figura 17.1 ilustra o esquema de injeção por esse sistema.

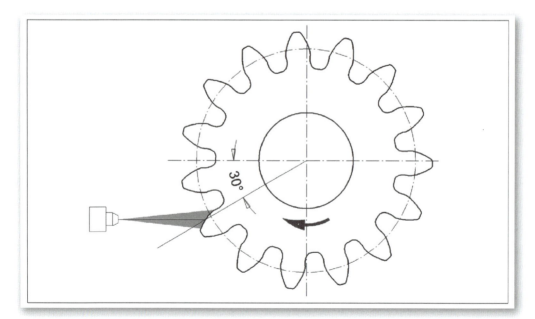

Figura 17.1 – Injeção de lubrificante sobre o dente.

Sistema manual de aplicação

Esse sistema é uma alternativa ao sistema anterior, em que, em vez de se utilizar um equipamento que aplica automaticamente o lubrificante, este é aplicado manualmente com brocha ou estopa.

Os dentes passam por uma limpeza e, em seguida, o lubrificante é aquecido e aplicado. Ao esfriar-se formará uma película firme que resistirá às altas pressões resultantes do engrenamento.

Nos casos em que o aquecimento do lubrificante apresente dificuldades, é possível a utilização de produtos que, sendo similares aos anteriores, contêm uma porcentagem de um solvente volátil que facilita a aplicação. Esse solvente se evapora, deixando uma película que é igualmente eficaz.

FUNÇÕES DO LUBRIFICANTE

O lubrificante tem a função de:

- reduzir o atrito entre os dentes das engrenagens;
- minimizar o desgaste dos dentes;
- remover partículas estranhas;
- proteger as superfícies contra corrosão;
- remover o calor.

Atrito entre os dentes da engrenagem

Parte da força necessária para transmitir movimento de rotação de uma roda para outra é devida ao atrito gerado por seus dentes, cujas superfícies estão em contato. Teoricamente, se o movimento relativo entre essas superfícies é puramente de rolamento, o rendimento é alto e a lubrificação é desnecessária, sendo, até mesmo, inconveniente, como, por exemplo, nas rodas de fricção. Esse não é o caso das engrenagens. Como explicado no Capítulo 3, o movimento relativo entre os dentes é composto por rolamento e deslizamento. Por isso, gera atrito. Nesse caso, a transmissão não resulta eficiente a não ser para pequenas cargas e em muitos poucos casos. Uma das funções do lubrificante, talvez a principal, é reduzir o atrito, separando, por meio da película formada, as superfícies que estão em contato e que se movem com velocidades diferentes.

Com a redução do atrito, se aumenta o rendimento das engrenagens. O rendimento de uma transmissão é medido pela relação que existe entre a potência de entrada e a potência de saída. Portanto, quanto menor for a potência perdida na transmissão devida ao aquecimento, à agitação do óleo lubrificante e, principalmente, ao atrito gerado entre os dentes, tanto maior será o rendimento da transmissão.

Para se obter o máximo rendimento do par engrenado, ou seja, o máximo aproveitamento da força motriz é fundamental que a escolha do lubrificante seja correta no que se refere à viscosidade.

A viscosidade é a medida de resistência oferecida pelo lubrificante ao movimento ou ao escoamento. Trata-se da principal propriedade de um lubrificante, pois está diretamente relacionada com a capacidade de suportar cargas. Seu valor é inversamente proporcional à temperatura, ou seja, decresce com o seu aumento. Portanto, é aconselhável a utilização de um lubrificante cuja curva de viscosidade seja de pequeno aclive, ou seja, com baixo índice de viscosidade (IV).

A viscosidade do lubrificante deverá ser maior quanto:

- menor for a velocidade periférica;
- maior for a pressão de contato;
- maior for a rugosidade superficial dos flancos dos dentes.

Uma prática incorreta é tentar solucionar problemas de ruído e vibração nas engrenagens, aplicando um lubrificante mais viscoso. Isso pode funcionar por um tempo curto, além de levar a uma perda desnecessária de potência. É muito comum que essas deficiências produzidas pelo engrenamento, sejam devidas a outros fatores e não à lubrificação.

Desgaste excessivo e falha dos dentes

O desgaste é um fenômeno natural e sua progressão depende de uma série de fenômenos e de fatores que modificam as condições normais de trabalho, mesmo nas engrenagens bem projetadas e bem construídas. A instalação e as condições de funcionamento do par engrenado podem ser os responsáveis por problemas como desgaste excessivo e falhas. Veja no Quadro 17.1 as condições de trabalho que podem reduzir a vida útil das engrenagens.

Quando o desgaste é excessivo, os dentes perdem a forma original de seus perfis, aumentando ainda mais a ação do deslizamento que, por sua vez, causa um maior desgaste, gerando um círculo vicioso. Esse processo de desgaste debilita rapidamente os dentes por ser progressivo, levando-os a uma fratura precoce.

Com um bom projeto, boa manufatura e com as precauções devidas na montagem e nas condições de trabalho como temperatura, vibração, sobrecargas etc., e contando com um sistema de lubrificação bem elaborado, os dentes, com a ação do deslizamento, vão adquirindo um brilho gradual em suas superfícies de trabalho e se alcança uma condição na qual o desgaste praticamente desaparece. Esse fenômeno é definido, com frequência, como acasalamento ou amaciamento.

> **Condições de trabalho que podem reduzir a vida útil das engrenagens:**
>
> - Distância entre os eixos incorreta.
> - Desalinhamento dos eixos
> - Rolamentos ou buchas desgastados
> - Lubrificação incorreta ou insuficiente
> - Corpos estranhos no lubrificante
> - Temperatura excessiva
> - Sobrecargas frequentes e cargas de impacto não previstas
> - Vibração excessiva
> - Velocidade excessiva
> - Maltrato em geral

Quadro 17.1 – Condições de trabalho que podem reduzir a vida útil das engrenagens.

Partículas estranhas

Sujeira ou partículas metálicas produzidas pela decomposição do material, como, por exemplo, nos casos das engrenagens feitas de ferro fundido, pode provocar um rápido desgaste na superfície dos dentes. Esse fenômeno é definido como abrasão e aparece como marcas muito finas, como arranhões, no sentido do perfil evolvente, e distribuídas muito próximas, uma das outras. A falta de uma lubrificação adequada pode provocar a abrasão.

Corrosão

A corrosão é um fenômeno que afeta as engrenagens fabricadas com materiais metálicos que contenham elementos químicos que podem reagir com os agentes corrosivos. O ferro, por exemplo, na presença de umidade, é altamente vulnerável à corrosão pela ferrugem. Esse metal, em contato com o oxigênio presente na água e no ar, se oxida e, dessa reação, surge a ferrugem que provoca a corrosão.

Para evitar que as engrenagens feitas de metais vulneráveis à corrosão se decomponham por causa da oxidação, é necessário evitar que entrem em contato com o oxigênio, o que pode ser obtido por meio da lubrificação.

Temperatura

Nas caixas fechadas, principalmente nas aplicações em que as engrenagens trabalham em altas velocidades, o calor gerado pelo atrito dos dentes em contato é um fator que pode reduzir sensivelmente suas vidas úteis. O lubrificante tem a capacidade de trocar calor com as engrenagens e o sistema deve ser projetado em função das necessidades da aplicação. Por exemplo, a lubrificação por imersão é muito utilizada nas caixas de transmissão automotiva, tanto em veículos leves quanto pesados. Basta que o volume de óleo seja suficiente para que a troca de calor se realize com eficiência. Nesse caso, a velocidade não é muito alta. Pode atingir, nos automóveis, 6000 rotações por minuto (no eixo piloto). Nos caminhões com motores movidos a óleo Diesel, as velocidades são menores

Para aplicações em que a velocidade é muito alta, um sistema que faz o óleo circular por bombeamento (alimentação forçada), pode ser necessário. O óleo é aplicado sobre as engrenagens, retorna ao tanque para resfriar e é novamente aplicado. Dessa maneira ocorre a troca de calor entre o óleo e as engrenagens, mantendo o conjunto em uma temperatura adequada ao bom funcionamento e aumentando sua vida útil.

O sistema de lubrificação deve ser capaz de manter a temperatura do conjunto, nunca acima da temperatura admissível do lubrificante.

CAPÍTULO 18

Projeto de um par de engrenagens cilíndricas externas

CONSIDERAÇÕES

Este capítulo tem por objetivo a elaboração do projeto completo de um par de engrenagens cilíndricas, externas e com perfil evolvente.

Para este método de cálculo teremos de ter algumas características físicas, geométricas e funcionais das rodas, para calcular outras características complementares e relevantes para a construção, além dos coeficientes de segurança, das vidas úteis, dos fatores de influência, da capacidade de carga à flexão e à pressão, das forças atuantes no engrenamento sobre os eixos, da velocidade periférica e da lubrificação (tipo e quantidade ou vazão, dependendo do sistema aplicado).

É importante acrescentar que esses cálculos refletem a inexatidão dos dados fornecidos, que geralmente não é pequena. Os dados, como os de materiais, de dinâmica, das solicitações reais, das medidas geométricas e das condições de funcionamento, entre outros, devem sempre ser considerados sob o ponto de vista de que suas margens de dispersão influenciam diretamente nos resultados. Acrescenta-se também, o fato de que vários fatores integrantes dos cálculos foram determinados empiricamente, sob certas condições, que nem sempre se assemelham àquelas que ora se submetem.

Os cálculos necessários para a determinação dos coeficientes de segurança e das vidas úteis de um par de engrenagens são complexos demais, se todos os fatores que influenciam no engrenamento forem considerados, como realmente devem ser. A aplicação de equações transcendentais (que não podem ser resolvidas algebricamente) é necessária, exigindo métodos numéricos muito demorados para sua solução, se calculados sem a ajuda da informática. Sendo assim, o uso de planilhas eletrônicas é oportuno, por se tratar de uma ferramenta de cálculo muito poderosa, que atende perfeitamente os nossos objetivos.

CAPACIDADE DE CARGA – FUNDAMENTOS

O método aqui aplicado fundamenta-se nos dois critérios que veremos a seguir: Tensão de flexão (Bending Stress) e Tensão de contato (Contact Stress).

Tensão de flexão (bending stress)

Excedendo-se a solicitação máxima que o dente pode resistir, após um determinado número de ciclos de carga, este se romperá, geralmente, no pé.

Os cálculos de todos os fatores que influenciam na capacidade de carga, em relação à flexão, são baseados nas normas alemãs DIN 3990 partes 1, 3 e 5, que correspondem às normas internacionais ISO/DIS 6336 partes 1, 3 e 5 respectivamente.

Tensão de contato (contact stress)

Excedendo-se a pressão suportável pelos flancos dos dentes em contato, após um determinado número de ciclos de carga, surgem minúsculas fissuras nos flancos dos dentes. Essas fissuras podem surgir tanto na superfície quanto a uma certa profundidade e se propagam com a ação do óleo que a penetra e faz soltar partes dos flancos, uma espécie de desmoronamento na zona da circunferência primitiva (d_w) e debaixo dela, formando minúsculas cavidades, chamadas pites segundo nomenclatura brasileira recente, de baixa profundidade que se multiplicam sobre a superfície. Trata-se de um fenômeno complexo de fadiga e se considera, normalmente, não permissível, somente quando toda a superfície de cavidades aumenta linear ou progressivamente, tanto em quantidade quanto em tamanho. Caso contrário, quando as cavidades são muito pequenas, decrescendo com o tempo e desaparecendo completamente com o acasalamento (amaciamento), trata-se dos *pites iniciais* (*initial pitting*), considerado admissível.

Projeto de um par de engrenagens cilíndricas externas **473**

Observação: Acasalamento ou amaciamento é o desgaste natural que se verifica nas primeiras horas ou nos primeiros dias de trabalho das engrenagens e que consistem uma autocorreção de certos desvios de usinagem ou de montagem.

Os cálculos de todos os fatores que influenciam na resistência à pressão são baseados nas normas alemãs DIN 3990 partes 1, 2 e 5, que correspondem às normas internacionais ISO/DIS 6336 partes 1, 2 e 5 respectivamente. A Figura 18.1 mostra um resumo dos critérios.

Há outros fatores que podem influenciar na capacidade de carga das rodas dentadas como, por exemplo, desgaste por abrasão (ver norma DIN 3990 parte 4 Calculation of Scuffing Load Capacity), ou seja, Cálculo da Capacidade de Carga por Desgaste de Deslizamento. Trata-se de uma combinação de influências desfavoráveis ao engrenamento como: solicitação, velocidade de deslizamento, viscosidade do lubrificante, rugosidade da superfície, forma do flanco, entre outras, que pode provocar desgaste parcial ou em toda superfície do flanco. Nesses casos, é interrompida a película de lubrificante, seja em parte (fricção mista) ou total (fricção em seco), provocando um contato metálico nas superfícies dos flancos, que deslizam uma sobre a outra, destruindo essas superfícies.

Esse fenômeno não é comum na prática usual de engenharia, exceção para algumas aplicações aeronáuticas entre poucas outras. Por essa razão, este critério não será considerado neste livro.

1. Tensão de flexão (bending stress)
2. Tensão de contato (contact stress)
3. Capacidade de carga por desgaste de deslizamento (scuffing load capacity)

1. Tensão de flexão:
Excedendo-se a solicitação máxima que o dente pode resistir, após um determinado número de ciclos de carga, este se romperá geralmente no pé.

2. Tensão de contato:
Excedendo-se a pressão suportável pelos flancos dos dentes em contato, após um determinado número de ciclos de carga, soltam-se partes, uma espécie de desmoronamento, formando pequenas cavidades que chamamos de pites (ou pitting em inglês).

3. Capacidade de carga por desgaste de deslizamento:
Desgaste na superfície do flanco (parcial ou total) provocada por uma combinação de influências desfavoráveis ao engrenamento. Entre estas influências estão: carga, velocidade de deslizamento, viscosidade do lubrificante, rugosidade superficial e a forma do flanco.

Figura 18.1 – Critérios para o cálculo da capacidade de carga.

ESTUDO DE UM EXEMPLO PRÁTICO

Para que haja uma melhor compreensão dos cálculos e das aplicações das fórmulas, efetuaremos o desenvolvimento de um par de engrenagens, com um exemplo prático real, no qual o cliente fornece todos os dados de partida necessários ao desenvolvimento do projeto.

Alguns desses dados são provenientes da exigência do trabalho a ser executado pelo equipamento e, outros, extraídos de um pré-projeto desse mesmo equipamento. À medida que forem requeridos, esses dados serão apresentados e identificados com a frase "fornecido pelo cliente".

Observação: O cliente, aqui considerado, é o solicitante do projeto, podendo ser uma empresa, um departamento ou até uma pessoa física.

Neste projeto-exemplo, teremos também a oportunidade de aplicar muitos dos conceitos já estudados, como as características geométricas, as características de ajuste, recobrimentos e tolerâncias do dentado, entre outros.

Como se trata de um livro e não de um relatório técnico, no lugar de um simples memorial de cálculos, são apresentados, além das equações, expressões e tabelas, comentários (considerações e explicações didáticas) sobre cada característica, seja geométrica, funcional ou metalúrgica, entre outras.

Se você preferir apenas analisar o projeto-exemplo, desprezando os comentários, siga o conteúdo destacado com fundo escurecido.

Especificações técnicas preliminares

Quando elaboramos um projeto, temos de ter em mente que o par de engrenagens deve satisfazer as exigências básicas, conforme ilustra a Figura 18.2. Portanto, antes de efetuarmos qualquer cálculo, temos de estabelecer algumas condições e, para facilitar, vamos dividi-las em 13 grupos:

1) Aplicação e motorização
2) Qualidade do dentado
3) Coeficientes de segurança mínimo e máximo
4) Características da transmissão
5) Características geométricas básicas
6) Características geométricas complementares
7) Características de ajuste
8) Características funcionais
9) Peso do par

Projeto de um par de engrenagens cilíndricas externas

Figura 18.2 – Exigências básicas para o projeto de um par de engrenagens.

10) Materiais e tratamento térmico
11) Lubrificação
12) Rumorosidade (ruído)
13) Custo

Para satisfazer as condições estabelecidas, precisamos de dados muitas vezes não fornecidos pelo cliente. Nesses casos, devemos adotá-los, calculando-os em função das características já determinadas ou arbitrando-os em função de experiências adquiridas em transmissões similares consagradas.

Aplicação e motorização

Aplicação

Considerações sobre a aplicação

Um par de engrenagens pode ser solicitado, em relação ao trabalho que será executado, de maneiras muito diferentes.

A transmissão pode ser contínua e suave, sem reversões ou variações de torque, sem trancos ou sobrecargas. Mas pode também ser intermitente com muitas partidas por hora, com reversões frequentes, sofrer trancos, sobrecargas e trabalhar com grande variação de torque. A isto chamamos *grau de irregularidade da máquina movida*.

> O par de engrenagens, objeto deste projeto, é o primeiro estágio de um redutor de velocidade composto por dois estágios, que será aplicado em um transportador de correia com carga uniforme.
> Rotação de saída do primeiro estágio: $n_2 = 720$ RPM $\pm 1\%$.
> Como se trata de um redutor, a transmissão é para mais lento.

Chamaremos a roda motora de pinhão, e o índice utilizado na notação que se refere a ele será 1. Por exemplo, o número de dentes será notado com z_1.

Chamaremos a roda movida de coroa, e o índice utilizado na notação que se refere a ela será 2. Por exemplo, o número de dentes será notado com z_2.

Motorização

Considerações sobre a motorização

O motor também provoca, no par de engrenagens, irregularidades que devem ser levadas em conta no projeto. Nesse caso, chamamos *grau de irregularidade da máquina motora*.

> Para esse projeto, o cliente aplicará um motor elétrico de corrente alternada com 4 polos, potência nominal: $P = 160$ cv e rotação: $n_1 = 1750$ RPM.

A combinação entre os graus de irregularidades das máquinas motora e movida, quanto à absorção de choques, entra nos cálculos das engrenagens por meio de um fator. Trata-se do fator de aplicação K_A.

Máquina motora

Basicamente consideram-se quatro tipos de máquinas motoras, quanto aos seus graus de irregularidade:

Choques uniformes – Máquina motora
- Motores elétricos.
- Turbinas a vapor ou a gás com operação uniforme. Torques de partida de pequena intensidade e rara frequência de ocorrer.

Choques leves – Máquina motora

- Turbinas a vapor ou a gás.
- Motores hidráulicos ou elétricos cujos torques de partida são de grande intensidade e alta frequência de ocorrer.

Choques moderados – Máquina motora

- Motores de combustão interna com múltiplos cilindros.

Choques pesados – Máquina motora

- Motores de combustão interna com um único cilindro.

Máquina movida

Consideram-se também quatro tipos de máquinas movidas, quanto aos seus graus de irregularidade:

Choques Uniformes – Máquina movida

- Agitadores de líquidos.
- Bombas rotativas de engrenagens ou lobos.
- Equipamentos para cervejarias e destilados.
- Eixos de transmissão – carga uniforme.
- Elevadores de caneca – carga uniforme.
- Embobinadoras de papel.
- Enlatadoras e engarrafadoras.
- Escadas rolantes.
- Alvejadores para fábrica de papel.
- Prensas para fábrica de papel.
- Cozinhadores de cereais para indústria alimentícia.
- Acionamento auxiliar de máquinas operatrizes.
- Misturadores de líquidos de densidade constante.
- Acionamento do guincho de pontes rolantes.
- Bombas de refinarias de petróleo.
- Telas e peneiras de esteiras para água.
- Transportadores de caçamba – carga uniforme.
- Transportadores de caneca – carga uniforme.
- Transportadores de correia – carga uniforme.
- Transportadores de corrente – carga uniforme.
- Transportadores de esteira – carga uniforme.

- Transportadores helicoidais (de rosca) – carga uniforme.
- Alimentadores para tratamento de águas e esgotos.
- Bombas de lama e detritos para tratamento de águas e esgotos.
- Decantadores de lama e detritos para tratamento de águas e esgotos.
- Classificadores para tratamento de águas e esgotos.
- Ventiladores centrífugos.

Choques leves – Máquina movida
- Misturadores de polpa.
- Agitadores semilíquidos e densidade variável.
- Bombas centrífugas.
- Bombas de dupla ação multicilíndricas.
- Classificadores rotativos.
- Guinchos de dragas.
- Transportadores de dragas.
- Bombas de dragas.
- Embobinadoras de tecido.
- Agitadores para fábrica de papel.
- Batedores e despolpadores para fábrica de papel.
- Cilindros para fábrica de papel.
- Esticadores de feltro para fábrica de papel.
- Secadores para fábrica de papel.
- Geradores.
- Equipamentos de laboratório para indústria de borrachas.
- Moinhos cilíndricos em linha para indústria de borracha.
- Refinadores para indústria de borracha.
- Alimentadores de plaina para indústria madeireira.
- Cardas, filatórios e retorcedeiras para indústria têxtil.
- Maçaroqueiras para indústria têxtil.
- Acionamento principal de máquinas operatrizes leves.
- Misturadores de líquidos de densidade variável.
- Misturadores de polpa de papel.
- Máquinas para refinaria de petróleo.
- Secadores e resfriadores rotativos.
- Telas e peneiras recíprocas.
- Telas e peneiras rotativas para cascalho.
- Transportadores de caçamba – carga pesada e intermitente.
- Transportadores de caneca – carga pesada e intermitente.

Projeto de um par de engrenagens cilíndricas externas   **479**

- Transportadores de correia – carga pesada e intermitente.
- Transportadores de corrente – carga pesada e intermitente.
- Transportadores de esteira – carga pesada e intermitente.
- Transportadores helicoidais (de rosca) – carga pesada e intermitente.
- Filtros para tratamento de águas e esgotos.
- Mexedores para tratamento de águas e esgotos.
- Peneiras para tratamento de águas e esgotos.
- Ventiladores em geral (exceto os centrífugos).

Choques moderados – Máquina movida

- Alimentadores helicoidais.
- Transportadores de esteira e de correia.
- Bombas recíprocas de descarga livre.
- Eixos de transmissão – carga pesada.
- Elevadores de caçamba – carga pesada.
- Embobinadoras de metal.
- Moinhos rotativos para fábrica de cimento.
- Calandras para fábrica de papel.
- Descascadores mecânicos e hidráulicos para fábrica de papel.
- Guinchos para cargas moderadas.
- Misturadores de massa para indústria alimentícia.
- Moedores de carne para indústria alimentícia.
- Picadores para indústria alimentícia.
- Calandras para indústria de borracha – mais que 10 h/dia.
- Extrusoras para indústria de borracha – mais que 10 h/dia.
- Serras para indústria madeireira.
- Tambores despolpadores para indústria madeireira.
- Transportadores de toras para indústria madeireira.
- Calandras para indústria têxtil.
- Máquinas de tinturaria para indústria têxtil.
- Cortadores de chapa rotativos para indústria metalúrgica.
- Trefilas para indústria metalúrgica.
- Betoneiras acionadas por motor elétrico.
- Misturadores de borrachas – mais que 10 h/dia.
- Moinhos para areia.
- Extrusoras e misturadores para olarias e cerâmicas.
- Acionamento do carro de pontes rolantes.
- Acionamento da ponte rolante.

- Centrífugas de refinarias de açúcar.
- Facas de cana de refinarias de açúcar – mais que 10 h/dia.
- Torres para refrigeração.
- Transportadores de caçamba vibratória.
- Transportadores de caneca vibratória.
- Transportadores de correia vibratória.
- Transportadores de corrente vibratória.
- Transportadores de esteira vibratória.
- Transportadores helicoidais (de rosca) vibratória.

Choques pesados – Máquina movida
- Alimentadores recíprocos.
- Britadores de pedras e minérios.
- Cabeçotes rotativos de dragas.
- Peneiras de dragas.
- Britadores de mandíbulas para fábrica de cimento.
- Moinhos de bolas e rolos – mais de 10 h/dia.
- Moinhos de martelo.
- Supercalandras para fábrica de papel.
- Tambores descascadores para fábrica de papel.
- Guinchos para cargas pesadas.
- Trituradores e misturadores para indústria de borracha.
- Cortadores de chapa de faca para indústria metalúrgica.
- Viradeiras para indústria metalúrgica.
- Acionamento principal de máquinas operatrizes pesadas.
- Prensas.
- Betoneiras acionadas por motor a combustão.
- Prensas de tijolos e ladrilhos para olarias e cerâmicas.
- Moendas de refinarias de açúcar.
- Aeradores para tratamento de águas e esgotos.

Fatores K_A em função da combinação entre os graus de irregularidades das máquinas motora e movida:

Máquina motora	Máquina movida	Fator K_A
Choques uniformes	Choques uniformes	1,00
Choques uniformes	Choques leves	1,25
Choques uniformes	Choque moderados	1,50

Choques uniformes	Choque pesados	1,75
Choques leves	Choques uniformes	1,10
Choques leves	Choques leves	1,35
Choques leves	Choque moderados	1,60
Choques leves	Choque pesados	1,85
Choques moderados	Choques uniformes	1,25
Choques moderados	Choques leves	1,50
Choques moderados	Choque moderados	1,75
Choques moderados	Choque pesados	2,00
Choques pesados	Choques uniformes	1,50
Choques pesados	Choques leves	1,75
Choques pesados	Choque moderados	2,00
Choques pesados	Choque pesados	2,25

O resultado dos cálculos, em relação ao tamanho das engrenagens, reflete esse fator de forma direta. Portanto, exige-se certo cuidado ao adotá-lo.

Os valores de K_A apresentados aqui são válidos apenas para as engrenagens que estajam fora do setor crítico de ressonância, assunto que veremos adiante.

Segundo a norma ISO 6336, a experiência sugere que K_A possa ser um pouco maior em uma transmissão para mais rápido (u < 1). Para estes casos, um acréscimo de 10% sobre os valores anteriores, é oportuno.

> Para este projeto temos choques moderados, tanto para a máquina motora (motor elétrico) quanto para a máquina movida (redutor de velocidade para transportadores de correia com carga uniforme). Neste caso $K_A = 1,00$

Qualidade do dentado

> Precisamos determinar a qualidade do dentado e o processo de acabamento superficial.

Considerações sobre a qualidade do dentado

A qualidade do dentado deve ser compatível com sua aplicação, ou seja, escolhida conforme a necessidade e características de funcionamento da máquina, nunca acima das necessidades do sistema, a fim de reduzir o custo de sua manufatura e controle.

Se as rodas tiverem qualidades diferentes, consideramos, para os cálculos, a qualidade média.

Os índices limites, conforme as normas DIN, estão entre 1 e 12, inclusive. Esses índices servem para caracterizar a qualidade do dentado. Quanto menor é o índice, melhor é a qualidade, ou seja, as tolerâncias são mais rigorosas.

Veja, a seguir, alguns exemplos usados para índices de qualidade em função da aplicação:

Aparelhos de medição, roda máster: .... 1 a 4.
Para velocidade tangencial acima de 25 m/s: .... 3 a 4.
Máquinas em geral e redutores de velocidade: .... 6 a 8.
Indústria automobilística e máquinas ferramentas: .... 5 a 9.
Emprego geral sem grande precisão: .... 8 a 11.

Geralmente os índices de qualidade em função do acabamento são:

Dentes retificados: .... 1 a 5.
Dentes rasqueteados: .... 6 a 9.
Dentes fresados: .... 10 a 12.

A prática nos mostra que, quanto melhor a qualidade do dentado, maior será a vida útil das engrenagens. Muitas vezes, com o propósito de reduzir as dimensões das engrenagens e, consequentemente, o seu custo e seu peso, a indústria opta por qualidades superiores.

Se o propósito for exclusivamente o custo, um estudo deve determinar as reais vantagens, já que, se economizarmos no material e no tempo de usinagem, o custo para obter uma qualidade superior será, evidentemente, maior.

Se o propósito for exclusivamente o peso, talvez não haja outra opção, senão a de especificar uma qualidade superior para o dentado.

> Para este projeto, vamos adotar classe de qualidade DIN 6 tanto para o pinhão quanto para a coroa.
>
> Os parâmetros de microgeometria e suas respectivas tolerâncias para essa classe de qualidade são fornecidos pelas normas DIN 3961, 3962 e 3963 e podem ser vistos no relatório final deste projeto.
>
> Outra maneira de se obter os parâmetros de microgeometria é calculando-os com as equações fornecidas no capítulo 11 deste livro.

Considerações sobre o processo de acabamento superficial

Consulte a seção "Acabamento nos dentes" do Capítulo 14, que trata desse assunto.

Projeto de um par de engrenagens cilíndricas externas

Para este projeto, vamos adotar a retificação, descrita com detalhes na seção "Acabamento nos dentes por retificação" do Capítulo 14.

Rugosidade superficial nos flancos $R_z = 5$ μm, tanto para o pinhão quanto para a coroa.

Rugosidade no pé dos dentes: $R_z = 30$ μm, tanto para o pinhão quanto para a coroa.

Como a profundidade da camada cementada é especificada após a retificação dos flancos, é importante definir, aqui, o sobremetal. Para isso, temos de escolher o processo de corte pré-retificação. Como há saída para a ferramenta em ambos os lados das rodas, a melhor opção é o corte por hob (caracol).

O sobremetal para a retificação, conforme sugerido na seção "Sobremetal para retificação" do Capítulo 14, é função do número de entradas e do número de lâminas do hob. Vamos arbitrar uma entrada para o hob do pinhão e três entradas para o hob da coroa, e o número de lâminas menor que 15 para ambos. Consulte a Seção "Hob com múltiplas entradas", do Capítulo 14, para ver as influências geradas pelos hobs com múltiplas entradas.

Sendo assim, podemos calcular o sobremetal por flanco...

...para o pinhão:

$$SM = 0{,}069 \cdot \sqrt[3]{3} = 0{,}0995 \qquad \text{ref (14.30)}$$

...para a coroa:

$$SM = 0{,}075 \cdot \sqrt[3]{3} = 0{,}1082 \qquad \text{ref (14.32)}$$

Podemos adotar 0,1 mm para ambas as rodas.

O módulo normal = 3, aqui aplicado, foi simplesmente adotado. Veja "considerações sobre o módulo normal" adiante, neste capítulo.

Coeficientes de segurança mínimo e máximo

Para que o dimensionamento, a resistência e o grau de acabamento do produto que estamos desenvolvendo sejam adequados, é necessário estabelecer focos. Esses focos podem ser traduzidos em coeficientes de segurança mínimos e máximos, tanto à flexão, quanto à pressão.

Coeficientes de segurança mínimos

Considerações sobre os coeficientes de segurança mínimos

Os cálculos das tensões admissíveis, bem como a potência e torque máximos permissíveis e a vida útil de cada roda, são efetuados levando-se em conta o coeficiente de segurança mínimo. Esse valor é adotado em função da aplicação e dos riscos inerentes a ela. A paralisação de um equipamento poderá representar pouco, em termos econômicos, como poderá gerar um grande prejuízo para a empresa.

A fratura de um dente poderá colocar pessoas em risco de morte. Imagine, por exemplo, um redutor de engrenagens içando um recipiente contendo ferro líquido a 1600 °C. Nesse caso, qualquer tranco poderá ser perigoso.

Veja na [Figura 18.3](#) as sugestões da norma inglesa BSI (British Standards Institution).

Normalmente, é usado sempre o mesmo valor para um determinado tipo de aplicação.

Evidentemente, o S_{Fmin} não deve ser maior que o valor do coeficiente de segurança real calculado, ou seja, $S_F >= S_{Fmin}$.

O S_{Hmin} não deve ser maior que o valor do coeficiente de segurança real calculado, ou seja, $S_H >= S_{Hmin}$.

A norma DIN 3990 não sugere valores, mas recomenda que o S_{Fmin} deva ser maior que o S_{Hmin}, pelo fato de que uma fratura por flexão, em um ou mais dentes, determina o fim da vida de uma roda dentada, interrompendo o funcionamento do equipamento. A formação de pites (pitting) não impede o funcionamento das engrenagens.

> Para este projeto, vamos adotar, para os coeficientes de segurança mínimos:
> $S_{Fmin} = 1,10$
> $S_{Hmin} = 1,00$

Coeficientes de segurança máximos

Considerações sobre os coeficientes de segurança máximos

Por questões econômicas, podemos também adotar coeficientes de seguranças máximos, que servirão de alerta no caso de superdimensionamento desnecessário.

> Para os coeficientes de segurança máximos:
> $S_{F\,max} = 1,40$
> $S_{H\,max} = 1,20$

Características da transmissão

Temos de ter, mesmo que sejam aproximadas, algumas características da transmissão obtidas, normalmente, por meio de um pré-projeto do equipamento:

1) Relação de velocidades.
2) Distância entre centros.
3) Diâmetros máximos permissíveis.
4) Arranjo físico.

Projeto de um par de engrenagens cilíndricas externas

> S_{Fmin} e S_{Hmin} devem ser adotados em função
> das exigências e responsabilidade da aplicação.
>
> Sugestões da norma BS 436, part 3, section 3, clause 29:
>
> Aplicações industriais normais:
>
> S_{Fmin} = 1,40 a 1,50
>
> S_{Hmin} = 1,00 a 1,20
>
> Aplicações críticas como grandes prejuízos e risco de morte:
>
> S_{Fmin} = 1,60 a 3,00
>
> S_{Hmin} = 1,30 a 1,60
>
> Nota: As normas DIN e ISO não sugerem valores, mas recomendam que: $S_{Fmin} > S_{Hmin}$
> ⇒ {
> A fratura por flexão em um ou mais dentes determina o fim da vida da roda dentada.
>
> A formação de pites (pitting) não impede o funcionamento das engrenagens.
> }
>
> BS = British Standards Institution (Norma inglesa)
> DIN = Deutsches Institut fur Normung (Norma alemã)
> ISO = International Organization for Standardization

Figura 18.3 – Coeficientes de segurança mínimos.

Relação de velocidades

Considerações sobre a relação de velocidades

Conhecida como relação de transmissão, é a relação entre as rotações de entrada e de saída (z_2 / z_1). Este valor não pode ultrapassar determinados limites para não comprometer o funcionamento das engrenagens, em virtude das desigualdades das forças aplicadas em cada uma delas.

Há casos especiais, que requerem grandes relações de transmissão, como, por exemplo, motor de partida de veículos, que chegam a 15:1 bem como as das máquinas de movimentar vidros de automóveis que chegam a 50:1. Esses exemplos são casos especiais, em que as engrenagens trabalham pouco e sem rigor de precisão. Em transmissões normais, devem-se evitar valores acima de 7, podendo-se chegar a 10, em alguns casos. Quando houver necessidade de relação superior, é recomendável subdividir a transmissão em dois ou mais estágios.

Operacionalmente, podem ocorrer variações na rotação da roda movida, em virtude, principalmente de deformações nos dentes, mesmo teoricamente corretos. Se a exigência da precisão na transmissão for muito elevada, especifique qualidades superiores.

Procure, sempre que possível, fazer que as relações de transmissão não sejam números inteiros, evitando a repetitividade do contado entre o mesmo par de dentes e uniformizando melhor o ajuste natural (acasalamento ou amaciamento) dos flancos.

Para este projeto, a relação de transmissão teórica é:

$u = 1750 / 720 = 2,43$, valores fornecidos pelo cliente.

Distância entre centros

Considerações sobre a distância entre centros e sua tolerância

Um valor aproximado da distância entre centros, normalmente é resultante das necessidades exigidas do equipamento no qual as engrenagens trabalharão. Porém, as distâncias menores, sempre dificultam a obtenção de bons resultados em termos de resistência.

Para este projeto, a distância entre centros fornecida pelo cliente é 140 mm.

Para a tolerância da distância entre centros (a), vamos adotar *js*7, conforme indicação sugerida na Tabela 7.2.

Para $a = 140$, a tolerância *js*7 é ± 0,02.

Se não dispor da norma, a tolerância poderá ser determinada com as Equações (7.7) e (7.8) e as Tabelas 7.1 e 7.3. Vejamos:

Da Tabela 7.1 tomamos $a_i = 146,969$

$$A = 0,45 \sqrt[3]{146,969} + \frac{146,969}{1000} = 2,521736 \qquad \text{ref (7.7)}$$

Da Tabela 7.3 tomamos $a_j = 16$

$$A_a = \pm \frac{16 \times 2,521736}{2000} = \pm 0,02 \qquad \text{ref (7.8)}$$

Diâmetros máximos permissíveis

Considerações sobre os diâmetros máximos permissíveis

Quando o espaço é limitado, o tamanho das rodas pode ser um fator complicador para o projetista ou engenheiro. Geralmente, o problema estará somente na roda maior do par, porém, as duas serão afetadas, porque dependerão da quantidade e do tamanho dos dentes, já que a relação de transmissão deverá ser respeitada.

Para este projeto, o cliente limitou o diâmetro da coroa em 225 mm.

Projeto de um par de engrenagens cilíndricas externas

Arranjo físico

Considerações sobre o arranjo físico

O arranjo físico é a maneira como são dispostas as engrenagens dentro da caixa que as acomoda.

As Figuras 18.4 até 18.7 apresentam sete desenhos esquemáticos de arranjos, onde um deles deverá ser selecionado.

Para os arranjos 1 e 2, mostrados na Figura 18.4, a distância s é sempre igual a zero.

A letra T indica a entrada ou saída do torque.

As engrenagens estão traçadas com linhas grossas, os mancais e os eixos com linhas finas.

O tipo de arranjo, juntamente com outros dados, determina a flexão e torção no eixo do pinhão e, consequentemente, a distribuição da carga ao longo da extensão de contato dos dentes.

Dentro do arranjo selecionado, devemos adotar:

- a distância (l) entre os mancais, que é a distância entre os centros dos apoios do eixo medido no plano axial;
- a posição da roda motora na direção axial em relação aos mancais (distância s);
- a constante K', que leva em conta a posição do pinhão em relação à entrada (ou saída) do torque. K' é função, também, da rigidez com que é montada a roda em seu eixo.

A distância entre os mancais não deve ser confundida com a distância entre centros das engrenagens, no plano de rotação. Ela é determinante no cálculo da flexão do eixo e do jogo entre flancos, em função do erro de cruzamento entre os eixos. Portanto, é fundamental no cálculo da distribuição da carga ao longo da extensão de contato dos dentes.

> Para este projeto, o cliente forneceu o esquema do eixo e roda motora, integrados em uma mesma peça (Figura 18.8), que corresponde ao arranjo físico número 3 (Figura 18.5). Forneceu, também, a distância entre os mancais (l) que é de 118 mm e a distância (s) entre o centro do pinhão e o ponto sobre o eixo que divide simetricamente a distância entre os mancais que é de 18 mm.

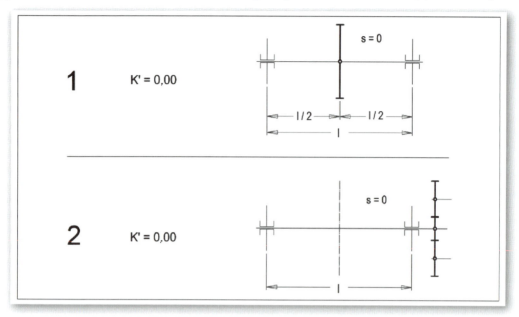

Figura 18.4 – Arranjos físicos 1 e 2.

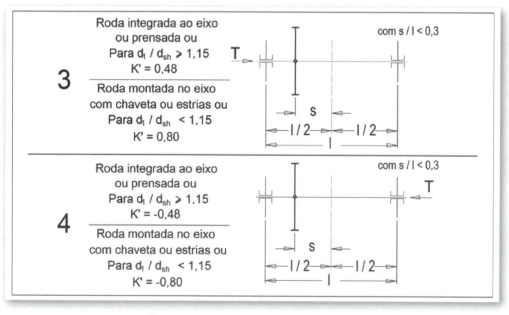

Figura 18.5 – Arranjos físicos 3 e 4.

Projeto de um par de engrenagens cilíndricas externas

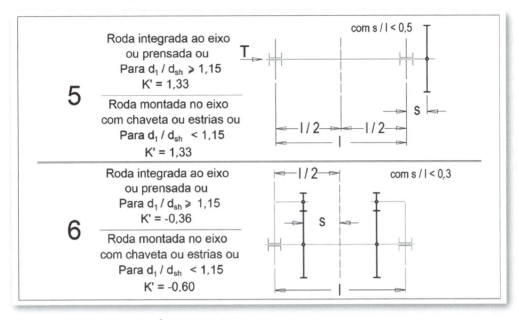

Figura 18.6 – Arranjos físicos 5 e 6.

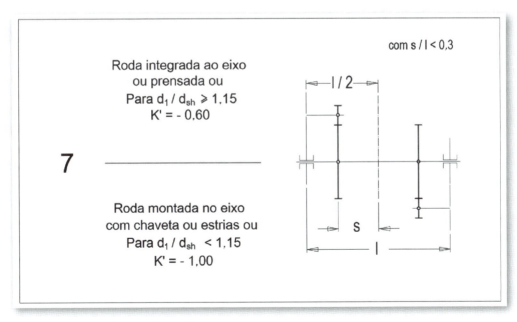

Figura 18.7 – Arranjo físico 7.

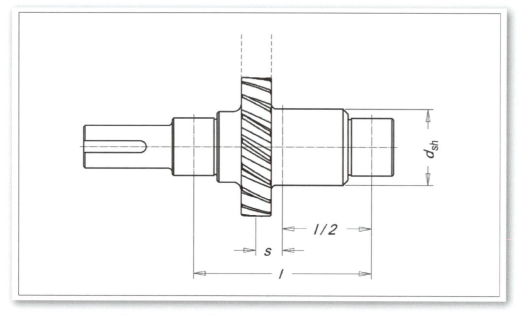

Figura 18.8 – Roda motora em relação ao eixo.

Características geométricas básicas

A força tangencial, atuante no par de engrenagens, a ser considerada, resulta do torque máximo e do diâmetro primitivo. Temos, por enquanto, somente o torque máximo. Precisamos determinar o diâmetro primitivo d_w, que é função dos números de dentes, da distância entre centros e da relação de transmissão. Já conhecemos tanto a distância entre centros como a relação de transmissão, pois foram fornecidas pelo cliente. Para determinar o número de dentes, temos de adotar algumas características geométricas, que são relacionadas entre si.

Vamos chamar de básicas, as características geométricas:

1) Ângulo de perfil.
2) Módulo normal.
3) Ângulo de hélice.
4) Número de dentes.
5) Fator de deslocamento do perfil.

Ângulo de perfil

Considerações sobre o ângulo de perfil

Como dissemos na seção "Ângulo de perfil", do Capítulo 7, o ângulo de pressão (α_w) é o ângulo efetivo, aquele formado pela linha de ação. O ângulo necessário a um projeto é o ângulo de perfil normal (α_n). Um valor equilibrado para satisfazer a resistência no pé do dente e o recobrimento de perfil é 20°.

Para este projeto, vamos adotar $\alpha_n = 20°$.

Módulo normal

Considerações sobre o módulo normal

O módulo de uma roda dentada define o tamanho do dente, portanto, é determinante para sua resistência. Consulte a seção "Módulo", do Capítulo 7, para entender sua definição.

O módulo normal deve ser arbitrado. Como já temos a distância entre centros e a relação de transmissão, a escolha de seu valor determinará, juntamente com os outros dados básicos, os números de dentes das rodas. Se o valor do módulo for grande demais, os números de dentes serão pequenos e, isto, poderá comprometer a capacidade do dente, quanto à resistência à pressão entre os flancos. Se o valor do módulo for pequeno demais, é a resistência do dente, quanto à flexão, que será comprometida. Como a capacidade de resistir a cargas depende também das características metalúrgicas, um complexo algoritmo se faz necessário a uma estimativa auspiciosa. Nesse caso, a informática pode ajudar muito. O software Progear, por exemplo, leva em conta todas as variáveis já adotadas no projeto até este momento e sugere um valor que, normalmente, é satisfatório.

Muitos outros fatores, ainda não conhecidos, influenciarão na capacidade de carga das engrenagens. Portanto, o valor do módulo normal adotado aqui poderá não servir às nossas necessidades. Nesse caso, outro valor é arbitrado e novo cálculo deve ser efetuado. Como dissemos, outras variáveis influenciarão na capacidade de carga e poderão ser alteradas com o objetivo de se alcançar os valores finais desejados.

Para este projeto, vamos adotar $m_n = 3,000$.

Ângulo de hélice

Considerações sobre o ângulo de hélice

O ângulo de hélice também deverá ser arbitrado. Como vimos na seção "Ângulo de hélice" no Capítulo 7, o ângulo de hélice afetará sensivelmente a qualidade do projeto.

Para este caso, vamos arbitrar um valor em função da velocidade. Para uma estimativa inicial, podemos calcular o ângulo (em graus):

$$\beta_i = \tan^{-1}\left[\left(\frac{3,1750}{50000}\right)^{0,555}\right] \cdot \frac{180}{\pi} = 15,974° \qquad \text{ref (7.38)}$$

Como, para este projeto, o ruído é relevante, vamos aumentar o valor em torno de 50%, ou seja:

$$\beta_i = 1,5 \times 15,974 = 23,96°$$

Vamos adotar um valor normalizado conforme DIN 3978 série 1, no qual o mais próximo do calculado é 23°11'17". Para os cálculos, utilizaremos o formato decimal que é 23,188056°.

Vamos também arbitrar as direções.

Ângulo de hélice sobre o diâmetro de referência:

Pinhão

$$\beta_1 = 23°11'17" \text{ a direita}$$

Coroa

$$\beta_2 = 23°11'17" \text{ a esquerda}$$

Número de dentes

Considerações sobre o número de dentes

O número de dentes da roda deverá ser sempre o maior possível, conforme os argumentos expostos na seção "Número de dentes", Capítulo 7.

Neste momento, possuímos todas as variáveis que concorrerão para que possamos arbitrar os números de dentes de nossas engrenagens. Porém não definimos

Projeto de um par de engrenagens cilíndricas externas

ainda os deslocamentos dos perfis. Valores bem aplicados minimizarão a velocidade relativa de deslizamento entre os flancos, aumentando a vida útil das engrenagens. Se houver necessidade de um número de dentes pequeno no pinhão, um deslocamento positivo do perfil aumentará o valor da seção crítica de sua espessura, aumentando a resistência à flexão.

Para este projeto, vamos começar calculando a soma mínima e máxima dos números de dentes, adotando as constantes $A = 3$ e $B = 2$, conforme sugerido no Capítulo 7.

$$\Sigma_{z\,min} = \text{int}\left(\frac{2 \times 140 \times \cos 23{,}188056°}{3} + 0{,}5\right) - 3 = 83 \qquad \text{ref (7.9)}$$

$$\Sigma_{z\,max} = \text{int}\left(\frac{2 \times 140 \times \cos 23{,}188056°}{3} + 0{,}5\right) + 2 = 88 \qquad \text{ref (7.10)}$$

Vamos adotar $\Sigma_x = 86$.
Relação de transmissão: $u = \dfrac{1750}{720} = 2{,}430556$

Cálculo do número de dentes do pinhão:

$$z_1 = \text{int}\left(\frac{86}{3{,}430556} + 0{,}5\right) = 25 \qquad \text{ref (7.11)}$$

Cálculo do número de dentes da coroa:

$$z_2 = 86 - 25 = 61 \qquad \text{ref (7.12)}$$

Fator de deslocamento dos perfis

Considerações sobre o fator de deslocamento dos perfis

A seleção dos fatores de deslocamento dos perfis pode ser feita de várias maneiras diferentes. Utilizando bem esse recurso, podemos aumentar, sobremaneira, a qualidade de nosso projeto. Leia a seção "Deslocamento do perfil", Capítulo 7, para ver os detalhes.

Para este projeto, vamos aplicar o método DIN 3992.

$$\alpha_t = \tan^{-1}\left(\frac{\tan 20°}{\cos 23{,}188056°}\right) = 21{,}601417° = 0{,}377016 \text{ rad} \qquad \text{ref (3.1)}$$

$$\text{inv } \alpha_t = \tan 21{,}601417° - 0{,}377016 = 0{,}018941 \qquad \text{ref (3.4)}$$

$$m_t = \left(\frac{3}{\cos 23{,}188056°}\right) = 3{,}263646 \qquad \text{ref (7.16)}$$

$$\alpha_{wt} = \cos^{-1}\left(\frac{86 \times 3{,}263646}{2 \times 140} \cos 21{,}601417°\right) = 21{,}250629° = 0{,}370893 \text{ rad} \qquad \text{ref (3.47)}$$

$$\text{inv } \alpha_{wt} = \tan 21{,}250629° - 0{,}370893 = 0{,}017998 \qquad \text{ref (3.4)}$$

$$\Sigma_x = \left(\frac{0{,}017998 - 0{,}018941}{2 \times \tan 20°}\right) 86 = -0{,}111407 \qquad \text{ref (7.48)}$$

$$\frac{\Sigma_x}{2} = -0{,}055704$$

Número de dentes virtual da roda 1.

$$\beta_b = \text{sen}^{-1}(\text{sen } 23{,}188056° \times \cos 20°) = 21{,}715879° \qquad \text{ref (7.37)}$$

$$z_{n1} = \frac{25}{\cos^2 21{,}715879° \cdot \cos 23{,}188056°} = 31{,}511 \qquad \text{ref (7.59)}$$

Número de dentes virtual da roda 2.

$$z_{n2} = \frac{61}{\cos^2 21{,}715879° \cdot \cos 23{,}188056°} = 76{,}887 \qquad \text{ref (7.60)}$$

$$z_{n\,med} = \frac{31{,}511 + 76{,}887}{2} = 54{,}199 \qquad \text{ref (7.49)}$$

$$C = \frac{(54{,}199 - 20)}{130} = 0{,}263069 \qquad \text{ref (7.50)}$$

Como a transmissão é para mais lento, vamos utilizar a Tabela 7.6 e calcular $D_{(i)}$ até que este ultrapasse o valor de $\Sigma_x/2$ que é de $-0{,}055704$. Uma planilha eletrônica é oportuna.

Projeto de um par de engrenagens cilíndricas externas

Tabela 18.1

	A	B	C	D
1	–0,196	–4,632	0,263069	–1,362974
2	–0,160	–4,187	0,263069	–1,219379
3	–0,120	–3,735	0,263069	–1,070994
4	–0,079	–3,279	0,263069	–0,920821
5	–0,036	–2,823	0,263069	–0,769173
6	0,008	–2,372	0,263069	–0,618104
7	0,054	–1,932	0,263069	–0,468455
8	0,102	–1,509	0,263069	–0,321804
9	0,153	–1,109	0,263069	–0,178993
10	0,210	–0,734	0,263069	–0,038337

Observação: Os valores da coluna D da Tabela 18.1 foram calculados com as equações fornecidas pela Tabela 7.6, em função das constantes A e B, também fornecidas pela Tabela 7.6 e da variável C, determinada, por meio da Equação (7.50).

Veja, na Tabela 18.1, que $D_{(10)} = -0,038337$ é o primeiro resultado a ultrapassar

$$\Sigma_x/2 = -0,055704, \text{ logo } i = 10$$

$$E = \frac{\{-0,055704 - (-0,178993)\}}{-0,038337 - (-0,178993)} \cdot (0,210 - 0,153) + 0,153 = 0,202962 \quad \text{ref (7.51)}$$

$$F = \frac{\{-0,055704 - (-0,178993)\}}{-0,038337 - (-0,178993)} \cdot (-0,734 - (-1,109)) + (-1,109) =$$

$$= -0,780302 \quad \text{ref (7.52)}$$

$$x_1 = -0,055704 - \frac{(-0,780302 - 0,202962)}{130} \cdot (54,199 - 31,511) =$$

$$= 0,115898 \quad \text{ref (7.53)}$$

$x_1 = 0,116$ adotado por arredondamento.

$$x_2 = -0,111407 - 0,115898 = -0,227305$$

$x_2 = 0,227$ adotado por arredondamento.

Características geométricas complementares

Vamos chamar de complementares, as características geométricas a seguir:

1) Diâmetro de cabeça.
2) Diâmetro de início do chanfro.
3) Diâmetro útil de pé.
4) Diâmetro útil de cabeça.
5) Grau de recobrimento de perfil.
6) Grau de recobrimento de hélice.
7) Grau de recobrimento total.
8) Diâmetro de pé.
9) Raio da crista da ferramenta.
10) Protuberância da ferramenta.
11) Extensão de contato e larguras efetivas dos dentes.
12) Diâmetro do eixo da roda motora.
13) Diâmetro interno do aro e espessura da alma.

Diâmetro de cabeça

Considerações sobre o diâmetro de cabeça

Dependendo da geometria, e sempre que possível, devemos alongar os dentes com o objetivo de se aproveitar ao máximo sua utilização. Normalmente, 80% da altura máxima resulta em uma boa altura. Lembre-se que a altura máxima se dá quando a espessura de cabeça é igual a zero. Um limite aceitável para a espessura de cabeça é 20% do módulo normal. A norma norte-americana AGMA é um pouco mais rigorosa e recomenda valores iguais ou maiores a 27,5% do módulo normal.

Para este projeto, inicialmente, vamos calcular o diâmetro de cabeça máximo possível, utilizando as equações a seguir:

Já temos inv α_t = 0,018941

Para o pinhão:

$$\text{inv } \alpha_x = \frac{4,906}{81,581 \times \cos 23,188056°} + 0,018941 = 0,084354 \qquad \text{ref (3.140)}$$

Para determinar α_x apliquei o método numérico de Newton e Raphson explicado no Capítulo 6.

$$\alpha_x = 34,40403°$$

Projeto de um par de engrenagens cilíndricas externas

$$d_{\alpha\,max1} = \frac{75,861}{\cos 34,40403°} = 91,445 \qquad \text{ref (3.141)}$$

Altura máxima do dente = $h_{max1} = (d_{\alpha\,max1} - d_1)/2$

$$h_{max1} = \frac{91,445 - 81,591}{2} = 4,927$$

80% da altura máxima = $0,8 \times 4,927 = 3,942$

$$d_{a1} = 81,591 + 2 \times 3,942 = 89,475$$

simplificando:

$$d_{a1} = 0,2 \cdot d_1 + 0,8 \cdot d_{a\,max1}$$

$$d_{a1} = 0,2 \times 81,591 + 0,8 \times 91,445 = 89,475$$

Para a coroa:

$$\text{inv } \alpha_x = \frac{4,136}{199,082 \times \cos 23,188056°} + 0,018941 = 0,041542 \qquad \text{ref (3.140)}$$

Aqui também foi aplicado o método numérico de Newton e Raphson para determinar α_x.

$$\alpha_x = 27,69719°$$

$$d_{\alpha\,max2} = \frac{185,1}{\cos 27,69719°} = 209,054 \qquad \text{ref (3.141)}$$

Altura máxima do dente = $h_{max2} = (d_{\alpha\,max2} - d_2)/2$

$$h_{max2} = \frac{209,054 - 199,082}{2} = 4,986$$

80% da altura máxima = $0,8 \times 4,986 = 3,989$

$$d_{a2} = 199,082 + 2 \times 3,989 = 207,060$$

simplificando:

$$d_{a2} = 0,2 \cdot d_2 + 0,8 \cdot d_{a\,max2}$$

$$d_{a2} = 0,2 \times 199,082 + 0,8 \times 209,054 = 207,060$$

As tolerâncias para os diâmetros de cabeça de ambas as rodas (A_{da}), podem ser determinadas com a utilização da Equação (3.150).

Pinhão:

$$A_{da1} = 0{,}0007 \left(0{,}45 \sqrt[3]{89{,}475} + \frac{89{,}475}{1000}\right) e^{0{,}45 \times 6} = 0{,}022 \qquad \text{ref (3.150)}$$

Coroa:

$$A_{da2} = 0{,}0007 \left(0{,}45 \sqrt[3]{207{,}06} + \frac{207{,}06}{1000}\right) e^{0{,}45 \times 6} = 0{,}030 \qquad \text{ref (3.150)}$$

Como os nossos dentados são externos, usaremos sinal negativo para ambos:

$$A_{da1} = -0{,}022$$

$$A_{da2} = -0{,}030$$

Como mencionado na seção "Fator de altura do dente", Capítulo 3, podemos definir um fator que exprima, de forma mais concreta, a altura do dente. É o fator de altura do dente k_a. O diâmetro de cabeça em função de k_a é dada pela Equação (3.144).

Qual a vantagem de se utilizar o fator k_a em vez do diâmetro de cabeça?

O valor do diâmetro, sob o ponto de vista relativo, não diz nada sobre a altura do dente.

> Neste projeto, por exemplo, o valor do diâmetro calculado é 89,475.

Desconhecendo o diâmetro de cabeça standard, não se pode reconhecer o dentado como alto, baixo ou standard. Já, utilizando o fator k_a, podemos, sim, ter uma ideia sobre a altura do dente, uma vez definido $k_a = 1$ para representar uma altura standard.

Se o fator $k_a = 1{,}0$ representa uma altura standard, o fator $k_a = 1{,}2$, por exemplo, representa um dente mais alto que o standard enquanto que o fator $k_a = 0{,}8$, por exemplo, representa um dente mais baixo.

Observação: O fator k_a é função do diâmetro de cabeça máximo para dentados externos e do diâmetro de cabeça mínimo para dentados internos (condição de máximo material).

Neste projeto:

$$k_{a1} = \frac{d_{a1} - d_1}{2 \cdot m_n} - x_1 = \frac{89{,}475 - 81{,}591}{2 \times 3} - 0{,}116 = 1{,}198 \qquad \text{ref (3.142)}$$

Projeto de um par de engrenagens cilíndricas externas

$$k_{a2} = \frac{d_{a2} - d_2}{2 \cdot m_n} - x_2 = \frac{207,060 - 199,082}{2 \times 3} - (-0,227) = 1,557 \qquad \text{ref (3.142)}$$

Claramente podemos reconhecer os dentes destas rodas como altos.

Diâmetro de início do chanfro

Considerações sobre o diâmetro de início do chanfro

Uma engrenagem com chanfro de cabeça nos dentes, normalmente requer uma ferramenta dedicada, ou seja, desenhada para esse objetivo. Embora isso acarrete um custo maior, é sempre interessante a presença do chanfro. Em alguns casos em que é imprescindível o aproveitamento de uma ferramenta existente, podemos abrir mão do chanfro, mas, como em qualquer peça mecânica, cantos vivos são, quase sempre, indesejáveis.

Para este projeto, vamos especificar um chanfro.

As equações a seguir determinam o chanfro, de maneira que os seus lados (evolvente e raio de cabeça) fiquem iguais. Veja a Figura 3.43.

Determinação de d_{Nk1} e φ_{an1} para o pinhão:

Espessura da cabeça sem o chanfro (S_{na1}):

$$\alpha_{a1} = \cos^{-1}\left(\frac{75,861}{89,475}\right) = 32,02214° \qquad \text{ref (3.116)}$$

inv $\alpha_{a1} = 0,066515$.
inv $\alpha_{t1} = 0,018941$.

Para a Equação (3.117) precisamos da espessura circular normal efetiva superior do dente.

Seu valor teórico (sem afastamento) é dado por:

$$S_{n1} = 3\left(\frac{\pi}{2} + 2 \times 0,116 \times \tan 20°\right) = 4,966 \qquad \text{ref (8.43)}$$

$$S_{n2} = 3\left(\frac{\pi}{2} + 2 \times (-0,227) \times \tan 20°\right) = 4,216 \qquad \text{ref (8.43)}$$

Para este projeto vamos adotar o afastamento *d* para ambas as rodas cujos valores são:

$A_{sne1} = 0,060$ mm

$A_{sne2} = 0,080$ mm

Para a determinação destes valores veja a equação na página 201.
A espessura circular normal efetiva superior é dada por:

$$S_{ns1} = 4,966 - 0,060 = 4,906 \qquad \text{ref (8.45)}$$

$$S_{ns2} = 4,216 - 0,080 = 4,136 \qquad \text{ref (8.45)}$$

$$A = \frac{4,906}{3 \times 25} + 0,018941 - 0,066513 = 0,017835 \qquad \text{ref (3.117)}$$

$$S_{na1} = \frac{0,017835 \times 25 \times \cos 21,601417°}{\cos 32,02187°} \cdot 3 = 1,467 \qquad \text{ref (3.118)}$$

Ângulo do chanfro na seção normal (φ_{na1}):

$$\varphi_{na1} = 45° + \frac{1}{2} \cos^{-1}\left(\frac{75,861}{89,475}\right) - \frac{180}{\pi} \cdot \frac{1,467}{89,475} = 60,072° \qquad \text{ref (3.119)}$$

Este valor pode ser arredondado para um número inteiro, portanto:

$$\varphi_{na1} = 60°$$

Comprimento do chanfro (C_{a1}):

$$C_{a1} = 0,15 \frac{1,467}{\cos 60°} = 0,44 \qquad \text{ref (3.121)}$$

Diâmetro de início do chanfro (d_{Nk1}):

$$A = \frac{4 \times 0,116 \times \tan(20°) + \pi}{2 \times 25} + 0,018941 = 0,08515 \qquad \text{ref (3.122)}$$

$$B = \text{inv}\left[\cos^{-1}\left(\frac{75,861}{d_{Nk1}}\right)\right] \qquad \text{ref (3.123)}$$

$$C = \frac{180}{\pi}(0,08515 - B) \quad [\text{graus}] \qquad \text{ref (3.124)}$$

Projeto de um par de engrenagens cilíndricas externas

$$D = \operatorname{sen}^{-1}\left(\frac{d_{Nk1} \cdot \operatorname{sen}(C) - 2 \times 0{,}44 \times \operatorname{sen} 60°}{4 \times 89{,}475}\right) \qquad \text{ref (3.125)}$$

$$d_{Nk1} - \sqrt{4 \times 0{,}44^2 + 89{,}475^2 - 4 \times 0{,}44 \times 89{,}475 \cos(60° + D)} < 0{,}0001 \qquad \text{ref (3.126)}$$

Com a utilização do método numérico da bissecção, foi encontrado o valor de

$$d_{Nk1} = 89{,}05$$

Podemos determinar a tolerância:

$$A_{dNk} = \frac{4{,}906 - 4{,}866}{1{,}25 \times \operatorname{sen} 20°} = -0{,}094 \qquad \text{ref (3.127)}$$

Espessura da cabeça do dente com chanfro na seção normal do pinhão (S_{nk1}):

É conveniente conhecer a espessura circular normal de cabeça, levando-se em conta o chanfro. Como já sabemos, há um limite mínimo para essa dimensão, que é de 20% do módulo normal. Ver as condições geométricas na Figura 3.44.

Já sabemos também que o chanfro é uma evolvente, portanto, possui um círculo base (d_{bNk}). Podemos determiná-lo.

Espessura da cabeça com o chanfro (S_{nk1}):

$$\varphi_{ta1} = \tan^{-1}\left(\frac{\tan 60°}{\cos 23{,}188056°}\right) = 62{,}045° \qquad \text{ref (3.128)}$$

$$\alpha_{tNa1} = \cos^{-1}\left(\frac{75{,}861}{89{,}05}\right) = 31{,}581925° \qquad \text{ref (3.129)}$$

$$d_{bNk1} = 89{,}475\left\{\cos\left[62{,}045° + \left(\frac{4{,}906}{3 \times 25} + \operatorname{inv} 21{,}601417° - \operatorname{inv} 31{,}581925°\right) \cdot \frac{180}{\pi}\right]\right\} =$$
$$= 40{,}292 \qquad \text{ref (3.130)}$$

$$\delta_{t1} = \cos^{-1}\left(\frac{40{,}292}{89{,}475}\right) = 63{,}236057° \qquad \text{rer (3.131)}$$

$$\gamma_{t1} = \cos^{-1}\left(\frac{40{,}292}{89{,}05}\right) = 63{,}098060° \qquad \text{ref (3.132)}$$

$$s_{Nk1} = 89{,}475 \times \cos 23{,}188056° \left(\frac{4{,}906}{3 \times 25} + \text{inv } 21{,}601417° - \text{inv } 31{,}581925° + \right.$$
$$\left. + \text{inv } 63{,}09806° - \text{inv } 63{,}236057° \right) = 0{,}936 \qquad \text{ref (3.133)}$$

Determinação de d_{Nk2} e φ_{an2} para a coroa:

Aplicaremos as Equações (3.122) até (3.125), inclusive e a Expressão (3.126).

Espessura da cabeça sem o chanfro (S_{na2}):

$$\alpha_{a2} = \cos^{-1}\left(\frac{185{,}1}{207{,}06}\right) = 26{,}626917° \qquad \text{ref (3.116)}$$

$$\text{inv } \alpha_{a2} = 0{,}036623$$

$$\text{inv } \alpha_t = 0{,}018941$$

$$A = \frac{4{,}136}{3 \times 61} + 0{,}018941 - 0{,}036623 = 0{,}004919 \qquad \text{ref (3.117)}$$

$$S_{na2} = \frac{0{,}004919 \times 61 \times \cos 21{,}601417°}{\cos 26{,}626917°} \cdot 3 = 0{,}937 \qquad \text{ref (3.118)}$$

Ângulo do chanfro na seção normal (φ_{na2}):

$$\varphi_{na2} = 45° + \frac{1}{2} \cos^{-1}\left(\frac{185{,}1}{207{,}06}\right) - \frac{180}{\pi} \cdot \frac{0{,}937}{207{,}06} = 58{,}054° \qquad \text{ref (3.119)}$$

Este valor pode ser arredondado para um número inteiro, portanto:

$$\varphi_{na2} = 58°$$

Comprimento do chanfro (C_{a2}):

$$C_{a2} = 0{,}15 \frac{0{,}937}{\cos 58°} = 0{,}27 \qquad \text{ref (3.121)}$$

Diâmetro de início do chanfro (d_{Nk2}):

$$A = \frac{4 \times (-0{,}227) \times \tan(20°) + \pi}{2 \times 61} + 0{,}018941 = 0{,}041983 \qquad \text{ref (3.122)}$$

Projeto de um par de engrenagens cilíndricas externas

$$B = \text{inv}\left[\cos^{-1}\left(\frac{185,1}{d_{Nk2}}\right)\right] \qquad \text{ref (3.123)}$$

$$C = \frac{180}{\pi}(0,041983 - B) \quad [\text{graus}] \qquad \text{ref (3.124)}$$

$$D = \text{sen}^{-1}\left(\frac{d_{Nk2} \cdot \text{sen}(C) - 2 \times 0,27 \times \text{sen } 58°}{4 \times 207,06}\right) \qquad \text{ref (3.125)}$$

$$d_{Nk2} - \sqrt{4 \times 0,27^2 + 207,06^2 - 4 \times 0,27 \times 207,06 \cos(58° + D)} < 0,0001 \qquad \text{ref (3.126)}$$

Com a utilização do método numérico da bissecção, foi encontrado o valor de

$$d_{Nk2} = 206,77$$

Espessura da cabeça com o chanfro (S_{nk2}):

$$\varphi_{ta2} = \tan^{-1}\left(\frac{\tan 58°}{\cos 23,188056°}\right) = 60,127° \qquad \text{ref (3.128)}$$

$$\alpha_{tNa2} = \cos^{-1}\left(\frac{185,1}{206,77}\right) = 26,471748° \qquad \text{ref (3.129)}$$

$$d_{bNk2} = 207,06\left\{\cos\left[60,127° + \left(\frac{4,136}{3 \times 61} + \text{inv } 21,601417° - \text{inv } 26,471748°\right) \cdot \frac{180}{\pi}\right]\right\} =$$
$$= 102,126 \qquad \text{ref (3.130)}$$

$$\delta_{t2} = \cos^{-1}\left(\frac{102,126}{207,06}\right) = 60,447566° \qquad \text{ref (3.131)}$$

$$\gamma_{t2} = \cos^{-1}\left(\frac{102,126}{206,77}\right) = 60,403601° \qquad \text{ref (3.132)}$$

$$s_{Nk2} = 207,06 \times \cos 23,188056°\left(\frac{4,136}{3 \times 61} + \text{inv } 21,601417° - \text{inv } 26,471748° + \right.$$
$$\left. + \text{inv } 60,403601° - \text{inv } 60,447566°\right) = 0,611 \qquad \text{ref (3.133)}$$

Se o limite aceitável para a espessura circular normal de cabeça é de 0,6 mm, ou seja, 20% do módulo normal, as espessuras calculadas aqui estão em conformidade.

Diâmetro útil de pé d_{Nf}

Considerações sobre o diâmetro útil de pé

O diâmetro útil de pé define o ponto mais interno (nos dentados externos) ou mais externo (nos dentados internos) que toca o dente conjugado durante a transmissão. Esse diâmetro deve estar dentro do perfil evolvente. Em outras palavras, o diâmetro útil de pé (d_{Nf}) deve ser maior que o diâmetro de início da evolvente (d_u).

Vamos determinar, para este par:

Pinhão:

$$d_{nf1} = \sqrt{\left(2 \times 140 \times \operatorname{sen} 21{,}250629° - \sqrt{206{,}77^2 - 185{,}1^2}\right)^2 + 75{,}861^2} = 76{,}433 \quad \text{ref (8.65)}$$

Coroa:

$$d_{nf2} = \sqrt{\left(2 \times 140 \times \operatorname{sen} 21{,}250629° - \sqrt{89{,}05^2 - 75{,}861^2}\right)^2 + 185{,}1^2} = 193{,}055 \quad \text{ref (8.66)}$$

Diâmetro útil de cabeça d_{Na}

Considerações sobre o diâmetro útil de cabeça

O diâmetro útil de cabeça define o ponto mais externo (nos dentados externos) ou mais interno (nos dentados internos) que toca o dente conjugado durante a transmissão. Como vimos na seção "Falso engrenamento", Capítulo 8, o diâmetro útil de cabeça da coroa, não necessariamente coincide com o seu diâmetro de início do chanfro e, quando isso acontece, temos um falso engrenamento. É evidente que isso não é desejável, porque não estaríamos aproveitando toda a altura do dente da coroa.

Vamos checar se isso acontece neste projeto:

$$A = \cos^{-1}\left(\frac{75{,}861}{81{,}395}\right) = 21{,}249574° \quad \text{ref (8.67)}$$

$$B = 180 - \operatorname{sen}^{-1}\left(81{,}395 \cdot \frac{\operatorname{sen}(90° - 21{,}249574°)}{76{,}433}\right) = 97{,}014011° \quad \text{ref (8.68)}$$

$$C = \frac{81{,}395}{2 \times \operatorname{sen} 97{,}014011°} \cdot \cos(21{,}249574° - 97{,}014011°) = 10{,}083345 \quad \text{ref (8.69)}$$

Projeto de um par de engrenagens cilíndricas externas

$$d_{Na2} = \sqrt{198{,}605^2 + 4 \times 198{,}605 \times 10{,}083345 \times \text{sen } 21{,}249574 + 4 \times 10{,}083345^2} =$$

$$= 206{,}77$$

ref (8.70)

$d_{Na2} = d_{Nk2}$, portanto, não temos um falso engrenamento.

Para o pinhão:

$$A = \cos^{-1}\left(\frac{185{,}1}{198{,}605}\right) = 21{,}251133°$$

ref (8.73)

$$B = 180 - \text{sen}^{-1}\left(198{,}605 \cdot \frac{\text{sen}(90 - 21{,}251133)}{193{,}056}\right) = 106{,}506°$$

ref (8.74)

$$C = \frac{198{,}605}{2 \cdot \text{sen } 106{,}506°} \cdot \cos(21{,}251133° - 106{,}506°) = 8{,}568$$

ref (8.75)

$$d_{Na1} = \sqrt{81{,}395^2 + 4 \times 81{,}395 \times 8{,}568 \times \text{sen } 21{,}251133° + 4 \times 8{,}568^2} =$$

$$= 89{,}05$$

ref (8.76)

Notem que $d_{Na1} = d_{Nk1}$

Grau de recobrimento de perfil

Considerações sobre o grau de recobrimento de perfil

No Capítulo 9 vimos que o grau de recobrimento de perfil ideal é 2. Vimos, também, que 1,4 seria o valor mínimo admissível para um resultado razoável.

Com os resultados obtidos até este momento, podemos calcular o grau de recobrimento de perfil para o engrenamento, objeto de nosso projeto.

Distância de contato (g_α):

$$g_\alpha = \frac{1}{2} \cdot \left[\sqrt{89{,}041^2 - 75{,}861^2} + \sqrt{206{,}77^2 - 185{,}1^2} - (75{,}861 + 185{,}1) \cdot \tan 21{,}250629°\right] = 18{,}653935$$

ref (9.1)

Grau de recobrimento de perfil (ε_α):

$$\varepsilon_\alpha = \frac{18{,}653935 \cdot \tan 20°}{3 \cdot \pi \cdot \operatorname{sen} 21{,}601417°} = 1{,}956 \qquad \text{ref (9.2)}$$

Poderíamos alterar um pouco os diâmetros de cabeça e, consequentemente, os diâmetros de início dos chanfros do pinhão e da coroa para chegarmos ao grau de recobrimento de perfil igual a 2, porém, o valor obtido é satisfatório.

Grau de recobrimento de hélice

Considerações sobre o grau de recobrimento de hélice

Para lembrar: o grau de recobrimento de hélice é zero para as rodas com dentes retos.

Utilizando a equação a seguir, podemos determinar o grau de recobrimento de hélice deste par.

$$\varepsilon_\beta = \frac{20 \cdot \tan 23{,}188056°}{10{,}253045} = 0{,}836 \qquad \text{ref (9.12)}$$

Grau de recobrimento total

Considerações sobre o grau de recobrimento total

Por definição, o grau de recobrimento total é a soma dos graus de recobrimento de perfil e de hélice.

Para o nosso caso:

$$\varepsilon_\tau = 1{,}956 + 0{,}836 = 2{,}792 \qquad \text{ref (9.13)}$$

Diâmetro de pé

Considerações sobre o diâmetro de pé

O diâmetro de pé deve ser determinado para que a cabeça do dente da roda conjugada passe livremente por ele, com uma determinada folga.

Projeto de um par de engrenagens cilíndricas externas

Como já temos a distância entre centros nominal, o diâmetro de cabeça das duas rodas do par e adotando $f = ¼$, podemos determinar:

O diâmetro de pé da roda 1 (d_{f1}):

$$d_{f1} = 2 \cdot \left(140 - \frac{207{,}06}{2} - 0{,}25 \times 3\right) = 71{,}44 \qquad \text{ref (3.136)}$$

O diâmetro de pé da roda 2 (d_{f2}):

$$d_{f2} = 2 \cdot \left(140 - \frac{89{,}475}{2} - 0{,}25 \times 3\right) = 189{,}02 \qquad \text{ref (3.137)}$$

As tolerâncias para os diâmetros de pé de ambas as rodas (A_{df}), podem ser determinadas, porém precisamos ter os valores de T_{sn1} e T_{sn2}, que são as tolerâncias das espessuras circulares normais dos dentes. Esses valores podem ser obtidos da norma DIN 3967 ou determinados pelas equações apresentadas no Capítulo 8, "Ajuste das engrenagens".

Vamos escolher, para o nosso projeto, a qualidade 25, cujos valores podemos determinar.

Para o pinhão:

$$T_{sn1} = 1{,}77 \times 10^{-7} \times e^{(11{,}5350 + 0{,}726)} \approx 0{,}04$$

Para a coroa:

$$T_{sn2} = 1{,}77 \times 10^{-7} \times e^{(11{,}5350 + 0{,}968)} \approx 0{,}05$$

$$A_{df1} = -\frac{1{,}2 \times 0{,}04}{\operatorname{sen} 20°} = -0{,}14 \qquad \text{ref (3.139)}$$

$$A_{df2} = -\frac{1{,}2 \times 0{,}05}{\operatorname{sen} 20°} = -0{,}18 \qquad \text{ref (3.139)}$$

Folga no pé dos dentes

Com os diâmetros de cabeça e de pé mais a distância entre centros, podemos calcular a folga entre a cabeça e o pé dos dentes. Para esse cálculo, podemos desprezar os fatores que modificam esta folga, como excentricidade e dilatação térmica, entre outras.

Pinhão

$$C_{si1} = a_i - \frac{d_{fs1}}{2} - \frac{d_{as2}}{2}$$

$$C_{ss1} = a_s - \frac{d_{fi1}}{2} - \frac{d_{ai2}}{2}$$

Coroa

$$C_{si2} = a_i - \frac{d_{as1}}{2} - \frac{d_{fs2}}{2}$$

$$C_{ss2} = a_s - \frac{d_{ai1}}{2} - \frac{d_{fi2}}{2}$$

Para o nosso par:

Pinhão

$$C_{si1} = 139,98 - \frac{71,440}{2} - \frac{207,060}{2} = 0,730$$

$$C_{ss1} = 140,02 - \frac{71,240}{2} - \frac{207,030}{2} = 0,885$$

Coroa

$$C_{si2} = 139,98 - \frac{89,475}{2} - \frac{189,020}{2} = 0,733$$

$$C_{ss2} = 140,02 - \frac{89,453}{2} - \frac{188,720}{2} = 0,934$$

Raio da crista da ferramenta

Considerações sobre o raio da crista da ferramenta

As ferramentas geradoras das engrenagens possuem na crista de seus dentes, um raio. O valor normalmente utilizado para esse raio é de 20% do módulo normal. Entretanto, é muito comum, quando possível, adotar-se raios maiores. O objetivo dessa adoção é diminuir a concentração de tensões no pé do dente e, consequentemente, a probabilidade de fraturas causadas por fadiga.

Para este projeto, vamos adotar o maior raio possível. Isto significa que nossa ferramenta terá um único raio que concordará com os flancos anti-homólogos do dente. Podemos utilizar as equações a seguir:

$$r_{k1} = \frac{\left(\frac{3\pi - 4,906}{2 \cdot \tan 20°} - \frac{81,591 - 71,44}{2}\right)}{\frac{1}{\text{sen } 20°} - 1} = 0,588 \qquad \text{ref (3.59)}$$

$$r_{k2} = \frac{\left(\frac{3\pi - 4,136}{2 \cdot \tan 20°} - \frac{199,082 - 189,02}{2}\right)}{\frac{1}{\text{sen } 20°} - 1} = 1,161 \qquad \text{ref (3.59)}$$

Protuberância da ferramenta

Considerações sobre a protuberância da ferramenta

Como já dissemos, trata-se de uma protuberância construída na crista do dente da ferramenta tipo hob, que gera uma depressão (undercut) no pé do dente da engrenagem, cujo objetivo é facilitar a saída de uma ferramenta para acabamento dos flancos, como, por exemplo, o rasqueteamento e a retificação.

Como, neste caso, os flancos serão retificados, a protuberância é conveniente. O sobremetal já determinado é de 0,1 mm para ambas as rodas. Um centésimo de milímetro somado ao sobremetal é suficiente. Portanto, a protuberância poderá ser:

$$p_r = 0,11.$$

Extensão de contato e larguras efetivas

Considerações sobre a extensão de contato e larguras efetivas

A extensão de contato é o comprimento efetivo de contato dos dentes.

Com o objetivo de se equilibrar as vidas úteis quanto aos critérios de flexão e pressão, a roda com menor número de dentes pode ser mais larga que sua conjugada. Veja ilustração na Figura 18.9B. Às vezes, torna-se necessário montar uma roda deslocada de sua conjugada (na direção axial) por motivos de arranjo físico, dentro da caixa. Veja ilustração a Figura 18.9A.

Em ambos os casos, a extensão de contato efetiva torna-se diferente de suas larguras efetivas. Por exemplo, quando uma roda é mais estreita que sua conjugada, é evidente que a extensão de contato será igual à largura da roda mais estreita.

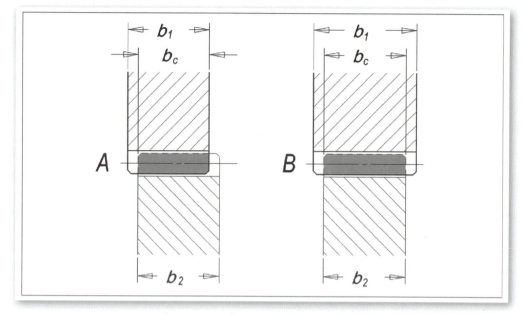

Figura 18.9 – Extensão de contato e larguras efetivas dos dentes.

A extensão de contato é particularmente importante no cálculo de resistência pelo critério de pressão.

Na figura, b_1 é a largura efetiva da roda 1, b_2 é a largura efetiva da roda 2, e b_c é a extensão de contato.

A largura efetiva dos dentes é medida na direção axial.

Aumentando-se a largura dos dentes, eleva-se a capacidade de carga, mas, aumenta-se a margem de erros no engrenamento.

Evite, sempre que possível, dimensionar rodas largas. O custo operacional é mais elevado em função do tempo de usinagem ser maior, o custo da matéria-prima é maior em função da quantidade de material usado, o peso pode ser um fator complicador e, o pior, os erros de inclinação da hélice, de cruzamento ou paralelismo dos eixos e de flexão dos eixos (quando sujeitos a grandes cargas), dentre outros, contribuem para uma distribuição irregular da carga, ao longo da largura do dente.

A carga poderá se concentrar em uma das laterais da roda ou correr pontualmente sobre toda a dimensão da largura do dente, durante o percurso de uma volta completa (fenômeno chamado contato cruzado). Os problemas se agravam quando uma das rodas é montada em balanço.

Projeto de um par de engrenagens cilíndricas externas

Engrenamentos nos casos em que o carregamento específico (w) é menor que 50 N/mm podem vibrar, principalmente quando as engrenagens são de baixa qualidade e trabalhando em altas rotações. Observe que a largura b da engrenagem é inversamente proporcional à carga específica w.

$$w = \frac{F_t \cdot K_A}{b} \quad (18.1)$$

onde:

F_t = Força tangencial [N].

K_A = Fator de aplicação.

b = Largura do dentado (máximo entre b_1 e b_2) [mm].

Tanto a extensão de contato quanto as larguras efetivas podem ser estimadas por meio de cálculos preliminares, porém, um ajuste sempre será necessário para que os coeficientes de segurança fiquem adequados à nossa necessidade. Em outras palavras, temos de garantir o coeficiente de segurança mínimo e, ao mesmo tempo, tentar não ultrapassar o máximo estabelecido.

Vamos considerar, para estimativa, a extensão de contato (b_c) igual às larguras efetivas (b_1 e b_2).

Força tangencial determinada na faixa de maior torque.

Para este projeto é na segunda faixa. Veja a seção "Regime de trabalho", neste capítulo.

$$T_{1,2} = \frac{9549 \cdot P_T \cdot 0{,}7355}{n_T} \quad [\text{Nm}] \quad (18.2)$$

onde:

9549 = Constante.

0,7355 = Fator de conversão de cv para kW.

P_T = Potência no torque máximo [cv].

n_T = Rotação no torque máximo [RPM].

Nota: O fator de conversão 0,7355 não deve ser aplicado quando a potência for dada em kW.

Com o torque (T_1) e com o diâmetro primitivo (d_{w1}), podemos definir a força tangencial empregando a seguinte relação:

$$F_t = \frac{2000 \cdot T_1}{dw_1} \quad [N] \tag{18.3}$$

Estimativa para as larguras efetivas dos dentados ($b_{1,2}$):

$$b_{1,2} = f \cdot \frac{\left(F_t \cdot SF_{min} \cdot \dfrac{h_{Fe}}{m_n} \cdot \cos \alpha_n\right)}{m_n \cdot \sigma_{Flim} \cdot Y_F} \tag{18.4}$$

Considerações sobre o fator f

Teoricamente, quando em uma transmissão por engrenagens a roda motora gira com velocidade angular ω_1, a roda movida gira com velocidade angular ω_2, respeitando a relação entre os números de dentes das rodas. Porém, isso não se verifica na prática. Em virtude dos erros individuais dos dentados e de outros desvios envolvidos no conjunto, para uma velocidade angular constante da roda motora (ω_1), é verificada uma pequena variação da velocidade angular da roda movida (ω_2). Na verdade, dependendo da robustez e da inércia do sistema, a velocidade angular da roda motora também não é constante, uma vez que acelerações bruscas da roda movida podem provocar desacelerações naquela.

O resultado dessas variações, é que a força tangencial efetiva difere da força tangencial determinada teoricamente. À força tangencial teórica, devemos adicionar a força tangencial dinâmica que varia durante o trabalho de transmissão e que é de difícil determinação quando se trata de um projeto.

O valor de f (na equação apresentada aqui) deve ser arbitrado para, justamente, compensar essa diferença. Naturalmente, esse valor poderá ser obtido com razoável precisão, após diversos projetos de engrenagens para uma mesma aplicação.

Para este projeto, vamos arbitrar $f = 1,6$, ou seja, aumentar em 60% o valor da estimativa original.

É necessário determinar o fator de forma do dente (Y_F) para aplicar na Equação (18.4). Isso, embora seja trabalhoso demais para ser apenas uma estimativa, compensa o esforço, pelo fato de que esses cálculos serão aproveitados adiante, para outras determinações.

Vamos aplicar a formulação, onde cada equação está referenciada à sua direita, para estimar as larguras de nossas engrenagens.

Faremos as estimativas para o pinhão e para a coroa separadamente.

Pinhão

$$h_{fp1} = \frac{81{,}591 - 71{,}44}{2} + \frac{2 \times 4{,}906 - 3\pi}{4 \cdot \tan 20°} = 5{,}341 \qquad \text{ref (18.197)}$$

$$\varepsilon = \frac{\pi}{4} \cdot 3 - 5{,}341 \tan 20° + \frac{0{,}01}{\cos 20°} - (1 - \text{sen } 20°) \cdot \frac{0{,}588}{\cos 20°} =$$
$$= 0{,}011148 \qquad \text{ref (18.198)}$$

$$A = 0{,}116 + \frac{0{,}588 - 5{,}341}{3} = -1{,}468333 \qquad \text{ref (18.199)}$$

$$\beta_b = \text{sen}^{-1}(\text{sen } 23{,}188056° \cdot \cos 20°) = 21{,}715879° \qquad \text{ref (18.205)}$$

$$z_{n1} = \frac{25}{\cos^2 21{,}715879° \cdot \cos 23{,}188056°} = 31{,}511 \qquad \text{ref (18.200)}$$

$$B = \frac{2}{31{,}511}\left(\frac{\pi}{2} - \frac{0{,}011148}{3}\right) - \frac{\pi}{3} = -0{,}947735 \qquad \text{ref (18.201)}$$

$$C = \frac{2 \cdot (-1{,}468333)}{31{,}511} \cdot \tan C - (-0{,}947735) \qquad \text{ref (18.202)}$$

$$f(C) = C - (-0{,}093195) \cdot \tan C + (-0{,}947735) = 0$$

Para aplicar o método de Newton e Raphson, precisamos da derivada da função:

$$f'(C) = 0{,}093195 \cdot \frac{1}{\cos^2 C} + 1$$

Adotando $C_{(0)} = \pi/6 = 0{,}523599$ radianos ou 30° para a primeira tentativa:

$$f(C) = 0{,}523599 + 0{,}093195 \tan 30° - 0{,}947735 = -0{,}370330$$

Como $|-0{,}370330| > 0{,}00001$, vamos para a primeira iteração:

$$C_{(1)} = 0{,}523599 - \frac{-0{,}370330}{0{,}093195 \cdot \dfrac{1}{\cos^2 30°} + 1} = 0{,}852998 \text{ ou } 48{,}873171°$$

$$f(C_{(1)}) = 0{,}852998 + 0{,}093195 \tan 48{,}873171° - 0{,}947735 = 0{,}011994$$

Como |0,011994| > 0,00001, vamos para a segunda iteração:

$$C_{(2)} = 0,852998 - \frac{0,011994}{0,093195 \cdot \dfrac{1}{\cos^2 48,873171} + 1} = 0,843130 \text{ ou } 48,307806°$$

$f(C_{(2)}) = 0,843130 + 0,093195 \tan 48,307806° - 0,947735 = 0,000023$

Como 0,000023 > 0,00001, vamos para a terceira iteração:

$$C_{(3)} = 0,843130 - \frac{0,000023}{0,093195 \cdot \dfrac{1}{\cos^2 48,307806} + 1} = 0,843111 \text{ ou } 48,306680°$$

$f(C_{(3)}) = 0,843111 + 0,093195 \tan 48,306680° - 0,947735 = 3,3 \times 10^{-7}$

Como $3,3 \times 10^{-7} < 0,00001$, podemos considerar a raiz determinada, ou seja:

$$C = 0,843111 \text{ rad} = 48,306680°$$

$$S_{Fn1} = 3\left[31,511 \times \text{sen}(60 - 48,306680°) + \sqrt{3} \cdot \left(\frac{-1,468333}{\cos 48,306680°} - \frac{0,588}{3}\right)\right] =$$
$$= 6,671 \qquad \text{ref (18.203)}$$

$$\rho_{F1} = 3\left[\frac{0,588}{3} + \frac{2 \times (-1,468333)^2}{\cos 48,306680° \cdot (31,511 \cdot \cos^2 48,306680° - 2 \cdot (-1,468333))}\right] =$$
$$= 0,740 \qquad \text{ref (18.204)}$$

$$\varepsilon_{an1} = \frac{1,957}{\cos^2 21,715879°} = 2,267416 \qquad \text{ref (18.206)}$$

$$d_{n1} = 31,511 \times 3 = 94,533 \qquad \text{ref (18.207)}$$

$$p_{bn} = 3 \times \cos 20° \times \pi = 8,856394 \qquad \text{ref (18.208)}$$

$$d_{bn1} = 94,533 \times \cos 20° = 88,832 \qquad \text{ref (18.209)}$$

$$d_{Nkn} = 94,533 + 89,05 - 81,591 = 101,992 \qquad \text{ref (18.210)}$$

$$D = \sqrt{\left(\frac{101,992}{2}\right)^2 - \left(\frac{88,832}{2}\right)^2} = 25,05 \qquad \text{ref (18.211)}$$

Projeto de um par de engrenagens cilíndricas externas

$$E = \frac{81{,}591\,\pi \times \cos 23{,}188056° \times \cos 20°}{|25|} \cdot (2{,}267416 - 1) =$$
$$= 11{,}225 \qquad \text{ref (18.212)}$$

$$d_{en1} = 2 \cdot \frac{25}{|25|} \sqrt{(25{,}056 - 11{,}225)^2 + \left(\frac{88{,}832}{2}\right)^2} = 93{,}039 \qquad \text{ref (18.213)}$$

$$\alpha_{en1} = \cos^{-1}\left(\frac{88{,}832}{93{,}039}\right) = 17{,}295837° = 0{,}301869 \text{ rad} \qquad \text{ref (18.214)}$$

$$\text{inv }\alpha_{en1} = \tan 17{,}295837° - 0{,}301869 = 0{,}009517$$

$$\text{inv }\alpha_n = \tan 20° - 0{,}349066 = 0{,}014904$$

$$\gamma_{e1} = \frac{4{,}906}{3 \times 31{,}511} + 0{,}014904 - 0{,}009517 = 0{,}057285 \text{ rad} = 3{,}282166° \qquad \text{ref (18.215)}$$

$$\alpha_{Fen1} = 0{,}301869 - 0{,}057285 = 0{,}244548 \text{ rad} = 14{,}011568° \qquad \text{ref (18.216)}$$

$$F = (\cos 3{,}282166° - \text{sen } 3{,}282166° \cdot \tan 14{,}011568°)\frac{93{,}039}{3} =$$
$$= 30{,}519042 \qquad \text{ref (18.217)}$$

$$G = 31{,}511 \cdot \cos(60° - 48{,}306680°) = 30{,}856989 \qquad \text{ref (18.218)}$$

$$H = \frac{0{,}588}{3} - \frac{-1{,}468333}{\cos 48{,}306680°} = 2{,}403527 \qquad \text{ref (18.219)}$$

$$h_{Fe1} = \frac{3}{2}(30{,}519042 - 30{,}856989 + 2{,}403527) = 3{,}098 \text{ [mm]} \qquad \text{ref (18.220)}$$

$$Y_{F1} = \frac{\dfrac{6 \times 3{,}098}{3} \cdot \cos 14{,}011568°}{\left(\dfrac{6{,}671}{3}\right)^2 \cdot \cos 20°} = 1{,}294 \qquad \text{ref (18.233)}$$

$$T_1 = \frac{9549 \times 155 \times 0{,}7355}{1750} = 622 \text{ [Nm]} \qquad \text{ref (18.2)}$$

$$n_G = \frac{1750 \times 25}{61} = 717{,}213 \text{ [RPM]}$$

$$F_t = \frac{2000 \times 622}{81{,}395} = 15285 \quad [N] \qquad \text{ref (18.3)}$$

$$b_1 = 1{,}6 \left(\frac{15285 \times 1{,}4 \times \dfrac{3{,}098}{3} \cdot \cos 20°}{3 \times 430 \times 1{,}294} \right) = 19{,}90 \quad [mm] \qquad \text{ref (18.4)}$$

Coroa:

$$h_{fp2} = \frac{199{,}082 - 189{,}020}{2} + \frac{2 \times 4{,}136 - 3\pi}{4 \cdot \tan 20°} = 4{,}239 \qquad \text{ref (18.197)}$$

$$\varepsilon = \frac{\pi}{4} \cdot 3 - 4{,}239 \tan 20° + \frac{0{,}01}{\cos 20°} - (1 - \text{sen } 20°) \cdot \frac{1{,}161}{\cos 20°} = \qquad \text{ref (18.198)}$$
$$= 0{,}011025$$

$$A = -0{,}227 + \frac{1{,}161 - 4{,}239}{3} = -1{,}253 \qquad \text{ref (18.199)}$$

$$Z_{n2} = \frac{61}{\cos^2 21{,}715879° \cdot \cos 23{,}188056°} = 76{,}887 \qquad \text{ref (18.200)}$$

$$B = \frac{2}{76{,}887} \left(\frac{\pi}{2} - \frac{0{,}011025}{3} \right) - \frac{\pi}{3} = -1{,}006433 \qquad \text{ref (18.201)}$$

$$C = \frac{2 \cdot (-1{,}253)}{76{,}887} \cdot \tan C - (-1{,}006433) \qquad \text{ref (18.202)}$$

$$f(C) = C - (-0{,}032593) \cdot \tan C + (-1{,}006433) = 0$$

Para aplicar o método de Newton e Raphson, precisamos da derivada da função:

$$f'(C) = 0{,}032593 \cdot \frac{1}{\cos^2 C} + 1$$

Adotando $C_{(0)} = \pi/6 = 0{,}523599$ radianos ou 30° para a primeira tentativa:

$$f(C) = 0{,}523599 + 0{,}032593 \tan 30° - 1{,}006433 = -0{,}464017$$

Projeto de um par de engrenagens cilíndricas externas

Como |− 0,464017| > 0,00001, vamos para a primeira iteração:

$$C_{(1)} = 0{,}523599 - \frac{-0{,}464017}{0{,}032593 \cdot \dfrac{1}{\cos^2 30°} + 1} = 0{,}968291 \text{ ou } 55{,}478981°$$

$f(C_{(1)}) = 0{,}968291 + 0{,}032593 \tan (55{,}478981)° - 1{,}006433 = 0{,}009243$

Como 0,009243 > 0,00001, vamos para a segunda iteração:

$$C_{(2)} = 0{,}968291 - \frac{0{,}009243}{0{,}032593 \cdot \dfrac{1}{\cos^2 55{,}478981°} + 1} = 0{,}959900 \text{ ou } 54{,}998196°$$

$f(C_{(2)}) = 0{,}959900 + 0{,}032593 \tan (54{,}998196)° - 1{,}006433 = 0{,}000012$

Como 0,000012 > 0,00001, vamos para a terceira iteração:

$$C_{(3)} = 0{,}959900 - \frac{0{,}000012}{0{,}032593 \cdot \dfrac{1}{\cos^2 54{,}998196} + 1} = 0{,}959889 \text{ ou } 54{,}997588°$$

$f(C_{(3)}) = 0{,}959889 + 0{,}032593 \tan (54{,}997588)° - 1{,}006433 = -0{,}000001$

Como |−0,000001| < 0,00001, podemos considerar a raiz determinada, ou seja:

$$C = 0{,}959889 \text{ rad} = 54{,}997588°$$

$$S_{Fn2} = 3\left[76{,}887 \times \text{sen}(60 - 54{,}997588°) + \sqrt{3} \cdot \left(\frac{-1{,}253}{\cos 54{,}997588°} - \frac{1{,}161}{3}\right)\right] =$$
$$= 6{,}752 \qquad \text{ref (18.203)}$$

$$\rho_{F2} = 3\left[\frac{1{,}161}{3} + \frac{2 \times (-1{,}253)^2}{\cos 54{,}997588° \cdot (76{,}887 \cdot \cos^2 54{,}997588° - 2 \cdot (-1{,}253))}\right] =$$
$$= 1{,}752 \qquad \text{ref (18.204)}$$

$$\beta_b = \text{sen}^{-1} (\text{sen } 23{,}188056° \cdot \cos 20°) = 21{,}715879° \qquad \text{ref (18.205)}$$

$$\varepsilon_{an2} = \frac{1{,}957}{\cos^2 21{,}715879°} = 2{,}267416 \qquad \text{ref (18.206)}$$

$$d_{n2} = 76{,}887 \times 3 = 230{,}661 \qquad \text{ref (18.207)}$$

$$p_{bn} = 3 \times \cos 20° \cdot \pi = 8{,}856394 \qquad \text{ref (18.208)}$$

$$d_{bn2} = 230{,}661 \times \cos 20° = 216{,}750 \qquad \text{ref (18.209)}$$

$$d_{Nkn2} = 230{,}661 + 206{,}77 - 199{,}082 = 238{,}349 \qquad \text{ref (18.210)}$$

$$D = \sqrt{\left(\frac{238{,}349}{2}\right)^2 - \left(\frac{216{,}75}{2}\right)^2} = 49{,}572 \qquad \text{ref (18.211)}$$

$$E = \frac{199{,}082\,\pi \times \cos 23{,}188056° \times \cos 20°}{|61|} \cdot (2{,}267416 - 1) =$$

$$= 11{,}225 \qquad \text{ref (18.212)}$$

$$d_{en2} = 2 \cdot \frac{61}{|61|} \sqrt{(49{,}572 - 11{,}225)^2 + \left(\frac{216{,}75}{2}\right)^2} = 229{,}919 \qquad \text{ref (18.213)}$$

$$\alpha_{en2} = \cos^{-1}\left(\frac{216{,}75}{229{,}919}\right) = 19{,}485952° = 0{,}340094 \text{ rad} \qquad \text{ref (18.214)}$$

$$\text{inv } \alpha_{en2} = \tan 19{,}485952° - 0{,}340094 = 0{,}013749$$

$$\text{inv } \alpha_n = \tan 20° - 0{,}349066 = 0{,}014904$$

$$\gamma_{e2} = \frac{4{,}136}{3 \times 76{,}887} + 0{,}014904 - 0{,}013749 = 0{,}019086 \text{ rad} = 1{,}093547° \qquad \text{ref (18.215)}$$

$$\alpha_{Fen2} = 0{,}340094 - 0{,}019086 = 0{,}321008 \text{ rad} = 18{,}39240° \qquad \text{ref (18.216)}$$

$$F = (\cos 1{,}093552° - \text{sen } 1{,}093552° \cdot \tan 18{,}3926°) \frac{229{,}919}{3} =$$

$$= 76{,}139355 \qquad \text{ref (18.217)}$$

$$G = 76{,}887 \times \cos(60° - 54{,}997588°) = 76{,}594140° \qquad \text{ref (18.218)}$$

$$H = \frac{1{,}161}{3} - \frac{-1{,}253}{\cos 54{,}997588°} = 2{,}571408 \qquad \text{ref (18.219)}$$

$$h_{Fe2} = \frac{3}{2} [76{,}139355 - 76{,}594140 + 2{,}571408] = 3{,}175 \text{ [mm]} \qquad \text{ref (18.220)}$$

$$Y_{F2} = \frac{\frac{6 \times 3{,}175}{2} \cdot \cos 18{,}3926°}{\left(\frac{6{,}752}{3}\right)^2 \cdot \cos 20°} = 1{,}266 \qquad \text{ref (18.233)}$$

Projeto de um par de engrenagens cilíndricas externas

$$T_2 = \frac{9549 \times 155 \times 0{,}7355}{717} = 1518 \ [\text{Nm}] \quad\quad \text{ref (18.2)}$$

$$b_2 = 1{,}6 \left(\frac{15285 \times 1{,}4 \times \dfrac{3{,}175}{3} \cdot \cos 20°}{3 \times 430 \times 1{,}266} \right) = 20{,}85 \ [\text{mm}] \quad\quad \text{ref (18.4)}$$

Por se tratar de estimativas, vamos adotar $b_c = b_1 = b_2 = 20{,}0$ mm

Diâmetro do eixo da roda motora

Considerações sobre o diâmetro do eixo da roda motora

É o diâmetro do eixo onde a roda motora está assentada ou, no caso de peça única (roda dentada integrada ao eixo), o diâmetro mais próximo da roda.

Este dado é necessário para efetuarmos o cálculo aproximado da flexão do eixo. A roda, por estar solidária ao eixo, forçosamente acompanhará tal deformação e a carga, nesta condição, será deslocada para uma das laterais da roda. A distribuição da carga transversal (sentido radial) também será afetada.

O valor do diâmetro do eixo, normalmente, é determinado em função das necessidades exigidas pelo equipamento no qual as engrenagens trabalharão. A capacidade de transmissão das engrenagens pode ser sensivelmente reduzida quando o eixo é delgado e sujeito a uma flexão excessiva.

Para rodas montadas em seus respectivos eixos, a distância radial entre o raio de pé à tangente do furo (região anelar) não deve ser menor que 1,5 vezes a altura do dente. Quando não é respeitada esta condição, o corpo debilitado poderá sofrer uma fratura não prevista nos cálculos do dentado. Veja a Figura 18.10.

Para as peças em que a roda e o eixo são integrados (peça única), o diâmetro do eixo próximo ao dentado deverá ser dimensionado de maneira que seu diâmetro fique o mais próximo possível do diâmetro de pé. Veja a Figura 18.11, que ilustra um conjunto com os dois casos descritos.

Para este projeto, vamos considerar a roda dentada integrada ao eixo formando uma única peça. Dessa maneira, o diâmetro do eixo, próximo ao dentado, pode ser $d_{sh} = 70{,}0$ mm, já que o diâmetro de pé do dentado é 71,44 mm, permitindo uma boa saída para a ferramenta geradora.

520   Engrenagens cilíndricas – da concepção à fabricação

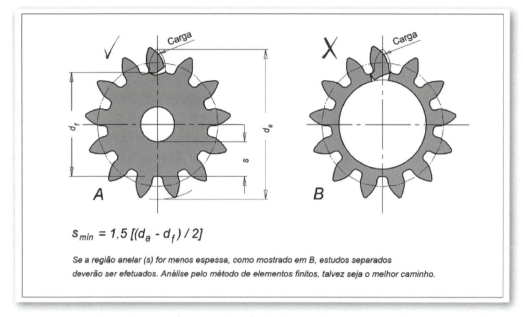

Figura 18.10 – Espessura da região anelar.

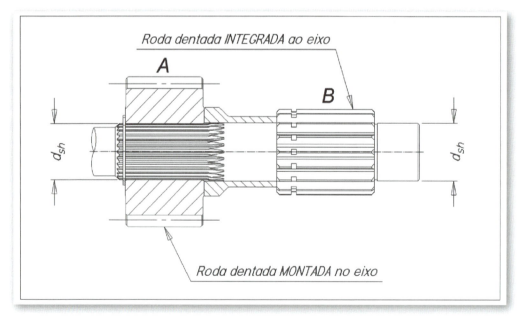

Figura 18.11 – Esquema do eixo e roda motora do 1º estágio do redutor.

Diâmetro interno do aro e espessura da alma

Considerações sobre o diâmetro interno do aro

É o diâmetro da cambota das rodas não maciças (d_i).

Podemos dividir o corpo de uma roda não maciça (normalmente as de médias e grandes dimensões) em três partes:

- cubo: onde está o furo que se assentará ao eixo;
- alma ou raios: a parte mais delgada da roda que liga o cubo ao aro;
- aro: área anelar onde estão os dentes.

Para o corpo de uma engrenagem pequena, um estudo de viabilidade poderá nos dizer com precisão se a construção em três partes se justifica. No caso de o corpo ser maciço, o diâmetro interno do aro se confunde com o diâmetro do furo e, a espessura da alma a ser considerada é a própria largura da roda dentada. Veja a Figura 18.12.

O diâmetro d_i e a espessura b_s servirão para a determinação do fator do blank da engrenagem (C_R) que será utilizado adiante.

Para este projeto d_{i1} = 70 mm, d_{i2} = 140 mm e b_s = 10 mm.

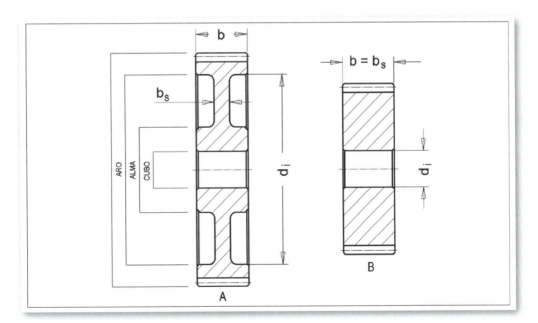

Figura 18.12 – Corpo da engrenagem.

Características de ajuste

Espessura circular normal do dente

Considerações sobre a espessura circular normal do dente

A espessura circular normal do dente foi estudada na seção "Espessura do dente", no Capítulo 8, e para relembrar é o tamanho do arco de circunferência primitiva que corresponde a um dente na seção normal.

Seu valor teórico (sem afastamento) é dado por:

$$S_{n1} = 3 \left(\frac{\pi}{2} + 2 \times 0,116 \times \tan 20°\right) = 4,966 \qquad \text{ref (8.43)}$$

$$S_{n2} = 3 \left(\frac{\pi}{2} + 2 \times (-0,227) \times \tan 20°\right) = 4,216 \qquad \text{ref (8.43)}$$

Como sabemos, um afastamento na espessura do dentes é necessário para que não haja interferência provocada pelas irregularidades dimensionais, cujas magnitudes dependem da qualidade especificada e, também, pelos fenômenos naturais como, por exemplo, dilatação térmica. Esses valores podem ser obtidos da norma DIN 3967 ou determinados pelas equações apresentadas no Capítulo 8, "Ajuste das engrenagens".

Para este projeto, vamos adotar o afastamento d para ambas as rodas cujos valores podemos calcular com as equações fornecidas no Capítulo 8:

$$A_{sne1} = 0,033 \cdot e^{0,6} = 0,06$$

$$A_{sne2} = 0,033 \cdot e^{0,9} = 0,08$$

A espessura circular normal efetiva superior é dada por:

$$S_{ns1} = 4,966 - 0,060 = 4,906 \qquad \text{ref (8.45)}$$

$$S_{ns2} = 4,216 - 0,080 = 4,136 \qquad \text{ref (8.45)}$$

Para este projeto, adotamos a qualidade 25 (veja a seção "Tolerância para a espessura do dente ou para dimensão do vão", no Capítulo 8) para ambas as rodas cujas tolerâncias foram determinadas anteriormente:

$$T_{sn1} = 0,040 \text{ mm}$$

$$T_{sn2} = 0,050 \text{ mm}$$

A espessura circular normal efetiva inferior é dada por:

$$S_{ni1} = 4,906 - 0,040 = 4,866 \qquad \text{ref (8.47)}$$

$$S_{ni2} = 4,136 - 0,050 = 4,086 \qquad \text{ref (8.47)}$$

Reparem que adotamos, para este projeto, a condição de ajuste d25 para ambas as rodas do par.

A seguir algumas sugestões fornecidas por G. Niemann para $m_n > 0,5$:

Engrenagem...

anelar fundida	a29, a30
anelar com jogo entre flancos normal	a28
anelar com jogo entre flancos reduzido	bc26
para operar em altas temperaturas	ab25
para locomotivas	cd25
para máquinas pesadas sem reversão	b26
para máquinas pesadas com reversão	c25, c24, cd25, cd24, d25, d24, e25, e24
para veículos	d26
para veículos agrícolas	e27, e28
para máquinas ferramenta	f24, f25
para máquinas impressoras	f24, g24
para equipamentos de medição	g22

Para este projeto, já temos as espessuras dos dentes determinadas com os afastamentos e as tolerâncias, de maneira a gerar o jogo entre flancos. Porém, não sabemos se com a influência dos fatores e fenômenos modificadores do jogo, este não ficará excessivamente grande ou, até mesmo, insuficiente para o bom funcionamento. Vamos checar.

Começamos com o jogo entre flancos teórico, que é calculado com a distância entre centros média e com as espessuras circulares normais, mínima e máxima.

$$jn_{1min} = \frac{60 + 80}{1000} = 0,140 \ [mm] \qquad \text{ref (8.23)}$$

$$jn_{1max} = \frac{60 + 40 + 80 + 50}{1000} = 0,230 \ [mm] \qquad \text{ref (8.24)}$$

Vamos considerar a distância entre centros, que poderá influenciar o jogo, tanto para aumentá-lo quanto para reduzi-lo.

As variações do jogo devidas à tolerância da distância entre centros são dadas por:

$$VT_{Aa\,min} = -2 \times 0{,}02 \; \frac{\tan 20°}{\cos 23{,}188056°} = -0{,}016 \qquad \text{ref (8.1)}$$

$$VT_{Aa\,max} = 2 \times 0{,}02 \; \frac{\tan 20°}{\cos 23{,}188056°} = 0{,}016 \qquad \text{ref (8.2)}$$

$jn_2 = jn_1 +$ *Influência da distância entre centros*

$$jn_{2min} = \left(\frac{0{,}140}{\cos 23{,}188056°} + (-0{,}016) \right) \cos 23{,}188056° = 0{,}125 \qquad \text{ref (8.25)}$$

$$jn_{2max} = \left(\frac{0{,}230}{\cos 23{,}188056°} + 0{,}016 \right) \cos 23{,}188056° = 0{,}245 \qquad \text{ref (8.26)}$$

Consideremos agora, o erro de cruzamento dos eixos que afeta o jogo entre flancos atuando sempre no sentido de reduzi-lo.

As variações do jogo devidas ao erro de cruzamento dos eixos são dadas por:

$$VT_{Ce\,min} = -\left(\frac{0{,}02 \times 20}{118} \right) = -0{,}003 \qquad \text{ref (8.3)}$$

$$VT_{Ce\,max} = \left(\frac{0{,}02 \times 20}{118} \right) = 0{,}003 \qquad \text{ref (8.4)}$$

$$A = (-0{,}016)^2 + (-0{,}003)^2 = 0{,}000265 \qquad \text{ref (8.27)}$$

$$B = 0{,}003^2 - 0{,}016^2 = -0{,}000247 \qquad \text{ref (8.28)}$$

$Jn_3 = jn_2 +$ *Influência do erro de cruzamento dos eixos*

$$jn_{3min} = \left(\frac{0{,}14}{\cos 23{,}188056°} - \sqrt{0{,}000265} \right) \cos 23{,}188056° = 0{,}125 \qquad \text{ref (8.29)}$$

$$jn_{3max} = \left(\frac{0{,}23}{\cos 23{,}188056°} - (-1)\sqrt{|-0{,}000247|} \right) \cos 23{,}188056°$$

$$= 0{,}244 \qquad \text{ref (8.30)}$$

Vamos determinar a influência dos erros individuais do dentado. Sua influência é considerável e afeta os jogos mínimo e máximo.

Para as variações do jogo devidas aos erros individuais do dentado, precisamos dos valores a seguir, já determinados:

$$F_{\beta 1} = 0,009$$
$$F_{\beta 2} = 0,009$$
$$f_{f1} = 0,008$$
$$f_{f2} = 0,008$$
$$f_{p1} = 0,007$$
$$f_{p2} = 0,008$$
$$\alpha_{wt} = 21,250629°$$

$$VT_{Ei1\ min} = \sqrt{\left(\frac{0,009}{\cos 21,250629°}\right)^2 + \left(\frac{0,008}{\cos 21,250629°}\right)^2 + 0,007^2}$$ ref (8.5)

$$= 0,015$$

$$VT_{Ei2\ min} = \sqrt{\left(\frac{0,009}{\cos 21,250629°}\right)^2 + \left(\frac{0,008}{\cos 21,250629°}\right)^2 + 0,008^2}$$ ref (8.6)

$$= 0,015$$

$$VT_{Ei1\ max} = \left(\frac{0,015}{2}\right) = 0,008$$ ref (8.7)

$$VT_{Ei2\ max} = \left(\frac{0,015}{2}\right) = 0,008$$ ref (8.8)

$$A = (-0,016)^2 + (-0,003)^2 + 0,015^2 + 0,015^2 = 0,0007$$ ref (8.31)
$$B = -(0,016)^2 + 0,003^2 + 0,008^2 + 0,008^2 = -0,0001$$ ref (8.32)

$Jn_4 = jn_3 +$ Influência dos erros individuais do dentado

$$jn_{4min} = \left(\frac{0,14}{\cos 23,188056°} - \sqrt{0,0007}\right) \cos 23,188056° = 0,116$$ ref (8.33)

$$jn_{4max} = \left(\frac{0,23}{\cos 23,188056°} - (-1)\sqrt{|-0,0001|}\right) \cos 23,188056° = 0,239$$ ref (8.34)

Outros fatores que influenciam no jogo entre flancos são as excentricidades dos rolamentos e dos elementos fixos (ou giratórios) que suportam os eixos nos quais são assentadas as engrenagens.

Considerando rolamentos com classe de precisão compatível com a classe das engrenagens, chegamos à $f_B = 0,01$. Esse valor pode ser aproximado pela média aritmética das excentricidades dos anéis interno e externo do rolamento.

As variações do jogo devidas às excentricidades dos rolamentos são dadas por:

$$VT_{Ex\,min} = -2 \times 0,01 \times \frac{\tan 20°}{\cos 23,188056°} = -0,008 \qquad \text{ref (8.9)}$$

$$VT_{Ex\,max} = 2 \times 0,01 \times \frac{\tan 20°}{\cos 23,188056°} = 0,008 \qquad \text{ref (8.10)}$$

$$A = (-0,016)^2 + (-0,003)^2 + 0,015^2 + 0,008^2 + (-0,008)^2 =$$
$$= 0,000618 \qquad \text{ref (8.35)}$$

$$B = -(0,016)^2 + 0,003^2 + 0,015^2 + 0,008^2 + 0,008^2 =$$
$$= 0,000106 \qquad \text{ref (8.36)}$$

$Jn_5 = jn_4 +$ *Influência da excentricidade dos mancais*

$$jn_{5min} = \left(\frac{0,14}{\cos 23,188056°} - \sqrt{0,000618}\right) \cos 23,188056° = 0,117 \qquad \text{ref (8.37)}$$

$$jn_{5max} = \left(\frac{0,23}{\cos 23,188056°} - \sqrt{0,000106}\right) \cos 23,188056° = 0,221 \qquad \text{ref (8.38)}$$

A elasticidade do conjunto pode, também, influenciar no jogo entre flancos. Para esse estudo, entendemos a elasticidade do conjunto como a soma dos movimentos causados pela elasticidade da caixa, pelo deslocamento dos rolamentos e pela flexão dos eixos.

Na maioria das aplicações, o valor da elasticidade é positivo, aumentando o jogo entre flancos. O valor pode ser negativo, somente quando um elemento externo ao par, empurrar um dos eixos no sentido de reduzir o jogo entre flancos.

Como não conhecemos o valor da elasticidade (f_L), vamos calcular uma estimativa:

$$C = \frac{\pi}{4}\left(\frac{70}{2}\right)^4 = 1178588 \qquad \text{ref (8.11)}$$

$$F_{rd} = 15285 \cdot \tan 21{,}250556° = 5944 \quad [N] \qquad \text{ref (18.7)}$$

$$D = \frac{5944}{120000 \times 1178588} = 4{,}203 \times 10^{-8} \qquad \text{ref (8.12)}$$

$$E = \frac{118^3}{8} = 205379 \qquad \text{ref (8.13)}$$

$$f_L = 4{,}2 \times 10^{-8} \times 205379 = 0{,}009 \quad [mm] \qquad \text{ref (8.14)}$$

Como o valor da elasticidade, neste caso, é positivo:

$$VT_{El\,min} = 0 \qquad \text{ref (8.16)}$$

$$VT_{Ei\,max} = 2 \times 0{,}009 \times \frac{\tan 20°}{\cos 23{,}188056°} = 0{,}007 \qquad \text{ref (8.17)}$$

$Jn_6 = jn_5 +$ Influência da elasticidade do conjunto

$$jn_{6min} = \left(\frac{0{,}14}{\cos 23{,}188056°} - \sqrt{0{,}000618} + 0\right)\cos 23{,}188056° =$$
$$= 0{,}117 \qquad \text{ref (8.39)}$$

$$jn_{6max} = \left(\frac{0{,}23}{\cos 23{,}188056°} - \sqrt{0{,}000106} + 0{,}007\right)\cos 23{,}188056° =$$
$$= 0{,}227 \qquad \text{ref (8.40)}$$

Um dos fatores que mais afeta o jogo entre flancos é a dilatação térmica. Os cálculos aqui apresentados são apenas uma aproximação, já que a combinação dos elementos (rodas, caixa, eixos, rolamentos etc.) e os diferentes materiais envolvidos, os tornam muito complexos para a obtenção de valores precisos.

$$A_1 = \frac{0{,}0000115 \times 25 \times 140}{25 + 61}(40-20) = 0{,}0094 \qquad \text{ref (8.19)}$$

$$A_2 = \frac{0{,}0000115 \times 61 \times 140}{25 + 61}(40-20) = 0{,}0228 \qquad \text{ref (8.20)}$$

$$VT_{Aq\,min} = 2[(30-20)0{,}00001 \times 140 - (0{,}0094 + 0{,}0228)]\frac{\tan 20°}{\cos 23{,}188056°} =$$
$$= -0{,}014 \qquad \text{ref (8.21)}$$

$$VT_{Aq\,max} = -0{,}014 \qquad \text{ref (8.22)}$$

$$jn_{7min} = \left(\frac{0{,}14}{\cos 23{,}188056°} - \sqrt{0{,}000618} + 0 + (-0{,}014)\right)\cos 23{,}188056° =$$
$$= 0{,}104 \qquad \text{(ref (8.41)}$$

$$jn_{7max} = \left(\frac{0{,}23}{\cos 23{,}188056°} - \sqrt{0{,}000106} + 0{,}055 + (-0{,}014)\right)\cos 23{,}188056° =$$
$$= 0{,}258 \qquad \text{(ref (8.42)}$$

Jogo entre flancos de serviço superior j_{ns} = 0,258 mm

Jogo entre flancos de serviço inferior j_{ni} = 0,104 mm

Dimensão W sobre k dentes consecutivos

Considerações sobre a dimensão W

A dimensão W foi estudada no Capítulo 11. Trata-se de uma característica muito importante na especificação do dentado. É por meio dela que podemos controlar a espessura circular normal do dente.

Para o nosso projeto exemplo, vamos determinar a dimensão W em função das espessuras circulares normais dos dentes:

Número k de dentes a medir:

Pinhão:

$$A = 4 \cdot \frac{0{,}116}{25} \cdot \cos 23{,}188056° \left(1 + \frac{0{,}116}{25} \cdot \cos 23{,}188056°\right) = 0{,}016988 \qquad \text{ref (11.5)}$$

Projeto de um par de engrenagens cilíndricas externas

$$B = \tan^2 20° + \cos^2 23{,}188056° = 0{,}977435 \qquad \text{ref (11.6)}$$

$$C = \cos 23{,}188056° \, (\text{sen}^2 20° + \cos^2 23{,}188056° \cdot \cos^2 20°) = 0{,}793374 \qquad \text{ref (11.7)}$$

$$D = \frac{25}{\pi} \cdot \tan 21{,}601417° + 2 \cdot \frac{0{,}116}{\pi} \cdot \tan 20° = 3{,}177801 \qquad \text{ref (11.8)}$$

$$k_1' = 25 \cdot \frac{21{,}601417°}{180} + 0{,}5 + \frac{25}{\pi} \cdot \frac{\sqrt{\tan^2 20° + 0{,}016988 \times 0{,}977435}}{0{,}793374} -$$
$$- 3{,}177801 = 4{,}20 \qquad \text{ref (11.9)}$$

$$k_1 = \text{int}(4{,}20 + 0{,}5) = 4 \qquad \text{ref (11.10)}$$

Coroa:

$$A = 4 \cdot \frac{-0{,}227}{61} \cdot \cos 23{,}188056° \left(1 + \frac{-0{,}227}{61} \cdot \cos 23{,}188056°\right) = \qquad \text{ref (11.5)}$$
$$= -0{,}01364$$

$$B = \tan^2 20° + \cos^2 23{,}188056° = 0{,}977435 \qquad \text{ref (11.6)}$$

$$C = \cos 23{,}188056° \, (\text{sen}^2 20° + \cos^2 23{,}188056° \cdot \cos^2 20°) = 0{,}793374 \qquad \text{ref (11.7)}$$

$$D = \frac{61}{\pi} \cdot \tan 21{,}601417° + 2 \cdot \frac{-0{,}227}{\pi} \cdot \tan 20° = 7{,}635653 \qquad \text{ref (11.8)}$$

$$k_2' = 61 \cdot \frac{21{,}601417°}{180} + 0{,}5 + \frac{61}{\pi} \cdot \frac{\sqrt{\tan^2 20° + (-0{,}01364) \times 0{,}977435}}{0{,}793374} -$$
$$- 7{,}635653 = 8{,}63 \qquad \text{ref (11.9)}$$

$$k_2 = \text{int}(8{,}63 + 0{,}5) = 9 \qquad \text{ref (11.10)}$$

Dimensão W:
Pinhão:

$$A = 25 \cdot \text{inv } 21{,}601417° + (4 - 1)\,\pi = 9{,}898297 \qquad \text{ref (11.12)}$$

$$W_{ks1} = \left(9{,}898297 + \frac{4{,}906}{3}\right) 3 \times \cos 20° = 32{,}514 \qquad \text{ref (11.13)}$$

$$W_{ki1} = \left(9{,}898297 + \frac{4{,}866}{3}\right) 3 \times \cos 20° = 32{,}477 \qquad \text{ref (11.13)}$$

Coroa:

$$A = 61 \cdot \text{inv } 21{,}601417° + (9 - 1)\pi = 26{,}288128 \qquad \text{ref (11.12)}$$

$$W_{ks2} = \left(26{,}288128 + \frac{4{,}136}{3}\right) 3 \times \cos 20° = 77{,}995 \qquad \text{ref (11.13)}$$

$$W_{ki2} = \left(26{,}288128 + \frac{4{,}086}{3}\right) 3 \times \cos 20° = 77{,}948 \qquad \text{ref (11.13)}$$

Dimensão M sobre rolos ou esferas

Considerações sobre a dimensão M

A dimensão M foi estudada no Capítulo 11. É uma característica que serve como alternativa à dimensão W. Por meio dela, também podemos controlar a espessura circular normal do dente.

Para o nosso projeto exemplo, vamos determinar a dimensão M em função das espessuras circulares normais dos dentes:

Diâmetro dos rolos ou esferas (D_M) utilizadas na medição:
Pinhão:

$$z_{nW} = 25 \cdot \frac{\text{inv } 21{,}601417°}{\text{inv } 20°} = 31{,}770464 \qquad \text{ref (11.16)}$$

$$\tan \beta_v = \frac{25 + 2 \times 0{,}116 \cos 23{,}188056°}{25} \cdot \tan 23{,}188056° =$$

$$= 0{,}432008 \qquad \text{ref (11.17)}$$

$$\beta_v = \tan^{-1}(0{,}432008) = 23{,}364722°$$

$$\cos \alpha_{vn} = \frac{\cos 20° \cdot \cos 23{,}188056°}{\cos 23{,}364722°\left(1 + 2 \cdot \frac{0{,}116}{25} \cdot \cos 23{,}188056°\right)} = \qquad \text{ref (11.18)}$$

$$= 0{,}932981$$

Projeto de um par de engrenagens cilíndricas externas

$$\alpha_{vn} = \cos^{-1}(0,932981) = 21,095592°$$

$$k_{DM} = \frac{31,770464}{\pi}\left(\tan 21,095592° - 2\frac{0,116}{31,770464}\tan 20° - \text{inv } 20°\right)$$

$$+ \frac{25}{2 \cdot |25|} = 4,223727 \qquad \text{ref (11.19)}$$

$$\alpha_{kn} = 180 \cdot \frac{\left(4,223727 + 0,5 - \frac{25}{2 \cdot |25|}\right)}{31,770464} = 23,930115° \qquad \text{ref (11.20)}$$

$$D_{M1} = 31,770464 \times 3\cos 20°(\tan 23,930115° - \tan 21,095592°) = 5,19 \quad \text{ref (11.21)}$$

Vamos adotar esferas padronizadas conforme a Tabela 11.1:

$$D_{M1} = 5,25$$

Coroa:

$$z_{nW} = 61 \cdot \frac{\text{inv } 21,601417°}{\text{inv } 20°} = 77,519932 \qquad \text{ref (11.16)}$$

$$\tan\beta_v = \frac{61 + 2 \times (-0,227)\cos 23,188056°}{61} \cdot \tan 23,188056° = 0,425423 \quad (\text{ref (11.17)})$$

$$\beta_v = \tan^{-1}(0,425423) = 23,046031°$$

$$\cos\alpha_{vn} = \frac{\cos 20° \cdot \cos 23,188056°}{\cos 23,046031°\left(1+2 \cdot \frac{-0,227}{61} \cdot \cos 23,188056°\right)} = 0,945165 \qquad \text{ref (11.18)}$$

$$\alpha_{vn} = \cos^{-1}(0,945165) = 19,062121°$$

$$k_{DM} = \frac{77,519932}{\pi}\left(\tan 19,062121° - 2\frac{-0,227}{77,519932}\tan 20° - \text{inv } 20°\right) +$$

$$+ \frac{61}{2 \cdot |61|} = 8,711172 \qquad \text{ref (11.19)}$$

$$\alpha_{kn} = 180 \cdot \frac{\left(8,711172 + 0,5 - \frac{61}{2 \cdot |61|}\right)}{77,519932} = 20,227197° \qquad \text{ref (11.20)}$$

$$D_{M2} = 77,519932 \times 3 \cdot \cos 20°(\tan 20,227197° - \tan 19,062121°) = 5,01 \quad \text{ref (11.21)}$$

Vamos adotar esferas padronizadas conforme a Tabela 11.1:

$$D_{m2} = 5,00$$

Dimensão M:

Pinhão, M_{d1} máx:

Função de $S_{n1\,máx} = 4,906$

$$A = \frac{4,906}{81,591 \cdot \cos 23,188056} = 0,065413 \qquad \text{ref (11.34)}$$

$$\text{inv } \alpha_K = 0,065413 + \frac{5,25}{75,861 \cdot \cos 21,71588} + \text{inv } 21,601417 -$$

$$- \frac{\pi}{25} = 0,033183 \qquad \text{ref (11.35)}$$

$$\alpha_K = 25,81447°$$

$$2C = \frac{75,861}{\cos 25,81447°} = 84,27045 \qquad \text{ref (11.36)}$$

$$M_{ds1} = 84,27045 \cdot \cos \frac{90}{25} + 5,25 = 89,354 \qquad \text{ref (11.38)}$$

Ângulo de perfil no ponto de tangência da esfera α_{Mt}:

$$\tan \alpha_{Mt} = \tan 25,81447° - \frac{5,25 \cdot \cos 21,71588°}{75,861} = 0,419436 \qquad \text{ref (11.45)}$$

$$\alpha_{Mt} = \tan^{-1}(0,419436) = 22,754955°$$

Raio do ponto de tangência da esfera r_{MT}:

Ver condições geométricas na Figura 11.12.

$$r_{MTs1} = \frac{75,861}{2 \cdot \cos 22,754955°} = 41,132 \qquad \text{ref (11.46)}$$

Pinhão, $M_{d1\,min}$:

Função de $S_{n1\,min} = 4,866$

$$A = \frac{4,866}{81,591 \cdot \cos 23,188056} = 0,064880 \qquad \text{ref (11.34)}$$

Projeto de um par de engrenagens cilíndricas externas

$$\text{inv } \alpha_K = 0{,}064880 + \frac{5{,}25}{75{,}861 \cdot \cos 21{,}71588} + \text{inv } 21{,}601417$$

$$-\frac{\pi}{25} = 0{,}032649 \qquad \text{ref (11.35)}$$

$$\alpha_K = 25{,}68295°$$

$$2C = \frac{75{,}861}{\cos 25{,}68295°} = 84{,}17720 \qquad \text{ref (11.36)}$$

$$M_{di1} = 84{,}17720 \cdot \cos \frac{90}{25} + 5{,}25 = 89{,}261 \qquad \text{ref (11.38)}$$

Ângulo de perfil no ponto de tangência da esfera α_{Mt}:

$$\tan \alpha_{Mt} = \tan 25{,}68295° - \frac{5{,}25 \cdot \cos 21{,}71588°}{75{,}861} = 0{,}416607 \qquad \text{ref (11.45)}$$

$$\alpha_{Mt} = \tan^{-1}(0{,}416607) = 22{,}616954°$$

Raio do ponto de tangência da esfera r_{MT}:

Ver condições geométricas na Figura 11.12.

$$r_{MTi1} = \frac{75{,}861}{2 \cdot \cos 22{,}616954°} = 41{,}091 \qquad \text{ref (11.46)}$$

Coroa, $M_{d2\,max}$:

Função de $S_{n2\,max} = 4{,}136$

$$A = \frac{4{,}136}{199{,}082 \cdot \cos 23{,}188056°} = 0{,}022601 \qquad \text{ref (11.34)}$$

$$\text{inv } \alpha_K = 0{,}022601 + \frac{5{,}00}{185{,}1 \cdot \cos 21{,}71588°} + \text{inv } 21{,}601417 -$$

$$-\frac{\pi}{61} = 0{,}019116 \qquad \text{ref (11.35)}$$

$$\alpha_K = 21{,}66525°$$

$$2C = \frac{185{,}1}{\cos 21{,}66525°} = 199{,}17004 \qquad \text{ref (11.36)}$$

$$M_{ds2} = 199{,}17004 \cdot \cos \frac{90}{61} + 5{,}00 = 204{,}104 \qquad \text{ref (11.38)}$$

Ângulo de perfil no ponto de tangência da esfera α_{Mt}:

$$\tan \alpha_{Mt} = \tan 21{,}66525° - \frac{5{,}00 \cdot \cos 21{,}71588°}{185{,}1} = 0{,}372151 \qquad \text{ref (11.45)}$$

$$\alpha_{Mt} = \tan^{-1}(0{,}372151) = 20{,}41278°$$

Raio do ponto de tangência da esfera r_{MT}:
Ver condições geométricas na Figura 11.12.

$$r_{MTs2} = \frac{185{,}1}{2 \cdot \cos 20{,}41278°} = 98{,}751 \qquad \text{ref (11.46)}$$

Coroa, $M_{d2\,min}$:
Função de $S_{n2\,min} = 4{,}086$

$$A = \frac{4{,}086}{199{,}082 \cdot \cos 23{,}188056°} = 0{,}022328 \qquad \text{ref (11.34)}$$

$$\text{inv } \alpha_K = 0{,}022328 + \frac{5{,}00}{185{,}1 \cdot \cos 21{,}71588°} + \text{inv } 21{,}601417 -$$

$$- \frac{\pi}{61} = 0{,}018843 \qquad \text{ref (11.35)}$$

$$\alpha_K = 21{,}56562°$$

$$2C = \frac{185{,}1}{\cos 21{,}56562°} = 199{,}032855 \qquad \text{ref (11.36)}$$

$$M_{ds2} = 199{,}032855 \cdot \cos \frac{90}{61} + 5{,}00 = 203{,}967 \qquad \text{ref (11.38)}$$

Ângulo de perfil no ponto de tangência da esfera α_{Mt}:

$$\tan \alpha_{Mt} = \tan 21{,}56562° - \frac{5{,}00 \cdot \cos 21{,}71588°}{185{,}1} = 0{,}370139 \qquad \text{ref (11.45)}$$

$$\alpha_{Mt} = \tan^{-1}(0{,}370139) = 20{,}31146°$$

Raio do ponto de tangência da esfera r_{MT}:
Ver condições geométricas na Figura 11.12.

$$r_{MTs2} = \frac{185{,}1}{2 \cdot \cos 20{,}31146°} = 98{,}686 \qquad \text{ref (11.46)}$$

Características funcionais

Temos de ter ainda algumas características funcionais como:

1) Temperaturas.
2) Regime de trabalho.
3) Vida útil nominal requerida.

Temperaturas

Considerações sobre as temperaturas

A temperatura, além de outros fatores, é determinante para a seleção do lubrificante a ser empregado.

De difícil predeterminação teórica, é recomendável, sempre que possível, medir a temperatura de lubrificantes que estejam sendo usados, em conjuntos semelhantes, por várias horas de trabalho contínuo e a plena carga, a fim de se obter um valor de referência para os novos projetos ou para a comprovação da capacidade de carga de um par existente. A temperatura pode afetar sensivelmente o jogo entre flancos. No início do trabalho, o aquecimento das rodas, em relação à caixa, é normalmente mais rápido.

Há casos, menos comuns, em que a caixa se aquece mais rapidamente, como no caso dos motores a Diesel, onde a caixa é o próprio motor. Além disso, os materiais podem ter coeficientes de dilatação diferentes, que modificam o jogo.

Antes de o conjunto entrar em equilíbrio térmico, há um momento no qual a diferença de temperaturas entre as rodas e a caixa é máxima.

Estimar também a temperatura máxima que pode atingir a caixa.

Os tipos de materiais são importantes para o cálculo das dilatações térmicas.

Para esse projeto o cliente forneceu as seguintes temperaturas:

Máxima das rodas = T_R = 50 °C

Máxima da caixa = T_C = 45 °C

Das rodas no instante da máxima diferença = T_{Rmd} = 40 °C

Da caixa no instante da máxima diferença = T_{Cmd} = 30 °C

Regime de trabalho

Considerações sobre o regime de trabalho

Normalmente, as máquinas operam com torques que variam com o decorrer do tempo. Quando selecionamos uma determinada marcha na caixa de transmissão de um veículo, por exemplo, o torque para as engrenagens variará, dependendo das condições impostas pelo motor.

Podemos traçar uma curva de distribuição desses diferentes torques e gerar um histograma que traduz o regime de trabalho.

Normalmente, é função da engenharia experimental o fornecimento desses valores. Cada coluna do histograma reflete um torque e o percentual de utilização desse torque. Evidentemente, o percentual de todas as colunas, somado, representará 100% de utilização do par.

Para cada torque, serão necessários a rotação, a potência e o percentual de utilização. Esses três dados determinarão as condições em que a transmissão deverá se submeter.

Vamos definir melhor cada um:

Rotação: É a rotação da roda motora.

Menor rotação implica maior torque e maiores solicitações.

Maior rotação aumenta o perigo de transmissões com oscilações e choques além de aumentar as exigências de lubrificação e qualidade. Em rotações muito altas, o coeficiente de ressonância N pode estar na região crítica, ou seja, entre 0,85 e 1,15. Vamos analisar esse coeficiente adiante.

Potência: É a potência teórica aplicada ao eixo de entrada da transmissão.

Reduzem-se as dimensões do sistema, subdividindo o torque em transmissões paralelas, pela compensação das forças aplicadas nos dentes.

Percentual de utilização: É a fração percentual do tempo de funcionamento para cada combinação de potência e rotação. A soma dessas frações deve ser exatamente 100%.

> Para este projeto, o cliente estimou quatro faixas de torques:
> Faixa 1: Rotação = 1750 RPM, Potência = 130 cv, Utilização = 25%
> Faixa 2: Rotação = 1750 RPM, Potência = 155 cv, Utilização = 30%
> Faixa 3: Rotação = 1750 RPM, Potência = 115 cv, Utilização = 20%
> Faixa 4: Rotação = 1750 RPM, Potência = 100 cv, Utilização = 25%
>
> A faixa de maior torque é determinada pelo maior quociente de *Potência/Rotação*. Nesse caso, como a rotação é constante, o maior torque está na Faixa 2.
> Veja o histograma referente a estes dados na Figura 18.13. Ela é desenhada para dar uma ideia concreta do regime que estamos aplicando.

Projeto de um par de engrenagens cilíndricas externas

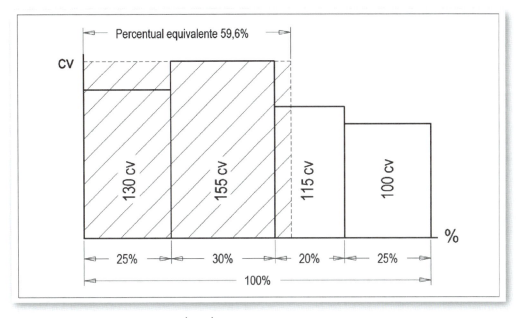

Figura 18.13 – Histograma de utilização.

No software Progear pode-se entrar com até seis faixas diferentes, ou seja:

Faixa 1: rotação 1, potência 1, percentual de utilização 1;

Faixa 2: rotação 2, potência 2, percentual de utilização 2;

:

Faixa 6: rotação 6, potência 6, percentual de utilização 6.

Com essas faixas de torques, o software calcula o percentual equivalente (U_{eq}) que, conjuntamente com os graus de irregularidade de acionamento das máquinas, determina a capacidade de sobrecarga e absorção de choques do sistema. O percentual equivalente é aplicado para a faixa de maior torque e é calculado conforme as equações a seguir:

$$P_{eq} = \Sigma_{n=1}^{N} \frac{P(n)^3}{v(n)^2} \cdot Ut(n) \tag{18.5}$$

$$U_{eq} = \frac{P_{eq}}{\left(\dfrac{P_T}{n_T}\right)^3 \cdot n_M} \tag{18.6}$$

onde:

P_{eq} = Potência equivalente.
U_{eq} = Percentual equivalente.
P_T = Potência na faixa de maior torque.
n_T = Rotação na faixa de maior torque.
n_M = Rotação média.

Percentual equivalente (U_{eq}) para este projeto:

$$P_{eq} = \frac{130^3}{1750^2} \cdot 25 + \frac{155^3}{1750^2} \cdot 30 + \frac{155^3}{1750^2} \cdot 20 + \frac{100^3}{1750^2} \cdot 25 = 72,5 \qquad \text{ref (18.5)}$$

$$U_{eq} = \frac{72,5}{\left(\frac{155}{1750}\right)^3 \cdot 1750} = 59,6\% \qquad \text{ref (18.6)}$$

Como vimos, para cada faixa, teremos um determinado torque. O torque máximo será considerado para os cálculos dos coeficientes de segurança.

Vida útil nominal requerida (V_R)

Considerações sobre a vida útil nominal requerida

É a vida útil esperada do equipamento, a qual será utilizada para os cálculos dos coeficientes de segurança.

Os fatores Y_N e Z_N são calculados em função da vida útil nominal requerida, e determinam os coeficientes de segurança.

Quanto maior for a vida requerida, menores serão os coeficientes de segurança.

A seguir estão alguns valores indicativos da vida útil nominal, em horas, para serviços intermitentes a plena carga segundo G. Niemann:

Máquinas operatrizes:
Mínimo: 100 h
Máximo: infinito
Máquinas de levantamento:
Talhas manuais e elétricas
Mínimo: 10 h
Máximo: 80 h

Talhas para material a granel:
Mínimo: 40 h
Máximo: 200 h
Talhas de garras:
Mínimo: 320 h
Máximo: infinito

Transmissões automotivas:
1ª marcha e ré auto-passeio
Mínimo: 10 h
Máximo: 40 h
1ª marcha e ré caminhões
Mínimo: 40 h
Máximo: 200 h
1ª marcha e ré tratores
Mínimo: 200 h
Máximo: infinito
Marchas superiores
Mínimo: infinito
Máximo: infinito

Para este projeto, o cliente especificou a vida útil da seguinte maneira:
Dois anos, cinco dias por semana, oito horas por dia
V_R = 4160 horas

Peso do par

O peso do par, em muitas aplicações é relevante.

Considerações sobre o peso

O peso total do conjunto varia quadraticamente com a distância entre centros. Em outras palavras, um pequeno aumento na distância entre centros, elevará substancialmente o peso do conjunto. Quando o peso for relevante, como nos casos de sistemas de transporte, temos de levar isso em consideração.

Para este projeto, o peso é irrelevante.

Materiais e tratamento térmico

Precisamos determinar:

1) Material para as engrenagens.
2) Material para a caixa.
3) Tratamento térmico das engrenagens.
4) Características metalúrgicas das engrenagens.

Material para as engrenagens

Considerações sobre o material para as engrenagens

Como dissemos no Capítulo 15, a seleção dos materiais deve ser baseada, se possível, em experiências anteriores para projetos semelhantes.

> Para esse projeto, como se trata de um redutor de velocidade, os critérios de escolha para as engrenagens são a força e o desgaste. Nesse caso, os materiais devem possuir uma resistência adequada às solicitações de flexão e propriedades que evitam um desgaste prematuro.
>
> Os aços para cementação atendem perfeitamente às exigências. Pertencem ao grupo dos aços com baixo teor de carbono.

A cementação consiste em um enriquecimento de carbono na superfície da peça. A têmpera é feita após a cementação e a transformação atinge, principalmente, a região cementada, o que resulta em uma elevada dureza superficial e, consequentemente, em uma ótima resistência à pressão e ao desgaste. O baixo teor de carbono no núcleo permite obter uma boa tenacidade, protegendo os dentes contra eventuais fraturas provocadas por trancos bruscos e violentos.

A seguir estão alguns dos aços para cementação mais utilizados comercialmente para a produção de engrenagens.

Norma SAE (norte-americana):

SAE 8620

SAE 4120

Norma DIN (alemã):

DIN 20MnCr5

DIN 16MnCr5

DIN 17CrNiMo6

DIN 18CrNiMo7

Projeto de um par de engrenagens cilíndricas externas

Para este projeto, vamos escolher o aço DIN 20MnCr5, forjado a quente em matriz fechada.

Material para a caixa

Considerações sobre o material da caixa

A importância do material da caixa no projeto das engrenagens é que seu coeficiente de dilatação térmica interfere no jogo entre flancos de serviço, principalmente quando o conjunto é submetido a altas temperaturas.

Para este projeto, o cliente especificou o ferro fundido.

Tratamento térmico das engrenagens

Considerações sobre o tratamento térmico das engrenagens

Como dissemos no Capítulo 15, seção "Aços para cementação", os dentes das rodas produzidas com aço cementado, temperado e revenido, possuem grande resistência à pressão, ao desgaste e à flexão, por conceder certa flexibilidade, em razão da dureza baixa do núcleo.

Para este projeto, vamos especificar:

Normalização da peça bruta forjada para dureza entre 140 e 180 HB.

Cementação com profundidade entre 0,7 e 0,9 mm, conforme os dados da Figura 15.1, medida após a operação de acabamento dos flancos dos dentes.

Como o sobremetal por flanco, calculado aqui, é de 0,1 mm, a especificação da camada cementada na folha de operação (processo) será de 0,8 a 1,0 mm.

Têmpera e revenimento para dureza superficial entre 58 a 62 HRc.

Dureza no núcleo em torno de 42 HRc, medida no centro do dente sobre o diâmetro de pé.

A confiabilidade a respeito do padrão de qualidade do material e do tratamento térmico aplicados, também influencia no dimensionamento das engrenagens. A Norma ISO 6336, parte 5, especifica três padrões de qualidade para o material e o tratamento térmico, cujas notações são ML, MQ e ME. Consulte a seção "Resistência dos materiais" no Capítulo 15. Um resumo das exigências de cada padrão pode ser visto no Quadro 15.2 para ML, no Quadro 15.3 para MQ e no Quadro 15.4 para ME.

Para este projeto vamos adotar o padrão MQ.

Características metalúrgicas das engrenagens

Considerações sobre as características metalúrgicas

Trata-se dos valores limites de resistência à flexão σ_{Flim} (veja no Capítulo 15, a seção "Valores limites de resistência à flexão") e à pressão σ_{Hlim} (veja no Capítulo 15, a seção "Valores limites de resistência à pressão").

Para este projeto vamos tomar os valores conforme Normas ISO 6336-5:

$\sigma_{Flim1} = 430$ N/mm²

$\sigma_{Flim2} = 430$ N/mm²

$\sigma_{Hlim1} = 1500$ N/mm²

$\sigma_{Hlim2} = 1500$ N/mm²

Lubrificação das engrenagens

Considerações sobre a lubrificação das engrenagens

A viscosidade do lubrificante influencia na capacidade de carga em relação à pressão entre os flancos dos dentes. A princípio, quanto maior a viscosidade, maior é a capacidade de carga. Consulte o Capítulo 16, que trata deste assunto.

Para este projeto, vamos adotar a lubrificação por imersão, muito apropriada para redutores de velocidade com caixa fechada. Este sistema de lubrificação está detalhado na seção "Sistema de imersão", no Capítulo 17.

Para a viscosidade, vamos adotar 320 cSt [mm²/s] a 40 °C. Este valor é compatível com a potência requerida e com as rotações das engrenagens.

Tanto o volume de óleo quanto a profundidade de imersão, podem ser determinadas com as equações a seguir:

Vamos transformar a potência de cv para kW:

$$P_T = 0{,}7355 \times 155 = 114 \quad [\text{kW}]$$

$$A = \left(\frac{0{,}1}{25 \cdot \cos 23{,}188056°} + \frac{0{,}03}{7{,}458 + 2} \right) 114 \approx 0{,}9 \qquad \text{ref (17.2)}$$

Volume inferior:

$$V_{li} = 2{,}5 \times 0{,}9 = 2{,}3 \quad [\text{litros}] \qquad \text{ref (17.3)}$$

Volume superior:

$$V_{ls} = 3,2 \times 0,9 = 2,9 \text{ [litros]} \qquad \text{ref (17.4)}$$

Profundidade inferior:

$$P_{ri} = 3 + 0,5 = 3,5 \text{ [mm]} \qquad \text{ref (17.5)}$$

Profundidade superior:

$$P_{rs} = 6 \times 3 + 0,5 = 18,5 \text{ [mm]} \qquad \text{ref (17.6)}$$

Rumorosidade

Considerações sobre a rumorosidade

O ruído provocado nas transmissões por engrenagens é um dos problemas mais preocupantes, tanto para os usuários dos equipamentos, quanto para os projetistas. As engrenagens fabricadas com aço, que compreendem a maioria, são, por si só, ruidosas. Podemos considerá-las como um sistema elástico vibrante, dotado de uma frequência própria de vibração e de certo grau de amortecimento sujeito a ação de impulsos. Os impulsos podem ser provocados pela máquina motora, pela máquina movida, pela excentricidade, pelo choque no início e fim do contato entre os dentes, entre outros.

Quando as cargas são baixas, materiais alternativos como resinas, por exemplo, resolvem o problema. Caso contrário, os principais recursos de que dispomos para minimizar o ruído das engrenagens são o aumento do ângulo de hélice e do recobrimento do perfil, para uma determinada classe de qualidade.

Para o nosso redutor, o ruído é um fator importante porque poderá afetar a qualidade do meio ambiente.

Custo

Considerações sobre o custo

As engrenagens, normalmente, são partes de um subconjunto como, por exemplo, uma caixa de transmissão automotiva que, por sua vez, é um agregado de um conjunto complexo como, neste caso, um automóvel. As engrenagens, como quaisquer outros elementos que compõem o conjunto, não devem ultrapassar determinado custo para não inviabilizar financeiramente a comercialização de tal produto.

A análise financeira se inicia pela definição do volume que a empresa pretende fabricar. Depois, calcula-se o investimento físico, definem-se e calculam-se os custos fixos, estimam-se os custos variáveis, projetam-se os custos totais, identificam-se os custos de comercialização e a margem de lucro, arbitra-se o preço de venda que, normalmente, é o preço que o mercado está disposto a pagar ou em função da concorrência, apuram-se as receitas e os resultados operacionais, projeta-se o investimento inicial para, finalmente, analisar a viabilidade financeira do empreendimento.

Como você deve ter percebido, para fazer a análise financeira, será necessário um bom volume de informações e, também, uma série de cálculos matemáticos.

Nossa preocupação como projetistas é restrita ao custo direto do produto que estamos desenvolvendo como, por exemplo, o custo da matéria-prima e dos componentes, o custo das operações etc.

Evidentemente, desejamos conceber um produto perfeito, que tenha alta capacidade de carga, vida útil infinita, baixo nível de ruído, ausência de vibração e precisão na transmissão entre outras "virtudes". Porém, nem sempre tudo isso é necessário. Vejamos dois exemplos:

O primeiro exemplo é em relação ao ruído. Todos temos em mente o ruído característico da marcha à ré de nossos automóveis. Ninguém se incomoda com ele, naturalmente. Não se incomodam porque ouvem aquilo alguns segundos por dia, quando ouvem! O ruído é audível somente na presença de velocidade e não em uma simples manobra.

Imaginemos agora se as engrenagens da 5ª marcha tivessem as mesmas características da marcha à ré. Seria uma tortura logo nos primeiros quilômetros de uma viagem.

Pergunta: As engrenagens da marcha à ré necessitam do mesmo rigor de qualidade das engrenagens da quinta marcha? É evidente que não.

O segundo exemplo é em relação à vida útil. Nos carros de competição, a mudança de marchas não possui as rotações sincronizadas, como em nossos automóveis. Há um acoplamento (dentes) na face das engrenagens que, durante a mudança, se choca com o acoplamento da acionadora (peça que se desloca na direção axial para a seleção da marcha). Esse acoplamento, geralmente, não resiste mais que duas corridas. Considerando-se os tempos para testes, ajuste do carro e as provas, 20 horas seriam suficientes. Outro fator relevante nesse caso é o peso.

Pergunta: Para que dimensionar os dentados das engrenagens para um número infinito de horas, se as peças serão substituídas por conta do desgaste dos acoplamentos?

Estou dizendo tudo isto para, mais uma vez, enfatizar que as engrenagens devem ser dimensionadas e acabadas para uma determinada aplicação, nunca acima das necessidades ou exigências.

ESFORÇOS ATUANTES NO PAR ENGRENADO

Nesta seção vamos analisar os esforços atuantes em um par de dentes engrenados durante o trabalho de transmissão. O esquema apresentado na Figura 18.14 mostra isso.

Observando pelo plano transversal (plano de rotação das engrenagens), a força F_n coincide com a linha de ação, que forma, com a reta perpendicular à linha que passa pelos centros das rodas, o ângulo de pressão transversal α_{wt}.

Observando pelo plano normal, a força F coincide com a linha de ação, que forma, com a reta perpendicular à linha que passa pelos centros das rodas, o ângulo de pressão normal α_{wn}.

A força F pode ser decomposta em três outras, ou seja, a força tangencial F_t, a força radial F_{rd} e a força axial F_{ax}.

A força tangencial F_t é utilizada para determinar o torque das engrenagens. A força radial F_{rd} e a força axial F_{ax} afetam somente os mancias nos quais as rodas estão suportadas.

A força F_b é a soma vetorial das forças F_t e F_{ax}.

Evidentemente, para dentados retos ($\beta = 0$), $F_{ax} = 0$ e $F_b = F_t$.

A força F_t pode ser determinada com as Equações (18.2) e (18.3) e as demais forças determinadas em função de F_t.

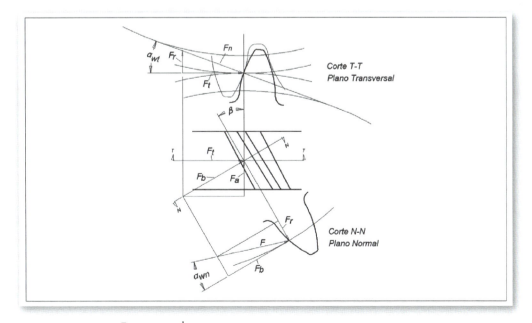

Figura 18.14 – Forças no dente.

$$F_{rd} = F_t \cdot \tan \alpha_{wt} \quad [N] \tag{18.7}$$

$$F_{ax} = F_t \cdot \tan \beta_w \quad [N] \tag{18.8}$$

$$F_b = \frac{F_t}{\cos \beta_w} \quad [N] \tag{18.9}$$

$$F = \frac{F_b}{\cos \alpha_{wn}} = \frac{F_t}{\cos \beta \cdot \cos \alpha_{wn}} \quad [N] \tag{18.10}$$

onde:

$$\alpha_{wn} = \tan^{-1}(\tan \alpha_{wt} \cdot \cos \beta) \tag{18.11}$$

β_w = Ângulo de hélice sobre o diâmetro primitivo

A força tangencial já foi determinada acima, quando calculamos as estimativas para as larguras:

$$F_t = 15285 \text{ N}.$$

O ângulo de pressão transversal, calculamos na seção "Fator de deslocamento dos perfis", neste capítulo:

$$\alpha_{wt} = 21{,}250629°$$

Agora, vamos determinar as demais forças que atuam sobre os dentes:
Força radial F_{rd}:

$$F_{rd} = 15285 \cdot \tan 21{,}250629° = 5944 \quad [N] \qquad \text{ref (18.7)}$$

Força axial F_{ax}:
Inicialmente precisamos determinar o ângulo de hélice sobre o diâmetro primitivo β_w:

$$\beta_w = \tan^{-1}\left(\frac{\tan \beta \cdot d_W}{d}\right) = \tan^{-1}\left(\frac{\tan 23{,}188056° \times 81{,}395}{81{,}591}\right) = 23{,}138221°$$

$$F_{ax} = 15285 \cdot \tan 23{,}138221° = 6532 \quad [N] \qquad \text{ref (18.8)}$$

Força tangencial no plano normal F_b:

$$F_b = \frac{F_t}{\cos \beta_w} = \frac{15285}{\cos 23{,}138221°} = 16622 \quad [N] \qquad \text{ref (18.9)}$$

Para calcular a força F, precisamos do ângulo de pressão normal α_{wn}:

$$\alpha_{wn} = \tan^{-1}(\tan 21{,}250629° \cdot \cos 23{,}188056°) = 19{,}670737° \qquad \text{ref (18.11)}$$

$$F = \frac{F_b}{\cos \alpha_{wn}} = \frac{16622}{\cos 19{,}670737°} = 15652 \ [\text{N}] \qquad \text{ref (18.10)}$$

VELOCIDADES DE DESLIZAMENTO ENTRE OS FLANCOS CONJUGADOS

Leia a seção "Deslizamento relativo entre os flancos evolventes" no Capítulo 3, para compreender o fenômeno.

A velocidade de deslizamento relativa entre a cabeça do pinhão com o pé da coroa (v_{ga}) é determinada por meio das equações a seguir:

Velocidade angular da roda 1 (ω_1)

$$\omega_1 = \frac{1750 \cdot \pi}{30000} = 0{,}18326 \ [\text{rad/s}] \qquad \text{ref (3.45)}$$

$$g_a = \frac{1}{2} \cdot (\sqrt{89{,}05^2 - 75{,}861^2} - 75{,}861 \cdot \tan 21{,}250629°) = 8{,}568 \qquad \text{ref (3.48)}$$

$$u = \frac{61}{25} = 2{,}44 \qquad \text{ref (3.49)}$$

$$v_{ga} = 0{,}18326 \times 8{,}568 \left(1 + \frac{1}{2{,}44}\right) = 2{,}213 \ [\text{m/s}] \qquad \text{ref (3.50)}$$

A velocidade de deslizamento relativa entre a cabeça da coroa com o pé do pinhão (v_{gf}) é determinada por meio das equações a seguir:

$$g_f = \frac{1}{2} \cdot (\sqrt{206{,}77^2 - 185{,}1^2} - 185{,}1 \cdot \tan 21{,}250629°) = 10{,}084 \qquad \text{ref (3.51)}$$

$$v_{gf} = 0{,}18326 \times 10{,}084 \left(1 + \frac{1}{2{,}44}\right) = 2{,}605 \ [\text{m/s}] \qquad \text{ref (3.52)}$$

FATORES DE INFLUÊNCIA

Os fatores de influência fornecidos pelas normas alemãs DIN 3990 bem como pelas normas internacionais ISO 6336 foram determinados a partir dos resultados de pesquisas e serviços de campo. Como o próprio nome diz, eles levam em conta os fatores que influenciam na vida útil das engrenagens.

É possível estabelecer esses fatores por métodos alternativos (A até E) e podem ser distinguidos por sufixos adicionais que correspondem ao método utilizado.

O método A é mais preciso que o B, que é mais preciso que o C, e assim por diante.

No método A, os fatores de influência são determinados por medições precisas em conjuntos existentes ou por uma compreensiva análise matemática do sistema. Todas as características funcionais e geométricas das engrenagens devem ser conhecidas.

No método B, os fatores de influência são determinados por meio de hipóteses específicas e empíricas.

No método C, os fatores de influência são determinados de maneira análoga ao método B, exceto que as hipóteses já são dadas.

Nos métodos D e E, os fatores de influência são determinados por procedimentos específicos.

Todos os fatores de influência são adimensionais, exceto o fator de elasticidade Z_E, aplicado ao cálculo de pressão, que tem unidade igual à $\sqrt{N/mm^2}$.

Não usaremos, aqui, métodos gráficos ou diagramas, por causa de suas limitações e imprecisões. Por meio de cálculos, as possibilidades se ampliam para, praticamente, todas as formas de dentes.

A Tabela 18.2 contém todos os fatores de influência, e mostra onde e como são aplicados.

Onde:

- Para o dimensionamento à flexão, setas na coluna *Flexão*.
- Para o dimensionamento à pressão, setas na coluna *Pressão*.

Como:

- Aplicados na proporção direta, quando as setas apontam para cima.
- Aplicados na proporção inversa, quando as setas apontam para baixo.

O fator se aplica na proporção direta, quando seu aumento implica o aumento da segurança (e da vida útil). Ao contrário, o fator se aplica na proporção inversa, quando seu aumento implica em uma redução da segurança.

Projeto de um par de engrenagens cilíndricas externas

Tabela 18.2 – Fatores de influência

Fator	Flexão	Pressão	Fator	Flexão	Pressão
K_V	↓	↓	Y_β	↓	
$K_{H\alpha}$		↓	Z_H		↓
$K_{H\beta}$		↓	Z_ε		↓
$K_{F\alpha}$	↓		Z_E		↓
$K_{F\beta}$	↓		Z_β		↓
Y_{F1}	↓		Z_L		↑
Y_{F2}	↓		Z_V		↑
Y_{S1}	↓		Z_R		↑
Y_{S2}	↓		Z_W		↑
$Y_{\delta relT1}$	↑		Z_{X1}		↑
$Y_{\delta relT2}$	↑		Z_{X2}		↑
$Y_{R relT1}$	↑		Z_B		↓
$Y_{R relT2}$	↑		Z_D		↓
Y_{X1}	↑		Z_{Ns1}		↓
Y_{X2}	↑		Z_{Ns2}		↓
Y_{N1}	↓		Z_{Nc1}		↓
Y_{N2}	↓		Z_{Nc2}		↓

A seguir estão detalhados todos os fatores de influência:

Fator de dinâmica (K_V)

O fator de dinâmica leva em conta a influência das cargas dinâmicas internas, provenientes da rigidez dos dentes, do deslocamento do perfil, da velocidade periférica, das massas giratórias (momentos de inércia) e das condições de contato.

As principais influências são:

- Erro de conformação das engrenagens, principalmente de divisão e de perfil.
- Momento de inércia polar de ambas as rodas.
- Frequência das oscilações causadas em razão da rigidez do engrenamento.
- Carga transmitida.

Influenciam também com menor importância:

- Lubrificação.
- Característica de amortecimento do sistema.
- Rigidez do eixo e dos suportes.

Este fator:

- É aplicado na proporção inversa, tanto no cálculo de flexão quanto no cálculo de pressão.
- Depende da força tangencial aplicada ($F_t \cdot K_A$).

Para a determinação do fator K_V vamos utilizar o método B da Norma ISO 6336.

Inicialmente, é necessário conhecer a rotação crítica. Com ela, podemos calcular o coeficiente de ressonância N, que indica em que setor de ressonância se encontra o par engrenado.

Definição de ressonância

Quando a frequência de excitação (como a frequência dos dentes engrenados e seus harmônicos) coincidir ou quase coincidir com uma frequência natural de vibração do sistema (engrenamento), a vibração de ressonância pode causar uma carga dinâmica muito alta.

Quando a magnitude da carga dinâmica interna, a uma determinada velocidade, comprometer a estabilidade do sistema por meio de uma ressonância maior, a operação perto dessa velocidade deve ser evitada.

Coeficiente de ressonância (N)

$$N = \frac{\text{rotação efetiva}}{\text{rotação crítica}} = \frac{n_1}{n_{E1}} \qquad (18.12)$$

Existem quatro setores, a saber:

Subcrítico (quando $N < N_S$):

Para cargas onde $\dfrac{F_t \cdot K_A}{b} < 100$ N/mm:

$$N_S = 0{,}5 + 0{,}35 \sqrt{\frac{F_t \cdot K_A}{100\, b}} \qquad (18.13)$$

Para cargas onde $\dfrac{F_t \cdot K_A}{b} \geq 100$ N/mm:

$$N_S = 0{,}85 \qquad (18.14)$$

Nesse setor, pode haver ressonância, principalmente em dentes retos, para N=1/2 e N=1/3. As ressonâncias com pequenas amplitudes como N=1/4, N=1/5,..., raramente são problemáticas.

Quando $F_t \cdot K_A / b < 50$ N/mm, há risco de vibração (em algumas circunstâncias, com a separação dos flancos dos dentes em trabalho), sobretudo para as engrenagens com qualidades grosseiras operando em altas velocidades.

Crítico ou Principal (quando $N_S \leq N \leq 1{,}15$)

Em geral, operação nesse setor deve ser evitada, especialmente em rodas com dentes retos sem modificação no perfil, ou em rodas com dentes inclinados, com baixo grau de qualidade.

Rodas com dentes helicoidais de alta qualidade, com grau de recobrimento total maior que dois, e coadjuvada por um bem elaborado projeto de modificação do perfil evolvente, podem funcionar satisfatoriamente nesse setor.

Intermediário (quando $1{,}15 < N < 1{,}5$)

Devem ser aplicadas neste setor de ressonância, todas as limitações mencionadas para o setor crítico.

Supercrítico (quando $N \geq 1{,}5$):

Devem ser aplicadas também neste setor de ressonância, todas as limitações mencionadas para o setor crítico. Dentro deste campo, picos poderão ocorrer para N = 2, N = 3,... etc.

Para o setor de ressonância crítico, foram adotados os limites entre N_S e 1,15 quando, teoricamente, deveria ser 1,00. A razão disto é a segurança. Na prática, por causa da não inclusão nos cálculos da rigidez dos eixos, dos rolamentos e da caixa, dentre outros componentes, a ressonância poderá ser maior ou menor que aquelas já calculadas.

A maioria das aplicações, tanto industriais quanto automobilísticas, opera com N menor que N_S, ou seja, no setor subcrítico de ressonância. A Figura 18.15 mostra um exemplo de diagrama dos quatro setores de ressonância.

Determinação da rotação de ressonância de um par de engrenagens

$$n_{E1} = \frac{30 \times 10^3}{n \cdot z_1} \cdot \sqrt{\frac{c_y}{m_{red}}} \qquad (18.15)$$

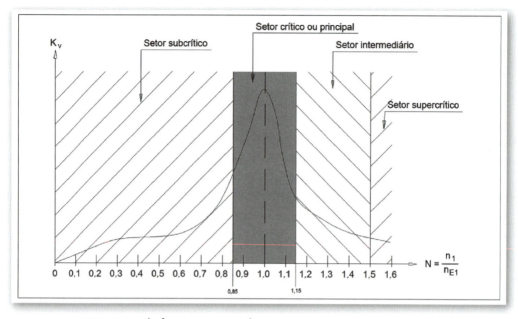

Figura 18.15 – Setor de funcionamento das engrenagens.

onde:

m_{red} = Massa reduzida equivalente [kg/mm].
z_1 = Número de dentes do pinhão.
c_γ = Rigidez do engrenamento [N/(mm · µm)].

$$m_{red} = \frac{m^*_1 \cdot m^*_2}{n_{mov}(m^*_1 + m^*_2)} \qquad (18.16)$$

$$m^*_1 = \frac{J^*_1}{r^2_{b1}} \qquad (18.17)$$

$$m^*_2 = \frac{J^*_2}{r^2_{b2}} \qquad (18.18)$$

onde:

m^*_1 = Massa relativa individual por mm de largura dos dentes do pinhão [kg/mm].
m^*_2 = Massa relativa individual por mm de largura dos dentes da coroa [kg/mm].
J^*_1 = Momento polar de inércia por mm de largura dos dentes do pinhão [kg · mm²/mm].
J^*_2 = Momento polar de inércia por mm de largura dos dentes da coroa [kg · mm²/mm].

Projeto de um par de engrenagens cilíndricas externas

r_{b1} = Raio base do pinhão [mm].
r_{b2} = Raio base da coroa [mm].
n_{mov} = Número de rodas conjugadas (movidas).

$$J_1^* = \frac{i_1}{b_1} \quad (18.19)$$

$$J_2^* = \frac{i_2}{b_2} \quad (18.20)$$

$$i_1 = Q_1 \cdot \frac{\pi}{2} \cdot b_1 \cdot \left[r_{m1}^4 - \left(\frac{d_{i1}}{2}\right)^4 + \left(\frac{d_{sh1}}{2}\right)^4 \right] \quad (18.21)$$

$$i_2 = Q_2 \cdot \frac{\pi}{2} \cdot b_2 \cdot \left[r_{m2}^4 - \left(\frac{d_{i2}}{2}\right)^4 \right] \quad (18.22)$$

$$r_{m1} = \frac{d_{a1} + d_{f1}}{4} \quad e \quad r_{m2} = \frac{d_{a2} + d_{f2}}{4} \quad (18.23)$$

onde:
Q_1 = Densidade do material do pinhão [kg/mm³].
Q_2 = Densidade do material da coroa [kg/mm³].
d_{a1} = Diâmetro de cabeça do pinhão.
d_{a2} = Diâmetro de cabeça da coroa.
d_{f1} = Diâmetro de pé do pinhão.
d_{f2} = Diâmetro de pé da coroa.
d_{i1} = Diâmetro do aro do pinhão (ver Figura 18.16).
d_{i2} = Diâmetro do aro da coroa (ver Figura 18.16).
d_{sh1} = Diâmetro do eixo do pinhão.

Parâmetros da rigidez do dentado c' e c_γ

O parâmetro de rigidez dos dentes representa uma carga (por milímetro de largura do dentado), atuando sobre a linha de ação, necessária para produzir uma deformação de 1 μm em um ou mais pares de dentes em contato.

Na verdade, c_γ é o valor médio da rigidez total do dentado no plano transversal, sendo c' o valor máximo de rigidez dos dentes por unidade de largura (rigidez simples).

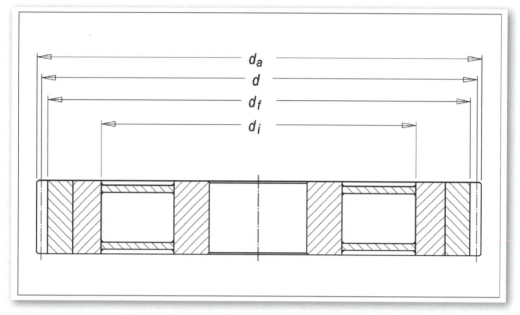

Figura 18.16 – Definição de vários diâmetros.

O método aqui mostrado (método B conforme norma ISO 6336) foi baseado em estudos do comportamento elástico em engrenagens retas de corpo sólido, cujos dentes são cortados com perfil de referência standard. O estudo foi baseado em uma carga específica de $F_t/b = 300$ N/mm.

Com os resultados obtidos por esse método, que é teórico, foi obtido o valor da rigidez simples c'_{th}. A diferença entre os resultados obtidos por esse método e os resultados obtidos por medições, foram ajustados por meio dos fatores C_M, C_R e C_B além do $cos\ \beta$ que converte a rigidez calculada na seção normal de um dentado virtual para a seção transversal de um dentado real. Dessa maneira chegou-se à equação para a determinação de c_γ.

$$A_1 = 0,04723 \qquad (18.24)$$

$$A_2 = \frac{0,15551}{z_{n1}} \qquad (18.25)$$

$$A_3 = \frac{0,25791}{z_{n2}} \qquad (18.26)$$

Projeto de um par de engrenagens cilíndricas externas

$$A_4 = -0{,}00635\, x_1 \tag{18.27}$$

$$A_5 = \frac{-0{,}11654\, x_1}{z_{n1}} \tag{18.28}$$

$$A_6 = -0{,}00193\, x_2 \tag{18.29}$$

$$A_7 = \frac{-0{,}24188\, x_2}{z_{n2}} \tag{18.30}$$

$$A_8 = 0{,}00529\, x_1^2 \tag{18.31}$$

$$A_9 = 0{,}00182\, x_2^2 \tag{18.32}$$

Cálculo do mínimo valor de flexibilidade de um par de dentes (q') [(mm · µm) / N]

$$q' = A_1 + A_2 + A_3 + A_4 + A_5 + A_6 + A_7 + A_8 + A_9 \tag{18.33}$$

Cálculo do máximo valor teórico de rigidez (c'_{th}) [N / (mm · µm)]

$$c'_{th} = \frac{1}{q'} \tag{18.34}$$

Fator de correção C_M

O fator de correção C_M, não deve ser confundido com o fator de deslocamento do perfil (x). C_M leva em conta a diferença entre os valores medidos e os valores teóricos calculados para as rodas dentadas cujo formato é um disco sólido.

$$C_M = 0{,}8 \tag{18.35}$$

Fator do blank da coroa C_R

O fator de blank da coroa leva em conta a flexibilidade das coroas desenhadas com anéis e almas. Veja a Figura 18.12A.

Cálculo do fator de blank da coroa C_R

$$C_R = 1 + \frac{\ln\left(\dfrac{b_S}{b_2}\right)}{5 \cdot e^{\left(0{,}2\,\frac{s_R}{m_n}\right)}} \tag{18.36}$$

Espessura do aro S_R

$$s_R = \frac{d_f - d_i}{2} \quad (18.37)$$

Para a equação anterior, observar as seguintes condições:

$$\text{Quando } \frac{b_S}{b_2} < 0{,}2 \rightarrow \text{substituir por } \frac{b_S}{b_2} = 0{,}2$$

$$\text{Quando } \frac{b_S}{b_2} > 1{,}2 \rightarrow \text{substituir por } \frac{b_S}{b_2} = 1{,}2$$

$$\text{Quando } \frac{s_R}{m_n} < 1 \rightarrow \text{substituir por } \frac{s_R}{m_n} = 1$$

b_s = Espessura da alma em mm.

Para rodas sólidas (sem anéis e almas):

$$C_R = 1 \quad (18.38)$$

Fator de perfil de referência C_B

O fator C_B leva em conta as divergências entre o perfil de referência real e o perfil de referência standard (ISO 53 e DIN 867).

Cálculo do fator de perfil de referência C_B

$$C_{B1} = \left[1 + 0{,}5\left(1{,}2 - \frac{h_{fP1}}{m_n}\right)\right] \cdot [1 - 0{,}02(20° - \alpha_n)] \quad (18.39)$$

$$C_{B2} = \left[1 + 0{,}5\left(1{,}2 - \frac{h_{fP2}}{m_n}\right)\right] \cdot [1 - 0{,}02(20° - \alpha_n)] \quad (18.40)$$

$$C_B = \frac{C_{B1} + C_{B2}}{2} \quad (18.41)$$

onde:
h_{aP1} = Addendum do pinhão [mm].
h_{aP2} = Addendum da coroa [mm].
h_{fP1} = Deddendum do pinhão [mm].

h_{fP2} = Deddendum da coroa [mm].
α_n = Ângulo de perfil normal [graus].

Para engrenagens com dentes conforme o perfil de referência standard, ou seja:
$\alpha_n = 20°$
$h_{aP} = m_n$
$h_{fP} = 1,2 \, m_n$ ou $1,25 \, m_n$
$r_k = 0,2 \, m_n$ ou $0,25 \, m_n$

$$C_B = 1$$

$$c' = c'_{th} \cdot C_M \cdot C_R \cdot C_B \cdot \cos \beta \qquad (18.42)$$

A Equação (18.42) é suficientemente precisa desde que as condições a seguir sejam satisfeitas:

- Dentados externos.
- Perfil de referência qualquer.
- Dentados retos e helicoidais com $\beta \leq 45°$.
- Engrenagens manufaturadas com aço/aço.
- Formato do blank qualquer.
- Pinhão integrado ao eixo (peça única), ajuste com interferência ou encaixe com estriados. Quando o eixo e o cubo estão nessas condições, o torque se propaga uniformemente na circunferência dos assentos.
- Carga específica $\dfrac{F_t \cdot K_A}{b} \geq 100$ N/mm.

Um valor aproximado de c' pode também ser determinado com algumas alterações para os seguintes casos:

- Dentados internos;
- Engrenagens manufaturadas com materiais diferentes de aço/aço;
- Ajuste entre pinhão e eixo com a utilização de chaveta;
- Carga específica $\dfrac{F_t \cdot K_A}{b} < 100$ N/mm.

Veja como:

Para dentados internos

A Equação (18.33) deve ser substituída por esta:

$$q' = A_1 + A_2 + A_4 + A_5 + A_6 + A_8 + A_9 \qquad (18.43)$$

Engrenagens manufaturadas com materiais diferentes de aço/aço.

Para uma combinação de diferentes materiais entre o pinhão e a coroa (diferente de aço/aço), a rigidez simples (c') pode ser determinada por meio da seguinte equação:

$$c' = c'_{aço/aço} \left(\frac{E}{E_{aço}} \right) \qquad (18.44)$$

onde:

E_1 = Módulo de elasticidade do material do pinhão (N/mm²).
E_2 = Módulo de elasticidade do material da coroa (N/mm²).
E = Módulo de elasticidade combinado (N/mm²):

$$E = \frac{2 \cdot E_1 \cdot E_2}{E_1 + E_2} \qquad (18.45)$$

Por exemplo:

($E / E_{aço}$) = 0,74 para aço/ferro fundido cinzento.
($E / E_{aço}$) = 0,59 para ferro fundido cinzento/ferro fundido cinzento.

Ajuste entre pinhão e eixo com a utilização de chaveta

Segundo a norma ISO 6336, se o pinhão ou a coroa, ou, ainda, ambos são montados no eixo com chaveta, a rigidez simples, sob carga constante, varia entre os valores máximos e mínimos duas vezes por revolução.

Quando uma roda do par é assentada no eixo com chaveta e a outra montada com interferência ou com encaixes estriados, ou se for peça única (eixo e roda integrados), o valor médio da rigidez simples é cerca de 5% maior do que o valor mínimo. Quando ambas as rodas do par são assentadas no eixo com chavetas, o valor médio da rigidez simples é cerca de 10% maior do que o valor mínimo.

O valor mínimo é aproximadamente igual à rigidez simples com interferência ou encaixes estriados ou se for peça única (eixo e roda integrados).

Carga específica $F_t \cdot KA / b < 100$ N / mm

No carregamento específico baixo, a rigidez simples diminui com a redução da carga. Por meio de aproximação, quando $F_t \cdot K_A / b < 100$ N / mm:

$$c' = c'_{th} \cdot C_M \cdot C_R \cdot C_B \cdot \cos\beta \cdot \left[\frac{\left(\frac{F_t \cdot K_A}{b}\right)}{100}\right]^{0,25} \tag{18.46}$$

Rigidez do engrenamento c_γ

Seguindo os métodos citados aqui para dentados retos com grau de recobrimento de perfil $\varepsilon_\alpha \geq 1,2$ e dentados helicoidais com ângulo de hélice $\beta \leq 45°$, a rigidez de engrenamento pode ser determinada pela equação a seguir:

$$c_\gamma = c' \, (0,75 \, \varepsilon_\alpha + 0,25) \tag{18.47}$$

Observação: O valor de c_γ pode ser até 10% menor que os valores da equação anterior, quando o dentado for reto e o grau de recobrimento de perfil $\varepsilon_\alpha < 1,2$.

Fator de dinâmica no setor subcrítico ($N < N_S$)

$$K_V = N \cdot K + 1 \tag{18.48}$$

Fator de dinâmica no setor crítico ou principal de ressonância ($N_S \leq N \leq 1,15$)

$$K_V = C_{V1} \cdot B_p + C_{V2} \cdot B_f + C_{V4} \cdot B_k + 1 \tag{18.49}$$

Observação: O fator de dinâmica real pode ser até 40% maior daquele calculado com as equações anteriores, se as engrenagens não forem extremamente precisas, principalmente quando possuírem dentados retos sem uma apropriada modificação no perfil.

Fator de dinâmica no setor supercrítico ($N \geq 1,5$)

$$K_V = C_{V5} \cdot B_p + C_{V6} \cdot B_f + C_{V7} \tag{18.50}$$

A maioria das engrenagens de alta precisão aplicada em turbinas e também em outras transmissões que operam em altas velocidades, se inclui neste setor.

Fator de dinâmica no setor intermediário de ressonância ($1,15 < N < 1,5$)

Neste setor, o fator de dinâmica é determinado por meio de interpolação linear entre K_V em $N = 1,15$ e K_V em $N = 1,5$.

$$K_V = K_{V(N=1,5)} + \frac{K_{V(N=1,15)} - K_{V(N=1,5)}}{0,35} \cdot (1,5 - N) \qquad (18.51)$$

Variáveis auxiliares

$$K = C_{V1} \cdot B_p + C_{V2} \cdot B_f + C_{V3} \cdot B_k \qquad (18.52)$$

Para grau de recobrimento total: $1 < \varepsilon_\tau \leq 2$:

$$C_{V1} = 0,32 \qquad (18.53)$$

$$C_{V2} = 0,34 \qquad (18.54)$$

$$C_{V3} = 0,23 \qquad (18.55)$$

$$C_{V4} = 0,90 \qquad (18.56)$$

$$C_{V5} = 0,47 \qquad (18.57)$$

$$C_{V6} = 0,47 \qquad (18.58)$$

Para grau de recobrimento total: $1 < \varepsilon_\tau \leq 1,5$:

$$C_{V7} = 0,75 \qquad (18.59)$$

Para grau de recobrimento total: $\varepsilon_\tau > 2$:

$$C_{V1} = 0,32 \qquad (18.60)$$

$$C_{V2} = \frac{0,57}{\varepsilon_\tau - 0,3} \qquad (18.61)$$

$$C_{V3} = \frac{0,096}{\varepsilon_\tau - 1,56} \qquad (18.62)$$

$$C_{V4} = \frac{0,57 - 0,05 \cdot \varepsilon_\tau}{\varepsilon_\tau - 1,44} \qquad (18.63)$$

$$C_{V5} = 0,47 \qquad (18.64)$$

$$C_{V6} = \frac{0,12}{\varepsilon_\tau - 1,74} \qquad (18.65)$$

Para grau de recobrimento total: $1,5 < \varepsilon_\tau \leq 2,5$:

$$C_{V7} = 0,125 \cdot \text{sen}[\pi(\varepsilon_\tau - 2)] + 0,875 \qquad (18.66)$$

Para grau de recobrimento total: $\varepsilon_\tau > 2{,}5$:

$$C_{V7} = 1{,}0 \qquad (18.67)$$

Determinação dos parâmetros B_p, B_f e B_k

$$B_p = \frac{c' \cdot f_{pe\,eff}}{K_A \cdot \dfrac{F_t}{b}} \qquad (18.68)$$

$$B_f = \frac{c' \cdot f_{f\,eff}}{K_A \cdot \dfrac{F_t}{b}} \qquad (18.69)$$

$$B_k = \left| 1 - \frac{c' \cdot C_k}{K_A \cdot \dfrac{F_t}{b}} \right| \qquad (18.70)$$

Observação: B_p, B_f e B_k são parâmetros adimensionais que levam em conta o efeito dos erros do dentado sob a ação da carga dinâmica e da modificação do perfil.

$$f_{pe\,eff} = f_{pe} - y_\alpha \qquad (18.71)$$

$$f_{f\,eff} = f_f - y_\alpha \qquad (18.72)$$

onde:

f_{pe} pode ser determinado com as Equações (11.57) ou (11.58) e f_f com as Equações (11.74) ou (11.75).

Para aço estrutural, aço endurecido e ferro fundido nodular perlítico ou bainítico:

$$y_\alpha = \frac{160}{\sigma_{H\,lim}} \cdot f_{pe} \qquad (18.73)$$

onde:

Para $v \leq 5$ m/s: Sem restrição.

Para 5 m/s $< v \leq 10$ m/s: O limite superior de y_α é $12800 / \sigma_{H\,lim}$, correspondendo a $f_{pe} = 80$ μm.

Para $v > 10$ m/s: O limite superior de y_α é $6400 / \sigma_{H\,lim}$, correspondendo a $f_{pe} = 40$ μm.

Para ferro fundido cinzento e ferro fundido nodular ferrítico:

$$y_\alpha = 0{,}275 \cdot f_{pe} \qquad (18.74)$$

onde:

Para $v \leq 5$ m/s: Sem restrição.

Para 5 m/s $< v \leq 10$ m/s: O limite superior de y_α é 22 μm, correspondendo a $f_{pe} = 80$ μm.

Para $v > 10$ m/s: O limite superior de y_α é 11 μm, correspondendo a $f_{pe} = 40$ μm.

Para aços cementados, nitretados ou carbonitretados:

$$y_\alpha = 0{,}075 \cdot f_{pe} \qquad (18.75)$$

Esta equação é válida para todas as velocidades (v), porém, o limite superior de y_α é 3 μm, correspondendo a $f_{pe} = 40$ μm.

Observação: Para materiais diferentes, deve-se determinar $y_{\alpha 1}$ para o pinhão e $y_{\alpha 2}$ para a coroa. O valor médio deve ser aplicado ao cálculo.

$$y_\alpha = \frac{y_{\alpha 1} + y_{\alpha 2}}{2} \qquad (18.76)$$

C_k = valor que especifica o recuo na cabeça e/ou no pé dos dentes, nos perfis modificados.

Observação: Se nenhum recuo for especificado para os dentes, C_k deve ser substituído por C_{ky}, determinado com as equações a seguir.

Se os materiais do pinhão e da coroa forem iguais:

$$C_{ky} = \frac{1}{18}\left(\frac{\sigma_{H\lim}}{97} - 18{,}45\right)^2 + 1{,}5 \qquad (18.77)$$

Se os materiais do pinhão e da coroa forem diferentes:

$$C_{ky} = \frac{1}{36}\left[\left(\frac{\sigma_{H1\lim}}{97} - 18{,}45\right)^2 + \left(\frac{\sigma_{H2\lim}}{97} - 18{,}45\right)^2\right] + 1{,}5 \qquad (18.78)$$

Determinação da rotação de ressonância de um conjunto epicicloidal

O comportamento vibratório de um conjunto epicicloidal é muito complexo, em virtude dos diversos engrenamentos simultâneos. Por isso, a determinação do fator de dinâmica com a utilização das hipóteses do método apresentado aqui se torna muito imprecisa. No entanto, aplicado com as modificações mostradas a seguir, pode ser usado para uma primeira estimativa de K_V.

Par: Roda solar e Roda planetária

A redução de massa para a determinação da rotação de ressonância de uma roda solar (n_{E1}) é dada por:

$$m_{red} = \frac{m^*_{pla} \cdot m^*_{sol}}{(n_{mov} \cdot m^*_{pla}) + m^*_{sol}} \tag{18.79}$$

onde:

n_{mov} = Número de rodas planetárias conjugadas à roda solar.

m^*_{sol} = Momento polar de inércia por mm de largura da roda solar, dividido por $r^2_{b\,sol}$, ou seja,

$$m^*_{sol} = \frac{J^*_{sol}}{r^2_{b\,sol}} \tag{18.80}$$

$$r_{b\,sol} = \frac{d_{b\,sol}}{2} \tag{18.81}$$

m^*_{pla} = momento polar de inércia por mm de largura da roda planetária, dividido por $r^2_{b\,pla}$, ou seja,

$$m^*_{pla} = \frac{J^*_{pla}}{r^2_{b\,pla}} \tag{18.82}$$

$$r_{b\,pla} = \frac{d_{b\,pla}}{2} \tag{18.83}$$

O valor de m_{red} aqui determinado deve ser usado na Equação (18.15), onde z_1 é o número de dentes da roda solar.

Para a determinação dos parâmetros B_p, B_f e B_k, aplicar a força tangencial total dividida pelo número de rodas planetárias, ou seja, em vez de F_t utilize F_t/n_{mov}.

Par: Roda planetária e Roda anelar com dentes internos

Para a roda anelar, vamos considerá-la fixa em relação à rotação. Portanto, sua massa pode ser considerada infinita. Assim, a massa reduzida torna-se igual à massa relativa, m_{pla}, da roda planetária. Isso pode ser determinado como:

$$m_{red} = m^*_{pla} = \frac{\pi}{8} \cdot \frac{d^4_{m\,pla}}{d^2_{b\,pla}} \cdot (1 - q^4_{pla}) \cdot Q_{pla} \qquad (18.84)$$

$$d_{m\,pla} = \frac{d_{a\,pla} + d_{f\,pla}}{2} \qquad (18.85)$$

$$q_{pla} = \frac{d_{i\,pla}}{d_{m\,pla}} \qquad (18.86)$$

onde:

Q_{pla} = Densidade do material da planetária. Para aço: $7{,}83 \times 10^{-6}$ kg/mm³

$d_{i\,pla}$ = Diâmetro do aro da planetária [mm].

Vamos calcular a rotação crítica e o coeficiente de ressonância N do nosso redutor.

$$r_{m1} = \frac{89{,}475 + 71{,}44}{4} = 40{,}229 \qquad \text{ref (18.23)}$$

$$r_{m2} = \frac{207{,}06 + 189{,}02}{4} = 99{,}02 \qquad \text{ref (18.23)}$$

no caso do aço, a densidade é 0,00000783 kg/mm³

$$i_1 = 0{,}00000783 \cdot \frac{\pi}{2} \cdot 20 \left[40{,}229^4 - \left(\frac{70}{2}\right)^4 + \left(\frac{70}{2}\right)^4\right] = 644{,}255 \qquad \text{ref (18.21)}$$

$$i_2 = 0{,}00000783 \cdot \frac{\pi}{2} \cdot 20 \left[99{,}02^4 - \left(\frac{140}{2}\right)^4\right] = 17742{,}344 \qquad \text{ref (18.22)}$$

$$J^*_1 = \frac{644{,}255}{20} = 32{,}213 \; [\text{kg} \cdot \text{mm}^2/\text{mm}] \qquad \text{ref (18.19)}$$

Projeto de um par de engrenagens cilíndricas externas

$$J_2^* = \frac{17742,344}{20} = 887,117 \quad [kg \cdot mm^2/mm] \qquad \text{ref (18.20)}$$

$$m_1^* = \frac{32,213}{37,931^2} = 0,02239 \quad [kg/mm] \qquad \text{ref (18.17)}$$

$$m_2^* = \frac{887,117}{92,55^2} = 0,10357 \quad [kg/mm] \qquad \text{ref (18.18)}$$

$$m_{red} = \frac{0,02239 \times 0,10357}{1 \times (0,02239 + 0,10357)} = 0,01841 \quad [kg/mm] \qquad \text{ref (18.16)}$$

Agora vamos determinar os parâmetros da rigidez do dentado c' e c_γ:

Ângulo de hélice sobre o diâmetro base:

$$\beta_b = \text{sen}^{-1}(\text{sen } 23,188056° \cdot \cos 20°) = 21,715879° \qquad \text{ref (7.37)}$$

Número de dentes virtual da roda 1:

$$z_{n1} = \frac{25}{\cos^2 21,715879° \cdot \cos 23,188056°} = 31,511 \qquad \text{ref (7.59)}$$

Número de dentes virtual da roda 2:

$$z_{n2} = \frac{61}{\cos^2 21,715879° \cdot \cos 23,188056°} = 76,887 \qquad \text{ref (7.60)}$$

$$A_1 = 0,04723 \qquad \text{ref (18.24)}$$

$$A_2 = \frac{0,15551}{31,511} = 0,004935 \qquad \text{ref (18.25)}$$

$$A_3 = \frac{0,25791}{76,887} = 0,003354 \qquad \text{ref (18.26)}$$

$$A_4 = -0,00635 \times 0,116 = -0,000737 \qquad \text{ref (18.27)}$$

$$A_5 = \frac{-0,11654 \times 0,116}{31,511} = -0,000429 \qquad \text{ref (18.28)}$$

$$A_6 = -0,00193 \cdot (-0,227) = 0,000438 \qquad \text{ref (18.29)}$$

$$A_7 = \frac{-0,24188 \cdot (-0,227)}{76,887} = 0,000714 \qquad \text{ref (18.30)}$$

$$A_8 = 0{,}00529 \times 0{,}116^2 = 0{,}000071 \qquad \text{ref (18.31)}$$

$$A_9 = 0{,}00182 \cdot (-0{,}227)^2 = 0{,}000094 \qquad \text{ref (18.32)}$$

Cálculo do mínimo valor de flexibilidade de um par de dentes (q'):

$$q' = \Sigma_{i=1}^{9} A_i = 0{,}055670 \qquad \text{ref (18.33)}$$

Cálculo do máximo valor teórico de rigidez (c'_{th}):

$$c'_{th} = \frac{1}{0{,}055670} = 17{,}963066 \qquad \text{ref (18.34)}$$

Fator de correção C_M:

$$C_M = 0{,}8 \qquad \text{ref (18.35)}$$

Cálculo do fator de blank C_R:

$$s_R = \frac{189{,}02 - 140}{2} = 24{,}51 \qquad \text{ref (18.37)}$$

$$\frac{s_R}{m_n} = \frac{24{,}51}{3} = 8{,}17$$

$$C_R = 1 + \frac{\ln\left(\dfrac{10}{20}\right)}{5e^{(0{,}2 \times 8{,}17)}} = 0{,}972947 \qquad \text{ref (18.36)}$$

Cálculo do fator de perfil de referência C_B:

$$h_{fp1} = \frac{d_1 - d_{f1}}{2} = \frac{81{,}591 - 71{,}44}{2} = 5{,}075 \quad \text{deddendum do pinhão.}$$

$$h_{fp2} = \frac{d_2 - d_{f2}}{2} = \frac{199{,}082 - 189{,}02}{2} = 5{,}031 \quad \text{deddendum da coroa.}$$

$$C_{B1} = \left[1 + 0{,}5\left(1{,}2 - \frac{5{,}075}{3}\right)\right] \cdot [1 - 0{,}02(20° - 20°)] =$$

$$= 0{,}754167 \qquad \text{ref (18.39)}$$

Projeto de um par de engrenagens cilíndricas externas

$$C_{B2} = \left[1 + 0{,}5\left(1{,}2 - \frac{5{,}031}{3}\right)\right] \cdot [1 - 0{,}02(20° - 20°)] =$$
$$= 0{,}761500$$
ref (18.40)

$$C_B = \frac{0{,}754167 + 0{,}7615}{2} = 0{,}757834$$
ref (18.41)

Carga específica: $\dfrac{F_t \cdot K_A}{b} = \dfrac{15285 \times 1}{20} = 764{,}25 > 100$ [N/mm], portanto,

$$N_S = 0{,}85$$

Como todas as condições são satisfeitas, podemos aplicar a equação a seguir:

$c' = 17{,}963066 \times 0{,}8 \times 0{,}972947 \times 0{,}757834 \cdot \cos 23{,}188056°$
$= 9{,}739844$
ref (18.42)

$$c_\gamma = 9{,}739844(0{,}75 \times 1{,}956 + 0{,}25) = 16{,}723312$$
ref (18.47)

$$n_{E1} = \frac{30 \times 10^3}{25\pi} \cdot \sqrt{\frac{16{,}723312}{0{,}01841}} = 11512 \quad [\text{RPM}]$$
ref (18.15)

Coeficiente de ressonância N:

$N = \dfrac{1750}{11512} = 0{,}152 < N_S$, portanto, setor de ressonância subcrítico. ref (18.12)

Determinado em que setor de ressonância o nosso par de engrenagens opera, podemos continuar calculando. Como o grau de recobrimento total deste engrenamento é $\varepsilon_\tau = 2{,}792$, podemos determinar:

$$C_{V1} = 0{,}32$$
ref (18.60)

$$C_{V2} = \frac{0{,}57}{2{,}792 - 0{,}3} = 0{,}228732$$
ref (18.61)

$$C_{V3} = \frac{0{,}096}{2{,}792 - 1{,}56} = 0{,}077922$$
ref (18.62)

Nota: Como o setor de ressonância é subcrítico, precisamos apenas de C_{V1}, C_{V2} e C_{V3}.

$m_{np} = 2,5$, conforme Tabela 11.2.
$d_p = 80$, conforme Tabela 11.3.

$f_{pe} = \text{int}\{1,4^{(6-5)}[4 + 0,315(2,5 + 0,25 \cdot \sqrt{80})] + 0,5\} = 8 \text{ μm}$ ref (11.57)

$$y_\alpha = 0,075 \times 8 = 0,6$$ ref (18.75)
$$f_{pe\,eff} = 8 - 0,6 = 7,4$$ ref (18.71)

$f_f = \text{int}\{1,4^{(6-5)}[1,5 + 0,25(2,5 + 9 \cdot \sqrt{2,5})] + 0,5\} = 8 \text{ μm}$ ref (11.74)

$$f_{f\,eff} = 8 - 0,6 = 7,4$$ ref (18.72)

$$B_p = \frac{9,739844 \times 7,4}{1 \cdot \frac{15285}{20}} = 0,094308$$ ref (18.68)

$$B_f = \frac{9,739844 \times 7,4}{1 \cdot \frac{15285}{20}} = 0,094308$$ ref (18.69)

Como não foi especificado nenhum valor para o recuo na cabeça nem no pé dos dentes, vamos substituir C_k por C_{ky} e pelo fato de os materiais do pinhão e da coroa serem iguais, podemos aplicar a equação:

$$C_{ky} = \frac{1}{18} \cdot \left(\frac{1500}{97} - 18,45\right)^2 + 1,5 = 1,995372$$ ref (18.77)

$$B_K = \left|1 - \frac{9,739844 \times 1,995372}{1 \cdot \frac{15285}{20}}\right| = 0,984645$$ ref (18.70)

$K = 0,32 \times 0,094308 + 0,228732 \times 0,094308 +$
$\quad + 0,077922 \times 0,984645 = 0,128475$ ref (18.52)

$K_V = 0,152 \times 0,128475 + 1 = 1,020$ ref (18.48)

Fator de distribuição longitudinal de carga ($K_{H\beta}$) (Tensão de contato)

O fator de distribuição longitudinal de carga leva em conta a tensão superficial em virtude da distribuição não uniforme da carga ao longo da largura do dente.

As principais influências são:

- Erro de direção da hélice.
- Erro de paralelismo e de cruzamento dos eixos.
- Jogo interno dos mancais.
- Rigidez dos dentes.
- Rigidez e deformação do corpo da roda.
- Flexão (deformação elástica) do eixo.
- Modificação da hélice (abaulamento ou alívio nas laterais).
- Carga tangencial e carga axial.
- Deformação térmica, especialmente em engrenagens largas.
- Cargas adicionais sobre o eixo (polias, rodas dentadas para correntes etc.).

Este fator:

- É aplicado na proporção inversa no cálculo de pressão.
- Depende da força tangencial aplicada ($F_t \cdot K_A$).

Segundo a norma ISO 6336-1, é recomendada uma análise cuidadosa quando a relação *extensão de contato/diâmetro de referência* (b_c/d) do pinhão é maior do que 1,5, para engrenagens totalmente endurecidas e, maior do que 1,2, para engrenagens com as superfícies endurecidas.

Princípios gerais para a determinação de $K_{H\beta}$

Para entender os princípios, veja a Figura (18.17), onde:
A: sem carga.
B: baixa carga e/ou grande erro de distorção $F_{\beta y}$, $b_{cal}/b \leq 1$.
C: com carga elevada e/ou pequeno erro de distorção $F_{\beta y}$, $b_{cal}/b > 1$.

b = largura do dente.
b_{cal} = largura de cálculo.

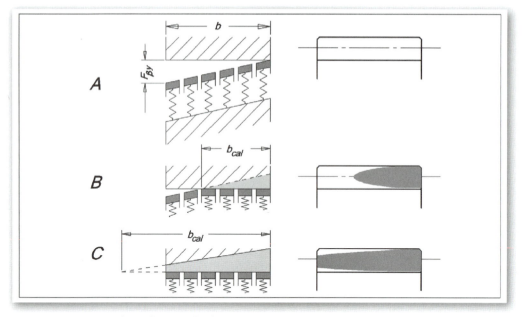

Figura 18.17 – Efeito do erro de distorção na distribuição da carga.

O método aqui mostrado (método C2 conforme norma ISO 6336) foi baseado nas seguintes condições e suposições:

- A coroa e o eixo da coroa são suficientemente rígidos, de maneira que os seus desvios possam ser desprezados.
- Apenas o torque do eixo do pinhão é utilizado para os cálculos de $K_{H\beta}$.
- As deformações da caixa, onde estão acomodadas as engrenagens, e dos suportes dos eixos são de baixa magnitude, de tal maneira que podem ser ignorados. Se isso não for verdadeiro, as deformações correspondentes devem ser consideradas no cálculo de f_{ma}.
- A deflexão de torção e de flexão de um pinhão integrado ao eixo pode ser determinada com carga distribuída uniformemente ao longo da largura dos dentes.
- Os rolamentos não absorvem qualquer momento fletor.
- Eixo fabricado em aço.

Sendo satisfeitas as condições e premissas descritas, o método C2 é adequado para engrenagens cujas características são as seguintes:

Projeto de um par de engrenagens cilíndricas externas

- Pinhão fabricado em aço maciço ou oco com $d_{shi}/d_{sh} < 0,5$ para um único estágio ou dois estágios de acordo com os esquemas mostrados nas Figuras 18.4 a 18.7.
- Eixo do pinhão com diâmetro d_{sh} constante. Caso contrário, d_{sh} deve ser equivalente a um eixo com diâmetro constante, de maneira que sua flexão seja a mesma do eixo real.
- Nenhuma carga adicional agindo sobre o eixo do pinhão.
- Pinhão localizado sobre o eixo dentro de $0 \leq s/l \leq 0,3$. Ver Figuras 18.4 a 18.7. Com a hélice modificada adequadamente, essa restrição pode ser desprezada.

Erro devido à deformação do pinhão e do seu eixo, sem modificação da hélice (f_{sh})

Esse valor leva em conta os componentes que contribuem para o desalinhamento, como flexão e torção do pinhão e do seu eixo. Pode ser determinado com a seguinte equação:

$$f_{sh} = f_{sh0} \cdot \frac{F_m}{b} \tag{18.87}$$

Carga tangencial transversal no círculo de referência:

$$F_m = F_t \cdot K_A \cdot K_V \tag{18.88}$$

Deformação do eixo sob carga específica:

Para dentados retos e helicoidais sem abaulamento e sem alívios nas laterais:

$$f_{sh0} = 0,023 \, \gamma \tag{18.89}$$

Para dentados retos e helicoidais com abaulamento:

$$f_{sh0} = 0,012 \, \gamma \tag{18.90}$$

Para dentados retos e helicoidais com alívios nas laterais:

$$f_{sh0} = 0,016 \, \gamma \tag{18.91}$$

Para dentados retos e helicoidais simples:

$$\gamma = \left[\left| 1 + K' \cdot \frac{l \cdot s}{d_1^2} \left(\frac{d_1}{d_{sh}}\right)^4 - 0,3 \right| + 0,3 \right] \cdot \left(\frac{b}{d_1}\right)^2 \tag{18.92}$$

Para dentados bi-helicoidais:

$$\gamma = 2\left[\left|1,5 + K' \cdot \frac{l \cdot s}{d_1^2}\left(\frac{d_1}{d_{sh}}\right)^4 - 0,3\right| + 0,3\right] \cdot \left(\frac{b_B}{d_1}\right)^2 \qquad (18.93)$$

onde:

A constante K' pode ser tomada das Figuras (18.4) a (18.7).

A distância entre os mancais (l) e a distância entre o centro do dentado do pinhão até o ponto que divide a distância entre os mancais (s), estão ilustradas nas Figuras (18.4) a (18.7).

d_{sh} = Diâmetro externo nominal do eixo [mm].
b_B = Largura de uma das hélices do dentado bi-helicoidal [mm].

Observações:

1) Uma análise cuidadosa é recomendada para outros arranjos físicos em que os valores de s/l excederem àqueles especificados nas Figuras (18.4) a (18.7) ou quando houver cargas adicionais sobre o eixo como, por exemplo, polia com correia ou roda com corrente.
2) Nos casos em que o pinhão é posicionado no meio da distância entre os mancais, considerar $s = 0$.

Erro de fabricação sem modificação da hélice (f_{ma})

Trata-se da separação máxima entre os flancos dos dentes engrenados, quando os dentes são mantidos em contato sem carga significativa.

f_{ma} depende da forma como os erros dos dentes e do alinhamento dos suportes dos eixos se combinam. Eles podem ser aditivos ou compensatórios (somados ou subtraídos).

Com as engrenagens montadas e com utilização de uma pasta aplicada sobre os flancos dos dentes, é possível imprimir o contato, cujo comprimento é dado por b_{c0} e a espessura por S_c e estes valores podem ser medidos. f_{ma} pode, então, ser determinado em função dos valores tomados.

Para um projeto em que essa condição não seja possível, podemos determinar f_{ma} em função de um determinado grau de qualidade e em três condições distintas com relação à modificação da hélice. Vejamos:

a) Para montagem das engrenagens sem qualquer modificação ou ajuste:

Tomando a condição mais desfavorável entre os desvios de inclinação das hélices ($f_{H\beta}$), entre pinhão e coroa, e o desalinhamento dos eixos, f_{ma} seria em torno de 3,0 $f_{H\beta}$.

Estudos estatísticos, segundo a norma ISO 6336-1, mostram que há uma alta probabilidade de que os desvios combinados se aproximam de $f_{H\beta}$. Portanto, a fórmula que podemos utilizar é:

$$f_{ma} = 1,0\, f_{H\beta} \tag{18.94}$$

b) Para pares de engrenagens com ajuste por meio de lapidação com utilização de abrasivos sob cargas leves, suportes (mancais de rolamentos ou buchas) ajustáveis, modificação da hélice, abaulamento na linha de flancos entre outros:

Tomando a condição mais desfavorável entre os desvios de inclinação das hélices ($f_{H\beta}$) entre pinhão e coroa e o desalinhamento dos eixos, f_{ma} pode ser reduzido em 50% em relação à Equação (18.94). Portanto,

$$f_{ma} = 0,5\, f_{H\beta} \tag{18.95}$$

c) Para os pares de engrenagens com alívios nas laterais (end-relief) bem projetados:

Tomando a condição mais desfavorável entre os desvios de inclinação das hélices ($f_{H\beta}$) entre pinhão e coroa e o desalinhamento dos eixos, f_{ma} pode ser 70% do valor obtido com da Equação (18.94). Portanto,

$$f_{ma} = 0,7\, f_{H\beta} \tag{18.96}$$

Desalinhamento equivalente inicial ($F_{\beta x}$)

Trata-se do valor absoluto da soma das deformações, deslocamentos e desvios inerentes à manufatura do pinhão e da coroa, medido no plano de ação.

Três condições diferentes devem ser consideradas para a determinação de $F_{\beta xa}$:

a) Pares de engrenagens nos quais a área e a conformidade do padrão de contato não são comprovados e as marcas do contato sob carga são imperfeitas.

$$F_{\beta xa} = 1,33\, f_{sh} + f_{ma} \tag{18.97}$$

b) Pares de engrenagens nos quais a área e a conformidade do padrão de contato são satisfatórias. Por exemplo, em dentes cujos flancos são modificados com abaulamento, alívios nas laterais, lapidação ou outro processo.

$$F_{\beta xa} = |1,33\, f_{sh} + f_{H\beta 6}| \tag{18.98}$$

$f_{H\beta 6}$ = tolerância do desvio de inclinação da hélice para qualidade 6 da norma ISO ou DIN.

c) Pares de engrenagens nos quais o padrão de contato, sob carga, é ideal.

$$F_{\beta xa} = F_{\beta x\,min} \qquad (18.99)$$

Onde $F_{\beta x\,min}$ é o maior entre $F_{\beta xb}$ e $F_{\beta xc}$

$$F_{\beta xb} = 0,005 \frac{F_m}{b} \qquad (18.100)$$

$$F_{\beta xc} = 0,5\, F_{H\beta} \qquad (18.101)$$

$f_{H\beta}$ = tolerância do desvio de inclinação da hélice conforme norma ISO ou DIN.

$$F_{\beta x} = M\'ax\, (F_{\beta xa},\, F_{\beta xb},\, F_{\beta xc}) \qquad (18.102)$$

Redução de rodagem (y_β) e fator de rodagem (x_β)

A redução de rodagem y_β é o valor pelo qual o desalinhamento equivalente inicial é reduzido em rodagem, a contar do início da operação.

O fator de rodagem x_β é o fator que caracteriza o desalinhamento equivalente após a rodagem. São determinados em função dos materiais do pinhão e da coroa.

Para materiais do pinhão e da coroa diferentes, determinar $y_{\beta 1}$, $y_{\beta 2}$ e $x_{\beta 1}$, $x_{\beta 2}$ separadamente e calcular a média aritmética conforme as Equações (18.103) e (18.104), respectivamente.

$$y_\beta = \frac{y_{\beta 1} + y_{\beta 2}}{2} \qquad (18.103)$$

$$x_\beta = \frac{x_{\beta 1} + x_{\beta 2}}{2} \qquad (18.104)$$

a) Para aço estrutural, aço temperado e ferro fundido nodular perlítico ou bainítico:

$$y_\beta = \frac{320}{\sigma_{H\,lim}} \cdot F_{\beta x} \qquad (18.105)$$

$$x_\beta = 1 - \frac{320}{\sigma_{H\,lim}} \qquad (18.106)$$

Onde $y_\beta \leq F_{\beta x}$ e $x_\beta \geq 0$.

Projeto de um par de engrenagens cilíndricas externas

Veja outras restrições a seguir:

Para $v \leq 5$ m/s: sem restrição.

Para 5 m/s $< v \leq 10$ m/s: o limite superior de y_β é $25600 / \sigma_{H\lim}$ correspondente a $F_{\beta x} = 80$ μm.

Para $v > 10$ m/s: o limite superior de y_β é $12800 / \sigma_{H\lim}$ correspondente a $F_{\beta x} = 40$ μm.

b) Para ferro fundido cinzento e ferro fundido nodular ferrítico:

$$y_\beta = 0{,}55\, F_{\beta x} \tag{18.107}$$

$$x_\beta = 0{,}45 \tag{18.108}$$

onde:

Para $v \leq 5$ m/s: sem restrição.

Para 5 m/s $< v \leq 10$ m/s: o limite superior de y_β é 45 μm correspondente a $F_{\beta x} = 80$ μm.

Para $v > 10$ m/s: o limite superior de y_β é 22 μm correspondente a $F_{\beta x} = 40$ μm.

c) Para aço cementado, nitretado e carbonitretado e ferro fundido nodular com superfície endurecida:

$$y_\beta = 0{,}15\, F_{\beta x} \tag{18.109}$$

$$x_\beta = 0{,}85 \tag{18.110}$$

onde:

Para todas as velocidades: o limite superior de y_β é 6 μm correspondente a $F_{\beta x} = 40$ μm.

Desalinhamento equivalente efetivo ($F_{\beta y}$)

$$F_{\beta y} = F_{\beta x} - y_\beta \tag{18.111}$$

Ou

$$F_{\beta y} = F_{\beta x} \cdot x_\beta \tag{18.112}$$

Determinação de $K_{H\beta}$

$$K_{H\beta} = \frac{\text{carga máxima por mm}}{\text{carga média por mm}} = \frac{F_{max}/b}{F_m/b} = \frac{W_{max}}{W_m} \quad (18.113)$$

Onde:

$$W_{max} = \frac{F_{max}}{b} = \frac{F_m}{b} \cdot \frac{b_{cal}}{b_{cal} - \frac{b}{2}} \quad (18.114)$$

$$W_m = \frac{F_m}{b} \quad (18.115)$$

b_{cal} = Largura de cálculo.
Como indicado na Figura 18.18, duas condições são identificadas, ou seja:
A: $b_{cal} < b$
B: $b_{cal} > b$

Observações:

- Quando as larguras dos dentados do pinhão (b_1) e da coroa (b_2) forem diferentes, considerar a menor delas para b.
- Os chanfros ou arredondamentos nas laterais dos dentes devem ser excluídos (desconsiderados).
- Para as engrenagens bi-helicoidais (espinha de peixe), considerar $b = 2\,b_B$, onde b_B é a largura de uma das hélices do dentado bi-helicoidal.

Condição A:

$$\frac{b_{cal}}{b} \leq 1 \text{ corresponde a } \frac{0,85 \cdot F_{\beta y} \cdot c_\gamma}{2\dfrac{F_m}{b}} \geq 1 \quad (18.116)$$

$$K_{H\beta} = \sqrt{\frac{1,7 \cdot F_{\beta y} \cdot c_\gamma}{\dfrac{F_m}{b}}} \geq 2 \quad (18.117)$$

Projeto de um par de engrenagens cilíndricas externas

$$b_{cal} = \left(\sqrt{\frac{2 \cdot \frac{F_m}{b}}{0,85 \cdot F_{\beta y} \cdot c_\gamma}} \right) \cdot b \qquad (18.118)$$

Condição B:

$$\frac{b_{cal}}{b} > 1 \text{ corresponde a } \frac{0,85 \cdot F_{\beta y} \cdot c_\gamma}{2 \cdot \frac{F_m}{b}} < 1 \qquad (18.119)$$

$$K_{H\beta} = 1 + \frac{0,85 \cdot F_{\beta y} \cdot c_\gamma}{2 \frac{F_m}{b}} \qquad (18.120)$$

$$b_{cal} = \left(0,5 + \frac{\frac{F_m}{b}}{0,85 \cdot F_{\beta y} \cdot c_\gamma} \right) \cdot b \qquad (18.121)$$

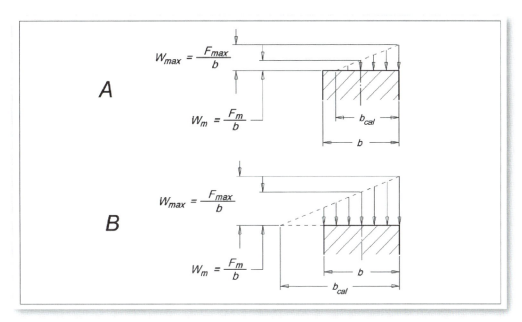

Figura 18.18 – Distribuição linear da carga por unidade de largura do dente.

Para este projeto, desejamos que a área de contato, sob carga, se estenda ao longo de toda a largura do dente. Isso significa um valor de $K_{H\beta}$ menor que 2.

Para compensar as irregularidades como posição dos mancais, desvios de fabricação, flexão dos eixos entre outras, vamos adotar um abaulamento (C_β) nos flancos do pinhão.

Vamos para os cálculos:

Como o nosso dentado é helicoidal simples e a potência total é transmitida por meio de um único engrenamento, aplicaremos a Equação (18.92).

Como $\dfrac{d_1}{d_{sh}} = \dfrac{81{,}591}{70} = 1{,}166 > 1{,}15$, pinhão integrado ao eixo e arranjo físico 3, tiramos da seção 3, da Figura 18.5 o valor de $K' = 0{,}48$.

Portanto:

$$\gamma = \left[\left|1 + 0{,}48 \dfrac{118 \times 18}{8{,}591^2} \left(\dfrac{81{,}591}{70}\right)^4 - 0{,}3\right| + 0{,}3\right] \cdot \left(\dfrac{20}{81{,}591}\right)^2 \qquad \text{ref (18.92)}$$
$$= 0{,}077071$$

Como esse pinhão tem abaulamento de hélice, vamos aplicar as Equações (18.90) e (18.95).

$$f_{sh0} = 0{,}012 \times 0{,}077071 = 0{,}000925 \qquad \text{ref (18.90)}$$

Para a determinação de $f_{H\beta}$, qualidade DIN 6 ($Q = 6$), podemos aplicar a Equação (11.62).

A largura preferencial (b_p) podemos tomar da Tabela 11.4, ou seja, 30 mm.

$$f_{H\beta} = \text{int } [1{,}32^{(6-5)} (4{,}16 \times 30^{0{,}14}) + 0{,}5] = 9 \ [\mu m] \qquad \text{ref (11.62)}$$

$$f_{ma} = 0{,}5 \times 9 = 4{,}5 \qquad \text{ref (18.95)}$$

$$F_m = 15285 \times 1 \times 1{,}020 = 15591 \qquad \text{ref (18.88)}$$

$$f_{sh} = 0{,}000925 \times \dfrac{15591}{20} = 0{,}721084 \qquad \text{ref (18.87)}$$

Vamos determinar o valor do abaulamento inferior ($C_{\beta i}$) e superior ($C_{\beta s}$) de hélice (crown).

$$C_{\beta i} = \dfrac{1}{2}(0{,}721084 + 1{,}5 \times 9) = 7 \ [\mu m] \qquad \text{ref (11.67)}$$

$$C_{\beta s} = 1{,}4 \times 7 \approx 10 \ [\mu m] \qquad \text{ref (11.68)}$$

Projeto de um par de engrenagens cilíndricas externas

Vamos considerar que a área e a conformidade do padrão de contato do nosso projeto sejam satisfatórias, em virtude dos flancos dos dentes abaulados. Nesse caso, podemos aplicar a Equação (18.98).

$$F_{\beta xa} = |1{,}33 \times 0{,}721084 - 9| = 8{,}040959 \quad \text{ref (18.98)}$$

$$F_{\beta xb} = 0{,}005 \, \frac{15591}{20} = 3{,}897750 \quad \text{ref (18.100)}$$

$$F_{\beta xc} = 0{,}5 \times 9 = 4{,}5 \quad \text{ref (18.101)}$$

$$F_{\beta x} = \text{Máx}\,(F_{\beta xa},\, F_{\beta xb},\, F_{\beta xc}) = F_{\beta xa} = 8{,}040959 \quad \text{ref (18.102)}$$

Para aço cementado, temperado e revenido:

$$y_\beta = 0{,}15 \times 8{,}040959 = 1{,}206144 \quad \text{ref (18.109)}$$

$$x_\beta = 0{,}85 \quad \text{ref (18.110)}$$

$$F_{\beta y} = 8{,}040959 - 1{,}206144 = 6{,}834815 \quad \text{ref (18.111)}$$

Ou

$$F_{\beta y} = 8{,}040959 \times 0{,}85 = 6{,}834815 \quad \text{ref (18.112)}$$

$$\frac{0{,}85 \cdot F_{\beta y} \cdot c_\gamma}{2\,\dfrac{F_m}{b}} = \frac{0{,}85 \times 6{,}834815 \times 16{,}723312}{2 \cdot \dfrac{15591}{20}} = \quad \text{ref (18.119)}$$

$$= 0{,}062315 < 1 \rightarrow \text{Condição B}$$

$$K_{H\beta} = 1 + 0{,}062315 = 1{,}062 \quad \text{ref (18.120)}$$

O valor obtido é menor que 2, portanto, satisfaz nossa exigência.
Com referência às Figuras 18.17 e 18.18:

$$b_{cal} = \left(0{,}5 + \frac{\dfrac{15591}{20}}{0{,}85 \times 6{,}834815 \times 16{,}723312}\right) \cdot 20 = 170{,}474 \quad \text{ref (18.121)}$$

$$W_{max} = \frac{15591}{20} \cdot \frac{170{,}474}{170{,}474 - \dfrac{20}{2}} = 828{,}128 \; [\text{N/mm}] \quad \text{ref (18.114)}$$

Fator de distribuição longitudinal da carga ($K_{F\beta}$) (Tensão na raiz)

O fator de distribuição longitudinal da carga leva em conta as tensões na raiz do dente em função da distribuição da carga ao longo da largura do dentado. Esse fator depende das variáveis determinadas para $K_{H\beta}$ e, também, da relação b/h, em que b é a largura e h a altura do dente.

As principais influências são:

- Rigidez total do engrenamento.
- Erro de passo.
- Deformações no vértice.
- Largura do dentado.
- Recobrimento de perfil.
- Carga por mm de largura do dente.
- Dimensão da roda.

Este fator:

- É aplicado na proporção inversa no cálculo de pressão.
- Depende da força tangencial aplicada ($F_t \cdot K_A$).

Determinação de $K_{F\beta}$

$$K_{F\beta} = K_{H\beta}^{N_F} \tag{18.122}$$

$$N_F = \frac{\left(\dfrac{b}{h}\right)^2}{1 + \dfrac{b}{h} + \left(\dfrac{b}{h}\right)^2} \tag{18.123}$$

Simplificando:

$$N_F = \frac{1}{1 + \dfrac{h}{b} + \left(\dfrac{h}{b}\right)^2} \tag{18.124}$$

Projeto de um par de engrenagens cilíndricas externas

Observações:

O menor valor entre $\dfrac{b_1}{h_1}$ e $\dfrac{b_2}{h_2}$ deve ser usado para $\dfrac{b}{h}$.

Quando $\dfrac{b}{h} < 3$, usar $\dfrac{b}{h} = 3$.

Para dentado bi-helicoidal use b_B no lugar de b.

Vamos para os cálculos:

$$h_1 = \frac{d_{a1} - d_{f1}}{2} = \frac{89{,}475 - 71{,}440}{2} = 9{,}0175$$

$$h_2 = \frac{d_{a2} - d_{f2}}{2} = \frac{207{,}060 - 189{,}020}{2} = 9{,}0200$$

$$h = 9{,}0200$$

$$\frac{b}{h} = \frac{20}{9{,}0200} = 2{,}217 < 3{,}000$$

Como $b/h < 3$, vamos usar $b/h = 3$.

$$N_F = \frac{3^2}{1+3+(3)^2} = 0{,}692308 \qquad \text{ref (18.123)}$$

$$K_{F\beta} = 1{,}062^{0{,}692308} = 1{,}043 \qquad \text{ref (18.122)}$$

Fator de distribuição transversal da carga ($K_{H\alpha}$) (Tensão de contato)

O fator de distribuição transversal da carga leva em conta o efeito das imprecisões na distribuição da carga transversal entre vários pares de dentes engrenados simultaneamente.

As principais influências são:

- Deformações do dente sob carga.
- Modificações do perfil.

- Precisão de fabricação dos dentes.
- Erro em razão da rodagem.
- Rigidez total do engrenamento.
- Erro de passo base.
- Largura do dentado.
- Dimensão da engrenagem.

Esse fator:

- É aplicado na proporção inversa no cálculo de flexão.
- Depende da força tangencial aplicada ($F_t \cdot K_A$).

O método B da norma ISO 6336-1, descrito a seguir, admite por hipótese que a diferença média entre os passos base do pinhão e da coroa é o principal parâmetro para a determinação da distribuição da carga entre os vários pares de dentes engrenados.

Determinação de $K_{H\alpha}$

Condição 1: para grau de recobrimento total $\varepsilon_\tau \leq 2$:

$$K_{H\alpha} = \frac{\varepsilon_\tau}{2}\left[0{,}9 + 0{,}4 \cdot \frac{c_\gamma \cdot (f_{pe} - y_\alpha)}{\frac{F_{tH}}{b}}\right] \quad (18.125)$$

Condição 2: Para grau de recobrimento total $\varepsilon_\tau > 2$:

$$K_{H\alpha} = 0{,}9 + 0{,}4 \sqrt{\frac{2(\varepsilon_\tau - 1)}{\varepsilon_\tau}} \cdot \frac{c_\gamma (f_{pe} - y_\alpha)}{\frac{F_{tH}}{b}} \quad (18.126)$$

onde:

C_γ = Rigidez do engrenamento de acordo com a Equação (18.47).

b = Largura do dentado.

f_{pe} pode ser determinado com as Equações (11.57) ou (11.58).

y_α pode ser determinado com uma das Equações: (18.73), (18.74), (18.75) e (18.76).

Projeto de um par de engrenagens cilíndricas externas

Carga tangencial determinante no plano transversal F_{tH}

$$F_{tH} = F_t \cdot K_A \cdot K_V \cdot K_{H\beta} \qquad (18.127)$$

Condições limites para $K_{H\alpha}$:

$$K_{H\alpha} > \frac{\varepsilon_\tau}{\varepsilon_\alpha \cdot Z_\varepsilon^2} \qquad (18.128)$$

Isto significa que devemos adotar o menor valor entre os dois termos da Expressão (18.128).

$$K_{H\alpha} \geq 1 \qquad (18.129)$$

Z_ε pode ser determinado com a formulação da seção "Fator de recobrimento".

No caso de nosso projeto-exemplo, o grau de recobrimento total é maior que 2, ou seja, $\varepsilon_\tau = 2{,}792$. Portanto, vamos considerar a condição 2.

$$f_{pe} = \text{int}\{1{,}4^{(6-5)}[4 + 0{,}315(2{,}5 + 0{,}25 \cdot \sqrt{80})] + 0{,}5\} = 8 \text{ μm} \qquad \text{ref (11.57)}$$

$$y_\alpha = 0{,}075 \times 8 = 0{,}6 \qquad \text{ref (18.75)}$$

$$F_{tH} = 15285 \times 1 \times 1{,}020 \times 1{,}073 = 16729 \qquad \text{ref (18.127)}$$

$$K_{H\alpha} = 0{,}9 + 0{,}4 \sqrt{\frac{2(2{,}792 - 1)}{2{,}792} \cdot \frac{16{,}723312 \cdot (8 - 0{,}6)}{\frac{16729}{20}}} = \qquad \text{ref (18.126)}$$

$$= 0{,}967050 < 1$$

Como $K_{H\alpha}$ deve ser no mínimo igual a 1, não há necessidade de checarmos a condição da Expressão (18.128). Vamos adotar:

$$K_{H\alpha} = 1{,}000$$

Fator de distribuição transversal da carga ($K_{F\alpha}$) (Tensão de raiz)

O fator de distribuição transversal da carga leva em conta o efeito das imprecisões na distribuição da carga transversal entre vários pares de dentes engrenados simultaneamente.

As principais influências são as mesmas do fator $K_{H\alpha}$.
Este fator:

- é aplicado na proporção inversa no cálculo de flexão.
- depende da força tangencial aplicada ($F_t \cdot K_A$).

Determinação de ($K_{F\alpha}$)

$$K_{F\alpha} = K_{H\alpha} \qquad (18.130)$$

Condições limite para $K_{F\alpha}$:

$$K_{F\alpha} > \frac{\varepsilon_\tau}{0{,}25\,\varepsilon_\alpha + 0{,}75} \qquad (18.131)$$

$$K_{F\alpha} \geq 1 \qquad (18.132)$$

> Para este par:
>
> $$K_{F\alpha} = K_{H\alpha} = 1{,}000 \qquad \text{ref (18.130)}$$

Fator de zona (Z_H)

O fator de zona leva em conta a resistência do flanco do dente à pressão de Hertz para uma carga aplicada no ponto primitivo.

A curvatura do flanco tem forte influência nesse fator. Um pequeno número de dentes diminui o raio de curvatura do flanco. A área de contato entre eles diminui e a pressão aumenta. Isso pode tornar crítico o dimensionamento.

Esse fator é aplicado na proporção inversa no cálculo de pressão.

$$Z_H = \sqrt{\frac{2 \cdot \cos \beta_b \cdot \cos \alpha_{wt}}{\cos^2 \alpha_t \cdot \operatorname{sen} \alpha_{wt}}} \qquad (18.133)$$

> Para esse par, já temos todas as variáveis determinadas, portanto:
>
> $$Z_H = \sqrt{\frac{2 \cdot \cos 21{,}715879° \cos 21{,}250629°}{\cos^2 21{,}601417° \cdot \operatorname{sen} 21{,}250629°}} = 2{,}351 \qquad \text{ref (18.133)}$$

Projeto de um par de engrenagens cilíndricas externas

Fator de elasticidade (Z_E)

O fator de elasticidade leva em conta a influência dos módulos de elasticidade dos materiais do pinhão (E_1) e da coroa (E_2) e dos coeficientes de Poisson dos materiais do pinhão (v_1) da coroa (v_2), ao valor da pressão de Hertz.

Esse fator é aplicado na proporção inversa no cálculo de pressão.

Quando $E_1 \neq E_2$ e $v_1 \neq v_2$:

$$Z_E = \sqrt{\frac{1}{\pi \cdot \left(\frac{1-v_1^2}{E_1} + \frac{1-v_2^2}{E_2}\right)}} \qquad (18.134)$$

Quando $E_1 = E_2$ e $v_1 = v_2$:

$$Z_E = \sqrt{\frac{E}{2\pi(1-v^2)}} \qquad (18.135)$$

Material	Módulo de elasticidade N/mm²	Coef de Poisson
Aço	206000	0,3
Aço fundido	202000	0,3
Ferro fundido nodular	173000	0,3
Ferro fundido cinzento	126000 a 118000	0,3

Para esse par, tanto o pinhão quanto a coroa são fabricados em aço, portanto:

$$Z_E = \sqrt{\frac{206000}{2\pi(1-0,3^2)}} = 189{,}811 \quad [\sqrt{N/mm^2}] \qquad \text{ref (18.135)}$$

Fator de recobrimento (Z_ε)

O fator de recobrimento leva em conta a influência do grau de recobrimento de perfil e a influência do grau de recobrimento de hélice no valor da pressão de Hertz.

Esse fator é aplicado na proporção inversa no cálculo de pressão.

Para dentes retos:

$$Z_\varepsilon = \sqrt{\frac{4-\varepsilon_\alpha}{3}} \qquad (18.136)$$

Para dentes helicoidais com grau de recobrimento de hélice $\varepsilon_\beta < 1$:

$$Z_\varepsilon = \sqrt{\frac{4-\varepsilon_\alpha}{3} \cdot (1-\varepsilon_\beta) + \frac{\varepsilon_\beta}{\varepsilon_\alpha}} \qquad (18.137)$$

Para dentes helicoidais com grau de recobrimento de hélice $\varepsilon_\beta \geq 1$:

$$Z_\varepsilon = \sqrt{\frac{1}{\varepsilon_\alpha}} \qquad (18.138)$$

> Para esse par, já determinamos os graus de recobrimento de perfil e de hélice, a saber:
>
> $$\varepsilon_\alpha = 1{,}956$$
> $$\varepsilon_\beta = 0{,}836$$
>
> Como o dentado é helicoidal e $\varepsilon_\beta < 1$, vamos aplicar a Equação (18.137).
>
> $$Z_\varepsilon = \sqrt{\frac{4-1{,}956}{3} \cdot (1-0{,}836) + \frac{0{,}836}{1{,}956}} = 0{,}734 \qquad \text{ref (18.137)}$$

Fator de ângulo de hélice (Z_β)

O fator de ângulo de hélice leva em conta o ângulo de hélice na distribuição da carga ao longo da linha de contato.

Esse fator é aplicado na proporção inversa no cálculo de pressão.

$$Z_\beta = \frac{1}{\sqrt{\cos \beta}} \qquad (18.139)$$

> Para esse par:
>
> $$Z_\beta = \frac{1}{\sqrt{\cos 23{,}188056°}} = 1{,}043 \qquad \text{ref (18.139)}$$

Fator de lubrificante (Z_L)

O fator de lubrificante leva em conta a viscosidade do óleo para a formação da película lubrificante.

Esse fator tem forte influência na capacidade de carga, e é aplicado na proporção direta no cálculo de pressão.

Método B conforme norma ISO 6336-2.

Fator auxiliar para a determinação de Z_L

Para $850 \text{ N/mm}^2 \leq \sigma_{H\lim} \leq 1200 \text{ N/mm}^2$:

$$C_{ZL} = \frac{\sigma_{H\lim}}{4375} + 0{,}6357 \qquad (18.140)$$

Para $\sigma_{H\lim} < 850 \text{ N/mm}^2$:

$$C_{ZL} = 0{,}83 \qquad (18.141)$$

Para $\sigma_{H\lim} > 1200 \text{ N/mm}^2$:

$$C_{ZL} = 0{,}91 \qquad (18.142)$$

Observação: Quando $\sigma_{H\lim 1}$ for diferente de $\sigma_{H\lim 2}$, adotar para $\sigma_{H\lim}$, o menor deles.

Viscosidade na temperatura de serviço (v_s):

$$v_{\inf} = \frac{e^{\frac{765}{(T_S + 95)}}}{9} \qquad (18.143)$$

$$v_{\sup} = \frac{e^{\frac{1284}{(T_S + 95)}}}{17{,}6} \qquad (18.144)$$

$$v_s = v_{\inf} + \frac{v_{40} - 32{,}12}{735{,}44} \cdot (v_{\sup} - v_{\inf}) \quad [\text{mm}^2/\text{s}] \qquad (18.145)$$

$$Z_L = C_{ZL} + \frac{4 \cdot (1 - C_{ZL})}{\left(1{,}2 + \dfrac{134}{v_s}\right)^2} \qquad (18.146)$$

Observações: 1) Válido para $v_{40} \geq 32 \text{ mm}^2/\text{s}$ e $T_s \geq 0$.
2) Podemos considerar o valor do fator Z_L calculado aqui, como valor de resistência referência.

Para resistência estática, adotar:

$$Z_L = 1 \qquad (18.147)$$

Para esse par, temos:

$\sigma_{H \lim} = 1500$ N/mm², portanto, $C_{ZL} = 0{,}91$
$v_{40} = 320$ mm²/s (Viscosidade do lubrificante a 40 °C)
$T_s = 50$ °C (Temperatura de serviço)

$$v_{\inf} = \frac{e^{\frac{765}{(50+95)}}}{9} = 21{,}73 \qquad \text{ref (18.143)}$$

$$v_{\sup} = \frac{e^{\frac{1284}{(50+95)}}}{17{,}6} = 398{,}33 \qquad \text{ref (18.144)}$$

$$v_s = 21{,}73 + \frac{320 - 32{,}12}{735{,}44} \cdot (398{,}33 - 21{,}73) = 169{,}15 \qquad \text{ref (18.145)}$$

$$Z_L = 0{,}91 + \frac{4\,(1 - 0{,}91)}{\left(1{,}2 + \dfrac{134}{169{,}15}\right)^2} = 1{,}001 \qquad \text{ref (18.146)}$$

Fator de velocidade (Z_V)

O fator de velocidade leva em conta a velocidade periférica (ou tangencial) das rodas para a formação da película lubrificante.

Este fator é aplicado na proporção direta no cálculo de pressão.

$$C_{ZV} = C_{ZL} + 0{,}02 \qquad (18.148)$$

$$Z_V = C_{ZV} + \frac{2 \cdot (1 - C_{ZV})}{\sqrt{0{,}8 + \dfrac{32}{v_t}}} \qquad (18.149)$$

Onde v_t é a velocidade periférica em m/s sobre o diâmetro primitivo d_w.

$$v_t = \frac{\pi \cdot d_{w1} \cdot n_1}{60000} \qquad (18.150)$$

Observação: Podemos considerar o valor do fator Z_V calculado aqui, como valor de resistência referência.

Para resistência estática, adotar:

$$Z_V = 1 \qquad (18.151)$$

Para este par:

$$C_{Zv} = 0{,}91 + 0{,}02 = 0{,}93 \qquad \text{ref } (18.148)$$

$$v_t = \frac{\pi \times 81{,}395 \times 1750}{60000} = 7{,}458 \quad [\text{m/s}] \qquad \text{ref } (18.150)$$

$$Z_V = 0{,}93 + \frac{2 \cdot (1 - 0{,}93)}{\sqrt{0{,}8 + \dfrac{32}{7{,}458}}} = 0{,}992 \qquad \text{ref } (18.149)$$

Fator de rugosidade (Z_R)

O fator de rugosidade leva em conta a rugosidade média dos flancos dos dentes das rodas conjugadas, após a rodagem, para a formação da película lubrificante.

Esse fator é aplicado na proporção direta no cálculo de pressão.

Rugosidade média (R_{zm}) entre os flancos do pinhão (R_{z1}) e da coroa (R_{z2}):

$$R_{zm} = \frac{R_{z1} + R_{z2}}{2} \qquad (18.152)$$

Observação: Se a rugosidade está especificada em R_a, a seguinte aproximação pode ser usada para conversão:

$$R_z = 6\, R_a \qquad (18.153)$$

Para determinar o fator de rugosidade, precisamos do raio de curvatura relativo sobre o ponto primitivo, aplicado tanto para dentados externos quanto internos e que é definido pela equação:

$$\rho_{red} = \frac{\rho_1 \cdot \rho_2}{\rho_1 + \rho_2} \qquad (18.154)$$

Onde:

$$\rho_1 = 0{,}5\, d_{b1} \cdot \tan \alpha_{wt} \qquad (18.155)$$

$$\rho_2 = 0{,}5\, d_{b2} \cdot \tan \alpha_{wt} \qquad (18.156)$$

Para dentados externos d_{b1} e d_{b2} devem ser positivos e para dentados internos, negativos.

O fator de rugosidade Z_R pode ser calculado, segundo a norma ISO 6336-2, em função da "rugosidade média relativa" (relativa ao raio da curvatura sobre o ponto primitivo ρ_{red} = 10 mm).

$$R_{z10} = R_{zm} \cdot \sqrt[3]{\frac{10}{\rho_{red}}} \quad (18.157)$$

Para 850 N/mm² ≤ $\sigma_{H\,lim}$ ≤ 1200 N/mm²:

$$C_{ZR} = 0{,}32 - 0{,}0002 \cdot \sigma_{H\,lim} \quad (18.158)$$

Para $\sigma_{H\,lim}$ < 850 N/mm²:

$$C_{ZR} = 0{,}15 \quad (18.159)$$

Para $\sigma_{H\,lim}$ > 1200 N/mm²:

$$C_{ZR} = 0{,}08 \quad (18.160)$$

Observação: Quando σ_{Hlim1} for diferente de $\sigma_{H\,lim2}$, adotar para $\sigma_{H\,lim}$, o menor deles.

$$Z_R = \left(\frac{3}{R_{Z\,10}}\right)^{C_{ZR}} \quad (18.161)$$

Observação: Podemos considerar o valor do fator Z_R calculado aqui, como valor de resistência referência.

Para resistência estática, adotar:

$$Z_R = 1 \quad (18.162)$$

Para este par, temos as seguintes grandezas já definidas:

R_{z1} = 5 µm

R_{z2} = 5 µm

d_{b1} = 75,861 mm

d_{b2} = 185,100 mm

α_{wt} = 21,250629°

$\sigma_{H\,lim}$ = 1500 N/mm²

Projeto de um par de engrenagens cilíndricas externas

Então, podemos aplicar a formulação:

$$R_{zm} = 5 \qquad \text{ref (18.152)}$$

$$\rho_1 = 0{,}5 \times 75{,}861 \times \tan 21{,}250629° = 14{,}750 \; [mm] \qquad \text{ref (18.155)}$$

$$\rho_2 = 0{,}5 \times 185{,}1 \times \tan 21{,}250629° = 35{,}992 \; [mm] \qquad \text{ref (18.156)}$$

$$\rho_{red} = \frac{14{,}750 \times 35{,}992}{14{,}750 + 35{,}992} = 10{,}462 \; [mm] \qquad \text{ref (18.154)}$$

$$R_{z10} = 5 \times \sqrt[3]{\frac{10}{10{,}462}} = 4{,}925 \qquad \text{ref (18.157)}$$

$$C_{ZR} = 0{,}08 \qquad \text{ref (18.160)}$$

$$Z_R = \left(\frac{3}{4{,}925}\right)^{0{,}08} = 0{,}961 \qquad \text{ref (18.161)}$$

Fator de dureza de trabalho (Z_W)

O fator de dureza de trabalho leva em conta a diferença entre as durezas superficiais dos flancos em contato.

A influência para a pressão de Hertz torna-se relevante para os casos onde o pinhão possui dentes duros e retificados, contra uma coroa com dentes menos duros.

Este fator é aplicado na proporção direta no cálculo de pressão.

Método B conforme norma ISO 6336-2.

Para $130 \leq HB \leq 470$:

$$Z_W = 1{,}2 - \frac{HB - 130}{1700} \qquad (18.163)$$

Para $HB < 130$:

$$Z_W = 1{,}2 \qquad (18.164)$$

Para $HB > 470$:

$$Z_W = 1{,}0 \qquad (18.165)$$

onde:

HB é a dureza Brinell dos flancos dos dentes da roda menos dura do par.

> Para este par $Z_W = 1$ ref (18.165)

Fator de tamanho (Z_x)

O fator de tamanho leva em conta uma possível influência do tamanho do dente, tipo de material e tipo de tratamento térmico.

Esse fator é aplicado individualmente para cada roda do par (Zx_1 e Zx_2) na proporção direta no cálculo de pressão.

Para os materiais:
Ferro fundido cinzento
Ferro fundido nodular (perlítico e bainítico)
Ferro fundido nodular (ferrítico)
Ferro fundido nodular perlítico tratado
Aço fundido
Aço fundido tratado
Aço normalizado ou recozido ($\sigma_B < 800$ N/mm²)
Aço temperado e revenido ($\sigma_B \geq 800$ N/mm²)

Para todos os módulos normais (m_n):

$$Z_X = 1 \qquad (18.166)$$

Para os materiais:
Aço cementado, temperado e revenido.
Aço carbonitretado com camada $\geq 0,3$ mm.
Aço temperado por indução ou chama.
Ferro fundido nodular temperado por indução ou chama.

Para $m_n \leq 10$:

$$Z_X = 1 \qquad (18.167)$$

Para $10 < m_n < 30$:

$$Z_X = 1,05 - 0,005\, m_n \qquad (18.168)$$

Projeto de um par de engrenagens cilíndricas externas

Para $m_n \geq 30$:

$$Z_X = 0,9 \qquad (18.169)$$

Para os materiais:

Aço para nitretação: temperado, revenido e nitretado em gás.

Aço para beneficiamento: temperado, revenido e nitretado em líquido.

Aço para beneficiamento: beneficiado ou normalizado e carbonitretado com camada < 0,3 mm.

Para $m_n \leq 7,5$:

$$Z_X = 1 \qquad (18.170)$$

Para $7,5 < m_n < 30$:

$$Z_X = 1,08 - 0,011\, m_n \qquad (18.171)$$

Para $m_n \geq 30$:

$$Z_X = 0,75 \qquad (18.172)$$

Para todos os materiais quando a carga é estática:

Para todos os módulos normais (m_n):

$$Z_X = 1 \qquad (18.173)$$

Para este par:

$$Z_{X1} = 1,0 \qquad \text{ref (18.167)}$$
$$Z_{X2} = 1,0 \qquad \text{ref (18.167)}$$

Fator de engrenamento individual – pinhão (Z_B)

O fator de engrenamento individual Z_B é aplicado para transformar a tensão de contato do ponto primitivo dos dentados retos para a tensão de contato no ponto B (ponto interior de engrenamento individual do pinhão) se $Z_B > 1$.

Este fator é aplicado na proporção inversa no cálculo de pressão.

$$M_1 = \frac{\tan \alpha_{wt}}{\sqrt{\left(\sqrt{\dfrac{d_{a1}^2}{d_{b1}^2} - 1} - \dfrac{2\pi}{z_1}\right)\left[\sqrt{\dfrac{d_{a2}^2}{d_{b2}^2} - 1} - (\varepsilon_\alpha - 1)\dfrac{2\pi}{z_2}\right]}} \qquad (18.174)$$

$$M_2 = \frac{\tan \alpha_{wt}}{\sqrt{\left(\sqrt{\frac{d_{a2}^2}{d_{b2}^2} - 1} - \frac{2\pi}{z_2}\right)\left[\sqrt{\frac{d_{a1}^2}{d_{b1}^2} - 1} - (\varepsilon_\alpha - 1)\frac{2\pi}{z_1}\right]}} \quad (18.175)$$

a) Para dentado reto:

$$\text{Se } M_1 \leq 1 \rightarrow Z_B = 1 \quad (18.176)$$

$$\text{Se } M_1 > 1 \rightarrow Z_B = M_1 \quad (18.177)$$

b) Para dentado helicoidal com $\varepsilon_\beta \geq 1$:

$$Z_B = 1 \quad (18.178)$$

c) Para dentado helicoidal com $\varepsilon_\beta < 1$:

$$Z_B = M_1 \cdot \varepsilon_\beta (M_1 - 1) \quad \text{Se } Z_B < 1 \rightarrow Z_B = 1 \quad (18.179)$$

Para este par, como $\varepsilon_\beta = 0{,}836 < 1{,}0$:

$$M_1 = \frac{\tan 21{,}250629°}{\sqrt{\left(\sqrt{\frac{89{,}475^2}{75{,}361^2} - 1} - \frac{2\pi}{25}\right)\left[\sqrt{\frac{207{,}06^2}{135{,}1^2} - 1} - (1{,}956 - 1)\frac{2\pi}{61}\right]}} = \quad \text{ref (18.174)}$$

$$= 1{,}001758$$

$$Z_B = 1{,}001758 - 0{,}836 \times (1{,}001758 - 1) = 1{,}000 \quad \text{ref (18.179)}$$

Fator de engrenamento individual – coroa (Z_D)

O fator de engrenamento individual é aplicado para transformar a tensão de contato do ponto primitivo dos dentados retos para a tensão de contato no ponto D (ponto interior de engrenamento individual da coroa) se $Z_D > 1$.

Normalmente, Z_D só deve ser calculado para engrenagens com relação de transmissão $u < 1{,}5$. Caso contrário, M_2 resultará menor que 1,0, portanto:

$$Z_D = 1{,}0 \quad (18.180)$$

Para os dentados internos, adotar $Z_D = 1{,}0$.

Este fator é aplicado na proporção inversa no cálculo de pressão.

a) Para dentado reto:

$$\text{Se } M_2 \leq 1 \rightarrow Z_D = 1 \qquad (18.181)$$

$$\text{Se } M_2 > 1 \rightarrow Z_D = M_2 \qquad (18.182)$$

b) Para dentado helicoidal com $\varepsilon_\beta \geq 1$:

$$Z_D = 1,000 \qquad (18.183)$$

c) Para dentado helicoidal com $\varepsilon_\beta < 1$:

$$Z_D = M_2 - \varepsilon_\beta(M_2 - 1) \quad \text{Se } Z_D < 1 \rightarrow Z_D = 1 \qquad (18.184)$$

> Para este par, como u = 2,44 > 1,5:
>
> $$Z_D = 1 \qquad \text{ref (18.180)}$$

Fator de vida útil (Z_{NT} e Z_{GT})

Os fatores de vida útil Z_{NT} (para vida útil sem pites) e Z_{GT} (para vida útil com pites) levam em conta a maior tensão de contato, incluindo a tensão estática, que pode ser tolerável para uma vida útil limitada, em comparação com a tensão admissível no ponto de inflexão nas curvas da Figura 18.19, onde $Z_{NT} = 1$.

Esses fatores devem ser determinados para o pinhão e para a coroa, individualmente.

Inicialmente, é necessário determinar o número de ciclos médio do pinhão e da coroa:

$$N_{L1,2} = 60 \cdot V_R \cdot n_{M1,2} \qquad (18.185)$$

onde:

V_R = Vida útil nominal requerida para o par [h].

n_{M1} = Rotação média do pinhão [RPM].

Para os materiais:

Ferro fundido nodular (perlítico e bainítico).

Ferro fundido nodular perlítico tratado.

Aço fundido.

Aço fundido tratado.

Aço normalizado ou recozido ($\sigma_B < 800$ N/mm²).

Aço temperado e revenido ($\sigma_B \geq 800$ N/mm²).

Aço cementado, temperado e revenido.

Aço carbonitretado com camada $\geq 0,3$ mm.

Aço temperado por indução ou chama.

Ferro fundido nodular temperado por indução ou chama.

Aço para nitretação: temperado, revenido e nitretado em gás.

Se $\log N_{L1,2} > 7,69897$:

$$A = e^{\left(\frac{7,69897 - \log N_{L1,2}}{14,15854}\right)} \tag{18.186}$$

Se $\log N_{L1,2} \leq 7,69897$:

$$A = e^{\left(\frac{7,69897 - \log N_{L1,2}}{5,742445}\right)} \tag{18.187}$$

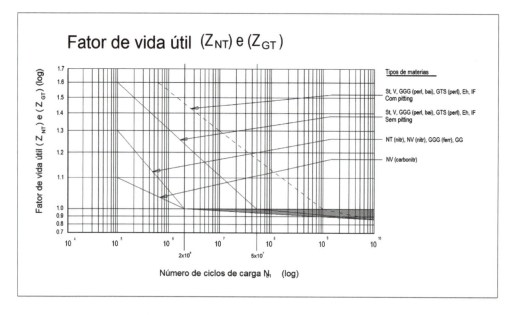

Figura 18.19 – Fator de vida útil (Z_{NT} e Z_{GT}).

Projeto de um par de engrenagens cilíndricas externas

Se $A < 1,0$:

$$B = e^{\left(\frac{9 - \log N_{L1,2}}{6,153129}\right)} \quad (18.188)$$

Se $1,0 \leq A < 1,3$:

$$B = e^{\left(\frac{9 - \log N_{L1,2}}{7,622989}\right)} \quad (18.189)$$

Se $A \geq 1,3$:

$$B = e^{\left(\frac{8,543376 - \log N_{L1,2}}{5,854475}\right)} \quad (18.190)$$

$$Z_{N\,\text{lim}} = 1,6 \quad (18.191)$$

Para os materiais:

Ferro fundido cinzento.

Ferro fundido nodular (ferrítico).

Aço para beneficiamento: temperado, revenido e nitretado em líquido.

Se $\log N_{L1,2} > 6,30103$:

$$A = e^{\left(\frac{6,30103 - \log N_{L1,2}}{22,76024}\right)} \quad (18.192)$$

Se $\log N_{L1,2} \leq 6,30103$:

$$A = e^{\left(\frac{6,30103 - \log N_{L1,2}}{4,958869}\right)} \quad (18.193)$$

$$Z_{N\,\text{lim}} = 1,3 \quad (18.194)$$

Para o material:

Aço para beneficiamento: beneficiado ou normalizado e carbonitretado com camada < 0,3 mm

Se $\log N_{L1,2} > 6{,}30103$:

$$A = e^{\left(\frac{6,30103 - \log N_{L1,2}}{22,76024}\right)} \quad (18.192)$$

Se $\log N_{L1,2} \leq 6{,}30103$:

$$A = e^{\left(\frac{6,30103 - \log N_{L1,2}}{13,65043}\right)} \quad (18.193)$$

$$Z_{N\,\lim} = 1{,}1 \quad (18.194)$$

Para todos os materiais:

$$Z_{NT} = A \text{ ou } Z_{NT} = Z_{N\,\lim}, \text{ o que for menor.} \quad (18.195)$$

$$Z_{GT} = B \text{ ou } Z_{GT} = 1{,}6, \text{ o que for menor.} \quad (18.196)$$

Para este par:

Pinhão:

$$N_{L1} = 60 \times 4160 \times 1750 = 436800000 \text{ [ciclos de carga]} \quad \text{ref (18.185)}$$

$$\log 436800000 = 8{,}640283 > 7{,}69897$$

$$A_1 = e^{\left(\frac{7,69897 - 8,640283}{14,15854}\right)} = 0{,}935678 \quad \text{ref (18.186)}$$

$$B_1 = e^{\left(\frac{9 - 8,640283}{6,153129}\right)} = 1{,}060203 \quad \text{ref (18.188)}$$

$$Z_{NT1} = 0{,}936 \quad \text{ref (18.195)}$$

$$Z_{GT1} = 1{,}060 \quad \text{ref (18.196)}$$

Projeto de um par de engrenagens cilíndricas externas

Coroa:

$$N_{L2} = 60 \times 4160 \times \frac{1750}{2,44} = 179016393 \text{ [ciclos de carga]} \quad \text{ref (18.185)}$$

$$\log 179016393 = 8.252893 > 7.69897$$

$$A_2 = e^{\left(\frac{7,69897 - 8,252893}{14,15354}\right)} = 0,961633 \quad \text{ref (18.186)}$$

$$B_2 = e^{\left(\frac{9 - 8,252893}{6,153129}\right)} = 1,129098 \quad \text{ref (18.188)}$$

$$Z_{NT2} = 0,962 \quad \text{ref (18.195)}$$

$$Z_{GT2} = 1,129 \quad \text{ref (18.196)}$$

Fator de forma do dente (Y_F)

O fator de forma do dente leva em conta a forma geométrica do dente sobre a tensão de flexão nominal para uma carga aplicada no ponto externo de engrenamento individual. Método B conforme a norma ISO 6336-3.

Este fator é aplicado individualmente para cada roda do par (Y_{F1} e Y_{F2}) na proporção inversa no cálculo de flexão.

Para a determinação de Y_F são necessárias algumas grandezas referentes à geometria do dente como:

- Espessura crítica do dente (S_{Fn});
- Braço de momento fletor (h_{Fe});
- Ângulo de aplicação da carga (α_{Fen});
- Raio de curvatura do filete trocoidal no ponto no qual se define a espessura crítica do dente (ρ_F).

Veja a definição dessas grandezas e de outras aplicadas na formulação a seguir, nas Figuras 18.20, 18.21 e 18.22.

Este método pode ser aplicado para dentados retos e helicoidais, com e sem modificação da altura da cabeça do dente.

Para dentados helicoidais, os cálculos são processados para um dentado reto equivalente, ou seja, com a utilização de um número de dentes virtual.

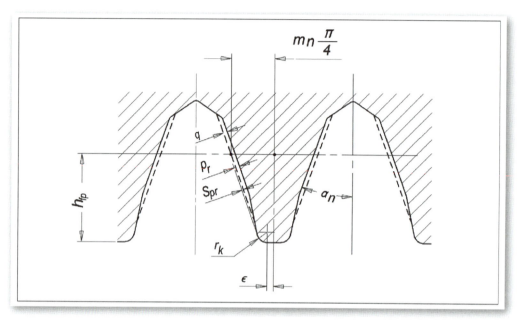

Figura 18.20 – Perfil de referência com protuberância.

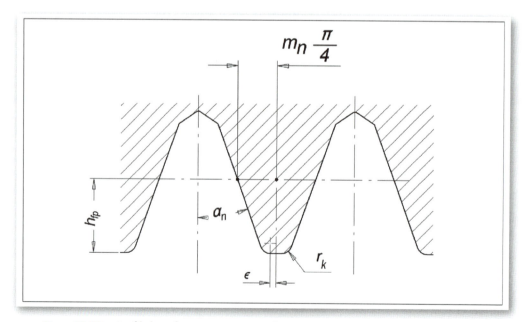

Figura 18.21 – Perfil de referência sem protuberância.

Projeto de um par de engrenagens cilíndricas externas

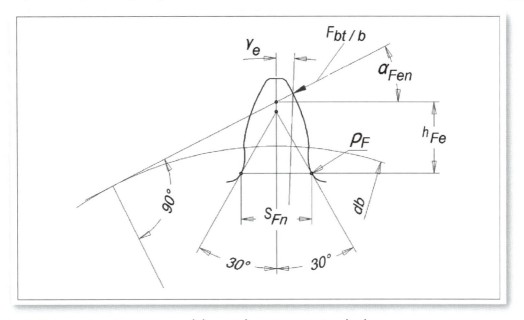

Figura 18.22 – Espessura cordal normal na seção crítica do dente.

Dentado externo

$$h_{fp} = \frac{d - d_f}{2} + \frac{2 \cdot S_n - m_n \cdot \pi}{4 \cdot \tan \alpha_n} \quad (18.197)$$

$$\varepsilon = \frac{\pi}{4} \cdot m_n - h_{fp} \cdot \tan \alpha_n + \frac{s_{pr}}{\cos \alpha_n} - (1 - \operatorname{sen} \alpha_n) \cdot \frac{r_k}{\cos \alpha_n} \quad (18.198)$$

$$A = x + \frac{r_k - h_{fp}}{m_n} \quad (18.199)$$

$$z_n = \frac{z}{\cos^2 \beta_b \cdot \cos \beta} \quad (18.200)$$

$$B = \frac{2}{z_n} \left(\frac{\pi}{2} - \frac{\varepsilon}{m_n} \right) - \frac{\pi}{3} \quad (18.201)$$

$$C = \frac{2 \cdot A}{z_n} \cdot \tan C - B \quad (18.202)$$

onde:

$S_{pr} = p_r - SM$.

p_r = Protuberância da ferramenta.

SM = Sobremetal.

Note que a Equação (18.202) é transcendental e não pode, portanto, ser resolvida algebricamente. O método de Newton e Raphson pode ser aplicado, utilizando, como estimativa inicial, $C = \pi/6$ e erro $< 10^{-5}$. A função converge rapidamente, bastando duas ou três iterações para se alcançar a raiz.

Espessura cordal crítica normal (S_{Fn})

$$s_{Fn} = m_n \left[z_n \cdot \text{sen} \left(\frac{\pi}{3} - C \right) + \sqrt{3} \left(\frac{A}{\cos C} - \frac{r_k}{m_n} \right) \right] \qquad (18.203)$$

Raio de curvatura no ponto da espessura crítica normal (ρ_F)

$$\rho_F = m_n \left[\frac{r_k}{m_n} + \frac{2 \cdot A^2}{\cos C \, (z_n \cdot \cos^2 C - 2 \cdot A)} \right] \qquad (18.204)$$

Ângulo de hélice sobre o círculo base (β_b)

$$\beta_b = \text{sen}^{-1} (\text{sen}\,\beta \cdot \cos \alpha_n) \qquad (18.205)$$

Grau de recobrimento normal ($\varepsilon_{\alpha n}$)

$$\varepsilon_{\alpha n} = \frac{\varepsilon_\alpha}{\cos^2 \beta} \qquad (18.206)$$

Diâmetro de referência virtual (d_n)

$$d_n = z_n \cdot m_n \qquad (18.207)$$

Passo base normal (p_{bn})

$$p_{bn} = m_n \cdot \cos \alpha_n \cdot \pi \qquad (18.208)$$

Círculo base virtual (d_{bn})

$$d_{bn} = d_n \cdot \cos \alpha_n \qquad (18.209)$$

Projeto de um par de engrenagens cilíndricas externas

Diâmetro de início do chanfro virtual (d_{Nkn})

$$d_{Nkn} = d_n + d_{Nk} - d \qquad (18.210)$$

Círculo do ponto externo individual de contato normal (d_{en})

$$D = \sqrt{\left(\frac{d_{Nkn}}{2}\right)^2 - \left(\frac{d_{bn}}{2}\right)^2} \qquad (18.211)$$

$$E = \frac{\pi \cdot d \cdot \cos\beta \cdot \cos\alpha_n}{|z|} \cdot (\varepsilon_{\alpha n} - 1) \qquad (18.212)$$

$$d_{en} = 2 \cdot \frac{z}{|z|} \sqrt{(D-E)^2 + \left(\frac{d_{bn}}{2}\right)^2} \qquad (18.213)$$

O número de dentes é positivo para dentado externo e negativo para dentado interno.

Ângulo de perfil no círculo d_{en} (α_{en})

$$\alpha_{en} = \cos^{-1}\left(\frac{d_{bn}}{d_{en}}\right) \qquad (18.214)$$

Ângulo entre a reta que passa pelo centro do dente à reta que liga o centro da roda ao ponto externo individual de contato (γ_e)

$$\gamma_e = \frac{s_n}{m_n \cdot z_n} + \text{inv}\,\alpha_{en} - \text{inv}\,\alpha_n \qquad (18.215)$$

Ângulo entre a direção da carga no ponto externo individual de contato normal com a perpendicular da reta que passa pelos centros das rodas (α_{Fen})

$$\alpha_{Fen} = \alpha_{en} - \gamma_e \qquad (18.216)$$

Braço de momento fletor h_{Fe}

$$F = (\cos\gamma_e - \operatorname{sen}\gamma_e \cdot \tan\alpha_{Fen})\frac{d_{en}}{m_n} \qquad (18.217)$$

$$G = z_n \cdot \cos(60° - C) \qquad (18.218)$$

$$H = \frac{r_k}{m_n} - \frac{B}{\cos D} \qquad (18.219)$$

$$h_{Fe} = \frac{m_n}{2} [F - G + H] \tag{18.220}$$

Dentado interno

O fator de forma do dente para dentado interno pode, de maneira aproximada, ser determinado para uma cremalheira equivalente. A cremalheira equivalente tem a forma do perfil de referência capaz de gerar um dente idêntico ao vão da engrenagem interna. O ângulo de aplicação da força é adotado como $\alpha_{en} = \alpha_n$. Ver Figura 18.23.

Espessura circular normal crítica do dente S_{Fn2}:

$$S_{Fn2} = 2\left[\frac{1}{2}\left(d_{n2} \cdot \frac{\pi}{z} - T_{n2}\right) + (h_{fp2} - \rho_{fp2}) \cdot \tan\alpha_n + \frac{\rho_{fp2} - s_{pr}}{\cos\alpha_n} - \rho_{fp2} \cdot \cos 30°\right] \tag{18.221}$$

T_{n2} = Dimensão circular normal do vão sobre o diâmetro de referência.

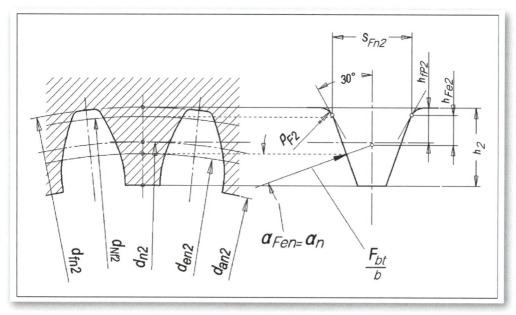

Figura 18.23 – Parâmetros para a determinação de Y_F em dentado interno.

Braço de momento fletor h_{Fe2}:

$$I = \frac{d_{en2} - d_{fn2}}{2 \cdot m_n} \qquad (18.222)$$

$$J = \tan \alpha_n \left[\frac{1}{2 \cdot m_n} \left(d_{n2} \cdot \frac{\pi}{z} - T_{n2} \right) + \tan \alpha_n \left(\frac{h_{fp2}}{m_n} - I \right) \right] \qquad (18.223)$$

$$K = \frac{\rho_{fp2}}{2 \cdot m_n} \qquad (18.224)$$

$$h_{Fe2} = m_n \left[I - J - K \right] \qquad (18.225)$$

Onde:

$$d_{en2} = d_{n2} + d_{e2} - d_2 \qquad (18.226)$$

$$d_{fn2} = d_{n2} + d_{f2} - d_2 \qquad (18.227)$$

$$h_{fp2} = \frac{d_{n2} - d_{fn2}}{2} \qquad (18.228)$$

$$\rho_{fp2} = \frac{d_{Nf2} - d_{f2}}{2(1 - \operatorname{sen} \alpha_n)} \qquad (18.229)$$

$$\rho_{F2} = \frac{\rho_{fp2}}{2} \qquad (18.230)$$

Onde d_{Nf2} representa o início do perfil ativo ou diâmetro útil de pé da engrenagem interna.

Quando d_{Nf2} é desconhecido, a seguinte aproximação pode ser usada:

$$\rho_{F2} = \rho_{fp2} = 0{,}15 \, m_n \qquad (18.231)$$

$$\alpha_{Fen2} = \alpha_n \qquad (18.232)$$

Observação: Para os dentados internos, os diâmetros são negativos.

Dentado externo e interno

Fator de forma do dente (Y_F)

$$Y_F = \frac{\dfrac{6 \cdot h_{Fe}}{m_n} \cdot \cos \alpha_{Fen}}{\left(\dfrac{s_{Fn}}{m_n}\right)^2 \cdot \cos \alpha_n} \qquad (18.233)$$

Observação:

Quando o grau de recobrimento de perfil estiver na faixa de $2 \leq \varepsilon_\alpha < 3$, a carga total de transmissão é dividida por dois ou três pares de dentes em contato. O fator de forma do dente, nesses casos, é determinado pela aplicação da força sobre o ponto de contato interno (IDP). As equações apresentadas aqui podem ser aplicadas sem qualquer modificação, porém, os cálculos deverão ser efetuados, considerando-se a carga tangencial (F_t) total. Dessa maneira, tende-se a errar a favor da segurança.

Para este projeto, Y_{F1} e Y_{F2} já foram determinados quando calculamos as estimativas para as larguras dos dentados:

$$Y_{F1} = 1{,}294$$

$$Y_{F2} = 1{,}266$$

Fator de correção de tensão (Y_s)

Esse fator converte a tensão de flexão nominal localizada no ponto externo de engrenamento individual para o pé do dente. Com outras palavras, considera o efeito de elevação da tensão no perfil trocoidal, assim como a influência do braço de momento fletor e, com isso, o fato de que existe um estado mais complexo de tensão na seção crítica do dente.

Esse fator é aplicado individualmente para cada roda do par (Y_{s1} e Y_{s2}) e somente em conjunto com o fator de forma do dente Y_F, na proporção inversa no cálculo de flexão.

O cálculo do fator de correção de tensão é feito de acordo com as equações a seguir, as quais são válidas para o intervalo: $1 \leq q_s < 8$.

$$L = \frac{s_{Fn}}{h_{Fe}} \qquad (18.234)$$

Projeto de um par de engrenagens cilíndricas externas

$$q_s = \frac{S_{Fn}}{2\,\rho_F} \tag{18.235}$$

S_{Fn} pode ser determinado com a Equação (18.203) para dentado externo e com a Equação (18.221) para dentado interno.

h_{Fe} pode ser determinado com a Equação (18.220) para dentado externo e com a Equação (18.225) para dentado interno.

ρ_F pode ser determinado com a Equação (18.204) para dentado externo e com a Equação (18.230) ou (18.231) para dentado interno.

$$Y_s = (1{,}2 + 0{,}13\,L)q_s^{\left(\frac{1}{1{,}21 + \frac{2{,}3}{L}}\right)} \tag{18.236}$$

Para grau de recobrimento na faixa $2 \leq \varepsilon_\alpha < 3$, ver observação na seção "Fator de forma do dente (Y_F)".

Para este projeto, já temos:

$S_{Fn1} = 6{,}671$		ref (18.203)
$S_{Fn2} = 6{,}752$		ref (18.203)
$h_{Fe1} = 3{,}098$		ref (18.220)
$h_{Fe2} = 3{,}175$		ref (18.220)
$\rho_{F1} = 1{,}740$		ref (18.204)
$\rho_{F2} = 1{,}752$		ref (18.204)

Vamos determinar os fatores Y_{S1} e Y_{S2}:

$$L_1 = \frac{6{,}671}{3{,}098} = 2{,}153325 \qquad \text{ref (18.234)}$$

$$q_{s1} = \frac{6{,}671}{2 \times 1{,}740} = 1{,}916954 \qquad \text{ref (18.235)}$$

$$Y_{s1} = (1{,}2 + 0{,}13 \times 2{,}153325) \times 1{,}916954^{\left(\frac{1}{1{,}21 + \frac{2{,}3}{2{,}153325}}\right)} = \qquad \text{ref (18.236)}$$
$$= 1{,}969$$

$$L_2 = \frac{6,752}{3,175} = 2,126614 \qquad \text{ref (18.234)}$$

$$q_{s2} = \frac{6,752}{2 \times 1,752} = 1,926941 \qquad \text{ref (18.235)}$$

$$Y_{s2} = (1,2 + 0,13 \times 2,126614) \times 1,926941^{\left(\frac{1}{1,21 + \frac{2,3}{2,126614}}\right)} = \qquad \text{ref (18.236)}$$

$$= 1,966$$

Fator de recobrimento (Y_ε)

O fator de recobrimento é aplicado somente para a determinação da tensão nominal no pé do dente, conforme o método C da norma ISO 6336. Portanto, não será considerado neste livro.

Fator de ângulo de hélice (Y_β)

O fator de ângulo de hélice leva em conta a diferença entre a roda com dentes inclinados e a roda com dentes retos, entre si equivalentes, na seção normal na qual se baseia o cálculo no primeiro caso. Desse modo é assegurado que as condições para a tensão do pé do dente das rodas helicoidais são mais favoráveis, uma vez que as linhas de contato transcorrem oblíquas em relação ao flanco.

Este fator é aplicado na proporção inversa no cálculo de flexão.

$$Y_\beta = 1 - \varepsilon_\beta \cdot \frac{\beta}{120°} \qquad (18.237)$$

Observações:

- O ângulo de hélice sobre o diâmetro de referência β, é dado em graus.
- Se $\varepsilon_\beta > 1$, aplicar $\varepsilon_\beta = 1$.
- Se $\beta > 30°$ aplicar $\beta = 30°$.

Para este projeto:

$$Y_\beta = 1 - 0,836 \times \frac{23,188056°}{120°} = 0,838 \qquad \text{ref (18.237)}$$

Projeto de um par de engrenagens cilíndricas externas

Fator de sensibilidade relativa ($Y_{\delta\,relT}$)

O fator de sensibilidade relativa leva em conta a sensibilidade aos entalhes superficiais no perfil trocoidal (pé do dente) para o limite de resistência à fadiga ou para o limite de resistência estática do dente.

O fator de sensibilidade dinâmica Y_δ indica em que grau a concentração teórica da tensão se situa acima do limite de resistência à fadiga, para o caso de uma fratura por fadiga.

O fator de sensibilidade estática Y_δ indica em que grau a concentração teórica da tensão se situa acima do limite de resistência estática, para o caso de uma fratura por sobrecarga.

O fator de sensibilidade ao entalhe é diferente no caso de uma solicitação estática comparada a uma solicitação dinâmica.

Esse fator foi determinado empiricamente (pelos institutos de normas) em testes relativos a uma roda de teste construída especialmente para esse fim.

É aplicado individualmente para cada roda do par ($Y_{\delta\,relT1}$ e $Y_{\delta\,relT2}$) na proporção direta no cálculo de flexão.

Conforme normas ISO 6336-3 método B:

Determinação de $Y_{\delta\,relT\,Ref}$ para tensão de referência

$$Y_{\delta\,relT\,Ref} = \frac{Y_\delta}{Y_{\delta T}} = \frac{1 + \sqrt{\rho' \cdot \chi^*}}{1 + \sqrt{\rho' \cdot \chi_T^*}} \qquad (18.238)$$

onde:

Y_δ = Fator de sensibilidade dinâmica ou estática.

$Y_{\delta T}$ = Fator de sensibilidade dinâmica ou estática da engrenagem de teste.

ρ' = Camada de deslizamento. Pode ser obtido da tabela a seguir como uma função do material.

σ_S = Tensão de escoamento (N/mm²).

$\sigma_{0,2}$ = Tensão de escoamento a 0,2% de deformação permanente do material (N/mm²).

σ_B = Resistência à tração (N/mm²).

Observação: Para materiais com tensão de escoamento ou resistência à tração diferente aos da Tabela 18.3, determinar ρ' por interpolação linear.

$$\chi^* = \chi_p^*(1 + 2\,q_s) \qquad (18.239)$$

Tabela 18.3 – Camada de deslizamento

i_{Mat}	Material	ρ' (mm)
1	Ferro fundido cinzento σ_B = 150 N/mm²	0,3124
2	Ferro fundido cinzento σ_B = 300 N/mm²	0,3095
3	Ferro fundido nodular (ferrítico) σ_B = 300 N/mm²	0,3095
4	Ferro fundido nodular (perlítico, bainítico) σ_S = 500 N/mm²	0,0281
5	Ferro fundido nodular (perlítico, bainítico) σ_S = 600 N/mm²	0,0194
6	Ferro fundido nodular (perlítico, bainítico) $\sigma_{0,2}$ = 800 N/mm²	0,0064
7	Ferro fundido nodular (perlítico, bainítico) $\sigma_{0,2}$ = 1000 N/mm²	0,0014
8	Aço normalizado ou recozido σ_S = 300 N/mm²	0,0833
9	Aço normalizado ou recozido σ_S = 400 N/mm²	0,0445
10	Aço temperado e revenido σ_S = 500 N/mm²	0,0281
11	Aço temperado e revenido σ_S = 600 N/mm²	0,0194
12	Aço temperado e revenido $\sigma_{0,2}$ = 800 N/mm²	0,0064
13	Aço temperado e revenido $\sigma_{0,2}$ = 1000 N/mm²	0,0014
14	Aço temperado e revenido com nitretação gasosa ou líquida	0,1005
15	Aço cementado, temperado e revenido (para todas as durezas)	0,0030
16	Aço temperado por indução ou chama (para todas as durezas)	0,0030

O valor de χ_T^* para a engrenagem de referência pode ser obtida da mesma forma, adotando:

$$q_s = 2,5$$

$$\chi_T^* = \chi_p^*(1 + 2 \times 2,5) \tag{18.240}$$

$$\chi_p^* = \frac{1}{5} = 0,2 \tag{18.241}$$

onde:

χ^* = Gradiente de tensão relativa na raiz de um entalhe.

χ_p^* = Gradiente de tensão relativa em um corpo de prova liso e polido.

χ_T^* = Gradiente de tensão relativa em uma engrenagem de teste.

q_s = Parâmetro de entalhe. Pode ser determinado usando-se a Equação (18.235).

Projeto de um par de engrenagens cilíndricas externas **611**

Observação:

O gradiente de tensão relativa é aplicado para módulo $m = 5$ mm. A influência da dimensão é introduzida pelo fator de tamanho do dente Y_X (ver a seção "Fator de tamanho do dente Y_X").

Determinação de $Y_{\delta\,relT\,Est}$ para tensão estática

a) Para aço com a tensão de escoamento bem definida.

Aço normalizado ou recozido.

$$Y_{\delta\,relT\,Est} = \frac{1 + 0{,}93\,(Y_S - 1) \cdot \sqrt[4]{\dfrac{200}{\sigma_S}}}{1 + 0{,}93 \cdot \sqrt[4]{\dfrac{200}{\sigma_S}}} \qquad (18.242)$$

b) Para aço com curva de escoamento crescente e 0,2% de deformação permanente.

Aço temperado e revenido e ferro fundido nodular perlítico e bainítico.

$$Y_{\delta\,relT\,Est} = \frac{1 + 0{,}82\,(Y_S - 1) \cdot \sqrt[4]{\dfrac{300}{\sigma_{0,2}}}}{1 + 0{,}82 \cdot \sqrt[4]{\dfrac{300}{\sigma_{0,2}}}} \qquad (18.243)$$

c) Para aço cementado, temperado e revenido. Aço e ferro fundido nodular temperado por indução ou chama.

Com tensão até iniciar a trinca.

$$Y_{\delta\,relT\,Est} = 0{,}44\,Y_S + 0{,}12 \qquad (18.244)$$

d) Para aço beneficiado e nitretado a gás ou em líquido. Aço beneficiado e carbonitretado.

Com tensão até iniciar a trinca.

$$Y_{\delta\,relT\,Est} = 0{,}20\,Y_S + 0{,}60 \qquad (18.245)$$

e) Para ferro fundido cinzento e ferro fundido nodular ferrítico.

Com tensão até fraturar.

$$Y_{\delta\,relT\,Est} = 1{,}0 \qquad (18.246)$$

Determinação de $Y_{\delta\,relT}$ para uma vida limitada

$Y_{\delta\,relT}$, para uma determinada vida útil, é determinado por interpolação linear entre os valores calculados para a tensão de referência e para a tensão estática.

Inicialmente vamos determinar a vida útil em ciclos de carga N_L:

$$N_{L1} = 60 \cdot V_R \cdot n_M \qquad (18.247)$$

$$N_{L2} = 60 \cdot V_R \cdot \frac{n_M}{u} \qquad (18.248)$$

onde:

V_R = Vida útil nominal requerida em horas.
n_M = Rotação média em RPM.
u = Relação de transmissão = z_2/z_1.

Para os materiais i_{Mat} de 4 a 13 inclusive (ver Tabela 18.3):

Para $N_L \leq 10^4$

$$Y_{\delta\,relT} = Y_{\delta\,relT\,Est} \qquad (18.249)$$

Para $N_L > 10^4$

$$Y_{\delta\,relT} = \frac{Y_{\delta\,relT\,Est} - Y_{\delta\,relT\,Ref}}{3 \times 10^6 - 10^4} (3 \times 10^6 - N_{LL}) + Y_{\delta\,relT\,Ref} \qquad (18.250)$$

Para os materiais i_{Mat} de 1 a 3 e de 14 a 16 inclusive (ver Tabela 18.3):

Para $N_L \leq 10^3$

$$Y_{\delta\,relT} = Y_{\delta\,relT\,Est} \qquad (18.251)$$

Para $N_L > 10^3$

$$Y_{\delta\,relT} = \frac{Y_{\delta\,relT\,Est} - Y_{\delta\,relT\,Ref}}{3 \times 10^6 - 10^3} (3 \times 10^6 - N_{LL}) + Y_{\delta\,relT\,Ref} \qquad (18.252)$$

Projeto de um par de engrenagens cilíndricas externas

Para todos os materiais:

$$\text{Para } N_L > 3 \times 10^6 \rightarrow N_{LL} = 3 \times 10^6 \tag{18.253}$$

$$\text{Para } N_L \leq 3 \times 10^6 \rightarrow N_{LL} = N_L \tag{18.254}$$

Para este projeto:

Pinhão:

$$i_{Mat1} = 15 \qquad \text{ref tabela 18.3}$$

$$\rho'_1 = 0{,}0030 \qquad \text{ref tabela 18.3}$$

$$q_{s1} = 1{,}916951 \qquad \text{ref (18.235)}$$

$$\chi^*_p = \frac{1}{5} = 0{,}2 \qquad \text{ref (18.241)}$$

$$\chi^*_1 = 0{,}2 \times (1 + 2 \times 1{,}916951) = 0{,}966780 \qquad \text{ref (18.239)}$$

$$\chi^*_T = 0{,}2 \times (1 + 2 \times 2{,}5) = 1{,}2 \qquad \text{ref (18.240)}$$

$$Y_{\delta\,relT\,Ref1} = \frac{1 + \sqrt{0{,}003 \times 0{,}966780}}{1 + \sqrt{0{,}003 \times 1{,}2}} = 0{,}994 \qquad \text{ref (18.238)}$$

$$Y_{\delta\,RelT\,Est1} = 0{,}44 \times 1{,}969 + 0{,}12 = 0{,}986 \qquad \text{ref (18.244)}$$

$$N_{L1} = 60 \times 4160 \times 1750 = 436800000 \qquad \text{ref (18.247)}$$

Como

$$436800000 > 3000000 \rightarrow N_{LL1} = 3000000 = 3 \times 10^6 \qquad \text{ref (18.253)}$$

$$Y_{\delta\,relT1} = \frac{0{,}986 - 0{,}994}{3 \times 10^6 - 10^3} \cdot (3 \times 10^6 - 3 \times 10^6) + 0{,}994 = 0{,}994 \qquad \text{ref (18.252)}$$

Coroa:

$$i_{Mat2} = 15 \qquad \text{ref tabela 18.3}$$

$$\rho'_2 = 0{,}0030 \qquad \text{ref tabela 18.3}$$

$$q_{s2} = 1{,}926941 \qquad \text{ref (18.235)}$$

$$\chi^*_p = \frac{1}{5} = 0{,}2 \qquad \text{ref (18.241)}$$

$$\chi_2^* = 0{,}2\,(1 + 2 \times 1{,}926941) = 0{,}970776 \qquad \text{ref (18.239)}$$

$$\chi_T^* = 0{,}2\,(1 + 2 \times 2{,}5) = 1{,}2 \qquad \text{ref (18.240)}$$

$$Y_{\delta\,\text{relT Ref2}} = \frac{1 + \sqrt{0{,}003 \times 0{,}970776}}{1 + \sqrt{0{,}003 \times 1{,}2}} = 0{,}994 \qquad \text{ref (18.238)}$$

$$Y_{\delta\,\text{RelT Est2}} = 0{,}44 \times 1{,}966 + 0{,}12 = 0{,}985 \qquad \text{ref (18.244)}$$

$$N_{L2} = 60 \times 4160 \times \frac{1750}{2{,}44} = 179016393 \qquad \text{ref (18.248)}$$

Como

$$179016393 > 3000000 \rightarrow N_{LL2} = 3000000 = 3 \times 10^6 \qquad \text{ref (18.253)}$$

$$Y_{\delta\,\text{relT2}} = \frac{0{,}986 - 0{,}994}{3 \times 10^6 - 10^3} \cdot (3 \times 10^6 - 3 \times 10^6) + 0{,}994 = 0{,}994 \qquad \text{ref (18.252)}$$

Fator de condição superficial relativa da raiz ($Y_{R\,\text{relT}}$)

O fator de condição superficial relativa da raiz leva em conta a redução da resistência limite em razão da rugosidade superficial no arredondamento do pé do dente (R_{zf}).

Esse fator foi determinado empiricamente (pelos institutos de normas) em testes relativos a uma roda de teste construída com $R_{zfT} = 10$ μm especialmente para este fim.

Este fator é aplicado individualmente para cada roda do par ($Y_{R\,\text{relT1}}$ e $Y_{R\,\text{relT2}}$) na proporção direta no cálculo de flexão.

Conforme normas ISO 6336-3 método B:

Determinação de $Y_{R\,\text{relT Ref}}$ para tensão de referência para rugosidade $R_{Zf} < 1$ μm
Para os materiais:
Aço temperado e revenido.
Ferro fundido nodular perlítico ou bainítico.
Aço cementado, temperado e revenido.
Aço e ferro fundido temperado por indução ou chama.

$$Y_{R\,\text{RelT Ref}} = 1{,}120 \qquad (18.255)$$

Para o material:

Aço normalizado ou recozido ($\sigma_B < 800$ N/mm²)

$$Y_{R\ RelT\ Ref} = 1,070 \qquad (18.256)$$

Para os materiais:

Ferro fundido cinzento.

Ferro fundido nodular ferrítico.

Aço beneficiado com nitretação gasosa ou líquida.

Aço beneficiado ou normalizado e carbonitretado.

$$Y_{R\ RelT\ Ref} = 1,025 \qquad (18.257)$$

Determinação de $Y_{R\ relT\ Ref}$ para tensão de referência para rugosidade $1\ \mu m \leq R_{Zf} < 40\ \mu m$:

Para os materiais:

Aço temperado e revenido.

Ferro fundido nodular perlítico ou bainítico.

Aço cementado, temperado e revenido.

Aço e ferro fundido temperado por indução ou chama.

$$Y_{R\ RelT\ Ref} = 1,674 - 0,529 \cdot (R_{Zf} + 1)^{0,1} \qquad (18.258)$$

Para o material:

Aço normalizado ou recozido ($\sigma_B < 800$ N/mm²)

$$Y_{R\ RelT\ Ref} = 5,306 - 4,203 \cdot (R_{Zf} + 1)^{0,01} \qquad (18.259)$$

Para os materiais:

Ferro fundido cinzento.

Ferro fundido nodular ferrítico.

Aço beneficiado com nitretação gasosa ou líquida.

Aço beneficiado ou normalizado e carbonitretado.

$$Y_{R\ RelT\ Ref} = 4,299 - 3,259 \cdot (R_{Zf} + 1)^{0,005} \qquad (18.260)$$

Determinação de $Y_{R\ relT\ Est}$ para tensão estática em geral:

$$Y_{R\ RelT\ Ref} = 1,0 \qquad (18.261)$$

Para os materiais i_{Mat} de 4 a 13 inclusive (ver Tabela 18.3):

Para $N_L \leq 10^4$

$$Y_{R\,RelT} = Y_{R\,RelT\,Est} \qquad (18.262)$$

Para $N_L > 10^4$

$$Y_{R\,RelT} = Y_{R\,RelT\,Ref} \qquad (18.263)$$

Para os materiais i_{Mat} de 1 a 3 e de 14 a 16 inclusive (ver Tabela 18.3):

Para $N_L \leq 10^3$

$$Y_{R\,RelT} = Y_{RelT\,Est} \qquad (18.264)$$

Para $N_L > 10^3$

$$Y_{R\,RelT} = Y_{R\,RelT\,Ref} \qquad (18.265)$$

Para este projeto:

Pinhão:

$$Y_{R\,RelT\,Ref1} = 1{,}674 - 0{,}529 \cdot (30 + 1)^{0,1} = 0{,}928 \qquad \text{ref (18.258)}$$

$$Y_{RelT\,Est1} = 1{,}0 \qquad \text{ref (18.261)}$$

$$N_{L1} = 60 \times 4160 \times 1750 = 436800000 \qquad \text{ref (18.247)}$$

Como

$$436800000 > 3000000: \qquad \text{ref (18.253)}$$

$$Y_{R\,RelT1} = 0{,}928 \qquad \text{ref (18.265)}$$

Coroa:

$$Y_{R\,RelT\,Ref2} = 1{,}674 - 0{,}529 \cdot (30 + 1)^{0,1} = 0{,}928 \qquad \text{ref (18.258)}$$

$$Y_{RelT\,Est2} = 1{,}0 \qquad \text{ref (18.261)}$$

$$N_{L2} = 60 \times 4160 \times \frac{1750}{2{,}44} = 179016393 \qquad \text{ref (18.248)}$$

Como

$$179016393 > 3000000:\qquad \text{ref (18.253)}$$

$$Y_{R\,\text{RelT2}} = 0{,}928 \qquad \text{ref (18.265)}$$

Fator de tamanho do dente (Y_x)

O fator de tamanho do dente leva em conta uma possível influência do tamanho do dente (redução da resistência com o aumento do tamanho), tipo de material e seu tratamento térmico.

Este fator é aplicado individualmente para cada roda do par (Y_{x1} e Y_{x2}) na proporção direta no cálculo de flexão.

Determinação de $Y_{X\,\text{Ref}}$ para tensão de referência para 3×10^6 ciclos:

Para os materiais:

Aço normalizado ou recozido ($\sigma_B < 800$ N/mm²).

Aço temperado e revenido.

Ferro fundido nodular perlítico ou bainítico.

Ferro fundido perlítico maleável.

Para $m_n \leq 5$:

$$Y_{X\,\text{Rel}} = 1{,}0 \qquad (18.266)$$

Para $5 < m_n < 30$:

$$Y_{X\,\text{Rel}} = 1{,}03 - 0{,}006\, m_n \qquad (18.267)$$

Para $m_n \geq 30$:

$$Y_{X\,\text{Rel}} = 0{,}85 \qquad (18.268)$$

Para os materiais:

Aço cementado, temperado e revenido.

Aço e ferro fundido temperado por indução ou chama.

Aço beneficiado com nitretação gasosa ou líquida.

Aço beneficiado ou normalizado e carbonitretado.

Para $m_n \leq 5$:
$$Y_{X\,Ref} = 1{,}0 \qquad (18.269)$$

Para $5 < m_n < 25$:
$$Y_{X\,Ref} = 1{,}05 - 0{,}01\, m_n \qquad (18.270)$$

Para $m_n \geq 25$:
$$Y_{X\,Ref} = 0{,}8 \qquad (18.271)$$

Para os materiais:
Ferro fundido cinzento.
Ferro fundido nodular ferrítico.

Para $m_n \leq 5$:
$$Y_{X\,Ref} = 1{,}0 \qquad (18.272)$$

Para $5 < m_n < 25$:
$$Y_{X\,Ref} = 1{,}075 - 0{,}015\, m_n \qquad (18.273)$$

Para $m_n \geq 25$:
$$Y_{X\,Ref} = 0{,}7 \qquad (18.274)$$

Determinação de Y_{XEst} para tensão estática:

Para todos os materiais e todos os módulos m_n:
$$Y_{X\,Est} = 1{,}0 \qquad (18.275)$$

Determinação de Y_X para uma vida limitada

Y_X, para uma determinada vida útil, é determinado por interpolação linear entre o valor calculado para a tensão de referência e para a tensão estática (= 1,0).

$$Y_X = \frac{Y_{X\,Est} - Y_{X\,Ref}}{3 \times 10^6 - 10^3}\,(3 \times 10^6 - N_L) + Y_{X\,Ref} \qquad (18.276)$$

Para este projeto:

$$Y_{X\,Ref} = 1{,}0 \qquad \text{ref (18.269)}$$

$$Y_{X\,Est} = 1{,}0 \qquad \text{ref (18.275)}$$

$$Y_{X1} = 1{,}0 \qquad \text{ref (18.276)}$$

$$Y_{X2} = 1{,}0 \qquad \text{ref (18.276)}$$

Fator de vida útil (Y_{NT})

O fator de vida útil leva em conta que, para uma vida útil limitada (número de ciclos de carga), é aceitável uma tensão de flexão maior no pé do dente em comparação com a tensão admissível para 3×10^6 ciclos.

As principais influências são:

- Material e seu tratamento térmico.
- Número de ciclos de carga requerida (vida útil).
- Critérios de falha.
- Suavidade da operação.
- Pureza do material empregado.
- Ductilidade e tenacidade do material.

Segundo o método B da norma ISO 6336-3 o fator de vida útil Y_{NT} para a engrenagem de teste é usado como auxílio na avaliação da tensão admissível para uma vida limitada ou no grau de confiança que se pode ter quanto ao desempenho.

Este fator é aplicado individualmente para cada roda do par (Y_{NT1} e Y_{NT2}) na proporção inversa no cálculo de flexão.

Determinação de Y_{NT} para uma vida limitada
Para os materiais:
Ferro fundido nodular (perlítico e bainítico).
Ferro fundido nodular perlítico tratado.
Aço fundido.
Aço fundido tratado.
Aço normalizado ou recozido ($\sigma_B < 800$ N/mm²).
Aço temperado e revenido ($\sigma_B \geq 800$ N/mm²).

Para $N_L \leq 10^4$

$$Y_{NT} = 2,5 \qquad (18.277)$$

Para $10^4 < N_L \leq 3 \times 10^6$

$$Y_{NT} = \frac{10,978}{N_L^{0,160646}} \qquad (18.278)$$

Para $N_L > 3 \times 10^6$: aplique a Equação (18.285)

Para os materiais:
Aço cementado, temperado e revenido.
Aço carbonitretado com camada $\geq 0,3$ mm.
Aço temperado por indução ou chama.
Ferro fundido nodular temperado por indução ou chama.

Para $N_L \leq 10^3$

$$Y_{NT} = 2,5 \qquad (18.279)$$

Para $10^3 < N_L \leq 3 \times 10^6$

$$Y_{NT} = \frac{5,49921}{N_L^{0,114295}} \qquad (18.280)$$

Para $N_L > 3 \times 10^6$: aplique a Equação (18.285)

Para os materiais:
Ferro fundido cinzento.
Ferro fundido nodular (ferrítico).
Aço para nitretação: temperado, revenido e nitretado em gás.
Aço para beneficiamento: temperado, revenido e nitretado em líquido.

Para $N_L \leq 10^3$:

$$Y_{NT} = 1,6 \qquad (18.281)$$

Projeto de um par de engrenagens cilíndricas externas **621**

Para $10^3 < N_L \leq 3 \times 10^6$

$$Y_{NT} = \frac{2,40011}{N_L^{0,0587037}} \qquad (18.282)$$

Para $N_L > 3 \times 10^6$: aplique a Equação (18.285)

Para o material:

Aço para beneficiamento: beneficiado ou normalizado e carbonitretado com camada < 0,3 mm

Para $N_L \leq 10^3$

$$Y_{NT} = 1,1 \qquad (18.283)$$

Para $10^3 < N_L \leq 3 \times 10^6$

$$Y_{NT} = \frac{1,19428}{N_L^{0,0119043}} \qquad (18.284)$$

Para $N_L > 3 \times 10^6$: aplique a Equação (18.285)

Para todos os materiais:

Para $N_L > 3 \times 10^6$

$$Y_{NT} = \frac{1,34825}{N_L^{0,0200351}} \qquad (18.285)$$

Para este projeto:

Pinhão:

Como $N_{L1} = 436800000 > 3 \times 10^6$ ref (18.253)

$$Y_{NT1} = \frac{1,34825}{436800000^{0,0200351}} = 0,905 \qquad \text{ref (18.285)}$$

Coroa:

Como $N_{L2} = 179016393 > 3 \times 10^6$ ref (18.253)

$$Y_{NT2} = \frac{1,34825}{179016393^{0,0200351}} = 0,921$$ ref (18.285)

TENSÃO DE CONTATO (CONTACT STRESS)

Como dissemos no início deste capítulo, este é um dos dois critérios que utilizaremos para os cálculos da capacidade de carga das engrenagens.

O cálculo de durabilidade da superfície baseia-se na tensão de contato efetiva σ_H sobre o ponto primitivo ou sobre o ponto de engrenamento individual. O maior dos dois valores obtidos (valor determinante) é usado para determinar a capacidade. A tensão de contato efetiva σ_H e a tensão de contato admissível σ_{HP}, devem ser calculadas separadamente para o pinhão e para a coroa.

É evidente que σ_H deve ser inferior a σ_{HP}.

Tensão efetiva de contato (σ_H)

Três categorias de dentados são reconhecidas pela norma ISO 6336-2 para o cálculo da tensão efetiva de contato σ_H como segue:

a) **Dentados retos**

Para o pinhão, σ_H é normalmente calculado sobre o ponto interno de engrenamento individual. Em casos especiais, σ_H sobre o ponto primitivo é maior e, portanto, determinante.

Para a coroa, no caso de dentes externos, σ_H é normalmente calculado sobre o ponto primitivo. Em casos especiais, particularmente no caso de relações de transmissão pequenas, σ_H é maior no ponto interno de engrenamento individual e, portanto, determinante. Para os dentes internos, σ_H é sempre calculado sobre o ponto primitivo.

b) **Dentados helicoidais com grau de recobrimento de hélice $\varepsilon_\beta \geq 1$**

Tanto para o pinhão quanto para a coroa, σ_H é sempre calculado sobre o ponto primitivo.

Projeto de um par de engrenagens cilíndricas externas

c) **Dentados helicoidais com grau de recobrimento de hélice $\varepsilon_\beta < 1$**

Neste caso, σ_H é determinado por interpolação linear entre dois resultados: σ_H para dentados retos e σ_H para dentados helicoidais com $\varepsilon_\beta = 1$. A determinação de σ_H para cada um dos resultados é baseada nos números de dentes reais das engrenagens.

Nas Figuras 18.24, 18.25 e 18.26 o engrenamento de um par de rodas dentadas é mostrado em três posições distintas em relação à distância de contato, sendo:

- posição 1 (início), na Figura 18.24;
- posição 2 (ponto primitivo), na Figura 18.25; e
- posição 3 (fim), na Figura 18.26.

Vamos analisar a posição 2 (ponto primitivo), Figura 18.25.

O contato entre os dentes se dá no ponto O. Vamos comparar os dentes da roda motora e o da roda movida em contato a dois rolos cilíndricos cujos centros são, respectivamente, T_1 e T_2 e os raios destes mesmos cilindros são: $\rho_1 = T_1O$ (mm) e $\rho_2 = T_2O$ (mm).

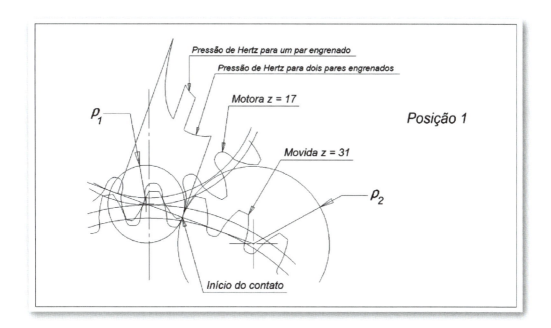

Figura 18.24 – Tensão de contato – início – posição 1.

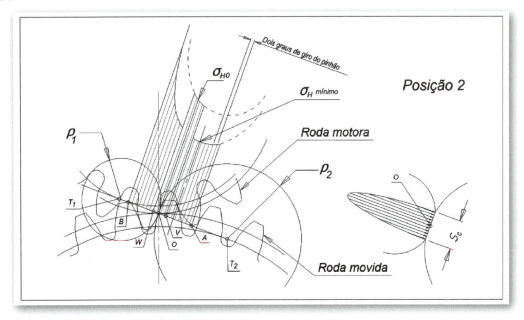

Figura 18.25 – Tensão de contato – meio – posição 2.

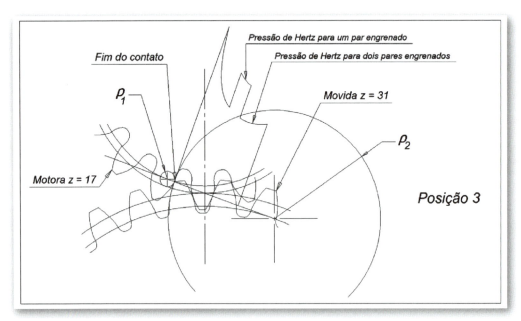

Figura 18.26 – Tensão de contato – fim – posição 3.

Projeto de um par de engrenagens cilíndricas externas

ρ_1 e ρ_2, além de representarem os raios dos cilindros, são também os raios de curvatura dos perfis evolventes conjugados.

Se aplicarmos uma força F_n entre os rolos na direção de seus centros no sentido de pressionar um contra o outro, surgirá em suas superfícies, um esmagamento de formato retangular com comprimento b_c (extensão do contato) e largura S_c. Essa pressão de contato é conhecida como pressão de Hertz. O valor máximo se dá no centro da largura S_c.

No caso de engrenagens, ρ_1 e ρ_2 variam constantemente (compare-os entre as três posições mostradas nas três figuras citadas) em função do deslocamento do ponto de contato sobre a linha de ação, se anulando em T_1 e em T_2. Nesses pontos, a pressão se torna infinita.

Note ainda, na Figura 18.25:

- que $\rho_1 + \rho_2 = $ constante $= T_1 T_2$;
- que o valor mínimo da pressão se dá no centro de $T_1 T_2$;
- a variação teórica da pressão ao longo da distância de contato AB.

Com um projeto bem elaborado, normalmente o valor máximo da pressão se verifica em W. Como o ponto primitivo O está muito próximo do ponto W, ele pode ser adotado como critério para os cálculos. A pressão de Hertz no ponto O é a pressão nominal de contato no ponto primitivo e sua fórmula é:

$$\sigma_{H0} = Z_H \cdot Z_E \cdot Z_\varepsilon \cdot Z_\beta \cdot \sqrt{\frac{F_t}{d_1 \cdot b_c} \cdot \frac{u+1}{u}} \tag{18.286}$$

onde:

F_t = Força tangencial nominal [N].

b_c = Extensão de contato [mm].

u = Relação de transmissão (z_2 / z_1). Para dentado externo u é positivo e para dentado interno u é negativo.

d_1 = Diâmetro de referência do pinhão [mm].

Z_H, Z_E, Z_ε e Z_β são fatores de influência. Veja os tópicos correspondentes, neste capítulo.

Para calcular a tensão efetiva de contato σ_H, deve-se inserir a média geométrica de outros quatro fatores de influência (K_A, K_v, $K_{H\beta}$ e $K_{H\alpha}$) e mais um fator de conversão, Z_B para o pinhão e Z_D para a coroa. Z_B e Z_D convertem, dependendo do caso, a tensão do ponto primitivo para o ponto interno de engrenamento individual. Veja as três categorias de dentados (**a**, **b** e **c**) e a seção "Fatores de influência".

A fórmula para o pinhão fica:

$$\sigma_{H1} = Z_B \cdot \sigma_{H0} \cdot \sqrt{K_A \cdot K_v \cdot K_{H\beta} \cdot K_{H\alpha}} \qquad (18.287)$$

E para coroa:

$$\sigma_{H2} = Z_D \cdot \sigma_{H0} \cdot \sqrt{K_A \cdot K_v \cdot K_{H\beta} \cdot K_{H\alpha}} \qquad (18.288)$$

Para este projeto, vamos determinar a tensão efetiva de contato σ_H. Antes, porém, precisamos calcular a pressão nominal de contato no ponto primitivo (σ_{H0}).

$$\sigma_{H0} = 2{,}351 \times 189{,}8 \times 0{,}734 \times 1{,}043 \sqrt{\frac{15285}{81{,}591 \times 20} \cdot \frac{2{,}44+1}{2{,}44}} =$$

ref (18.286)

$$= 1241{,}46 \ [N/mm^2]$$

Como $Z_B = Z_D = 1$, as tensões efetivas de contato do pinhão e da coroa são iguais:

$$\sigma_{H1} = \sigma_{H2} = 1 \times 1241{,}46 \sqrt{1 \times 1{,}020 \times 1{,}062 \times 1} =$$

$$= 1292{,}10 \ [N/mm^2]$$

ref (18.287)
ref (18.288)

Tensão admissível de contato (σ_{HP} e σ_{GP})

Vamos considerar, a seguir, duas condições diferentes para a tensão admissível de contato.

Tensão admissível de contato sem pites (σ_{HP})

Esta condição deve ser considerada quando não admitimos a formação de pites.

Para o pinhão:

$$\sigma_{HP1} = \sigma_{H\lim 1} \cdot Z_{NT1} \cdot Z_L \cdot Z_V \cdot Z_R \cdot Z_W \cdot Z_{X1} \qquad (18.289)$$

Para a coroa:

$$\sigma_{HP2} = \sigma_{H\lim 2} \cdot Z_{NT2} \cdot Z_L \cdot Z_V \cdot Z_R \cdot Z_W \cdot Z_{X2} \qquad (18.290)$$

Tensão admissível de contato com pites (σ_{GP})

Essa condição deve ser considerada nos casos nos quais os pites, até certo grau, são aceitáveis.

Para o pinhão:

$$\sigma_{GP1} = \sigma_{H\lim 1} \cdot Z_{GT1} \cdot Z_L \cdot Z_V \cdot Z_R \cdot Z_W \cdot Z_{X1} \qquad (18.291)$$

Para a coroa:

$$\sigma_{GP2} = \sigma_{H\lim 2} \cdot Z_{GT2} \cdot Z_L \cdot Z_V \cdot Z_R \cdot Z_W \cdot Z_{X2} \qquad (18.292)$$

Neste projeto, temos as tensões efetivas de contato já calculadas. Para chegarmos aos coeficientes de segurança, precisamos das tensões admissíveis de contato:

Para o pinhão sem pites:

$\sigma_{HP1} = 1500 \times 0{,}936 \times 1{,}001 \times 0{,}992 \times 0{,}961 \times 1 \times 1 =$

$= 1339{,}79 \ [\text{N/mm}^2]$ ref (18.289)

Para a coroa sem pites:

$\sigma_{HP2} = 1500 \times 0{,}962 \times 1{,}001 \times 0{,}992 \times 0{,}961 \times 1 \times 1 =$

$= 1377{,}00 \ [\text{N/mm}^2]$ ref (18.290)

Para o pinhão com pites:

$\sigma_{GP1} = 1500 \times 1{,}060 \times 1{,}001 \times 0{,}992 \times 0{,}961 \times 1 \times 1 =$

$= 1517{,}28 \ [\text{N/mm}^2]$ ref (18.291)

Para a coroa com pites:

$\sigma_{GP2} = 1500 \times 1{,}129 \times 1{,}001 \times 0{,}992 \times 0{,}961 \times 1 \times 1 =$

$= 1616{,}05 \ [\text{N/mm}^2]$ ref (18.292)

Coeficiente de segurança à pressão (S_H e S_G)

Leia a seção "Coeficientes de segurança mínimos" para compreender os cálculos apresentados aqui.

Coeficiente de segurança à pressão sem pites (S_H)

Para o pinhão:

$$S_{H1} = \frac{\sigma_{HP1}}{\sigma_{H1}} \geq S_{H\,min} \qquad (18.293)$$

Para a coroa:

$$S_{H2} = \frac{\sigma_{HP2}}{\sigma_{H2}} \geq S_{H\,min} \qquad (18.294)$$

Coeficiente de segurança à pressão com pites (S_G)

Para o pinhão:

$$S_{G1} = \frac{\sigma_{GP1}}{\sigma_{H1}} \geq S_{H\,min} \qquad (18.295)$$

Para a coroa:

$$S_{G2} = \frac{\sigma_{GP2}}{\sigma_{H2}} \geq S_{H\,min} \qquad (18.296)$$

Com as tensões efetiva e admissível de contato, podemos determinar os coeficientes de segurança à pressão sem pites, que deverão ser maiores que o coeficiente de segurança mínimo:

Para o pinhão sem pites:

$$S_{H1} = \frac{1339{,}79}{1292{,}10} = 1{,}037 \qquad \text{ref (18.293)}$$

Projeto de um par de engrenagens cilíndricas externas

Para a coroa sem pites:

$$S_{H2} = \frac{1377,00}{1292,10} = 1,066 \qquad \text{ref (18.294)}$$

Os coeficientes de segurança mínimo e máximo foram adotados nas seções "Coeficientes de segurança mínimos" e" Coeficientes de segurança máximos":

$$S_{H\,min} = 1,00.$$
$$S_{H\,max} = 1,20.$$

Portanto, ambos satisfazem as condições impostas.

Para o pinhão com pites:

$$S_{G1} = \frac{1517,28}{1292,10} = 1,174 \qquad \text{ref (18.295)}$$

Para a coroa com pites:

$$S_{G2} = \frac{1616,05}{1292,10} = 1,251 \qquad \text{ref (18.296)}$$

Vida útil nominal à pressão

Como $S_H > 1,00$, $(\sigma_{HP} > \sigma_H)$, a vida útil nominal também será maior que a vida requerida. Se considerarmos $\sigma_{HP} = \sigma_H$, podemos substituir σ_H nas Equações (18.289) e (18.290):

$$\sigma_H = \sigma_{H\,lim} \cdot Z_{NT} \cdot Z_L \cdot Z_V \cdot Z_R \cdot Z_W \cdot Z_X \qquad (18.297)$$

Vamos substituir Z_{NT} por Z_N e isolá-lo na equação:

$$Z_N = \frac{\sigma_H}{\sigma_{H\,lim} \cdot Z_L \cdot Z_V \cdot Z_R \cdot Z_W \cdot Z_X} \qquad (18.298)$$

Para o pinhão:

$$Z_{N1} = \frac{\sigma_{H1}}{\sigma_{H\,lim1} \cdot Z_L \cdot Z_V \cdot Z_R \cdot Z_W \cdot Z_{X1}} \qquad (18.299)$$

Para a coroa:

$$Z_{N2} = \frac{\sigma_{H2}}{\sigma_{H\lim2} \cdot Z_L \cdot Z_V \cdot Z_R \cdot Z_W \cdot Z_{X2}} \quad (18.300)$$

Número de ciclos de vida médio (N_{LH}) em função de Z_N

Para os materiais:
Ferro fundido nodular (perlítico e bainítico).
Ferro fundido nodular perlítico tratado.
Aço fundido.
Aço fundido tratado.
Aço normalizado ou recozido ($\sigma_B < 800$ N/mm²).
Aço temperado e revenido ($\sigma_B \geq 800$ N/mm²).
Aço cementado, temperado e revenido.
Aço carbonitretado com camada $\geq 0{,}3$ mm.
Aço temperado por indução ou chama.
Ferro fundido nodular temperado por indução ou chama.
Aço para nitretação: temperado, revenido e nitretado em gás.

Sem pites para $Z_N < 1{,}00$:

$$N_{LH} = 10^{(7{,}69897 - 14{,}158535 \cdot \ln Z_N)} \quad (18.301)$$

Sem pites para $1 \leq Z_N \leq 1{,}6$:

$$N_{LH} = 10^{(7{,}69897 - 5{,}742445 \cdot \ln Z_N)} \quad (18.302)$$

Sem pites para $Z_N > 1{,}6$:

$$N_{LH} = 10^5 \quad (18.303)$$

Com pites para $Z_N < 1{,}00$:

$$N_{LG} = 10^{(9 - 6{,}153129 \cdot \ln Z_N)} \quad (18.304)$$

Com pites para $1 \leq Z_N < 1{,}3$:

$$N_{LG} = 10^{(9 - 7{,}622989 \cdot \ln Z_N)} \quad (18.305)$$

Projeto de um par de engrenagens cilíndricas externas

Com pites para $1,3 \leq Z_N \leq 1,6$:

$$N_{LG} = 10^{(8,54387 - 5,884475 \cdot \ln Z_N)} \qquad (18.306)$$

Com pites para $Z_N > 1,6$:

$$N_{LG} = 6 \times 10^5 \qquad (18.307)$$

Para os materiais:
Ferro fundido cinzento.
Ferro fundido nodular (ferrítico).
Aço para beneficiamento: temperado, revenido e nitretado em líquido.

Sem pites para $Z_N < 1,00$:

$$N_{LH} = 10^{(6,30103 - 22,76024 \cdot \ln Z_N)} \qquad (18.308)$$

Para $1 \leq Z_N \leq 1,3$:

$$N_{LH} = 10^{(6,30103 - 4,958869 \cdot \ln Z_N)} \qquad (18.309)$$

Para $Z_N > 1,3$:

$$N_{LH} = 10^5 \qquad (18.310)$$

Para o material:
Aço para beneficiamento: beneficiado ou normalizado e carbonitretado com camada < 0,3 mm.

Sem pites para $Z_N < 1,00$:

$$N_{LH} = 10^{(6,30103 - 22,76024 \cdot \ln Z_N)} \qquad (18.311)$$

Para $1 \leq Z_N \leq 1,1$:

$$N_{LH} = 10^{(6,30103 - 13,65048 \cdot \ln Z_N)} \qquad (18.312)$$

Para $Z_N > 1,1$:

$$N_{LH} = 10^5 \qquad (18.313)$$

Vida útil nominal (em horas) à pressão sem pites (V_H)

Para o pinhão:

$$V_{H1} = \frac{N_{LH1}}{60 \cdot n_M \cdot \dfrac{U_{eq}}{100}} \quad [\text{horas}] \tag{18.314}$$

Para a coroa:

$$V_{H2} = \frac{N_{LH2}}{60 \cdot \dfrac{n_M}{u} \cdot \dfrac{U_{eq}}{100}} \quad [\text{horas}] \tag{18.315}$$

Vida útil nominal (em horas) à pressão com pites (V_G)

Para o pinhão:

$$V_{G1} = \frac{N_{LHg1}}{60 \cdot n_M \cdot \dfrac{U_{eq}}{100}} \quad [\text{horas}] \tag{18.316}$$

Para a coroa:

$$V_{G2} = \frac{N_{LHg2}}{60 \cdot \dfrac{n_M}{u} \cdot \dfrac{U_{eq}}{100}} \quad [\text{horas}] \tag{18.317}$$

Para este projeto:

$$Z_{N1} = Z_{N2} = \frac{1292{,}10}{1500 \times 1{,}001 \times 0{,}992 \times 0{,}961 \times 1 \times 1} = 0{,}903 \qquad \text{ref (18.299)} \\ \text{ref (18.300)}$$

Número de ciclos de vida à pressão para o pinhão e para a coroa sem pites:

$$N_{LH} = 10^{(7{,}69897 - 14{,}158535 \cdot \ln 0{,}903)} = 1391886803 \qquad \text{ref (18.301)}$$

Projeto de um par de engrenagens cilíndricas externas

Vida útil nominal (em horas) para o pinhão:

$$V_{H1} = \frac{1391886803}{60 \times 1750 \times \frac{59,6}{100}} = 22242 \text{ [horas]}$$ ref (18.314)

Vida útil nominal (em horas) para a coroa:

$$V_{H2} = \frac{1391886803}{60 \times \frac{1750}{2,44} \times \frac{59,6}{100}} = 54270 \text{ [horas]}$$ ref (18.315)

Número de ciclos de vida à pressão para o pinhão e para a coroa com pites:

$$N_{LG} = 10^{(9 - 6,153129 \cdot \ln 0,903)} = 4244441215$$ ref (18.304)

Para o pinhão:

$$V_{G1} = \frac{4244441215}{60 \times 1750 \times \frac{59,6}{100}} = 67824 \text{ [horas]}$$ ref (18.316)

Para a coroa:

$$V_{G2} = \frac{4244441215}{60 \times \frac{1750}{2,44} \times \frac{59,6}{100}} = 165491 \text{ [horas]}$$ ref (18.317)

TENSÃO DE FLEXÃO (BENDING STRESS)

Como dissemos no início deste capítulo, este é um dos dois critérios que utilizaremos para os cálculos da capacidade de carga das engrenagens.

O cálculo de resistência do dente é baseado na máxima tensão fletora (σ_F) na seção crítica (veja Figuras 18.22 e 18.23 para a definição da seção crítica do dente).

A tensão fletora efetiva σ_F e a tensão fletora admissível σ_{FP}, devem ser calculadas separadamente para o pinhão e para a coroa.

Evidentemente, σ_F deve ser inferior a σ_{FP}.

As equações, conforme a norma ISO 6336-3, se aplicam a engrenagens externas e internas com flancos evolventes, geradas com perfil de referência normalizado (ISO 53 ou DIN 867) e também geradas com outros perfis de referência, desde que o grau de recobrimento de perfil seja limitado: $\varepsilon_\alpha \leq 2,5$.

Outra condição da norma é a espessura do anel abaixo do pé do dente (S_R). Este não deve ser inferior a 3,5 m_n.

Tensão fletora efetiva no pé do dente (σ_F)

Para calcular a tensão fletora efetiva no pé do dente σ_F, a norma ISO 6336-3, parte da tensão nominal de flexão básica σ_{F0}. A tensão nominal de flexão básica é a tensão máxima localizada no pé do dente, gerada por um torque nominal estático, sobre um dente isento de imperfeições. Sua equação é:

$$\sigma_{F0} = \frac{F_t}{b \cdot m_n} Y_F \cdot Y_S \cdot Y_\beta \qquad (18.318)$$

A essa tensão, insere-se outros quatro fatores de influência (K_A, K_v, $K_{F\beta}$ e $K_{F\alpha}$) para chegarmos à tensão fletora efetiva no pé do dente σ_F. Veja a seção "Fatores de influência":

$$\sigma_F = \sigma_{F0} \cdot K_A \cdot K_V \cdot K_{F\beta} \cdot K_{F\alpha} \qquad (18.319)$$

Para o pinhão:

$$\sigma_{F01} = \frac{F_t}{b_1 \cdot m_n} Y_{F1} \cdot Y_{S1} \cdot Y_\beta \qquad (18.320)$$

$$\sigma_{F1} = \sigma_{F01} \cdot K_A \cdot K_V \cdot K_{F\beta} \cdot K_{F\alpha} \qquad (18.321)$$

Para a coroa:

$$\sigma_{F02} = \frac{F_t}{b_2 \cdot m_n} \cdot Y_{F2} \cdot Y_{S2} \cdot Y_\beta \qquad (18.322)$$

$$\sigma_{F2} = \sigma_{F02} \cdot K_A \cdot K_V \cdot K_{F\beta} \cdot K_{F\alpha} \qquad (18.323)$$

Para este projeto, vamos determinar a tensão fletora efetiva no pé do dente σ_F. Antes, porém, precisamos calcular a tensão nominal de flexão básica (σ_{F0}).

Para o pinhão:

$$\sigma_{F01} = \frac{15285}{20 \times 3} \, 1,294 \times 1,969 \times 0,838 = 543,924 \qquad \text{ref (18.320)}$$

$$\sigma_{F1} = 543,924 \times 1 \times 1,02 \times 1,043 \times 1 = 578,659 \qquad \text{ref (18.321)}$$

Projeto de um par de engrenagens cilíndricas externas

Para a coroa:

$$\sigma_{F02} = \frac{15285}{20 \times 3} \, 1{,}266 \times 1{,}966 \times 0{,}838 = 531{,}344 \qquad \text{ref (18.322)}$$

$$\sigma_{F2} = 531{,}344 \times 1 \times 1{,}02 \times 1{,}043 \times 1 = 565{,}275 \qquad \text{ref (18.323)}$$

Tensão fletora admissível (σ_{FP})

$$\sigma_{FP} = \sigma_{F\lim} \cdot Y_{ST} \cdot Y_{NT} \cdot Y_{\delta\,relT} \cdot Y_{R\,rel\,T} \cdot Y_X \qquad (18.324)$$

onde:

$\sigma_{F\lim}$ = Tensão limite a flexão do material [N/mm²].

$Y_{\delta\,relT}$, $Y_{R\,relT}$, Y_X e Y_{NT} são fatores de influência vistos na seção "Fatores de influência".

Y_{ST} = Fator de correção de tensão relativo às dimensões da engrenagem de referência utilizada para testes. Os valores da tensão limite à flexão fornecidos pelas normas ISO 6336-5 e DIN 3990-5 foram obtidos a partir dos resultados de testes em engrenagem de referência para a qual o fator de correção de tensão:

$$Y_{ST} = 2{,}0 \qquad (18.325)$$

Para o pinhão:

$$\sigma_{FP1} = \sigma_{F\lim 1} \cdot Y_{ST} \cdot Y_{NT1} \cdot Y_{\delta\,relT1} \cdot Y_{R\,rel\,T1} \cdot Y_{X1} \qquad (18.326)$$

Para a coroa:

$$\sigma_{FP2} = \sigma_{F\lim 2} \cdot Y_{ST} \cdot Y_{NT2} \cdot Y_{\delta\,relT2} \cdot Y_{R\,rel\,T2} \cdot Y_{X2} \qquad (18.327)$$

Neste projeto, temos as tensões fletoras efetivas já calculadas. Para chegarmos aos coeficientes de segurança, precisamos das tensões fletoras admissíveis:

$$Y_{ST} = 2{,}0 \qquad \text{ref (18.325)}$$

Para o pinhão:

$$\sigma_{FP1} = 430 \times 2 \times 0{,}905 \times 0{,}994 \times 0{,}928 \times 1 = 717{,}929 \qquad \text{ref (18.326)}$$

Para a coroa:

$$\sigma_{FP2} = 430 \times 2 \times 0{,}921 \times 0{,}994 \times 0{,}928 \times 1 = 730{,}621 \qquad \text{ref (18.327)}$$

Coeficiente de segurança à flexão (S_F)

Leia a seção "Coeficientes de segurança mínimos" para compreender os cálculos apresentados aqui.

Para o pinhão:

$$S_{F1} = \frac{\sigma_{FP1}}{\sigma_{F1}} \geq S_{F\,min} \qquad (18.328)$$

Para a coroa:

$$S_{F2} = \frac{\sigma_{FP2}}{\sigma_{F2}} \geq S_{F\,min} \qquad (18.329)$$

Com as tensões fletoras efetiva e admissível, podemos determinar os coeficientes de segurança à flexão, que deverão ser maiores que o coeficiente de segurança mínimo:

Para o pinhão:

$$S_{F1} = \frac{717{,}929}{578{,}659} = 1{,}241 \qquad \text{ref (18.328)}$$

Para a coroa:

$$S_{F2} = \frac{730{,}621}{565{,}275} = 1{,}293 \qquad \text{ref (18.329)}$$

Os coeficientes de segurança mínimo e máximo foram adotados nas seções "Coeficientes de segurança mínimo" e "Coeficiente de segurança máximo":

$$S_{F\,min} = 1{,}10$$
$$S_{F\,max} = 1{,}40$$

Portanto, ambos satisfazem as condições impostas.

Vida útil nominal à flexão

Como $S_F > 1{,}00$, ($\sigma_{FP} > \sigma_F$), a vida útil nominal também será maior que a vida requerida.

Projeto de um par de engrenagens cilíndricas externas

Se considerarmos $\sigma_{FP} = \sigma_F$, podemos substituir σ_F na Equação (18.326):

$$\sigma_F = \sigma_{F\lim} \cdot Y_{ST} \cdot Y_{NT} \cdot Y_{\delta \, relT} \cdot Y_{R \, rel \, T} \cdot Y_X \tag{18.330}$$

Vamos substituir Y_{NT} por Y_N e isolá-lo na equação:

$$Y_N = \frac{\sigma_F}{\sigma_{F\lim} \cdot Y_{ST} \cdot Y_{\delta \, relT} \cdot Y_{R \, relT} \cdot Y_X} \tag{18.331}$$

Para o pinhão:

$$Y_{N1} = \frac{\sigma_{F1}}{\sigma_{F\lim 1} \cdot Y_{ST} \cdot Y_{\delta \, relT1} \cdot Y_{R \, relT1} \cdot Y_{X1}} \tag{18.332}$$

Para a coroa:

$$Y_{N2} = \frac{\sigma_{F2}}{\sigma_{F\lim 2} \cdot Y_{ST} \cdot Y_{\delta \, relT2} \cdot Y_{R \, relT2} \cdot Y_{X2}} \tag{18.333}$$

Número de ciclos de vida médio (N_{LF}) em função de Y_N:

Para os materiais:
Ferro fundido nodular (perlítico e bainítico).
Ferro fundido nodular perlítico tratado.
Aço fundido.
Aço fundido tratado.
Aço normalizado ou recozido ($\sigma_B < 800$ N/mm²).
Aço temperado e revenido ($\sigma_B \geq 800$ N/mm²).

Para $Y_N < 1{,}00$:

$$N_{LF} = 10^{(6{,}477121 \, - \, 21{,}67672 \, \cdot \, \ln Y_N)} \tag{18.334}$$

Para $1 \leq Y_N \leq 2{,}5$:

$$N_{LF} = 10^{(6{,}477121 \, - \, 2{,}703423 \, \cdot \, \ln Y_N)} \tag{18.335}$$

Para $Y_N > 2{,}5$:

$$N_{LF} = 10^4 \tag{18.336}$$

Para os materiais:

Aço cementado, temperado e revenido.

Aço carbonitretado com camada ≥ 0,3 mm.

Aço temperado por indução ou chama.

Para $Y_N < 1,00$:

$$N_{LF} = 10^{(6,477121 - 21,67672 \cdot \ln Y_N)} \tag{18.337}$$

Para $1 \leq Y_N \leq 2,5$:

$$N_{LF} = 10^{(6,477121 - 3,799779 \cdot \ln Y_N)} \tag{18.338}$$

Para $Y_N > 2,5$:

$$N_{LF} = 10^3 \tag{18.339}$$

Para os materiais:

Ferro fundido cinzento.

Ferro fundido nodular (ferrítico).

Aço para nitretação: temperado, revenido e nitretado em gás.

Aço para beneficiamento: temperado, revenido e nitretado em líquido.

Para $Y_N < 1,00$:

$$N_{LF} = 10^{(6,477121 - 21,67672 \cdot \ln Y_N)} \tag{18.340}$$

Para $1 \leq Y_N \leq 1,6$:

$$N_{LF} = 10^{(6,477121 - 7,398073 \cdot \ln Y_N)} \tag{18.341}$$

Para $Y_N > 1,6$:

$$N_{LF} = 10^3 \tag{18.342}$$

Para o material:

Aço para beneficiamento: beneficiado ou normalizado e carbonitretado com camada < 0,3 mm.

Para $Y_N < 1{,}00$:

$$N_{LF} = 10^{(6{,}477121 - 21{,}67672 \cdot \ln Y_N)} \qquad (18.343)$$

Para $1 \leq Y_N \leq 1{,}1$:

$$N_{LF} = 10^{(6{,}477121 - 36{,}482160 \cdot \ln Y_N)} \qquad (18.344)$$

Para $Y_N > 1{,}1$:

$$N_{LF} = 10^3 \qquad (18.345)$$

Vida útil nominal (em horas) à flexão (V_F)

Para o pinhão:

$$V_{F1} = \frac{N_{LF1}}{60 \cdot n_M \cdot \dfrac{U_{eq}}{100}} \quad [\text{horas}] \qquad (18.346)$$

Para a coroa:

$$V_{F2} = \frac{N_{LF2}}{60 \cdot \dfrac{n_M}{u} \cdot \dfrac{U_{eq}}{100}} \quad [\text{horas}] \qquad (18.347)$$

Para este projeto:

Para o pinhão:

$$Y_{N1} = \frac{578{,}659}{430 \times 2 \times 0{,}994 \times 0{,}986 \times 1} = 0{,}687 \qquad \text{ref (18.332)}$$

Para a coroa:

$$Y_{N2} = \frac{565{,}275}{430 \times 2 \times 0{,}994 \times 0{,}986 \times 1} = 0{,}671 \qquad \text{ref (18.333)}$$

Número de ciclos de vida à flexão para o pinhão:

$$N_{LF1} = 10^{(6{,}477121 - 21{,}67672 \cdot \ln 0{,}687)} = 4{,}121 \times 10^{14} \qquad \text{ref (18.337)}$$

Número de ciclos de vida à flexão para a coroa:

$$N_{LF2} = 10^{(6,477121 - 21,67672 \cdot \ln 0,671)} = 1,336 \times 10^{15} \qquad \text{ref (18.337)}$$

Vida útil nominal (em horas) para o pinhão:

$$V_{F1} = \frac{4,121 \times 10^{14}}{60 \times 1750 \times \frac{59,6}{100}} = 6,58 \times 10^{9} \ [\text{horas}] \qquad \text{ref (18.346)}$$

Vida útil nominal (em horas) para a coroa:

$$V_{F2} = \frac{1,336 \times 10^{15}}{60 \times \frac{1750}{2,44} \times \frac{59,6}{100}} = 5,21 \times 10^{10} \ [\text{horas}] \qquad \text{ref (18.347)}$$

CAPACIDADE DE CARGA

Capacidade máxima de regime da roda motora (P_1)

A capacidade máxima de regime da roda motora (P_1) pode ser traduzida como o valor da potência nominal transmitida no torque máximo. Um par de engrenagens pode transmitir potência de tal maneira que o torque correspondente a essa potência varie infinitamente, desde muito baixo (quando a máquina trabalha, mas não produz), até quando produz no limite de sua capacidade. É este último que deve ser considerado.

Os valores para flexão, pressão sem pites e pressão com pites são iguais.

Neste projeto, temos quatro faixas distintas de torque, mostradas na seção "Regime de trabalho". Tomemos a potência relativa ao maior deles:

$$P_1 = 155 \ [\text{cv}]$$

Capacidade máxima de regime da roda movida (P_2)

A capacidade máxima de regime da roda movida (P_2) pode ser traduzida como o valor da potência nominal transmitida no torque máximo (P_1), deduzido os valores estimados da potência perdida pelo atrito entre os dentes, pela agitação

Projeto de um par de engrenagens cilíndricas externas **641**

do lubrificante e pelo atrito nos mancais. Também para a roda movida, os valores para flexão, pressão sem pites e pressão com pites são iguais.

$$P_2 = P_1 - P_{NZ} - P_{NL} - P_{NP} \qquad (18.348)$$

Sendo:

$$P_{NZ} = \left(\frac{0,1}{z_1 \cdot \cos \beta} + \frac{0,03}{v_t + 2} \right) \cdot P_1 \qquad (18.349)$$

$$P_{NL} = \frac{v_t + 5}{5000} \qquad (18.350)$$

$$P_{NP} = \frac{3b \cdot m_n \cdot v_t^{1,5}}{2 \times 10^6} \qquad (18.351)$$

onde:

P_{NZ} = Potência perdida pelo atrito entre os dentes, em cv.
P_{NL} = Potência perdida pela agitação do óleo, em cv.
P_{NP} = Potência perdida pelo atrito dos mancais, em cv.
v_t = Velocidade periférica sobre d_w, em m/s.

Para este projeto:

$$v_t = \frac{\pi \times 81,395 \times 1750}{60000} = 7,458 \qquad \text{ref (18.150)}$$

$$P_{NZ} = \left(\frac{0,1}{25 \times \cos 23,188056°} + \frac{0,03}{7,458 + 2} \right) \cdot 155 = 0,858 \qquad \text{ref (18.349)}$$

$$P_{NL} = \frac{7,458 + 5}{5000} = 0,0025 \qquad \text{ref (18.350)}$$

$$P_{NP} = \frac{3 \times 20 \times 3 \times 7,458^{1,5}}{2 \times 10^6} = 0,0018 \qquad \text{ref (18.351)}$$

$$P_2 = 155 - 0,858 - 0,0025 - 0,0018 = 154,138 \qquad \text{ref (18.348)}$$

Capacidade admissível da roda motora a pressão sem pites (P_{HP1})

A capacidade admissível da roda motora à pressão sem pites (P_{HP1}) pode ser traduzida como o valor da potência admissível. Se considerarmos a tensão efetiva de contato σ_H igual a tensão admissível de contato σ_{HP}, podemos isolar a força tangencial admissível F_{tHP1}, determinar o torque admissível T_{HP1} e chegar à capacidade admissível P_{HP1}.

$$A = \sqrt{K_A \cdot K_V \cdot K_{H\beta} \cdot K_{H\alpha}} \qquad (18.352)$$

$$B = Z_H \cdot Z_E \cdot Z_\varepsilon \cdot Z_\beta \quad [\sqrt{N/mm^2}] \qquad (18.353)$$

$$F_{tHP1} = \frac{\left(\frac{\sigma_{HP1}}{Z_B \cdot A \cdot B}\right)^2 d_1 \cdot b_c \cdot u}{u + 1} \quad [N] \qquad (18.354)$$

A relação de transmissão u é positiva para dentado externo e negativa para dentado interno.

b_c = extensão de contato em mm.

$$T_{HP1} = \frac{F_{tHP1} \cdot d_1}{2000} \quad [Nm] \qquad (18.355)$$

$$P_{HP1} = \frac{T_{HP1} \cdot n_1}{7023} \quad [cv] \qquad (18.356)$$

Para este projeto:

$$A = \sqrt{1 \times 1{,}02 \times 1{,}073 \times 1} = 1{,}046 \qquad \text{ref (18.352)}$$

$$B = 2{,}351 \times 189{,}81 \times 0{,}734 \times 0{,}959 = 314{,}113 \; [\sqrt{N/mm^2}] \qquad \text{ref (18.353)}$$

$$F_{tHP1} = \frac{\left(\frac{1339{,}79}{1 \times 1{,}046 \times 314{,}113}\right)^2 81{,}591 \times 20 \times 2{,}44}{2{,}44 + 1} = 19246 \; [N] \qquad \text{ref (18.354)}$$

$$T_{HP1} = \frac{19246 \times 81{,}591}{2000} = 785 \; [Nm] \qquad \text{ref (18.355)}$$

$$P_{HP1} = \frac{785 \times 1750}{7023} = 196 \; [cv] \qquad \text{ref (18.356)}$$

Projeto de um par de engrenagens cilíndricas externas

Capacidade admissível da roda movida a pressão sem pites (P_{HP2})

A capacidade admissível da roda movida à pressão (P_{HP2}) pode ser traduzida como o valor da potência útil estimada no eixo de saída da transmissão.

$$F_{tHP2} = \frac{\left(\frac{\sigma_{HP}}{Z_D \cdot A \cdot B}\right)^2 d_1 \cdot b_c \cdot u}{u + 1} \quad [N] \tag{18.357}$$

A relação de transmissão u é positiva para dentado externo e negativa para dentado interno.

b_c = extensão de contato em mm.

$$T_{HP2} = \frac{F_{tHP2} \cdot |d_2|}{2000} \quad [Nm] \tag{18.358}$$

$$P_{HP2} = \frac{T_{HP2} \cdot n_2}{7023} \quad [cv] \tag{18.359}$$

Para este projeto, $Z_D = Z_B$, então, $F_{tHP2} = F_{tHP1}$.

$$F_{tHP2} = 19246 \quad [N] \quad \text{ref (18.357)}$$

$$T_{HP2} = \frac{19246 \times 199{,}082}{2000} = 1915 \quad [Nm] \quad \text{ref (18.358)}$$

$$P_{HP2} = \frac{1915 \times 717{,}21}{7023} = 196 \quad [cv] \quad \text{ref (18.359)}$$

Capacidade admissível da roda motora a pressão com pites (P_{GP1})

As considerações feitas para a capacidade admissível da roda motora à pressão sem pites, valem também aqui. Basta substituir, na Equação (18.360), a tensão admissível de contato sem pites σ_{HP} pela tensão admissível de contato com pites σ_{GP}.

$$F_{tGP1} = \frac{\left(\frac{\sigma_{GP1}}{Z_B \cdot A \cdot B}\right)^2 d_1 \cdot b_c \cdot u}{u + 1} \quad [N] \tag{18.360}$$

A relação de transmissão u é positiva para dentados externos e negativa para dentados internos.

$$T_{GP1} = \frac{F_{tGP1} \cdot d_1}{2000} \quad [Nm] \tag{18.361}$$

$$P_{GP1} = \frac{T_{GP1} \cdot n_1}{7023} \quad [cv] \tag{18.362}$$

b_c = extensão de contato em mm.

Para este projeto:

$$F_{tGP1} = \frac{\left(\frac{1517,28}{1 \times 1,046 \times 314,113}\right)^2 81,591 \times 20 \times 2,44}{2,44 + 1} = 24683 \quad [N] \quad \text{ref (18.360)}$$

$$T_{GP1} = \frac{24683 \times 81,591}{2000} = 1007 \quad [Nm] \quad \text{ref (18.361)}$$

$$P_{GP1} = \frac{1007 \times 1750}{7023} = 251 \quad [cv] \quad \text{ref (18.362)}$$

Capacidade admissível da roda movida à pressão com pites (P_{GP2})

As considerações feitas para a capacidade admissível da roda movida à pressão sem pites, valem também aqui. Basta substituir, na Equação (18.363), a tensão admissível de contato sem pites σ_{HP} pela tensão admissível de contato com pites σ_{GP}.

$$F_{tGP2} = \frac{\left(\frac{\sigma_{GP2}}{Z_D \cdot A \cdot B}\right)^2 d_1 \cdot b_c \cdot u}{u + 1} \quad [N] \tag{18.363}$$

A relação de transmissão u é positiva para dentados externos e negativa para dentados internos.

$$T_{GP2} = \frac{F_{tGP2} \cdot |d_2|}{2000} \quad [Nm] \tag{18.364}$$

Projeto de um par de engrenagens cilíndricas externas

$$P_{GP2} = \frac{T_{GP2} \cdot n_2}{7023} \quad [cv] \tag{18.365}$$

b_c = extensão de contato em mm.

Para este projeto:

$$F_{tGP2} = \frac{\left(\frac{1616,05}{1 \times 1,046 \times 314,113}\right)^2 81,591 \times 20 \times 2,44}{2,44 + 1} = 28001 \ [N] \quad \text{ref (18.363)}$$

$$T_{GP2} = \frac{28001 \times 199,082}{2000} = 2787 \ [Nm] \quad \text{ref (18.364)}$$

$$P_{GP2} = \frac{2787 \times 717}{7023} = 285 \ [cv] \quad \text{ref (18.365)}$$

Capacidade admissível da roda motora a flexão (P_{FP1})

A capacidade admissível da roda motora à flexão (P_{FP1}) pode ser traduzida como o valor da potência máxima que poderá suportar o dente da roda motora. Se considerarmos a tensão fletora efetiva σ_F igual a tensão fletora admissível σ_{FP}, podemos isolar a força tangencial admissível F_{tP1}, determinar o torque T_{FP1} e chegar à capacidade admissível P_{FP1}.

$$A_1 = K_A \cdot K_V \cdot K_{F\beta} \cdot K_{F\alpha} \tag{18.366}$$

$$B_1 = Y_{F1} \cdot Y_{S1} \cdot Y_{\beta} \tag{18.367}$$

$$\sigma_{FP1} = \frac{F_{tP1}}{b_1 \cdot m_n} \cdot A_1 \cdot B_1 \tag{18.368}$$

$$F_{tP1} = \frac{\sigma_{FP1} \cdot b_1 \cdot m_n}{A_1 \cdot B_1} \tag{18.369}$$

$$T_{FP1} = \frac{F_{tP1} \cdot d_1}{2000} \tag{18.370}$$

$$P_{FP1} = \frac{T_{FP1} \cdot n_1}{7023} \tag{18.371}$$

Para este projeto:

$$A_1 = 1 \times 1{,}02 \times 1{,}05 \times 1 = 1{,}071 \qquad \text{ref (18.366)}$$

$$B_1 = 1{,}294 \times 1{,}969 \times 0{,}838 = 2{,}135 \qquad \text{ref (18.367)}$$

$$\sigma_{FP1} = 717{,}929 \qquad \text{ref (18.326)}$$

$$F_{tP1} = \frac{717{,}929 \times 20 \times 3}{1{,}071 \times 2{,}135} = 18838 \ [N] \qquad \text{ref (18.369)}$$

$$T_{FP1} = \frac{18838 \times 81{,}591}{2000} = 769 \ [Nm] \qquad \text{ref (18.370)}$$

$$P_{FP1} = \frac{769 \times 1750}{7023} = 192 \ [cv] \qquad \text{ref (18.371)}$$

Capacidade admissível da roda movida a flexão (P_{FP2})

A capacidade admissível da roda movida à flexão (P_{FP2}) pode ser traduzida como o valor da potência máxima que poderá suportar o dente da roda movida. Se considerarmos a tensão fletora efetiva σ_F igual a tensão fletora admissível σ_{FP}, podemos isolar a força tangencial admissível F_{tP2}, determinar o torque T_{FP2} e chegar à capacidade admissível P_{FP2}.

$$A_2 = K_A \cdot K_V \cdot K_{F\beta} \cdot K_{F\alpha} \qquad (18.372)$$

$$B_2 = Y_{F2} \cdot Y_{S2} \cdot Y_\beta \qquad (18.373)$$

$$\sigma_{FP2} = \frac{F_{tP2}}{b_2 \cdot m_n} \cdot A_2 \cdot B_2 \qquad (18.374)$$

$$F_{tP2} = \frac{\sigma_{FP2} \cdot b_2 \cdot m_n}{A_2 \cdot B_2} \qquad (18.375)$$

$$T_{FP2} = \frac{F_{tP2} \cdot |d_2|}{2000} \qquad (18.376)$$

$$P_{FP2} = \frac{T_{FP2} \cdot n_2}{7023} \qquad (18.377)$$

Para este projeto:

$$A_2 = 1 \times 1{,}02 \times 1{,}05 \times 1 = 1{,}071 \qquad \text{ref (18.372)}$$

$$B_2 = 1{,}266 \times 1{,}966 \times 0{,}838 = 2{,}086 \qquad \text{ref (18.373)}$$

$$\sigma_{FP2} = 730{,}621 \qquad \text{ref (18.327)}$$

$$F_{tP2} = \frac{730{,}621 \times 20 \times 3}{1{,}071 \times 2{,}086} = 19622 \ [N] \qquad \text{ref (18.375)}$$

$$T_{FP2} = \frac{19622 \times 199{,}082}{2000} = 1953 \ [Nm] \qquad \text{ref (18.376)}$$

$$P_{FP2} = \frac{1953 \times 717}{7023} = 199 \ [cv] \qquad \text{ref (18.377)}$$

Torque máximo de regime para roda motora (T_1)

O torque máximo de regime (T_1) para a roda motora pode ser traduzido como o valor do torque máximo, calculado entre todos àqueles incluídos em *regime de trabalho*, em função da potência e da rotação de entrada. É o fator básico e de maior importância no cômputo das cargas atuantes nas rodas.

$$T_1 = \frac{7023 \, P_{H1}}{n_1} \ [Nm] \qquad (18.378)$$

onde:

P_{H1} = Potência de entrada em cv.
n_1 = Rotação de entrada em RPM.

No nosso caso, temos quatro faixas distintas de torque, conforme a seção "Regime de trabalho":

$$n_{faixa1} = 1750 \rightarrow P_{H \, faixa1} = 130 \rightarrow T_{faixa1} = \frac{7023 \times 130}{1750} = 522 \qquad \text{ref (18.378)}$$

$$n_{faixa2} = 1750 \rightarrow P_{H \, faixa2} = 155 \rightarrow T_{faixa2} = \frac{7023 \times 155}{1750} = 622 \qquad \text{ref (18.378)}$$

$$n_{faixa3} = 1750 \rightarrow P_{H \, faixa3} = 115 \rightarrow T_{faixa3} = \frac{7023 \times 115}{1750} = 462 \qquad \text{ref (18.378)}$$

$$n_{faixa4} = 1750 \rightarrow P_{H\,faixa4} = 100 \rightarrow T_{faixa4} = \frac{7023 \times 100}{1750} = 401 \qquad \text{ref (18.378)}$$

$T_1 = 622$ [Nm] (O máximo entre os quatro)

Torque máximo de regime para roda movida (T_2)

O torque máximo de regime (T_2) para a roda movida pode ser traduzido como o valor do torque máximo, calculado entre todos àqueles incluídos em *regime de trabalho*, em função da potência e da rotação de saída.

$$T_2 = \frac{7023\,P_2}{n_2} \quad [Nm] \qquad (18.379)$$

onde:

P_2 = Potência de saída em cv.

n_2 = Rotação de saída em RPM.

Para este projeto:

$$T_2 = \frac{7023 \times 154{,}138}{717} = 1510 \text{ [Nm]} \qquad \text{ref (18.379)}$$

Torque máximo admissível à pressão para roda motora sem pites (T_{HP1})

Veja a seção "Capacidade admissível da roda motora à pressão sem pites (P_{HP1})" neste capítulo.

Para este projeto:

$$T_{HP1} = 785 \text{ [Nm]} \qquad \text{ref (18.355)}$$

Torque máximo admissível à pressão para roda movida sem pites (T_{HP2})

Veja a seção "Capacidade admissível da roda movida à pressão sem pites (P_{HP2})" neste capítulo.

Projeto de um par de engrenagens cilíndricas externas **649**

Para este projeto:

$$T_{HP2} = 2787 \text{ [Nm]}$$ ref (18.358)

Torque máximo admissível à pressão para roda motora com pites (T_{GP1})

Veja a seção "Capacidade admissível da roda motora à pressão com pites (P_{GP1})" neste capítulo.

Para este projeto:

$$T_{GP1} = 1007 \text{ [Nm]}$$ ref (18.361)

Torque máximo admissível à pressão para roda movida com pites (T_{GP2})

Veja a seção "Capacidade admissível da roda movida à pressão com pites (P_{GP2})" neste capítulo.

Para este projeto:

$$T_{GP2} = 2787 \text{ [Nm]}$$ ref (18.364)

Torque máximo admissível à flexão para roda motora (T_{FP1})

Veja a seção "Capacidade admissível da roda motora à flexão (P_{FP1})" neste capítulo.

Para este projeto:

$$T_{FP1} = 725 \text{ [Nm]}$$ ref (18.370)

Torque máximo admissível à flexão para roda movida (T_{FP2})

Veja a seção "Capacidade admissível da roda movida à flexão (P_{FP2})" neste capítulo.

Para este projeto:

$$T_{FP2} = 1856 \text{ [Nm]} \qquad \text{ref (18.376)}$$

RELATÓRIO COMPLETO DO PAR DE ENGRENAGENS COM DENTES EXTERNOS

Sumário

1	Montagem e forças
2	Arranjo físico de referência
3	Características geométricas
4	Acabamento superficial
5	Características de ajuste
6	Desvios máximos
7	Fatores de influência
8	Coeficientes de segurança
9	Vidas úteis
10	Materiais e tratamento térmico
11	Características metalúrgicas
12	Temperaturas
13	Lubrificação
14	Dinâmica
15	Regime de trabalho
16	Histograma de utilização
17	Capacidade pelo critério de flexão
18	Capacidade pelo critério de pressão
19	Tensões de flexão
20	Pressão de Hertz
21	Croqui do par engrenado
22	Detalhe dos dentes conjugados
23	Perfil de referência do pinhão
24	Perfil de referência da coroa
25	Características da forma do dente do pinhão na seção normal
26	Características da forma do dente da coroa na seção normal

Projeto de um par de engrenagens cilíndricas externas

1 Montagem e forças

Ajuste da roda motora com o eixo	AP	(Peça integral)
Número de rodas movidas	N_{mov}	1
Força tangencial no plano de rotação (sobre o dw)	F_t	15285 N
Força tangencial no plano normal (sobre o dw)	F_b	16622 N
Força tangencial no plano normal sobre a linha de ação	F	15652 N
Força radial	F_{rd}	5944 N
Força axial	F_{ax}	6532 N

2 Arranjo físico de referência da roda motora

Distância l entre os mancais	118 mm
Distância s da roda motora	18 mm
T = Entrada do torque	

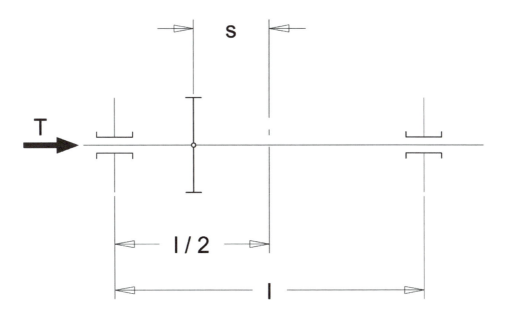

3 Características geométricas

Característica	Not	Unidade	Motora	Comum	Movida
Número de dentes	z	qtd	25	–	61
Relação de transmissão	u	–	–	2,440000	–
Módulo normal	m_n	mm	–	3,000	–
Ângulo de perfil normal	α	gms	–	20°00'00"	–
Ângulo de pressão transversal	α_{wt}	gms	–	21°15'02"	–
Ângulo de hélice sobre d e direção	β	gms	Direita	23°11'17"	Esquerda
Diâmetro de referência	d	mm	81,591	–	199,082
Diâmetro de referência deslocado	d_v	mm	82,287	–	197,720
Diâmetro de base	d_b	mm	75,861	–	185,100
Diâmetro primitivo	d_w	mm	81,395	–	198,605
Diâmetro de cabeça superior	d_{as}	mm	89,475	–	207,060
Diâmetro de cabeça inferior	d_{ai}	mm	89,453	–	207,030
Diâmetro de pé superior	d_{fs}	mm	71,440	–	189,020
Diâmetro de pé inferior	d_{fi}	mm	71,300	–	188,840
Diâmetro de início do chanfro sup.	d_{Nks}	mm	89,050	–	206,770
Diâmetro de início do chanfro inf.	d_{Nki}	mm	88,960	–	206,650
Diâmetro útil de cabeça	d_{Na}	mm	89,050	–	206,770
Diâmetro útil de pé superior	d_{Nfs}	mm	76,433	–	193,055
Diâmetro do eixo da roda motora	d_{sh}	mm	70,000	–	–
Diâmetro interno do aro	d_i	mm	70,000	–	140,000
Espessura da alma	b_s	mm	20,000	–	10,000
Extensão de contato	b_c	mm	–	20,000	–
Largura efetiva das rodas	b	mm	20,000	–	20,000
Raio na cabeça da ferramenta	r_k	mm	0,588	–	1,161
Protuberância da ferramenta	p_r	mm	–	0,011	–
Fator de deslocamento do perfil	x	–	0,116	–	– 0,227
Fator de altura do dente	k_a	–	1,198	–	1,557

Projeto de um par de engrenagens cilíndricas externas   **653**

Característica	Not	Unidade	Motora	Comum	Movida
Abaulamento (crowning) superior	c_{bs}	µm	10	–	0
Abaulamento (crowning) inferior	c_{bi}	µm	7	–	0
Grau de recobrimento de perfil	ε_α	–	–	1,956	–
Grau de recobrimento de hélice	ε_β	–	–	0,836	–
Grau de recobrimento total	ε_τ	–	–	2,792	–
Ângulo do chanfro de cabeça	φ_{na}	gms	60°00'00"	–	58°00'00"
Distância entre centros	a	mm	–	140,000	–
Tolerância para dist. entre centros	A_a	mm	–	js 7 ±0,020	–

4 Acabamento superficial

Característica	Not	Unidade	Motora	Comum	Movida
Rugosidade média dos flancos	Rz	µm	–	5	–
Rugosidade do pé do dente	Rzf	µm	30	–	30

5 Características de ajuste

Característica	Not	Unidade	Motora	Comum	Movida
Espessura circular normal teórica	S_{nt}	mm	4,966	–	4,217
Afastam na espes. circular normal	A_{sne}	mm	–0,060 (d)	–	–0,080 (d)
Tolerância p/ espes. circ. normal	T_{sn}	mm	–0,040 (25)	–	–0,050 (25)
Espessura circular normal superior	S_{ns}	mm	4,906	–	4,136
Espessura circular normal inferior	S_{ni}	mm	4,866	–	4,086
Espessura de cabeça sem chanfro	S_{na}	mm	1,467	–	0,937
Espessura de cabeça com chanfro	S_{nk}	mm	0,936	–	0,611
Dimensão W sobre k dentes superior	W_{ks}	mm	32,514	–	77,995
Dimensão W sobre k dentes inferior	W_{ki}	mm	32,477	–	77,948
Número k de dentes	k	qtd	4	–	9

Dimensão M sobre esferas superior	M_{ds}	mm	89,354	–	204,104
Dimensão M sobre esferas inferior	M_{di}	mm	89,261	–	203,967
Diâmetro das esferas	D_M	mm	5,250	–	5,000
Raio do pto. de tang. das esferas sup.	r_{MTs}	mm	41,132	–	98,751
Raio do pto. de tang. das esferas inf.	r_{MTi}	mm	41,091	–	98,686
Folga no pé do dente superior	C_{ss}	mm	0,885	–	0,934
Folga no pé do dente inferior	C_{si}	mm	0,730	–	0,733
Jogo entre flancos de serviço superior	j_{ns}	mm	–	0,258	–
Jogo entre flancos de serviço inferior	j_{ni}	mm	–	0,104	–
Erro de cruzamento dos eixos máx	f_{Sc}	mm	–	0,020	–

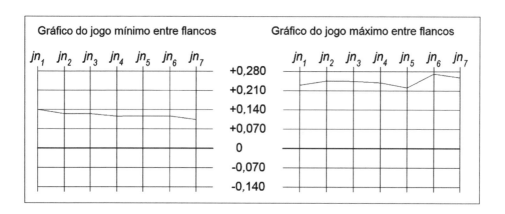

Coluna		jn_{Min}	$jn_{Máx}$
jn_1 = Jogo teórico		0,140	0,230
$jn_2 = jn_1$ + influência da distância entre centros		0,125	0,245
$jn_3 = jn_2$ + influência do erro de cruzamento dos eixos		0,125	0,244
$jn_4 = jn_3$ + influência dos erros individuais do dentado		0,116	0,239
$jn_5 = jn_4$ + influência da excentricidade dos mancais		0,117	0,221
$jn_6 = jn_5$ + influência da elasticidade do conjunto		0,117	0,271
$jn_7 = jn_6$ + influência da temperatura = jogo resultante		0,104	0,258

Projeto de um par de engrenagens cilíndricas externas

6 Desvios máximos (microgeometria) [mm]

Característica	Not	Família	DI	Motora	Movida
Desvio de forma no perfil evolvente	f_f	L6B	•	0,008	0,008
Desvio angular no perfil evolvente	$F_{H\alpha}$	L6B	•	0,006	0,006
Desvio total no perfil evolvente	F_f	L6B	•	0,010	0,010
Desvio de passo individual	f_p	L6B		0,007	0,008
Desvio de passo base normal	f_{pe}	L6B		0,007	0,008
Erro de divisão entre 2 dentes consec.	f_u	L6B		0,010	0,010
Erro de passo total	F_p	L6B		0,028	0,032
Desvio de passo sobre 1/8 de volta	$F_{p\,z/8}$	L6B		0,016	0,020
Desvio de concentricidade	F_r	L6B		0,022	0,025
Variação das espessuras dos dentes	R_s	L6B		0,012	0,014
Desvio total na linha dos flancos	F_β	L6B	•	0,009	0,009
Desvio angular na linha dos flancos	$f_{H\beta}$	L6B	•	0,008	0,008
Desvio de forma na linha dos flancos	$F_{\beta f}$	L6B	•	0,004	0,004
Desvio de trabalho composto radial	F_i''	L6B	•	0,022	0,025
Erro de salto radial	f_i''	L6B	•	0,010	0,011
Desvio de trabalho composto tang.	F_i'	L6B		0,032	0,032
Erro de salto tangencial	f_i'	L6B		0,012	0,012
Comprovação da zona de contato	T_{RA}	L6B	•	Visual	Visual

• = Desvios importantes
Família = Grupo de função, Qualidade DIN/ISO e Grupo de ensaio

7 Fatores de influência

Característica	Not	Unidade	Motora	Comum	Movida
Dinâmica	K_V	–	–	1,020	–
Carga transversal para pressão	$K_{H\alpha}$	–	–	1,000	–
Carga de face para pressão	$K_{H\beta}$	–	–	1,062	–
Carga transversal para flexão	$K_{F\alpha}$	–	–	1,000	–
Carga de face para flexão	$K_{F\beta}$	–	–	1,043	–
Forma do dente	Y_F	–	1,294	–	1,266
Correção de tensão	Y_S	–	1,969	–	1,966
Sensibilidade	$Y_{\delta\,relT}$	–	0,994	–	0,994

Característica	Not	Unidade	Motora	Comum	Movida
Condição superficial do pé	$Y_{R\,relT}$	–	0,928	–	0,928
Tamanho do dente ref. a flexão	Y_X	–	1,000	–	1,000
Vida útil de flexão	Y_{NT}	–	0,905	–	0,921
Ângulo de hélice ref. a flexão	Y_β	–	–	0,838	–
Forma do flanco	Z_H	–	–	2,351	–
Recobrimento do perfil	Z_ε	–	–	0,734	–
Elasticidade	Z_E	$\sqrt{N/mm^2}$	–	189,8	–
Ângulo de hélice ref. a pressão	Z_β	–	–	1,043	–
Lubrificação	Z_L	–	–	1,001	–
Velocidade	Z_V	–	–	0,992	–
Rugosidade dos flancos	Z_R	–	–	0,961	–
Dureza superficial	Z_W	–	–	1,000	–
Tamanho do dente ref. a pressão	Y_X	–	1,000	–	1,000
Engrenamento indiv. da roda menor	Z_B	–	–	1,000	–
Engrenamento indiv. da roda maior	Z_D	–	–	1,000	–
Vida útil de pressão sem pites	Z_{NT}	–	0,936	–	0,962
Vida útil de pressão com pites	Z_{GT}	–	1,060	–	1.129

8 Coeficientes de segurança

Característica	Not	Unidade	Motora	Comum	Movida
Flexão – Mínimo admissível	$S_{F\,min}$	–	–	1,100	–
Flexão – Máximo desejável	$S_{F\,max}$	–	–	1,400	–
Pressão – Mínimo admissível	$S_{H\,min}$	–	–	1,000	–
Pressão – Máximo desejável	$S_{H\,max}$	–	–	1,200	–
Flexão (fadiga, fadiga)	S_F	–	1,241	–	1,293
Pressão sem pites	S_H	–	1,037	–	1,066
Pressão com pites admissível	S_G	–	1,174	–	1,251

9 Vidas úteis

Característica	Not	Unidade	Motora	Comum	Movida
Mínima requerida	V_R	h	–	4160	–
Flexão (fadiga, fadiga)	V_F	h	>1000000	–	>1000000
Pressão sem pites	V_H	h	22242	–	54270
Pressão com pites admissível	V_G	h	67824	–	165491

10 Materiais e Tratamentos térmicos

Material da roda motora	Aço DIN 20MnCr5
Material da roda movida	Aço DIN 20MnCr5
Material da caixa	Ferro fundido
Tratamento térmico da roda motora	Cementado com camada entre 0,8 a 1,0 mm
	Temperado e Revenido para 58 a 62 HRc
Tratamento térmico da roda movida	Cementado com camada entre 0,8 a 1,0 mm
	Temperado e Revenido para 58 a 62 HRc

11 Características metalúrgicas

Característica	Not	Unidade	Motora	Comum	Movida
Controle de qualidade metalúrgico	CQM	–	MQ	–	MQ
Módulo de elasticidade	E	N/mm²	206000	–	206000
Coeficiente de Poisson	v	–	0,3	–	0,3
Tensão limite a flexão	σF_{Lim}	N/mm²	430	–	430
Pressão de Hertz limite	σH_{Lim}	N/mm²	1500	–	1500
Dureza superficial dos flancos	H_S	kgf/mm²	60	–	60
Método de medição da dureza	–	–	Rc	–	Rc
Dureza no núcleo do dente	H_E	kgf/mm²	>40	–	>40

12 Temperaturas

Característica	Not	Unidade	Motora	Comum	Movida
Temperatura máxima das rodas	T_s	°C	–	50	–
Temperatura máxima da caixa	T_c	°C	–	45	–
Temperatura das rodas no IMD	TR_{md}	°C	–	40	–
Temperatura da caixa no IMD	TC_{md}	°C	–	30	–

IMD = Instante da máxima diferença entre as temperaturas da caixa e das rodas.

13 Lubrificação

Sistema de lubrificação   **Imersão**

Característica	Not	Unidade	Motora	Comum	Movida
Viscosidade do lubrificante a 40 °C	v_{40}	cSt	–	320	–
Volume mínimo de óleo	Vol_i	litros	–	2,30	–
Volume máximo sugerido de óleo	Vol_s	litros	–	2,90	–
Profundidade mínima de imersão	$Prof_i$	mm	–	3,5	–
Prof. máxima sugerida de imersão	$Prof_s$	mm	–	18,5	–

14 Dinâmica

Característica	Not	Unidade	Motora	Comum	Movida
Veloc. de deslizamento na cabeça	v_g	m/s	2,213	–	2,605
Velocidade periférica (sobre o dw)	V_T	m/s	–	7,458	–
Rotação no maior torque	n	RPM	1750	–	717
Rotação para ressonância crítica	N_E	RPM	11512	–	–
Coeficiente de ressonância [n/N_E]	N	–	0,152	–	–

Zona de ressonância   Subcrítica

15 Regime de trabalho

Faixa de torque	nº	1	2	3	4
Rotação	RPM	1750	1750	1750	1750
Potência	cv	130	155	115	100
Percentual de utilização	%	25	30	20	25

Fator de aplicação K_A (relativo à choques)   1,000

16 Histograma de utilização

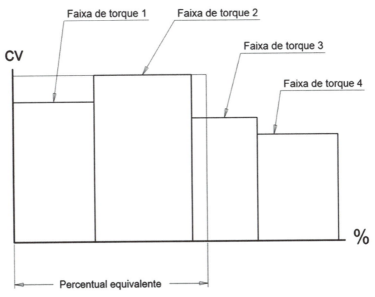

Percentual equivalente = 59,631%

17 Capacidade pelo critério de flexão

Característica	Not	Unidade	Motora	Comum	Movida
Potência máxima de regime	P	cv	155	–	154
Potência máxima admissível	P_{FP}	cv	181	–	189
Torque máximo de regime	T	Nm	622	–	1510
Torque máximo admissível	T_{FP}	Nm	725	–	1856

18 Capacidade pelo critério de pressão

Característica	Not	Unidade	Motora	Comum	Movida
Potência máx. de regime	P	cv	155	–	154
Potência máx. admis. s/ pites	P_{HP}	cv	196	–	196
Potência máx. admis. c/ pites	P_{GP}	cv	251	–	285
Torque máx. de regime	T	Nm	622	–	1510
Torque máx. admis. s/ pites	T_{HP}	Nm	785	–	2787
Torque máx. admis. c/ pites	T_{GP}	Nm	1007	–	2787

19 Tensões de flexão

Característica	Not	Unidade	Motora	Comum	Movida
Tensão fletora efetiva	σ_F	N/mm²	578,659	–	565,275
Tensão fletora admissível	σ_{FP}	N/mm²	717,929	–	730,621

20 Pressão de Hertz

Característica	Not	Unidade	Motora	Comum	Movida
Tensão efetiva de contato	σ_H	N/mm²	1298,780	–	1298,780
Tensão adm. de contato s/ pites	σ_{HP}	N/mm²	1339,790	–	1377,000
Tensão adm. de contato c/ pites	σ_{GP}	N/mm²	1517,280	–	1616,050

21 Croqui do par engrenado

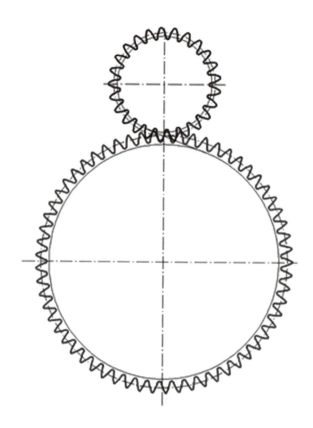

22 Detalhe dos dentes conjugados

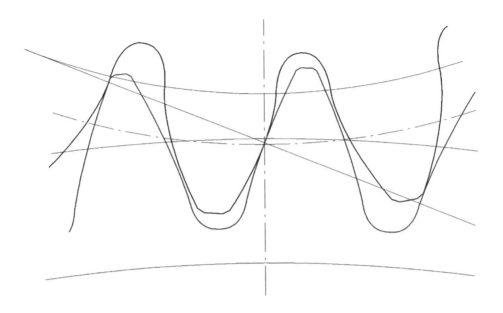

23 Perfil de referência do pinhão

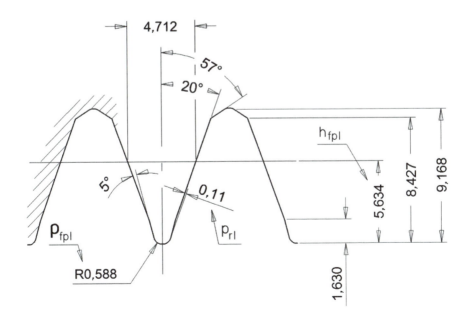

24 Perfil de referência da coroa

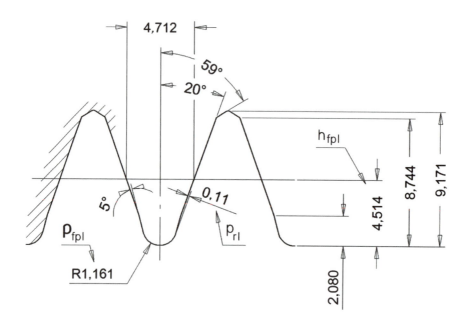

25 Características da forma do dente do pinhão na seção normal

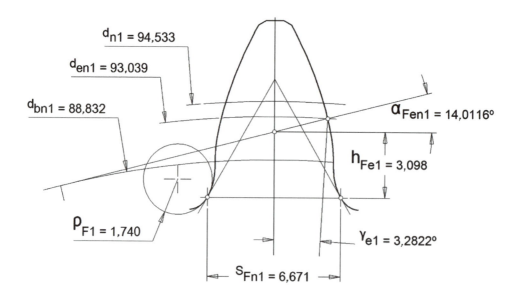

Projeto de um par de engrenagens cilíndricas externas

26 Características da forma do dente da coroa na seção normal

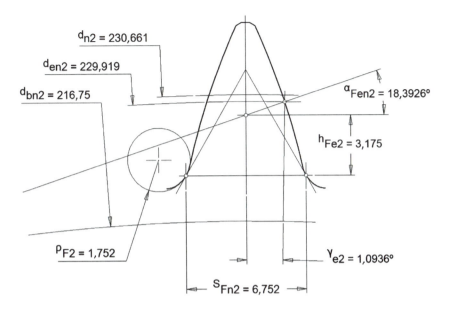

CAPÍTULO 19
Capacidade de carga de um par de engrenagens com dentes externos/internos

CONSIDERAÇÕES

Este capítulo tem por objetivo a comprovação da capacidade de carga de um par de engrenagens cilíndricas externa/interna e com perfil evolvente.

Leia a seção "Considerações" do Capítulo 18 para outros detalhes.

Observações:

- Para dentados internos, todas as grandezas relacionadas com o número de dentes, como distância entre centros e relação de transmissão entre outras, devem ter sinal negativo.
- Aqui também vamos chamar a roda motora (dentes externos) de pinhão e a roda movida (dentes internos) de coroa.

FUNDAMENTOS

Os fundamentos aplicados para os pares com dentados externo/interno são os mesmos aplicados para os pares com dentados externo/externo. Leia a seção "Fundamentos", do Capítulo 18.

ESTUDO DE UM EXEMPLO PRÁTICO

É comum procedermos à comprovação da capacidade de carga de um par de engrenagens existente, para evitar que seja deficiente em relação às exigências ou superdimensionado, objetivando, neste caso, uma diminuição de custo.

Este capítulo tem por objetivo exatamente isto, a comprovação da capacidade por meio dos coeficientes de segurança.

Para esse trabalho, o cliente deverá fornecer todas as características físicas, geométricas e funcionais das rodas, para que possamos calcular os coeficientes de segurança, as vidas úteis, os fatores de influência, a capacidade de carga à flexão e à pressão, as forças atuantes no engrenamento sobre os eixos, a velocidade periférica e o jogo entre flancos, em condições extremas de trabalho. Os dados não fornecidos pelo cliente, e necessários para a realização do trabalho, deverão ser arbitrados com base na teoria e no conhecimento, para que não nos afastemos demais das condições reais.

Para este exemplo prático, os procedimentos serão idênticos aos do exemplo aplicado ao par de engrenagens com dentes externos detalhado no Capítulo 18, porém, não teremos aqui as considerações e explicações didáticas, nem tampouco as fórmulas, quando estas forem idênticas ao projeto-exemplo anterior. Entretanto, para facilitar eventuais consultas, procurarei manter a mesma codificação das seções, apenas substituindo 18 por 19, números referentes aos capítulos.

Especificações técnicas preliminares

As exigências básicas para este projeto-exemplo são as mesmas descritas na seção "Especificações técnicas preliminares" do Capítulo 18 para o par de engrenagens com dentes externos. São elas:

1. Aplicação e motorização
2. Qualidade do dentado
3. Coeficientes de segurança mínima e máximo
4. Características da transmissão
5. Características geométricas básicas
6. Características geométricas complementares
7. Características de ajuste
8. Características funcionais
9. Peso do par
10. Materiais e tratamento térmico
11. Lubrificação
12. Rumorosidade (ruído)
13. Custo

Aplicação e motorização

Aplicação

O par de engrenagens, objeto deste trabalho, é utilizado para acionamento auxiliar de uma máquina operatriz, na qual o sentido de rotação deve ser o mesmo para os dois eixos (motor e movido) e com espaço limitado. Por isso, optou-se por um par de engrenagens com dentados externo/interno.

Rotação de saída (roda com dentes internos): n_2 = 390 RPM ± 1%.

Motorização

O acionamento é feito por um motor elétrico de corrente alternada com quatro polos, potência nominal P = 150 cv e rotação: 1750 RPM.

Entre o motor e a roda motora (com dentes externos) foi aplicado um par de polias com correia, de modo que a rotação de entrada da roda motora fosse n_1 = 800 RPM.

Podemos considerar choques moderados, tanto para a máquina motora (motor elétrico) quanto para a máquina movida (K_A = 1,00).

Qualidade do dentado

A classe de qualidade é DIN 6 para o pinhão e DIN 8 para a coroa.

Os parâmetros de microgeometria e suas respectivas tolerâncias para essa classe de qualidade são fornecidos pelas normas DIN 3961, 3962 e 3963 e colocadas no relatório final deste trabalho.

Considerações sobre o processo de acabamento superficial

Consulte a seção "Acabamento nos dentes", no Capítulo 14, que trata desse assunto.

O pinhão tem os dentes retificados (veja detalhes na seção "Acabamento nos dentes por retificação", no Capítulo 14) e a coroa não recebe nenhum acabamento, após o tratamento térmico.

Rugosidade superficial nos flancos R_z = 5 µm para o pinhão.

Rugosidade superficial nos flancos R_z = 30 µm para a coroa.

Rugosidade no pé dos dentes: R_z = 30 µm, tanto para o pinhão quanto para a coroa.

O corte dos dentes do pinhão foi feito por hob (caracol) de uma única entrada e com 12 lâminas. O corte dos dentes (internos) da coroa foi feito por shaper.

Podemos deduzir, por aproximação, o sobremetal (por flanco) do pinhão:

$$SM = 0,069 \cdot \sqrt[3]{3} = 0,0995 \qquad \text{ref (14.30)}$$

Vamos adotar 0,1 mm.

Coeficientes de segurança mínimos e máximos

Coeficientes de segurança mínimos

Para os coeficientes de segurança mínimos, foram adotados valores sugeridos pelas normas inglesas, mostradas na Figura 18.3:

$$S_{F\,mim} = 1,40$$
$$S_{H\,min} = 1,00$$

Coeficientes de segurança máximos

Para os coeficientes de segurança máximos, não foram adotados limites.

Características da transmissão

As características da transmissão, nos foram fornecidas pelo cliente:

1) Relação de velocidades.
2) Distância entre centros.
3) Diâmetros máximos permissíveis.
4) Arranjo físico.

Relação de velocidades

Já conhecemos as rotações de entrada e de saída, portanto, a relação de transmissão de nosso par é $u = -(800/390) = -2,051282$.

Distância entre centros

A distância entre centros é: $a = -63$ js7.

Se não dispuser da norma, a tolerância poderá ser determinada com as Equações (7.7) e (7.8) e Tabelas 7.1 e 7.3. Vejamos:

Da Tabela 7.1 tomamos $a_i = 63,246$

$$A = 0,45 \sqrt[3]{63,246} + \frac{63,246}{1000} = 1,856149 \qquad \text{ref (7.7)}$$

Da Tabela 7.3 tomamos $a_j = 16$

$$A_a = \pm \frac{16 \times 1,856149}{2000} = \pm 0,015 \qquad \text{ref (7.8)}$$

$$a = -63 \pm 0,015$$

Diâmetros máximos permissíveis

Os diâmetros máximos permissíveis, não são pertinentes neste caso, por se tratar de uma comprovação da capacidade de carga e não de um novo projeto.

Arranjo físico

O cliente forneceu o esquema do eixo e roda motora, integrados em uma mesma peça, que corresponde ao arranjo físico número 5. Forneceu, também, a distância entre os mancais (l) que é de 152 mm e a distância (s) entre o centro do pinhão até o centro do mancal mais próximo que é de 40 mm.

Características geométricas básicas

As características geométricas básicas são:

1) Ângulo de perfil.
2) Módulo normal.
3) Ângulo de hélice.
4) Número de dentes.
5) Fator de deslocamento do perfil.

Ângulo de perfil

Característica tomada do desenho:

$$\alpha_n = 20°.$$

Módulo normal

Característica tomada do desenho:

$$m_n = 3,000.$$

Ângulo de hélice

Característica tomada do desenho:

$$\beta = 0°$$

Número de dentes

Características tomadas do desenho:

$$z_1 = 40$$
$$z_2 = -82$$

Fator de deslocamento dos perfis

Características tomadas do desenho:

$$x_1 = 0{,}371$$
$$z_2 = -0{,}371$$

Características geométricas complementares

As características geométricas complementares são:

1) Diâmetro de cabeça.
2) Diâmetro de início do chanfro.
3) Diâmetro útil de pé.
4) Diâmetro útil de cabeça.
5) Grau de recobrimento de perfil.
6) Grau de recobrimento de hélice.
7) Grau de recobrimento total.
8) Diâmetro de pé.
9) Raio da crista da ferramenta.
10) Protuberância da ferramenta.
11) Extensão de contato e larguras efetivas dos dentes.
12) Diâmetro do eixo da roda motora.
13) Diâmetro interno do aro e espessura da alma.

Diâmetro de cabeça

Características tomadas do desenho:

$$d_{a1} = 128{,}23^{-0{,}025}$$
$$d_{a2} = -242{,}23^{-0{,}078}$$

Ângulo do chanfro

Ângulo do chanfro na seção normal (φ_{na1}):

$$\varphi_{na1} = 58°$$ ref (3.119)

Diâmetro de início do chanfro do pinhão (d_{Nk1})

Característica tomada do desenho: $d_{Nk1} = 127{,}65^{-0{,}09}$

Vamos checar a espessura de cabeça do dente do pinhão, que não deve ser menor que 0,825 mm, ou seja, 27,5% do módulo. Este limite é uma sugestão da norma AGMA, que estamos adotando para o nosso pinhão. Para a coroa, vamos adotar, como mínimo, o dobro daquele valor, ou seja, 1,65 mm, que corresponde a 55% do módulo.

As equações a seguir são aplicadas para a determinação da espessura do dente em um diâmetro qualquer (d_y). Vamos utilizá-las para determinar a espessura na cabeça do dente, ou seja, sobre o diâmetro de cabeça (d_a).

Pinhão:

$$A = \cos^{-1}\left(\frac{112{,}763}{128{,}23}\right) = 28{,}43224°$$ ref (8.56)

$$\text{inv } 28{,}43224° = 0{,}045189$$

$$\text{inv } 20° = 0{,}014904$$

$$B = \frac{5{,}423}{3 \times 40} + 0{,}014904 - 0{,}045189 = 0{,}014907$$ ref (8.57)

$$S_{na} = \frac{0{,}014907 \times 40 \times 3 \times \cos 20°}{\cos 28{,}43223°} = 1{,}912$$ ref (8.58)

1,912 > 0,825, portanto ok.

Coroa:

$$A = \cos^{-1}\left(\frac{-231{,}164}{-242{,}23}\right) = 17{,}385468°$$ ref (8.56)

$$\text{inv } 17{,}385468° = 0{,}009669$$

$$\text{inv } 20° = 0{,}014904$$

$$B = \frac{5{,}653}{3 \times |-82|} + 0{,}014904 - 0{,}009669 = 0{,}028215 \qquad \text{ref (8.59)}$$

$$T_{na} = \frac{0{,}028215 \cdot |-82| \cdot 3 \cdot \cos 20°}{\cos 17{,}385468°} = 6{,}834 \qquad \text{ref (8.60)}$$

$$S_{na} = \frac{-242{,}23\,\pi}{-82} - 6{,}834 = 2{,}446 \qquad \text{ref (8.61)}$$

2,446 > 1,65, portanto ok.

No exemplo anterior (engrenagens com dentes externos), verificamos a espessura normal de cabeça, levando em conta o chanfro. Fizemos isto para não correr o risco de ultrapassar o limite mínimo recomendado. Para este exemplo, não há esta preocupação. Como $k_a = 1$, o dente não é alto, tampouco a espessura de cabeça é pequena. Isto foi comprovado nos resultados dos cálculos apresentados aqui.

Para a coroa, não há chanfro de cabeça.

Diâmetro útil de pé (d_{Nf})

Determinação do diâmetro útil de pé do pinhão:

$$d_{nf1} = \sqrt{\left[2\,(-63)\,\text{sen}\,20° - \frac{-82}{82} \times \sqrt{(-242{,}23)^2 - (-231{,}164)^2}\right]^2 + 112{,}763^2} = \qquad \text{ref (8.65)}$$

$$= 116{,}50$$

Determinação do diâmetro útil de pé da coroa:

$$d_{nf2} = \frac{-82}{82}\sqrt{\left[2\,(-63)\,\text{sen}\,20° - \sqrt{127{,}65^2 - 112{,}763^2}\right]^2 + (-231{,}164)^2} = \qquad \text{ref (8.66)}$$

$$= -253{,}04$$

Diâmetro útil de cabeça (d_{Na})

Nos dentados internos, o diâmetro útil de cabeça define o ponto mais interno que toca o dente conjugado durante a transmissão.

Vamos checar se há um falso engrenamento no nosso par:

$$A = \cos^{-1}\left(\frac{112{,}763}{120}\right) = 20° \qquad \text{ref (8.67)}$$

$$B = 180 - \text{sen}^{-1}\left(120 \cdot \frac{\text{sen}(90° - 20°)}{116{,}5}\right) = 104{,}55115° \qquad \text{ref (8.68)}$$

$$C = \frac{120}{2 \times \text{sen } 104{,}55115°} \cdot \cos(20° - 104{,}55115°) = 5{,}886234 \qquad \text{ref (8.69)}$$

$$d_{Na2} = \frac{-82}{82}\sqrt{(-246)^2 + 4(-246) \times 5{,}886234 \cdot \text{sen } 20° + 4 \times 5{,}886234^2} =$$
$$= -242{,}23 \qquad \text{ref (8.71)}$$

$d_{Na2} = d_{Nk2}$, portanto, não temos um falso engrenamento.

Para o pinhão:

$$A = \cos^{-1}\left(\frac{-231{,}164}{-246}\right) = 20° \qquad \text{ref (8.73)}$$

$$B = 180 - \text{sen}^{-1}\left(-246 \cdot \frac{\text{sen}(90 - 20)}{-253{,}04}\right) = 114° \qquad \text{ref (8.74)}$$

$$C = \frac{-246}{2 \cdot \text{sen } 114°} \cdot \cos(20° - 114°) = 9{,}392 \qquad \text{ref (8.75)}$$

$$d_{Na1} = \sqrt{120^2 + 4 \times 120 \times 9{,}392 \cdot \text{sen } 20° + 4 \times 9{,}392^2} = 127{,}65 \qquad \text{ref (8.76)}$$

Notem que $d_{Na1} = d_{Nk1}$, portanto, não temos um falso engrenamento.

Grau de recobrimento de perfil

Podemos, agora, calcular o grau de recobrimento de perfil para o nosso par.

Distância de acesso:

$$g_f = \frac{1}{2}\left(\frac{-82}{82}\sqrt{(-242{,}23)^2 - (-231{,}164)^2} - (-231{,}164) \cdot \tan 20°\right) =$$
$$= 5{,}879 \qquad \text{ref (3.51)}$$

Distância de recesso:

$$g_a = \frac{1}{2}(\sqrt{127,65^2 - 112,763^2} - 112,763 \cdot \tan 20°) = 9,391 \qquad \text{ref (3.48)}$$

Com o passo base podemos determinar o grau de recobrimento de perfil (ε_α):

$$P_{bt} = \frac{m_n \cdot \pi}{\cos \beta} \cdot \cos \alpha_t = \frac{3\pi}{\cos 0°} \cdot \cos 20° = 8,856$$

$$\varepsilon_\alpha = \frac{g_a + g_f}{P_{bt}} = \frac{9,391 + 5,879}{8,856} = 1,724$$

Grau de recobrimento de hélice

Como nosso dentado é reto ($\beta = 0$), o grau de recobrimento de hélice é nulo.

$$\varepsilon_\beta = 0 \qquad \text{ref (9.12)}$$

Grau de recobrimento total

$$\varepsilon_\tau = 1,724 \qquad \text{ref (9.13)}$$

Diâmetro de pé
Pinhão:

$$d_{f1} = 114,73 \, ^{+0,0}_{-0,2}$$

Coroa:

$$d_{f2} = -255,73 \, ^{+0,0}_{-0,3}$$

Folga no pé dos dentes

Pinhão:

$$C_{si1} = -63,015 - \frac{114,73}{2} - \frac{-242,23}{2} = 0,735$$

$$C_{ss1} = -62,985 - \frac{114,53}{2} - \frac{-242,308}{2} = 0,904$$

Coroa:

$$C_{si2} = -63{,}015 - \frac{128{,}23}{2} - \frac{-255{,}73}{2} = 0{,}735$$

$$C_{ss2} = -62{,}985 - \frac{128{,}205}{2} - \frac{-256{,}03}{2} = 0{,}928$$

Raio da crista da ferramenta

Pinhão:

$$r_{k1} = 0{,}6$$

Coroa:

$$r_{k2} = 0{,}6$$

Protuberância do hob

Como, nessas peças, os flancos do pinhão são retificados, é conveniente considerar uma protuberância no perfil do hob. O sobremetal já determinado é de 0,1 mm. Um centésimo de milímetro somado ao sobremetal é suficiente. Portanto, a protuberância poderá ser:

$$p_r = 0{,}11.$$

Na coroa, os flancos não são retificados, portanto, não há a necessidade de considerarmos uma protuberância no perfil do shaper.

Extensão de contato e larguras efetivas

As larguras foram fornecidas pelo cliente:

$$b_c = b_1 = b_2 = 30{,}0 \text{ mm}$$

Diâmetro do eixo da roda motora

A roda dentada motora é integrada ao eixo formando uma única peça. O diâmetro do eixo, próximo ao dentado, é $d_{sh} = 100{,}0$ mm. O diâmetro de pé do dentado é 114,73 mm.

Diâmetro interno do aro

Considerações sobre o diâmetro interno do aro para as rodas com dentes internos

As rodas com dentes internos, não possuem, evidentemente, o cubo nem tampouco a alma ou os raios. Vamos considerar o diâmetro da cambota (d_i) igual ao valor absoluto do diâmetro de cabeça, que é o diâmetro menor do dentado.

O diâmetro d_i servirá para a determinação do fator do blank da engrenagem C_R que será utilizado adiante.

Essa peça possui d_{i1} = 100 mm, que é o próprio diâmetro do eixo e d_{i2} = 242,23 mm.

Características de ajuste

Espessura circular do dente e dimensão circular do vão

Considerações sobre a espessura circular do dente

Já sabemos que, para os dentados externos, a espessura circular normal do dente é o tamanho do arco no círculo de referência que corresponde a um dente na seção normal.

Nos dentados internos, em vez de espessura do dente, trabalhamos com a dimensão do vão, que é o tamanho do arco no círculo de referência que corresponde a um vão na seção normal.

O afastamento necessário para gerar o jogo entre flancos é um valor que deve ser somado com a dimensão teórica do vão, para dentados internos. A tolerância leva um sinal positivo.

Para alguns cálculos que faremos adiante, serão necessárias as espessuras dos dentes, porém, o cliente forneceu a dimensão W para o pinhão e a dimensão M para a coroa.

Vamos, então, calcular as espessuras dos dentes (teórica, máxima e mínima) para o pinhão e a dimensão do vão (teórica, máxima e mínima) para a coroa.

Para o pinhão,

a dimensão W superior sobre seis dentes é:

$$W_{s6} = 51,096$$

a dimensão W inferior sobre seis dentes é:

$$W_{i6} = 51,059$$

Determinação da espessura circular teórica do dente:

$$S_{n1} = 3\left(\frac{\pi}{2} + 2 \times 0{,}371 \times \tan 20°\right) = 5{,}523 \qquad \text{ref (8.43)}$$

Determinação da espessura circular superior do dente em função da dimensão W_{ks}:

$$S_{ns1} = 3\left\{\frac{51{,}906}{3 \times \cos 20°} - [40 \cdot \text{inv } 20° + (6-1) \cdot \pi]\right\} = 5{,}463 \qquad \text{ref (8.49)}$$

Determinação da espessura circular inferior do dente em função da dimensão W_{ki}:

$$S_{ni1} = 3\left\{\frac{51{,}059}{3 \times \cos 20°} - [40 \cdot \text{inv } 20° + (6-1) \cdot \pi]\right\} = 5{,}423 \qquad \text{ref (8.49)}$$

Para a coroa, com pinos $D_M = 5{,}000$,
a dimensão entre pinos superior é:

$$M_{ds} = 241{,}900$$

a dimensão entre pinos inferior é:

$$M_{di} = 241{,}766$$

$$A = \frac{5}{\cos[\tan^{-1}(\tan 0° \cos 20°)]} = 5 \qquad \text{ref (8.50)}$$

Determinação da dimensão circular teórica do vão:

$$T_{n2} = 3\left(\frac{\pi}{2} - 2 \times (-0{,}371) \times \tan 20°\right) = 5{,}523 \qquad \text{ref (8.44)}$$

Determinação da dimensão circular superior do vão em função da dimensão M_{ds}:

$$B = 241{,}9 + 5 = 246{,}9 \qquad \text{ref (8.51)}$$

$$C = \cos^{-1}\left(\frac{|-246| \cdot \cos 20°}{246{,}9}\right) = 20{,}566148° \qquad \text{ref (8.53)}$$

$$\text{inv } 20,566148° = 0,016254$$

$$\text{inv } 20° = 0,014904$$

$$T_{ni2} = \left(0,016254 - 0,014904 + \frac{5}{|-246| \cdot \cos 20°}\right) |-246| \cdot \cos 0° =$$
$$= 5,653$$
ref (8.55)

Determinação da dimensão circular inferior do vão em função da dimensão M_{di}:

$$B = 241,766 + 5 = 246,766$$
ref (8.51)

$$C = \cos^{-1}\left(\frac{|-246| \cdot \cos 20°}{246,766}\right) = 20,483063°$$
ref (8.53)

$$\text{inv } 20,483063° = 0,016051$$

$$\text{inv } 20° = 0,014904$$

$$T_{ni2} = \left(0,016051 - 0,014904 + \frac{5}{|-246| \cdot \cos 20°}\right) |-246| \cdot \cos 0° =$$
$$= 5,603$$
ref (8.55)

Com a espessura do dente do pinhão e a dimensão do vão da coroa, vamos checar o jogo entre flancos e comprovar se, com a influência dos fatores e dos fenômenos modificadores do jogo, este não ficará excessivamente grande ou insuficiente para o bom funcionamento do par engrenado.

O jogo entre flancos teórico é calculado com a distância entre centros média, com a espessura circular do dente do pinhão, mínima e máxima, e com a dimensão do vão da coroa, mínima e máxima.

$$jn_{1\min} = \frac{60 + 80}{1000} = 0,140 \text{ [mm]}$$
ref (8.23)

$$jn_{1\max} = \frac{60 + 40 + 80 + 50}{1000} = 0,230 \text{ [mm]}$$
ref (8.24)

Vamos considerar a distância entre centros, que poderá influenciar o jogo tanto para aumentá-lo quanto para reduzi-lo.

Capacidade de carga de um par de engrenagens com dentes externos/internos

As variações do jogo devidas à tolerância da distância entre centros são dadas por:

$$VT_{Aa\ min} = -2 \times 0{,}015 \cdot \frac{\tan 20°}{\cos 0°} = -0{,}011 \qquad \text{ref (8.1)}$$

$$VT_{Aa\ max} = 2 \times 0{,}015 \cdot \frac{\tan 20°}{\cos 0°} = 0{,}011 \qquad \text{ref (8.2)}$$

$jn_2 = jn_1 +$ Influência da distância entre centros

$$jn_{2min} = \left(\frac{0{,}140}{\cos 0°} + (-0{,}011)\right) \cdot \cos 0° = 0{,}129 \qquad \text{ref (8.25)}$$

$$jn_{2max} = \left(\frac{0{,}230}{\cos 0°} + 0{,}011\right) \cdot \cos 0° = 0{,}241 \qquad \text{ref (8.26)}$$

Consideremos, agora, o erro de cruzamento dos eixos que afeta o jogo entre flancos atuando sempre no sentido de reduzi-lo.

O máximo erro de cruzamento especificado é $f_{Sc} = 0{,}015$.

As variações do jogo devidas ao erro de cruzamento dos eixos são dadas por:

$$VT_{Ce\ min} = -\left(\frac{0{,}015 \times 30}{152}\right) = -0{,}003 \qquad \text{ref (8.3)}$$

$$VT_{Ce\ max} = \frac{0{,}015 \times 30}{152} = 0{,}003 \qquad \text{ref (8.4)}$$

$$A = (-0{,}011)^2 + (-0{,}003)^2 = 0{,}00013 \qquad \text{ref (8,27)}$$

$$B = 0{,}003^2 - 0{,}011^2 = -0{,}000112 \qquad \text{ref (8.28)}$$

$Jn_3 = jn_2 +$ Influência do erro de cruzamento dos eixos

$$jn_{3min} = \left(\frac{0{,}14}{\cos 0°} - \sqrt{0{,}00013}\right) \cdot \cos 0° = 0{,}129 \qquad \text{ref (8.29)}$$

$$jn_{3max} = \left(\frac{0{,}23}{\cos 0°} - (-1)\sqrt{|-0{,}000112|}\right) \cdot \cos 0° = 0{,}241 \qquad \text{ref (8.30)}$$

Vamos determinar a influência dos erros individuais do dentado. Sua influência é considerável e afeta os jogos mínimo e máximo.

Para as variações do jogo devidas aos erros individuais do dentado, precisamos dos valores a seguir, já determinados:

$$F_{\beta 1} = 0{,}010$$

$$F_{\beta 2} = 0{,}020$$

$$f_{f1} = 0{,}008$$

$$f_{f2} = 0{,}016$$

$$f_{p1} = 0{,}007$$

$$f_{p2} = 0{,}016$$

$$\alpha_{wt} = 20°$$

$$VT_{Ei1\,min} = \sqrt{\left(\frac{0{,}01}{\cos 20°}\right)^2 + \left(\frac{0{,}008}{\cos 20°}\right)^2 + 0{,}007^2} = 0{,}015 \qquad \text{ref (8.5)}$$

$$VT_{Ei2\,min} = \sqrt{\left(\frac{0{,}020}{\cos 20°}\right)^2 + \left(\frac{0{,}016}{\cos 20°}\right)^2 + 0{,}016^2} = 0{,}032 \qquad \text{ref (8.6)}$$

$$VT_{Ei1\,max} = \frac{0{,}015}{2} = 0{,}008 \qquad \text{ref (8.7)}$$

$$VT_{Ei2\,max} = \frac{0{,}032}{2} = 0{,}016 \qquad \text{ref (8.8)}$$

$$A = (-0{,}011)^2 + (-0{,}003)^2 + 0{,}015^2 + 0{,}032^2 = 0{,}00138 \qquad \text{ref (8,31)}$$

$$B = -(0{,}011)^2 + 0{,}003^2 + 0{,}008^2 + 0{,}016^2 = -0{,}00045 \qquad \text{ref (8.32)}$$

$Jn_4 = jn_3 +$ *Influência dos erros individuais do dentado*

$$jn_{4min} = \left(\frac{0{,}14}{\cos 0°} - \sqrt{0{,}00138}\right)\cos 0° = 0{,}103 \qquad \text{ref (8.33)}$$

$$jn_{4max} = \left(\frac{0{,}23}{\cos 0°} - (-1)\sqrt{|-0{,}00045|}\right)\cos 0° = 0{,}251 \qquad \text{ref (8.34)}$$

A excentricidade dos rolamentos é $f_B = 0{,}01$.

As variações do jogo devidas à excentricidade dos rolamentos são dadas por:

$$VT_{Ex\ min} = -2 \times 0{,}01 \times \frac{\tan 20°}{\cos 0°} = -0{,}007 \qquad \text{ref (8.9)}$$

$$VT_{Ex\ max} = 2 \times 0{,}01 \times \frac{\tan 20°}{\cos 0°} = 0{,}007 \qquad \text{ref (8.10)}$$

$$A = (-0{,}011)^2 + (-0{,}003)^2 + 0{,}008^2 + 0{,}016^2 + (-0{,}007)^2 = 0{,}000499 \qquad \text{ref (8,35)}$$

$$B = -(0{,}011)^2 + 0{,}003^2 + 0{,}008^2 + 0{,}016^2 + 0{,}007^2 = 0{,}000257 \qquad \text{ref (8,36)}$$

$Jn_5 = jn_4 +$ Influência da excentricidade dos rolamentos

$$jn_{5min} = \left(\frac{0{,}14}{\cos 0°} - \sqrt{0{,}000499}\right) \cdot \cos 0° = 0{,}118 \qquad \text{ref (8.37)}$$

$$jn_{5max} = \left(\frac{0{,}23}{\cos 0°} - \sqrt{|-0{,}000257|}\right) \cdot \cos 0° = 0{,}214 \qquad \text{ref (8.38)}$$

Como não conhecemos o valor da elasticidade (f_L), vamos calcular uma estimativa:

$$C = \frac{\pi}{2}\left(\frac{100}{2}\right)^4 = 4908739 \qquad \text{ref (8.11)}$$

$$F_{rd} = 21217 \cdot \tan 20° = 7722 \ [N] \qquad \text{ref (18.7)}$$

$$D = \frac{7722}{120000 \times 4908739} = 1{,}311 \times 10^{-8} \qquad \text{ref (8.12)}$$

$$E = \frac{152^3}{8} = 438976 \qquad \text{ref (8.13)}$$

$$f_L = 1{,}311 \times 10^{-8} \times 438976 = 0{,}006 \ [mm] \qquad \text{ref (8.14)}$$

Como o valor da elasticidade, neste caso, é positivo:

$$VT_{Ei\ min} = 0 \qquad \text{ref (8.16)}$$

$$VT_{Ei\ max} = 2 \times 0{,}006 \times \frac{\tan 20°}{\cos 23{,}188056°} = 0{,}005 \qquad \text{ref (8.17)}$$

$Jn_6 = jn_5 +$ *Influência da elasticidade do conjunto*

$$jn_{6min} = \left(\frac{0,14}{\cos 23,188056°} - \sqrt{0,000499} + 0\right) \cos 23,188056° = 0,119 \quad \text{ref (8.39)}$$

$$jn_{6max} = \left(\frac{0,23}{\cos 23,188056°} - \sqrt{0,000257} + 0,005\right) \cos 23,188056° = 0,220 \quad \text{ref (8.40)}$$

Para terminar esta verificação, vamos acrescentar um dos fatores que mais afeta o jogo entre flancos, que é a dilatação térmica.

$$A_1 = \frac{0,0000115 \times 40 \times (-63)}{40 + (-82)} (40 - 20) = 0,0138 \quad \text{ref (8.19)}$$

$$A_2 = \frac{0,0000115 \times (-82) \times (-63)}{40 + (-82)} (40 - 20) = -0,02829 \quad \text{ref (8.20)}$$

$$VT_{Aq\ min} = 2[(30-20)0,00001 \times (-63) - (0,0138 + (-0,02829))]\frac{\tan 20°}{\cos 0°} \quad \text{ref (8.21)}$$
$$= 0,006$$

$$VT_{Aq\ max} = 0,006 \quad \text{ref (8.22)}$$

$$jn_{7min} = \left(\frac{0,14}{\cos 0°} - \sqrt{0,000499} + 0 + 0,006\right) \cdot \cos 0° = 0,125 \quad \text{ref (8.41)}$$

$$jn_{7max} = \left(\frac{0,23}{\cos 0°} - \sqrt{0,000227} + 0,005 + 0,006\right) \cdot \cos 0° = 0,226 \quad \text{ref (8.42)}$$

Características funcionais

1) Temperaturas.
2) Regime de trabalho.
3) Vida útil nominal requerida.

Temperaturas

O cliente forneceu as seguintes temperaturas:

Máxima das rodas = T_R = 50 °C

Máxima da caixa = T_C = 45 °C

Das rodas no instante da máxima diferença = T_{Rmd} = 40 °C

Da caixa no instante da máxima diferença = T_{Cmd} = 30 °C

Regime de trabalho

O cliente estimou quatro faixas de torques:

Faixa 1: Rotação = 800 RPM, Potência = 100 cv, Utilização = 40%

Faixa 2: Rotação = 800 RPM, Potência = 145 cv, Utilização = 10%

Faixa 3: Rotação = 800 RPM, Potência = 80 cv, Utilização = 30%

Faixa 4: Rotação = 800 RPM, Potência = 70 cv, Utilização = 20%

A faixa de maior torque é determinada pelo maior quociente de *Potência/Rotação*. Neste caso, como a rotação é constante, o maior torque está na faixa 2.

Percentual equivalente (U_{eq}) para este projeto:

$$P_{eq} = \frac{100^3}{800^2} \cdot 40 + \frac{145^3}{800^2} \cdot 10 + \frac{80^3}{800^2} \cdot 30 + \frac{70^3}{800^2} \cdot 20 = 144{,}854 \qquad \text{ref (18.5)}$$

$$U_{eq} = \frac{144{,}854}{\left(\frac{145}{800}\right)^3 \cdot 800} = 30{,}4\% \qquad \text{ref (18.6)}$$

Vida útil nominal requerida (V_R)

O cliente especificou uma vida útil:

$$V_R = 10000 \text{ horas}$$

Peso do par

Para este par, o peso é irrelevante.

Materiais

Veja o conteúdo teórico no Capítulo 18.

Material para as engrenagens

Aço DIN 20MnCr5 forjado a quente em matriz fechada.

Material para a caixa

Ferro fundido.

Tratamento térmico das engrenagens

Conforme a especificação do desenho:

Normalização da peça bruta forjada para dureza entre 140 e 180 HB.

Cementação com profundidade entre 0,7 e 0,9 mm, medida após a operação de acabamento dos flancos dos dentes.

O sobremetal por flanco para o pinhão, calculado aqui, é de 0,1 mm e a especificação da camada cementada na folha de operação (processo) é de 0,8 a 1,0 mm.

Como a coroa não terá acabamento após o tratamento térmico, não necessitará de sobremetal.

Têmpera e revenimento para dureza superficial entre 58 a 62 HRc.

Dureza no núcleo em torno de 42 HRc, medida no centro do dente sobre o diâmetro de pé.

Para o controle de qualidade do material e do tratamento térmico, o padrão é MQ.

Características metalúrgicas das engrenagens

Vamos tomar os valores conforme normas ISO 6336-5:

$$\sigma_{F\lim 1} = 430 \text{ N/mm}^2$$
$$\sigma_{F\lim 2} = 430 \text{ N/mm}^2$$
$$\sigma_{H\lim 1} = 1500 \text{ N/mm}^2$$
$$\sigma_{H\lim 2} = 1500 \text{ N/mm}^2$$

Lubrificação das engrenagens

A viscosidade do lubrificante influencia na capacidade de carga em relação à pressão entre os flancos dos dentes. A princípio, quanto maior a viscosidade, maior é a capacidade de carga. Consulte o Capítulo 16, que trata deste assunto.

Conforme informação do cliente, a lubrificação é feita por meio de um sistema central de circulação sob pressão, cuja vazão é aproximadamente 2,0 litros por minuto.

A viscosidade do óleo lubrificante é 320 cSt [mm²/s] a 40 °C.

Vamos checar se a vazão é suficiente:

$$V_z = \left(0,06 + \frac{3 \times 5,027}{5000}\right) \cdot 30 = 1,9 \text{ [l/min]. Portanto ok.} \qquad \text{ref (17.1)}$$

Rumorosidade

Veja as considerações sobre a rumorosidade no Capítulo 18.

Para o nosso par, o ruído é um fator importante, porque a caixa onde estão montadas as engrenagens está próxima do operador.

ESFORÇOS ATUANTES NO PAR ENGRENADO

Veja o conteúdo teórico no Capítulo 18.

Como os dentados do nosso par são retos ($\beta = 0$), $F_{ax} = 0$ e $F_b = F_t$.

Torque no eixo de entrada:

$$T_1 = \frac{9549 \times 145 \times 0,7355}{800} = 1273 \text{ [Nm]} \qquad \text{ref (18.2)}$$

Diâmetro primitivo do pinhão:

$$d_{w1} = \frac{2 \times (-63)}{1 + \frac{-82}{40}} = 120 \qquad \text{ref (7.32)}$$

Rotação no eixo de entrada:

$$n_G = \frac{800 \times 40}{|82|} = 390,244 \text{ [RPM]}$$

Força tangencial:

$$F_t = \frac{2000 \times 1273}{120} = 21217 \text{ [N]} \qquad \text{ref (18.3)}$$

Torque no eixo de saída:

$$T_2 = \frac{9549 \times 145 \times 0{,}7355}{390} = 2611 \; [Nm] \qquad \text{ref (18.2)}$$

Diâmetro primitivo da coroa:

$$d_{w2} = 120 \cdot \frac{-82}{40} = -246 \qquad \text{ref (7.33)}$$

Rotação no eixo de saída:

$$n_G = \frac{800 \times 40}{|82|} = 390{,}244 \; [RPM]$$

O ângulo de pressão transversal, como o dentado é reto, é o próprio ângulo de perfil:

$$\alpha_{wt} = 20°$$

Força radial F_{rd}:

$$F_{rd} = 21217 \times \tan 20° = 7722 \; [N] \qquad \text{ref (18.7)}$$

$$F = \frac{F_b}{\cos \alpha_{wn}} = \frac{21217}{\cos 20°} = 22579 \; [N] \qquad \text{ref (18.10)}$$

VELOCIDADES DE DESLIZAMENTO ENTRE OS FLANCOS CONJUGADOS

Leia a seção "Deslizamento relativo entre os flancos evolventes" no Capítulo 3, para compreender o fenômeno.

Vamos determinar a velocidade de deslizamento relativa entre a cabeça do pinhão com o pé da coroa (v_{ga}), para este par:

Velocidade angular do pinhão (ω_1)

$$\omega_1 = \frac{800 \cdot \pi}{30000} = 0{,}08378 \; [rad/s] \qquad \text{ref (3.45)}$$

$$g_\alpha = \frac{1}{2} \cdot \left(\sqrt{127{,}65^2 - 112{,}763^2} - 112{,}761 \times \tan 20° \right) = 9{,}392 \; [mm] \qquad \text{ref (3.48)}$$

Capacidade de carga de um par de engrenagens com dentes externos/internos

$$u = \frac{-82}{40} = -2,05 \qquad \text{ref (3.49)}$$

$$v_{ga} = 0,08378 \times 9,392 \times \left(1 + \frac{1}{-2,05}\right) = 0,403 \text{ [m/s]} \qquad \text{ref (3.50)}$$

Vamos determinar a velocidade de deslizamento relativa entre a cabeça da coroa com o pé do pinhão (v_{gf}):

$$g_f = \frac{1}{2}\left(\frac{-82}{82}\sqrt{(-242,23)^2 - (-231,164)^2} - (-231,164)\cdot \tan 20°\right) = \qquad \text{ref (3.51)}$$
$$= 5,879$$

$$v_{gf} = 0,08378 \cdot 5,879 \left(1 + \frac{1}{-2,05}\right) = 0,252 \text{ [m/s]} \qquad \text{ref (3.52)}$$

FATORES DE INFLUÊNCIA

Os fatores de influência fornecidos pelas normas alemãs DIN 3990 bem como pelas normas internacionais ISO 6336 foram determinados a partir dos resultados de pesquisas e serviços de campo. Como o próprio nome diz, eles levam em conta os fatores que influenciam na vida útil das engrenagens. Veja os detalhes no Capítulo 18.

Fator de dinâmica (K_v)

O fator de dinâmica leva em conta a influência das cargas dinâmicas internas, provenientes da rigidez dos dentes, do deslocamento do perfil, da velocidade periférica, das massas giratórias (momentos de inércia) e das condições de contato. Veja as principais influências e demais explicações no Capítulo 18.

Definição de ressonância

Veja definição de ressonância no Capítulo 18.

Coeficiente de ressonância (N)

Veja os setores de ressonância e demais explicações sobre esse assunto no Capítulo 18.

Vamos calcular a rotação crítica e o coeficiente de ressonância N do nosso redutor.

$$r_{m1} = \frac{128,23 + 114,73}{4} = 60,74 \qquad \text{ref (18.23)}$$

$$r_{m2} = \frac{(-242,23) + (-255,73)}{4} = -124,49 \qquad \text{ref (18.23)}$$

No caso do aço, a densidade é 0,00000783 kg/mm³.

$$i_1 = 0,00000783 \cdot \frac{\pi}{2} \cdot 30 \left[60,74^4 - \left(\frac{100}{2}\right)^4 + \left(\frac{100}{2}\right)^4 \right] = 5022,29 \qquad \text{ref (18.21)}$$

Na equação a seguir, vamos fazer $d_{i2} = d_{a2}$.

$$i_2 = 0,00000783 \cdot \frac{\pi}{2} \cdot 30 \left[(-124,49)^4 - \left(\frac{-242,23}{2}\right)^4 \right] = 9226,57 \qquad \text{ref (18.22)}$$

$$J_1^* = \frac{5022,29}{30} = 167,41 \; [\text{kg} \cdot \text{mm}^2/\text{mm}] \qquad \text{ref (18.19)}$$

$$J_2^* = \frac{9226,57}{30} = 307,552 \; [\text{kg} \cdot \text{mm}^2/\text{mm}] \qquad \text{ref (18.20)}$$

$$m_1^* = \frac{167,41}{56,382^2} = 0,05266 \; [\text{kg/mm}] \qquad \text{ref (18.17)}$$

$$m_2^* = \frac{307,552}{(-115,582)^2} = 0,02302 \; [\text{kg/mm}] \qquad \text{ref (18.18)}$$

$$m_{red} = \frac{0,05266 \times 0,02302}{1 \times (0,05266 + 0,02302)} = 0,01602 \; [\text{kg/mm}] \qquad \text{ref (18.16)}$$

Determinação dos parâmetros da rigidez do dentado c' e c_γ:
Por serem dentes retos:

$$\beta_b = 0° \qquad \text{ref (7.37)}$$

$$z_{n1} = 40 \qquad \text{ref (7.59)}$$

$$z_{n2} = -82 \qquad \text{ref (7.60)}$$

$$A_1 = 0{,}04723 \quad \text{ref (18.24)}$$

$$A_2 = \frac{0{,}15551}{40} = 0{,}003888 \quad \text{ref (18.25)}$$

$$A_4 = -0{,}00635 \times 0{,}371 = -0{,}002356 \quad \text{ref (18.27)}$$

$$A_5 = \frac{-0{,}11654 \times 0{,}371}{40} = 0{,}001081 \quad \text{ref (18.28)}$$

$$A_6 = -0{,}00193 \cdot (-0{,}371) = 0{,}000716 \quad \text{ref (18.29)}$$

$$A_8 = 0{,}00529 \times 0{,}371^2 = 0{,}000728 \quad \text{ref (18.31)}$$

$$A_9 = 0{,}00182 \cdot (-0{,}371)^2 = 0{,}000251 \quad \text{ref (18.32)}$$

Cálculo do mínimo valor de flexibilidade de um par de dentes (q'):

$$\begin{aligned} q' &= 0{,}04723 + 0{,}003888 + (-0{,}002356) + (-0{,}001081) + \\ &\quad + 0{,}000716 + 0{,}000728 + 0{,}000251 = 0{,}049376 \end{aligned} \quad \text{ref (18.43)}$$

Cálculo do máximo valor teórico de rigidez (c'_{th}):

$$c'_{th} = \frac{1}{0{,}049376} = 20{,}252754 \quad \text{ref (18.34)}$$

Fator de correção C_M:

$$C_M = 0{,}8 \quad \text{ref (18.35)}$$

Não confundir este fator com o fator de deslocamento do perfil (x).

Cálculo do fator de blank C_R:

$S_R = 15$ conforme a Figura 19.1.

$$\frac{S_R}{m_n} = \frac{15}{3} = 5$$

$$C_R = 1 + \frac{\ln\left(\frac{15}{53}\right)}{5e^{[15/(5 \times 3)]}} = 0{,}907129 \quad \text{ref (18.36)}$$

Neste caso, a largura do dentado b foi substituída por $b' = 53$ conforme a Figura 19.1.

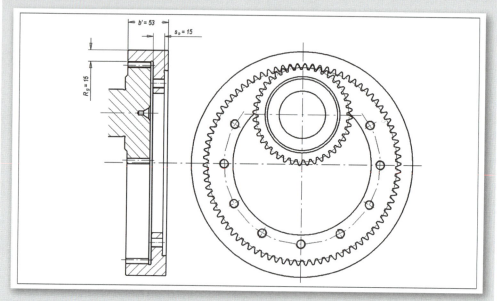

Figura 19.1 – Par de engrenagens externa/interna.

Cálculo do fator de perfil de referência C_B:

$$h_{fp1} = \frac{d_1 - d_{f1}}{2} = \frac{120 - 114,73}{2} = 2,635 \text{ deddendum do pinhão.}$$

$$h_{fp2} = \frac{d_2 - d_{f2}}{2} = \frac{-246 - (-255,73)}{2} = 4,865 \text{ deddendum da coroa.}$$

$$C_{B1} = \left[1 + 0,5\left(1,2 - \frac{2,635}{3}\right)\right] \cdot [1 - 0,02(20° - 20°)] =$$

ref (18.39)

$$= 1,160833$$

$$C_{B2} = \left[1 + 0,5\left(1,2 - \frac{4,865}{3}\right)\right] \cdot [1 - 0,02(20° - 20°)] =$$

ref (18.40)

$$= 0,789167$$

$$C_B = \frac{1,160833 + 0,789167}{2} = 0,975 \qquad \text{ref (18.41)}$$

Carga específica: $\dfrac{F_t \cdot K_A}{b} = \dfrac{21217 \times 1}{30} = 707,23 > 100$ [N/mm], portanto,

$$N_S = 0,85$$

Como todas as condições são satisfeitas, podemos aplicar a equação a seguir:

$$c' = 20,252754 \times 0,8 \times 0,975 \times 0,907129 \cdot \cos 0° = 14,330051 \qquad \text{ref (18.42)}$$

$$c_\gamma = 14,330051 \,(0,75 \times 1,724 + 0,25) = 22,111269 \qquad \text{ref (18.47)}$$

$$n_{E1} = \frac{30 \times 10^3}{\pi \times 40} \cdot \sqrt{\frac{22,111269}{0,01602}} = 8869 \text{ [RPM]} \qquad \text{ref (18.15)}$$

Coeficiente de ressonância N:

$$N = \frac{800}{8869} = 0,090 < N_S, \text{ portanto, setor de ressonância subcrítico.} \qquad \text{ref (18.12)}$$

Determinado em que setor de ressonância o nosso par de engrenagens opera, podemos continuar calculando. Como o grau de recobrimento total deste engrenamento é $\varepsilon_\tau = 1,724$, podemos determinar:

$$C_{V1} = 0,32 \qquad \text{ref (18.53)}$$
$$C_{V2} = 0,34 \qquad \text{ref (18.54)}$$
$$C_{V3} = 0,23 \qquad \text{ref (18.55)}$$

Nota: Como o setor de ressonância é subcrítico, precisamos apenas de C_{V1}, C_{V2} e C_{V3}.

$m_{np} = 2,5$, conforme Tabela 11.2.
$d_p = 80$, conforme Tabela 11.3.

$$f_{pe} = \text{int } \{1,4^{(6-5)} [4 + 0,315 \,(2,5 + 0,25 \cdot \sqrt{80}\,)] + 0,5\} = 8 \text{ µm} \qquad \text{ref (11.57)}$$

$$y_\alpha = 0,075 \times 8 = 0,6 \qquad \text{ref (18.75)}$$

$$f_{pe\,eff} = 8 - 0,6 = 7,4 \qquad \text{ref (18.71)}$$

$$f_f = \text{int }\{1,4^{(6-5)} [1,5 + 0,25\,(2,5 + 9 \cdot \sqrt{2,5}\,)] + 0,5\} = 8\ \mu m \qquad \text{ref (11.74)}$$

$$f_{ff\,eff} = 8 - 0,6 = 7,4 \qquad \text{ref (18.72)}$$

$$B_p = \frac{14,330051 \times 7,4}{1 \cdot \dfrac{21217}{30}} = 0,149940 \qquad \text{ref (18.68)}$$

$$B_f = \frac{14,330051 \times 7,4}{1 \cdot \dfrac{21217}{30}} = 0,149940 \qquad \text{ref (18.69)}$$

Como não foi especificado nenhum valor para o recuo na cabeça, nem no pé dos dentes, vamos substituir C_k por C_{ky} e, pelo fato de os materiais do pinhão e da coroa serem iguais, podemos aplicar a equação:

$$C_{ky} = \frac{1}{18} \cdot \left(\frac{1500}{97} - 18,45\right)^2 + 1,5 = 1,995372 \qquad \text{ref (18.77)}$$

$$B_K = \left|1 - \frac{14,330051 \times 1,995372}{1 \cdot \dfrac{21217}{30}}\right| = 0,959570 \qquad \text{ref (18.70)}$$

$$K = 0,32 \times 0,149940 + 0,34 \times 0,149940 + 0,23 \times 0,959570 =$$
$$= 0,319662 \qquad \text{ref (18.52)}$$

$$K_V = 0,090 \times 0,319662 + 1 = 1,029 \qquad \text{ref (18.48)}$$

Fator de distribuição longitudinal de carga ($K_{H\beta}$)

O fator de distribuição longitudinal de carga leva em conta a tensão superficial em virtude da distribuição não uniforme da carga ao longo da largura do dente. Veja as principais influências e demais explicações no Capítulo 18.

Desejamos que a área de contato, sob carga, se estenda ao longo de toda a largura do dente. Isto significa um valor de $K_{H\beta}$ menor que 2.

Para compensar as irregularidades como posição dos mancais, desvios de fabricação, flexão dos eixos entre outras, o cliente adotou um abaulamento (C_β) nos flancos do pinhão.

Vamos para os cálculos:

Como o nosso dentado é reto e a potência total é transmitida por meio de um único engrenamento, aplicaremos a Equação (18.92).

Como $\dfrac{d_1}{d_{sh}} = \dfrac{120}{100} = 1,2 > 1,15$, pinhão integrado ao eixo e arranjo físico 5,

tiramos da Figura 18.6 o valor de $K' = 1,33$.

Portanto:

$$\gamma = \left[\left|1 + 1,33 \dfrac{152 \times 40}{120^2}\left(\dfrac{120}{100}\right)^4 - 0,3\right| + 0,3\right] \cdot \left(\dfrac{30}{120}\right)^2 =$$ ref (18.92)

$= 0,135278$

Como esse pinhão tem abaulamento de hélice, vamos aplicar as Equações (18.90) e (18.95).

$f_{sh0} = 0,012 \times 0,135278 = 0,001623$ ref (18.90)

Para a determinação de $f_{H\beta}$, qualidade DIN 6 ($Q = 6$), podemos aplicar a Equação (11.62).

A largura preferencial (b_p) podemos tomar da Tabela 11.4, ou seja, 30 mm.

$f_{H\beta} = \text{int}\,[1,32^{(6-5)}\,(4,16 \times 30^{0,14}) + 0,5] = 9$ [µm] ref (11.62)

$f_{ma} = 0,5 \times 9 = 4,5$ ref (18.95)

$F_m = 21217 \times 1 \times 1,029 = 21832$ ref (18.88)

$f_{sh} = 0,001623 \times \dfrac{21832}{30} = 1,181111$ ref (18.87)

Abaulamento de hélice inferior $C_{\beta i} = 7$ µm

Abaulamento de hélice superior $C_{\beta s} = 10$ µm

Vamos considerar que a área e a conformidade do padrão de contato do nosso par sejam satisfatórias em virtude dos flancos dos dentes abaulados. Nesse caso, podemos aplicar a Equação (18.98).

$$F_{\beta xa} = |1{,}33 \times 1{,}181111 - 9| = 7{,}429122 \qquad \text{ref (18.98)}$$

$$F_{\beta xb} = 0{,}005 \, \frac{21832}{30} = 3{,}638667 \qquad \text{ref (18.100)}$$

$$F_{\beta xc} = 0{,}5 \times 9 = 4{,}5 \qquad \text{ref (18.101)}$$

$$F_{\beta x} = \text{Máx}\,(F_{\beta xa},\, F_{\beta xb},\, F_{\beta xc}) = F_{\beta xa} = 7{,}429122 \qquad \text{ref (18.102)}$$

Para aço cementado, temperado e revenido:

$$y_\beta = 0{,}15 \times 7{,}429122 = 1{,}114368 \qquad \text{ref (18.109)}$$

$$x_\beta = 0{,}85 \qquad \text{ref (18.110)}$$

$$F_{\beta y} = 7{,}429122 - 1{,}114368 = 6{,}314754 \qquad \text{ref (18.111)}$$

Ou

$$F_{\beta y} = 7{,}429122 \times 0{,}85 = 6{,}314754 \qquad \text{ref (18.112)}$$

$$\frac{0{,}85 \cdot F_{\beta y} \cdot c_\gamma}{2\,\dfrac{F_m}{b}} = \frac{0{,}85 \times 6{,}314754 \times 22{,}111269}{2\,\dfrac{21832}{30}} = \qquad \text{ref (18.119)}$$

$$= 0{,}081543 < 1 \qquad \text{Condição B}$$

$$K_{H\beta} = 1 + 0{,}081543 = 1{,}082 \qquad \text{ref (18.120)}$$

O valor obtido é menor que 2, portanto, satisfaz nossa exigência.
Com referência às Figuras 18.17 e 18.18:

$$b_{cal} = \left(0{,}5 + \frac{\dfrac{21832}{30}}{0{,}85 \times 6{,}314754 \times 22{,}111269}\right) \cdot 30 = 198{,}952 \qquad \text{ref (18.121)}$$

$$W_{max} = \frac{21832}{30} \cdot \frac{198{,}952}{198{,}952 - \dfrac{30}{2}} = 787{,}075 \; [\text{N/mm}] \qquad \text{ref (18.114)}$$

Fator de distribuição longitudinal da carga ($K_{F\beta}$)

O fator de distribuição longitudinal da carga leva em conta as tensões na raiz do dente em função da distribuição da carga ao longo da largura do dentado. Esse fator depende das variáveis determinadas para $K_{H\beta}$ e também da relação b/h, onde b é a largura e h a altura do dente. Veja as principais influências e demais explicações no Capítulo 18.

$$h_1 = \frac{d_{a1} - d_{f1}}{2} = \frac{128,23 - 114,73}{2} = 6,75$$

$$h_2 = \frac{d_{a2} - d_{f2}}{2} = \frac{-242,23 - (-255,73)}{2} = 6,75$$

$$h = 6,75$$

$$\frac{b}{h} = \frac{30}{6,75} = 4,444$$

$$N_F = \frac{4,444^2}{1 + 4,444 + (4,444)^2} = 0,783909 \qquad \text{ref (18.123)}$$

$$K_{F\beta} = 1,082^{0,783909} = 1,064 \qquad \text{ref (18.122)}$$

Fator de distribuição transversal da carga ($K_{H\alpha}$)

O fator de distribuição transversal da carga leva em conta o efeito das imprecisões na distribuição da carga transversal entre vários pares de dentes engrenados simultaneamente. Veja as principais influências e demais explicações no Capítulo 18.

Para este projeto, o grau de recobrimento total é menor que 2, ou seja, $\varepsilon_\tau = 1,724$. Portanto, vamos considerar a condição 1.

$$y_\alpha = 0,075 \times 8 = 0,6 \qquad \text{ref (18.75)}$$

$$F_{tH} = 21217 \times 1 \times 1,029 \times 1,082 = 23623 \qquad \text{ref (18.127)}$$

$$K_{H\alpha} = \frac{1,724}{2}\left[0,9 + 0,4 \cdot \frac{(22,111269 \cdot (8 - 0,6))}{\frac{23623}{30}}\right] = 0,847447 < 1 \qquad \text{ref (18.125)}$$

Como $K_{H\alpha}$ deve ser no mínimo igual a 1, não há necessidade de checarmos a condição da Expressão (18.128). Vamos adotar:

$$K_{H\alpha} = 1,000$$

Fator de distribuição transversal da carga ($K_{F\alpha}$)

O fator de distribuição transversal da carga leva em conta o efeito das imprecisões na distribuição da carga transversal entre vários pares de dentes engrenados simultaneamente.

As principais influências são as mesmas do fator $K_{H\alpha}$.

Para este par:

$$K_{F\alpha} = K_{H\alpha} = 1,000 \qquad \text{ref (18.130)}$$

Aqui também, como $K_{F\alpha}$ deve ser no mínimo igual a 1, não há necessidade de checarmos a condição da Expressão (18.131). Vamos adotar:

$$K_{F\alpha} = 1,000$$

Fator de zona (Z_H)

O fator de zona leva em conta a resistência do flanco do dente à pressão de Hertz para uma carga aplicada no ponto primitivo.

A curvatura do flanco tem forte influência nesse fator. Um pequeno número de dentes diminui o raio de curvatura do flanco. A área de contato entre eles diminui e a pressão aumenta. Isso pode tornar crítico o dimensionamento.

Esse fator é aplicado na proporção inversa no cálculo de pressão.

Para este par:

$$Z_H = \sqrt{\frac{2 \cdot \cos 0° \cdot \cos 20°}{\cos^2 20° \cdot \operatorname{sen} 20°}} = 2,495 \qquad \text{ref (18.133)}$$

Fator de elasticidade (Z_E)

O fator de elasticidade leva em conta a influência dos módulos de elasticidade dos materiais do pinhão (E_1) e da coroa (E_2) e dos coeficientes de Poisson dos materiais do pinhão (v_1) da coroa (v_2), ao valor da pressão de Hertz.

Capacidade de carga de um par de engrenagens com dentes externos/internos

Esse fator é aplicado na proporção inversa no cálculo de pressão.

Veja os valores para o módulo de elasticidade e para o coeficiente de Poisson no Capítulo 18.

Para este par, tanto o pinhão quanto a coroa são fabricados em aço, portanto:

$$Z_E = \sqrt{\frac{206000}{2\pi(1-0{,}3^2)}} = 189{,}811 \quad \sqrt{N/mm^2} \qquad \text{ref (18.135)}$$

Fator de recobrimento (Z_ε)

O fator de recobrimento leva em conta a influência do grau de recobrimento de perfil e a influência do grau de recobrimento de hélice no valor da pressão de Hertz.

Esse fator é aplicado na proporção inversa no cálculo de pressão.

Para este par:

$$Z_\varepsilon = \sqrt{\frac{4-1{,}724}{3}} = 0{,}871 \qquad \text{ref (18.136)}$$

Fator de ângulo de hélice (Z_β)

O fator de ângulo de hélice leva em conta o ângulo de hélice na distribuição da carga ao longo da linha de contato.

Esse fator é aplicado na proporção inversa no cálculo de pressão.

Para este par:

$$Z_\beta = 1 \qquad \text{ref (18.139)}$$

Fator de lubrificante (Z_L)

O fator de lubrificante leva em conta a viscosidade do óleo para a formação da película lubrificante.

Esse fator tem forte influência na capacidade de carga, e é aplicado na proporção direta no cálculo de pressão. Veja os detalhes no Capítulo 18.

Para este par, temos:

$\sigma_{H\,lim} = 1500$ N/mm², portanto, $C_{ZL} = 0{,}91$.

$v_{40} = 320$ mm²/s (Viscosidade do lubrificante a 40 °C).

$T_s = 50$ °C (Temperatura de serviço).

$$v_{inf} = \frac{e^{\frac{765}{(50+95)}}}{9} = 21{,}73 \qquad \text{ref (18.143)}$$

$$v_{sup} = \frac{e^{\frac{1284}{(50+95)}}}{17{,}6} = 398{,}33 \qquad \text{ref (18.144)}$$

$$v_s = 21{,}73 + \frac{320 - 32{,}12}{735{,}44} \cdot (398{,}33 - 21{,}73) = 169{,}15 \qquad \text{ref (18.145)}$$

$$Z_L = 0{,}91 + \frac{4 \cdot (1 - 0{,}91)}{\left(1{,}2 + \dfrac{134}{169{,}15}\right)^2} = 1{,}001 \qquad \text{ref (18.146)}$$

Fator de velocidade (Z_V)

O fator de velocidade leva em conta a velocidade periférica (ou tangencial) das rodas para a formação da película lubrificante.

Este fator é aplicado na proporção direta no cálculo de pressão.

$$C_{Zv} = 0{,}91 + 0{,}02 = 0{,}93 \qquad \text{ref (18.148)}$$

$$v_t = \frac{\pi \times 120 \times 800}{60000} = 5{,}027 \ \ [\text{m/s}] \qquad \text{ref (18.150)}$$

$$Z_V = 0{,}93 + \frac{2 \cdot (1 - 0{,}93)}{\sqrt{0{,}8 + \dfrac{32}{5{,}027}}} = 0{,}982 \qquad \text{ref (18.149)}$$

Fator de rugosidade (Z_R)

O fator de rugosidade leva em conta a rugosidade média dos flancos dos dentes das rodas conjugadas, após a rodagem, para a formação da película lubrificante.

Esse fator é aplicado na proporção direta no cálculo de pressão. Veja os detalhes no Capítulo 18.

Para este par, temos as seguintes grandezas já definidas:
$R_{z1} = 5$ μm
$R_{z2} = 30$ μm
$d_{b1} = 112{,}763$ mm
$d_{b2} = -231{,}164$ mm
$\alpha_{wt} = 20°$
$\sigma_{H\lim} = 1500$ N/mm²

Então, podemos aplicar a formulação:

$$R_{zm} = \frac{5+30}{2} = 17{,}5 \qquad \text{ref (18.152)}$$

$$\rho_1 = 0{,}5 \times 112{,}763 \times \tan 20° = 20{,}521 \quad [\text{mm}] \qquad \text{ref (18.155)}$$

$$\rho_2 = 0{,}5 \times (-231{,}164) \times \tan 20° = -42{,}068 \quad [\text{mm}] \qquad \text{ref (18.156)}$$

$$\rho_{red} = \frac{20{,}521 \times (-42{,}068)}{20{,}521 + (-42{,}068)} = 40{,}065 \quad [\text{mm}] \qquad \text{ref (18.154)}$$

$$R_{z10} = 17{,}5 \times \sqrt[3]{\frac{10}{40{,}065}} = 11{,}018 \qquad \text{ref (18.157)}$$

$$C_{ZR} = 0{,}08 \qquad \text{ref (18.160)}$$

$$Z_R = \left(\frac{3}{11{,}018}\right)^{0{,}08} = 0{,}901 \qquad \text{ref (18.161)}$$

Fator de dureza de trabalho (Z_W)

O fator de dureza de trabalho leva em conta a diferença entre as durezas superficiais dos flancos em contato.

A influência para a pressão de Hertz torna-se relevante para os casos onde o pinhão possui dentes duros e retificados, contra uma coroa com dentes menos duros.

Este fator é aplicado na proporção direta no cálculo de pressão.

Método B conforme norma ISO 6336-2.

Para este par:

$$Z_W = 1 \qquad \text{ref (18.165)}$$

Fator de tamanho (Z_x)

O fator de tamanho leva em conta uma possível influência do tamanho do dente, tipo de material e tipo de tratamento térmico.

Esse fator é aplicado individualmente para cada roda do par (Zx_1 e Zx_2) na proporção direta no cálculo de pressão. Veja os detalhes no Capítulo 18.

Para este par:

$$Z_{X1} = 1,0 \qquad \text{ref (18.167)}$$

$$Z_{X2} = 1,0 \qquad \text{ref (18.167)}$$

Fator de engrenamento individual – pinhão (Z_B)

O fator de engrenamento individual Z_B é aplicado para transformar a tensão de contato do ponto primitivo dos dentados retos para a tensão de contato no ponto B (ponto interior de engrenamento individual do pinhão) se $Z_B > 1$.

Este fator é aplicado na proporção inversa no cálculo de pressão. Veja os detalhes no Capítulo 18.

Para este par:

$$M_1 = \frac{\tan 20°}{\sqrt{\left(\sqrt{\frac{128,23^2}{112,763^2}} - 1 - \frac{2\pi}{40}\right)\left[\sqrt{\frac{(-242,23)^2}{(-231,164)^2}} - 1 - (1,724 - 1)\frac{2\pi}{-82}\right]}} = \qquad \text{ref (18.174)}$$

$= 0,967$

Como $M_1 < 1,000$:

$$Z_B = 1,000 \qquad \text{ref (18.176)}$$

Capacidade de carga de um par de engrenagens com dentes externos/internos **701**

Fator de engrenamento individual – coroa (Z_D)

O fator de engrenamento individual é aplicado para transformar a tensão de contato do ponto primitivo dos dentados retos para a tensão de contato no ponto D (ponto interior de engrenamento individual da coroa) se $Z_D > 1$.

Normalmente, Z_D só deve ser calculado para engrenagens com relação de transmissão u < 1,5. Caso contrário, (quando μ ≥ 1,5) M_2 resultará menor que 1,0, portanto:

$$Z_D = 1{,}0 \qquad (18.180)$$

Para os dentados internos, adotar $Z_D = 1{,}0$.

Este fator é aplicado na proporção inversa no cálculo de pressão. Veja mais detalhes no Capítulo 18.

Pare este par, $Z_D = 1{,}000$, por se tratar de dentado interno.

Fator de vida útil (Z_{NT} e Z_{GT})

Os fatores de vida útil Z_{NT} (para vida útil sem pites) e Z_{GT} (para vida útil com pites) levam em conta a maior tensão de contato, incluindo a tensão estática, que pode ser tolerável para uma vida útil limitada, em comparação com a tensão admissível no ponto de inflexão nas curvas da Figura 18.19, onde $Z_{NT} = 1$.

Esses fatores devem ser determinados para o pinhão e para a coroa, individualmente. Veja mais detalhes no Capítulo 18.

Para o nosso par:

Pinhão:

$N_{L1} = 60 \times 10000 \times 800 = 480000000$ [ciclos de carga]   ref (18.185)

$\log 4{,}8 \times 10^8 = 8{,}681241 > 7{,}69897$

$$A_1 = e^{\left(\frac{7{,}69897 - 8{,}681241}{14{,}15854}\right)} = 0{,}932975 \qquad \text{ref (18.186)}$$

$$B_1 = e^{\left(\frac{9 - 8,681241}{6,153129}\right)} = 1,053170 \qquad \text{ref (18.188)}$$

$$Z_{NT1} = 0,933 \qquad \text{ref (18.195)}$$

$$Z_{GT1} = 1,053 \qquad \text{ref (18.196)}$$

Coroa:

$$N_{L2} = 60 \times 10000 \times \frac{800}{|-2,05|} = 234146341 \ [\text{ciclos de carga}] \qquad \text{ref (18.185)}$$

$$\log 234146341 = 8,369487 > 7,69897$$

$$A_2 = e^{\left(\frac{7,69897 - 8,369437}{14,15354}\right)} = 0,953746 \qquad \text{ref (18.186)}$$

$$B_2 = e^{\left(\frac{9 - 8,369487}{6,153129}\right)} = 1,107904 \qquad \text{ref (18.188)}$$

$$Z_{NT2} = 0,954 \qquad \text{ref (18.195)}$$

$$Z_{GT2} = 1,108 \qquad \text{ref (18.196)}$$

Fator de forma do dente (Y_F)

O fator de forma do dente leva em conta a forma geométrica do dente sobre a tensão de flexão nominal para uma carga aplicada no ponto externo de engrenamento individual. Método B conforme a norma ISO 6336-3.

Este fator é aplicado individualmente para cada roda do par (Y_{F1} e Y_{F2}) na proporção inversa no cálculo de flexão. Veja os detalhes no Capítulo 18.

Para este par:

Pinhão:

$$h_{fp1} = \frac{120 - 114,73}{2} + \frac{2 \times 5,463 - 3 \cdot \pi}{4 \cdot \tan 20°} = 3,666 \qquad \text{ref (18.197)}$$

Capacidade de carga de um par de engrenagens com dentes externos/internos **703**

$$\varepsilon = \frac{\pi}{4} \cdot 3 - 3{,}666 \tan 20° + \frac{0{,}01}{\cos 20°} - (1 - \text{sen } 20°) \cdot \frac{0{,}6}{\cos 20°} =$$
$$= 0{,}612$$
ref (18.198)

$$A = 0{,}317 + \frac{0{,}6 - 3{,}666}{3} = -0{,}651$$
ref (18.199)

$$Z_{N1} = z = 40$$
ref (18.200)

$$B = \frac{2}{40}\left(\frac{\pi}{2} - \frac{0{,}612}{3}\right) - \frac{\pi}{3} = -0{,}978858$$
ref (18.201)

$$C = \frac{2 \cdot (-0{,}651)}{40} \cdot \tan C - (-0{,}978858)$$
ref (18.202)

$$f(C) = C - (-0{,}032550) \cdot \tan C - 0{,}978858 = 0$$

Aplicar o método de Newton e Raphson para calcular C.

$$C = 0{,}934775 \text{ rad} = 53{,}5587°$$

$$S_{Fn1} = 3\left[40 \times \text{sen}(60° - 53{,}5587°) + \sqrt{3}\left(\frac{-0{,}651}{\cos 53{,}5587°} - \frac{0{,}6}{3}\right)\right] =$$
$$= 6{,}728$$
ref (18.203)

$$p_{F1} = 3\left[\frac{0{,}6}{3} + \frac{2 \cdot (-0{,}651)^2}{\cos 53{,}5587° \cdot (40 \cdot \cos^2 53{,}5587° - 2 \cdot (-0{,}651))}\right] =$$
$$= 0{,}878$$
ref (18.204)

$$\beta_b = 0°$$
ref (18.205)

$$\varepsilon_{\alpha n1} = 1{,}724$$
ref (18.206)

$$d_{n1} = 40 \times 3 = 120$$
ref (18.207)

$$p_{bn} = 3 \times \cos 20° \cdot \pi = 8{,}856394$$
ref (18.208)

$$d_{bn1} = 120 \times \cos 20° = 112{,}763 \qquad \text{ref (18.209)}$$

$$d_{Nkn} = 127{,}65 \qquad \text{ref (18.210)}$$

$$D = \sqrt{\left(\frac{127{,}65}{2}\right)^2 - \left(\frac{112{,}763}{2}\right)^2} = 29{,}912 \qquad \text{ref (18.211)}$$

$$E = \frac{120 \times \pi \times \cos 0° \times \cos 20°}{|40|} \cdot (1{,}724 - 1) = 6{,}412 \qquad \text{ref (18.212)}$$

$$d_{en1} = 2 \cdot \frac{40}{|40|} \sqrt{(29{,}912 - 6{,}412)^2 + \left(\frac{112{,}763}{2}\right)^2} = 122{,}166 \qquad \text{ref (18.213)}$$

$$\alpha_{en1} = \cos^{-1}\left(\frac{112{,}763}{122{,}166}\right) = 22{,}626539° = 0{,}394908 \text{ rad} \qquad \text{ref (18.214)}$$

$$\text{inv } \alpha_{en1} = \tan 22{,}626539° - 0{,}394908 = 0{,}021895$$

$$\text{inv } \alpha_n = \tan 20° - 0{,}349066 = 0{,}014904$$

$$\gamma_{e1} = \frac{5{,}463}{3 \times 40} + 0{,}014904 - 0{,}021895 = 0{,}038534 \text{ rad} = 2{,}207814° \qquad \text{ref (18.215)}$$

$$\alpha_{Fen1} = 0{,}394908 - 0{,}038534 = 0{,}356374 \text{ rad} = 20{,}418725° \qquad \text{ref (18.216)}$$

$$F = (\cos 2{,}207814° - \text{sen } 2{,}207814° \cdot \tan 20{,}418725°)\frac{122{,}166}{3} =$$
$$= 40{,}107764 \qquad \text{ref (18.217)}$$

$$G = 40 \cdot \cos(60° - 53{,}5587°) = 39{,}747492 \qquad \text{ref (18.218)}$$

$$H = \frac{0{,}6}{3} - \frac{-0{,}651}{\cos 53{,}5587°} = 1{,}295962 \qquad \text{ref (18.219)}$$

$$h_{Fe1} = \frac{3}{2}[40{,}107764 - 39{,}747492 + 1{,}295962] = 2{,}484 \text{ [mm]} \qquad \text{ref (18.220)}$$

$$Y_{F1} = \frac{\dfrac{6 \times 2{,}484}{3} \times \cos 20{,}14875°}{\left(\dfrac{6{,}728}{3}\right)^2 \cdot \cos 20°} = 0{,}987 \qquad \text{ref (18.233)}$$

Capacidade de carga de um par de engrenagens com dentes externos/internos

Coroa:

Como o dentado é reto:

$$Z_{n2} = Z_2 = -82 \qquad \text{ref (18.200)}$$

$$d_{n2} = d_2 = -246,00$$

$$d_{fn2} = d_{f2} = -255,73$$

$$d_{bn} = -82 \times \cos 20° = -231,164 \qquad \text{ref (18.209)}$$

$$D = \sqrt{\left(\frac{-242,23}{2}\right)^2 - \left(\frac{-231,164}{2}\right)^2} = 36,189 \qquad \text{ref (18.211)}$$

$$E = \frac{\pi \, (-246) \cdot \cos 0° \cdot \cos 20°}{|-82|} \cdot (1,724 - 1) = -6,412 \qquad \text{ref (18.212)}$$

$$d_{en2} = 2 \cdot \frac{-82}{|-82|} \sqrt{[36,189 - (-6,412)]^2 + \left(\frac{-231,164}{2}\right)^2} = -246,366 \qquad \text{ref (18.213)}$$

$$h_{fP2} = \frac{-246 - (-255,73)}{2} = 4,865 \qquad \text{ref (18.228)}$$

$$\rho_{fP2} = \frac{-253,04 - (-255,73)}{2\,(1 - \text{sen } 20°)} = 2,044 \qquad \text{ref (18.229)}$$

$$\rho_{F2} = \frac{2,044}{2} = 1,022 \qquad \text{ref (18.230)}$$

$$S_{Fn2} = 2\left[\frac{1}{2}\left(-246 \cdot \frac{\pi}{-82} - 5,583\right) + (4,865 - 2,044) \cdot \tan 20° + \frac{2,044 - 0}{\cos 20°} - 2,044 \cdot \cos 30°\right] = 6,705 \qquad \text{ref (18.221)}$$

$$I = \frac{-246,366 - (-255,73)}{2 \times 3} = 1,561 \qquad \text{ref (18.222)}$$

$$J = \tan 20° \left[\frac{1}{2 \times 3} \left(-246 \cdot \frac{\pi}{-82} - 5{,}583 \right) + \tan 20° \left(\frac{4{,}865}{3} - 1{,}561 \right) \right] = 0{,}241 \qquad \text{ref (18.223)}$$

$$K = \frac{2{,}044}{2 \times 3} = 0{,}341 \qquad \text{ref (18.224)}$$

$$h_{Fe2} = 3\,[1{,}561 - 0{,}241 - 0{,}341] = 2{,}937 \qquad \text{ref (18.225)}$$

$$Y_{F2} = \frac{\dfrac{6 \times 2{,}937}{3} \cdot \cos 20°}{\left(\dfrac{6{,}705}{3}\right)^2 \cdot \cos 20°} = 1{,}176 \qquad \text{ref (18.233)}$$

Fator de correção de tensão (Y_s)

Esse fator converte a tensão de flexão nominal localizada no ponto externo de engrenamento individual para o pé do dente. Em outras palavras, considera o efeito de elevação da tensão no perfil trocoidal, assim como a influência do braço de momento fletor e, com isso, o fato de que existe um estado mais complexo de tensão na seção crítica do dente.

Esse fator é aplicado individualmente para cada roda do par (Y_{s1} e Y_{s2}) e somente em conjunto com o fator de forma do dente Y_F, na proporção inversa no cálculo de flexão. Veja mais detalhes no Capítulo 18.

Já temos:

$$S_{Fn1} = 6{,}728 \qquad \text{ref (18.203)}$$

$$S_{Fn2} = 6{,}705 \qquad \text{ref (18.203)}$$

$$h_{Fe1} = 2{,}484 \qquad \text{ref (18.220)}$$

$$h_{Fe2} = 2{,}937 \qquad \text{ref (18.220)}$$

$$\rho_{F1} = 0{,}878 \qquad \text{ref (18.204)}$$

$$\rho_{F2} = 1{,}022 \qquad \text{ref (18.204)}$$

Vamos determinar os fatores Y_{s1} e Y_{s2}:

$$L_1 = \frac{6,728}{2,484} = 2,669485 \qquad \text{ref (18.234)}$$

$$q_{s1} = \frac{6,728}{2 \times 0,878} = 3,831435 \qquad \text{ref (18.235)}$$

$$Y_{s1} = (1,2 + 0,13 \times 2,669485) \times 3,831435^{\left(\frac{1}{1,21 + \frac{2,3}{2,669485}}\right)} = \qquad \text{ref (18.236)}$$
$$= 2,959$$

$$L_2 = \frac{6,705}{2,937} = 2,282942 \qquad \text{ref (18.234)}$$

$$q_{s2} = \frac{6,705}{2 \times 1,022} = 3,28 \qquad \text{ref (18.235)}$$

$$Y_{s2} = (1,2 + 0,13 \times 2,282942) \times 3,28^{\left(\frac{1}{1,21 + \frac{2,3}{2,282942}}\right)} = \qquad \text{ref (18.236)}$$
$$= 2,557$$

Fator de recobrimento (Y_ε)

O fator de recobrimento é aplicado somente para a determinação da tensão nominal no pé do dente conforme o método C da norma ISO 6336. Portanto, não será considerado neste livro.

Fator de ângulo de hélice (Y_β)

O fator de ângulo de hélice leva em conta a diferença entre a roda com dentes inclinados e a roda com dentes retos, entre si equivalentes, na seção normal na qual se baseia o cálculo no primeiro caso. Desse modo é assegurado que as condições para a tensão do pé do dente das rodas helicoidais são mais favoráveis, uma vez que as linhas de contato transcorrem oblíquas em relação ao flanco.

Este fator é aplicado na proporção inversa no cálculo de flexão. Veja observações no Capítulo 18.

Para este par:

$$Y_\beta = 1 \qquad \text{ref (18.237)}$$

Fator de sensibilidade relativa ($Y_{\delta\,relT}$)

O fator de sensibilidade relativa leva em conta a sensibilidade aos entalhes superficiais no perfil trocoidal (pé do dente) para o limite de resistência à fadiga ou para o limite de resistência estática do dente.

O fator de sensibilidade dinâmica Y_δ indica em que grau a concentração teórica da tensão se situa acima do limite de resistência à fadiga, para o caso de uma fratura por fadiga.

O fator de sensibilidade estática Y_δ indica em que grau a concentração teórica da tensão se situa acima do limite de resistência estática, para o caso de uma fratura por sobrecarga.

O fator de sensibilidade ao entalhe é diferente no caso de uma solicitação estática comparada a uma solicitação dinâmica.

Esse fator foi determinado empiricamente (pelos institutos de normas) em testes relativos a uma roda de teste construída especialmente para esse fim.

É aplicado individualmente para cada roda do par ($Y_{\delta\,relT1}$ e $Y_{\delta\,relT2}$) na proporção direta no cálculo de flexão. Veja mais detalhes no Capítulo 18.

Para este par:

Pinhão:

$$i_{Mat1} = 15 \qquad \text{ref tabela 18.3}$$

$$\rho'_1 = 0{,}0030 \qquad \text{ref tabela 18.3}$$

$$q_{s1} = 3{,}831435 \qquad \text{ref (18.235)}$$

$$\chi^*_p = \frac{1}{5} = 0{,}2 \qquad \text{ref (18.241)}$$

$$\chi^*_1 = 0{,}2\,(1 + 2 \times 3{,}831435) = 1{,}732574 \qquad \text{ref (18.239)}$$

$$\chi^*_T = 0{,}2\,(1 + 2 \times 2{,}5) = 1{,}2 \qquad \text{ref (18.240)}$$

$$Y_{\delta\,relT\,Ref1} = \frac{1 + \sqrt{0{,}003 \times 1{,}732574}}{1 + \sqrt{0{,}003 \times 1{,}2}} = 1{,}011 \qquad \text{ref (18.238)}$$

$$Y_{\delta \text{relT Est1}} = 0{,}44 \times 2{,}959 + 0{,}12 = 1{,}422 \qquad \text{ref (18.244)}$$

$$N_{L1} = 60 \times 10000 \times 800 = 480000000 \qquad \text{ref (18.247)}$$

Como 480000000 > 3000000:

$$N_{LL1} = 3000000 = 3 \times 10^6 \qquad \text{ref (18.253)}$$

$$Y_{\delta \text{relT1}} = \frac{1{,}422 - 1{,}011}{3 \times 10^6 - 10^3} \cdot (3 \times 10^6 - 3 \times 10^6) + 1{,}011 = 1{,}011 \qquad \text{ref (18.252)}$$

Coroa:

$$i_{\text{Mat2}} = 15 \qquad \text{ref tabela 18.3}$$

$$\rho'_2 = 0{,}0030 \qquad \text{ref tabela 18.3}$$

$$q_{s2} = 3{,}28 \qquad \text{ref (18.235)}$$

$$\chi_p^* = \frac{1}{5} = 0{,}2 \qquad \text{ref (18.241)}$$

$$\chi_2^* = 0{,}2 \, (1 + 2 \times 3{,}28) = 1{,}512 \qquad \text{ref (18.239)}$$

$$\chi_T^* = 0{,}2 \, (1 + 2 \times 2{,}5) = 1{,}2 \qquad \text{ref (18.240)}$$

$$Y_{\delta \text{relT Ref2}} = \frac{1 + \sqrt{0{,}003 \times 1{,}512}}{1 + \sqrt{0{,}003 \times 1{,}2}} = 1{,}007 \qquad \text{ref (18.238)}$$

$$Y_{\delta \text{relT Est2}} = 0{,}44 \times 2{,}557 + 0{,}12 = 1{,}245 \qquad \text{ref (18.244)}$$

$$N_{L2} = 60 \times 10000 \times \frac{800}{|-2{,}05|} = 234146341 \qquad \text{ref (18.248)}$$

Como $234146341 > 3000000 \rightarrow N_{LL2} = 3000000 = 3 \times 10^6$ \qquad ref (18.253)

$$Y_{\delta \text{relT2}} = \frac{1{,}245 - 1{,}007}{3 \times 10^6 - 10^3} \cdot (3 \times 10^6 - 3 \times 10^6) + 1{,}007 = 1{,}007 \qquad \text{ref (18.252)}$$

Fator de condição superficial relativa da raiz ($Y_{R\,relT}$)

O fator de condição superficial relativa da raiz leva em conta a redução da resistência limite devida à rugosidade superficial no arredondamento do pé do dente (R_{zf}).

Esse fator foi determinado empiricamente (pelos institutos de normas) em testes relativos a uma roda de teste construída com $R_{zfT} = 10$ μm especialmente para este fim.

Este fator é aplicado individualmente para cada roda do par ($Y_{R\,relT1}$ e $Y_{R\,relT2}$) na proporção direta no cálculo de flexão. Veja mais detalhes no Capítulo 18.

Para este par:

Pinhão:

$Y_{R\,relT\,Ref1} = 1{,}674 - 0{,}529 \cdot (30 + 1)^{0{,}1} = 0{,}928$ ref (18.258)

$Y_{R\,relT\,Est1} = 1{,}0$ ref (18.261)

$N_{L1} = 60 \times 10000 \times 800 = 480000000$ ref (18.247)

Como 480000000 > 3000000:   ref (18.253)

$Y_{R\,relT1} = 0{,}928$ ref (18.265)

Coroa:

$Y_{R\,relT\,Ref2} = 1{,}674 - 0{,}529 \cdot (30 + 1)^{0{,}1} = 0{,}928$ ref (18.258)

$Y_{R\,relT\,Est2} = 1{,}0$ ref (18.261)

$N_{L2} = 60 \times 10000 \times \dfrac{800}{|-2{,}05|} = 234146341$ ref (18.247)

Como 234146341 > 3000000:   ref (18.253)

$Y_{R\,relT2} = 0{,}928$ ref (18.265)

Fator de tamanho do dente (Y_x)

O fator de tamanho do dente leva em conta uma possível influência do tamanho do dente (diminuição da resistência com o aumento do tamanho), tipo de material e seu tratamento térmico.

Capacidade de carga de um par de engrenagens com dentes externos/internos

Este fator é aplicado individualmente para cada roda do par (Y_{x1} e Y_{x2}) na proporção direta no cálculo de flexão. Veja mais detalhes no Capítulo 18.

Para este par:

$$Y_{X\,Ref} = 1{,}0 \qquad \text{ref (18.269)}$$

$$Y_{X\,Est} = 1{,}0 \qquad \text{ref (18.275)}$$

$$Y_{X1} = 1{,}0 \qquad \text{ref (18.276)}$$

$$Y_{X2} = 1{,}0 \qquad \text{ref (18.276)}$$

Fator de vida útil (Y_{NT})

O fator de vida útil leva em conta que, para uma vida útil limitada (número de ciclos de carga), é aceitável uma tensão de flexão maior no pé do dente em comparação com a tensão admissível para 3×10^6 ciclos. Veja as principais influências e demais detalhes no Capítulo 18.

Para este par:

Pinhão:

Como $N_{L1} = 480000000 > 3 \times 10^6$: ref (18.253)

$$Y_{NT1} = \frac{1{,}34825}{480000000^{0{,}0200351}} = 0{,}903 \qquad \text{ref (18.285)}$$

Coroa:

Como $N_{L2} = 234146341 > 3 \times 10^6$: ref (18.253)

$$Y_{NT2} = \frac{1{,}34825}{234146341^{0{,}0200351}} = 0{,}916 \qquad \text{ref (18.285)}$$

TENSÃO DE CONTATO (CONTACT STRESS)

Como dissemos no início do Capítulo 18, este é um dos dois critérios que utilizaremos para os cálculos da capacidade de carga das engrenagens.

O cálculo de durabilidade da superfície baseia-se na tensão de contato efetiva σ_H sobre o ponto primitivo ou sobre o ponto de engrenamento individual.

O maior dos dois valores obtidos (valor determinante) é usado para determinar a capacidade. A tensão de contato efetiva σ_H e a tensão de contato admissível σ_{HP}, devem ser calculadas separadamente para o pinhão e para a coroa.

É evidente que σ_H deve ser inferior a σ_{HP}.

Tensão efetiva de contato (σ_H)

Três categorias de dentados são reconhecidas pela norma ISO 6336-2 para o cálculo da tensão efetiva de contato σ_H. Veja os detalhes no Capítulo 18.

Como o dentado é reto, para o pinhão, σ_H é normalmente calculado sobre o ponto interno de engrenamento individual. Para a coroa, no caso de dentes internos, σ_H é sempre calculado sobre o ponto primitivo.

Vamos determinar a tensão efetiva de contato σ_H. Antes, porém, precisamos calcular a pressão nominal de contato no ponto primitivo (σ_{H0}).

$$\sigma_{H0} = 2{,}495 \times 189{,}8 \times 0{,}871 \times 1 \sqrt{\frac{21217}{120 \times 30} \cdot \frac{-2{,}05 + 1}{-2{,}05}} =$$

$$= 716{,}63 \ [\text{N/mm}^2] \quad \text{ref (18.286)}$$

$$\sigma_{H1} = 1 \times 716{,}63 \sqrt{1 \times 1{,}029 \times 1{,}082 \times 1} = 756{,}16 \ [\text{N/mm}^2] \quad \text{ref (18.287)}$$

Como $Z_B = Z_D = 1$, as tensões efetivas de contato do pinhão e da coroa são iguais:

$$\sigma_{H2} = \sigma_{H1} \quad \text{ref (18.288)}$$

Tensão admissível de contato (σ_{HP})

Há duas condições diferentes para a tensão admissível de contato. Veja o Capítulo 18.

Com já temos as tensões efetivas de contato já calculadas, para chegarmos aos coeficientes de segurança, precisamos das tensões admissíveis de contato:

Para o pinhão sem pites:

$\sigma_{HP1} = 1500 \times 0{,}933 \times 1{,}001 \times 0{,}982 \times 0{,}901 \times 1 \times 1 =$
$= 1239{,}49 \quad [N/mm^2]$ ref (18.289)

Para a coroa sem pites:

$\sigma_{HP2} = 1500 \times 0{,}954 \times 1{,}001 \times 0{,}982 \times 0{,}901 \times 1 \times 1 =$
$= 1267{,}39 \quad [N/mm^2]$ ref (18.290)

Para o pinhão com pites:

$\sigma_{GP1} = 1500 \times 1{,}053 \times 1{,}001 \times 0{,}982 \times 0{,}901 \times 1 \times 1 =$
$= 1398{,}91 \quad [N/mm^2]$ ref (18.291)

Para a coroa com pites:

$\sigma_{GP2} = 1500 \times 1{,}108 \times 1{,}001 \times 0{,}982 \times 0{,}901 \times 1 \times 1 =$
$= 1471{,}98 \quad [N/mm^2]$ ref (18.292)

Coeficiente de segurança a pressão (S_H e S_G)

Com as tensões efetiva e admissível de contato, podemos determinar os coeficientes de segurança à pressão sem pites, que deverão ser maiores que o coeficiente de segurança mínimo.

Para o pinhão sem pites:

$$S_{H1} = \frac{1239{,}49}{756{,}16} = 1{,}639$$

ref (18.293)

Para a coroa sem pites:

$$S_{H2} = \frac{1267{,}39}{756{,}16} = 1{,}676$$

ref (18.294)

O coeficiente de segurança mínimo foi adotado na seção "Coeficientes de segurança mínimos":

$$S_{H\,min} = 1,00.$$

Para o pinhão com pites:

$$S_{G1} = \frac{1398,91}{756,16} = 1,850 \qquad \text{ref (18.295)}$$

Para a coroa com pites:

$$S_{G2} = \frac{1471,98}{756,16} = 1,947 \qquad \text{ref (18.296)}$$

Vida útil nominal a pressão

Vamos calcular as vidas úteis nominais a pressão e compará-las às condições impostas pelo cliente:

$$Z_{N1} = Z_{N2} = \frac{756,16}{1500 \times 1,001 \times 0,982 \times 0,901 \times 1 \times 1} = 0,569 \qquad \begin{array}{l}\text{ref (18.299)} \\ \text{ref (18.300)}\end{array}$$

Número de ciclos de vida a pressão para o pinhão e para a coroa sem pites:

$$N_{LH} = 10^{(7,69897 - 14,158535 \ln 0,569)} = 4,815^{15} \qquad \text{ref (18.301)}$$

Vida útil nominal (em horas) para o pinhão:

$$V_{H1} = \frac{4,815^{15}}{60 \times 800 \times \frac{30,4}{100}} = 3,3^{11} \text{ [horas]} \qquad \text{ref (18.314)}$$

Vida útil nominal (em horas) para a coroa:

$$V_{H2} = \frac{4,815^{15}}{60 \times \frac{800}{|-2,05|} \times \frac{30,4}{100}} = 6,8^{11} \text{ [horas]} \qquad \text{ref (18.315)}$$

Número de ciclos de vida a pressão para o pinhão e para a coroa com pites:

$$N_{LG} = 10^{(9 - 6,153129 \ln 0,569)} = 2,948^{12}$$ ref (18.304)

$$V_{G1} = \frac{2,948^{12}}{60 \times 800 \times \frac{30,4}{100}} = 202059763 \text{ [horas]}$$ ref (18.316)

Para a coroa:

$$V_{G2} = \frac{2,948^{12}}{60 \times \frac{800}{|-2,05|} \times \frac{30,4}{100}} = 414158443 \text{ [horas]}$$ ref (18.317)

Satisfaz as condições impostas.

TENSÃO DE FLEXÃO (BENDING STRESS)

Tensão fletora efetiva no pé do dente (σ_F)

Vamos determinar a tensão fletora efetiva no pé do dente σ_F. Antes, porém, precisamos calcular a tensão nominal de flexão básica (σ_{F0}).

Para o pinhão:

$$\sigma_{F01} = \frac{21217}{30 \times 3} \, 0,987 \times 2,959 \times 1 = 688,499 \text{ [N/mm}^2\text{]}$$ ref (18.320)

$$\sigma_{F1} = 688,499 \times 1 \times 1,029 \times 1,082 \times 1 = 766,560 \text{ [N/mm}^2\text{]}$$ ref (18.321)

Para a coroa:

$$\sigma_{F02} = \frac{21217}{30 \times 3} \, 1,176 \times 2,557 \times 1 = 708,891 \text{ [N/mm}^2\text{]}$$ ref (18.322)

$$\sigma_{F2} = 708,891 \times 1 \times 1,029 \times 1,064 \times 1 = 766,134 \text{ [N/mm}^2\text{]}$$ ref (18.323)

Tensão fletora admissível (σ_{FP})

Temos as tensões fletoras efetivas já calculadas. Para chegarmos aos coeficientes de segurança, precisamos das tensões fletoras admissíveis:

$$Y_{ST} = 2,0 \qquad \text{ref (18.325)}$$

Para o pinhão:

$$\sigma_{FP1} = 430 \times 2 \times 0,903 \times 1,011 \times 0,928 \times 1 = 728,593 \quad [\text{N/mm}^2] \qquad \text{ref (18.326)}$$

Para a coroa:

$$\sigma_{FP2} = 430 \times 2 \times 0,916 \times 1,007 \times 0,928 \times 1 = 736,159 \quad [\text{N/mm}^2] \qquad \text{ref (18.327)}$$

Coeficiente de segurança a flexão (S_F)

Com as tensões fletoras (efetiva e admissível), podemos determinar os coeficientes de segurança a flexão, que deverão ser maiores que o coeficiente de segurança mínimo:

Para o pinhão:

$$S_{F1} = \frac{728,593}{796,492} = 0,915 \qquad \text{ref (18.328)}$$

Para a coroa:

$$S_{F2} = \frac{736,159}{776,134} = 0,948 \qquad \text{ref (18.329)}$$

O coeficiente de segurança mínimo foi adotado na seção "Coeficientes de segurança mínimos":

$$S_{F\min} = 1,40$$

Vida útil nominal a flexão

Vamos calcular as vidas úteis nominais a flexão e compará-las às condições impostas pelo cliente:

Para o pinhão:

$$Y_{N1} = \frac{796{,}492}{430 \times 2 \times 1{,}011 \times 0{,}928 \times 1} = 0{,}987 \qquad \text{ref (18.332)}$$

Para a coroa:

$$Y_{N2} = \frac{776{,}134}{430 \times 2 \times 1{,}007 \times 0{,}928 \times 1} = 0{,}966 \qquad \text{ref (18.333)}$$

Número de ciclos de vida a flexão para o pinhão:

$$N_{LF1} = 10^{(6{,}477121 - 21{,}67672 \cdot \ln 0{,}987)} = 5764558 \qquad \text{ref (18.337)}$$

Número de ciclos de vida a flexão para a coroa:

$$N_{LF2} = 10^{(6{,}477121 - 21{,}67672 \cdot \ln 0{,}966)} = 16863591 \qquad \text{ref (18.337)}$$

Vida útil nominal (em horas) para o pinhão:

$$V_{F1} = \frac{5764558}{60 \times 800 \times \dfrac{30{,}4}{100}} = 395 \; [\text{horas}] \qquad \text{ref (18.346)}$$

Vida útil nominal (em horas) para a coroa:

$$V_{F2} = \frac{16863591}{60 \times \dfrac{800}{|-2{,}05|} \times \dfrac{30{,}4}{100}} = 2369 \; [\text{horas}] \qquad \text{ref (18.347)}$$

Tanto os coeficientes de segurança, quanto as vidas úteis nominais calculados pelo critério de flexão, estão abaixo das condições impostas.

O objetivo deste trabalho é apenas o diagnóstico do par existente. No entanto, para solucionar o problema, serão necessárias alterações em uma ou mais características.

Para um exercício didático, vamos recalcular uma única característica: a largura dos dentados (b_1 e b_2).

Para não confundir, vamos acrescentar nas notações das grandezas hipotéticas, um h como b_{h1}, σ_{Fh2} etc.

Condição imposta:

$$S_{F1} = \frac{\sigma_{FP1}}{\sigma_{F1}} \geq 1,4 \qquad \text{ref (18.328)}$$

Para o pinhão:

$$\sigma_{Fh1} = \frac{\sigma_{FP1}}{1,4} = \frac{728,593}{1,4} \approx 520$$

Da Equação (18.319), temos:

$$\sigma_{F0h1} = \frac{\sigma_{Fh1}}{K_A \cdot K_V \cdot K_{F\beta} \cdot K_{F\alpha}} = \frac{519}{1 \times 1,029 \times 1,064 \times 1} \approx 474$$

Da Equação (18.318), temos:

$$b_{h1} = \frac{F_t}{\sigma_{F0h1} \cdot m_n} Y_{F1} \cdot Y_{S1} \cdot Y_\beta$$

$$b_{h1} = \frac{21217}{474 \times 3} \, 0,987 \times 2,959 \times 1 \approx 44 \, [\text{mm}]$$

Para a coroa:

$$\sigma_{Fh2} = \frac{\sigma_{FP2}}{1,4} = \frac{736,159}{1,4} \approx 526$$

Da Equação (18.319), temos:

$$\sigma_{F0h2} = \frac{\sigma_{Fh2}}{K_A \cdot K_V \cdot K_{F\beta} \cdot K_{F\alpha}} = \frac{526}{1 \times 1,029 \times 1,064 \times 1} \approx 480$$

Da Equação (18.318), temos:

$$b_{h2} = \frac{F_t}{\sigma_{F0h2} \cdot m_n} Y_{F2} \cdot Y_{S2} \cdot Y_\beta$$

Capacidade de carga de um par de engrenagens com dentes externos/internos **719**

$$b_{b2} = \frac{21217}{480 \times 3} \, 1{,}176 \times 2{,}557 \times 1 \approx 44 \quad [\text{mm}]$$

Tomaríamos o maior deles, como ambos resultaram iguais: $bh_1 = bh_2 = 44$ mm.

Agora, podemos refazer todos os cálculos em função das novas larguras e verificar se os resultados satisfarão as condições impostas. Em caso negativo, novas tentativas deverão ser efetuadas. Segue-se esse processo iterativo até que se obtenha resultado satisfatório.

CAPACIDADE DE CARGA

Capacidade máxima de regime da roda motora (P_1)

A capacidade máxima de regime da roda motora (P_1) pode ser traduzida como o valor da potência nominal transmitida no torque máximo. Um par de engrenagens pode transmitir potência de tal maneira que o torque correspondente a essa potência varie infinitamente, desde muito baixo (quando a máquina trabalha, mas não produz), até quando produz no limite de sua capacidade. É este último que deve ser considerado.

Os valores para flexão, pressão sem pites e pressão com pites são iguais.

Temos quatro faixas distintas de torque, mostradas na seção "Regime de trabalho", neste capítulo. Tomemos a potência relativa ao maior deles:

$$P_1 = 145 \quad [\text{cv}]$$

Capacidade máxima de regime da roda movida (P_2)

A capacidade máxima de regime da roda movida (P_2) pode ser traduzida como o valor da potência nominal transmitida no torque máximo (P_1), deduzido os valores estimados da potência perdida pelo atrito entre os dentes, pela agitação do lubrificante e pelo atrito nos mancais. Também para a roda movida, os valores para flexão, pressão sem pites e pressão com pites são iguais.

$$v_t = \frac{\pi \times 120 \times 800}{60000} = 5{,}027 \qquad \text{ref (18.150)}$$

$$P_{NZ} = \left(\frac{0{,}1}{40 \times \cos 0°} + \frac{0{,}03}{5{,}027 + 2} \right) \cdot 145 = 0{,}982 \qquad \text{ref (18.349)}$$

$$P_{NL} = \frac{5{,}027 + 5}{5000} = 0{,}002 \qquad \text{ref (18.350)}$$

$$P_{NP} = \frac{3 \times 30 \times 3 \times 5{,}027^{1{,}5}}{2 \times 10^6} = 0{,}0015 \qquad \text{ref (18.351)}$$

$$P_2 = 145 - 0{,}982 - 0{,}002 - 0{,}0015 = 144{,}015 \qquad \text{ref (18.348)}$$

Capacidade admissível da roda motora a pressão sem pites (P_{HP1})

A capacidade admissível da roda motora à pressão sem pites (P_{HP1}) pode ser traduzida como o valor da potência admissível. Se considerarmos a tensão efetiva de contato σ_H igual a tensão admissível de contato σ_{HP}, podemos isolar a força tangencial admissível F_{tHP1}, determinar o torque admissível T_{HP1} e chegar à capacidade admissível P_{HP1}.

$$A = \sqrt{1 \times 1{,}029 \times 1{,}082 \times 1} = 1{,}055 \qquad \text{ref (18.352)}$$

$$B = 2{,}495 \times 189{,}81 \times 0{,}871 \times 1 = 412{,}485 \ [\sqrt{N/mm^2}] \qquad \text{ref (18.353)}$$

$$F_{tHP1} = \frac{\left(\dfrac{1239{,}49}{1 \times 1{,}055 \times 412{,}435}\right)^2 120 \times 30 \times (-2{,}05)}{-2{,}05 + 1} = 57021 \ [N] \qquad \text{ref (18.354)}$$

$$T_{HP1} = \frac{57021 \times 120}{2000} = 3421 \ [Nm] \qquad \text{ref (18.355)}$$

$$P_{HP1} = \frac{3421 \times 800}{7023} = 390 \ [cv] \qquad \text{ref (18.356)}$$

Capacidade admissível da roda movida a pressão sem pites (P_{HP2})

A capacidade admissível da roda movida à pressão (P_{HP2}) pode ser traduzida como o valor da potência útil estimada no eixo de saída da transmissão.

Para este projeto, como $Z_D = Z_B$, então $F_{tP2} = F_{tP1}$.

$$F_{tHP2} = 57021 \ [N] \qquad \text{ref (18.357)}$$

$$T_{HP2} = \frac{57021 \times |-246|}{2000} = 5676 \ [Nm] \qquad \text{ref (18.358)}$$

$$P_{HP2} = \frac{5676 \times 390{,}24}{7023} = 315 \ [cv] \qquad \text{ref (18.359)}$$

Capacidade admissível da roda motora a pressão com pites (P_{GP1})

As considerações feitas para a capacidade admissível da roda motora à pressão sem pites, valem também aqui. Basta substituir, na Equação (18.360), a tensão admissível de contato sem pites σ_{HP} pela tensão admissível de contato com pites σ_{GP}.

$$F_{tGP1} = \frac{\left(\dfrac{1398{,}91}{1 \times 1{,}055 \times 412{,}485}\right)^2 120 \times 30 \times |-2{,}05|}{-2{,}05 + 1} = 72632 \ [N] \qquad \text{ref (18.360)}$$

$$T_{GP1} = \frac{72632 \times 120}{2000} = 4358 \ [Nm] \qquad \text{ref (18.361)}$$

$$P_{GP1} = \frac{4358 \times 800}{7023} = 496 \ [cv] \qquad \text{ref (18.362)}$$

Capacidade admissível da roda movida a pressão com pites (P_{GP2})

As considerações feitas para a capacidade admissível da roda movida à pressão sem pites, valem também aqui. Basta substituir, na Equação (18.363), a tensão admissível de contato sem pites σ_{HP} pela tensão admissível de contato com pites σ_{GP}.

$$F_{tGP2} = \frac{\left(\dfrac{1471{,}98}{1 \times 1{,}055 \times 412{,}485}\right)^2 120 \times 30 \times (-2{,}05)}{-2{,}05 + 1} = 80417 \ [N] \qquad \text{ref (18.363)}$$

$$T_{GP2} = \frac{80417 \times |-246|}{2000} = 9891 \ [Nm] \qquad \text{ref (18.364)}$$

$$P_{GP2} = \frac{9891 \times 390,24}{7023} = 550 \ [cv] \qquad \text{ref (18.365)}$$

Capacidade admissível da roda motora a flexão (P_{FP1})

A capacidade admissível da roda motora à flexão (P_{FP1}) pode ser traduzida como o valor da potência máxima que poderá suportar o dente da roda motora. Se considerarmos a tensão fletora efetiva σ_F igual a tensão fletora admissível σ_{FP}, podemos isolar a força tangencial admissível F_{tP1}, determinar o torque T_{FP1} e chegar à capacidade admissível P_{FP1}.

$$A_1 = 1 \times 1,029 \times 1,064 \times 1 = 1,095 \qquad \text{ref (18.366)}$$

$$B_1 = 0,987 \times 2,959 \times 1 = 2,921 \qquad \text{ref (18.367)}$$

$$F_{tP1} = \frac{728,593 \times 30 \times 3}{1,095 \times 2,921} = 20501 \ [N] \qquad \text{ref (18.369)}$$

$$T_{FP1} = \frac{20501 \times 120}{2000} = 1230 \ [Nm] \qquad \text{ref (18.370)}$$

$$P_{FP1} = \frac{1230 \times 800}{7023} = 140 \ [cv] \qquad \text{ref (18.371)}$$

Capacidade admissível da roda movida a flexão (P_{FP2})

A capacidade admissível da roda movida à flexão (P_{FP2}) pode ser traduzida como o valor da potência máxima que poderá suportar o dente da roda movida. Se considerarmos a tensão fletora efetiva σ_F igual a tensão fletora admissível σ_{FP}, podemos isolar a força tangencial admissível F_{tP2}, determinar o torque T_{FP2} e chegar à capacidade admissível P_{FP2}.

$$A_2 = 1 \times 1,029 \times 1,064 \times 1 = 1,095 \qquad \text{ref (18.372)}$$

$$B_2 = 1,176 \times 2,557 \times 1 = 3,007 \qquad \text{ref (18.373)}$$

$$F_{tP2} = \frac{736{,}159 \times 30 \times 3}{1{,}095 \times 3{,}007} = 20122 \ [\text{N}] \qquad \text{ref (18.375)}$$

$$T_{FP2} = \frac{20122 \times |{-}246|}{2000} = 2475 \ [\text{Nm}] \qquad \text{ref (18.376)}$$

$$P_{FP2} = \frac{2475 \times 390{,}24}{7023} = 138 \ [\text{cv}] \qquad \text{ref (18.377)}$$

Torque máximo de regime para roda motora (T_1)

O torque máximo de regime (T_1) para a roda motora pode ser traduzido como o valor do torque máximo, calculado entre todos àqueles incluídos em *regime de trabalho*, em função da potência e da rotação de entrada. É o fator básico e de maior importância no cômputo das cargas atuantes nas rodas.

Temos quatro faixas distintas de torque, conforme a seção "Regime de trabalho":

$$n_{\text{faixa1}} = 800 \rightarrow P_{H\text{faixa1}} = 100 \rightarrow T_{\text{faixa1}} = \frac{7023 \times 100}{800} = 878 \qquad \text{ref (18.378)}$$

$$n_{\text{faixa2}} = 800 \rightarrow P_{H\text{faixa2}} = 145 \rightarrow T_{\text{faixa2}} = \frac{7023 \times 145}{800} = 1273 \qquad \text{ref (18.378)}$$

$$n_{\text{faixa3}} = 800 \rightarrow P_{H\text{faixa3}} = 80 \rightarrow T_{\text{faixa3}} = \frac{7023 \times 80}{800} = 702 \qquad \text{ref (18.378)}$$

$$n_{\text{faixa4}} = 8000 \rightarrow P_{H\text{faixa4}} = 70 \rightarrow T_{\text{faixa4}} = \frac{7023 \times 70}{800} = 615 \qquad \text{ref (18.378)}$$

$T_1 = 1273$ [Nm] (O máximo entre os quatro)

Torque máximo de regime para roda movida (T_2)

O torque máximo de regime (T_2) para a roda movida pode ser traduzido como o valor do torque máximo, calculado entre todos àqueles incluídos em *regime de trabalho*, em função da potência e da rotação de saída.

$$T_2 = \frac{7023 \times 144{,}015}{390{,}24} = 2592 \ [Nm] \qquad \text{ref (18.379)}$$

Torque máximo admissível a pressão para roda motora sem pites (T_{HP1})

Veja a seção "Capacidade admissível da roda motora à pressão sem pites (P_{HP1})" no Capítulo 18.

$$T_{HP1} = 3421 \ [Nm] \qquad \text{ref (18.355)}$$

Torque máximo admissível a pressão para roda movida sem pites (T_{HP2})

Veja a seção "Capacidade admissível da roda movida à pressão sem pites (P_{HP2})" no Capítulo 18.

$$T_{HP2} = 5676 \ [Nm] \qquad \text{ref (18.358)}$$

Torque máximo admissível a pressão para roda motora com pites (T_{GP1})

Veja a seção "Capacidade admissível da roda motora à pressão com pites (P_{GP1})" no Capítulo 18.

$$T_{GP1} = 4358 \ [Nm] \qquad \text{ref (18.361)}$$

Torque máximo admissível a pressão para roda movida com pites (T_{GP2})

Veja a seção "Capacidade admissível da roda movida à pressão com pites (P_{GP2})" no Capítulo 18.

$$T_{GP1} = 9891 \ [Nm] \qquad \text{ref (18.364)}$$

Torque máximo admissível a flexão para roda motora (T_{FP1})

Veja a seção "Capacidade admissível da roda motora à flexão (P_{FP1})" no Capítulo 18.

$$T_{FP1} = 1230 \quad [Nm] \qquad \text{ref (18.370)}$$

Torque máximo admissível a flexão para roda movida (T_{FP2})

Veja a seção "Capacidade admissível da roda movida à flexão (P_{FP2})" no Capítulo 18.

$$T_{FP2} = 2475 \quad [Nm] \qquad \text{ref (18.376)}$$

RELATÓRIO DA CAPACIDADE DE CARGA DO PAR DE ENGRENAGENS COM DENTES EXTERNOS/INTERNOS

Sumário

1. Montagem e forças
2. Arranjo físico de referência
3. Características geométricas
4. Acabamento superficial
5. Características de ajuste
6. Fatores de influência
7. Coeficientes de segurança
8. Vidas úteis
9. Materiais e Tratamento térmico
10. Características metalúrgicas
11. Temperaturas
12. Lubrificação
13. Dinâmica
14. Regime de trabalho
15. Histograma de utilização
16. Capacidade pelo critério de flexão
17. Capacidade pelo critério de pressão

18	Tensões de flexão
19	Pressão de Hertz
20	Croqui do par engrenado
21	Detalhe dos dentes conjugados
22	Perfil de referência do pinhão
23	Perfil de referência da coroa
24	Características da forma do dente do pinhão
25	Características da forma do dente da coroa

1 Montagem e forças

Ajuste da roda motora com o eixo		AP (Peça integral)	
Força tangencial no plano de rotação (sobre o dw)	F_t	21217	N
Força tangencial no plano normal (sobre o dw)	F_b	21217	N
Força tangencial no plano normal sobre a linha de ação	F	22579	N
Força radial	F_{rd}	7722	N
Força axial	F_{ax}	0	N

2 Arranjo físico de referência da roda motora

Distância l entre os mancais	152 mm
Distância s da roda motora	48 mm

T = Entrada do torque

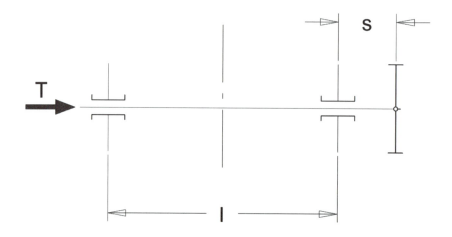

3 Características geométricas

Característica	Not	Unidade	Motora	Comum	Movida
Número de dentes	z	qtd	40	–	–82
Relação de transmissão	u	–	–	–2,050000	–
Módulo normal	m_n	mm	–	3,000	–
Ângulo de perfil normal	α	gms	–	20°00'00"	–
Ângulo de pressão transversal	α_{wt}	gms	–	20°00'00"	–
Ângulo de hélice sobre d	β	gms	–	0°	–
Diâmetro de referência	d	mm	120,000	–	–246,000
Diâmetro de referência deslocado	d_v	mm	122,226	–	–248,226
Diâmetro de base	d_b	mm	112,763	–	–231,164
Diâmetro primitivo	d_w	mm	120,000	–	–246,000
Diâmetro de cabeça superior	d_{as}	mm	128,230	–	–242,230
Diâmetro de cabeça inferior	d_{ai}	mm	128,205	–	–242,308
Diâmetro de pé superior	d_{fs}	mm	114,730	–	–255,730
Diâmetro de pé inferior	d_{fi}	mm	114,530	–	–256,030
Diâmetro de início do chanfro sup.	d_{Nks}	mm	127,650	–	–
Diâmetro de início do chanfro inf.	d_{Nki}	mm	127,560	–	–
Diâmetro útil de cabeça	d_{Na}	mm	127,650	–	–242,230
Diâmetro útil de pé superior	d_{Nfs}	mm	116,500	–	–253,040
Diâmetro do eixo da roda motora	d_{sh}	mm	100,000	–	–
Diâmetro interno do aro	d_i	mm	100,000	–	242,23
Espessura da alma	b_s	mm	30,000	–	15,000
Extensão de contato	b_c	mm	–	30,000	–
Largura efetiva das rodas	b	mm	30,000	–	30,000
Raio na cabeça da ferramenta	r_k	mm	0,600	–	0,600
Protuberância da ferramenta	p_r	mm	0,011	–	–
Fator de deslocamento do perfil	x	–	0,371	–	–0,371
Fator de altura do dente	k_a	–	1,000	–	1,000

Característica	Not	Unidade	Motora	Comum	Movida
Abaulamento (crowning) superior	$c_{\beta s}$	μm	10	–	0
Abaulamento (crowning) inferior	$c_{\beta i}$	μm	7	–	0
Grau de recobrimento de perfil	ε_α	–	–	1,724	–
Grau de recobrimento de hélice	ε_β	–	–	0,000	–
Grau de recobrimento total	ε_τ	–	–	1,724	–
Ângulo do chanfro de cabeça	φ_{na}	gms	58° 00'00"	–	–
Distância entre centros	a	mm	–	–63,000	–
Tolerância para dist. entre centros	A_a	mm	–	js 7 ±0,015	–

4 Acabamento superficial

Característica	Not	Unidade	Motora	Comum	Movida
Rugosidade dos flancos	Rz	μm	5	–	30
Rugosidade do pé do dente	Rzf	μm	30	–	30

5 Características de ajuste

Característica	Not	Unidade	Motora	Comum	Movida
Espessura circular normal sup.	$S_{ns}\backslash T_{ns}$	mm	5,463	–	5,653
Espessura circular normal inf.	$S_{ni}\backslash T_{ns}$	mm	5,423	–	5,603
Espessura de cabeça sem chanfro	S_{na}	mm	1,912	–	2,446
Folga no pé do dente sup.	C_{ss}	mm	0,904	–	0,928
Folga no pé do dente inf.	C_{si}	mm	0,735	–	0,735
Jogo entre flancos de serviço sup.	j_{ns}	mm	–	0,226	–
Jogo entre flancos de serviço inf.	j_{ni}	mm	–	0,125	–
Erro de cruzamento dos eixos máx.	f_{Sc}	mm	–	0,015	–

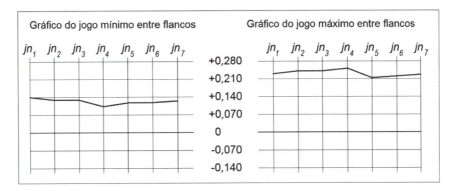

Coluna	jn_{Min}	$jn_{Máx}$
jn_1 = Jogo teórico	0,140	0,230
$jn_2 = jn_1$ + influência da distância entre centros	0,129	0,241
$jn_3 = jn_2$ + influência do erro de cruzamento dos eixos	0,129	0,241
$jn_4 = jn_3$ + influência dos erros individuais do dentado	0,103	0,251
$jn_5 = jn_4$ + influência da excentricidade dos mancais	0,118	0,214
$jn_6 = jn_5$ + influência da elasticidade do conjunto	0,119	0,220
$jn_7 = jn_6$ + influência da temperatura = Jogo resultante	0,125	0,226

6 Fatores de influência

Característica	Not	Unidade	Motora	Comum	Movida
Dinâmica	K_V	–	–	1,029	–
Carga transversal para pressão	$K_{H\alpha}$	–	–	1,000	–
Carga de face para pressão	$K_{H\beta}$	–	–	1,082	–
Carga transversal para flexão	$K_{F\alpha}$	–	–	1,000	–
Carga de face para flexão	$K_{F\beta}$	–	–	1,064	–
Forma do dente	Y_F	–	0,987	–	1,176
Correção de tensão	Y_S	–	2,959	–	2,557
Sensibilidade	$Y_{\delta relT}$	–	1,011	–	1,007
Condição superficial do pé	Y_{RrelT}	–	0,928	–	0,928
Tamanho do dente ref. à flexão	Y_X	–	1,000	–	1,000
Vida útil de flexão	Y_{NT}	–	0,903	–	0,916
Ângulo de hélice ref. a flexão	Y_δ	–	–	1,000	–
Forma do flanco	Z_H	–	–	2,495	–
Recobrimento do perfil	Z_ε	–	–	0,871	–

Característica	Not	Unidade	Motora	Comum	Movida
Elasticidade	Z_E	$\sqrt{N/mm^2}$	–	189,8	–
Ângulo de hélice ref. a pressão	Z_β	–	–	1,000	–
Lubrificação	Z_L	–	–	1,001	–
Velocidade	Z_V	–	–	0,982	–
Rugosidade dos flancos	Z_R	–	–	0,901	–
Dureza superficial	Z_W	–	–	1,000	–
Tamanho do dente ref. a pressão	Y_X	–	1,000	–	1,000
Engrenamento indiv. da roda menor	Z_B	–	–	1,000	–
Engrenamento indiv. da roda maior	Z_D	–	–	1,000	–
Vida útil de pressão sem pites	Z_{NT}	–	0,933	–	0,954
Vida útil de pressão com pites	Z_{GT}	–	1,053	–	1,108

7 Coeficientes de segurança

Característica	Not	Unidade	Motora	Comum	Movida
Flexão – Mínimo admissível	$S_{F\,min}$	–	–	1,400	–
Flexão – Máximo desejável	$S_{F\,max}$	–	–	–	–
Pressão – Mínimo admissível	$S_{H\,min}$	–	–	1,000	–
Pressão – Máximo desejável	$S_{H\,max}$	–	–	–	–
Flexão (fadiga, fadiga)	S_F	–	0,915	–	0,948
Pressão sem pites	S_H	–	1,639	–	1,676
Pressão com pites admissível	S_G	–	1,850	–	1,947

8 Vidas úteis

Característica	Not	Unidade	Motora	Comum	Movida
Mínima requerida	V_R	h	–	10000	–
Flexão (fadiga, fadiga)	V_F	h	394	–	2369
Pressão sem pites	V_H	h	>1000000	–	>1000000
Pressão com pites admissível	V_G	h	>1000000	–	>1000000

9 Materiais e Tratamentos Térmicos

Material da roda motora	Aço DIN 20MnCr5
Material da roda movida	Aço DIN 20MnCr5
Material da caixa	Ferro fundido
Tratamento térmico da roda motora	Cementado com camada entre 0,8 a 1,0 mm
	Temperado e Revenido para 58 a 62 HRc
Tratamento térmico da roda movida	Cementado com camada entre 0,8 a 1,0 mm
	Temperado e Revenido para 58 a 62 HRc

10 Características metalúrgicas

Característica	Not	Unidade	Motora	Comum	Movida
Controle de qualidade metalúrgico	CQM	–	MQ	–	MQ
Módulo de elasticidade	E	N/mm²	206000	–	206000
Coeficiente de Poisson	v	–	0,3	–	0,3
Tensão limite a flexão	σF_{Lim}	N/mm²	430	–	430
Pressão de Hertz limite	σH_{Lim}	N/mm²	1500	–	1500
Dureza superficial dos flancos	H_S	kgf/mm²	60	–	60
Método de medição da dureza	–	–	Rc	–	Rc
Dureza no núcleo do dente	H_E	kgf/mm²	>40	–	>40

11 Temperaturas

Característica	Not	Unidade	Motora	Comum	Movida
Temperatura máxima das rodas	T_s	°C	–	50	–
Temperatura máxima da caixa	T_c	°C	–	45	–
Temperatura das rodas no IMD	TR_{md}	°C	–	40	–
Temperatura da caixa no IMD	TC_{md}	°C	–	30	–

IMD = Instante da máxima diferença entre as temperaturas da caixa e das rodas.

12 Lubrificação

Sistema de lubrificação		Circulação sob pressão			
Característica	Not	Unidade	Motora	Comum	Movida
Viscosidade do lubrificante a 40 °C	v_{40}	cSt	–	320	–
Vazão	v_z	l/min	–	1,90	–

13 Dinâmica

Característica	Not	Unidade	Motora	Comum	Movida
Veloc. de deslizamento na cabeça	v_g	m/s	0,403	–	0,252
Velocidade periférica (sobre o d_w)	v_t	m/s	–	5,027	–
Rotação no maior torque	n	RPM	800	–	390
Rotação para ressonância crítica	N_E	RPM	8869	–	–
Coeficiente de ressonância [n/N_E]	N	–	0,090	–	–
Zona de ressonância		Subcrítica			

14 Regime de trabalho

Faixa de torque	nº	1	2	3	4
Rotação	RPM	800	800	800	800
Potência	cv	100	145	80	70
Percentual de utilização	%	40	10	30	20

Fator de aplicação K_A (relativo a choques)   1,000

15 Histograma de utilização

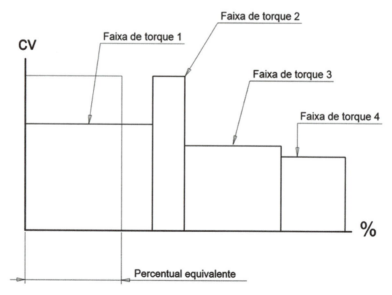

Percentual equivalente = 30,400%

Capacidade de carga de um par de engrenagens com dentes externos/internos

16 Capacidade pelo critério de flexão

Característica	Not	Unidade	Motora	Comum	Movida
Potência máxima de regime	P	cv	145	–	144
Potência máxima admissível	P_{FP}	cv	(140)	–	(138)
Torque máximo de regime	T	N.m	1273	–	2592
Torque máximo admissível	T_{FP}	N.m	(1230)	–	(2475)

17 Capacidade pelo critério de pressão

Característica	Not	Unidade	Motora	Comum	Movida
Potência máx. de regime	P	cv	145	–	144
Potência máx. admissível sem pites	P_{HP}	cv	390	–	315
Potência máx. admissível com pites	P_{GP}	cv	496	–	550
Torque máximo de regime	T	Nm	1273	–	2592
Torque máx. admis. sem pites	T_{HP}	Nm	3421	–	5676
Torque máx. admis. com pites	T_{GP}	Nm	4358	–	9891

18 Tensões de flexão

Característica	Not	Unidade	Motora	Comum	Movida
Tensão fletora efetiva	σ_F	N/mm²	766,560	–	776,134
Tensão fletora admissível	σ_{FP}	N/mm²	728,593	–	736,159

19 Pressão de Hertz

Característica	Not	Unidade	Motora	Comum	Movida
Tensão efetiva de contato	σ_H	N/mm²	756,160	–	756,160
Tensão adm, de contato s/ pites	σ_{HP}	N/mm²	1239,490	–	1267,390
Tensão adm, de contato c/ pites	σ_{GP}	N/mm²	1398,910	–	1471,980

20 Croqui do par engrenado

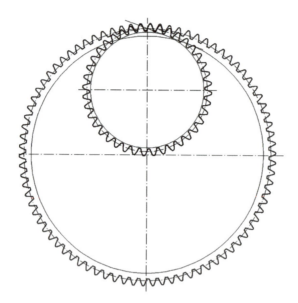

21 Detalhe dos dentes conjugados

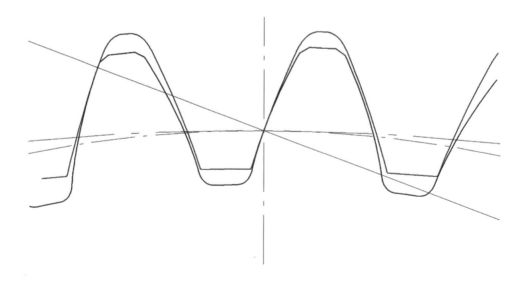

22 Perfil de referência do pinhão

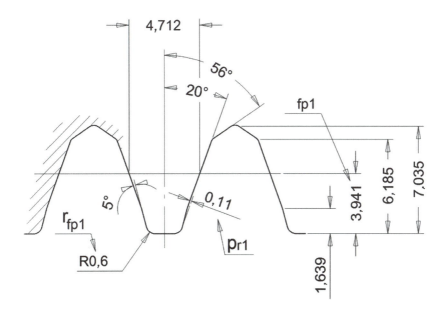

23 Perfil de referência da coroa

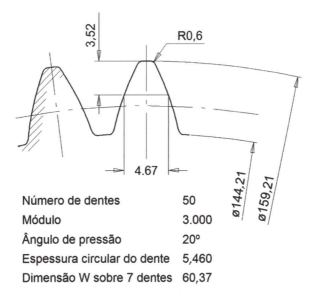

Número de dentes	50
Módulo	3.000
Ângulo de pressão	20°
Espessura circular do dente	5,460
Dimensão W sobre 7 dentes	60,37

24 Características da forma do dente do pinhão

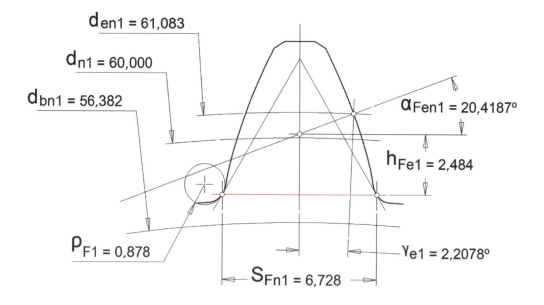

25 Características da forma do dente da coroa

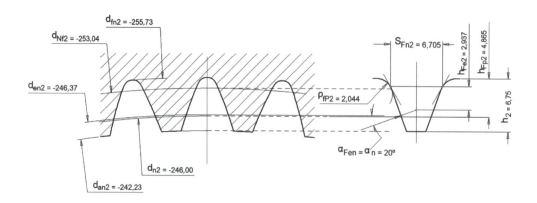

CAPÍTULO 20
Avarias dos dentes

CONSIDERAÇÕES

Podemos, durante o projeto, estimar por meio de cálculos, a vida útil nominal de um par de rodas dentadas. Porém, a vida útil real será fortemente ligada e dependente:

- do processo de fabricação;
- da aplicação no equipamento;
- da operação do equipamento onde as engrenagens operam;
- da manutenção.

Quanto ao processo de fabricação, as peças devem, com muito rigor, ser fabricadas conforme as especificações do projeto.

Quanto a aplicação, as peças devem ser montadas no equipamento onde irão trabalhar, obedecendo aos procedimentos estabelecidos pela engenharia responsável.

Quanto à operação, o cuidado no trato do equipamento onde as engrenagens irão trabalhar é determinante para a vida útil do par. Esta poderá ser reduzida sensivelmente se houver, por exemplo, sobrecargas, trancos bruscos e violentos, alta frequência de partidas ou reversões, excesso de velocidade e outros maltratos não previstos no projeto, que poderão causar nas engrenagens, avarias de diversos tipos.

Quanto à manutenção, é fundamental um sistema de lubrificação bem elaborado, controle sistemático da temperatura, inspeção frequente em relação a vazamento e contaminação do óleo lubrificante, análise geral do engrenamento, observação do contato, além de outros procedimentos destinados a manter o funcionamento do equipamento em condições aceitáveis, de forma a assegurar a regularidade, a qualidade e a segurança.

Com todos esses cuidados e com ações corretivas oportunas, as engrenagens terão uma vida útil próxima ou muito maior àquela estabelecida no projeto. Já a ausência dos cuidados citados, poderá provocar a deterioração das superfícies de trabalho, não só reduzindo a vida útil, mas em muitos casos, interrompendo a transmissão, exigindo a substituição das peças.

Observações:
a) O surgimento de algumas das falhas analisadas a seguir, não necessariamente constitui uma falha em si, mas sim, o resultado de um processo degenerativo.
b) Dois ou mais tipos de falhas poderão ocorrer simultaneamente ou uma falha poderá ocorrer em função da ação contínua ou progressiva de outra. Assim, a falha resultante poderá ser completamente diferente daquela que a precedeu, levando a conclusões equivocadas sobre as medidas a serem adotadas na solução do problema.
c) Em aplicações críticas de alta responsabilidade, grandes prejuízos e risco de morte, é fortemente recomendável inspeções periódicas para análise do desgaste e de possíveis avarias, com registros documentais e fotográficos, afim de que se possa determinar, com segurança, o bom funcionamento das peças ou se supostos defeitos observados são progressivos ou não.
d) O conhecimento das possíveis falhas e de suas causas é muito valioso, tanto para o técnico de manutenção quanto para o engenheiro ou projetista, dependendo do tipo de avaria observada. O resultado das análises possibilita ações corretivas mais eficazes, desde a alteração ou correção do sistema de lubrificação até um novo projeto do par de engrenagens.

AVARIAS

Podemos classificar as avarias da seguinte maneira:

Desgaste

Desgaste normal

Desgaste moderado

Desgaste abrasivo

Desgaste por interferência

Desgaste por arranhamento (scratching)

Desgaste por vinco (scoring)

Desgaste por raspagem (scuffing)

Desgaste corrosivo

Desgaste por corrosão química

Desgaste por oxidação

Desgaste por reação a aditivos químicos

Escamação (scaling)

Superaquecimento

Fadiga de superfície

Pites (pitting)

Pites iniciais (initial pitting)

Pites destrutivos (destructive pitting)

Micropites (micropitting)

Lascamento (spalling)

Deformação

Depressão (indentation)

Ondulação (rippling)

Fluência (rolling and peening)

Fratura do dente

Fratura por sobrecarga

Fratura por fadiga de flexão

Desgaste

Desgaste é o termo utilizado para descrever a perda de material nos flancos dos dentes.

A perda de material pode ser:

- pequena, não causando dano algum ao engrenamento;
- moderada, causando algum tipo de dano;
- excessiva, danificando e mudando a forma original dos flancos dos dentes, afetando drasticamente o funcionamento e, obviamente, diminuindo a vida útil. Pode ser um único tipo de desgaste ou a combinação de vários.

Desgaste normal

Trata-se de uma pequena perda de material em um grau que não afeta o funcionamento nem tampouco a vida útil das engrenagens. Veja a Figura 20.1.

Um pequeno desgaste é natural em superfícies que deslizam entre si, que é o caso dos dentes das engrenagens. Durante o período inicial de trabalho de um novo par, esse pequeno desgaste é considerado normal e até benéfico, pelo fato de que pequenas imperfeições são eliminadas. A isso chamamos acasalamento ou amaciamento e o resultado esperado é um dente com aspecto liso e sedoso nos

Figura 20.1 – Foto na qual se pode observar um desgaste normal.

Figura 20.2 – Foto de engrenagem apresentando um desgaste moderado.

flancos. Em muitos casos, podemos enxergar uma linha mais brilhosa que atravessa o dente, de uma lateral à outra, na região da circunferência primitiva (d_w). Experiências mostram que uma superfície recém-fabricada é capaz de transmitir apenas 20% da carga de uma superfície acasalada.

Desgaste moderado

Trata-se de uma perda mais acentuada de material, observada em dentes cuja solicitação é mais rigorosa se comparada à condição anterior. Não é necessariamente destrutivo, porém, a vida útil diminui e o ruído gerado durante a transmissão aumenta. Veja um exemplo na Figura 20.2.

Solução: O desgaste pode ser reduzido pelo uso de um lubrificante mais viscoso.

Desgaste abrasivo

Trata-se do dano causado aos flancos dos dentes, por finas partículas misturadas ao óleo lubrificante, que passam por meio do contato, durante a transmissão. Essas partículas podem ser resultantes de uma limpeza malfeita durante a montagem. Sal e areia de fundição, sujeira do próprio ambiente e impurezas do óleo lubrificante, entre outras, podem causar esse tipo de dano.

Superfícies rugosas podem gerar o mesmo efeito.

Veja um exemplo na Figura 20.3.

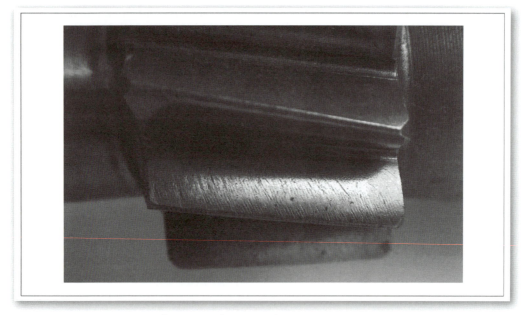

Figura 20.3 – Foto que ilustra um desgaste abrasivo.

Solução: Limpeza e substituição do óleo podem cessar o desgaste. No caso de substituição das peças, levar em conta, como ação corretiva, uma operação de acabamento superficial com o objetivo de se reduzir a rugosidade dos flancos dos dentes.

Desgaste por interferência

Trata-se de um engrenamento com jogo entre flancos negativo. Há vários fatores que podem anular a folga entre os dentes durante o trabalho de transmissão, porém, a temperatura excessiva é a causa mais comum. Pode ser causada pela ineficácia do sistema de lubrificação, pelo vazamento do óleo e pelos maus tratos do operador sobre a máquina ou veículo, entre outros motivos.

A aparência do dente danificado é semelhante ao do scoring e resulta em uma transmissão ruidosa.

Desgaste por arranhamento (scratching)

Trata-se de sulcos ou arranhões localizados nos flancos dos dentes na direção do deslizamento. Esses arranhões são observados em espaços e comprimentos aleatórios. Partículas de quaisquer elementos abrasivos como ferrugem, carepa, sal e areia de fundição que, misturadas ao óleo lubrificante, passam por meio do contato durante a transmissão, causando esse tipo de dano. Defeitos pontuais nos flancos dos dentes da contrapeça podem causar o mesmo efeito.

Avarias dos dentes **743**

Normalmente, este tipo de defeito é leve e não resulta em uma destruição progressiva, quando removida a causa logo que observada.

Solução: Limpeza e substituição do óleo podem resolver o problema. Se houver defeitos na roda conjugada, deverão ser removidos por retificação ou outro processo confiável.

Desgaste por vinco (scoring)

Trata-se de sulcos ou arranhões localizados nos flancos dos dentes na direção do deslizamento, que, diferentemente do scratching, estende-se por toda a largura. Esses arranhões são observados mais próximos à cabeça do dente onde a velocidade de deslizamento é mais elevada.

Este tipo de dano mostra que os flancos dos dentes afetados foram localmente submetidos a uma carga intensa. Esta condição de trabalho, aliada a altas temperaturas pode romper a película lubrificante e provocar os sulcos. Pequenos corpos estranhos e/ou rugosidade elevada dos flancos em contato também podem provocar o dano. O scoring é uma fase preliminar do Scuffing, que veremos a seguir.

Veja um exemplo na Figura 20.4.

Solução: Emprego de um óleo mais viscoso, redução da temperatura por meio de resfriamento ou maior volume de óleo, redução da rugosidade superficial dos flancos por processo de acabamento como retificação ou rasqueteamento.

Figura 20.4 – Foto que ilustra o desgaste por vinco (scoring).

Desgaste por raspagem (scuffing)

Trata-se de um tipo grave de desgaste, às vezes, chamado incorretamente "scoring", que pode instantaneamente danificar as superfícies dos dentes que estão em movimento relativo. De fato, uma única sobrecarga pode levar a uma falha catastrófica. Partículas de metal se destacam e penetram entre os dentes em contato que, durante a transmissão, riscam os flancos dos dentes na direção de deslizamento.

Esse tipo de dano geralmente acontece em áreas de alta pressão de contato e alta velocidade de deslizamento relativo, próximos à cabeça e ao pé do dente. Uma pressão muito alta favorece a ruptura da película lubrificante, que é justamente a camada que impede o contacto direto entre os metais.

Solução: Emprego de um óleo mais viscoso ou mais bem refrigerado ou aditivado quimicamente, de modo que a película tenha uma espessura maior que a rugosidade da superfície. O risco de scuffing sobe com um lubrificante degradado em virtude do longo tempo de uso ou contaminado com partículas de metal ou água. Veja um exemplo na Figura 20.5. Às vezes, é difícil distinguir entre arranhões superficiais instantâneos (scuffing) e desgaste.

Desgaste corrosivo

Elementos contidos no lubrificante como ácidos ou aditivos químicos inadequadamente formulados, em conjunto com uma proporção elevada de água, po-

Figura 20.5 – Foto que ilustra o desgaste por raspagem (scuffing).

dem causar reações químicas ou eletroquímicas no material do dente. Com a ação do atrito entre os flancos mais a lavagem do lubrificante, os vestígios do óxido formado pela reação são continuamente removidos em um processo progressivo, deixando apenas as marcas do desgaste.

Desgaste por corrosão química

Se o óleo lubrificante estiver contaminado por ácido, o dente apresentará manchas marrom-avermelhadas semelhantes a tinta e de difícil remoção. Por um período, não trará consequências mais graves para o engrenamento, porém, se nenhuma ação corretiva for tomada, a corrosão se iniciará e, em um processo de degeneração progressiva, danificará fortemente os flancos dos dentes. Esse tipo de desgaste ocorre nas engrenagens que permaneceram inativas por algum tempo e que foram submetidas a um regime de trabalho severo, com vibração e choques contínuos.

Solução: Substituição do óleo.

Desgaste por oxidação

É o resultado da contaminação por água de condensação, umidade excessiva ou por um ambiente facilitador da corrosão. A oxidação poderá afetar todos os elementos metálicos susceptíveis a ela.

Solução: Substituição do óleo e proteção contra umidade.

Desgaste por reação a aditivos químicos

Os lubrificantes EP (óleos com aditivos químicos ativos) resistem a altas pressões e favorecem o alisamento dos flancos durante o amaciamento. No entanto, tais aditivos podem reagir com o metal, provocando uma pequena e uniforme corrosão progressiva. O desgaste é mais rápido com temperaturas elevadas.

Escamação (scaling)

Trata-se de áreas elevadas de tamanho e forma irregulares sobre os flancos dos dentes. O tratamento térmico pode gerar áreas de oxidação sobre a peça. A pressão exercida sobre os flancos dos dentes, durante o trabalho de transmissão, resultará nestas áreas um brilho metálico, semelhante a uma escama.

Solução: Remover toda e qualquer oxidação das peças por escovação ou jateamento de granalhas, antes de sua aplicação na máquina ou veículo.

Figura 20.6 – Foto que apresenta um exemplo do efeito do superaquecimento.

Superaquecimento

O superaquecimento pode ocorrer em virtude de um projeto mal elaborado, de maus tratos com a operação da máquina (onde as engrenagens estão montadas) ou de uma manutenção inadequada. As principais razões são: sobrecarga, velocidade excessivamente elevada, jogo entre flancos inadequado, lubrificação incorreta ou ineficaz entre outras. Como consequência do superaquecimento, a dureza da superfície diminui (efeito de revenimento), possibilitando a formação de sulcos próximos à cabeça e ao pé do dente, onde a velocidade de deslizamento é maior. Uma evidência do superaquecimento é a coloração da superfície, normalmente azulada.

O superaquecimento pode ocorrer conjuntamente com o desgaste de raspagem (scuffing) ou pode também ser o precursor de deformação plástica dos dentes.

Solução: Especificar corretamente, no projeto das engrenagens, as espessuras circulares dos dentes de maneira a evitar interferência devida à ausência do jogo entre flancos durante o trabalho de transmissão. Cuidar para que a carga e a velocidade não ultrapassem àquelas especificadas. Cuidar também, para que o sistema de lubrificação e a viscosidade do óleo estejam adequados às solicitações. Veja a Figura 20.6.

Fadiga de superfície

Fadiga de superfície ou fadiga de contato é um tipo de falha que pode ser avaliada pelo que se convencionou chamar critério de durabilidade superficial. Repetidas tensões superficiais ou subsuperficiais que ultrapassam o limite de resistência do material na presença do lubrificante, podem causar danos à superfície próxima à linha primitiva (local este, onde as circunferências primitivas d_{w1} e d_{w2} se tangenciam) e abaixo dela.

A velocidade periférica relativa entre dois cilindros tangentes é nula. Em outras palavras, não há deslizamento, mas apenas rolamento. No caso das engrenagens, como demonstrado na seção "Deslizamento relativo entre os flancos evolventes", Capítulo 3, é introduzido, além do rolamento, um elemento de deslizamento. Isto altera significativamente a distribuição de tensões na superfície e na região próxima à superfície do material. Dependendo da velocidade relativa dos elementos em contato, rolamento e deslizamento podem ocorrer na mesma direção (deslizamento positivo) ou em sentidos opostos (deslizamento negativo). O efeito do último, é que a superfície do material é rolada em uma direção e empurrada (deslizada) em outra, resultando em uma tensão maior que aquela do deslizamento positivo.

A distribuição resultante das tensões de rolamento e de deslizamento combinadas, é mostrada na Figura 20.7. Uma falha pode originar-se na superfície ou próxima à superfície do material.

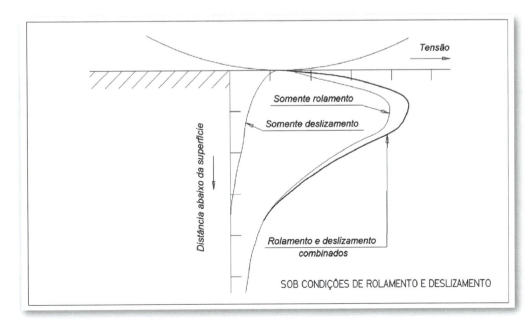

Figura 20.7 – Distribuição de tensões de duas superfícies em contato.

Dentes de engrenagem têm combinações complexas de deslizamento e de rolamento, que variam ao longo do perfil de cada dente, como ilustrado na Figura 20.8. No addendum (região que vai do diâmetro primitivo d_w até o diâmetro útil de cabeça d_{Na}), a direção de rolamento e de deslizamento é a mesma, condição esta, favorável à fadiga de contato. No deddendum (região que vai do diâmetro útil de pé d_{Nf} até o diâmetro primitivo d_w), a direção de rolamento é oposta à de deslizamento, condição desfavorável à fadiga de contato. Portanto, os danos aparecem primeiro nessa região do dente, muitas vezes, sendo o precursor de avarias mais sérias, como fratura por fadiga de flexão.

Pites (pitting)

Pequenas cavidades chamadas pites, segundo nomenclatura brasileira recente, ou pitting, como são mais conhecidas, é um tipo de dano superficial causado por tensões cíclicas de contato transmitidas por meio de uma película de óleo que está dentro ou perto do regime elasto-hidrodinâmico.

Os pites são uma das causas mais comuns de falha em engrenagens. Eles também afetam rolamentos, cames, e outros componentes de máquina em que as superfícies sofrem contato de rolamento deslizante sob carga pesada.

O surgimento dos pites próximos à linha primitiva é em razão da ausência de velocidade relativa entre os flancos dos dentes. Sabe-se que o lubrificante depende do movimento relativo entre as superfícies para atuar, ou seja, para separá-las,

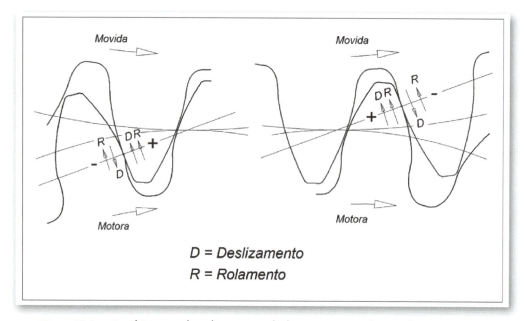

Figura 20.8 – Combinação de rolamento e deslizamento nos dentes das engrenagens.

evitanto o contato direto. A velocidade entre os flancos é positiva entre o diâmetro útil de cabeça do dente e a linha primitiva e negativa entre esta e o diâmetro útil de pé. Logo, na linha primitiva a velocidade é zero.

Segundo G. Niemann, a formação dos pites é favorecida pelo escorregamento negativo (que ocorre abaixo do cilindro primitivo), provavelmente porque, nessa região do dente, os flancos entram na zona de tensão de tração tangencial (em virtude da força de atrito) e tornam possível a penetração do óleo lubrificante, à pressão elevada, nas fissuras capilares.

Outra possibilidade é a de que os pites comecem como microtrincas abaixo da superfície. Em seguida, sob carga de contato repetida, vão se propagando e crescendo até se tornarem instáveis e atingirem a superfície do dente.

Quando as rodas do par são fabricadas com o mesmo material e o mesmo tratamento térmico, a probabilidade de surgimento dos pites primeiro na roda com menor número de dentes (pinhão) é muito maior do que na coroa. Isso se deve a dois fatores:

Primeiro, o número de ciclos de carga é maior no pinhão, na proporção direta da relação de transmissão.

Segundo os raios de curvatura no perfil evolvente do pinhão são menores que os da coroa nos pontos de contato, aumentado a pressão de Hertz.

Depois de propagado, a área danificada pode modificar o perfil do dente e desencadear vibração e ruído.

Pites iniciais (initial pitting)

É o tipo mais comum de fadiga de superfície. Pequenas partículas de metal se destacam do flanco do dente, normalmente na região do cilindro primitivo d_w e abaixo dele ou numa região em que há sobrepressão causada por um desalinhamento entre os flancos conjugados. Ocorre no início de operação de um novo par, em que a rugosidade resultante do processo de fabricação ainda é elevada, e continua a se propagar até que a sobretensão local seja reduzida pelo melhor contato, que ocorre após o acasalamento (amaciamento). Não causa maiores problemas desde que as condições de trabalho não sejam alteradas e a formação dos pites não progrida com o tempo.

Solução: Cuidar para que se evite desalinhamento entre os eixos e sobrecargas objetivando uma redução da força de atrito. Emprego de um óleo mais viscoso, também pode resolver o problema. Para correção futura, deve-se planejar um processo de acabamento superior dos flancos dos dentes. Observe na Figura 20.9, a formação dos pites em uma região de maior pressão. Essa região é evidenciada pelas marcas na lateral do dente. A peça do exemplo mostrado na Figura 20.10 apresenta os pites iniciais afetando grande área da superfície de contato.

Figura 20.9 – Pites iniciais (initial pitting) localizados.

Figura 20.10 – Pites iniciais (initial pitting) distribuídos por toda a linha de flanco.

Pites destrutivos (destructive pitting)

À exemplo dos pites iniciais, nos pites destrutivos também pequenas partículas se destacam do flanco do dente, próximo à região do cilindro primitivo d_w. A diferença é que esses pites continuam a se desenvolver, aumentando tanto em número quanto em tamanho. A Figura 20.11 ilustra de maneira aproximada a progressão dos pites iniciais e destrutivos. Pites de tamanho maior são formados pela união de pites adjacentes menores. Na fase avançada, em que a superfície real de contato foi reduzida, mesmo não afetada pelos pites, acaba perdendo sua forma original. Isso se deve a uma maior pressão que o flanco do dente recebe em função da menor área de contato. Com o funcionamento contínuo da transmissão, o processo evolui pela ação do deslizamento entre os flancos, acelerando a remoção de material, como mostrado na Figura 20.12, em que os pites em estágio avançado afetam toda a superfície de contato.

Nem sempre os pites destrutivos se desenvolvem a partir dos pites iniciais. Eles podem começar abaixo do cilindro primitivo d_w ou em uma região de sobrepressão, provocada por um desalinhamento entre os flancos conjugados, depois de um longo período de funcionamento, mesmo em engrenagens fabricadas com um alto padrão de qualidade, sem qualquer evidência de que pites iniciais tenham ocorrido.

Solução imediata: Evitar sobrecargas com o objetivo de se reduzir a força de atrito. Aplicar um óleo mais viscoso.

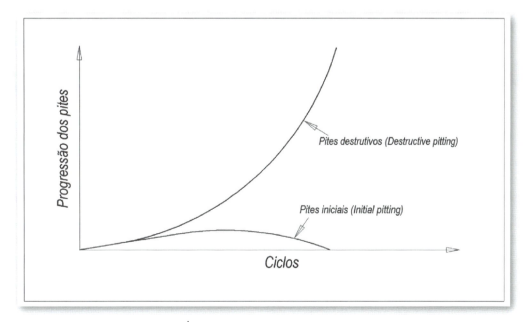

Figura 20.11 – Progressão dos pites.

Figura 20.12 – Pites destrutivos (destructive pitting).

Correção futura: Utilizar material e tratamento térmico objetivando maior capacidade para suportar as tensões de contato (tensão admissível maior). Reduzir a velocidade relativa entre os flancos dos dentes adotando deslocamento dos perfis. Planejar um processo de acabamento superior dos flancos dos dentes. Aumentar o número de dentes da roda, embora esta alteração nem sempre seja possível. Isso reduz a pressão sobre os flancos, aumentando a capacidade de carga.

Micropites (micropitting)

Micropites são pequenas crateras que se formam na superfície do dente, muitas vezes, na região de deslizamento negativo, abaixo do cilindro primitivo d_w. Os micropites se assemelham aos pites normais, exceto pelo fato de serem, aproximadamente, dez vezes menores.

Trata-se de um fenômeno recente que se tornou corrente em virtude de uma maior utilização de engrenagens com dentes endurecidos superficialmente e fabricadas com aços ligados de qualidade superior. Lubrificantes modernos com aditivos sofisticados que possibilitam trabalhos em condições extremas e temperaturas elevadas também podem contribuir indiretamente para a formação dos micropites. Veja um exemplo na Figura 20.13. A Figura 20.14 mostra um caso avançado de micropites aliado a uma depressão no flanco do dente.

Avarias dos dentes

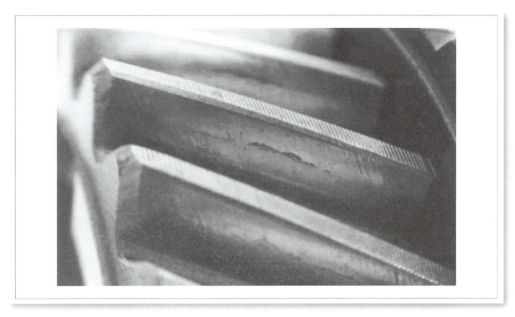

Figura 20.13 – Micropites (micropitting).

Figura 20.14 – Micropites (micropitting) em estado avançado.

Solução imediata: Evitar sobrecargas com o objetivo de se reduzir a força de atrito. Diminuir a temperatura de operação.

Correção futura: Utilizar material e tratamento térmico objetivando maior capacidade para suportar as tensões de contato (tensão admissível maior). Diminuir a velocidade relativa entre os flancos dos dentes, adotando deslocamento dos perfis. Planejar um processo de acabamento superior dos flancos dos dentes. Aumentar o número de dentes da roda, embora essa alteração nem sempre seja possível. Isso reduz a pressão sobre os flancos, aumentando a capacidade de carga.

Lascamento (spalling)

O lascamento ou spalling é um fenômeno no qual partículas de metal, variando em área e espessura, se destacam dos flancos dos dentes, frequentemente em uma região localizada. Pode aparecer também distribuída ao longo de todo o flanco do dente.

Esse fenômeno pode ocorrer por meio de dois mecanismos diferentes:

O primeiro ocorre por causa da junção de pites menores, exatamente como nos pites destrutivos. A diferença entre eles é que no spalling as crateras formadas são grandes, como mostrada na Figura 20.15.

O segundo, também conhecido por esmagamento (crushing), ocorre principalmente em dentes temperados por chama ou por indução. É atribuído a diversos

Figura 20.15 – Lascamento (spalling) por junção dos pites.

Avarias dos dentes

fatores, entre eles: defeito superficial ou subsuperficial da matéria-prima, excessiva tensão interna produzida no tratamento térmico, geração de calor excessivo na operação de retificação dos flancos dos dentes e por sobrecarga no núcleo do material. Esses fatores podem produzir uma trinca abaixo da camada endurecida, mais precisamente na intersecção entre a camada dura e o núcleo. A espessura das camadas que lascam dos dentes é geralmente maior do que a profundidade endurecida.

Neste caso, o spalling não pode ser caracterizado como uma falha por fadiga, já que pode ocorrer após poucos ciclos de vida, por um ou alguns dos motivos descritos. Veja um exemplo na Figura 20.16. O dente mostrado na Figura 20.17 possui camadas prestes a se destacar do flanco, aumentando ainda mais a cratera já formada.

Solução imediata: Eliminar quaisquer possibilidades de sobrecarga, como reversões bruscas no sentido de rotação, alta frequência de partidas, acelerações e desacelerações acentuadas e choques violentos.

Correção futura: Exigir matéria-prima com certificado de qualidade fornecido pela usina produtora, e cuidar para que as operações de tratamento térmico e de retificação dos flancos dos dentes não produzam tensões excessivas ou microtrincas.

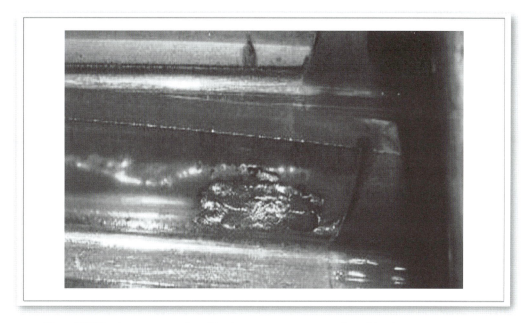

Figura 20.16 – Lascamento (spalling) por esmagamento (crushing).

Figura 20.17 – Lascamento (spalling) por esmagamento com camadas prestes a se destacar.

Deformação

A deformação é caracterizada pelo fato de o material do flanco do dente se deformar plasticamente sob a ação de uma sobrecarga. O fenômeno é mais frequente nos materiais de baixa dureza superficial, nos quais o limite de resistência do material é ultrapassado de maneira a não resistir a pressão imposta.

Depressão (indentation)

Trata-se de um rebaixamento observado nos flancos dos dentes, provocado por carga excessiva conjuntamente com partículas que se desprendem dos dentes e demais corpos estranhos que penetram na zona de contato, ocasionando o dano.

Depressões pouco profundas nos flancos dos dentes ocorrem com maior frequência (foto da Figura 20.18). Depressões maiores podem ser acompanhadas por outros tipos de falha como, por exemplo, pites destrutivos (veja a Figura 20.19).

Solução imediata: Substituir ou filtrar o óleo, reduzir a carga ou cuidar para que não haja sobrecarga.

Correção futura: Utilizar um aço e tratamento térmico adequados às solicitações.

Avarias dos dentes

Figura 20.18 – Depressão (indentation) nos flancos dos dentes.

Figura 20.19 – Depressão nos flancos dos dentes associada a pites destrutivos.

Ondulação (rippling)

É um tipo de deformação plástica observada com maior frequência em dentes cementados, temperados e revenidos. A superfície afetada é levemente ondulada, caracterizada pela aparência de escamas perpendiculares à direção do deslizamento.

Esse tipo de falha é, frequentemente, associado às baixas velocidades de operação, em dirtude da incapacidade do lubrificante gerar um filme com espessura adequada para separar os flancos em contato (efeito elasto-hidrodinâmico). Este fenômeno, combinado com cargas muito altas e vibração pode, realmente, gerar a ondulação ou rippling, que nem sempre é considerada uma falha, a menos que progrida a um estágio avançado.

Solução imediata: Eliminar as causas geradoras, como excesso de carga e vibração, além de ajustar a viscosidade do óleo e/ou empregar aditivos para altas pressões. Um aumento da velocidade, se possível adotar, também pode ajudar.

Correção futura: Utilizar um aço com maior resistência à deformação plástica. Se o material não for suficientemente duro, a ondulação pode ser prevenida com a adoção de aços para cementação e durezas em torno de 60 HRc.

Fluência (rolling and peening)

As deformações dos flancos dos dentes denominados *rolling and peening*, que traduzimos por *fluência* e que descreve adequadamente o fenômeno, normalmente ocorrem juntos, em decorrência da ação do deslizamento sob excessiva carga uniforme e impactos devidos à ação incorreta dos dentes. São caracterizados por rebarbas na extremidade dos dentes, produzidas pelo escoamento do material. Esse tipo de deformação costuma ocorrer em materiais não endurecidos, mas ocasionalmente é observada também em aços temperados.

Fratura do dente

A fratura de um dente ou de uma parte substancial dele pode ser considerada como o tipo mais grave de falha por dois motivos:

Primeiro, porque interrompe a transmissão, exigindo a substituição imediata das peças.

Segundo, porque as partes rompidas que se soltam, podem danificar outros componentes do conjunto como, por exemplo, eixos, rolamentos, entre outros.

A fratura do dente pode ser causada por um ou mais impactos de alta intensidade (sobrecarga) ou por fadiga de flexão.

Fratura por sobrecarga

A fratura por sobrecarga é consequência de um ou mais impactos de alta intensidade, muito acima daqueles que o dente é capaz de resistir. A seção fraturada terá uma aparência fosca, sedosa e não deformada em materiais duros. Já, em materiais dúcteis, a superfície fraturada terá uma aparência fibrosa, brilhante e severamente deformada. Pode resultar, por exemplo, da interferência de outros componentes da máquina como falha de rolamentos, operação inadequada como uma reversão brusca à plena carga, processamento de um produto com dureza ou tamanho muito acima daquele para qual a máquina foi concebida, peças de materiais estranhos que passam pelo engrenamento, carga mal distribuida ao longo da largura do dente (concentrada em uma das laterais), baixo grau de recobrimento de perfil etc. Em razão das causas citadas, esse tipo de fratura nem sempre pode ser atribuído a um projeto ruim ou a uma fabricação defeituosa. As fotos das Figuras 20.20 e 20.21 mostram dentados nos quais a distância (ou duração) de contato é muito pequena e, consequentemente, há baixo grau de recobrimento de perfil. Isso sim pode ser atribuido a um projeto ruim. Além disso, a carga estava mal distribuida ao longo da largura dos dentes, provocando as fraturas em uma das laterais.

Figura 20.20 – Fratura por sobrecarga – caso 1.

Fratura por fadiga de flexão

A fratura por fadiga de flexão, talvez seja a mais comum das falhas por quebra. É resultado da ação repetitiva de tensão superior ou próxima ao limite de resistência à fadiga do material. Tal tensão pode ser gerada como consequência de diversas causas. É então gerada uma minúscula trinca na seção de maior tensão, do lado do dente que suporta a carga (lado de tração). Essa seção é conhecida como seção crítica S_{Fn} (veja a Figura 18.22). Se a tensão continuar, a trinca progredirá até que a seção residual do dente não suporte mais a carga. Nesse momento, o dente se romperá bruscamente. A trinca poderá, também, ter início em uma inclusão de impureza, marca de ferramenta, e outros pontos nos quais as tensões podem se concentrar.

A superfície fraturada consiste de duas zonas diferentes: a superfície fraturada por fadiga e a superfície fraturada bruscamente (superfície residual).

A superfície fraturada por fadiga é caracterizada por uma série de linhas de contorno a um ponto focal, que lembram marcas de praia (formação deixada na areia pelas ondas do mar). É plana, fosca e aveludada. No caso em que o ponto de origem da trinca é subsuperficial, o ponto focal (olho) aparecerá com um forte brilho. A superfície fraturada bruscamente é rugosa.

Observe na Figura 20.22, que a posição da carga (indicada pela seta) está na extremidade do dente, posição esta, totalmente favorável à formação de uma

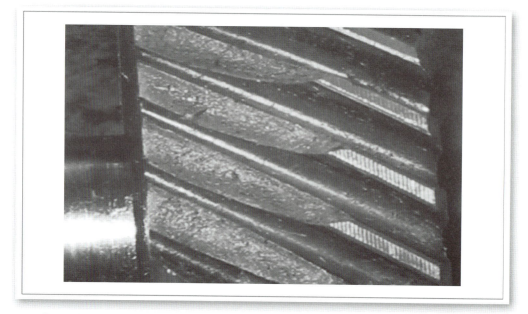

Figura 20.21 – Fratura por sobrecarga – caso 2.

Avarias dos dentes

trinca que se inicia no canto da face e progride para a falha completa. O caminho seguido pela trinca pode ser ao longo do pé do dente ou diagonalmente para cima, em direção à cabeça. No exemplo mostrado nessa foto, a largura do dente é pequena, portanto, houve fratura total. Em dentes com largura maior, a fratura poderia ser parcial (fratura de canto).

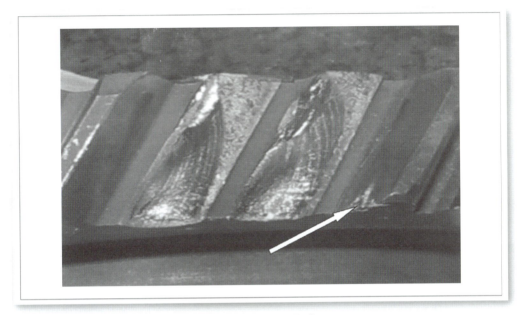

Figura 20.22 – Foto de uma fratura por fadiga de flexão.

Índice de Ilustrações

Capítulo 1 Potência e Torque

Referência	Descrição	Página
1.1	Estudo do engenheiro James Watt sobre potência	2
1.2	Cavalo de J. Watt içando 152,2 kg de carvão	3
1.3	Cavalo de J. Watt içando 456,6 kg de carvão	3
1.4	Cavalo de J. Watt tentando içar 4566 kg de carvão	4
1.5	Cavalo de J. Watt tentando correr à velocidade de 137 km/h	5
1.6	Torque – momento de alavanca	6
1.7	Alavanca aumentando a velocidade do objeto	7
1.8	Alavanca diminuindo a força exercida	7
1.9	Relação de transmissão – ganho de torque	8
1.10	Relação de transmissão – ganho de velocidade	9

Capítulo 2 Função da engrenagem

Referência	Descrição	Página
2.1	Analogia entre diferentes meios de transmissão	12
2.2	Relação de transmissão	13
2.3	Influência de uma roda intermediária	13
2.4	Sistema de engrenagens montadas em série	14
2.5	Sistema de engrenagens com dois estágios de redução	15
2.6	Cavalo de J. Watt içando 4566 kg de carvão de uma só vez	16

Capítulo 3 Involutometria do dente

Referência	Descrição	Página
3.1	Os elementos do dente – dentado externo	18
3.2	Os elementos do dente – dentado interno	19
3.3	A curva evolvente	19
3.4	A evolvente no dente da roda	20
3.5	A evolvente traçada a partir da correia sobre as polias	21
3.6	A evolvente conjugada, traçada a partir da correia sobre as polias	21
3.7	A evolvente recortada nos gabaritos traçados	22
3.8	Traçado de sucessivas evolventes homólogas	23
3.9	Traçado de sucessivas evolventes homólogas e anti-homólogas	23
3.10	Diferentes meios de transmissão sobrepostos	24
3.11	Engrenagem evolvente (A) *versus* engrenagem de estacas (B)	25
3.12	Distância entre centros aumentada	27
3.13	Método numérico – dicotomia ou bissecção	28
3.14	Planilha eletrônica – método da bissecção	30
3.15	Tangente entre a evolvente e a trocoide – corte com hob	33
3.16	Tangente entre a evolvente e a trocoide – corte com shaper	34
3.17	Intersecção entre a evolvente e a trocoide – corte com hob	36
3.18	Intersecção entre a evolvente e a trocoide – corte com shaper	38
3.19	Traçado da evolvente externa	47
3.20	Tangência entre a evolvente e a trocoide para dentes internos	49
3.21	Traçado da evolvente interna	50
3.22	Deslizamento relativo entre os flancos dos dentes externos	52
3.23	Deslizamento relativo entre os flancos dos dentes internos	52

Índice de ilustrações

Referência	Descrição	Página
3.24	Rolamento puro e deslizamento relativo	53
3.25	Deslizamento relativo com a distância entre centros aumentada	54
3.26	Pinhão e cremalheira recortados nos gabaritos traçados	56
3.27	Princípios básicos da engrenagem com perfil evolvente	58
3.28	Princípios básicos da engrenagem com perfil evolvente acrescido dos dentes	58
3.29	Distância entre centros para pinhão e cremalheira	59
3.30	Cicloides	61
3.31	Epicicloide alongada – Trocoide	62
3.32	Trocoide primitiva e filete trocoidal	63
3.33	Perfil de referência com raio de crista total	63
3.34	Raio de crista da ferramenta geradora	64
3.35	A trocoide no dente da roda	65
3.36	Traçado do filete trocoidal	66
3.37	Distribuição dos raios da trocoide primitiva ext. $r_{tp1}, r_{tp2}, r_{tp3},..., r_{tp20}$	70
3.38	Espessura crítica do dente em rodas com deslocamento de perfil (A) e com deslocamento de perfil (B)	72
3.39	Filete trocoidal interno	73
3.40	Distribuição dos raios da trocoide primitiva int. $r_{tp1}, r_{tp2}, r_{tp3},..., r_{tp20}$	80
3.41	Raio na cabeça e no pé do dente – dentes externos e internos	81
3.42	O chanfro no dente da roda	88
3.43	Chanfro na cabeça do dente – dente externo	89
3.44	Espessura da cabeça considerando-se o chanfro	93
3.45	Perfil de referência	94
3.46	Diâmetro de pé (d_f)	94
3.47	Determinação do diâmetro de pé	96
3.48	Diâmetro de cabeça em função da espessura de cabeça – dentes externos	100
3.49	Diâmetro de cabeça em função da espessura de cabeça – dentes internos	101
3.50	Involutometria do dente externo	104
3.51	Involutometria do dente interno	105
3.52	Geração do dentado externo	106
3.53	O hob – caracol	106

Capítulo 4 Tipos de engrenamento

Referência	Descrição	Página
4.1	Tipos de engrenamento	108
4.2	Esquema de um sistema planetário	110

Capítulo 5 Definições

Referência	Descrição	Página
5.1	Direção da hélice em rodas dentadas externas	115
5.2	Direção da hélice em rodas dentadas internas	115
5.3	Planos de trabalho	116
5.4	Posição dos flancos	117
5.5	Evoluta de uma curva	118
5.6	Evoluta da evolvente	118
5.7	Involuta do ângulo e evoluta da curva	119
5.8	Involuta do ângulo de perfil	120

Capítulo 6 Uso prático da involuta do ângulo

Referência	Descrição	Página
6.1	Graus decimais, sexagesimais e radianos	122
6.2	Aplicação da involuta do ângulo para a determinação da espessura de cabeça	124
6.3	Cálculo de (x) em função de inv(x) – método de Newton e Raphson	125
6.4	Aplicação da involuta do ângulo para o cálculo da dimensão sobre rolos	128
6.5	Dimensão sobre rolos em rodas com número ímpar de dentes	129

Capítulo 7 Características geométricas

Referência	Descrição	Página
7.1	Número de dentes reduzido sem deslocamento de perfil	134
7.2	Número de dentes reduzido com deslocamento de perfil	135
7.3	Número de dentes mínimo sem deslocamento de perfil	136
7.4	Jogo de rodas 16 x 52	138
7.5	Jogo de rodas 16 x 53	139
7.6	Jogo de rodas 16 x 54	140
7.7	Jogo de rodas 16 x 55	141
7.8	Jogo de rodas 17 x 55	142
7.9	Jogo de rodas 17 x 56	143
7.10	Módulo e diametral pitch	146
7.11	Ângulo de perfil	147
7.12	Ângulo de pressão	148
7.13	Diâmetro primitivo d_w	152

Índice de ilustrações

Referência	Descrição	Página
7.14	Engrenamento zero	152
7.15	Engrenamento Vzero	153
7.16	Engrenamento V	154
7.17	Hélice	155
7.18	Passo	168
7.19	Passo normal e passo transversal	169
7.20	Passo base	170
7.21	Relações entre os passos base	171
7.22	Deslocamento do perfil	172
7.23	Dentes deslocados sobrepostos	172
7.24	Perfis deslocados nos dentados externos e internos	183

Capítulo 8 Ajuste das engrenagens

Referência	Descrição	Página
8.1	Jogo entre flancos	189
8.2	Jogo entre flancos em cinco condições distintas	191
8.3	Gráficos do jogo entre flancos de serviço	195
8.4	Espessura circular e espessura cordal do dente	200
8.5	Espessura do dente e dimensão do vão	201
8.6	Afastamento e tolerância para a espessura do dente	204
8.7	Círculos úteis de pé e de cabeça do dente para par externo/externo	208
8.8	Círculos úteis de pé e de cabeça do dente para par externo/interno	208
8.9	Diâmetro de cabeça sem deslocamento de perfil – dentes rebaixados	211
8.10	Diâmetro de cabeça sem e com deslocamento de perfil – dentes padronizados	212
8.11	Diâmetro de cabeça sem e com deslocamento de perfil – dentes alongados	212
8.12	Diâmetro de cabeça sem e com deslocamento de perfil – dentes pontudos	213
8.13	Correção de addendum	213
8.14	Falso engrenamento	214
8.15	Diâmetro de início do chanfro x diâmetro útil de cabeça – par externo/interno	219
8.16	Interferência no engrenamento externo/interno	219
8.17	Possibilidade de montagem radial do pinhão na roda com dentes internos	222

Capítulo 9 Grau de recobrimento

Referência	Descrição	Página
9.1	Distância de contato, de acesso e de recesso	226
9.2	Grau de recobrimento de perfil	227
9.3	Influência do grau de recobrimento de perfil sobre o ruído	228
9.4	Grau de recobrimento de perfil baixo	229
9.5	Grau de recobrimento de perfil alto	229
9.6	Grau de recobrimento de perfil ideal	230
9.7	Grau de recobrimento de perfil – par externo/interno	230
9.8	Grau de recobrimento de hélice	235
9.9	Roda com dentes helicoidais	235

Capítulo 10 Modificação dos flancos dos dentes

Referência	Descrição	Página
10.1	Interferência promovida por deformação do flanco do dente	238
10.2	Modificação do perfil evolvente	238
10.3	Choque na entrada dos dentes	240
10.4	Região de simples e duplo contato entre os dentes – início do contato duplo	241
10.5	Região de simples e duplo contato entre os dentes – início do contato simples	241
10.6	Região de simples e duplo contato entre os dentes	242
10.7	Limites para o perfil evolvente	248
10.8	Flexão do eixo – zona de contato	249
10.9	Fratura parcial do dente	249
10.10	Modificação na linha de flancos	250
10.11	Abaulamento na linha de flancos	251

Capítulo 11 Controle dimensional

Referência	Descrição	Página
11.1	Dimensão W (sobre k dentes consecutivos)	255
11.2	Limitação na dimensão W em função da largura do dentado	256
11.3	Cuidados na tomada da dimensão W	256
11.4	Dimensão W sobre flancos modificados	257

Índice de ilustrações

Referência	Descrição	Página
11.5	Dimensão W em rodas com dentes internos	257
11.6	Dimensão M (sobre dois rolos ou esferas)	260
11.7	Dimensão M em cremalheiras	260
11.8	Dimensão M em dentados helicoidais	261
11.9	Dimensão M em dentes abaulados	262
11.10	Dimensão M (entre dois rolos) para dentado interno	263
11.11	Dimensão M entre dois rolos facetados	264
11.12	Ponto de contato da esfera nas rodas externas helicoidais	268
11.13	Ponto de contato da esfera nas rodas internas helicoidais	269
11.14	Desvio de excentricidade (F_r)	271
11.15	Flutuação das espessuras dos dentes (R_s)	272
11.16	Desvio de passo (divisão)	273
11.17	Desvio acumulado em um setor de k passos	275
11.18	Desvio de passo base normal (f_{pe})	276
11.19	Desvio de hélice	279
11.20	Desvio de hélice com abaulamento (crowning)	280
11.21	Análise dos gráficos – desvios contra e a favor da hélice	282
11.22	Análise dos gráficos – embaralhamento das hélices	283
11.23	Análise dos gráficos – desvio de forma axial e abaulamento	284
11.24	Perfil fresado com hob e perfil rasqueteado	287
11.25	Desvio do perfil evolvente	288
11.26	Desvio do perfil evolvente com modificação	288
11.27	Verificação da evolvente com número de dentes pequeno	289
11.28	Verificação da evolvente com número de dentes grande	290
11.29	Perfil antes e depois do tratamento térmico	290
11.30	Deslocamento radial de transmissão	292
11.31	Dispositivo universal para medir o deslocamento radial de transmissão	294
11.32	Interferência na medição do deslocamento de transmissão radial	295
11.33	Contato insuficiente na medição do deslocamento de transmissão radial	295
11.34	Medição do deslocamento de transmissão radial em rodas largas	296
11.35	Medição do deslocamento de transmissão radial com força excessiva	296
11.36	Deslocamento tangencial de transmissão	297
11.37	Dispositivo universal para medir o deslocamento tangencial de transmissão	299

Capítulo 12 Análise Geométrica

Referência	Descrição	Página
12.1	Análise geométrica	302
12.2	Análise geométrica – dimensão equivocada	303
12.3	Raio base em função das dimensões sobre rolos – dentes retos externos	304
12.4	Determinação de C_g e C_p em função de N_g e N_p em dentado externo	306
12.5	Determinação de C_g e C_p em função de N_g e N_p em dentado interno	307
12.6	Perfil de referência com ângulo de perfil = 14°30' e módulo = 1,940	309
12.7	Perfil de referência com ângulo de perfil = 20°00' e módulo = 2,000	309
12.8	Perfil de referência com ângulo de perfil = 30°00' e módulo = 2,169	310
12.9	Perfis gerados com α = 14°30', 20°00' e 30°00' sobrepostos	311
12.10	Diâmetro de cabeça em função da dimensão sobre cristas	312
12.11	Medição do ângulo de hélice	313
12.12	Determinação do ângulo de hélice sobre o diâmetro de referência	315
12.13	Raio base em função das dimensões sobre rolos – dentes helicoidais	316
12.14	Instrumento comparador para passo base	318
12.15	Planilha eletrônica, método da bissecção – cálculo $r_b = f(d_M)$, dentes externos 1	320
12.16	Planilha eletrônica, método da bissecção – cálculo $r_b = f(d_M)$, dentes externos 2	323
12.17	Raio base em função das dimensões entre rolos – dentes retos internos	325
12.18	Raio base em função das dimensões entre rolos – dentes helicoidais internos	325
12.19	Planilha eletrônica, método da bissecção – $r_b = f(d_M)$, dentes internos 1	327
12.20	Planilha eletrônica, método da bissecção – $r_b = f(d_M)$, dentes internos 2	329

Capítulo 13 Desenho do produto

Referência	Descrição	Página
13.1	Desenho do produto	332

Capítulo 14 Processo de fabricação

Referência	Descrição	Página
14.1	Folha de processo	334
14.2	Folha de processo – Serrar barra, Operação 10	335

Índice de ilustrações

Referência	Descrição	Página
14.3	Folha de processo – Tornear lado da engrenagem, Operação 20	336
14.4	Folha de processo – Tornear lado do cubo, Operação 30	337
14.5	Folha de processo – Gerar dentes, Operação 40	337
14.6	Folha de processo – Rasquetear dentes, Operação 50	338
14.7	Folha de processo – Tratar termicamente, Operação 70	338
14.8	Folha de processo – Retificar furo e face do cubo, Operação 80	339
14.9	Folha de processo – Retificar face lado do dentado, Operação 90	339
14.10	Folha de processo – Bruto forjado, alternativa à Operação 10	340
14.11	Dispositivo para gerar dentes – locação correta da peça	342
14.12	Dispositivo para gerar dentes – locação incorreta da peça	342
14.13	Dispositivo para gerar dentes – locação entre pontas e arraste frontal	343
14.14	Dispositivo para gerar dentes – locação entre pontas e arraste pelo furo de centro	344
14.15	Dispositivo para gerar dentes – locação por copo de atrito	345
14.16	Dispositivo para gerar dentes – locação com pinos	346
14.17	Grau de dificuldade na operação de acabamento dos flancos dos dentes	347
14.18	Geração de dentes com fresa tipo hob	348
14.19	Deslocamento do hob em função da dimensão W ($W_i - W_f$)	350
14.20	Avanço radial e tangencial do hob	350
14.21	Avanço diagonal do hob	351
14.22	Sistema de corte com hob	352
14.23	Influência do número de entradas do hob	355
14.24	Irregularidades do flanco devidas ao corte com hob	356
14.25	Resolução do flanco do dente em função do número de entradas do hob	360
14.26	Resolução do flanco do dente em função do número de lâminas do hob	360
14.27	Distribuição dos segmentos de retas – z_2 par, z_0 ímpar, 2 entradas	361
14.28	Distribuição dos segmentos de retas – z_2 ímpar, z_0 par, 2 entradas	362
14.29	Distribuição dos segmentos de retas – z_2 ímpar, z_0 ímpar, 2 entradas	362
14.30	Esquema de distribuição dos segmentos de retas – z_2 ímpar	363
14.31	Influência do número de entradas do hob	364
14.32	Erro típico de divisão gerado – z_2 par, hob com duas entradas	365
14.33	Erro típico de divisão gerado – z_2 ímpar, hob com duas entradas	365
14.34	Máxima espessura do cavaco cortado com hob	367

Referência	Descrição	Página
14.35	Protuberância da crista do hob	370
14.36	Involutometria do dente produzida por um hob com protuberância	370
14.37	Aproveitamento do hob – shifting	372
14.38	Dispositivos autocentrantes	377
14.39	Dispositivos para aplainar dentes com shaper	377
14.40	Embaralhamento de hélice e evolvente	379
14.41	Embaralhamento de hélice no fresamento com hob	380
14.42	Linha de flanco irregular no fresamento com hob	380
14.43	Erro de inclinação da hélice no fresamento com hob	381
14.44	Erro no perfil evolvente no fresamento com hob – caso 1	382
14.45	Erro no perfil evolvente no fresamento com hob – caso 2	382
14.46	Erro no perfil evolvente no fresamento com hob – caso 3	383
14.47	Erro no perfil evolvente no fresamento com hob – caso 4	383
14.48	Perfil em forma de "S" e flancos simétricos	384
14.49	Perfil em forma de "S" e flancos assimétricos	384
14.50	Variação na forma do perfil evolvente no fresamento com hob	385
14.51	Irregularidade do perfil evolvente no fresamento com hob	385
14.52	Geração de dentes pelo processo shaping	386
14.53	Comparação entre os processos hobbing e shaping	387
14.54	Tipos de cortadores shaping	387
14.55	Propriedades do processo shaping – estratégias de avanço	388
14.56	Erro composto radial com descontinuidade no aplainamento	390
14.57	Erro de inclinação do perfil no aplainamento e flancos simétricos – 1	390
14.58	Erro de inclinação do perfil no aplainamento e flancos simétricos – 2	391
14.59	Erro de inclinação do perfil no aplainamento e flancos assimétricos	391
14.60	Processo de rasqueteamento (shaving)	393
14.61	Princípio dos eixos reversos em relação à pressão	394
14.62	Velocidades de deslizamento de perfil no processo de rasqueteamento	395
14.63	Princípio dos eixos reversos em relação ao deslizamento	396
14.64	Direção de corte no processo de rasqueteamento	398
14.65	Comparação entre os procedimentos de rasqueteamento	399
14.66	Rasqueteamento em contato par	402
14.67	Corte pré-rasqueteamento sem protuberância	405
14.68	Corte pré-rasqueteamento com protuberância	406

Índice de ilustrações

Referência	Descrição	Página
14.69	Pré-rasqueteamento com baixo avanço do hob em dente reto	407
14.70	Pré-rasqueteamento com alto avanço do hob em dente reto	407
14.71	Pré-rasqueteamento com alto avanço do hob em dente helicoidal	408
14.72	Dispositivo tipo plug com flanges para rasqueteamento	408
14.73	Dispositivo tipo plug para rasqueteamento	409
14.74	Dispositivo com porca para rasqueteamento	410
14.75	Definição de HOP e HOD nas ferramentas para rasquetear	413
14.76	Erro de inclinação da hélice	413
14.77	Conicidade da linha de flancos	414
14.78	Variação (embaralhamento) da linha de flancos	414
14.79	Irregularidade na linha de flancos	415
14.80	Erro de abaulamento ou depressão na linha de flancos	415
14.81	Erro básico de perfil evolvente	416
14.82	Irregularidade de perfil (depressão) próximo ao pé do dente	416
14.83	Irregularidade de perfil entre os dentes	417
14.84	Variação (embaralhamento) do perfil	417
14.85	Perfis assimétricos	418
14.86	Perfil positivo na cabeça do dente	418
14.87	Perfil negativo na cabeça do dente	419
14.88	Perfil rasqueteado com acabamento ruim	419
14.89	Perfil com depressão	420
14.90	Perfil evolvente com forma de "S"	420
14.91	Excentricidade no rasqueteamento	421
14.92	Erro de passo no rasqueteamento	421
14.93	Variação das espessuras dos dentes no rasqueteamento	422
14.94	Evolvente curta com ressalto no flanco próximo ao pé do dente	422
14.95	Degrau no perfil trocoidal	423
14.96	Desengrenamento da ferramenta durante a operação com colisão	423
14.97	Retificação dos dentes por forma e por geração	424
14.98	Qualidade do perfil e hélice antes e depois da retificação dos dentes	427
14.99	Qualidade do passo antes e depois da retificação dos dentes	429
14.100	Flancos pré-retificados	430
14.101	Retificação por forma *versus* por geração – perfil e hélice	431
14.102	Retificação por forma *versus* por geração – passo	432

Capítulo 15 Materiais e Tratamento Térmico

Referência	Descrição	Página
Quadros		
15.1	Grupos de materiais	434
15.2	Qualidade ML para o material e para o tratamento térmico	443
15.3	Qualidade MQ para o material e para o tratamento térmico	444
15.4	Qualidade ME para o material e para o tratamento térmico	444
Figuras		
15.1	Profundidade da camada cementada	437
15.2	Padrões para tratamento térmico por chamas	441
15.3	Limites de resistência à flexão segundo normas ISO 6336 ou DIN 3990, Parte 5	442
15.4	Limites de resistência à pressão segundo normas ISO 6336 ou DIN 3990, Parte 5	446

Capítulo 16 Jateamento

Referência	Descrição	Página
16.1	Shot peening – tensões geradas na plaqueta de Almen	451
16.2	Shot peening – método de Almen	453
16.3	Shot peening – superfícies jateadas	454
16.4	Shot peening – curva de saturação	455
16.5	Curva típica da tensão residual sobre uma engrenagem cementada	457

Capítulo 17 Lubrificação

Referência	Descrição	Página
Figura		
17.1	Injeção de lubrificante sobre o dente	466
Quadro		
17.1	Condições de trabalho que podem reduzir a vida útil das engrenagens	469

Capítulo 18 Projeto de um par de engrenagens cilíndricas externa

Referência	Descrição	Página
18.1	Critérios para o cálculo da capacidade de carga	473
18.2	Exigências básicas para o projeto de um par de engrenagens	475

Índice de ilustrações

Referência	Descrição	Página
18.3	Coeficientes de segurança mínimos	485
18.4	Arranjos físicos 1 e 2	488
18.5	Arranjos físicos 3 e 4	488
18.6	Arranjos físicos 5 e 6	489
18.7	Arranjo físico 7	489
18.8	Roda motora em relação ao eixo	490
18.9	Extensão de contato e larguras efetivas dos dentes	510
18.10	Espessura da região anelar	520
18.11	Esquema do eixo e roda motora do 1º estágio do redutor	520
18.12	Corpo da engrenagem	521
18.13	Histograma de utilização	537
18.14	Forças no dente	545
18.15	Setor de funcionamento das engrenagens	552
18.16	Definição de vários diâmetros	554
18.17	Efeito do erro de distorção na distribuição da carga	570
18.18	Distribuição linear da carga por unidade de largura do dente	577
18.19	Fator de vida útil Z_{NT} e Z_{GT}	596
18.20	Perfil de referência com protuberância	600
18.21	Perfil de referência sem protuberância	600
18.22	Espessura cordal normal na seção crítica do dente	601
18.23	Parâmetros para a determinação de Y_F em dentado interno	604
18.24	Tensão de contato – início – posição 1	623
18.25	Tensão de contato – meio – posição 2	624
18.26	Tensão de contato – fim – posição 3	624

Capítulo 19 Capacidade de carga de um par externo/interno

Referência	Descrição	Página
19.1	Par de engrenagens externa/interna	690

Capítulo 20 Avarias dos dentes

Referência	Descrição	Página
20.1	Foto na qual se pode observar um desgaste normal	740
20.2	Foto de engrenagem apresentando um desgaste moderado	741
20.3	Foto que ilustra um desgaste abrasivo	742

Referência	Descrição	Página
20.4	Foto que ilustra o desgaste por vinco (scoring)	743
20.5	Foto que ilustra o desgaste por raspagem (scuffing)	744
20.6	Foto que apresenta um exemplo do efeito do superaquecimento	746
20.7	Distribuição de tensões de duas superfícies em contato	747
20.8	Combinação de rolamento e deslizamento nos dentes das engrenagens	748
20.9	Pites iniciais (initial pitting) localizados	750
20.10	Pites iniciais (initial pitting) distribuídos por toda a linha de flanco	750
20.11	Progressão dos pites	751
20.12	Pites destrutivos (destructive pitting)	752
20.13	Micropites (micropitting)	753
20.14	Micropites (micropitting) em estado avançado	753
20.15	Lascamento (spalling) por junção dos pites	754
20.16	Lascamento (spalling) por esmagamento (crushing)	755
20.17	Lascamento por esmagamento com camadas prestes a se destacar	756
20.18	Depressão (Indentation) nos flancos dos dentes	757
20.19	Depressão nos flancos dos dentes associada a pites destrutivos	757
20.20	Fratura por sobrecarga – caso 1	759
20.21	Fratura por sobrecarga – caso 2	760
20.22	Foto de uma fratura por fadiga de flexão	761

Notação utilizada neste livro

Equações ou termos auxiliares
A, B, C, D,...........Q.[1]

Subscritos dos pontos que formam uma curva
1, 2, 3, 4,......n

Subscritos dos símbolos

a	Referente à cabeça do dente
b	Referente ao círculo base
f	Referente ao pé do dente
i	Representa os índices de uma tabela ou dos pontos que formam uma curva
min	Representa o valor mínimo de uma grandeza qualquer
max	Representa o valor máximo de uma grandeza qualquer
n	Referente à seção normal e referente a uma roda virtual
t	Referente à seção transversal

---

[1] Estas letras podem também notar grandezas como, por exemplo, força (F), módulo de elasticidade (E) entre outras. Nestes casos uma nota explícita acompanha a equação onde ela é aplicada.

Subscritos dos símbolos

y	Referente a um círculo qualquer (genérico)
α	Referente ao perfil evolvente
β	Referente à hélice
0	Referente à ferramenta
1	Referente ao pinhão | eixo de entrada
2	Referente à coroa | eixo de saída
∠	Representa a curva de desenvolvimento angular
_	Representa a curva de desenvolvimento linear

Abreviações

AG	Análise geométrica
DR	Deslocamento radial
DT	Deslocamento tangencial
EID	Erros individuais do dentado
IMD	Instante de máxima diferença de temperatura entre a caixa e as rodas
LA	Linha de ação
LF	Linha de flancos
Mat	Material
MR	Montagem radial do pinhão em uma roda com dentes internos
P	Ponto
PR	Perfil de referência
pto	Ponto
$rot_{pç}$	Rotação da peça (ou da mesa da máquina)
RPM	Rotações por minuto
RV	Raio vetor
TP	Trocoide primitiva
TT	Tratamento térmico
UL	Unidade de largura

Símbolo	Descrição	Referência	Unidade
a	Distância entre centros	(7.1), (7.2), (7.3)	mm
a"	Distância entre centros sem jogo entre flancos	(7.6)	mm
a_0	Distância entre centros - roda e shaper	dado	mm
A_a	Tolerância para distância entre centros	(7.8)	mm
a_d	Distância entre centros standard	(7.4)	mm

Notação utilizada neste livro

Símbolo	Descrição	Referência	Unidade
A_{da}	Tolerância para o diâmetro de cabeça	(3.150)	mm
A_{df}	Tolerância para o diâmetro de pé	(3.139)	mm
A_{dNk}	Tolerância para o diâmetro de início do chanfro	(3.127)	mm
A_{sne}	Afastamento sobre a espessura do dente	página 201	mm
a_p	Avanço para rasquetear	(14.27)	mm/rot
b	Largura do dentado	(18.4)	mm
b_B	Largura de uma hélice nas rodas bi helicoidais	dado	mm
b_c	Extensão de contato	figura 18.9	mm
b_{cal}	Largura de cálculo	(18.118), (18.121)	mm
b_M	Diâmetro do disco do micrômetro	figura 11.2	mm
b_p	Largura do dentado preferencial	figura 11.4	mm
b_s	Espessura da alma	figura 18.12	mm
C	Centro da roda ao centro do rolo	(11.23), (11.29), (11.36), (11.42)	mm
c	Folga no pé dos dentes	figura 3.47	mm
c'	Valor máximo da rigidez por unidade de largura	(18.42), (18.44), (18.46)	N/(mm.μm)
c'_{th}	Máximo valor teórico de rigidez	(18.34)	N/(mm.μm)
C_a	Comprimento do chanfro de cabeça	(3.121)	mm
C_B	Fator de perfil de referência	(18.39), (18.40), (18.41)	–
C_{Cdil}	Coeficiente de dilatação da caixa	dado	–
C_g	Dist. entre os centros da roda e do rolo maior	(12.8), (18.13)	mm
C_K	Valor do recuo da evolvente	(10.30), (10.31)	mm
C_M	Fator de correção	(18.35)	–
C_p	Dist. entre os centros da roda e do rolo menor	(12.8), (12.14)	mm
C_R	Fator de blank da coroa	(18.36), (18.38)	–
C_{Rdil1}	Coeficiente de dilatação do pinhão	dado	–
C_{Rdil2}	Coeficiente de dilatação da coroa	dado	–
C_{si}	Folga no pé dos dentes mínima	figura 3.47	mm
C_{ss}	Folga no pé dos dentes máxima	figura 3.47	mm
c_v	Ordenada da linha primitiva do PR	(3.60)	mm
C_{ZL}	Fator auxiliar para determinação de Z_L	(18.140), (18.141), (18.142)	–
C_{ZV}	Fator auxiliar para determinação de Z_V	(18.148)	–
C_β	Altura do abaulamento de largura	(11.67), (11.68), (11.69), (11.70)	μm

Símbolo	Descrição	Referência	Unidade
c_γ	Rigidez do engrenamento	(18.47)	N/(mm.μm)
d	Diâmetro de referência	(7.30)	mm
d_a	Diâmetro de cabeça	(3.147)	mm
d_{a0}	Diâmetro do hob | diâmetro de cab. do shaper	dado	mm
$d_{amáx}$	Diâmetro máximo de cabeça	(3.141)	mm
d_b	Diâmetro de base	(6.14), página 25	mm
d_{bNk}	Diâmetro base do chanfro (semi-topping)	(3.130)	mm
d_{en}	Diâm. do pto ext. de contato individual virtual	(18.213)	mm
d_f	Diâmetro de pé	(3.138)	mm
d_{f1}	Diâmetro de pé do pinhão	(3.136), ver também d_f	mm
d_{f2}	Diâmetro de pé da coroa	(3.137), ver também d_f	mm
D_H	Deslocamento radial do hob	(14.1)	mm
d_k	Dimensão sobre cristas	dado	mm
D_M	Diâmetro do rolo ou esfera para Md	(11.21), tabela 11.1	mm
d_M	Diâmetro do pto de tangência do rolo ou esfera	(11.27)	mm
D_{Mg}	Diâmetro do rolo maior para a AG	dado	mm
D_{Mp}	Diâmetro do rolo menor para a AG	dado	mm
d_{Na1}	Diâmetro útil de cabeça da roda 1	(8.76)	mm
d_{Na2}	Diâmetro útil de cabeça da roda 2	(8.70), (8.71), (8.72)	mm
d_{Nf1}	Diâmetro útil de pé da roda 1	(8.65)	mm
d_{Nf2}	Diâmetro útil de pé da roda 2	(8.66)	mm
d_{Nk}	Diâmetro de início do chanfro	(3.126)	mm
d_{Nki}	Limite inferior para primeira estimativa de d_{Nk}	página 91	mm
d_{Nkf}	Limite superior para primeira estimativa de d_{Nk}	página 91	mm
d_p	Diâmetro de referência preferencial	tabela 11.3	mm
d_{sh}	Diâmetro do eixo para cálculo de flexão	dado	mm
d_u	Diâmetro onde inicia a evolvente	(3.10)	mm
d_v	Diâmetro de referência deslocado	(7.31)	mm
d_w	Diâmetro primitivo	(7.32), (7.33)	mm
d_{Wt}	Diâm. do pto de contato do micrôm. na dim. W	(11.14)	mm
d_y	Diâmetro qualquer (genérico)	dado	mm
e	Base dos logaritmos neperianos	$e = 2{,}71828183$	–
E	Módulo de elasticidade combinado	(18.45)	N/mm²
E_1	Módulo de elasticidade do pinhão	página 585	N/mm²

Notação utilizada neste livro

Símbolo	Descrição	Referência	Unidade
E_2	Módulo de elasticidade da coroa	página 585	N/mm^2
Eh	Designação do material	figura 18.19	–
Eht	Profundidade da camada dura	tabela 15.2, figura 15.1	mm
F	Força	figura 18.14	kgf
	Força nominal normal sobre a LA	(18.10)	N
f	Fator para comprimento do chanfro de cabeça	página 91	–
	Fator para diâmetro de pé	página 95	–
	Fator para compensação das forças dinâmicas	página 512	–
f_a	Avanço axial da ferramenta	(14.12)	$mm/rot_{pç}$
F_{ax}	Força axial	(18.8)	N
f_B	Excentricidade dos mancais	dado	mm
F_b	Soma vetorial de F_t e F_{ax}	(18.9)	N
F_f	Desvio total do perfil evolvente	(11.71)	mm
f_f	Desvio de forma do perfil evolvente	(11.74), (11.75)	mm
$f_{H\alpha}$	Desvio angular do perfil evolvente	(11.72), (11.73)	mm
$f_{H\beta}$	Desvio angular na linha dos flancos	(11.62), (11.63), (11.64)	mm
F_i'	Deslocamento composto tangencial	(11.78), (11.79)	mm
f_i'	Salto tangencial	(11.80), (11.81)	mm
F_i''	Deslocamento composto radial	(11.76)	mm
f_i''	Salto radial	(11.77)	mm
f_L	Elasticidade do conjunto	(8.14)	mm
F_m	Carga tangencial transversal	(18.88)	N
f_{ma}	Erro de fabricação s/ modificação da hélice	(18.94), (18.95), (18.96)	µm
F_n	Força nominal transversal sobre a LA	figura 18.14	N
f_p	Desvio de passo individual	(11.49), (11.50)	mm
F_p	Erro de passo total	(11.53), (11.54)	mm
$F_{p\ z/k}$	Desvio de passo sobre uma fração	figura 11.17	mm
F_{pe}	Desvio de passo base normal	(11.57), (11.58)	mm
Fpk	Desvio de passo sobre k dentes	(11.55), (11.56)	mm
F_r	Desvio de concentricidade	(11.47)	mm
F_r'	Desvio de concentricidade medido em DT	figura 11.37	mm
F_r''	Desvio de concentricidade medido em DR	figura 11.31	mm
F_{rd}	Força radial	(18.7)	N
$F_{r\ Max}$	Excentricidade entre peça e dispositivo	(14.19)	mm

Símbolo	Descrição	Referência	Unidade
f_{Sc}	Erro de cruzamento dos eixos	dado	mm
f_{sh}	Erro devido à deformação	(18.87)	µm
f_{sh0}	Deformação do eixo sob carga específica	(18.89), (18.90), (18.91)	(µm · mm)/N
F_t	Força tangencial	(18.3)	N
F_{tGP}	Força tang. admissível à pressão com pites	(18.360), (18.363)	N
F_{tH}	Carga tang. determinante no plano transversal	(18.127)	N
F_{tHP}	Força tang. admissível à pressão sem pites	(18.354), (18.357)	N
F_{tP}	Força tangencial admissível	(18.369), (18.375)	N
f_u	Erro de divisão entre 2 passos consecutivos	(11.51), (11.52)	mm
F_β	Desvio total na linha dos flancos	(11.59), (11.60), (11.61)	mm
$f_{\beta f}$	Desvio de forma na linha dos flancos	(11.65)	mm
$f_{\beta x}$	Desalinhamento equivalente inicial	(18.102)	µm
$F_{\beta y}$	Desalinhamento equivalente efetivo	(18.111), (18.112)	µm
g_a	Distância de recesso	(3.48)	mm
g_f	Distância de acesso	(3.51)	mm
GG	Designação do material	figura 18.19	–
GGG	Designação do material	figura 18.19	–
GTS	Designação do material	figura 18.19	–
g_α	Distância de contato	(9.1)	mm
h_a	Altura cordal da cabeça do dente	(8.64)	mm
	Addendum do dente da roda	figura 3.43	mm
h_{a0}	Addendum do hob	figura 3.45	mm
HB	Dureza Brinell	dado	–
h_c	Espessura do cavaco	(14.2), (14.3)	mm
h_{Fe}	Braço de momento fletor do dente	(18.220)	mm
h_{fP}	Addendum do dente da ferramenta	(18.197)	mm
h_k	Altura da cabeça da ferramenta	(3.7)	mm
	Altura cordal da cabeça do dente	(8.64)	mm
h_{kz}	Variável auxiliar	(3.8), figura 3.15	mm
h_q	Altura entre a mediana e o chanfro no hob	(3.134)	mm
HRc	Dureza Rockwell (escala C)	dado	–
HV	Dureza Vickers	dado	–
I	Intensidade de peening	(16.1)	kg · (m/s)^2
i	Número de lâminas do hob	dado	–

Notação utilizada neste livro

Símbolo	Descrição	Referência	Unidade
i_a	Extremo inferior de um intervalo	arbitrado	mm
i_b	Extremo superior de um intervalo	arbitrado	mm
IF	Designação do material	figura 18.19	–
J^*	Momento polar de inércia / unidade de largura	(18.19), (18.20)	$kg \cdot mm^2/mm$
jn	Jogo entre flancos	ver $jn_1, jn_2, ...jn_7$	mm
jn_1	jn teórico	(8.23), (8.24)	mm
jn_2	jn com influência da tolerância de a	(8.25), (8.26)	mm
jn_3	jn com influência de f_{Sc}	(8.29), (8.30)	mm
jn_4	jn com influência dos EID	(8.33), (8.34)	mm
jn_5	jn com influência da f_B	(8.37), (8.38)	mm
jn_6	jn com influência da fL	(8.39), (8.40)	mm
jn_7	jn com influência da temperatura	(8.41), (8.42)	mm
k	Número de dentes para dimensão W	(11.1), (11.2), (11.4), (11.10)	–
	Número de passos para a dimensão N	dado	–
K	Fator de interferência para engrenam. ext/int	(8.77)	–
K'	Constante para a posição do pinhão	figuras de 18.4 até 18.7	–
k'	N° de dentes p/ dim. W não arredondado	(11.9)	–
k_a	Fator de altura do dente	(3.142)	–
K_A	Fator de aplicação	página 480	–
k_{aPer}	Percentual da altura máxima do dente	(3.153)	%
$K_{F\alpha}$	Fator de distribuição transversal de carga (raiz)	(18.130)	
$K_{F\beta}$	Fator de distribuição longitudinal de carga (raiz)	(18.122)	
$K_{H\alpha}$	Fator de distrib. transversal de carga (contato)	(18.125), (18.126)	–
$K_{H\beta}$	Fator de distrib. longitud. de carga (contato)	(18.113), (18.117), (18.120)	–
$K_{shifting}$	Sub-shifting	(14.18)	mm
K_V	Fator de dinâmica	(18.48), (18.49), (18.50), (18.51)	–
l	Distância entre os mancais	figuras de 18.4 até 18.7	mm
L	Comprimento de arco no círculo de referência	variável da equação (11.56)	mm
L_{ai}	Início do chanfro inferior	(10.2)	mm ou °
L_{as}	Início do chanfro superior	figura 10.2	mm ou °
L_{fs}	Início do perfil ativo	(10.1)	mm ou °
L_{mi}	Final do alívio inferior	(10.3)	mm ou °

Símbolo	Descrição	Referência	Unidade
L_{ms}	Início do alívio superior	(10.4)	mm ou °
$L_{shifting}$	Deslocamento axial total do hob	(14.17)	mm
m	Módulo	página 144	mm
	Média de um intervalo	página 28	mm ou °
m^*	Massa relativa indiv. por UL	(18.17), (18.18)	kg/mm
M_d	Dimensão sobre rolos ou esferas	(6.16), (6.17), (11.24), (11.25), (11.30), (11.31), (11.37), (11.38), (11.43), (11.44)	mm
ME	Designação da qualidade do material e TT	quadro 14.4	–
ML	Designação da qualidade do material e TT	quadro 15.2	–
m_n	Módulo normal	(7.14), (7.15), (12.19), (12.20)	mm
m_p	Módulo preferencial	tabela 11.2	mm
MQ	Designação da qualidade do material e TT	quadro 15.3	–
M^*_{red}	Massa reduzida equivalente	(18.16), (18.84)	kg/mm
m_t	Módulo transversal	(7.16)	mm
n	Rotação	página 25	RPM
N	Coeficiente de ressonância	(18.12)	–
Na	Variável para calcular T_{sn}	tabela 8.3	–
Nb	Variável para calcular A_{sne}	tabela 8.3	–
n_E	Rotação de ressonância	(18.15)	RPM
N_F	Expoente para cálculo de $K_{F\beta}$	((18.123), (18.124)	–
N_g	Dimensão sobre rolos maiores para AG	dado	mm
N_L	Número de ciclos (médio)	(18.185)	–
N_{LF}	Nº de ciclos de vida médio à flexão	(18.334), (18.335), (18.336), (18.337), (18.338), (18.339), (18.340), (18.341), (18.342), (18.343), (18.344), (18.345)	–
N_{LG}	Nº de ciclos de vida médio com pites	(18.304), (18.305), (18.306), (18.307)	–
N_{LH}	Nº de ciclos de vida médio sem pites	(18.301), (18.302), (18.303), (18.308), (18.309), (18.310) (18.311), (18.312), (18.313)	–

Notação utilizada neste livro

Símbolo	Descrição	Referência	Unidade
n_{mov}	Número de rodas conjugadas	dado	–
N_p	Tamanho do lote a ser produzido	dado	–
	Dimensão sobre rolos menores para AG	dado	mm
N_S	Valor de referência para ressonância	(18.13), (18.14)	–
n_T	Rotação no maior torque	dado	RPM
NT	Designação do material	figura 18.19	–
NV	Designação do material	figura 18.19	–
P_1	Capacidade máxima de regime - roda motora	dado, página 640	kW, cv
P_2	Capacidade máxima de regime - roda movida	(18.348)	kW, cv
p_b	Passo base normal	(7.46), (12.1), (12.2), (12.15), (12.16), (12.46), (12.56)	mm
p_{bt}	Passo base transversal	figura 7.19	mm
p_{bx}	Passo base axial	(7.47)	mm
p_c	Passo circular	página 144	mm
p_e	Perímetro do círculo de referência	página 144	mm
P_{eq}	Potência equivalente	(18.5)	kw, cv
P_f	Pressão de fixação da peça no dispositivo	(14.20)	kgf/mm^2
P_{FP}	Capacidade admissível à flexão	(18.371)	kW, cv
P_{GP}	Capacidade admissível à pressão c/ pites	(18.362), (18.365)	kW, cv
p_z	Passo de hélice	(12.25), (12.27), (12.29), (12.30), (12.35)	mm
p_{z0}	Passo de hélice da guia	dado	
P_{HP}	Capacidade admissível à pressão s/ pites	(18.356), (18.359)	kW, cv
p_n	Passo circular normal	(7.42)	mm
P_{NL}	Potência perdida na agitação do óleo	(18.350)	kW, cv
P_{NZ}	Potência perdida no atrito dos dentes	(18.349)	kW, cv
P_{NP}	Potência perdida no atrito dos mancais	(18.351)	kW, cv
p_r	Protuberância do hob	–	mm
P_r	Profundidade de emersão no óleo	(17.5), (17.6)	mm
p_t	Passo circular transversal	(7.43)	mm
p_{wt}	Passo circular transversal de trabalho	(7.44)	mm
p_x	Passo axial	(7.45)	mm
Q	Qualidade DIN/ISO	dado	–
Q_1	Densidade do material do pinhão	dado	kg/mm^3
Q_2	Densidade do material da coroa	dado	kg/mm^3
q'	Mínimo valor de flexibilidade	(18.33), (18.43)	(mm · μm)/N

Símbolo	Descrição	Referência	Unidade
q_s	Parâmetro de entalhe	(18.235)	–
r	Raio de referência	veja a notação d	mm
r_b	Raio base	(6.15), (12.9), (12.10), (12.43), (12.44), (12.52), (12.53)	mm
r_f	Raio de pé	veja a notação d_f	mm
r_{ft}	Raio qualquer do filete trocoidal	(3.65)	mm
r_k	Raio da crista da ferramenta	figuras 3.34 e 3.45	mm
r_{ka}	Raio de tangência entre d_a e as evolventes	(3.106)	mm
r_{kf}	Raio de tangência entre d_f e as evolventes	(3.109)	mm
R_m	Resistência á tração	tabela 15.4	N/mm²
r_{MT}	Raio do ponto de tangência da esfera	(11.46)	mm
r_{mi}	Raio inferior do alívio nos flancos dos dentes	(10.13), (10.18)	mm
r_{ms}	Raio superior do alívio nos flancos dos dentes	(10.10), (10.21)	mm
r_{r0}	Centro do shaper ao centro de r_k do shaper	(3.40)	mm
R_s	Flutuação das espessuras dos dentes	(11.48)	mm
r_{tp}	Raio qualquer da trocoide primitiva	figuras 3.36 e 3.37	mm
r_{tpn}	Raio da trocoide primitiva no ponto n	(3.73), (3.74)	mm
r_u	Raio onde inicia a evolvente	(3.9), (3.12), (3.44)	mm
r_{u0}	Raio máximo da evolvente do shaper	dado, página 33	mm
r_x	Raio vetor da curva evolvente	página 31	mm
R_z	Rugosidade superficial (do pico ao vale)	(18.153)	µm
R_{zm}	Rugosidade superficial média	(18.152)	µm
s	Centro do pinhão ao centro dos mancais	figuras de 18.4 até 18.7	mm
S_F	Coeficiente de segurança à flexão	(18.328), (18.329)	–
$S_{F\,max}$	Coeficiente de segurança máximo à flexão	página 484	–
$S_{F\,min}$	Coeficiente de segurança mínimo à flexão	figura 18.3	–
S_{Fn}	Espessura crítica do dente	(18.203)	mm
S_G	Coeficiente de segurança à pressão com pites	(18.295), (18.296)	–
S_H	Coeficiente de segurança à pressão sem pites	(18.293), (18.294)	–
Shf	Valor de cada deslocamento do hob	(14.14)	mm
Shf_f	Margem de segurança final do hob	(14.15)	mm
Shf_i	Margem de segurança inicial do hob	(14.16)	mm
$S_{H\,max}$	Coeficiente de segurança máximo à pressão	página 484	–
$S_{H\,min}$	Coeficiente de segurança mínimo à pressão	figura 18.3	–
SM_a	Sobremetal p/ rasquetear e retificar condição A	(14.23), (14.30)	mm

Símbolo	Descrição	Referência	Unidade
SM_b	Sobremetal p/ rasquetear e retificar condição B	(14.24), (14.31)	mm
SM_c	Sobremetal p/ rasquetear e retificar condição C	(14.25), (14.32)	mm
SM_d	Sobremetal p/ rasquetear e retificar condição D	(14.26), (14.33)	mm
S_n	Espessura circular normal do dente	(8.49), (8.54)	mm
S_{nt}	Espessura circular normal teórica do dente	(8.43)	mm
S_{na}	Espes circular normal de cabeça sem chanfro	(3.118), (6.3)	mm
S_{nc}	Espessura cordal normal do dente	(8.62)	mm
S_{ni}	Espessura circular normal inferior do dente	(8.47)	mm
S_{nk}	Espessura circular normal de cabeça c/ chanfro	(3.133)	mm
S_{ns}	Espessura circular normal superior do dente	(8.45)	mm
S_{ny}	Espessura circular normal do dente sobre y	(8.58), (8.61)	mm
S_{pr}	Depressão (undercut) residual	figura 18.20	mm
S_R	Espessura do aro	(18.37)	mm
St	Designação do material	figura 18.19	–
T	Torque	(18.2), (1.1)	Nm
T_1	Torque máximo de regime – roda motora	(18.378)	Nm
T_2	Torque máximo de regime – roda movida	(18.379)	Nm
	Equação auxiliar para cálculo do filete trocoidal	(3.68)	mm
T_C	Temperatura máxima da caixa	página 194	°C
T_{Cmd}	Temperatura da caixa no IMD	página 194	°C
T_{FP}	Torque admissível à flexão	(18.370), (18.376)	Nm
T_{GP}	Torque admissível à pressão com pites	(18.361), (18.364)	Nm
T_{HP}	Torque admissível à pressão sem pites	(18.355), (18.358)	Nm
T_n	Dimensão circular normal do vão	(8.44(, (8.55)	mm
T_{ni}	Dimensão circular normal inferior do vão	(8.46)	mm
T_{ns}	Dimensão circular normal superior do vão	(8.48)	mm
T_{nt}	Dimensão circular normal do vão	(8.44)	mm
T_{ny}	Dimensão circular normal do vão sobre y	(8.60)	mm
T_{olF}	Tolerância do furo da peça	página 375	mm
T_{olM}	Tolerância do mandril	página 375	mm
T_R	Temperatura máxima das rodas	página 194	°C
T_{Rmd}	Temperatura das rodas no IMD	página 194	°C
T_{sn}	Tolerância para a espessura do dente	página 202	mm
T_t	Equação auxiliar para cálculo do filete trocoidal	(3.67)	mm
	Dimensão circular transversal do vão	–	mm
u	Relação de transmissão (z_2/z_1)	(2.1), (3.49)	–

Símbolo	Descrição	Referência	Unidade
U_{eq}	Percentual equivalente	(18.6)	%
V	Designação do material	figura 18.19	–
V_F	Vida útil nominal à flexão	(18.346), (18.347)	horas
V_G	Vida útil nominal à pressão com pites	(18.316), (18.317)	horas
v_{ga}	Velocidade de deslizamento relativa	(3.50)	m/s
v_{gf}	Velocidade de deslizamento relativa	(3.52)	m/s
V_H	Vida útil nominal à pressão s/ pites	(18.314), (18.315)	horas
V_L	Velocidade entre flancos - direção da LF	(14.22)	m/s
V_l	Volume de óleo	(17.3), (17.4)	litros
v_p	Velocidade da mesa da rasqueteadora	(14.29)	mm/min
v_s	Viscosidade do óleo na temperatura de serviço	(18.145)	mm²/s
V_s	Velocidade entre flancos - direção do perfil	(14.21)	m/s
v_t	Velocidade periférica sobre d_w	(18.150)	m/s
v_{tb}	Velocidade periférica sobre db	página 25	m/min
VT_{Aa}	Variação do jogo devido à tolerância de a	(8.1), (8.2)	mm
VT_{Aq}	Variação do jogo devido ao aquecimento	(8.21), (8.22)	mm
VT_{Ce}	Variação do jogo devido ao f_{Sc}	(8.3), (8.4)	mm
VT_{Ei1}	Variação do jogo devido aos EID_1	(8.5), (8.7)	mm
VT_{Ei2}	Variação do jogo devido aos EID_2	(8.6), (8.8)	mm
VT_{El}	Variação do jogo devido à f_L	(8.15) a (8.18)	mm
VT_{Ex}	Variação do jogo devido ao f_B	(8.9), (8.10)	mm
V_Z	Vazão do lubrificante	(17.1)	l/mim
w	Carga específica	(18.1)	N/mm
W_k	Dimensão W (sobre dentes)	(11.11), (11.13)	mm
W_m	Carga média por UL	(18.115)	N
W_{max}	Carga máxima por UL	(18.114)	N
X	Segmento exponencial	(3.72)	–
x	Fator de deslocamento do perfil	(7.53), (7.54), (7.55) (7.56), (7.57), (7.64)	– –
X^*	Gradiente de tensão relativa na raiz	(18.239)	mm⁻¹
x_1	Fator de deslocamento do perfil do pinhão	(7.71), ver também x	–
x_2	Fator de deslocamento do perfil da coroa	(7.72), ver também x	–
X_a	Semiângulo do arco de cabeça	(6.2)	°
x_E	Fator de deslocamento do perfil de produção	(7.63)	–
x_{ev}	Abscissa do perfil evolvente	(3.5)	mm
x_{ft}	Abscissa do filete trocoidal	(3.53)	mm

Notação utilizada neste livro

Símbolo	Descrição	Referência	Unidade
x_{min}	Fator de deslocamento de perfil mínimo	(7.62)	–
$X_P{}^*$	X* em um corpo de prova liso e polido	(18.241)	mm^{-1}
$X_T{}^*$	X* em uma engrenagem de teste	(18.240)	mm^{-1}
x_β	Fator de rodagem	(18.104), (18.106), (18.110)	–
Y_ε	Fator de recobrimento	–	–
y_{ev}	Ordenada do perfil evolvente	(3.6)	mm
Y_F	Fator de forma do dente	(18.233)	–
y_{ft}	Ordenada do filete trocoidal	(3.54)	mm
Y_{NT}	Fator de vida útil	(18.277), (18.278), (18.279), (18.280), (18.281), (18.282)	
		(18.283), (18.284), (18.285)	–
$Y_{R\,relT}$	Fator de condição superficial relativa de raiz	(18.262), (18.263), (18.264), (18.265)	–
$Y_{R\,relTEst}$	Fator $Y_{R\,relT}$ para tensão estática	(18.261)	–
$Y_{R\,relTRef}$	Fator $Y_{R\,relT}$ para tensão de referência	(18.255), (18.256), (18.257), (18.258), (18.259), (18.260)	–
Y_S	Fator de correção de tensão	(18.236)	–
Y_{ST}	Fator de correção de tensão relativo	(18.325)	–
Y_X	Fator de tamanho do dente	(18.276)	–
Y_{XEst}	Fator Y_x para tensão estática	(18.275)	–
Y_{XRef}	Fator Y_x para tensão de referência	(18.266), (18.267), (18.268), (18.269), (18.270), (18.271) (18.272), (18.273), (18.274)	–
y_β	Redução de rodagem (18.107)	(18.103), (18.105), µm	
Y_β	Fator de ângulo de hélice	(18.237)	–
Y_δ	Fator de sensibilidade dinâmica ou estática	ver $Y_{\delta\,relT}$	–
$Y_{\delta\,relT}$	Fator de sensibilidade relativa (18.251), (18.252)	(18.249), (18.250),	–
$Y_{\delta\,relTEst}$	Fator $Y_{\delta\,relT}$ para tensão estática	(18.242), (18.243), (18.244), (18.245), (18.246)	–
$Y_{\delta\,relTRef}$	Fator $Y_{\delta\,relT}$ para tensão de referência	(18.238)	–

Símbolo	Descrição	Referência	Unidade
$Y_{\delta T}$	Fator Y_δ da engrenagem de teste	página 609	–
z	Número de dentes	(7.11), (7.12)	–
Z_ε	Fator de recobrimento	(18.136), (18.137), (18.138)	–
z_0	Número de entradas da ferramenta	(7.40)	–
z_1	Número de dentes do pinhão | do shaper	(7.11)	–
z_2	Número de dentes da coroa	(7.12)	–
Z_B	Fator de engrenamento individual – pinhão	(18.178), (18.179)	–
Z_D	Fator de engrenamento individual – coroa	(18.180), (18.181), (18.182), (18.183), (18.184)	–
Z_E	Fator de elasticidade	(18.134), (18.135)	–
Z_{GT}	Fator de vida útil com pites	(18.196)	–
Z_H	Fator de zona	(18.133)	–
Z_L	Fator de lubrificante	(18.146), (18.147)	–
z_n	Número de dentes virtual	(7.13), (7.59), (7.60)	–
z_{nmed}	Número de dentes virtual médio	(7.49)	–
Z_{NT}	Fator de vida útil sem pites	(18.195)	–
Z_R	Fator de rugosidade	(18.161), (18.162)	–
z_s	Número de dentes da ferramenta shaving	dado	–
Z_V	Fator de velocidade	(18.149), (18.151)	–
Z_W	Fator de dureza de trabalho	(18.163), (18.164), (18.165)	–
Z_X	Fator de tamanho	(18.166), (18.167), (18.168), (18.169), (18.170), (18.171), (18.172), (18.173)	–
Z_β	Fator de ângulo de hélice	(18.139)	–
α_a	Ângulo de perfil normal sobre d_a	(3.116), (6.1)	°
α_{Fen}	Ângulo de direção da força F_n	(18.216)	°
α_k	Ângulo de perfil no centro do rolo ou esfera	(11.22), (11.28), (11.35)	°
α_{kn}	Ângulo auxiliar para o cálculo de D_M	(11.20)	°
α_{kt}	Ângulo de perfil transv. no centro da esfera	(11.41)	°
α_M	Ângulo de perfil no ponto de tangência	(11.26)	°
α_m	Ângulo de perfil no centro do rolo ou esfera	(6.13)	° ou rad
α_{Mt}	Ângulo de perfil transv. no ponto de tangência	(11.39), (11.45)	°

Notação utilizada neste livro

Símbolo	Descrição	Referência	Unidade
α_n	Ângulo de perfil normal sobre d	(7.17)	°
α_{r0}	Ângulo de perfil do centro de r_k	(3.41)	°
α_t	Ângulo de perfil transversal	(3.1)	°
α_{tNa}	Âng. de perfil transv. do chanfro de cabeça	(3.129)	°
α_{u0}	Ângulo de perfil no diâmetro r_u do shaper	(3.11)	°
α_{vn}	Ângulo de perfil normal sobre d_v	(7.21), (7.22)	°
α_{vt}	Ângulo de perfil transversal sobre d_v	(7.24), (7.25)	°
α_{wn}	Ângulo de pressão normal	(18.11)	°
α_{wt}	Ângulo de pressão transversal	(3.46), (3.47)	°
α_x	Ângulo de perfil no raio r_x	(3.2)	°
β	Ângulo de hélice sobre d	(7.34), (7.39)	°
β_b	Ângulo de hélice sobre d_b	(7.37)	°
β_i	Ângulo de hélice, função da velocidade angular	(7.38)	°
β_v	Ângulo de hélice sobre d_v	(7.36)	°
β_y	Ângulo de hélice sobre d_y	(7.35)	°
γ	Ângulo de hélice do hob	dado	°
γ_{tt}	Ângulo entre a tangente da TP e o RV	(3.64)	°
δ_x	Irregularidade na linha de flanco	(14.4)	mm
δ_y	Irregularidade no perfil	(14.5)	mm
ε_α	Grau de recobrimento de perfil	(9.2), (9.3)	–
ε_β	Grau de recobrimento de hélice	(9.12)	–
ε_τ	Grau de recobrimento total	(9.13)	–
η_e	Ângulo do cabeçote porta-hob sentido anti-hor.	figura 14.18	°
η_d	Ângulo do cabeçote porta-hob sentido horário	figura 14.18	°
θ	Designação de um ângulo qualquer	(3.135)	° ou rad
θ_a	Ângulo de perfil do centro do raio de cabeça	(3.97), (3.102), (3.103), (3.104), (3.110), (3.111)	° ou rad
θ_b	Ângulo de perfil do centro do raio de pé	(3.103), (3.104), (3.107), (3.113), (3.114)	° ou rad
ν	Coeficiente de Poisson	página 585	–
	Ângulo auxiliar para cálculo de interferência	(8.80)	°
	Âng. auxiliar p/ cálculo da possibilidade de MR	(8.80)	°
ξ	Âng. auxiliar p/ cálculo da possibilidade de MR	(8.87), (8.88)	°
ρ	Raio de curvatura	(18.155), (18.156)	mm
ρ'	Camada de deslizamento	tabela 18.3	mm

Símbolo	Descrição	Referência	Unidade
ρ_F	Raio de curvatura no ponto crítico do dente	(18.204)	mm
ρ_{red}	Raio de curvatura relativo	(18.154)	mm
ρ_t	Âng. entre a origem da trocoide e centro do vão	(3.84)	°
$\sigma_{0.2}$	σ_s a 0.2% de deformação permanente	dado	N/mm²
σ_B	Resistência à tração	dado	N/mm²
σ_F	Tensão fletora efetiva no pé do dente	(18.319), (18.321), (18.323), (18.330)	N/mm²
σ_{F0}	Tensão nominal de flexão	(18.318), (18.320), (18.322)	N/mm²
σ_{Flim}	Tensão limite à flexão	ver tab. 15.4 e fig. 15.3	N/mm²
σ_{FP}	Tensão fletora admissível	(18.324), (18.326), (18.327)	N/mm²
σ_{GP}	Tensão admissível de contato com pites	(18.291), (18.292)	N/mm²
σ_H	Tensão efetiva de contato	(18.287), (18.288), (18.297)	N/mm²
σ_{H0}	Tensão nominal de contato	(18.286)	N/mm²
σ_{Hlim}	Tensão limite de contato	ver tab. 15.4 e fig. 15.4	N/mm²
σ_{HP}	Tensão admissível de contato sem pites	(18.289), (18.290)	N/mm²
σ_S	Tensão de escoamento	dado	N/mm²
Σx	Somatória de x ($x_1 + x_2$)	(7.48)	–
Σx_E	Somatória de x_E ($x_{E1} + x_{E2}$)	(7.67)	–
Σx_{max}	Limite máximo para soma de x	(7.76)	–
Σx_{min}	Limite mínimo para soma de x	(7.75)	–
Σz_{max}	Soma dos números de dentes máximo	(7.10)	–
Σz_{min}	Soma dos números de dentes mínimo	(7.9)	–
φ	Ângulo da coordenada polar	(3.3)	°
	Ângulo auxiliar para cálculo de interferência	(8.78)	°
φ_{ft}	Ângulo vetorial do filete trocoidal	(3.69)	°
φ_{na}	Ângulo do chanfro na seção normal	(3.119)	°
φ_{ta}	Ângulo do chanfro na seção transversal	(3.120)	°
φ_{tp}	Ângulo vetorial da trocoide primitiva	(3.62)	°
ψ_{tp}	Ângulo entre o RV e a tangente da trocoide	(3.91)	°
ω	Velocidade angular	(3.45)	rad/s

Bibliografia

AMERICAN GEAR MANUFACTURERS ASSOCIATION. AGMA 917-B97 *Design manual for parallel shaft – fine-pitch gearing*. Alexandria: AGMA, 1973.

BRITISH STANDARDS INSTITUTION. BS 436 Part 3 – *Spur and helical gears – Method for calculation of contact and root bending stress limitations for metalic involute gears* . London: British Standards Institution, 1986.

BUCKINGHAM, E. *Analytical Mechanics of Gears*. New York: Dover Publications, Inc, 1949.

CASTRO, R. M. *Critério de projeto para engrenagens helicoidais aplicadas em transmissões mecânicas veiculares*. São Paulo, 2005.

CONRADO, P. D. *Machinedesign.com*. Fonte: Machine Design, 2012.

DALBY, W. E. *Spur and helical gear problems*. Michigan: Invo Spline Inc., 1953.

DAVOLI, P. *Machinedesign.com*. Fonte: Machine Design, 2012.

DIN. DEUTSCHES INSTITUT FÜR NORMUNG E.V. *DIN 3960* – Begriffe und Bestimmungsgrössen für Stirnräder (Zylinderrräder) und Stirnradpaare (Zylinderradpaare) mit Evolventenverzahnung. Berlin: DIN, 1976.

DIN. DEUTSCHES INSTITUT FÜR NORMUNG E.V. *DIN 3961* – Toleranzen für Stirnradverzahnung; Grundlagen. Berlin: DIN, 1978.

DIN. DEUTSCHES INSTITUT FÜR NORMUNG E.V. *DIN 3962* – Toleranzen für Stirnradverzahnungen; Toleranzen für Teilungs-Spannenabweichungen. Berlin: DIN, 1978.

DIN. DEUTSCHES INSTITUT FÜR NORMUNG E.V. *DIN 3967* – Getriebe-Pass system; Flankenspiel, Zahndickenabmasse und Zahndickentoleranzen; Grundlagen, Berechnung der Zahndickenabmasse, Umrechnung der Abmasse für die verschiedenen Messverfahren. Berlin: DIN.

DIN. DEUTSCHES INSTITUT FÜR NORMUNG E.V. *DIN 3978* – Helix angles for cylindrical Gear Teeth. Berlin: DIN, 1976.

DIN. DEUTSCHES INSTITUT FÜR NORMUNG E.V. *DIN 3990* – Tragfähigkeitsberechnung von Stirnädern. Berlin: DIN, 1987.

DIN. DEUTSCHES INSTITUT FÜR NORMUNG E.V. *DIN 3993* – Geometrische Auslegung von zylindrischen Innenradpaaren mit Evolventenverzahnung; Grundregeln. Berlin: DIN, 1981.

DOBRE, R. -F. M. *On the distribution of the profile shift coefficients between mating gears in the case of cylindrical gear*. Bucharest, Romania: University Politehnica, 2007.

DULING, P. A. *Surface Contact fatigue failures in gears*. South Africa: Elsevier Science Ltd., 1997.

EBERLE, F. P. Calculating the inverse of an involute. *Gear Solutions*, p. 44-48, 2006.

EXXON COMPANY USA. *Lubricacion de engranajes* – Lubricacion de elementos basicos engrenages y su lubricacion. Irving: Esso, (s.d.).

FERNANDES, P. Surface contact fatigue failures in gear. South Africa: E. S. Ltd., Ed., 1997.

HENRIOT, G. *Tratatto teorico e pratico*. v. 1. Milano: Tecniche Nuove, 1979.

I BRONSTEIN, K. S. *Manual de matemática para engenheiros e estudantes*. Moscou: Editora Mir Moscou, 1979.

INTERNATIONAL ORGANIZATION FOR STANDARDIZATION. *ISO 6336* –Calculation of load capacity of spur and helical gears. Genève: ISO, 1996.

JÚNIOR, P. D. *Engrenagens cilíndricas de dentes retos*. Campinas: Unicamp, 2003.

LEITZ METALWORKING TECHNOLOGY GTOUP. *Fette* – Gear cutting too. – hobbing & gear milling. Schwarzenbek: Fette GmbH, ano.

LICHTENAUER, G. *Técnica del afeitado de engrenajes*. München: Manuales de Ingenieria Hurth, ano.

MARTINS, Clayton T. *Operação Shaver* – Tomada de ações para aprovação rápida no shaver . Sorocaba, São Paulo: Hurth Infer, 2010.

Bibliografia

MAZZO, N. *Progear 4* – Guia do usuário. São Paulo: IDB Impressão Digital do Brasil, 2004.

MICHAELIS, K. *Machinedesign.com*. Fonte: Machine Design- Institute for Machine Elements, 2012.

MUNDT, D. -I. A. *Retífica por geração e forma de módulos maiores*. São Paulo: Sigma Pool, 2009.

NACHI. (s.d.). Orientação para montagem de fresa caracol na máquina geradora de engrenagem. Mogi das Cruzes, SP.

NIEMANN, G. *Elementos de máquinas*. v. 2. São Paulo: Edgard Blücher Ltda,1971.

OLIVEIRA, N. C. *Engrenagens*. São Paulo: Grêmio Politécnico,1980.

PFAUTER, H. *La dentatura a creatore* – Procedimenti, macchine, utensili, aplicacioni. Milano: Tecniche Nuove, 1980.

POSSOBOM, J. J.; AGOSTINHO, O. L.; RODRIGUES, A. C. *Informações fundamentais sobre shaving em engrenagens*. São Carlos: Universidade de São Paulo, 1980.

QUIRINO, J. B. *Controle de vida da ferramenta caracol* – Parâmetro teórico. Campinas: Unicamp, 2000.

S. P. A SAMPUTENSILI. *Catalogo generale degli utensili*. 3. ed Bologna, Itália: editora, 1976.

THE FELLOWS GEAR SHAPER COMPANY. *The involute curve and involute gearing*. Springfield: The Fellows gear shaper company, 1969.

VERLAG, C. H. *Die Tragfähigkeit der Zahnräder*. München: Tecniche Nuove. 1972.

Índice remissivo

A
Abaulamento de largura (C_β) · 278
Acabamento nos dentes · 392
Aços
   beneficiados · 438
   nitretados com gás · 438
   nitretados com líquido · 438
   para cementação · 436
   sem tratamento térmico · 438
   tratados por chama · 440
   tratados por indução · 439
addendum · 97
Afastamento sobre a espessura do dente ou sobre a dimensão do vão · 201
Ajuste das engrenagens · 187
Ajuste entre pinhão e eixo com a utilização de chaveta · 558
Algoritmo do método da bissecção · 30
Análise dos fatores modificadores do jogo entre flancos transversal · 190

Análise geométrica · 301
Ângulo de hélice · 153
   em função da velocidade angular · 155
   normalizado · 156
   sobre o círculo de referência · 154
   sobre o círculo base · 155
   sobre o círculo de referência deslocado · 155
   sobre um círculo qualquer · 154
Ângulo de perfil · XXV, 146, 491, 669
Ângulo de pressão
   de funcionamento · XXX
   de trabalho · XVX
   operacional · XXX
Ângulo de pressão · XXX
Ângulo do chanfro na seção normal (φ_{na}) · 90
Ângulo do chanfro na seção transversal (φ_{ta}) · 90
Ângulos de hélices
   série 1 DIN 3978 · 159
   série 2 DIN 3978 · 161

série 3 DIN 3978 · 163
série 4 DIN 3978 · 165
Aplicação
   da involuta no cálculo da dimensão M · 127
   da involuta no cálculo da espessura de cabeça · 123
   do lubrificante · 438
Aplicação e motorização · 475, 667
aplicações típicas para a sevoluta de um ângulo · 81
Aproveitamento do hob · 369
Arranjo físico · 487, 669
arraste
   frontal · 343
   pelo próprio furo de centro · 343
Atrito entre os dentes da engrenagem · 467
Avanço
   axial da ferramenta em função da espessura máxima do cavaco · 366
   espiral constante · 389
   espiral decrescente · 389
   no processo shaping · 388
   radial com avanço rotativo · 389
   radial sem avanço rotativo · 388
Avanços no processo de rasqueteamento · 411
Avarias dos dentes · 737

B
braço de momento ·5
Bucha ou mandril expansível · 376

C
Cálculo
   de um ponto qualquer do filete trocoidal · 76
   do jogo entre flancos transversal · 195
   do máximo valor teórico de rigidez (c'_{th}) · 555
   do mínimo valor de flexibilidade de um par de dentes (q') · 555
   do raio onde inicia a evolvente de um dente externo (r_u) · 32
   do raio onde termina a evolvente de um dente interno · 46
Cálculo de/do · *Consulte* Determinação de/do
Capacidade
   admissível da roda motora à flexão P_{FP1} · 645
   admissível da roda motora à pressão com pites P_{GP1} · 643
   admissível da roda motora à pressão sem pites P_{HP1} · 642
   admissível da roda movida à flexão (P_{FP2}) · 646
   admissível da roda movida à pressão com pites P_{GP2} · 644
   admissível da roda movida à pressão sem pites P_{HP2} · 643
   máxima de regime da roda motora P_1 · 640
   máxima de regime da roda movida P_2 · 640
Capacidade de carga · 640
   de um par de engrenagens com dentes externo / interno · 665
   Fundamentos · 472
Características
   da transmissão · 484
   geométricas · 131
   geométricas básicas · 490
   geométricas complementares · 496
Carga específica $F_t \cdot KA/b < 100$ · 559
Carga tangencial determinante no plano transversal F_{th} · 583
Carga tangencial transversal no círculo de referência · 571
Castanhas deslizantes · 376
cavalo vapor (cv) · 1

Ch
Chanfro de cabeça · 88

Índice remissivo

C

cicloide alongada · 61
círculo base · 18, 51, 60, 146, 169, 285
Círculos úteis de pé e de cabeça do dente · 207
Cobertura e Saturação · 453
Coeficiente
  de ressonância · 550
  de segurança à flexão (S_F) · 636
  de segurança à pressão (S_H e S_G) · 628
  de segurança à pressão com pites (S_G) · 628
  de segurança à pressão sem pites (S_H) · 628
Coeficiente de ressonância · 550, 687
Coeficientes
  de segurança mínimos e máximos · 668
Comprimento do chanfro (C_a) · 90
Conceito de intensidade de "peening" · 451
Controle
  da espessura do dente · 254
  dimensional · 253
coordenadas
  cartesianas · 31
  polares · 31
Correção da hélice · 282
Corrosão · 469
Cremalheira · 55
Crítico ou Principal · 551
Curva compensadora · 286
Custo · 543

D

Defeitos e prováveis causas · 378, 389, 412
Definição da involuta do ângulo · 117
Definição de ressonância · 550, 687
Definições · 113
Deformação · Consulte capítulo Avarias dos dentes
  do eixo sob carga específica · 571
  na cabeça do dente · 237
Depressão (Indentation) · 756
Desalinhamento
  equivalente efetivo $F_{\beta y}$ · 575
  equivalente inicial $F_{\beta x}$ · 573
Desenho do produto · 331

Desenvolvimento
  da evolvente externa por meio da geometria · 20
  da evolvente externa por meio de coordenadas ·26
  da evolvente interna por meio de coordenadas · 46
  da trocoide primitiva e do filete trocoidal · 62
Desgaste
  abrasivo · 742
  excessivo e falha dos dentes · 468
  moderado · 741
  normal · 740
  por arranhamento (Scretching) · 743
  por corrosão química · 745
  por interferência · 742
  por oxidação · 745
  por reação a aditivos químicos · 745
  por vinco (Scoring) · 744
Deslizamento relativo entre os flancos evolventes · 51
Deslocamento
  composto radial (F_i) · 292
  composto tangencial (F_i') · 297
  de transmissão · 291
  de transmissão radial · 291
  de transmissão tangencial · 297
  do perfil · 170
  do perfil para dentado interno · 182
Desvio
  angular do perfil evolvente ($f_{H\alpha}$) · 285
  angular na linha dos flancos ($f_{H\beta}$) · 277
  de concentricidade · 271
  de forma do perfil evolvente (f_f) · 285
  de forma na linha dos flancos ($f_{\beta f}$) · 278
  de hélice · 276
  de passo · 273
  de passo base normal (f_{pe}) · 275
  de passo individual (f_p) · 273
  de passo sobre k passos consecutivos (F_{pk}) · 274
  de passo sobre uma fração (z/k) de volta ($F_{p\,z/k}$) · 275
  de perfil · 283

total do perfil evolvente (F_f) · 284
total na linha dos flancos (F_β) · 277
Determinação
  da espessura circular normal do dente · 204
  da rotação de ressonância de um conjunto epicicloidal · 563
  da rotação de ressonância de um par de engrenagens · 557
  de $K_{F\alpha}$ · 584
  de $K_{F\beta}$ · 580
  de $K_{H\alpha}$ · 582
  de $K_{H\beta}$ · 576
  de $Y_{RrelTEst}$ para tensão estática em geral · 611
  de $Y_{RrelTRef}$ para tensão de referência para rugosidade · 609
  de $Y_{RrelTRef}$ para tensão de referência para rugosidade $R_{Zf} < 1$ μm · 614
  de Y_X para uma vida limitada · 618
  de Y_{XEst} para tensão estática · 618
  de Y_{XRef} para tensão de referência para 3×10^6 ciclos · 617
  de $Y_{\delta RelT}$ para uma vida limitada · 612
  de $Y_{\delta relTEst}$ para tensão estática · 611
  de $Y_{\delta relTRef}$ para tensão de referência · 609
  do diâmetro de cabeça em função de S_{na} para dentado externo · 99
  do diâmetro de cabeça em função de S_{na} para dentado interno · 100
  do diâmetro de pé · 95
  do limite máximo de $(x_1 + x_2)$ · 185
  do limite mínimo de $(x_1 + x_2)$ · 185
  do raio de cabeça · 97
  do raio de cabeça em função de r_{ka} · 84
  do raio de pé em função de r_{kf} · 84
  do raio que tangencia o círculo de cabeça e as evolventes · 81
  do raio que tangencia o círculo de pé e as evolventes · 83
  do volume e da profundidade de emersão · 465
  dos fatores de deslocamento dos perfis conforme norma BS · 175
  dos fatores de deslocamento dos perfis conforme norma DIN · 173
  dos fatores de deslocamento dos perfis conforme norma ISO/TR · 176
  dos números de dentes · 135
  dos parâmetros B_p, B_f e B_k · 561
  dos raios (eixos polares) para o traçado da trocoide externa · 68
  dos raios (eixos polares) para o traçado da trocoide interna · 78
diâmetro
  de cabeça em função de S_{na} para dentado externo · 99
  de cabeça em função de S_{na} para dentado interno · 100
  de pé · 95
Diâmetro
  das esferas ou rolos (D_M) utilizados para a dimensão M_d · 264
  de cabeça em função da espessura de cabeça · 99
  de início do chanfro (d_{Nk}) · 91
  de referência · 150
  de referência deslocado · 151
  do eixo da roda motora · 519
  do ponto de contato entre o disco do micrômetro e o flanco de dente · 259
  interno do aro e espessura da alma · 521
  primitivo · 151
  útil de cabeça · 214
  útil de pé · 209, 504
diâmetro de cabeça em função de S_{na} para dentado externo · *Consulte* Determinação...
diâmetro de cabeça em função de S_{na} para dentado interno · *Consulte* Determinação...
diâmetro de pé · *Consulte* Determinação...
diâmetro de referência · 150
Diâmetros
  úteis de cabeça para se alcançar o grau de recobrimento de perfil = 2 · 234
Dimensão
  entre esferas (M_d) para dentado interno helicoidal · 268
  entre esferas ou rolos (M_d) para dentado interno reto · 266

Índice remissivo

entre esferas ou rolos para número ímpar de dentes · 266, 269
entre esferas ou rolos para número par de dentes · 267, 269
M (sobre rolos ou esferas) · 259
sobre esferas (M_d) para dentado externo helicoidal · 267
sobre esferas ou rolos (M_d) para dentado externo reto · 265
W (sobre dentes) · 254
W em função da espessura circular normal do dente · 259
W teórica · 259

Direção da hélice · 114
Discos de fricção · 11
Dispositivo
de fixação e de locação com centralização pelo furo da peça · 375

Dispositivos
para cortar dentes com hob · 374
utilizados para rasquetear · 406
utilizados para retificar dentes · 427

distância
entre centros · 131, 486, 668
entre centros nominal · 95
entre centros sem jogo entre flancos · 132

Distância
de acesso (g_f) · 231
de contato (g_α) · 231
de recesso (ga) · 231

distribuição exponencial · 73

E

Engrenagem ou roda dentada? · 113
engrenagens
montadas em paralelo · 14
montadas em série · 13

Engrenagens
cilíndricas com eixos paralelos que giram em sentidos opostos · 107
cilíndricas com eixos paralelos que giram no mesmo sentido · 107
concorrentes · 108
hiperboloides · 108
manufaturadas com materiais diferentes de aço/aço · 558
para corrente e correias dentadas · 108

epicicloide · 61
equações transcendentais · 26
Erro
de divisão entre dois passos consecutivos (f_u) · 274
de fabricação sem modificação da hélice f_{ma} · 572
de passo total (Fp) · 274
devido à deformação do pinhão e do seu eixo sem modificação da hélice f_{sh} · 571

Escamação (Scaling) · 745
Esforços atuantes no par engrenado · 545
Especificação para o shot peening · 454
Especificações técnicas preliminares · 474
Espessura
circular do dente em função da dimensão M · 205
circular do dente em função da dimensão W · 204
circular do dente sobre um círculo dado · 205
cordal e altura correspondente, a partir da cabeça do dente · 206
da cabeça do dente com chanfro na seção normal (S_{nk}) · 92
da cabeça sem o chanfro (S_{na}) · 90
do dente · 199
do dente e dimensão do vão teórica, máxima e mínima · 203

espessura circular normal do dente · *Consulte* Determinação...
Espessuras de cavaco · 366
Estampagem · 436
Evoluta da curva · 117
evolvente · XXX, 18, 20, 26, 31, 32, 38, 39, 42, 45, 46, 48, 49, 51, 56, 59, 81, 83, 85, 86, 117, 237, 284, 285
Evolvente · 18
evolvente conjugada · 60
Excentricidade (Fr") · 293

Exemplo da determinação do raio que tangencia o círculo de cabeça e as evolventes · 85
Extensão de contato e larguras efetivas · 509

F
Fadiga de superfície · 747
Falso engrenamento · 211
Fator auxiliar para a determinação de Z_L · 587
Fator de
  altura do dente · 98
  ângulo de hélice Y_β · 608, 707
  ângulo de hélice Z_β · 586, 697
  condição superficial relativa da raiz Y_{RrelT} · 614, 710
  correção C_M · 555
  correção de tensão Y_S · 606, 706
  desloc. do perfil em função da distância entre centros e de x_2 · 181
  deslocamento do perfil de produção (x_E) · 180
  deslocamento do perfil mínimo (x_{min}) · 177
  dinâmica K_V · 549, 687
  dinâmica no setor intermediário de ressonância $(1,15 < N < 1,5)$ · 559
  dinâmica no setor subcrítico $(N < N_S)$ · 559
  dinâmica no setor supercrítico $(N \geq 1.5)$ · 559
  distribuição longitudinal da carga $K_{F\beta}$ · 692
  distribuição longitudinal da carga $K_{F\beta}$ (Tensão na raiz) · 695
  distribuição longitudinal de carga $K_{H\beta}$ (Tensão de contato) · 569
  distribuição transversal da carga $K_{F\alpha}$ (Tensão de raiz) · 583
  distribuição transversal da carga $K_{H\alpha}$ (Tensão de contato) · 581
  dureza de trabalho Z_W · 591
  elasticidade Z_E · 585, 696
  engrenamento individual – coroa Z_D · 594, 701
  engrenamento individual – pinhão Z_B · 593, 700
  forma do dente Y_F · 599, 702
  lubrificante Z_L · 586, 696
  perfil de referência C_B · 556
  recobrimento Y_ε · 608, 707
  recobrimento Z_ε · 585, 697
  rugosidade Z_R · 589, 699
  sensibilidade relativa $Y_{\delta relT}$ · 609, 708
  tamanho do dente Y_X · 617, 710
  tamanho Z_X · 59, 700
  velocidade Z_V · 588, 698
  vida útil Y_{NT} · 619, 711
  vida útil Z_{NT} e Z_{GT} · 595, 701
  zona Z_H · 584, 696
Fator do
  blank da coroa C_R · 555
fator ka · 98
Fatores de deslocamento do perfil $(x_1$ e $x_2)$ em função das espessuras dos dentes de ambas as rodas · 181
fatores de deslocamento dos perfis conforme norma BS · *Consulte* Determinação...
fatores de deslocamento dos perfis conforme norma DIN · *Consulte* Determinação...
fatores de deslocamento dos perfis conforme norma ISO/TR · *Consulte* Determinação...
Fatores de influência · 548
ferramenta geradora · *Consulte* hob, *Consulte* hob ou shaper, *Consulte* hob, *Consulte*
Flexão do dente · 240
Fluência (Rolling and Peening) · 758
Flutuação das espessuras dos dentes · 272
Folha de
  operação · 334
  processo · 333
força (F) · 4
Forjamento a
  frio · 436
  quente · 436
Fratura
  do dente · 758
  por fadiga de flexão · 760
  por sobrecarga · 759
Função da engrenagem · 11

Índice remissivo

Funções do lubrificante · 467
Fundição · 435

G
Geração
  de dentes · 345
  de dentes com ferramenta tipo hob · 347
  de dentes com ferramenta tipo shaper · 386
  do dente completo · 105
grau
  de dificuldade, para se obter as qualidades em função do tipo de operação · 346
Grau
  de recobrimento · 225
  de recobrimento de hélice · 234
  de recobrimento de perfil · 225
  de recobrimento total · 236
Graus
  decimais · 122
  sexagesimais · 121
  sexagesimais, decimais e radianos · 121

H
Hob com múltiplas entradas · 353
horsepower (hp) · 1

I
Índice de ilustrações · 763
Índices
  de qualidade em função do acabamento · 189
  de qualidade usuais em função da aplicação · 188
Influência do shot peening no projeto de engrenagens · 456
Interferência entre as cabeças das engrenagens externa/interna · 218
Intermediário · 551
Involuta · 28, 29, 31, 80, 84
Involuta ou evolvente do ângulo · 117
Involutometria do dente · 17
Irving Laskin · 82

J
Jateamento · 449
jogo
  entre flancos de serviço · 189
Jogo
  de inspeção em dispositivo – inferior e superior · 190
  entre flancos · 187
  entre flancos com a influência da elasticidade do conjunto (jn_6) · 198
  entre flancos com a influência da excentricidade dos mancais (jn_5) · 197
  entre flancos com a influência da temperatura (jn_7) · 199
  entre flancos com a influência da tolerância da distância entre centros (jn_2) · 196
  entre flancos com a influência do erro de cruzamento dos eixos (jn_3) · 196
  entre flancos com a influência dos erros individuais do dentado (jn_4) · 197
  entre flancos de inspeção · 190
  entre flancos teórico (j_{n1}) · 195
  estabilizado inferior e superior · 189
  mínimo e máximo atingidos · 190
  teórico inferior e superior · 190
jogo entre flancos transversal · *Consulte* Cálculo...

K
$K_{F\alpha}$ · *Consulte* Determinação...
$K_{F\beta}$ · *Consulte* Determinação...
$K_{H\alpha}$ · *Consulte* Determinação...
$K_{H\beta}$ · *Consulte* Determinação...

L
Laminação · 436
Largura mínima da roda dentada para a medição W_k · 259
Lascamento (Spalling) · 754
Leis fundamentais da curva evolvente · 59
Limite máximo de $(x_1 + x_2)$ · *Consulte* Determinação...

Limite mínimo de $(x_1 + x_2)$ · Consulte Determinação...
Limites para a soma dos fatores de deslocamentos dos perfis · 184
Linha de flanco · 279
Locação da peça no espaço · 341
Locação e arraste por atrito ·343
Lubrificação · 459
Lubrificação nas engrenagens · 460

M
Materiais e Tratamento térmico · 433
máximo valor teórico de rigidez (c'_{th}) · Consulte Cálculo...
Método
　das dimensões M para dentado externo helicoidal · 315
　das dimensões M para dentado externo reto · 302
　das dimensões M para dentado interno reto e helicoidal · 324
　das dimensões N para dentado externo helicoidal · 317
　das dimensões N para dentado externo reto · 305
　das dimensões W para dentado externo helicoidal · 311
　das dimensões W para dentado externo reto · 301
　de retificação por forma · 425
　de retificação por geração contínua · 424
　de retificação por geração de setores. · 425
　numérico da bissecção ou dicotomia · 27
　numérico de Newton e Raphson · 123
　por Geração contínua versus Forma · 428
Métodos
　para a preparação do bruto · 435
Micropites (Micropitting) · 752
mínimo valor de flexibilidade de um par de dentes (q') · Consulte Cálculo...
Modificação
　da linha de flancos · 247
　do perfil evolvente ·237, 289
　dos flancos dos dentes · 237

Módulo · 144
Módulo normal · 491, 669
Momento de alavanca · 4
Montagem do hob na máquina · 373
Movimento angular uniforme · 22

N
Nas engrenagens externas
　Nas engrenagens externas · 114
Nas engrenagens internas
　Nas engrenagens internas · 114
Número de ciclos de vida médio (N_{LF}) em função de Y_N · 637
Número de dentes · 134
　da ferramenta para cada passo normalizado · 157
Número de dentes virtual
　virtual · 144
Número k de dentes consecutivos a medir · 258
Número máximo de entradas para o hob · 368
números de dentes · Consulte Determinação...

O
Ondulação (Rippling) · 758
Os cinco elementos do dente · 104

P
parâmetros B_p, B_f e B_k · Consulte Determinação...
Parâmetros da rigidez do dentado c' e c_γ · 553
Partículas estranhas · 469
Passo · 167
　axial · 168
　base · 169
　base axial · 170
　base normal · 169
　circular · 167
　circular normal · 167
　circular transversal · 168
　circular transversal primitivo · 168

Índice remissivo

Passos de hélices normalizados conforme DIN 3978 · 156
Percentual da altura máxima do dente (k_{aPer}) para dentes externos · 103
Perfil
  com depressão · 34
  sem depressão · 32
Peso do par · 539
Pinhão e cremalheira · 109
pino
  cilíndrico curto · 344
  facetado curto · 344
pinos utilizados para a locação · 344
Pites
  destrutivos (Destructive pitting) · 751
  iniciais (Initial pitting) · 749
Pites (Pitting) · 748
Pivô · 5
Planos de trabalho
  Frontal · 114
  Normal · 114
Polias com correia cruzada · 11
ponto primitivo · 24
Porque engrenagens helicoidais? · 167
Posições dos flancos
  em rodas com dentes externos · 116
  em rodas com dentes internos · 116
Possibilidade de montagem radial do pinhão na roda interna · 221
Potência · 33
Potência e Torque · 1
Pré requisitos · XXXI
Preparação do blank · 340
Preparação para o traçado da trocoide interna · 76
Pré-retifica · 427
Princípio básico do processo shot peening · 450
Princípio dos eixos cruzados
  em relação à pressão · 394
  em relação ao movimento de deslizamento · 395
Princípios básicos da engrenagem com perfil evolvente · 56

Princípios gerais para a determinação de $K_{H\beta}$ · 569
Problemas de qualidade encontrados no processo de corte com hob · 378
Problemas de qualidade encontrados no processo de corte com shaper · 389
Problemas de qualidade encontrados no processo de rasqueteamento · 411
Procedimento
  diagonal · 399
  diagonal-transversal · 400
  longitudinal · 398
  mergulho · 401
  transversal · 400
Procedimentos
  de trabalho · 398
Processo de fabricação · 333
Processo e número de Almen · 452
Projeto de um par de engrenagens cilíndricas externas · 471
proporção entre os números de dentes · 134
Protuberância do hob · 675
Protuberância na cabeça do hob · 346

Q

Qualidade das engrenagens · 188

R

Radianos · 122
Raio de cabeça · *Consulte* Determinação...
Raio de cabeça · 96
Raio de cabeça em função de r_{ka} · *Consulte* Determinação...
Raio de pé · 93
Raio de pé em função de r_{kf} · *Consulte* Determinação...
Raio no lugar do filete trocoidal · 79
Raio onde inicia a evolvente de um dente externo (r_u) · *Consulte* Cálculo...
Raio onde termina a evolvente de um dente interno · *Consulte* Cálculo...

Raio que tangencia o círculo de cabeça e as evolventes · *Consulte* Determinação...
Raio que tangencia o círculo de pé e as evolventes · *Consulte* Determinação...
Raios (eixos polares) para o traçado da trocoide externa · *Consulte* Determinação...
Raios (eixos polares) para o traçado da trocoide interna · *Consulte* Determinação...
Rasqueteamento · 89
Rasqueteamento com contato par · 401
Redução de rodagem y_β e fator de rodagem x_β · 574
Redutor epicicloidal ou planetário · 109
Regime de trabalho · 535
Relação de transmissão · 12, 56, 110, 111, 136, 176, 403, 612
relação de transmissão (u) · 12
relação de velocidades · 43, 485, 668
Relações de transmissão (u) de um sistema epicicloidal · 109
Relatório completo do par de engrenagens com dentes externos · 650
Relatório da capacidade de carga do par de engrenagens com dentes externos/internos · 725
Resistência dos materiais · 441
Resultados práticos · 428
Rigidez do engrenamento c_γ · 559
roda intermediária · 12
roda movida · 12
rotação de ressonância de um conjunto epicicloidal · *Consulte* Determinação...
rotação de ressonância de um par de engrenagens · *Consulte* Determinação...
Rumorosidade · 543

S
Salto radial (*fi"*) · 293
Salto tangencial (*fi'*) · 298
Seleção dos materiais · 433
Sem fim e coroa · 109
Semitopping · 88
Sevoluta · 80

Shaper · 17, 32, 33, 34, 36, 80, 156, 157, 346, 386, 389, 404, 668, 675
shifting · 371
Shot peening · 481
sistema
  de corte climb · 353
  de corte convencional · 353
Sistema
  central de circulação sob pressão · 463
  de circulação · 463
  de circulação por gravidade · 463
  de circulação sob pressão própria · 463
  de corte · 351
  de lubrificação por depósito aberto · 465
  de neblina de óleo · 463
  manual de aplicação · 467
Sistemas
  de aplicação intermitente · 466
  de imersão · 464
  de lubrificação · 462
Sobremetal para rasquetear · 403
Sobremetal para retificação · 425
Subcrítico · 550
Superaquecimento · 746
Supercrítico · 551

T
Temperatura · 470
Tensão
  admissível de contato com pites σ_{GP} · 626
  admissível de contato sem pites · 626
  admissível de contato σ_{HP} · 626, 712
  de contato (Contact Stress) · 472, 622, 711
  de flexão (Bending Stress) · 472, 633, 715
  efetiva de contato σ_H · 622, 712
  fletora admissível σ_{FP} · 635, 716
  fletora efetiva no pé do dente σ_F · 634, 715
Tipos de engrenamento · 107
Tolerância
  para a espessura do dente ou para a dimensão do vão · 202
  para distância entre centros · 132
  para o diâmetro de cabeça · 101
  para o diâmetro de pé · 96
Tolerâncias do dentado · 270

Índice remissivo

Torque · 4
  máximo admissível à flexão para roda motora T_{FP1} · 649, 725
  máximo admissível à flexão para roda movida T_{FP2} · 649, 725
  máximo admissível à pressão para roda motora com pites T_{GP1} · 649, 724
  máximo admissível à pressão para roda motora sem pites T_{HP1} · 648, 724
  máximo admissível à pressão para roda movida com pites T_{GP2} · 649, 724
  máximo admissível à pressão para roda movida sem pites T_{HP2} · 648, 724
  máximo de regime para roda motora P_1 · 719
  máximo de regime para roda motora T_1 · 647, 723
  máximo de regime para roda movida P_2 · 719
  máximo de regime para roda movida T_2 · 648, 723
Trabalho
  com avanço axial · 348
  com avanço diagonal · 351
  com avanço radial · 349
  com avanço tangencial · 351
Traçado
  da curva evolvente · 31
  da trocoide externa · 69
  da trocoide interna · 78
  do filete trocoidal externo · 66
  o filete trocoidal interno · 72
Trocoide · 60

U
Uso prático da involuta do ângulo · 121

V
Valores limites de resistência à flexão (σ_{Flim}) · 441
Valores limites de resistência à pressão (σ_{Hlim}) · 445
Valores para o fator *K'* · 281
Variação do jogo devido
  à elasticidade do conjunto (V_{TEl}) · 193
  à tolerância da distância entre centros (V_{TAa}) · 191
  ao aquecimento (V_{TAq}) · 194
  ao cruzamento dos eixos (VT_{Ce}) · 191
  ao erro de excentricidade dos mancais (V_{TEx}) · 192
  aos erros individuais do dentado (V_{TEi}) · 192
Velocidade de corte para rasquetear · 410
Vida útil nominal
  à flexão · 599
  em horas à flexão (V_F) · 636
  em horas à pressão com pites (V_G) · 632
  em horas à pressão sem pites (V_H) · 632
  requerida (V_R) · 538
volume e da profundidade de emersão · *Consulte* Determinação...

W
Watt · 1

Y
$Y_{RrelTEst}$ **para tensão estática em geral** · *Consulte* Determinação...
$Y_{RrelTRef}$ **para tensão de referência para rugosidade** · *Consulte* Determinação...
$Y_{RrelTRef}$ **para tensão de referência para rugosidade R_{Zf} < 1 μm** · *Consulte* Determinação...
Y_X **para uma vida limitada** · *Consulte* Determinação...
Y_{XEst} **para tensão estática** · *Consulte* Determinação...
Y_{XRef} **para tensão de referência para 3 × 10⁶ ciclos** · *Consulte* Determinação...
$Y_{\delta RelT}$ **para uma vida limitada** · *Consulte* Determinação...
$Y_{\delta relTEst}$ **para tensão estática** · *Consulte* Determinação...
$Y_{\delta relTRef}$ **para tensão de referência** · *Consulte* Determinação...

Z
zeros de uma função · 26

Impressão e acabamento:

tel.: 25226368